内 容 简 介

本书是与普通高等教育农业农村部“十三五”规划教材，全国高等农林院校“十三五”规划教材《线性代数（第三版）》（陈振、德娜·吐热汗、杜世平主编）配套使用的学习指导书、教师参考书和考研复习书．其主要内容有：行列式、矩阵、线性方程组、相似矩阵、二次型．

本书内容按章编写，每章分五个部分：一、思维导图；二、内容提要；三、典型例题；四、同步练习；五、考研题解析．

本书可作为学习指导书供学生使用，还可作为教师参考书供教师使用，亦可作为考研复习书供考研者使用．

全国高等农林院校“十三五”规划教材

线 性 代 数

学习指导与解题指南

第 二 版

陈 振 侯贤敏 主编

中 国 农 业 出 版 社
北 京

图书在版编目(CIP)数据

线性代数学习指导与解题指南 / 陈振，侯贤敏主编
. —2 版. —北京：中国农业出版社，2022.8
全国高等农林院校“十三五”规划教材
ISBN 978-7-109-29794-4

Ⅰ.①线… Ⅱ.①陈… ②侯… Ⅲ.①线性代数—高等学校—教学参考资料 Ⅳ.①O151.2

中国版本图书馆 CIP 数据核字(2022)第 141288 号

中国农业出版社出版
地址：北京市朝阳区麦子店街 18 号楼
邮编：100125
责任编辑：魏明龙
版式设计：杜 然　　责任校对：刘丽香
印刷：北京中兴印刷有限公司
版次：2006 年 8 月第 1 版　　2022 年 8 月第 2 版
印次：2022 年 8 月第 2 版北京第 1 次印刷
发行：新华书店北京发行所
开本：720mm×960mm 1/16
印张：17
字数：300 千字
定价：38.00 元

第二版编写人员名单

主　编　陈　振　侯贤敏

副主编　何春花　肖　羽

参　编　尹　丽　苏恒迪　郝建丽

第一版编写人员名单

主　编　梁保松　曹殿立

副主编　侯建文　叶耀军　陈　振　胡丽萍

　　　　李　晔

参　编　韩忠海　张香伟　孙成金　温　建

　　　　李长旗　白洪远　侯贤敏　刘　芳

　　　　王亚伟

第二版前言

本书是普通高等教育农业农村部“十三五”规划教材，全国高等农林院校“十三五”规划教材《线性代数(第三版)》(陈振、德娜·吐热汗、杜世平主编)的配套使用教材．“国立根本，在乎教育，教育根本，实在教科书．”中国近代教育家陆费逵在《中华书局宣言书》中明确提出了“教科书革命”的口号．教科书是教育的核心因素之一，是教学效果的“起点”和“抓手”．

按照配套教材的要求，本书在第一版的基础上进行了内容删减、更新补充以及结构上的优化，内容按章编写，每章结构如下：

1. 思维导图

思维导图的层次性，能够将每一章的知识点通过分类、整理、综合、重塑，构建成一个完备的网格结构图，清晰呈现每一个章节知识点之间的深层关联性，从而将碎片化知识点条理化和体系化．

2. 内容提要

内容提要对每一章教学内容进行详尽、系统的归纳总结，使读者能够全面把握知识体系与学习重点．

3. 典型例题

典型例题对重点例题进行分类解析，对各类题型的解题思路和方法进行归纳总结，选题广泛，题型丰富．

4. 同步练习

同步练习题量适中，并给出了参考答案，以检验学习效果为目标．

5. 考研题解析

考研题解析与硕士研究生入学考试接轨，在时间跨度上覆盖了1987—2022年的题型．

本书内容覆盖了线性代数课程的教学大纲，以及硕士研究生入学考试的考试大纲，在内容和方法上努力追求一个“精”字．本书选题遵循两个原则：一是根据掌握内容之必需；二是历年硕士研究生入学考试试题所体现的具体要求和题型．对所选题目都提供了详尽的解题过程，读者可以从该过程中明晰逻辑关系，厘清解题思路，提炼解题方法．解题过程中的分析和点拨，解题后的注，可以使读者收到举一反三、事半功倍的学习效果．

本书可作为高等学校非数学专业学生学习线性代数课程的辅导教材、考研复习用书或教师教学参考书．本书的编写分工为：河南农业大学的尹丽、肖羽编写第一、三章，河南农业大学的侯贤敏、何春花编写第二、四章，河南农业大学的苏恒迪编写第五章，商丘师范学院的郝建丽对书中题目的计算过程进行了核对，最后由陈振教授统一定稿．

对中国农业出版社为本书的顺利出版所付出的辛勤劳动表示衷心的感谢！向所有参与本书创作的编者们表示感谢！虽然我们十分努力，但由于水平所限，难免有错误与不妥之处，期待广大师生和读者给出更多更好的意见和建议．

编　者

2022年4月

第一版前言

本书是梁保松、苏本堂主编的高等农林院校十五规划教材《线性代数及其应用》的配套使用教材．按照配套教材的要求，本书对总体框架进行了整合，内容按章编写，每章结构如下：

一、**内容提要**　此版块对每一章、节必须掌握的概念、性质和公式进行了归纳，供证明、计算时查阅．

二、**范例解析**　此版块对每章、节题型进行了分类解析，并对每种题型的解题思路、技巧进行了归纳总结，有些题给出了多种解法，对容易出错的地方还作了详尽注解．

三、**自测题**　此版块配置了适量难易程度适中的习题，并给出了参考答案。所选题型是编者多年教学实践中积累的成果，供读者自测本章内容掌握的程度．

四、**考研题解析**　此版块涵盖了1987年至2006年的考研试题，并作了详尽解答，供有志考研的读者选用．

本书在编写的过程中注意专题讲述与范例解析相结合，注重数学思维与数学方法的论述，以求思想观点、方法上的融会贯通．尤以“注意”的形式对相关专题加以分析和延拓，这是本书的特色．本书还具有概念清晰、内容全面、方法多样、综合性强等特点．

本书是编者在长期教学实践中积累的教学资料与经验之汇编，是在深入研究教学大纲与研究生数学考试大纲之后撰写而成的．我们期望本书不仅是广大学生学习数学的指导书、教师教学的参考书，而且也是报考硕士研究生者的一册广度与深度均较为合适的复习书，更期望能使读者在思维方法与解决问题能力等方面都有相当程度的提高.

参加本书编写的有：梁保松、曹殿立、侯建文、叶耀军、陈振、胡丽萍、李晔、韩忠海、张香伟、孙成金、温建、李长旗、白洪远、侯贤敏、刘芳、王亚伟等. 最后由梁保松教授统一定稿.

错漏之处，敬请各位同仁与朋友们扶正，我们不胜感激！

编　者

2006年6月2日

目　　录

第一章　行列式

思维导图

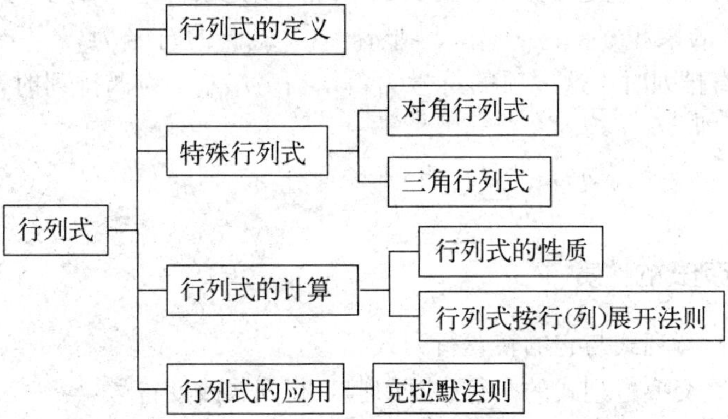

内容提要

一、n 阶行列式

1. 排列的逆序与奇偶性

定义 1　在一个 n 级排列 $i_1 i_2 \cdots i_n$ 中，若一个大数排在一个小数的前面，则称这两个数构成一个逆序．一个排列中逆序个数的总和，称为这个排列的逆序数，记为 $\tau(i_1 i_2 \cdots i_n)$．

逆序数为奇数的排列称为奇排列，逆序数为偶数的排列称为偶排列．

定义 2　一个排列中的某两个数 i，j 互换位置，其余的数不动，得到一个新的排列．对于排列所施行的这样的一个变换称为一次对换，用 (i, j) 表示．相邻两个数的对换称为邻换．

定理　一次对换改变排列的奇偶性．

推论 1　奇排列变成自然排列的对换次数为奇数，偶排列变成自然排列的对换次数为偶数．

推论 2 当$n\geqslant 2$时，全体n级排列中，奇排列和偶排列的个数相等，各为$n!/2$个.

2. n 阶行列式的定义

符号
$$D=\begin{vmatrix} a_{11} & a_{12} & \cdots & a_{1n} \\ a_{21} & a_{22} & \cdots & a_{2n} \\ \vdots & \vdots & & \vdots \\ a_{n1} & a_{n2} & \cdots & a_{nn} \end{vmatrix}$$

称为n阶行列式．它是$n!$ 项的代数和．每一项是取自于D的不同行与不同列的n个元素的乘积$a_{1i_1}a_{2i_2}\cdots a_{ni_n}$．项$a_{1i_1}a_{2i_2}\cdots a_{ni_n}$的符号为$(-1)^{\tau(i_1i_2\cdots i_n)}$，当$i_1i_2\cdots i_n$为奇排列时，这一项的符号为负，当$i_1i_2\cdots i_n$为偶排列时，这一项的符号为正，即

$$D=\sum_{i_1i_2\cdots i_n}(-1)^{\tau(i_1i_2\cdots i_n)}a_{1i_1}a_{2i_2}\cdots a_{ni_n}.$$

二、行列式的性质

性质 1 行列式与它的转置行列式相等.

性质 2 交换行列式的两行(或两列)，行列式改变符号.

推论 如果行列式有两行(列)完全相同，则行列式等于零.

性质 3 用一个数k乘行列式，等于行列式某一行(列)的所有元素都乘以k.也可以说，如果行列式某一行(列)的元素有公因子，则可以将公因子提到行列式外面.

推论 1 如果行列式有一行(列)元素全为零，则该行列式等于零.

推论 2 如果行列式有两行(列)的对应元素成比例，则这个行列式等于零.

性质 4 如果行列式的某一行(列)元素都可以表示为两项的和，则这个行列式可以表示为两个行列式的和.

性质 5 行列式的第i行(列)元素的k倍加到第j行(列)的对应元素上，行列式的值不变.

三、行列式按行(列)展开

定义 1 在n阶行列式D中任意取定k行和k列，位于这些行列交叉处的元素所构成的k阶行列式叫作行列式D的一个k阶子式.

定义 2 在n阶行列式D中划去元素a_{ij}所在的第i行和第j列的元素，剩余的元素按原次序构成的一个$n-1$阶行列式，称为a_{ij}的余子式，记为M_{ij}.称$(-1)^{i+j}M_{ij}$为a_{ij}的代数余子式，记为A_{ij}，即$A_{ij}=(-1)^{i+j}M_{ij}$.

定理 1　一个 n 阶行列式 D，如果其第 i 行(或第 j 列)的元素除 a_{ij} 外都为 0，则行列式 D 等于 a_{ij} 与它的代数余子式的乘积，即 $D=a_{ij}A_{ij}$.

定理 2　行列式等于它的任一行(列)的所有元素与它们对应的代数余子式乘积的和，即

$$D=a_{i1}A_{i1}+a_{i2}A_{i2}+\cdots+a_{in}A_{in}=\sum_{t=1}^{n}a_{it}A_{it}\quad(i=1,\ 2,\ \cdots,\ n),$$

$$D=a_{1j}A_{1j}+a_{2j}A_{2j}+\cdots+a_{nj}A_{nj}=\sum_{t=1}^{n}a_{tj}A_{tj}\quad(j=1,\ 2,\ \cdots,\ n).$$

定理 3　行列式的某一行(列)的元素与另外一行(列)对应元素的代数余子式的乘积之和等于零.

四、克莱姆法则

定理 1(克莱姆(Cramer)法则)　含有 n 个未知量、n 个方程的线性方程组 $\boldsymbol{AX}=\boldsymbol{b}$，当其系数行列式 $|\boldsymbol{A}|\neq 0$ 时，有且仅有一个解

$$x_1=\frac{D_1}{|\boldsymbol{A}|},\ x_2=\frac{D_2}{|\boldsymbol{A}|},\ \cdots,\ x_n=\frac{D_n}{|\boldsymbol{A}|},$$

其中，D_j 是把系数行列式 $|\boldsymbol{A}|$ 的第 j 列换为方程组的常数列 b_1，b_2，…，b_n 所得到的 n 阶行列式($j=1$，2，…，n).

定理 2　含有 n 个方程、n 个未知量的齐次线性方程组有非零解的充分必要条件是方程组的系数行列式等于零.

典 型 例 题

例 1　在六阶行列式 $D_6=|a_{ij}|_{6\times 6}$ 中，证明 $a_{51}a_{32}a_{13}a_{44}a_{65}a_{26}$ 是 D_6 的一项，并求这项应带的符号.

解　调换项中元素位置，使行下标为自然排列，得 $a_{51}a_{32}a_{13}a_{44}a_{65}a_{26}=a_{13}a_{26}a_{32}a_{44}a_{51}a_{65}$. 此时右端列下标排列为 362415. 因为右端是位于 D_6 的不同行不同列的 6 个元素的乘积，故它是 D_6 的一项. 该项所带符号可由右端列下标排列的逆序数的奇偶性确定. 因 $\tau(362415)=8$，故所给项应带正号.

例 2　问 $a_{11}a_{22}a_{33}a_{44}$，$a_{13}a_{14}a_{44}a_{21}$ 是不是如下四阶行列式 D_4 中的项. 若是，应带什么符号？

$$D_4=\begin{vmatrix} a_{11} & a_{22} & a_{33} & a_{44} \\ a_{21} & a_{32} & a_{23} & a_{34} \\ a_{31} & a_{14} & a_{42} & a_{43} \\ a_{12} & a_{41} & a_{13} & a_{24} \end{vmatrix}.$$

解　注意到 a_{ij} 的下标并不表示 a_{ij} 在 D 中的位置，不能形式地根据下标判别所给两项是不是 D 中的项．应根据这些元素实际在 D_4 中所处位置的行下标、列下标来判定．

由于 a_{11}，a_{22} 均位于 D_4 的第 1 行，即为同行元素，$a_{11}a_{22}a_{33}a_{44}$ 不是 D_4 的项．而 $a_{13}a_{14}a_{44}a_{21}$ 中 4 元素依次位于 D_4 中的第 4，3，1，2 行，第 3，2，4，1 列．因而它们是位于 D_4 中不同行不同列 4 个元素的乘积，故 $a_{13}a_{14}a_{44}a_{21}$ 是 D_4 中一项，因 $\tau(4312)+\tau(3241)=5+4=9$，故这一项在 D_4 中带负号．

例 3　一个 n 阶行列式中等于零的元素的个数如果比 n^2-n 多，则此行列式的值等于零．为什么？

解　根据行列式定义，行列式的每一项都是 n 个元素的连乘积．而 n 阶行列式共有 n^2 个元素，若等于零的元素个数大于 n^2-n，那么不等于零的元素个数就小于 $n^2-(n^2-n)=n$ 个，因而该行列式的每一项至少含一个零元素，所以每项都等于零，故此行列式的值等于零．

例 4　求多项式

$$f(x)=\begin{vmatrix} 5x & 1 & 2 & 3 \\ x & x & 1 & 2 \\ 1 & 2 & x & 3 \\ x & 1 & 2 & 2x \end{vmatrix}$$

中 x^4 和 x^3 项的系数．

解　$f(x)$中含 x 因子的元素有 $a_{11}=5x$，$a_{21}=x$，$a_{22}=x$，$a_{33}=x$，$a_{41}=x$，$a_{44}=2x$，因而含有 x 为因子的元素 a_{ij} 的列下标只能取 $j_1=1$，$j_2=1$，2，$j_3=3$，$j_4=1$，4.

于是含 x^4 的项中元素 a_{ij} 的列下标只能取 $j_1=1$，$j_2=2$，$j_3=3$，j_4-4，相应的 4 元排列只有一个自然顺序排列 1234，故含 x^4 的项为

$$(-1)^{\tau(1234)}a_{11}a_{22}a_{33}a_{44}=(-1)^0\,5x\cdot r\cdot x\cdot 2x=10x^4.$$

含 x^3 项中元素 a_{ij} 的列下标只能取 $j_2=1$，$j_3=3$，$j_4=4$ 与 $j_2=2$，$j_3=3$，$j_4=1$. 相应的 4 元排列只有 2134，4231，含 x^3 的相应项为

$$(-1)^{\tau(2134)}a_{12}a_{21}a_{33}a_{41}=-2x^3，(-1)^{\tau(4231)}a_{14}a_{22}a_{33}a_{41}=-3x^3，$$

故 $f(x)$中 x^3 的系数为$-2-3=-5$，x^4 的系数为 10.

例 5　计算下列行列式：

$$(1)D_n=\begin{vmatrix} 1 & 1 & 1 & \cdots & 1 \\ 1 & 2 & 1 & \cdots & 1 \\ 1 & 1 & 3 & \cdots & 1 \\ \vdots & \vdots & \vdots & & \vdots \\ 1 & 1 & 1 & \cdots & n \end{vmatrix};$$

$$(2)D_n=\begin{vmatrix}1&2&3&4&5&\cdots&n-1&n\\1&1&2&3&4&\cdots&n-2&n-1\\1&a&1&2&3&\cdots&n-3&n-2\\1&a&a&1&2&\cdots&n-4&n-3\\\vdots&\vdots&\vdots&\vdots&\vdots&&\vdots&\vdots\\1&a&a&a&a&\cdots&a&1\end{vmatrix}.$$

解　(1)D_n 中第1行的元素相同，将其他各行改写成两分行之和，去掉与第1行成比例的分行，得

$$D_n=\begin{vmatrix}1&1&1&\cdots&1\\1+0&1+1&1+0&\cdots&1+0\\1+0&1+0&1+2&\cdots&1+0\\\vdots&\vdots&\vdots&&\vdots\\1+0&1+0&1+0&\cdots&1+(n-1)\end{vmatrix}$$

$$=\begin{vmatrix}1&1&1&\cdots&1\\0&1&0&\cdots&0\\0&0&2&\cdots&0\\\vdots&\vdots&\vdots&&\vdots\\0&0&0&\cdots&n-1\end{vmatrix}$$

$$=1\cdot1\cdot2\cdots(n-1)=(n-1)!\,.$$

(2)D_n 虽有第1列元素相同，但将其他各列写成两分列之和，使其一分列与第1列成比例，去掉成比例的分列后，并不能将行列式化简，因此自第 n 列起，后列减去前列，再去掉与第1列成比例的分列，即得三角形行列式

$$D_n\xlongequal[i=n-1,\ \cdots,\ 2,\ 1]{c_{i+1}-c_i}\begin{vmatrix}1&1&1&1&\cdots&1&1\\1&0&1&1&\cdots&1&1\\1&a-1&1-a&1&\cdots&1&1\\1&a-1&0&1-a&\cdots&1&1\\\vdots&\vdots&\vdots&\vdots&&\vdots&\vdots\\1&a-1&0&0&\cdots&1-a&1\\1&a-1&0&0&\cdots&0&1-a\end{vmatrix}$$

$$\xlongequal[i=1,\ 2,\ \cdots,\ n-1]{c_{i+1}-c_1}\begin{vmatrix}1&0&0&0&\cdots&0&0\\1&-1&0&0&\cdots&0&0\\1&a-2&-a&0&\cdots&0&0\\1&a-2&-1&-a&\cdots&0&0\\\vdots&\vdots&\vdots&\vdots&&\vdots&\vdots\\1&a-2&-1&-1&\cdots&-a&0\\1&a-2&-1&-1&\cdots&-1&-a\end{vmatrix}$$

$$=(-1)(-a)^{n-2}=(-1)^{n-1}a^{n-2}.$$

例 6 证明

$$D_4=\begin{vmatrix} a^2 & (a+1)^2 & (a+2)^2 & (a+3)^2 \\ b^2 & (b+1)^2 & (b+2)^2 & (b+3)^2 \\ c^2 & (c+1)^2 & (c+2)^2 & (c+3)^2 \\ d^2 & (d+1)^2 & (d+2)^2 & (d+3)^2 \end{vmatrix}=0.$$

证 将 D_4 的第 2，3，4 列展开，去掉与第 1 列成比例的分列，得

$$D_4=\begin{vmatrix} a^2 & 2a+1 & 4a+4 & 6a+9 \\ b^2 & 2b+1 & 4b+4 & 6b+9 \\ c^2 & 2c+1 & 4c+4 & 6c+9 \\ d^2 & 2d+1 & 4d+4 & 6d+9 \end{vmatrix}$$

$$\xlongequal[\text{成比例的分列}]{\text{去掉与第 2 列}}\begin{vmatrix} a^2 & 2a+1 & 2 & 4a+8 \\ b^2 & 2b+1 & 2 & 4b+8 \\ c^2 & 2c+1 & 2 & 4c+8 \\ d^2 & 2d+1 & 2 & 4d+8 \end{vmatrix}$$

$$\xlongequal[\text{成比例的分列}]{\text{去掉与第 3 列}}\begin{vmatrix} a^2 & 2a & 2 & 4a \\ b^2 & 2b & 2 & 4b \\ c^2 & 2c & 2 & 4c \\ d^2 & 2d & 2 & 4d \end{vmatrix}\xlongequal{\text{2，4 两列成比例}}0.$$

例 7 计算 n 阶行列式

$$D_n=\begin{vmatrix} a & 1 & 1 & \cdots & 1 & 1 \\ 1 & a & 1 & \cdots & 1 & 1 \\ 1 & 1 & a & \cdots & 1 & 1 \\ \vdots & \vdots & \vdots & & \vdots & \vdots \\ 1 & 1 & 1 & \cdots & a & 1 \\ 1 & 1 & 1 & \cdots & 1 & a \end{vmatrix}.$$

解 D_n 的行、列和都等于 $a+n-1$，先将各列加到第 1 列，再化成三角形行列式，有

$$D_n=\begin{vmatrix} a+n-1 & 1 & 1 & \cdots & 1 & 1 \\ a+n-1 & a & 1 & \cdots & 1 & 1 \\ a+n-1 & 1 & a & \cdots & 1 & 1 \\ \vdots & \vdots & \vdots & & \vdots & \vdots \\ a+n-1 & 1 & 1 & \cdots & a & 1 \\ a+n-1 & 1 & 1 & \cdots & 1 & a \end{vmatrix}$$

$$=(a+n-1)\begin{vmatrix} 1 & 1 & 1 & \cdots & 1 & 1 \\ 1 & a & 1 & \cdots & 1 & 1 \\ 1 & 1 & a & \cdots & 1 & 1 \\ \vdots & \vdots & \vdots & & \vdots & \vdots \\ 1 & 1 & 1 & \cdots & a & 1 \\ 1 & 1 & 1 & \cdots & 1 & a \end{vmatrix}$$

$$\xlongequal[i=2,3,\cdots,n]{r_i-r_1}(a+n-1)\begin{vmatrix} 1 & 1 & 1 & \cdots & 1 & 1 \\ 0 & a-1 & 0 & \cdots & 0 & 0 \\ 0 & 0 & a-1 & \cdots & 0 & 0 \\ \vdots & \vdots & \vdots & & \vdots & \vdots \\ 0 & 0 & 0 & \cdots & a-1 & 0 \\ 0 & 0 & 0 & \cdots & 0 & a-1 \end{vmatrix}$$

$$=(a+n-1)(a-1)^{n-1}.$$

例 8 设 $D=\begin{vmatrix} 1 & 2 & 3 & 4 \\ 5 & 6 & 7 & 8 \\ 2 & 3 & 4 & 5 \\ 6 & 7 & 8 & 9 \end{vmatrix}$，求 $3A_{12}+7A_{22}+4A_{32}+8A_{42}$，其中 A_{i2} 为 D 中元素 $a_{i2}(i=1, 2, 3, 4)$ 的代数余子式．

解法一 因 A_{i2} 为 D 中元素 a_{i2} 的代数余子式($i=1, 2, 3, 4$)，故将 D 中第 2 列元素依次换为 3，7，4，8，即得

$$3A_{12}+7A_{22}+4A_{32}+8A_{42}=\begin{vmatrix} 1 & 3 & 3 & 4 \\ 5 & 7 & 7 & 8 \\ 2 & 4 & 4 & 5 \\ 6 & 8 & 8 & 9 \end{vmatrix}=0.$$

解法二 因 3，7，4，8 恰为 D 中第 3 列元素，而 A_{12}，A_{22}，A_{32}，A_{42} 为 D 中第 2 列元素的代数余子式，故 $3A_{12}+7A_{22}+4A_{32}+8A_{42}$ 表示 D 中第 3 列元素与第 2 列的对应元素的代数余子式乘积的和，故 $3A_{12}+7A_{22}+4A_{32}+8A_{42}=0$.

例 9 已知五阶行列式

$$D_5=\begin{vmatrix} 1 & 2 & 3 & 4 & 5 \\ 2 & 2 & 2 & 1 & 1 \\ 3 & 1 & 2 & 4 & 5 \\ 1 & 1 & 1 & 2 & 2 \\ 4 & 3 & 1 & 5 & 0 \end{vmatrix}=27,$$

求 $A_{41}+A_{42}+A_{43}$ 和 $A_{44}+A_{45}$，其中 $A_{4j}(j=1, 2, 3, 4, 5)$ 为 D_5 中第 4 行第

j 列元素的代数余子式.

解 由已知条件得

$$\begin{cases}(1\cdot A_{41}+1\cdot A_{42}+1\cdot A_{43})+(2\cdot A_{44}+2\cdot A_{45})=27,\\(2\cdot A_{41}+2\cdot A_{42}+2\cdot A_{43})+(1\cdot A_{44}+1\cdot A_{45})=0,\end{cases}$$

解上面方程组得 $A_{41}+A_{42}+A_{43}=-9$，$A_{44}+A_{45}=18$.

例 10 计算 n 阶行列式

$$D_n=\begin{vmatrix}x & -1 & 0 & \cdots & 0 & 0 & 0\\0 & x & -1 & \cdots & 0 & 0 & 0\\\vdots & \vdots & \vdots & & \vdots & \vdots & \vdots\\0 & 0 & 0 & \cdots & x & -1 & 0\\0 & 0 & 0 & \cdots & 0 & x & -1\\a_n & a_{n-1} & a_{n-2} & \cdots & a_3 & a_2 & a_1\end{vmatrix}.$$

解 将第 2，3，…，n 列依次乘以 x，x^2，…，x^{n-1} 后都加到第 1 列，再按第 1 列展开得

$$D_n=\begin{vmatrix}0 & -1 & 0 & \cdots & 0 & 0\\0 & x & -1 & \cdots & 0 & 0\\\vdots & \vdots & \vdots & & \vdots & \vdots\\0 & 0 & 0 & \cdots & x & -1\\\sum_{i=1}^{n}a_ix^{n-i} & a_{n-1} & a_{n-2} & \cdots & a_2 & a_1\end{vmatrix}=\sum_{i=1}^{n}a_ix^{n-i}.$$

例 11 计算行列式：

$$(1)D_n=\begin{vmatrix}a & 0 & \cdots & 0 & 1\\0 & a & \cdots & 0 & 0\\\vdots & \vdots & & \vdots & \vdots\\0 & 0 & \cdots & a & 0\\1 & 0 & \cdots & 0 & a\end{vmatrix};$$

$$(2)D_{2n}=\begin{vmatrix}a & & & & & b\\ & a & & & b & \\ & & \ddots & \iddots & & \\ & & a & b & & \\ & & b & a & & \\ & & \iddots & \ddots & & \\ & b & & & a & \\b & & & & & a\end{vmatrix}.$$

解 (1)按第 1 行展开法：

$$D_n = a\begin{vmatrix} a & 0 & \cdots & 0 & 0 \\ 0 & a & \cdots & 0 & 0 \\ \vdots & \vdots & & \vdots & \vdots \\ 0 & 0 & \cdots & a & 0 \\ 0 & 0 & \cdots & 0 & a \end{vmatrix} + (-1)^{1+n}\begin{vmatrix} 0 & a & 0 & \cdots & 0 & 0 \\ 0 & 0 & a & \cdots & 0 & 0 \\ \vdots & \vdots & \vdots & & \vdots & \vdots \\ 0 & 0 & 0 & \cdots & 0 & a \\ 1 & 0 & 0 & \cdots & 0 & 0 \end{vmatrix}$$

$$= a\times a^{n-1} + (-1)^{1+n}(-1)^{n-1+1}\begin{vmatrix} a & 0 & \cdots & 0 & 0 \\ 0 & a & \cdots & 0 & 0 \\ \vdots & \vdots & & \vdots & \vdots \\ 0 & 0 & \cdots & a & 0 \\ 0 & 0 & \cdots & 0 & a \end{vmatrix}_{(n-2)\times(n-2)}$$

$$= a^n + (-1)^{2n+1}a^{n-2} = a^{n-2}(a^2-1).$$

(2)按第 1 行展开得两个 $2n-1$ 阶行列式，再将这两个 $2n-1$ 阶行列式都按最后一行展开，得递推关系式 $D_{2n}=(a^2-b^2)D_{2n-2}$.

同理，$D_{2n-2}=(a^2-b^2)D_{2n-4}$，$D_{2n-4}=(a^2-b^2)D_{2n-6}$，…，$D_2=\begin{vmatrix} a & b \\ b & a \end{vmatrix}=a^2-b^2$，故

$$D_{2n}=(a^2-b^2)D_{2n-2}=(a^2-b^2)^2D_{2n-4}=\cdots=(a^2-b^2)^{n-1}D_2=(a^2-b^2)^n.$$

例 12 计算行列式：

$$(1)D_n=\begin{vmatrix} 1 & 1 & \cdots & 1 \\ 2 & 2^2 & \cdots & 2^n \\ 3 & 3^2 & \cdots & 3^n \\ \vdots & \vdots & & \vdots \\ n & n^2 & \cdots & n^n \end{vmatrix};\ (2)D_4=\begin{vmatrix} 1 & 1 & 1 & 1 \\ a_1 & a_2 & a_3 & a_4 \\ a_1^2 & a_2^2 & a_3^2 & a_4^2 \\ a_1^4 & a_2^4 & a_3^4 & a_4^4 \end{vmatrix}.$$

解 (1)

$$D_n \xlongequal[\text{出公因数}]{\text{从各行提}} \begin{vmatrix} 1 & 1 & \cdots & 1 \\ 1 & 2 & \cdots & 2^{n-1} \\ 1 & 3 & \cdots & 3^{n-1} \\ \vdots & \vdots & & \vdots \\ 1 & n & \cdots & n^{n-1} \end{vmatrix}\cdot n!$$

$$\xlongequal{\text{转置}} n!\begin{vmatrix} 1 & 1 & 1 & \cdots & 1 \\ 1 & 2 & 3 & \cdots & n \\ 1 & 2^2 & 3^2 & \cdots & n^2 \\ \vdots & \vdots & \vdots & & \vdots \\ 1 & 2^{n-1} & 3^{n-1} & \cdots & n^{n-1} \end{vmatrix}$$

$$
\begin{aligned}
&=n!\prod_{1\leqslant j<i\leqslant n}(a_i-a_j)\\
&=n!\,(2-1)(3-1)\cdots(n-1)(3-2)(4-2)\cdots(n-2)\cdots\\
&\quad[n-(n-1)]\\
&=n!\,[1\cdot 2\cdots(n-1)][1\cdot 2\cdots(n-2)]\cdots 2!\,1!\\
&=1!\,2!\,3!\,\cdots(n-2)!\,(n-1)!\,n!.
\end{aligned}
$$

(2)这个行列式很像范德蒙行列式，就缺 $a_i^3(i=1,2,3,4)$ 的一行，因此给 D_4 加上一行和一列，配成范德蒙行列式，有

$$
D_5(x)=\begin{vmatrix}1&1&1&1&1\\a_1&a_2&a_3&a_4&x\\a_1^2&a_2^2&a_3^2&a_4^2&x^2\\a_1^3&a_2^3&a_3^3&a_4^3&x^3\\a_1^4&a_2^4&a_3^4&a_4^4&x^4\end{vmatrix}
$$

$$
=(x-a_1)(x-a_2)(x-a_3)(x-a_4)\prod_{1\leqslant j<i\leqslant 4}(a_i-a_j).
$$

由行列式 $D_5(x)$ 按第 5 列的展开式知，原行列式 D_4 是 $D_5(x)$ 中 x^3 的系数的相反数，而由上式右端知，x^3 的系数为 $-\left(\sum\limits_{i=1}^{4}a_i\right)\prod\limits_{1\leqslant j<i\leqslant 4}(a_i-a_j)$，故

$$
D_4=\left(\sum_{i=1}^{4}a_i\right)\prod_{1\leqslant j<i\leqslant 4}(a_i-a_j).
$$

例 13 计算 $D_4=\begin{vmatrix}1&1&2&3\\1&2-x^2&2&3\\2&3&1&5\\2&3&1&9-x^2\end{vmatrix}$.

解 当 $x=\pm1$ 时，第 1，2 行的对应元素相同，所以 $D_4=0$，因此 D_4 中含有因式 $(x-1)(x+1)$；又当 $x=\pm2$ 时，第 3，4 行对应元素相同，所以 $D_4=0$. 可见 D_4 中含有 $(x-2)(x+2)$ 因式. 由于 D_4 的项中含 x 的最高次数为 4，所以

$$
D_4=A(x-1)(x+1)(x-2)(x+2),
$$

其中 A 为待定常数.

而由行列式的定义知，D_4 中含 x^4 的项为 $a_{1j_1}a_{22}a_{3j_3}a_{44}$，$j_1$，$j_3$ 取数码1，3 的排列对应的项，即 $j_1=1$，$j_3=3$ 或 $j_1=3$，$j_3=1$，所对应的项为

$$
(-1)^{\tau}a_{11}a_{22}a_{33}a_{44}=1\times(2-x^2)\times1\times(9-x^2)=x^4+\cdots,
$$

$$
(-1)^{\tau}a_{13}a_{22}a_{31}a_{44}=(-1)^3\times2\times(2-x^2)\times2\times(9-x^2)=-4x^4+\cdots,
$$

于是 D_4 中 x^4 的系数为 $A=1-4=-3$，所以

$$D_4=-3(x-1)(x+1)(x-2)(x+2).$$

例 14 解方程

$$\begin{vmatrix} 1 & 1 & 1 & \cdots & 1 \\ 1 & 1-x & 1 & \cdots & 1 \\ 1 & 1 & 2-x & \cdots & 1 \\ \vdots & \vdots & \vdots & & \vdots \\ 1 & 1 & 1 & \cdots & (n-1)-x \end{vmatrix}=0.$$

解 当 $x=0$，1，2，…，$n-2$ 时，左端的行列式有两列相同，故其值为零，因此左边的行列式等于 $Ax(x-1)\cdots(x-n+2)$，原方程变为 $Ax(x-1)\cdots(x-n+2)=0$，其根为 $x_1=0$，$x_2=1$，…，$x_{n-1}=n-2$.

例 15 已知 1326，2743，5005，3874 都能被 13 整除，不计算行列式的值，试证

$$D_4=\begin{vmatrix} 1 & 3 & 2 & 6 \\ 2 & 7 & 4 & 3 \\ 5 & 0 & 0 & 5 \\ 3 & 8 & 7 & 4 \end{vmatrix}$$

能被 13 整除 .

证 把 D_4 的第 1 行看成一个四位数，其千位数字是 1，百位数字是 3，十位数字是 2，个位数字是 6，即 1326；同样将 D_4 的第 2，3，4 行也分别看成四位数 2743，5005，3874.

为使 D_4 的第 4 列上各元素变成这四个四位数，将第 1，2，3 列分别乘以 10^3，10^2，10 且都加到第 4 列，得

$$D_4=\begin{vmatrix} 1 & 3 & 2 & 1326 \\ 2 & 7 & 4 & 2743 \\ 5 & 0 & 0 & 5005 \\ 3 & 8 & 7 & 3874 \end{vmatrix},$$

由题设，上面的行列式第 4 列各元素都能被 13 整除，即第 4 列有公因数 13，故 D_4 能被 13 整除 .

例 16 当 λ 为何值时，下述齐次线性方程组只有零解 .

$$\begin{cases} \lambda x_1+x_2-x_3=0, \\ x_1+\lambda x_2-x_3=0, \\ 2x_1-x_2+x_3=0. \end{cases}$$

解 当系数行列式

$$D=\begin{vmatrix}\lambda & 1 & -1\\ 1 & \lambda & -1\\ 2 & -1 & 1\end{vmatrix}\xlongequal{c_2+c_3}\begin{vmatrix}\lambda & 0 & -1\\ 1 & \lambda-1 & -1\\ 2 & 0 & 1\end{vmatrix}=(\lambda-1)(\lambda+2)\neq 0,$$

即 $\lambda\neq 1$ 且 $\lambda\neq -2$ 时，上述方程组仅有零解．

例 17 判定方程组 $\begin{cases}(a^2-2)x_1+x_2-2x_3=0,\\ -5x_1+(a^2+3)x_2-3x_3=0,\\ x_1+(a^2+2)x_3=0\end{cases}$ 是否仅有零解．

解 因系数行列式

$$D=\begin{vmatrix}a^2-2 & 1 & -2\\ -5 & a^2+3 & -3\\ 1 & 0 & a^2+2\end{vmatrix}\xlongequal[c_1-c_3]{c_1+c_2}\begin{vmatrix}a^2+1 & 1 & -2\\ a^2+1 & a^2+3 & -3\\ -(a^2+1) & 0 & a^2+2\end{vmatrix}$$

$$=(a^2+1)\begin{vmatrix}1 & 1 & -2\\ 1 & a^2+3 & -3\\ -1 & 0 & a^2+2\end{vmatrix}\xlongequal[r_3+r_1]{r_2-r_1}(a^2+1)\begin{vmatrix}1 & 1 & -2\\ 0 & a^2+2 & -1\\ 0 & 1 & a^2\end{vmatrix}$$

$$=(a^2+1)^3>0,$$

故所给齐次线性方程组只有零解．

例 18 问 λ 为何值时，下述齐次线性方程组有非零解．

$$\begin{cases}2x_1+\lambda x_2+x_3=0,\\ (\lambda-1)x_1-x_2+2x_3=0,\\ 4x_1+x_2+4x_3=0.\end{cases}$$

解 齐次线性方程组的系数行列式为

$$D=\begin{vmatrix}2 & \lambda & 1\\ \lambda-1 & -1 & 2\\ 4 & 1 & 4\end{vmatrix}\xlongequal[r_3-4r_1]{r_2-2r_1}\begin{vmatrix}2 & \lambda & 1\\ \lambda-5 & -1-2\lambda & 0\\ -4 & 1-4\lambda & 0\end{vmatrix}$$

$$=(-1)^{1+3}\cdot 1\cdot\begin{vmatrix}\lambda-5 & -1-2\lambda\\ -4 & 1-4\lambda\end{vmatrix}$$

$$=(9-4\lambda)(\lambda-1).$$

令 $D=0$，得 $\lambda=9/4$，$\lambda=1$，所以当 $\lambda=9/4$ 或 $\lambda=1$ 时，所给方程组有非零解．

例 19 设 a_1，a_2，…，a_{n-1} 是互不相等的实数，问 λ 为何值时，下述齐次线性方程组有非零解．

$$\begin{cases} x_1+\lambda x_2+\lambda^2 x_3+\cdots+\lambda^{n-1}x_n=0, \\ x_1+a_1x_2+a_1^2x_3+\cdots+a_1^{n-1}x_n=0, \\ x_1+a_2x_2+a_2^2x_3+\cdots+a_2^{n-1}x_n=0, \\ \cdots\cdots\cdots\cdots \\ x_1+a_{n-1}x_2+a_{n-1}^2x_3+\cdots+a_{n-1}^{n-1}x_n=0. \end{cases}$$

解 系数行列式为

$$D(\lambda)=\begin{vmatrix} 1 & \lambda & \lambda^2 & \cdots & \lambda^{n-1} \\ 1 & a_1 & a_1^2 & \cdots & a_1^{n-1} \\ 1 & a_2 & a_2^2 & \cdots & a_2^{n-1} \\ \vdots & \vdots & \vdots & & \vdots \\ 1 & a_{n-1} & a_{n-1}^2 & \cdots & a_{n-1}^{n-1} \end{vmatrix}.$$

当 $\lambda=a_i(i=1, 2, \cdots, n-1)$ 时，因为 $D(a_i)$ 中有两行相同，所以 $D(a_i)=0$，故当 $\lambda=a_i(i=1, 2, \cdots, n-1)$ 时，方程组有非零解．

例 20 用展开的方法证明

$$\begin{vmatrix} a_{11} & a_{12} & 0 & 0 \\ a_{21} & a_{22} & 0 & 0 \\ *_1 & *_2 & b_{11} & b_{12} \\ *_3 & *_4 & b_{21} & b_{22} \end{vmatrix}=\begin{vmatrix} a_{11} & a_{12} \\ a_{21} & a_{22} \end{vmatrix}\cdot\begin{vmatrix} b_{11} & b_{12} \\ b_{21} & b_{22} \end{vmatrix},$$

其中“$*_i$”为任意数，$i=1, 2, 3, 4$.

解 令上式左端的行列式为 D_4，按其第 1 行展开，得

$$\begin{aligned} D_4 &=a_{11}\begin{vmatrix} a_{22} & 0 & 0 \\ *_2 & b_{11} & b_{12} \\ *_4 & b_{21} & b_{22} \end{vmatrix}-a_{12}\begin{vmatrix} a_{21} & 0 & 0 \\ *_1 & b_{11} & b_{12} \\ *_2 & b_{21} & b_{22} \end{vmatrix} \\ &=a_{11}a_{22}\begin{vmatrix} b_{11} & b_{12} \\ b_{21} & b_{22} \end{vmatrix}-a_{12}a_{21}\begin{vmatrix} b_{11} & b_{12} \\ b_{21} & b_{22} \end{vmatrix} \\ &=(a_{11}a_{22}-a_{21}a_{22})\begin{vmatrix} b_{11} & b_{12} \\ b_{21} & b_{22} \end{vmatrix}=\begin{vmatrix} a_{11} & a_{22} \\ a_{21} & a_{22} \end{vmatrix}\begin{vmatrix} b_{11} & b_{12} \\ b_{21} & b_{22} \end{vmatrix}. \end{aligned}$$

同 步 练 习

一、填空题

(1)已知 $a_{14}a_{2j}a_{31}a_{42}$ 是四阶行列式中的一项，则 $j=$________，该项所带符号为________.

(2)已知 $f(x)=\begin{vmatrix} -x & 3 & 1 & 3 & 0 \\ x & 3 & 2x & 11 & 4 \\ -1 & x & 0 & 4 & 3x \\ 2 & 21 & 4 & x & 5 \\ 1 & -7x & 3 & -1 & 2 \end{vmatrix}$，则 $f(x)$ 中 x^4 的系数=________.

(3)设 A_{ij} 是 n 阶行列式 D 中元素 a_{ij} 的代数余子式，则 $\sum\limits_{k=1}^{n} a_{ik}A_{jk}=$________.

(4)各列元素之和为 0 的 n 阶行列式的值等于________.

(5)若将 n 阶行列式 D 中的每个元素添上负号得一新行列式 Δ，则 $\Delta=$________ D.

(6)设 $|\boldsymbol{A}|=\begin{vmatrix} 1 & 2 & 3 & 4 \\ 2 & 3 & 4 & 1 \\ 3 & 4 & 1 & 2 \\ 4 & 1 & 2 & 3 \end{vmatrix}$，则

①$A_{12}+2A_{22}+3A_{32}+4A_{42}=$______；　②$A_{31}+2A_{32}+A_{34}=$______.

(7)若 $\begin{vmatrix} \lambda-3 & -2 & 2 \\ k & \lambda+1 & -k \\ -4 & -2 & \lambda+3 \end{vmatrix}=0$，则 $\lambda=$________.

(8)设 α，β，γ 是三次方程 $x^3+px+q=0$ 的根，则 $D=\begin{vmatrix} \alpha & \beta & \gamma \\ \gamma & \alpha & \beta \\ \beta & \gamma & \alpha \end{vmatrix}=$______.

二、选择题

(1)行列式 $D_4=\begin{vmatrix} 0 & 1 & 0 & 5 \\ 0 & 2 & 2 & 6 \\ 3 & 3 & 0 & 7 \\ 0 & 4 & 0 & 8 \end{vmatrix}$ 的值为(　　).

(A)-12；　　(B)-24；　　(C)-36；　　(D)-72.

(2)行列式 $D_5=\begin{vmatrix}4&3&0&0&0\\1&4&3&0&0\\0&1&4&3&0\\0&0&1&4&3\\0&0&0&1&4\end{vmatrix}$ 的值为(　　).

(A)264；　　(B)364；　　(C)-264；　　(D)-364.

(3)方程 $f(x)=\begin{vmatrix}x-2&x-1&x-2&x-3\\2x-2&2x-1&2x-2&2x-3\\3x-3&3x-2&4x-5&3x-5\\4x&4x-3&5x-7&4x-3\end{vmatrix}=0$ 的根的个数为(　　).

(A)1；　　(B)2；　　(C)3；　　(D)4.

(4)如果 $\begin{cases}3x+ky-z=0,\\4y+z=0,\\kx-5y-z=0\end{cases}$ 有非零解，则 $k=$(　　).

(A)0；　　(B)1；　　(C)-1；　　(D)-3.

三、计算与证明题

(1)计算下列行列式：

① $D_n=\begin{vmatrix}1&1&1&\cdots&1\\1&2&1&\cdots&1\\1&1&3&\cdots&1\\\vdots&\vdots&\vdots&&\vdots\\1&1&1&\cdots&n\end{vmatrix}$；② $\Delta_{n+1}=\begin{vmatrix}a+x_1&a&\cdots&a&a\\a&a+x_2&\cdots&a&a\\\vdots&\vdots&&\vdots&\vdots\\a&a&\cdots&a+x_n&a\\a&a&\cdots&a&a\end{vmatrix}$.

(2)设四阶行列式 D_4 的第 2 行元素分别为 1，-5，0，8. ①当 $|D_4|=4$，并且第 2 行的元素所对应的代数余子式分别为 4，a，-3，2 时，求 a 的值；②当第 4 行元素对应的余子式依次为 4，a，-3，2 时，求 a 的值.

(3)用行列式的性质，证明 $D_3=\begin{vmatrix}1&0&4\\3&2&5\\4&1&6\end{vmatrix}$ 能被 13 整除.

(4)设 a，b，c 为互异实数，证明行列式 $D=\begin{vmatrix}a&b&c\\a^2&b^2&c^2\\b+c&c+a&a+b\end{vmatrix}$ 为 0 的充分必要条件是 $a+b+c=0$.

(5)设 $f(x)=\begin{vmatrix} 1 & x-1 & 2x-1 \\ 1 & x-2 & 3x-2 \\ 1 & x-3 & 4x-3 \end{vmatrix}$，证明存在 $\xi\in(0,1)$，使 $f'(\xi)=0$.

(6)解方程 $D_4(x)=\begin{vmatrix} a_1 & a_2 & a_3 & a_4+x \\ a_1 & a_2 & a_3+x & a_4 \\ a_1 & a_2+x & a_3 & a_4 \\ a_1+x & a_2 & a_3 & a_4 \end{vmatrix}=0$.

同步练习参考答案

一、填空题

解 (1)据行列式定义，该项是不同行不同列元素的乘积，因此必有 $j=3$. 由于 a_{14}，a_{23}，a_{31}，a_{42} 的列指标排列为(4312)，$\tau(4312)=3+2+0=5$ 是奇数，所以该项带负号.

(2) $f(x)$ 中含 x 因子的元素有

$$a_{11}=-x，a_{21}=x，a_{23}=2x，a_{32}=x，a_{35}=3x，a_{44}=x，a_{52}=-7x，$$

因而含有 x 因子的元素 a_{ij_i} 的列下标只能取：

$$j_1=1；j_2=1，3；j_3=2，5；j_4=4；j_5=2.$$

于是含 x^4 的项中元素 a_{ij_i} 的列下标只能取 $j_1=1$，$j_2=3$，$j_3=2$，$j_4=4$ 与 $j_2=1$，$j_3=5$，$j_4=4$，$j_5=2$；相应的 5 元排列只有 13245，31542，含 x^4 的相应项为

$$(-1)\tau^{(13245)}a_{11}a_{23}a_{32}a_{44}a_{55}-4x^4，(-1)\tau^{(31542)}a_{13}a_{21}a_{35}a_{44}a_{52}=21x^4，$$

故 $f(x)$ 中 x^4 的系数为 $21+4=25$.

(3)由行列式按行(列)展开定理有 $\begin{cases} D，i=j， \\ 0，i\neq j. \end{cases}$

(4)由条件，将该行列式的行相加，则该行列式某行的元素全为零，由行列式的性质，该行列式的值为零.

(5)从行列式 Δ 中每行提出公因子(-1)，则 $\Delta=(-1)^n D$.

(6)① 由于 $a_{11}=1$，$a_{21}=2$，$a_{31}=3$，$a_{41}=4$，有

$$A_{12}+2A_{22}+3A_{32}+4A_{42}=a_{11}A_{12}+a_{21}A_{22}+a_{31}A_{32}+a_{41}A_{42}=0.$$

② 因为 A_{ij} 与元素 a_{ij} 的大小无关，可构造一个行列式(用 A_{3j} 的系数置换

$|\boldsymbol{A}|$第 3 行的元素)，即$|\boldsymbol{B}|=\begin{vmatrix}1&2&3&4\\2&3&4&1\\1&2&0&1\\4&1&2&3\end{vmatrix}$，则行列式$|\boldsymbol{A}|$与$|\boldsymbol{B}|$第 3 行元素的代数余子式是一样的，一方面，对$|\boldsymbol{B}|$按第 3 行展开有$|\boldsymbol{B}|=A_{31}+2A_{32}+A_{34}$，对行列式$|\boldsymbol{B}|$恒等变形，有

$$|\boldsymbol{B}|=\begin{vmatrix}1&2&3&4\\2&3&4&1\\1&2&0&1\\4&1&2&3\end{vmatrix}=\begin{vmatrix}1&2&3&4\\2&3&4&1\\0&0&-3&-3\\4&1&2&3\end{vmatrix}=\begin{vmatrix}1&2&3&1\\2&3&4&-3\\0&0&-3&0\\4&1&2&1\end{vmatrix}$$

$$=-3\begin{vmatrix}1&2&1\\2&3&-3\\4&1&1\end{vmatrix}=-3\begin{vmatrix}1&0&0\\2&-1&-5\\4&-7&-3\end{vmatrix}=96,$$

所以$A_{31}+2A_{32}+A_{34}=96$.

(7)把第 3 列加至第 1 列，第 1 列有公因式$\lambda-1$.

$$\begin{vmatrix}\lambda-3&-2&2\\k&\lambda+1&-k\\-4&-2&\lambda+3\end{vmatrix}=\begin{vmatrix}\lambda-1&-2&2\\0&\lambda+1&-k\\\lambda-1&-2&\lambda+3\end{vmatrix}=\begin{vmatrix}\lambda-1&-2&2\\0&\lambda+1&-k\\0&0&\lambda+1\end{vmatrix}$$

$$=(\lambda-1)(\lambda+1)^2=0,$$

所以λ为 1，-1，-1.

(8)D的行和都等于$\alpha+\beta+\gamma$，先把各列都加到第 1 列，提出公因式，有

$$D=\begin{vmatrix}\alpha+\beta+\gamma&\beta&\gamma\\\alpha+\beta+\gamma&\alpha&\beta\\\alpha+\beta+\gamma&\gamma&\alpha\end{vmatrix}=(\alpha+\beta+\gamma)\begin{vmatrix}1&\beta&\gamma\\1&\alpha&\beta\\1&\gamma&\alpha\end{vmatrix},$$

因α，β，γ是方程$x^3+0x^2+px+q=0$的根，由根与系数的关系知$\alpha+\beta+\gamma=0$，从而$D=0$.

二、选择题

解 (1)根据行列式的性质，有

$$D_4=(-1)^{2+3}\times2\times\begin{vmatrix}0&1&5\\3&3&7\\0&4&8\end{vmatrix}=-2\times\begin{vmatrix}0&1&5\\3&3&7\\0&4&8\end{vmatrix}$$

$$=(-1)^{1+2}\times 3\times(-2)\times\begin{vmatrix}1&5\\4&8\end{vmatrix}=6\times(8-20)=-72,$$

故应选(D).

(2)对于这类三对角线行列式通常可用递推法，例如按第1列展开，有

$$D_5=4\begin{vmatrix}4&3&0&0\\1&4&3&0\\0&1&4&3\\0&0&1&4\end{vmatrix}-\begin{vmatrix}3&0&0&0\\1&4&3&0\\0&1&4&3\\0&0&1&4\end{vmatrix}=4D_4-3D_3,$$

于是 $D_5-D_4=3(D_4-D_3)=3^2(D_3-D_2)=3^3(D_2-D_1)=3^5$，那么

$$\begin{aligned}D_5&=D_4+3^5=D_3+3^4+3^5=D_2+3^3+3^4+3^5\\&=D_1+3^2+3^3+3^4+3^5=364,\end{aligned}$$

故选(B).

(3)问方程 $f(x)=0$ 有几个根，也就是问 $f(x)$ 是 x 的几次多项式．为此应先对 $f(x)$ 作恒等变形．将第1列的-1倍分别加至第2，3，4列，得

$$f(x)=\begin{vmatrix}x-2&1&0&-1\\2x-2&1&0&-1\\3x-3&1&x-2&-2\\4x&-3&x-7&-3\end{vmatrix},$$

再将第2列加至第4列，行列式的右上角为0. 用拉普拉斯展开式，从而知应选(B).

(4)方程组的系数行列式为

$$D=\begin{vmatrix}3&k&-1\\0&4&1\\k&-5&-1\end{vmatrix},$$

将第3行的(-1)倍加于第1行，第3行加于第2行，得

$$D=\begin{vmatrix}3-k&5+k&0\\k&-1&0\\k&-5&-1\end{vmatrix},$$

按第3列展开，得 $D=k^2+4k+3=(k+1)(k+3)$. 若方程组有非零解，则 $D=0$，故 $k=-1$ 或 $k=3$，故选(C)、(D).

三、计算与证明题

(1)**解** ① **解法一** D_n 中第1行元素全部相同，将其他各行改写成两分行之和，去掉与第1行成比例的分行，得

$$D_n=\begin{vmatrix}1&1&1&\cdots&1\\1+0&1+1&1+0&\cdots&1+0\\1+0&1+0&1+2&\cdots&1+0\\\vdots&\vdots&\vdots&&\vdots\\1+0&1+0&1+0&\cdots&1+n-1\end{vmatrix}$$

$$=\begin{vmatrix}1&1&1&\cdots&1\\0&1&0&\cdots&0\\0&0&2&\cdots&0\\\vdots&\vdots&\vdots&&\vdots\\0&0&0&\cdots&n-1\end{vmatrix}=(n-1)!\ .$$

解法二 D_n 中第 1 列元素也全部相同，各列中去掉与第 1 列成比例的分列，D_n 即可化成下三角行列式，得到解法一的结果．

② **解法一** Δ_{n+1} 中去掉与第 n 列成比例的分列得

$$\Delta_{n+1}=\begin{vmatrix}x_1&0&\cdots&0&a\\0&x_2&\cdots&0&a\\\vdots&\vdots&&\vdots&\vdots\\0&0&\cdots&x_n&a\\0&0&\cdots&0&a\end{vmatrix}=a\prod_{i=1}^{n}x_i.$$

解法二 去掉与第 n 行成比例的分行得到解法一中的结果．

(2)**解** ① 依题意可设 D_4 为

$$D_4=\begin{vmatrix}a_{11}&a_{12}&a_{13}&a_{14}\\1&-5&0&8\\a_{31}&a_{32}&a_{33}&a_{34}\\a_{41}&a_{42}&a_{43}&a_{44}\end{vmatrix}=4,$$

根据代数余子式的知识有 $a_{21}A_{21}+a_{22}A_{22}+a_{23}A_{23}+a_{24}A_{24}=D_4$，即

$$1\times4+(-5)a+0\times(-3)+8\times2=4,$$

所以 $4-5a+16=4$，$a=16/5$.

② 根据余子式的知识，有

$$a_{41}\times(-1)^{4+1}M_{41}+a_{42}\times(-1)^{4+2}M_{42}+a_{43}\times(-1)^{4+3}M_{43}+$$

$$a_{44}\times(-1)^{4+4}M_{44}=|\boldsymbol{A}|.$$

因为 a_{41}，a_{42}，a_{43}，a_{44} 具体数字未知，所以我们作行列式 $|\boldsymbol{A}|$ 为

$$|\boldsymbol{A}|=\begin{vmatrix} a_{11} & a_{12} & a_{13} & a_{14} \\ 1 & -5 & 0 & 8 \\ a_{31} & a_{32} & a_{33} & a_{34} \\ 1 & -5 & 0 & 8 \end{vmatrix}=0,$$

显然$|\boldsymbol{A}|$的第 4 行的余子式与 D_4 的第 4 行元素的余子式相同，因此有

$1\cdot(-1)^{4+1}\cdot 4+(-5)\cdot(-1)^{4+2}\cdot a+0\cdot(-1)^{4+3}\cdot(-3)+8\cdot(-1)^{4+4}\cdot 2=0$，即$-4-5a+16=0$，$a=12/5$.

(3)**证**　$104=13\times 8$，$325=13\times 25$，$416=13\times 32$，所以

$$D_3\xlongequal[\text{都加到第 3 列上去}]{\text{第 1 列乘以 100，第 2 列乘以 10}}\begin{vmatrix} 1 & 0 & 104 \\ 3 & 2 & 325 \\ 4 & 1 & 416 \end{vmatrix}=13\times\begin{vmatrix} 1 & 0 & 8 \\ 3 & 2 & 25 \\ 4 & 1 & 32 \end{vmatrix},$$

所以 D_3 能被 13 整除 .

(4)**证**　因为

$$D\xlongequal{r_3+r_1}\begin{vmatrix} a & b & c \\ a^2 & b^2 & c^2 \\ a+b+c & a+b+c & a+b+c \end{vmatrix}$$

$$=(a+b+c)\begin{vmatrix} a & b & c \\ a^2 & b^2 & c^2 \\ 1 & 1 & 1 \end{vmatrix}=(a+b+c)\begin{vmatrix} 1 & 1 & 1 \\ a & b & c \\ a^2 & b^2 & c^2 \end{vmatrix}$$

$$=(a+b+c)(c-a)(c-b)(b-a).$$

又由 a，b，c 为互异的实数，故 $D=0$ 的充分必要条件是 $a+b+c=0$.

(5)**证**　$f(x)$是关于 x 的二次多项式，在$(0,1)$中可导，于是

$$f(0)=\begin{vmatrix} 1 & -1 & -1 \\ 1 & -2 & -2 \\ 1 & -3 & -3 \end{vmatrix}=0,\quad f(1)=\begin{vmatrix} 1 & 0 & 1 \\ 1 & -1 & 1 \\ 1 & -2 & 1 \end{vmatrix}=0,$$

根据罗尔定理，存在$\xi\in(0,1)$使 $f'(\xi)=0$.

(6)**解**　$$D_4(x)\xlongequal[\text{加到第 1 列}]{\text{第 2，3，4 列}}\begin{vmatrix} \sum\limits_{i=1}^{4}a_i+x & a_2 & a_3 & a_4+x \\ \sum\limits_{i=1}^{4}a_i+x & a_2 & a_3+x & a_4 \\ \sum\limits_{i=1}^{4}a_i+x & a_2+x & a_3 & a_4 \\ \sum\limits_{i=1}^{4}a_i+x & a_2 & a_3 & a_4 \end{vmatrix}$$

$$\xlongequal[\text{把第 1 列的}(-a_i)\text{倍加到第 } i \text{ 列}]{\text{提出第 1 列的公因式后，再}} \left(\sum_{i=1}^{4} a_i + x\right) \begin{vmatrix} 1 & 0 & 0 & x \\ 1 & 0 & x & 0 \\ 1 & x & 0 & 0 \\ 1 & 0 & 0 & 0 \end{vmatrix} = 0,$$

即 $\left(\sum_{i=1}^{4} a_i + x\right) x^3 = 0$，其解为 $x_1 = x_2 = x_3 = 0$，$x_4 = -\sum_{i=1}^{4} a_i$.

考研题解析

1.(2014 年 1，2，3)* 行列式 $\begin{vmatrix} 0 & a & b & 0 \\ a & 0 & 0 & b \\ 0 & c & d & 0 \\ c & 0 & 0 & d \end{vmatrix} = ($　　$)$.

(A)$(ad-bc)^2$；　　(B)$-(ad-bc)^2$；

(C)$a^2d^2-b^2c^2$；　　(D)$b^2c^2-a^2d^2$.

解法一　将原行列式按第 1 列展开，得

$$\begin{vmatrix} 0 & a & b & 0 \\ a & 0 & 0 & b \\ 0 & c & d & 0 \\ c & 0 & 0 & d \end{vmatrix} = a \times (-1)^{2+1} \begin{vmatrix} a & b & 0 \\ c & d & 0 \\ 0 & 0 & d \end{vmatrix} + c \times (-1)^{4+1} \begin{vmatrix} a & b & 0 \\ 0 & 0 & b \\ c & d & 0 \end{vmatrix}$$

$$= -a \times d \times (-1)^{3+3} \begin{vmatrix} a & b \\ c & d \end{vmatrix} - c \times b \times (-1)^{2+3} \begin{vmatrix} a & b \\ c & d \end{vmatrix}$$

$$= -ad \begin{vmatrix} a & b \\ c & d \end{vmatrix} + bc \begin{vmatrix} a & b \\ c & d \end{vmatrix} = (bc-ad) \begin{vmatrix} a & b \\ c & d \end{vmatrix}$$

$$= -(ad-bc)^2,$$

故应选(B).

解法二　用性质将行列式交换 1，2 列，2，3 行和 2，3 列可得

$$\begin{vmatrix} 0 & a & b & 0 \\ a & 0 & 0 & b \\ 0 & c & d & 0 \\ c & 0 & 0 & d \end{vmatrix} = -\begin{vmatrix} a & 0 & b & 0 \\ 0 & a & 0 & b \\ c & 0 & d & 0 \\ 0 & c & 0 & d \end{vmatrix} = \begin{vmatrix} a & 0 & b & 0 \\ c & 0 & d & 0 \\ 0 & a & 0 & b \\ 0 & c & 0 & d \end{vmatrix}$$

* (2014，1，2，3)表示该题是 2014 年全国硕士研究生入学考试数学试卷一、二、三考题，下同.

$$=-\begin{vmatrix} a & b & 0 & 0 \\ c & d & 0 & 0 \\ 0 & 0 & a & b \\ 0 & 0 & c & d \end{vmatrix}=-(ad-bc)^2,$$

故应选(B).

2.(2016 年 1，3)行列式 $\begin{vmatrix} \lambda & -1 & 0 & 0 \\ 0 & \lambda & -1 & 0 \\ 0 & 0 & \lambda & -1 \\ 4 & 3 & 2 & \lambda+1 \end{vmatrix}=$________.

解　直接按第 1 列展开可得

$$\begin{vmatrix} \lambda & -1 & 0 & 0 \\ 0 & \lambda & -1 & 0 \\ 0 & 0 & \lambda & -1 \\ 4 & 3 & 2 & \lambda+1 \end{vmatrix}=\lambda\begin{vmatrix} \lambda & -1 & 0 \\ 0 & \lambda & -1 \\ 3 & 2 & \lambda+1 \end{vmatrix}-4\begin{vmatrix} -1 & 0 & 0 \\ \lambda & -1 & 0 \\ 0 & \lambda & -1 \end{vmatrix}$$

$$=\lambda\left(\lambda\begin{vmatrix} \lambda & -1 \\ 2 & \lambda+1 \end{vmatrix}+3\begin{vmatrix} -1 & 0 \\ \lambda & -1 \end{vmatrix}\right)+4$$

$$=\lambda^4+\lambda^3+2\lambda^2+3\lambda+4.$$

3.(2020 年 1)行列式 $\begin{vmatrix} a & 0 & -1 & 1 \\ 0 & a & 1 & -1 \\ -1 & 1 & a & 0 \\ 1 & -1 & 0 & a \end{vmatrix}=$________.

解　利用行列式的性质可得

$$\begin{vmatrix} a & 0 & -1 & 1 \\ 0 & a & 1 & -1 \\ -1 & 1 & a & 0 \\ 1 & -1 & 0 & a \end{vmatrix}=\begin{vmatrix} a & 0 & -1 & 1 \\ 0 & a & 1 & -1 \\ -1 & 1 & a & 0 \\ 0 & 0 & a & a \end{vmatrix}=\begin{vmatrix} 0 & 0 & a^2-1 & 1 \\ 0 & a & 1 & -1 \\ -1 & 1 & a & 0 \\ 0 & 0 & a & a \end{vmatrix}$$

$$=-\begin{vmatrix} a & a^2-1 & 1 \\ a & 1 & -1 \\ 0 & a & a \end{vmatrix}=-\begin{vmatrix} a & a^2-2 & 1 \\ a & 2 & -1 \\ 0 & 0 & a \end{vmatrix}$$

$$=a^4-4a^2.$$

4.(1989 年 5)计算 $\Delta_4=\begin{vmatrix} 1 & -1 & 1 & x-1 \\ 1 & -1 & x+1 & -1 \\ 1 & x-1 & 1 & -1 \\ x+1 & -1 & 1 & -1 \end{vmatrix}$.

解　Δ_4 仅各行的和相等，将各列都加到第 1 列，得

$$\Delta_4=x\begin{vmatrix}1&-1&1&x-1\\1&-1&x+1&-1\\1&x-1&1&-1\\1&-1&1&-1\end{vmatrix}=x\begin{vmatrix}1&0&0&x\\1&0&x&0\\1&x&0&0\\1&0&0&0\end{vmatrix}$$

$$=x(-1)^{4(4-1)/2}x^3=x^4.$$

注意：最后一个等式利用了结果：

$$\begin{vmatrix}a_{11}&\cdots&a_{1,n-1}&a_{1n}\\a_{21}&\cdots&a_{2,n-1}&0\\\vdots&&\vdots&\vdots\\a_{n1}&\cdots&0&0\end{vmatrix}=\begin{vmatrix}0&\cdots&0&a_{1n}\\0&\cdots&a_{2,n-1}&a_{2n}\\\vdots&&\vdots&\vdots\\a_{n1}&\cdots&a_{n,n-1}&a_{nn}\end{vmatrix}$$

$$=(-1)^{n(n-1)/2}a_{1n}a_{2,n-1}\cdots a_{n1}.$$

5.(1999 年 4)n 阶行列式 $\begin{vmatrix}a&b&0&\cdots&0&0\\0&a&b&\cdots&0&0\\0&0&a&\cdots&0&0\\\vdots&\vdots&\vdots&&\vdots&\vdots\\0&0&0&\cdots&a&b\\b&0&0&\cdots&0&a\end{vmatrix}=$____________.

解　按第 1 列展开，有

$$D=a\begin{vmatrix}a&b&&&\\&a&\ddots&&\\&&\ddots&\ddots&\\&&&a&b\\&&&&a\end{vmatrix}+b(-1)^{n+1}\begin{vmatrix}b&&&&\\a&b&&&\\&\ddots&\ddots&&\\&&\ddots&b&\\&&&a&b\end{vmatrix}$$

$$=a^n+(-1)^{n+1}b^n.$$

6.(2021 年 2)多项式 $f(x)=\begin{vmatrix}x&x&1&2x\\1&x&2&-1\\2&1&x&1\\2&-1&1&x\end{vmatrix}$ 的 x^3 项的系数是________.

解　$f(x)$ 中的 x^3 项为 $(-1)^{\tau(2134)}x^3+(-1)^{\tau(4231)}2\cdot x\cdot x\cdot 2x=-5x^3$，因此系数为 -5.

7.(1996 年 4)五阶行列式

$$D=\begin{vmatrix}1-a & a & 0 & 0 & 0\\ -1 & 1-a & a & 0 & 0\\ 0 & -1 & 1-a & a & 0\\ 0 & 0 & -1 & 1-a & a\\ 0 & 0 & 0 & -1 & 1-a\end{vmatrix}=\_\_\_\_\_\_\_\_.$$

解 对于三对角行列式 $\begin{vmatrix}a & b & & \\ c & a & b & \\ & c & a & b\\ & & c & a\end{vmatrix}$，主要用递推法，对于本题，注意到第 2 至 4 行的数为相反数，故可把第 2 至 5 列均加至第 1 列，得

$$D_5=\begin{vmatrix}1 & a & 0 & 0 & 0\\ 0 & 1-a & a & 0 & 0\\ 0 & -1 & 1-a & a & 0\\ 0 & 0 & -1 & 1-a & a\\ -a & 0 & 0 & -1 & 1-a\end{vmatrix}$$

$$=\begin{vmatrix}1-a & a & 0 & 0\\ -1 & 1-a & a & 0\\ 0 & -1 & 1-a & a\\ 0 & 0 & -1 & 1-a\end{vmatrix}+$$

$$(-a)(-1)^{5+1}\begin{vmatrix}a & 0 & 0 & 0\\ 1-a & a & 0 & 0\\ -1 & 1-a & a & 0\\ 0 & -1 & 1-a & a\end{vmatrix},$$

即 $D_5=D_4+(-a)(-1)^{5+1}a^4$. 类似地，$D_4=D_3+(-a)(-1)^{4+1}a^3$，$D_3=D_2+(-a)(-1)^{3+1}a^2$. 将这三个等式相加得 $D=D_5=D_2-a^3+a^4-a^5$，而 $D_2=\begin{vmatrix}1-a & a\\ -1 & 1-a\end{vmatrix}=1-a+a^2$，所以 $D=1-a+a^2-a^3+a^4-a^5$.

8.(1999 年 2)记行列式 $\begin{vmatrix}x-2 & x-1 & x-2 & x-3\\ 2x-2 & 2x-1 & 2x-2 & 2x-3\\ 3x-3 & 3x-2 & 4x-5 & 3x-5\\ 4x & 4x-3 & 5x-7 & 4x-3\end{vmatrix}$ 为 $f(x)$，则方程 $f(x)=0$的根的个数为(　　).

(A)1；　　(B)2；　　(C)3；　　(D)4.

解 问方程 $f(x)=0$ 有几个根，也就是问 $f(x)$ 是 x 的几次多项式．将第1列的 -1 倍依次加至其余各列，有

$$f(x)=\begin{vmatrix} x-2 & 1 & 0 & -1 \\ 2x-2 & 1 & 0 & -1 \\ 3x-3 & 1 & x-2 & -2 \\ 4x & -3 & x-7 & -3 \end{vmatrix} \xlongequal{c_4+c_2} \begin{vmatrix} x-2 & 1 & 0 & 0 \\ 2x-2 & 1 & 0 & 0 \\ 3x-3 & 1 & x-2 & -1 \\ 4x & -3 & x-7 & -6 \end{vmatrix},$$

由拉普拉斯展开式知，$f(x)$是 2 次多项式，故应选(B)．

注意：由于行列式中各项均含有 x，若直接展开是烦琐的，故一定要先恒等变形；也不要错误地认为 $f(x)$一定是 4 次多项式．

9.(2001 年 4)设行列式 $D=\begin{vmatrix} 3 & 0 & 4 & 0 \\ 2 & 2 & 2 & 2 \\ 0 & -7 & 0 & 0 \\ 5 & 3 & -2 & 2 \end{vmatrix}$，则第 4 行各元素余子式之和为________．

解 按余子式定义，即求下列 4 个行列式值之和

$$\begin{vmatrix} 0 & 4 & 0 \\ 2 & 2 & 2 \\ -7 & 0 & 0 \end{vmatrix}+\begin{vmatrix} 3 & 4 & 0 \\ 2 & 2 & 2 \\ 0 & 0 & 0 \end{vmatrix}+\begin{vmatrix} 3 & 0 & 0 \\ 2 & 2 & 2 \\ 0 & -7 & 0 \end{vmatrix}+\begin{vmatrix} 3 & 0 & 4 \\ 2 & 2 & 2 \\ 0 & -7 & 0 \end{vmatrix}$$

$$=-56+0+42-14=-28.$$

10.(1997 年 4)计算 n 阶行列式

$$D_n=\begin{vmatrix} 0 & 1 & 1 & \cdots & 1 & 1 \\ 1 & 0 & 1 & \cdots & 1 & 1 \\ 1 & 1 & 0 & \cdots & 1 & 1 \\ \vdots & \vdots & \vdots & & \vdots & \vdots \\ 1 & 1 & 1 & \cdots & 1 & 0 \end{vmatrix}.$$

解法一 各列的和相等，将各行加到第 1 行，提取公因式去掉与第 1 行成比例的分行，得

$$D_n=(n-1)\begin{vmatrix} 1 & 1 & 1 & \cdots & 1 \\ 1 & 0 & 1 & \cdots & 1 \\ 1 & 1 & 0 & \cdots & 1 \\ \vdots & \vdots & \vdots & & \vdots \\ 1 & 1 & 1 & \cdots & 0 \end{vmatrix}=(n-1)\begin{vmatrix} 1 & 1 & 1 & \cdots & 1 \\ 0 & -1 & 0 & \cdots & 0 \\ 0 & 0 & -1 & \cdots & 0 \\ \vdots & \vdots & \vdots & & \vdots \\ 0 & 0 & 0 & \cdots & -1 \end{vmatrix}$$

$$=(-1)^{n-1}(n-1).$$

解法二 将各行加到第 n 行，提取公因式，去掉与第 n 行成比例的分行，

也得同样结果.

解法三 因各行和也相等，将各列都加到第1列，也得到同样结果.

11.(1989年4)齐次线性方程组

$$\begin{cases}\lambda x_1+x_2+x_3=0,\\ x_1+\lambda x_2+x_3=0,\\ x_1+x_2+x_3=0\end{cases}$$

只有零解，则λ应满足的条件是什么?

解 因齐次线方程组只有零解，故

$$D=\begin{vmatrix}\lambda & 1 & 1\\ 1 & \lambda & 1\\ 1 & 1 & 1\end{vmatrix}=(\lambda-1)^2\neq 0,$$

即$\lambda\neq 1$.

12.(2015年1)n阶行列式$\begin{vmatrix}2 & 0 & \cdots & 0 & 2\\ -1 & 2 & \cdots & 0 & 2\\ \vdots & \vdots & & \vdots & \vdots\\ 0 & 0 & \cdots & 2 & 2\\ 0 & 0 & \cdots & -1 & 2\end{vmatrix}=$________.

解法一 按第1行展开得

$$\begin{aligned}D_n&=\begin{vmatrix}2 & 0 & \cdots & 0 & 2\\ -1 & 2 & \cdots & 0 & 2\\ \vdots & \vdots & & \vdots & \vdots\\ 0 & 0 & \cdots & 2 & 2\\ 0 & 0 & \cdots & -1 & 2\end{vmatrix}\\ &=2D_{n-1}+(-1)^{n+1}\times 2\times(-1)^{n-1}\\ &=2D_{n-1}+2=2(2D_{n-2}+2)+2=2^2D_{n-2}+2^2+2\\ &=2^2+2^{n-1}+\cdots+2=2^{n+1}-2.\end{aligned}$$

解法二 按第n行展开得

$$\begin{aligned}D_n&=(-1)^{2n-1}\cdot(-1)D_{n-1}+2^n=D_{n-1}+2^n=\cdots\\ &=D_1+2^2+2^3+\cdots+2^n=2^{n+1}-2.\end{aligned}$$

第二章 矩 阵

思 维 导 图

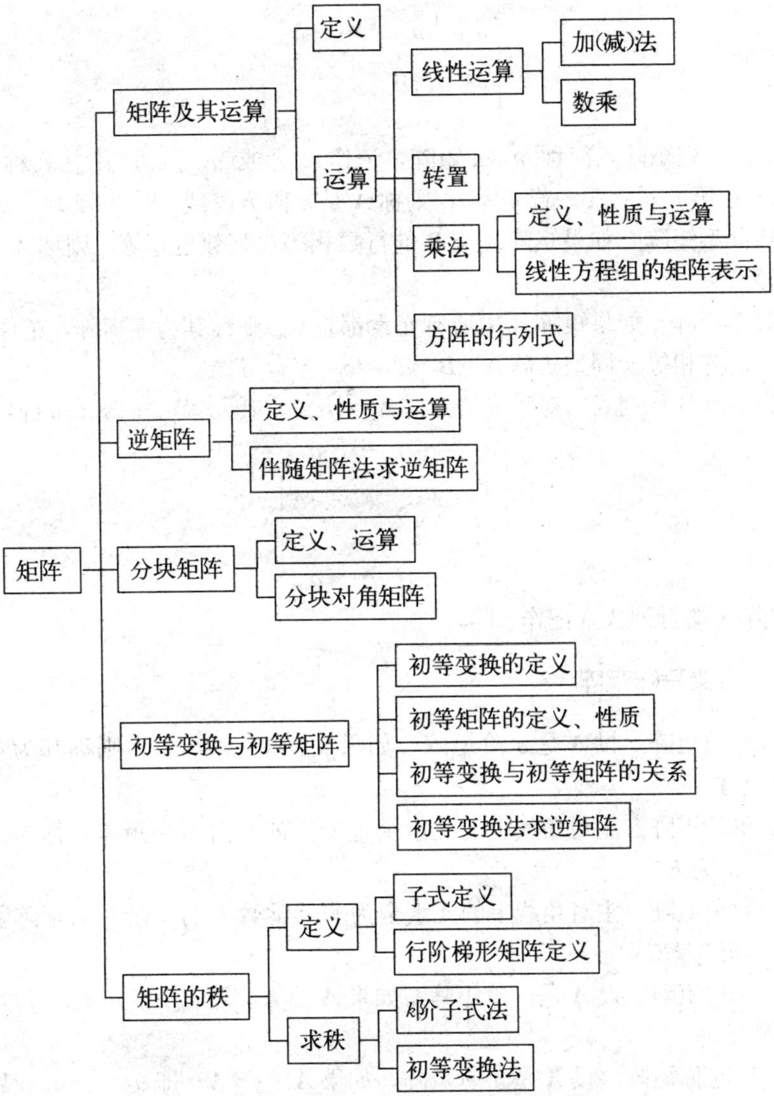
矩阵
矩阵及其运算
定义
运算
线性运算
加(减)法
数乘
转置
乘法
定义、性质与运算
线性方程组的矩阵表示
方阵的行列式
逆矩阵
定义、性质与运算
伴随矩阵法求逆矩阵
分块矩阵
定义、运算
分块对角矩阵
初等变换与初等矩阵
初等变换的定义
初等矩阵的定义、性质
初等变换与初等矩阵的关系
初等变换法求逆矩阵
矩阵的秩
定义
子式定义
行阶梯形矩阵定义
求秩
k阶子式法
初等变换法

内 容 提 要

一、矩阵的概念

矩阵 $m\times n$ 个数 $a_{ij}(i=1, 2, \cdots, m; j=1, 2, \cdots, n)$按照一定的次序排成的 m 行 n 列的矩形数表

$$\begin{pmatrix} a_{11} & a_{12} & \cdots & a_{1n} \\ a_{21} & a_{22} & \cdots & a_{2n} \\ \vdots & \vdots & & \vdots \\ a_{m1} & a_{m2} & \cdots & a_{mn} \end{pmatrix}$$

称为 m 行 n 列矩阵，简称 $m\times n$ 矩阵，记作 $\boldsymbol{A}_{m\times n}$或$(a_{ij})_{m\times n}$，其中 a_{ij} 称为矩阵 $\boldsymbol{A}$ 的第 i 行第 j 列元素．若 $m=n$，则称 $\boldsymbol{A}$ 是 n 阶方阵或 n 阶矩阵．

(1)同型矩阵　如果矩阵 $\boldsymbol{A}$ 与 $\boldsymbol{B}$ 的行数相等，列数也相等，则称 $\boldsymbol{A}$ 与 $\boldsymbol{B}$ 是同型矩阵．

(2)零矩阵　如果矩阵 $\boldsymbol{A}$ 中所有元素都是 0，则称其为零矩阵，记作 $\boldsymbol{O}$.

(3)矩阵相等　同型矩阵 $\boldsymbol{A}=\boldsymbol{B}\Leftrightarrow a_{ij}=b_{ij}(\forall i, j)$.

(4)方阵的行列式　对于 n 阶矩阵 $\boldsymbol{A}=(a_{ij})$，其元素可构造 n 阶行列式

$$\begin{vmatrix} a_{11} & a_{12} & \cdots & a_{1n} \\ a_{21} & a_{22} & \cdots & a_{2n} \\ \vdots & \vdots & & \vdots \\ a_{n1} & a_{n2} & \cdots & a_{nn} \end{vmatrix},$$

称为方阵 $\boldsymbol{A}$ 的行列式，记作$|\boldsymbol{A}|$.

二、几类特殊方阵

(1)对角矩阵　设 $\boldsymbol{A}$ 是 n 阶矩阵，如果 $a_{ij}\equiv 0(\forall i\neq j)$，则称其为对角矩阵，记为 $\boldsymbol{\Lambda}$.

(2)单位矩阵　主对角线上的元素全等于 1 的 n 阶对角矩阵，称为 n 阶单位矩阵，记为 $\boldsymbol{E}$.

(3)数量矩阵　主对角线上的元素全为非零常数 k 的 n 阶对角矩阵称为数量矩阵，记为 $k\boldsymbol{E}$.

(4)对称矩阵　设 $\boldsymbol{A}$ 是 n 阶矩阵，如果 $\boldsymbol{A}^{\mathrm{T}}=\boldsymbol{A}$，即 $a_{ij}=a_{ji}(\forall i, j)$，则称 $\boldsymbol{A}$ 是对称矩阵．

(5)反对称矩阵　设 $\boldsymbol{A}$ 是 n 阶矩阵，如果 $\boldsymbol{A}^{\mathrm{T}}=-\boldsymbol{A}$，即 $a_{ij}=-a_{ji}$，则称 $\boldsymbol{A}$

是反对称矩阵($a_{ii}\equiv 0$).

(6)逆矩阵　设$\boldsymbol{A}$是n阶矩阵，如存在n阶矩阵$\boldsymbol{B}$，使$\boldsymbol{AB}=\boldsymbol{BA}=\boldsymbol{E}$，则称$\boldsymbol{A}$是可逆矩阵，$\boldsymbol{B}$是$\boldsymbol{A}$的逆矩阵，$\boldsymbol{A}$的逆矩阵唯一，记为$\boldsymbol{A}^{-1}$.

(7)正交矩阵　设$\boldsymbol{A}$是n阶矩阵，如果$\boldsymbol{AA}^{\mathrm{T}}=\boldsymbol{A}^{\mathrm{T}}\boldsymbol{A}=\boldsymbol{E}$，则称$\boldsymbol{A}$是正交矩阵(注：$\boldsymbol{A}$是正交矩阵等价于$\boldsymbol{A}^{-1}=\boldsymbol{A}^{\mathrm{T}}$).

(8)伴随矩阵　设$\boldsymbol{A}$是n阶矩阵，由行列式$|\boldsymbol{A}|$的代数余子式所构成的形如

$$\begin{pmatrix} A_{11} & A_{21} & \cdots & A_{n1} \\ A_{12} & A_{22} & \cdots & A_{n2} \\ \vdots & \vdots & & \vdots \\ A_{1n} & A_{2n} & \cdots & A_{nn} \end{pmatrix}$$

的矩阵，称为$\boldsymbol{A}$的伴随矩阵，记为$\boldsymbol{A}^*$.

三、矩阵的运算

1. 矩阵的线性运算　矩阵的加法和数乘称为矩阵的线性运算.

关于矩阵的运算，应注意以下问题：

(1)矩阵的乘法一般没有交换律，即$\boldsymbol{AB}\neq\boldsymbol{BA}$，因此对乘法要特别注意运算次序；

(2)关于数的代数恒等式或命题，矩阵不一定成立，例如，设$\boldsymbol{A}$，$\boldsymbol{B}$，$\boldsymbol{C}$均为n阶方阵，则

$(\boldsymbol{A}+\boldsymbol{B})^2=\boldsymbol{A}^2+\boldsymbol{AB}+\boldsymbol{BA}+\boldsymbol{B}^2\neq\boldsymbol{A}^2+2\boldsymbol{AB}+\boldsymbol{B}^2$,

$(\boldsymbol{AB})^2=(\boldsymbol{AB})(\boldsymbol{AB})\neq\boldsymbol{A}^2\boldsymbol{B}^2$,

$(\boldsymbol{AB})^k\neq\boldsymbol{A}^k\boldsymbol{B}^k$($k$为自然数),

$(\boldsymbol{A}+\boldsymbol{B})(\boldsymbol{A}-\boldsymbol{B})\neq\boldsymbol{A}^2-\boldsymbol{B}^2$,

当且仅当$\boldsymbol{A}$与$\boldsymbol{B}$可交换，即$\boldsymbol{AB}=\boldsymbol{BA}$时，等号才成立；

(3)$\boldsymbol{AB}=\boldsymbol{O}\nRightarrow\boldsymbol{A}=\boldsymbol{O}$或$\boldsymbol{B}=\boldsymbol{O}$，当且仅当$\boldsymbol{B}$可逆或$\boldsymbol{A}$可逆时，命题才成立；

(4)$\boldsymbol{AB}=\boldsymbol{AC}\nRightarrow\boldsymbol{B}=\boldsymbol{C}$，当且仅当$\boldsymbol{A}$可逆时，命题才成立；

(5)$\boldsymbol{A}^2=\boldsymbol{A}\nRightarrow\boldsymbol{A}=\boldsymbol{E}$或$\boldsymbol{A}=\boldsymbol{O}$，当且仅当$\boldsymbol{A}$可逆时，有$\boldsymbol{A}=\boldsymbol{E}$；当且仅当$\boldsymbol{A}-\boldsymbol{E}$可逆，有$\boldsymbol{A}=\boldsymbol{O}$;

(6)注意数乘矩阵与数乘行列式的区别$|k\boldsymbol{A}|=k^n|\boldsymbol{A}|$；

(7)$\boldsymbol{A}^2=\boldsymbol{O}\nRightarrow\boldsymbol{A}=\boldsymbol{O}$，仅当$\boldsymbol{A}$为对称矩阵，即$\boldsymbol{A}^{\mathrm{T}}=\boldsymbol{A}$时，命题才成立.

2. 逆矩阵的运算

(1)$(\boldsymbol{A}^{-1})^{-1}=\boldsymbol{A}$;

(2) $(k\boldsymbol{A})^{-1}=\frac{1}{k}\boldsymbol{A}^{-1}$（$k$ 为非零常数）；

(3) $(\boldsymbol{AB})^{-1}=\boldsymbol{B}^{-1}\boldsymbol{A}^{-1}$，推广：$(\boldsymbol{A}_1\boldsymbol{A}_2\cdots\boldsymbol{A}_s)^{-1}=\boldsymbol{A}_s^{-1}\boldsymbol{A}_{s-1}^{-1}\cdots\boldsymbol{A}_2^{-1}\boldsymbol{A}_1^{-1}$；

(4) $(\boldsymbol{A}^{-1})^{\mathrm{T}}=(\boldsymbol{A}^{\mathrm{T}})^{-1}$；

(5) $|\boldsymbol{A}^{-1}|=|\boldsymbol{A}|^{-1}$.

3. 矩阵转置的运算

(1) $(\boldsymbol{A}^{\mathrm{T}})^{\mathrm{T}}=\boldsymbol{A}$；　　(2) $(k\boldsymbol{A})^{\mathrm{T}}=k\boldsymbol{A}^{\mathrm{T}}$（$k$ 为任意实数）；

(3) $(\boldsymbol{AB})^{\mathrm{T}}=\boldsymbol{B}^{\mathrm{T}}\boldsymbol{A}^{\mathrm{T}}$；　　(4) $(\boldsymbol{A}+\boldsymbol{B})^{\mathrm{T}}=\boldsymbol{A}^{\mathrm{T}}+\boldsymbol{B}^{\mathrm{T}}$.

4. 伴随矩阵的运算

(1) $\boldsymbol{A}^*\boldsymbol{A}=\boldsymbol{A}\boldsymbol{A}^*=|\boldsymbol{A}|\boldsymbol{E}$，$(\boldsymbol{AB})^*=\boldsymbol{B}^*\boldsymbol{A}^*$；

(2) $(\boldsymbol{A}^*)^*=|\boldsymbol{A}|^{n-2}\boldsymbol{A}$，$|\boldsymbol{A}^*|=|\boldsymbol{A}|^{n-1}(n\geqslant 2)$；

(3) $(k\boldsymbol{A})^*=k^{n-1}\boldsymbol{A}^*$，$(\boldsymbol{A}^*)^{\mathrm{T}}=(\boldsymbol{A}^{\mathrm{T}})^*$；

(4) $r(\boldsymbol{A}^*)=\begin{cases}n, & 若\ r(\boldsymbol{A})=n,\\ 1, & 若\ r(\boldsymbol{A})=n-1,\\ 0, & 若\ r(\boldsymbol{A})<n-1;\end{cases}$

(5) 若 $\boldsymbol{A}$ 可逆，则 $(\boldsymbol{A}^*)^{-1}=(\boldsymbol{A}^{-1})^*=\frac{1}{|\boldsymbol{A}|}\boldsymbol{A}$，$\boldsymbol{A}^*=|\boldsymbol{A}|\boldsymbol{A}^{-1}$.

5. 方阵行列式的运算

(1) $|\boldsymbol{A}^{\mathrm{T}}|=|\boldsymbol{A}|^{\mathrm{T}}=|\boldsymbol{A}|$；　(2) $|k\boldsymbol{A}|=k^n|\boldsymbol{A}|$；　(3) $|\boldsymbol{AB}|=|\boldsymbol{A}||\boldsymbol{B}|$.

一般地，若 $\boldsymbol{A}_1$，$\boldsymbol{A}_2$，…，$\boldsymbol{A}_k$ 都是 n 阶方阵，则

$$|\boldsymbol{A}_1\boldsymbol{A}_2\cdots\boldsymbol{A}_k|=|\boldsymbol{A}_1||\boldsymbol{A}_2|\cdots|\boldsymbol{A}_k|.$$

四、矩阵可逆的充分必要条件

n 阶方阵 $\boldsymbol{A}$ 可逆 $\Leftrightarrow$ 存在 n 阶方阵 $\boldsymbol{B}$，有 $\boldsymbol{AB}=\boldsymbol{BA}=\boldsymbol{E}\Leftrightarrow|\boldsymbol{A}|\neq 0$

$\Leftrightarrow r(\boldsymbol{A})=n\Leftrightarrow\boldsymbol{A}$ 的列（行）向量组线性无关

$\Leftrightarrow$ 齐次方程组 $\boldsymbol{AX}=\boldsymbol{0}$ 只有零解

$\Leftrightarrow\forall\boldsymbol{b}$，非齐次方程组 $\boldsymbol{AX}=\boldsymbol{b}$ 总有唯一解

$\Leftrightarrow\boldsymbol{A}$ 的特征值全不为 0.

五、分块矩阵的主要结果

1. 设 $\boldsymbol{A}=\begin{pmatrix}\boldsymbol{A}_1 & & & \\ & \boldsymbol{A}_2 & & \\ & & \ddots & \\ & & & \boldsymbol{A}_s\end{pmatrix}$，则 $|\boldsymbol{A}|=\begin{vmatrix}\boldsymbol{A}_1 & & & \\ & \boldsymbol{A}_2 & & \\ & & \ddots & \\ & & & \boldsymbol{A}_s\end{vmatrix}=|\boldsymbol{A}_1||\boldsymbol{A}_2|\cdots$

$|\boldsymbol{A}_s|$.

特别地，若$\boldsymbol{A}_1$，$\boldsymbol{A}_2$分别为m阶和n阶方阵，则

$$\begin{vmatrix}\boldsymbol{A}_1 & \\ & \boldsymbol{A}_2\end{vmatrix}=|\boldsymbol{A}_1||\boldsymbol{A}_2|,\quad \begin{vmatrix} & \boldsymbol{A}_1\\ \boldsymbol{A}_2 & \end{vmatrix}=(-1)^{m\times n}|\boldsymbol{A}_1||\boldsymbol{A}_2|.$$

2. 若$|\boldsymbol{A}|\neq 0$，则$\boldsymbol{A}^{-1}=\begin{pmatrix}\boldsymbol{A}_1^{-1} & & & \\ & \boldsymbol{A}_2^{-1} & & \\ & & \ddots & \\ & & & \boldsymbol{A}_s^{-1}\end{pmatrix}$.

特别地，$\begin{pmatrix}\boldsymbol{A}_1 & \\ & \boldsymbol{A}_2\end{pmatrix}^{-1}=\begin{pmatrix}\boldsymbol{A}_1^{-1} & \\ & \boldsymbol{A}_2^{-1}\end{pmatrix}$，$\begin{pmatrix} & \boldsymbol{A}_1\\ \boldsymbol{A}_2 & \end{pmatrix}^{-1}=\begin{pmatrix} & \boldsymbol{A}_2^{-1}\\ \boldsymbol{A}_1^{-1} & \end{pmatrix}$.

3. 若$\boldsymbol{A}$，$\boldsymbol{B}$分别为m阶和n阶方阵，$*$表示非零矩阵，则

$$\begin{vmatrix}\boldsymbol{A} & \boldsymbol{O}\\ * & \boldsymbol{B}\end{vmatrix}=\begin{vmatrix}\boldsymbol{A} & *\\ \boldsymbol{O} & \boldsymbol{B}\end{vmatrix}=|\boldsymbol{A}|\cdot|\boldsymbol{B}|,$$

$$\begin{vmatrix}\boldsymbol{O} & \boldsymbol{A}\\ \boldsymbol{B} & *\end{vmatrix}=\begin{vmatrix} * & \boldsymbol{A}\\ \boldsymbol{B} & \boldsymbol{O}\end{vmatrix}=(-1)^{m\times n}|\boldsymbol{A}|\cdot|\boldsymbol{B}|.$$

六、矩阵的初等变换和初等矩阵

1. 矩阵的初等变换 矩阵的行初等变换指的是下面三种变换：

(1)换法变换 交换矩阵的某两行；

(2)倍法变换 用不为零的数k乘矩阵某一行的所有元素；

(3)消法变换 将矩阵某一行元素的k倍加到另一行对应元素上去.

如果将上述定义中的"行"换成"列"，即对矩阵的列作上面三种变换，就称为矩阵的列初等变换. 矩阵的行初等变换和列初等变换，统称为矩阵的初等变换.

2. 初等矩阵 单位矩阵$\boldsymbol{E}$经过一次初等变换得到的矩阵称为初等矩阵.

(1)换法矩阵 单位矩阵$\boldsymbol{E}$的i，j两行(列)交换一次得到的矩阵称为换法矩阵，用$\boldsymbol{P}_{ij}$表示.

(2)倍法矩阵 用非零常数k乘以单位矩阵$\boldsymbol{E}$的第i行(列)得到的矩阵称为倍法矩阵，用$\boldsymbol{M}_i(k)$表示.

(3)消法矩阵 常数k乘$\boldsymbol{E}$的第i行(列)，再加到第j行(列)上去所得到的矩阵称为行(列)消法矩阵，分别用$\boldsymbol{E}_{ij}(k)$，$\boldsymbol{E}_{ij}^{\mathrm{T}}(k)$表示.

初等矩阵具有如下性质：

(1)初等矩阵是可逆矩阵．这是因为 $|\boldsymbol{P}_{ij}|=-1$，$|\boldsymbol{M}_i(k)|=k\neq 0$，$|\boldsymbol{E}_{ij}(k)|=1$.

(2)初等矩阵的逆矩阵仍然是同类型的初等矩阵．

$$\boldsymbol{P}_{ij}^{-1}=\boldsymbol{P}_{ij},\ \boldsymbol{M}_i^{-1}(k)=\boldsymbol{M}_i(k^{-1}),\ \boldsymbol{E}_{ij}^{-1}(k)=\boldsymbol{E}_{ij}(-k).$$

(3)用初等矩阵 $\boldsymbol{P}$ 左(右)乘 $\boldsymbol{A}$，所得 $\boldsymbol{PA}(\boldsymbol{AP})$就相当于 $\boldsymbol{A}$ 作了一次与 $\boldsymbol{P}$ 同样的行(列)变换．

定理　若 n 阶矩阵 $\boldsymbol{A}$ 可逆，则可以通过行初等变换将 $\boldsymbol{A}$ 化为单位矩阵 $\boldsymbol{E}$.

推论　方阵 $\boldsymbol{A}$ 可逆的充分必要条件是 $\boldsymbol{A}$ 可以表示为有限个初等矩阵的乘积．

七、矩阵的秩

1. 定义　若矩阵 $\boldsymbol{A}$ 有一个 r 阶子式不为零，而所有 $r+1$ 阶子式(如果存在的话)全等于零，则 r 称为矩阵 $\boldsymbol{A}$ 的秩，记作 $r(\boldsymbol{A})$或 $r_{\boldsymbol{A}}$.

对 n 阶方阵 $\boldsymbol{A}$，若$|\boldsymbol{A}|\neq 0$，则 $r(\boldsymbol{A})=n$；若$|\boldsymbol{A}|=0$，则 $r(\boldsymbol{A})<n$，反之亦然．

2. 用初等变换求矩阵的秩

定理 1　初等变换不改变矩阵的秩．

定理 2　设 $\boldsymbol{P}$，$\boldsymbol{Q}$ 分别为 m 阶和 n 阶可逆矩阵，则对于任一 $m\times n$ 矩阵 $\boldsymbol{A}$，都有 $r(\boldsymbol{PAQ})=r(\boldsymbol{A})$.

定理 3　任何一个秩为 r 的矩阵 $\boldsymbol{A}=(a_{ij})_{m\times n}$都可以通过行初等变换化为行阶梯形矩阵 $\boldsymbol{B}_r$，且 $\boldsymbol{B}_r$ 的非零行数为 r.

推论　若 $r(\boldsymbol{A})=r$，则必存在可逆矩阵 $\boldsymbol{P}$，$\boldsymbol{Q}$，使得 $\boldsymbol{PAQ}=\begin{pmatrix}\boldsymbol{E}_r & \boldsymbol{O}\\ \boldsymbol{O} & \boldsymbol{O}\end{pmatrix}$.

定理 4　两矩阵乘积的秩不大于各因子矩阵的秩，即

$$r(\boldsymbol{AB})\leqslant\min\{r(\boldsymbol{A}),\ r(\boldsymbol{B})\}.$$

定理 5　设 $\boldsymbol{A}$，$\boldsymbol{B}$ 均为 n 阶方阵，则 $r(\boldsymbol{AB})\geqslant r(\boldsymbol{A})+r(\boldsymbol{B})-n$.

推论　设 $\boldsymbol{A}$，$\boldsymbol{B}$ 分别为 $m\times n$ 和 $n\times p$ 矩阵，$\boldsymbol{AB}=\boldsymbol{O}$，则 $r(\boldsymbol{A})+r(\boldsymbol{B})\leqslant n$.

定理 6　设 $\boldsymbol{A}$，$\boldsymbol{B}$ 为 $m\times n$ 矩阵，则 $r(\boldsymbol{A}+\boldsymbol{B})\leqslant r(\boldsymbol{A})+r(\boldsymbol{B})$.

八、等价矩阵

定义　如果矩阵 $\boldsymbol{A}$ 经过初等变换化为矩阵 $\boldsymbol{B}$，则称 $\boldsymbol{A}$ 与 $\boldsymbol{B}$ 等价，记作

$$\boldsymbol{A}\cong\boldsymbol{B}.$$

矩阵的等价具有以下性质：

(1)自反性　$\boldsymbol{A}\cong\boldsymbol{A}$；

(2)对称性 若 $\boldsymbol{A}\cong\boldsymbol{B}$，则 $\boldsymbol{B}\cong\boldsymbol{A}$；

(3)传递性 若 $\boldsymbol{A}\cong\boldsymbol{B}$，$\boldsymbol{B}\cong\boldsymbol{C}$，则 $\boldsymbol{A}\cong\boldsymbol{C}$.

定理 1 设 $\boldsymbol{A}$，$\boldsymbol{B}$ 是同型矩阵，则 $\boldsymbol{A}\cong\boldsymbol{B}$ 的充分必要条件是 $r(\boldsymbol{A})=r(\boldsymbol{B})$.

推论 n 阶方阵 $\boldsymbol{A}$ 可逆的充分必要条件是 $\boldsymbol{A}\cong\boldsymbol{E}$.

定理 2 $m\times n$ 矩阵 $\boldsymbol{A}$，$\boldsymbol{B}$ 等价的充分必要条件是，存在满秩矩阵 $\boldsymbol{P}$，$\boldsymbol{Q}$，使得 $\boldsymbol{B}=\boldsymbol{PAQ}$.

典 型 例 题

例 1 已知 $\boldsymbol{A}=\begin{pmatrix}\lambda & 1 & 0\\ 0 & \lambda & 1\\ 0 & 0 & \lambda\end{pmatrix}$，求 $\boldsymbol{A}^n$.

解 由于 $\boldsymbol{A}=\lambda\boldsymbol{E}+\boldsymbol{J}$，其中 $\boldsymbol{J}=\begin{pmatrix}0 & 1 & 0\\ 0 & 0 & 1\\ 0 & 0 & 0\end{pmatrix}$，而

$$\boldsymbol{J}^2=\begin{pmatrix}0 & 1 & 0\\ 0 & 0 & 1\\ 0 & 0 & 0\end{pmatrix}\begin{pmatrix}0 & 1 & 0\\ 0 & 0 & 1\\ 0 & 0 & 0\end{pmatrix}=\begin{pmatrix}0 & 0 & 1\\ 0 & 0 & 0\\ 0 & 0 & 0\end{pmatrix},$$

$$\boldsymbol{J}^3=\boldsymbol{J}^2\boldsymbol{J}=\begin{pmatrix}0 & 0 & 1\\ 0 & 0 & 0\\ 0 & 0 & 0\end{pmatrix}\begin{pmatrix}0 & 1 & 0\\ 0 & 0 & 1\\ 0 & 0 & 0\end{pmatrix}=\begin{pmatrix}0 & 0 & 0\\ 0 & 0 & 0\\ 0 & 0 & 0\end{pmatrix},$$

进而知 $\boldsymbol{J}^4=\boldsymbol{J}^5=\cdots=\boldsymbol{O}$，于是

$$\boldsymbol{A}^n=(\lambda\boldsymbol{E}+\boldsymbol{J})^n=\lambda^n\boldsymbol{E}+C_n^1\lambda^{n-1}\boldsymbol{J}+C_n^2\lambda^{n-2}\boldsymbol{J}^2=\begin{pmatrix}\lambda^n & C_n^1\lambda^{n-1} & C_n^2\lambda^{n-2}\\ & \lambda^n & C_n^1\lambda^{n-1}\\ & & \lambda^n\end{pmatrix}.$$

例 2 已知 $\boldsymbol{A}=\begin{pmatrix}3 & 1 & & & \\ & 3 & 1 & & \\ & & 3 & & \\ & & & 3 & -1\\ & & & -9 & 3\end{pmatrix}$，求 $\boldsymbol{A}^n$.

解 将 $\boldsymbol{A}$ 分块为 $\begin{pmatrix}\boldsymbol{B} & \boldsymbol{O}\\ \boldsymbol{O} & \boldsymbol{C}\end{pmatrix}$，则 $\boldsymbol{A}^n=\begin{pmatrix}\boldsymbol{B}^n & \boldsymbol{O}\\ \boldsymbol{O} & \boldsymbol{C}^n\end{pmatrix}$. 又 $\boldsymbol{B}=\begin{pmatrix}3 & 1 & \\ & 3 & 1\\ & & 3\end{pmatrix}$，$\boldsymbol{C}=$

$\begin{pmatrix}3 & -1\\ -9 & 3\end{pmatrix}$，由 $\boldsymbol{B}=3\boldsymbol{E}+\boldsymbol{J}$，又 $\boldsymbol{J}^3=\boldsymbol{J}^4=\cdots=\boldsymbol{O}$(参看例 1)，于是

$$\boldsymbol{B}^n=(3\boldsymbol{E}+\boldsymbol{J})^n=3^n\boldsymbol{E}+C_n^1 3^{n-1}\boldsymbol{J}+C_n^2 3^{n-2}\boldsymbol{J}^2.$$

而 $\boldsymbol{C}=\begin{pmatrix}1\\-3\end{pmatrix}(3,\ -1)$，$\boldsymbol{C}^2=6\boldsymbol{C}$，…，$\boldsymbol{C}^n=6^{n-1}\boldsymbol{C}$，所以

$$\boldsymbol{A}^n=\begin{pmatrix}3^n & C_n^1\cdot 3^{n-1} & C\cdot 3^{n-2} & & \\ & 3^n & C_n^1\cdot 3^{n-1} & & \\ & & 3^n & & \\ & & & 3\cdot 6^{n-1} & -6^{n-1}\\ & & & -9\cdot 6^{n-1} & 3\cdot 6^{n-1}\end{pmatrix}.$$

例 3 已知 $\boldsymbol{AP}=\boldsymbol{PB}$，其中 $\boldsymbol{B}=\begin{pmatrix}1&0&0\\0&0&0\\0&0&-1\end{pmatrix}$，$\boldsymbol{P}=\begin{pmatrix}1&0&0\\2&-1&0\\2&1&1\end{pmatrix}$，求 $\boldsymbol{A}$ 及 $\boldsymbol{A}^5$.

解 因为 $\boldsymbol{P}$ 可逆，且 $\boldsymbol{P}^{-1}=\begin{pmatrix}1&0&0\\2&-1&0\\-4&1&1\end{pmatrix}$，所以

$$\boldsymbol{A}=\boldsymbol{PBP}^{-1}=\begin{pmatrix}1&0&0\\2&-1&0\\2&1&1\end{pmatrix}\begin{pmatrix}1&0&0\\0&0&0\\0&0&-1\end{pmatrix}\begin{pmatrix}1&0&0\\2&-1&0\\-4&1&1\end{pmatrix}=\begin{pmatrix}1&0&0\\2&0&0\\6&-1&-1\end{pmatrix}.$$

由于 $\boldsymbol{A}^2=\boldsymbol{PBP}^{-1}\boldsymbol{PBP}^{-1}=\boldsymbol{PB}^2\boldsymbol{P}^{-1}$，所以 $\boldsymbol{A}^5=\boldsymbol{PB}^5\boldsymbol{P}^{-1}=\boldsymbol{PBP}^{-1}=\boldsymbol{A}$.

例 4 设 $\boldsymbol{A}=\begin{pmatrix}(n-1)/n & -1/n & \cdots & -1/n\\ -1/n & (n-1)/n & \cdots & -1/n\\ \vdots & \vdots & & \vdots\\ -1/n & -1/n & \cdots & -1/n\end{pmatrix}_{n\times n}$，求 $\boldsymbol{A}^m$.

解 因为 $\boldsymbol{A}=\boldsymbol{E}-\dfrac{1}{n}\boldsymbol{B}$，其中 $\boldsymbol{B}=\begin{pmatrix}1&1&\cdots&1\\1&1&\cdots&1\\\vdots&\vdots&&\vdots\\1&1&\cdots&1\end{pmatrix}$，易直接算出 $\boldsymbol{B}^2=n\boldsymbol{B}$，故

$$\boldsymbol{A}^2=\left(\boldsymbol{E}-\frac{1}{n}\boldsymbol{B}\right)^2=\boldsymbol{E}^2-\frac{2}{n}\boldsymbol{EB}+\frac{1}{n^2}\cdot\boldsymbol{B}^2=\boldsymbol{E}-\frac{2}{n}\boldsymbol{B}+\frac{1}{n}\boldsymbol{B}=\boldsymbol{E}-\frac{1}{n}\boldsymbol{B}=\boldsymbol{A},$$

于是 $\qquad \boldsymbol{A}^3=\boldsymbol{A}^2\cdot\boldsymbol{A}=\boldsymbol{A}\cdot\boldsymbol{A}=\boldsymbol{A}^2=\boldsymbol{A}$，$\boldsymbol{A}^m=\boldsymbol{A}^2\cdot\boldsymbol{A}\cdot\cdots\cdot\boldsymbol{A}=\boldsymbol{A}$.

此例说明，存在 $\boldsymbol{A}\neq\boldsymbol{E}$，使得 $\boldsymbol{A}^m=\boldsymbol{A}$. 如果 $\boldsymbol{A}^2=\boldsymbol{A}$，称 $\boldsymbol{A}$ 为幂等方阵.

例 5　已知四阶矩阵 $\boldsymbol{A}=\begin{pmatrix}1&1&1&1\\2&2&2&2\\3&3&3&3\\4&4&4&4\end{pmatrix}$，求 $\boldsymbol{A}^{100}$.

解　由于 $r(\boldsymbol{A})=1$，故 $\boldsymbol{A}$ 可写成两个矩阵的乘积，

$$\boldsymbol{A}=\begin{pmatrix}1&1&1&1\\2&2&2&2\\3&3&3&3\\4&4&4&4\end{pmatrix}=\begin{pmatrix}1\\2\\3\\4\end{pmatrix}(1,\ 1,\ 1,\ 1),$$

故

$$\boldsymbol{A}^{100}=\begin{pmatrix}1\\2\\3\\4\end{pmatrix}(1,\ 1,\ 1,\ 1)\begin{pmatrix}1\\2\\3\\4\end{pmatrix}(1,\ 1,\ 1,\ 1)\cdots\begin{pmatrix}1\\2\\3\\4\end{pmatrix}(1,\ 1,\ 1,\ 1).$$

由于 $(1,\ 1,\ 1,\ 1)\begin{pmatrix}1\\2\\3\\4\end{pmatrix}=10$，即

$$\boldsymbol{A}^{100}=10^{99}\boldsymbol{A}=10^{99}\begin{pmatrix}1&1&1&1\\2&2&2&2\\3&3&3&3\\4&4&4&4\end{pmatrix}.$$

例 6　设矩阵 $\boldsymbol{A}=\begin{pmatrix}1&2&1\\3&4&2\\1&2&2\end{pmatrix}$，已知矩阵 $\boldsymbol{B}$ 与 $\boldsymbol{A}$ 满足关系式 $\boldsymbol{AB}=\boldsymbol{A}+\boldsymbol{B}$，试求 $\boldsymbol{B}$.

解　$|\boldsymbol{A}|=-2\neq 0$，可知 $\boldsymbol{A}^{-1}$ 存在. 由 $\boldsymbol{AB}=\boldsymbol{A}+\boldsymbol{B}$，得 $\boldsymbol{B}=(\boldsymbol{E}-\boldsymbol{A}^{-1})^{-1}$. 又

$$\boldsymbol{A}^{-1}=\begin{pmatrix}-2&1&0\\2&-1/2&-1/2\\-1&0&1\end{pmatrix},\ \boldsymbol{E}-\boldsymbol{A}^{-1}=\begin{pmatrix}3&-1&0\\-2&3/2&1/2\\1&0&0\end{pmatrix},$$

故得

$$\boldsymbol{B}=\begin{pmatrix}3&-1&0\\-2&3/2&1/2\\1&0&0\end{pmatrix}^{-1}=\begin{pmatrix}0&0&1\\-1&0&3\\3&2&-5\end{pmatrix}.$$

例 7　设 $\boldsymbol{A}$ 是 n 阶反对称矩阵，证明：若 $\boldsymbol{A}$ 可逆，则 n 必是偶数.

证　因为 $\boldsymbol{A}$ 是反对称矩阵，$\boldsymbol{A}^{\mathrm{T}}=-\boldsymbol{A}$，$|\boldsymbol{A}|=|\boldsymbol{A}^{\mathrm{T}}|=|-\boldsymbol{A}|=(-1)^n|\boldsymbol{A}|$.

如果 n 是奇数，必有 $|\boldsymbol{A}|=-|\boldsymbol{A}|$，即 $|\boldsymbol{A}|=0$，与 $\boldsymbol{A}$ 可逆矛盾，所以 n 必为偶数．

例 8 设 $\boldsymbol{A}^2=\boldsymbol{A}$，$\boldsymbol{A}\neq\boldsymbol{E}$，证明 $|\boldsymbol{A}|=0$.

证 若 $|\boldsymbol{A}|\neq 0$，则 $\boldsymbol{A}$ 可逆 $\Rightarrow \boldsymbol{A}=\boldsymbol{A}^{-1}\boldsymbol{A}^2=\boldsymbol{A}^{-1}\boldsymbol{A}=\boldsymbol{E}$. 此与条件 $\boldsymbol{A}\neq\boldsymbol{E}$ 矛盾，故 $|\boldsymbol{A}|=0$.

错证一 由行列式乘法，得 $|\boldsymbol{A}|^2=|\boldsymbol{A}|$，即 $|\boldsymbol{A}|(|\boldsymbol{A}|-1)=0$，因 $\boldsymbol{A}\neq\boldsymbol{E}$，故 $|\boldsymbol{A}|\neq 1$，从而 $|\boldsymbol{A}|=0$.

错证二 由 $\boldsymbol{A}(\boldsymbol{A}-\boldsymbol{E})=\boldsymbol{O}$，得 $|\boldsymbol{A}|\,|\boldsymbol{A}-\boldsymbol{E}|=0$，因 $\boldsymbol{A}-\boldsymbol{E}\neq\boldsymbol{O}$，故 $|\boldsymbol{A}-\boldsymbol{E}|\neq 0$，从而 $|\boldsymbol{A}|=0$.

错证三 由 $\boldsymbol{A}(\boldsymbol{A}-\boldsymbol{E})=\boldsymbol{O}$，因为 $\boldsymbol{A}-\boldsymbol{E}\neq\boldsymbol{O}$，故 $\boldsymbol{A}=\boldsymbol{O}$，从而 $|\boldsymbol{A}|=0$.

注意：前两种错误证明，主要是没弄清 $\boldsymbol{A}\neq\boldsymbol{B}$ 时，$|\boldsymbol{A}|$ 与 $|\boldsymbol{B}|$ 究竟有何联系？第三种错误在于把矩阵运算与数字运算相混淆，当 $\boldsymbol{AB}=\boldsymbol{O}$ 时，得不到 $\boldsymbol{A}=\boldsymbol{O}$ 或 $\boldsymbol{B}=\boldsymbol{O}$ 的结论．

例 9 已知 $\boldsymbol{A}$ 是 $2n+1$ 阶正交矩阵，即 $\boldsymbol{A}\boldsymbol{A}^{\mathrm{T}}=\boldsymbol{A}^{\mathrm{T}}\boldsymbol{A}=\boldsymbol{E}$，证明 $|\boldsymbol{E}-\boldsymbol{A}^2|=0$.

证 由行列式乘法公式，得

$$|\boldsymbol{A}|^2=|\boldsymbol{A}|\,|\boldsymbol{A}^{\mathrm{T}}|=|\boldsymbol{A}\boldsymbol{A}^{\mathrm{T}}|=|\boldsymbol{E}|=1.$$

(1)若 $|\boldsymbol{A}|=1$，则

$$\begin{aligned}|\boldsymbol{E}-\boldsymbol{A}|&=|\boldsymbol{A}\boldsymbol{A}^{\mathrm{T}}-\boldsymbol{A}|=|\boldsymbol{A}(\boldsymbol{A}^{\mathrm{T}}-\boldsymbol{E}^{\mathrm{T}})|=|\boldsymbol{A}|\,|\boldsymbol{A}-\boldsymbol{E}|\\&=|-(\boldsymbol{E}-\boldsymbol{A})|=(-1)^{2n+1}|\boldsymbol{E}-\boldsymbol{A}|=-|\boldsymbol{E}-\boldsymbol{A}|,\end{aligned}$$

从而

$$|\boldsymbol{E}-\boldsymbol{A}|=0.$$

(2)若 $|\boldsymbol{A}|=-1$，则由

$$|\boldsymbol{E}+\boldsymbol{A}|=|\boldsymbol{A}\boldsymbol{A}^{\mathrm{T}}+\boldsymbol{A}|=|\boldsymbol{A}(\boldsymbol{A}^{\mathrm{T}}+\boldsymbol{E}^{\mathrm{T}})|=|\boldsymbol{A}|\,|\boldsymbol{A}+\boldsymbol{E}|=-|\boldsymbol{E}+\boldsymbol{A}|,$$

得 $|\boldsymbol{E}+\boldsymbol{A}|=0$. 又因

$$|\boldsymbol{E}-\boldsymbol{A}^2|=|(\boldsymbol{E}-\boldsymbol{A})(\boldsymbol{E}+\boldsymbol{A})|=|\boldsymbol{E}-\boldsymbol{A}|\,|\boldsymbol{E}-\boldsymbol{A}|,$$

所以不论 $|\boldsymbol{A}|$ 等于 1 或 -1，总有 $|\boldsymbol{E}-\boldsymbol{A}^2|=0$.

例 10 设 n 阶矩阵 $\boldsymbol{A}$ 的行列式 $|\boldsymbol{A}|=a\neq 0$，而 $\boldsymbol{A}^*$ 为 $\boldsymbol{A}$ 的伴随矩阵，求：(1) $|\boldsymbol{A}^*|$；(2) $(k\boldsymbol{A})^*$.

解 (1)因 $\boldsymbol{A}^*=|\boldsymbol{A}|\boldsymbol{A}^{-1}=a\boldsymbol{A}^{-1}$，两端取行列式得

$$|\boldsymbol{A}^*|=|a\boldsymbol{A}^{-1}|=a^n|\boldsymbol{A}^{-1}|=a^n|\boldsymbol{A}|^{-1}=a^{n-1}.$$

(2)由

$$\boldsymbol{A}^*=\begin{pmatrix}A_{11}&A_{21}&\cdots&A_{n1}\\A_{12}&A_{22}&\cdots&A_{n2}\\\vdots&\vdots&&\vdots\\A_{1n}&A_{2n}&\cdots&A_{nn}\end{pmatrix}$$

知，A_{ij} 是 $\boldsymbol{A}$ 的 $n-1$ 阶子式，因而 $(k\boldsymbol{A})^*$ 的每个元素都是矩阵 $k\boldsymbol{A}$ 的 $n-1$ 阶子

式，故每个元素都可提取 $n-1$ 个公因式 k，也就是说 $k\boldsymbol{A}$ 中的元素 ka_{ij} 的代数余子式为 $k^{n-1}A_{ij}$，即

$$(k\boldsymbol{A})^*=\begin{pmatrix} k^{n-1}A_{11} & k^{n-1}A_{21} & \cdots & k^{n-1}A_{n1} \\ k^{n-1}A_{12} & k^{n-1}A_{22} & \cdots & k^{n-1}A_{n2} \\ \vdots & \vdots & & \vdots \\ k^{n-1}A_{1n} & k^{n-1}A_{2n} & \cdots & k^{n-1}A_{nn} \end{pmatrix}=k^{n-1}\boldsymbol{A}^*.$$

注意：要熟记此结论，该结论在考研中经常出现．

例 11 对任意 n 阶方阵 $\boldsymbol{A}$，$\boldsymbol{B}$，若 $\boldsymbol{AB}=\boldsymbol{A}+\boldsymbol{B}$，求证：$\boldsymbol{AB}=\boldsymbol{BA}$.

证 由于$(\boldsymbol{A}-\boldsymbol{E})(\boldsymbol{B}-\boldsymbol{E})=\boldsymbol{AB}-\boldsymbol{A}-\boldsymbol{B}+\boldsymbol{E}=\boldsymbol{E}$，故$(\boldsymbol{A}-\boldsymbol{E})^{-1}=\boldsymbol{B}-\boldsymbol{E}$，从而

$$(\boldsymbol{B}-\boldsymbol{E})(\boldsymbol{A}-\boldsymbol{E})=\boldsymbol{E}，即\ \boldsymbol{BA}-\boldsymbol{B}-\boldsymbol{A}+\boldsymbol{E}=\boldsymbol{E}，\boldsymbol{BA}=\boldsymbol{A}+\boldsymbol{B},$$

从而有$\boldsymbol{AB}=\boldsymbol{BA}$.

例 12 设 $\boldsymbol{A}$，$\boldsymbol{B}$ 为 n 阶正交矩阵，且$|\boldsymbol{A}|+|\boldsymbol{B}|=0$，求$|\boldsymbol{A}+\boldsymbol{B}|$.

解 由 $\boldsymbol{A}$，$\boldsymbol{B}$ 为正交矩阵，则有 $\boldsymbol{AA}^{\mathrm{T}}=\boldsymbol{A}^{\mathrm{T}}\boldsymbol{A}=\boldsymbol{E}$，$\boldsymbol{BB}^{\mathrm{T}}=\boldsymbol{B}^{\mathrm{T}}\boldsymbol{B}=\boldsymbol{E}$，故

$$\boldsymbol{A}+\boldsymbol{B}=\boldsymbol{AB}^{\mathrm{T}}\boldsymbol{B}+\boldsymbol{AA}^{\mathrm{T}}\boldsymbol{B}=\boldsymbol{A}(\boldsymbol{B}^{\mathrm{T}}+\boldsymbol{A}^{\mathrm{T}})\boldsymbol{B}=\boldsymbol{A}(\boldsymbol{B}+\boldsymbol{A})^{\mathrm{T}}\boldsymbol{B}.$$

两边取行列式有

$$|\boldsymbol{A}+\boldsymbol{B}|=|\boldsymbol{A}|\,|(\boldsymbol{B}+\boldsymbol{A})^{\mathrm{T}}|\,|\boldsymbol{B}|=|\boldsymbol{A}|\,|\boldsymbol{A}+\boldsymbol{B}|\,|\boldsymbol{B}|,$$

即
$$|\boldsymbol{A}+\boldsymbol{B}|(1-|\boldsymbol{A}|\,|\boldsymbol{B}|)=0.$$

由 $\boldsymbol{AA}^{\mathrm{T}}=\boldsymbol{E}$，$|\boldsymbol{A}|+|\boldsymbol{B}|=0$，得$|\boldsymbol{A}|^2=1$，$|\boldsymbol{B}|=-|\boldsymbol{A}|$，则$|\boldsymbol{A}|\,|\boldsymbol{B}|=-1$，即

$$|\boldsymbol{A}+\boldsymbol{B}|(1-|\boldsymbol{A}|\,|\boldsymbol{B}|)=2|\boldsymbol{A}+\boldsymbol{B}|=0,$$

故$|\boldsymbol{A}+\boldsymbol{B}|=0$.

例 13 设矩阵 $\boldsymbol{A}=\begin{pmatrix} 1 & 3 \\ -2 & 1 \end{pmatrix}$，$\boldsymbol{B}=\begin{pmatrix} 1 & -2 & 3 \\ 4 & 2 & 1 \end{pmatrix}$，矩阵 $\boldsymbol{X}$ 满足 $\boldsymbol{A}^*\boldsymbol{X}=\boldsymbol{B}$，试求矩阵 $\boldsymbol{X}$.

解 $|\boldsymbol{A}|=7\neq0$，则由 $\boldsymbol{A}^*\boldsymbol{X}=\boldsymbol{B}\Rightarrow\boldsymbol{AA}^*\boldsymbol{X}=\boldsymbol{AB}\Rightarrow|\boldsymbol{A}|\boldsymbol{X}=\boldsymbol{AB}$.

而
$$\boldsymbol{AB}=\begin{pmatrix} 1 & 3 \\ -2 & 1 \end{pmatrix}\begin{pmatrix} 1 & -2 & 3 \\ 4 & 2 & 1 \end{pmatrix}=\begin{pmatrix} 13 & 4 & 6 \\ 2 & 6 & -5 \end{pmatrix},$$

故
$$\boldsymbol{X}=\frac{1}{|\boldsymbol{A}|}\boldsymbol{AB}=\frac{1}{7}\begin{pmatrix} 13 & 4 & 6 \\ 2 & 6 & -5 \end{pmatrix}=\begin{pmatrix} 13/7 & 4/7 & 6/7 \\ 2/7 & 6/7 & -5/7 \end{pmatrix}.$$

例 14 设矩阵 $\boldsymbol{A}$ 的伴随矩阵 $\boldsymbol{A}^*=\begin{pmatrix} 1 & 0 & 0 \\ 1 & 2 & 4 \\ 0 & 0 & 2 \end{pmatrix}$，若$|\boldsymbol{A}|>0$，$\boldsymbol{AB}+(\boldsymbol{A}^{-1})^*\boldsymbol{B}(\boldsymbol{A}^*)^*=\boldsymbol{E}$，求矩阵 $\boldsymbol{B}$.

解 由 $\boldsymbol{AA}^*=|\boldsymbol{A}|\boldsymbol{E}$，$|\boldsymbol{A}|>0$，故

$$|\boldsymbol{A}^*|=|\boldsymbol{A}|^{n-1},\ (\boldsymbol{A}^*)^*=|\boldsymbol{A}|^{n-2}\boldsymbol{A},\ (\boldsymbol{A}^{-1})^*=(\boldsymbol{A}^*)^{-1}.$$

由已知得 $|\boldsymbol{A}^*|=4$，故由 $|\boldsymbol{A}^*|=|\boldsymbol{A}|^{3-1}=|\boldsymbol{A}|^2$，且 $|\boldsymbol{A}|>0$，得 $|\boldsymbol{A}|=2$，$\boldsymbol{AB}+(\boldsymbol{A}^{-1})^*\boldsymbol{B}(\boldsymbol{A}^*)^*=\boldsymbol{E}$ 可化为 $\boldsymbol{AB}+(\boldsymbol{A}^*)^{-1}\boldsymbol{B}\times 2\boldsymbol{A}=\boldsymbol{E}$，左乘 $\boldsymbol{A}^*$，得 $2\boldsymbol{B}+2\boldsymbol{BA}=\boldsymbol{A}^*$，于是有 $2\boldsymbol{B}(\boldsymbol{E}+\boldsymbol{A})=\boldsymbol{A}^*$，由于 $\boldsymbol{A}^*$ 可逆，故 $\boldsymbol{B}$ 与 $\boldsymbol{E}+\boldsymbol{A}$ 均可逆，从而 $\boldsymbol{B}=\frac{1}{2}\boldsymbol{A}^*(\boldsymbol{A}+\boldsymbol{E})^{-1}$.

由 $\boldsymbol{A}=\left(\frac{\boldsymbol{A}^*}{|\boldsymbol{A}|}\right)^{-1}=2(\boldsymbol{A}^*)^{-1}=\begin{pmatrix}2&0&0\\-1&1&-2\\0&0&1\end{pmatrix}$，得

$$(\boldsymbol{A}+\boldsymbol{E})^{-1}=\frac{1}{6}\begin{pmatrix}2&0&0\\1&3&3\\0&0&3\end{pmatrix},$$

故

$$\boldsymbol{B}=\frac{1}{6}\begin{pmatrix}1&0&0\\2&3&9\\0&0&3\end{pmatrix}.$$

例 15 设 $\boldsymbol{A}$ 为 n 阶矩阵，$\boldsymbol{A}^*$ 为 $\boldsymbol{A}$ 的伴随矩阵，证明：$\boldsymbol{A}$ 满秩的充要条件是 $\boldsymbol{A}^*$ 为满秩矩阵 .

证 必要性，即证 $\boldsymbol{A}^*$ 为满秩矩阵 . 事实上，由 $\boldsymbol{AA}^*=|\boldsymbol{A}|\boldsymbol{E}$，得 $|\boldsymbol{A}||\boldsymbol{A}^*|=|\boldsymbol{A}|^n$，由题设 $\boldsymbol{A}$ 为满秩矩阵，故 $|\boldsymbol{A}|\neq 0$. 显然有 $|\boldsymbol{A}^*|\neq 0$，故 $\boldsymbol{A}^*$ 为满秩矩阵 .

充分性，即若 $\boldsymbol{A}^*$ 满秩，则 $\boldsymbol{A}$ 也满秩 . 用反证法证之 . 若 $\boldsymbol{A}$ 为降秩，可分两种情况讨论：

(1)$\boldsymbol{A}$ 为降秩且 $\boldsymbol{A}=\boldsymbol{O}$，这时有 $\boldsymbol{A}^*=\boldsymbol{O}$，与 $\boldsymbol{A}^*$ 满秩矛盾；

(2)$\boldsymbol{A}$ 为降秩且 $\boldsymbol{A}\neq\boldsymbol{O}$，由 $|\boldsymbol{A}|=0$，得 $\boldsymbol{AA}^*=|\boldsymbol{A}|\boldsymbol{E}=\boldsymbol{O}$. 又因 $\boldsymbol{A}^*$ 为满秩矩阵，故 $(\boldsymbol{A}^*)^{-1}$ 存在，于是有 $\boldsymbol{AA}^*(\boldsymbol{A}^*)^{-1}=\boldsymbol{O}\cdot(\boldsymbol{A}^*)^{-1}=\boldsymbol{O}$，即 $\boldsymbol{A}=\boldsymbol{O}$，这与 $\boldsymbol{A}\neq\boldsymbol{O}$ 矛盾 .

由(1)、(2)知，$\boldsymbol{A}$ 不可能为降秩，因而只能为满秩矩阵 .

例 16 设

$$\boldsymbol{A}=\begin{pmatrix}1&1&1&1\\1&1&-1&-1\\1&-1&1&-1\\1&-1&-1&1\end{pmatrix},$$

(1)求 $\boldsymbol{A}^2$；(2)证明 $\boldsymbol{A}$ 可逆，并求 $\boldsymbol{A}^{-1}$；(3)求 $(\boldsymbol{A}^*)^{-1}$.

解 (1)直接计算，得 $\boldsymbol{A}^2=4\boldsymbol{E}$；

(2)由 $\boldsymbol{A}(\boldsymbol{A}/4)=\boldsymbol{E}$，故 $\boldsymbol{A}$ 可逆，且 $\boldsymbol{A}^{-1}=\boldsymbol{A}/4$；

(3)$A^*=|A|A^{-1}$，故$(A^*)^{-1}=(|A|A^{-1})^{-1}=A/|A|$，算得$|A|=-16$，故$(A^*)^{-1}=-A/16$.

例 17　若方阵 A 不是单位矩阵，且 $A^2=A$，证明：A 为不可逆矩阵.

证　用反证法. 若 A 可逆，则有 $A^{-1}A=E$. 由已知 $A^2=A$，得 $A^{-1}A^2=E$，即 $A=E$. 此与 A 不是单位矩阵矛盾，故 A 不可逆.

例 18　设方阵 A 满足 $A^3-A^2+2A-E=O$，证明 A 及 $E-A$ 均可逆，并求 A^{-1} 和 $(E-A)^{-1}$.

证　由 $A^3-A^2+2A-E=O$，得

$$A(A^2-A+2E)=E\Rightarrow|A|\,|A^2-A+2E|=1\neq0,$$

故 A 为可逆矩阵，且 $A^{-1}=(A^2-A+2E)$.

再由 $A^3-A^2+2A-E=O$，得

$$(E-A)(A^2+2E)=E,$$

故 $E-A$ 也可逆，且 $(E-A)^{-1}=A^2+2E$.

例 19　设矩阵 $A=\begin{pmatrix}4&2&3\\1&1&0\\-1&2&3\end{pmatrix}$，且 $AB=A+2B$，求矩阵 B.

解　因为 $AB=A+2B$，所以 $AB-2B=A$，即 $(A-2E)B=A$. 又因为 $|A-2E|\neq0$，所以 $B=(A-2E)^{-1}A$，即

$$B=\begin{pmatrix}2&2&3\\1&-1&0\\-1&2&1\end{pmatrix}^{-1}\begin{pmatrix}4&2&3\\1&1&0\\-1&2&3\end{pmatrix}$$

$$=\begin{pmatrix}1&-4&-3\\1&-5&-3\\-1&6&4\end{pmatrix}\begin{pmatrix}4&2&3\\1&1&0\\-1&2&3\end{pmatrix}$$

$$=\begin{pmatrix}3&-8&-6\\2&-9&-6\\-2&12&9\end{pmatrix}.$$

例 20　已知 $A=\begin{pmatrix}1&0&0\\0&0&1\\0&1&0\end{pmatrix}$，$B=\begin{pmatrix}1&1&1\\0&1&1\\0&0&1\end{pmatrix}$，求 $(AB)^{-1}$.

解　$(AB)^{-1}=B^{-1}A^{-1}=\begin{pmatrix}1&-1&0\\0&1&-1\\0&0&1\end{pmatrix}\begin{pmatrix}1&0&0\\0&0&1\\0&1&0\end{pmatrix}=\begin{pmatrix}1&0&-1\\0&-1&1\\0&1&0\end{pmatrix}$.

例 21　已知 $A^6=E$，试求 A^{11}，其中 $A=\begin{pmatrix}1/2&-\sqrt{3}/2\\\sqrt{3}/2&1/2\end{pmatrix}$.

解 对矩阵等式恒等变形得

$$A^6=E\cdot A^6=A^6\cdot A^6=A\cdot A^{11}=E,$$

故 $A^{11}=A^{-1}$，而 A 又为正交矩阵，$A^{-1}=A^T$，从而

$$A^{11}=A^{-1}=\begin{pmatrix}1/2 & \sqrt{3}/2\\ -\sqrt{3}/2 & 1/2\end{pmatrix}.$$

例 22 已知 A_1，A_4 分别为 m，n 阶可逆矩阵，证明 $M_1=\begin{pmatrix}A_1 & O\\ A_3 & A_4\end{pmatrix}$ 可逆，并求 M_1^{-1}.

证 因为 M_1 为分块下三角阵，其逆矩阵如存在，则仍为分块下三角阵，且其主对角线上的分块矩阵为 M_1 主对角线上相应分块矩阵的逆矩阵，故可设

$$\begin{pmatrix}A_1 & O\\ A_3 & A_4\end{pmatrix}\begin{pmatrix}A_1^{-1} & O\\ X_3 & A_4^{-1}\end{pmatrix}=\begin{pmatrix}E_m & O\\ O & E_n\end{pmatrix}.$$

将等式左端乘开，比较对应元素得 $A_3A_1^{-1}+A_4X_3=O$，即 $X_3=-A_4^{-1}A_3A_1^{-1}$，故

$$M_1^{-1}=\begin{pmatrix}A_1^{-1} & O\\ -A_4^{-1}A_3A_1^{-1} & A_4^{-1}\end{pmatrix}. \qquad (*)$$

注意：(1)(*)式可作为公式记忆．利用它可简便地求出该类分块矩阵的逆矩阵．

(2)可逆分块子块位于对角线上的另一情况是，若

$$M_2=\begin{pmatrix}A_1 & A_2\\ A_3 & O\end{pmatrix}(A_2，A_3\text{可逆}),$$

则
$$M_2^{-1}=\begin{pmatrix}O & A_3^{-1}\\ A_2^{-1} & -A_2^{-1}A_1A_3^{-1}\end{pmatrix}.$$

例 23 求矩阵 $M_1=\begin{pmatrix}1&1&0&0\\1&2&0&0\\3&7&2&3\\2&5&1&2\end{pmatrix}$ 的逆矩阵．

解 设 $A_1=\begin{pmatrix}1&1\\1&2\end{pmatrix}$，$A_2=O$，$A_3=\begin{pmatrix}3&7\\2&5\end{pmatrix}$，$A_4=\begin{pmatrix}2&3\\1&2\end{pmatrix}$，则 A_1，A_4 可逆，且

$$A_1^{-1}=\begin{pmatrix}2&-1\\-1&1\end{pmatrix},\quad A_4^{-1}=\begin{pmatrix}2&-3\\-1&2\end{pmatrix},$$

故
$$M_1^{-1}=\begin{pmatrix} A_1^{-1} & O \\ -A_4^{-1}A_3A_1^{-1} & A_4^{-1}\end{pmatrix}=\begin{pmatrix} 2 & -1 & 0 & 0 \\ -1 & 1 & 0 & 0 \\ -1 & 1 & 2 & -3 \\ 1 & -2 & -1 & 2\end{pmatrix}.$$

例 24 讨论 λ 的取值范围，确定如下矩阵的秩：

$$A=\begin{pmatrix} 1 & \lambda & -1 & 2 \\ 2 & -1 & \lambda & 5 \\ 1 & 10 & -6 & 1\end{pmatrix}.$$

解 $A\xrightarrow[r_2-2r_1]{r_3-r_1}\begin{pmatrix} 1 & \lambda & -1 & 2 \\ 0 & -1-2\lambda & \lambda+2 & 1 \\ 0 & 10-\lambda & -5 & -1\end{pmatrix}\xrightarrow[c_4\leftrightarrow c_2]{}\begin{pmatrix} 1 & 2 & -1 & \lambda \\ 0 & 1 & \lambda+2 & -1-2\lambda \\ 0 & -1 & -5 & 10-\lambda\end{pmatrix}$

$$\xrightarrow{r_3+r_2}\begin{pmatrix} 1 & 2 & -1 & \lambda \\ 0 & 1 & \lambda+2 & -1-2\lambda \\ 0 & 0 & \lambda-3 & 9-3\lambda\end{pmatrix},$$

故当 $\lambda\neq3$ 时，$r(A)=3$；当 $\lambda=3$ 时，$r(A)=2$.

例 25 确定 x 与 y 的值，使如下矩阵 A 的秩为 2：

$$A=\begin{pmatrix} 1 & 1 & 1 & 1 & 1 \\ 3 & 2 & 1 & -3 & x \\ 0 & 1 & 2 & 6 & 3 \\ 5 & 4 & 3 & -1 & y\end{pmatrix}.$$

解 显然 A 中有二阶子式不等于零，故 $r(A)\geqslant2$，为使 $r(A)=2$，必须使 A 的任何一个三阶子式均为零，特别地应使下列含 x 与 y 的三阶行列式

$$\begin{vmatrix} 1 & 1 & 1 \\ 1 & -3 & x \\ 2 & 6 & 3\end{vmatrix}=-4x,\quad \begin{vmatrix} 1 & 1 & 1 \\ 2 & 6 & 3 \\ 3 & -1 & y\end{vmatrix}=4y-8$$

为零，由此解出 $x=0$，$y=2$.

例 26 求如下矩阵的秩：

$$A=\begin{pmatrix} 1 & 1 & 1 & 1 & 1 \\ a_1 & a_2 & a_3 & a_4 & a_5 \\ a_1^2 & a_2^2 & a_3^2 & a_4^2 & a_5^2 \\ a_1^3 & a_2^3 & a_3^3 & a_4^3 & a_5^3 \\ (a_1+1)^3 & (a_2+1)^3 & (a_3+1)^3 & (a_4+1)^3 & (a_5+1)^3\end{pmatrix},$$

其中 $i\neq j$ 时，$a_i\neq a_j$（i，$j=1$，2，3，4，5）.

解 矩阵 A 是一个五阶方阵，因其第 5 行是第 1，2，3，4 行的线性组合，

故$|\boldsymbol{A}|=0$，即五阶子式等于零．再看$\boldsymbol{A}$中是否有四阶子式不为零．因为当$i\neq j$时，$a=1/2$，$b=-\sqrt{3}/2$，$c=\sqrt{3}/2$，故四阶范德蒙行列式

$$D_4=\begin{vmatrix}1&1&1&1\\a_1&a_2&a_3&a_4\\a_1^2&a_2^2&a_3^2&a_4^2\\a_1^3&a_2^3&a_3^3&a_4^3\end{vmatrix}\neq0,$$

因而$\boldsymbol{A}$中不等于零的子式的最高阶数为4，故$r(\boldsymbol{A})=4$.

例 27 求矩阵$\boldsymbol{A}=\begin{pmatrix}2&-4&3&-3&5\\1&-2&1&5&3\\1&-2&4&-34&0\end{pmatrix}$的秩．

解 $\boldsymbol{A}\xrightarrow{r_1\leftrightarrow r_3}\begin{pmatrix}1&-2&4&-34&0\\1&-2&1&5&3\\2&-4&3&-3&5\end{pmatrix}\xrightarrow[r_2-r_1]{r_3-2r_1}\begin{pmatrix}1&-2&4&-34&0\\0&0&-3&39&3\\0&0&-5&65&5\end{pmatrix}=\boldsymbol{A}_1.$

因$\boldsymbol{A}_1$中有二阶子式$\begin{vmatrix}1&4\\0&-3\end{vmatrix}\neq0$，而$\boldsymbol{A}_1$的第2，3行成比例，故$\boldsymbol{A}_1$的所有三阶子式都等于零，故$r(\boldsymbol{A}_1)=2$，所以$r(\boldsymbol{A})=r(\boldsymbol{A}_1)=2$.

例 28 设$\boldsymbol{A}=(a_{ij})_{n\times n}(n\geqslant2)$，试证：

$$r(\boldsymbol{A}^*)=\begin{cases}n，当 r(\boldsymbol{A})=n 时，\\0，当 r(\boldsymbol{A})<n-1 时，\\1，当 r(\boldsymbol{A})=n-1 时．\end{cases}$$

证 (1)当$r(\boldsymbol{A})=n$时，$|\boldsymbol{A}|\neq0$，由$\boldsymbol{A}\boldsymbol{A}^*=|\boldsymbol{A}|\boldsymbol{E}$，得

$$r(\boldsymbol{A}^*)=r(\boldsymbol{A}\boldsymbol{A}^*)=r(|\boldsymbol{A}|\boldsymbol{E})=n.$$

(2)当$r(\boldsymbol{A})<n-1$时，由矩阵秩的定义，$\boldsymbol{A}$中所有$n-1$阶子式全为零，即$\boldsymbol{A}^*$中所有元素为零，亦即$\boldsymbol{A}^*=\boldsymbol{O}$，故$r(\boldsymbol{A}^*)=0$.

(3)当$r(\boldsymbol{A})=n-1$时，由定义知$\boldsymbol{A}$中至少有一个$n-1$阶子式不等于零，故$\boldsymbol{A}^*\neq\boldsymbol{O}$，从而$r(\boldsymbol{A}^*)\geqslant1$；另一方面，因$r(\boldsymbol{A})=n-1$，故$\boldsymbol{A}$中所有$n$阶子式(只有一个即$|\boldsymbol{A}|$)都等于零，从而$|\boldsymbol{A}|=0$，所以$\boldsymbol{A}\boldsymbol{A}^*=|\boldsymbol{A}|\boldsymbol{E}=\boldsymbol{O}$，于是$r(\boldsymbol{A})+r(\boldsymbol{A}^*)\leqslant n$，而$r(\boldsymbol{A})=n-1$，故$(\boldsymbol{A}^*)\leqslant1$，所以$r(\boldsymbol{A}^*)=1$.

例 29 设$\boldsymbol{A}$为n阶矩阵，且$\boldsymbol{A}^2=\boldsymbol{A}$，若$r(\boldsymbol{A})=r$，证明：$r(\boldsymbol{A}-\boldsymbol{E})=n-r$，其中$\boldsymbol{E}$为$n$阶单位阵．

证 由$\boldsymbol{A}^2=\boldsymbol{A}\Rightarrow\boldsymbol{A}(\boldsymbol{A}-\boldsymbol{E})=\boldsymbol{O}\Rightarrow r(\boldsymbol{A})+r(\boldsymbol{A}-\boldsymbol{E})\leqslant n$. 又$\boldsymbol{E}=\boldsymbol{E}-\boldsymbol{A}+\boldsymbol{A}$，故

$$n=r(\boldsymbol{E})=r(\boldsymbol{E}-\boldsymbol{A}+\boldsymbol{A})\leqslant r(\boldsymbol{E}-\boldsymbol{A})+r(\boldsymbol{A})=r(\boldsymbol{A}-\boldsymbol{E})+r(\boldsymbol{A}),$$

即

$$r(\boldsymbol{A}-\boldsymbol{E})+r(\boldsymbol{A})=n.$$

由题设$r(\boldsymbol{A})=r$，故$r(\boldsymbol{A}-\boldsymbol{E})=n-r$.

例 30 设 $\boldsymbol{P}$ 为 m 阶可逆矩阵，$\boldsymbol{Q}$ 为 n 阶可逆矩阵，$\boldsymbol{A}$ 为 $m\times n$ 矩阵，试证：$r(\boldsymbol{PA})=r(\boldsymbol{A})$，$r(\boldsymbol{AQ})=r(\boldsymbol{A})$.

证 因 $\boldsymbol{P}$ 为可逆矩阵，故可表示成有限个初等矩阵的乘积，即 $\boldsymbol{P}=\boldsymbol{P}_1\boldsymbol{P}_2\cdots\boldsymbol{P}_s$ ($\boldsymbol{P}_i$ 为初等矩阵)，两边右乘 $\boldsymbol{A}$，得 $\boldsymbol{PA}=\boldsymbol{P}_1\boldsymbol{P}_2\cdots\boldsymbol{P}_s\boldsymbol{A}$.

因在矩阵 $\boldsymbol{A}$ 的左边乘以一个 m 阶初等矩阵，相当于对矩阵 $\boldsymbol{A}$ 进行一次初等行变换，故 $\boldsymbol{PA}$ 是 $\boldsymbol{A}$ 经过 s 次初等行变换后得到的矩阵，而矩阵经初等变换后其秩不变，故 $r(\boldsymbol{PA})=r(\boldsymbol{A})$.

同法可证，$r(\boldsymbol{AQ})=r(\boldsymbol{A})$.

例 31 设 $\boldsymbol{A}$ 为 $m\times n$ 矩阵，$\boldsymbol{B}$ 为 $n\times m$ 矩阵，且 $m>n$，证明：$r(\boldsymbol{AB})<m$.

证 因 $m>n$，故 $r(\boldsymbol{A})\leqslant n$，$r(\boldsymbol{B})\leqslant n$，利用矩阵乘积的秩不超过每个因子矩阵的秩，有

$$r(\boldsymbol{AB})\leqslant\min\{r(\boldsymbol{A}),\ r(\boldsymbol{B})\}\leqslant n,$$

由 $m>n$，得 $r(\boldsymbol{AB})<m$.

例 32 设 $f(x)=a_0+a_1x+a_2x^2+\cdots+a_mx^m$，$\boldsymbol{A}=(a_{ij})_{n\times n}$，证明：若 $f(0)=0$，则 $r(f(\boldsymbol{A}))\leqslant r(\boldsymbol{A})$.

证 为证 $r(f(\boldsymbol{A}))\leqslant r(\boldsymbol{A})$，只需将 $f(\boldsymbol{A})$ 改写成 $f(\boldsymbol{A})=\boldsymbol{A}\cdot g(\boldsymbol{A})$ 的形式．事实上，由 $f(0)=0$，得到 $a_0=0$，于是

$$f(x)=a_1x+a_2x^2+\cdots+a_mx^m=x(a_1+a_2x+\cdots+a_mx^{m-1}),$$

故
$$f(\boldsymbol{A})=\boldsymbol{A}(a_1\boldsymbol{E}+a_2\boldsymbol{A}+\cdots+a_m\boldsymbol{A}^{m-1})=\boldsymbol{A}g(\boldsymbol{A}).$$

例 33 设 $\boldsymbol{A}=\begin{pmatrix}a_{11}&a_{12}&a_{13}\\a_{21}&a_{22}&a_{23}\\a_{31}&a_{32}&a_{33}\end{pmatrix}$，$\boldsymbol{B}=\begin{pmatrix}a_{21}&a_{22}+ka_{23}&a_{23}\\a_{31}&a_{32}+ka_{33}&a_{33}\\a_{11}&a_{12}+ka_{13}&a_{13}\end{pmatrix}$，

$$\boldsymbol{P}_1=\begin{pmatrix}0&1&0\\0&0&1\\1&0&0\end{pmatrix},\ \boldsymbol{P}_2=\begin{pmatrix}1&0&0\\0&1&0\\0&k&1\end{pmatrix},$$

则 $\boldsymbol{A}=($ $)$.

(A) $\boldsymbol{P}_1^{-1}\boldsymbol{B}\boldsymbol{P}_2^{-1}$；　(B) $\boldsymbol{P}_2^{-1}\boldsymbol{B}\boldsymbol{P}_1^{-1}$；　(C) $\boldsymbol{P}_1^{-1}\boldsymbol{P}_2^{-1}\boldsymbol{B}$；　(D) $\boldsymbol{B}\boldsymbol{P}_1^{-1}\boldsymbol{P}_2^{-1}$.

解 因被选择的四个矩阵乘积均是可逆矩阵与 $\boldsymbol{B}$ 相乘，故可考虑 $\boldsymbol{B}$ 经过哪些初等变换变至矩阵 $\boldsymbol{A}$. 易看出

$$\boldsymbol{B}\xrightarrow{r_2\leftrightarrow r_3}\begin{pmatrix}a_{21}&a_{22}+ka_{23}&a_{23}\\a_{11}&a_{12}+ka_{13}&a_{13}\\a_{31}&a_{32}+ka_{33}&a_{33}\end{pmatrix}\xrightarrow{r_1\leftrightarrow r_2}\begin{pmatrix}a_{11}&a_{12}+ka_{13}&a_{13}\\a_{21}&a_{22}+ka_{23}&a_{23}\\a_{31}&a_{32}+ka_{33}&a_{33}\end{pmatrix}\xrightarrow[c_2+(-k)c_3]{}\boldsymbol{A}.$$

将上述初等变换用矩阵乘积表示为

$$\begin{pmatrix}0&1&0\\1&0&0\\0&0&1\end{pmatrix}\begin{pmatrix}1&0&0\\0&0&1\\0&1&0\end{pmatrix}\boldsymbol{B}\begin{pmatrix}1&0&0\\0&1&0\\0&-k&1\end{pmatrix}=\boldsymbol{A}，即\begin{pmatrix}0&0&1\\1&0&0\\0&1&0\end{pmatrix}\boldsymbol{B}\begin{pmatrix}1&0&0\\0&1&0\\0&-k&1\end{pmatrix}=\boldsymbol{A}.$$

注意到

$$\boldsymbol{P}_1^{-1}=\begin{pmatrix}0&1&0\\0&0&1\\1&0&0\end{pmatrix}^{-1}=\begin{pmatrix}0&0&1\\1&0&0\\0&1&0\end{pmatrix},$$

$$\boldsymbol{P}_2^{-1}=\begin{pmatrix}1&0&0\\0&1&0\\1&k&1\end{pmatrix}^{-1}=\begin{pmatrix}1&0&0\\0&1&0\\0&-k&1\end{pmatrix},$$

故 $\boldsymbol{P}_1^{-1}\boldsymbol{B}\boldsymbol{P}_2^{-1}=\boldsymbol{A}$，因而(A)正确，其余都不正确.

同步练习

一、填空题

(1)已知 $\boldsymbol{A}$ 是一个 n 阶矩阵，且 $\boldsymbol{A}^m=\boldsymbol{E}$，其中 m 为正整数，$\boldsymbol{E}$ 为 n 阶单位矩阵. 若将 $\boldsymbol{A}$ 中的 n^2 个元素 a_{ij} 用其代数余子式 A_{ij} 代替，得到的矩阵记为 $\boldsymbol{B}$，则 $\boldsymbol{B}^m=$__________.

(2)设 n 阶方阵 $\boldsymbol{A}$，$\boldsymbol{B}$ 满足关系式 $\boldsymbol{A}=(\boldsymbol{B}+\boldsymbol{E})/2$，且 $\boldsymbol{A}^2=\boldsymbol{A}$，则 $\boldsymbol{B}^2=$__________.

(3)将矩阵 $\boldsymbol{A}=\begin{pmatrix}1&1&2\\2&2&1\\1&2&3\end{pmatrix}$ 表示为一个对称矩阵 $\boldsymbol{B}=$__________与一个反对称矩阵 $\boldsymbol{C}=$__________的和.

(4)设 n 阶方阵 $\boldsymbol{A}$，$\boldsymbol{B}$，$\boldsymbol{C}$，且 $\boldsymbol{AB}=\boldsymbol{BC}=\boldsymbol{CA}=\boldsymbol{E}$，则 $\boldsymbol{A}^2+\boldsymbol{B}^2+\boldsymbol{C}^2=$__________.

(5)设矩阵 $\boldsymbol{A}=\boldsymbol{P}^{100}\begin{pmatrix}a_{11}&a_{12}&a_{13}\\a_{21}&a_{22}&a_{23}\\a_{31}&a_{32}&a_{33}\end{pmatrix}\boldsymbol{P}^m$（$m$ 为自然数），其中 $\boldsymbol{P}=\begin{pmatrix}0&0&1\\0&1&0\\1&0&0\end{pmatrix}$，则 $\boldsymbol{A}=$__________.

(6)设 n 阶方阵 $\boldsymbol{A}$ 可逆，$\boldsymbol{B}$ 是 $\boldsymbol{A}$ 经过交换第 i 行和第 j 行后得到的矩阵，则 $\boldsymbol{AB}^{-1}=$__________.

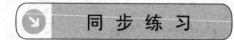

(7)设 $\boldsymbol{A}$，$\boldsymbol{B}$ 均为 n 阶矩阵，$|\boldsymbol{A}|=2$，$|\boldsymbol{B}|=-3$，则 $|2\boldsymbol{A}^*\boldsymbol{B}^{-1}|=$ ________.

(8)设 $\boldsymbol{A}$ 为可逆矩阵，且 $\boldsymbol{A}^2=|\boldsymbol{A}|\boldsymbol{E}$，则 $(\boldsymbol{A}^{-1})^*=$ ______.

(9)设 $\boldsymbol{A}$，$\boldsymbol{B}$ 为四阶矩阵，且 $|\boldsymbol{A}|=2$，$|\boldsymbol{B}|=1/2$，则 $|(\boldsymbol{AB})^*|=$ ______.

(10)设 $\boldsymbol{A}$ 为三阶矩阵，且 $|\boldsymbol{A}|=1/8$，则 $|(\boldsymbol{A}/3)^{-1}-8\boldsymbol{A}^*|=$ ______.

(11)已知矩阵 $\boldsymbol{A}=\begin{pmatrix}0 & a_1 & 0 & \cdots & 0\\ 0 & 0 & a_2 & \cdots & 0\\ \vdots & \vdots & \vdots & & \vdots\\ 0 & 0 & 0 & \cdots & a_{n-1}\\ a_n & 0 & 0 & \cdots & 0\end{pmatrix}$，其中 $a_i\neq 0(i=1, 2, \cdots, n)$，则 $(\boldsymbol{A}^*)^{-1}=$ ______.

(12)设 $\boldsymbol{A}=\begin{pmatrix}1 & 0 & 0\\ 2 & 2 & 0\\ 3 & 4 & 5\end{pmatrix}$，$\boldsymbol{A}^*$ 是 $\boldsymbol{A}$ 的伴随矩阵，则 $(\boldsymbol{A}^*)^{-1}=$ ______.

(13)设 $\boldsymbol{A}$ 为三阶方阵，且 $|\boldsymbol{A}|=2$，则 $|4\boldsymbol{A}^{-1}+\boldsymbol{A}^*|=$ ______.

(14)已知 $\boldsymbol{A}=\begin{pmatrix}1 & -2\\ -3 & 2\end{pmatrix}$，$\boldsymbol{B}=\begin{pmatrix}1 & 1\\ -1 & 1\end{pmatrix}$，$\boldsymbol{C}=\begin{pmatrix}\boldsymbol{A} & \boldsymbol{O}\\ \boldsymbol{O} & \boldsymbol{B}^{-1}\end{pmatrix}$，$\boldsymbol{C}^*$ 是 $\boldsymbol{C}$ 的伴随矩阵，则 $|\boldsymbol{C}^*|=$ _____.

(15)设 $\boldsymbol{A}=\begin{pmatrix}1 & 0\\ 2 & -1\end{pmatrix}$，$f(x)=\begin{vmatrix}x+2 & -1\\ 1 & x\end{vmatrix}$，则 $f(\boldsymbol{A})=$ ________.

(16)设 $\boldsymbol{A}$ 为 n 阶正交矩阵，其中 n 为奇数，且 $|\boldsymbol{A}|=1$，则 $|\boldsymbol{E}-\boldsymbol{A}|=$ ______.

(17)已知 $\boldsymbol{A}$，$\boldsymbol{B}$ 为 n 阶可逆矩阵，且有 $(\boldsymbol{AB}-2\boldsymbol{E})^{-1}=\boldsymbol{AB}-2\boldsymbol{E}$ 和 $\boldsymbol{AB}-\boldsymbol{E}$ 可逆，则 $\boldsymbol{AB}=$ ________.

(18)已知 $\boldsymbol{A}=\begin{pmatrix}1 & -2 & 3 & 1 & 4\\ 2 & 1 & 2 & -3 & 1\\ 3 & 6 & 15 & -9 & 12\\ 1 & 5 & 2 & 3 & 7\\ 2 & -3 & -1 & -5 & 1\end{pmatrix}$，则 $A_{11}+2A_{12}+5A_{13}-3A_{14}+4A_{15}=$ ________.

(19)设 $\boldsymbol{A}=\begin{pmatrix}a & 1 & 1\\ -1 & 1 & 0\\ 1 & 2 & 1\end{pmatrix}$，$\boldsymbol{B}=\begin{pmatrix}1 & 2 & 3\\ 2 & 1 & 1\\ 0 & 0 & 1\end{pmatrix}$，已知 $r(\boldsymbol{AB})=2$，则 $a=$ ______.

(20)已知矩阵 $A=\begin{pmatrix}1 & 2 & -1\\3 & -1 & 0\\2 & x & 1\end{pmatrix}$，$B$ 是三阶非零矩阵，若 $AB=O$，则 $r(B)=$________.

(21)设 A 是 4×3 矩阵，且 $r(A)=2$. 又知矩阵 $B=\begin{pmatrix}1 & 2 & 0 & 0\\3 & 4 & 0 & 0\\0 & 0 & 2 & 3\\0 & 0 & 5 & 6\end{pmatrix}$，则 $r(BA)=$________.

(22)设四阶方阵 A 的秩为 2，则其伴随矩阵 A^* 的秩为________.

二、选择题

(1)设 A 为 n 阶反对称矩阵，A^* 为 A 的伴随矩阵，则下列结论正确的是(　　).

(A)A^* 为对称矩阵；

(B)A^* 为反对称矩阵；

(C)当 n 为偶数时，A^* 为对称矩阵，当 n 为奇数时，A^* 为反对称矩阵；

(D)当 n 为偶数时，A^* 为反对称矩阵，当 n 为奇数时，A^* 为对称矩阵.

(2)设 A 为 n 阶矩阵($n>3$)，$r(A)=2$，A^* 是 A 的伴随矩阵，则下列命题中正确的是(　　).

(A)$r(A^*)=0$；　　(B)$r(A^*)=1$；

(C)$r(A^*)=n-1$；　　(D)以上都不对.

(3)设 α_1，α_2，α_3，α，β 均为 4 维列向量，$A=(\alpha_1, \alpha_2, \alpha_3, \alpha)$，$B=(\alpha_1, \alpha_2, \alpha_3, \beta)$，且 $|A|=2$，$|B|=3$，则 $|A-3B|=$(　　).

(A)-7；　　(B)-241；

(C)326；　　(D)56.

(4)若 n 阶方阵 A 满足 $A^2=E$，则 $r(A+E)+r(A-E)$(　　).

(A)小于 n；　　(B)等于 n；

(C)大于 n；　　(D)不能确定.

(5)设 A，B 为 n 阶方阵，满足等式 $AB=O$，则必有(　　).

(A)$A=O$ 或 $B=O$；　　(B)$A+B=O$；

(C)$|A|=0$ 或 $|B|=0$；　　(D)$|A|+|B|=0$.

(6)设 A 为 n 阶矩阵，且有 $A^2=A$ 成立，则下面命题中正确的是(　　).

(A)$A=O$；　　(B)$A=E$；

(C)若$\boldsymbol{A}$不可逆，则$\boldsymbol{A}=\boldsymbol{O}$； (D)若$\boldsymbol{A}$可逆，则$\boldsymbol{A}=\boldsymbol{E}$.

(7)设三阶方阵$\boldsymbol{A}\neq\boldsymbol{O}$，$\boldsymbol{B}=\begin{pmatrix}1&3&5\\2&4&t\\3&5&3\end{pmatrix}$，且$\boldsymbol{AB}=\boldsymbol{O}$，则$t$的值为(　　).

(A)2； (B)3； (C)4； (D)5.

(8)设矩阵$\boldsymbol{A}=\begin{pmatrix}1&2&3\\4&5&6\\7&8&9\end{pmatrix}$，$\boldsymbol{P}=\begin{pmatrix}0&0&1\\0&1&0\\1&0&0\end{pmatrix}$，$\boldsymbol{Q}=\begin{pmatrix}1&0&0\\0&0&1\\0&1&0\end{pmatrix}$，则$\boldsymbol{P}^{100}\boldsymbol{A}\boldsymbol{Q}^{101}=$(　　).

(A)$\begin{pmatrix}1&2&3\\4&5&6\\7&8&9\end{pmatrix}$； (B)$\begin{pmatrix}1&3&2\\4&6&5\\7&9&8\end{pmatrix}$；

(C)$\begin{pmatrix}3&2&1\\6&5&4\\9&8&7\end{pmatrix}$； (D)$\begin{pmatrix}3&2&1\\9&8&7\\6&5&4\end{pmatrix}$.

(9)设$\boldsymbol{A}$，$\boldsymbol{B}$都是n阶非零矩阵，且$\boldsymbol{AB}=\boldsymbol{O}$，则$\boldsymbol{A}$和$\boldsymbol{B}$的秩(　　).

(A)必有一个等于零； (B)都小于n；

(C)一个小于n，一个等于n； (D)都为n.

(10)设n阶方阵$\boldsymbol{A}$经初等变换后所得方阵记为$\boldsymbol{B}$，则(　　).

(A)$|\boldsymbol{A}|=|\boldsymbol{B}|$； (B)$|\boldsymbol{A}|\neq|\boldsymbol{B}|$；

(C)$|\boldsymbol{A}||\boldsymbol{B}|>0$； (D)若$|\boldsymbol{A}|=0$，则$|\boldsymbol{B}|=0$.

(11)已知n阶方阵$\boldsymbol{A}$和常数k，且$|\boldsymbol{A}|=d$，则$|k\boldsymbol{A}\boldsymbol{A}^{\mathrm{T}}|=$(　　).

(A)kd^2； (B)k^2d^2；

(C)k^nd； (D)k^nd^2.

(12)已知$\boldsymbol{A}$为n阶可逆对称方阵，则必有(　　).

(A)$\boldsymbol{A}^{-1}=\boldsymbol{A}^{\mathrm{T}}$； (B)$|\boldsymbol{A}|=0$；

(C)$\boldsymbol{A}^{\mathrm{T}}=-\boldsymbol{A}$； (D)$\boldsymbol{A}^{\mathrm{T}}\boldsymbol{A}^{-1}=\boldsymbol{E}$.

(13)设$\boldsymbol{A}$为n阶可逆矩阵，则$|(3\boldsymbol{A})^*|=$(　　).

(A)$|\boldsymbol{A}|^{n-1}$； (B)$3^{n^2}|\boldsymbol{A}|^{n-1}$；

(C)$3^{n(n-1)}|\boldsymbol{A}|^{n-1}$； (D)$3^{2n-1}|\boldsymbol{A}|^{n-1}$.

(14)设$\boldsymbol{A}$，$\boldsymbol{B}$为同阶可逆矩阵，则(　　).

(A)$\boldsymbol{AB}=\boldsymbol{BA}$；

(B)存在可逆矩阵$\boldsymbol{P}$，使$\boldsymbol{P}^{-1}\boldsymbol{AP}=\boldsymbol{B}$；

(C)存在可逆矩阵$\boldsymbol{C}$，使得$\boldsymbol{C}^{\mathrm{T}}\boldsymbol{AC}=\boldsymbol{B}$；

(D)存在可逆矩阵 $\boldsymbol{P}$ 和 $\boldsymbol{Q}$，使得 $\boldsymbol{PAQ}=\boldsymbol{B}$.

(15)已知 n 阶矩阵 $\boldsymbol{A}$，$\boldsymbol{B}$，$\boldsymbol{C}$，其中 $\boldsymbol{B}$，$\boldsymbol{C}$ 均可逆，且 $2\boldsymbol{A}=\boldsymbol{AB}^{-1}+\boldsymbol{C}$，则 $\boldsymbol{A}=$(　　).

(A)$\boldsymbol{C}(2\boldsymbol{E}-\boldsymbol{B})$；　(B)$\boldsymbol{C}(\boldsymbol{E}/2-\boldsymbol{B})$；

(C)$\boldsymbol{C}(2\boldsymbol{B}-\boldsymbol{E})^{-1}\boldsymbol{C}$；　(D)$\boldsymbol{C}(2\boldsymbol{B}-\boldsymbol{E})^{-1}\boldsymbol{B}$.

(16)设 $\boldsymbol{A}=(a_{ij})$是 $s\times r$ 矩阵，$\boldsymbol{B}=(b_{ij})$是 $r\times s$ 矩阵，如果 $\boldsymbol{BA}=\boldsymbol{E}_r$，则必有(　　).

(A)$r>s$；　(B)$r<s$；　(C)$r\leqslant s$；　(D)$r\geqslant s$.

(17)已知 $\boldsymbol{A}=\begin{pmatrix}1&2&3\\2&4&6\\3&6&t\end{pmatrix}$，$\boldsymbol{B}$ 为三阶非零矩阵，且满足 $\boldsymbol{AB}=\boldsymbol{O}$，则下列结论正确的是(　　).

(A)当 $t=9$ 时，$\boldsymbol{B}$ 的秩必为 1；　(B)当 $t=9$ 时，$\boldsymbol{B}$ 的秩必为 2；

(C)当 $t\neq 9$ 时，$\boldsymbol{B}$ 的秩必为 1；　(D)当 $t\neq 9$ 时，$\boldsymbol{B}$ 的秩必为 2.

(18)设 $\boldsymbol{A}$ 是五阶矩阵，且 $|\boldsymbol{A}|=2$，则 $\left|-|\boldsymbol{A}|\boldsymbol{A}\right|=$(　　).

(A)4；　(B)-4；　(C)64；　(D)-64.

(19)设 $\boldsymbol{A}$，$\boldsymbol{B}$ 为 n 阶可逆矩阵，且 $\boldsymbol{AB}=\boldsymbol{BA}$，则下列结论中不正确的个数是(　　).

(Ⅰ)$\boldsymbol{AB}^{-1}=\boldsymbol{B}^{-1}\boldsymbol{A}$；　(Ⅱ)$\boldsymbol{A}^{-1}\boldsymbol{B}=\boldsymbol{BA}^{-1}$；

(Ⅲ)$\boldsymbol{A}^{-1}\boldsymbol{B}^{-1}=\boldsymbol{B}^{-1}\boldsymbol{A}^{-1}$；　(Ⅳ)$\boldsymbol{B}^{-1}\boldsymbol{A}=\boldsymbol{A}^{-1}\boldsymbol{B}$.

(A)1；　(B)2；　(C)3；　(D)4.

(20)设 $\boldsymbol{C}=(1/2,0,\cdots,0,1/2)_{1\times n}$，$\boldsymbol{A}=\boldsymbol{E}-\boldsymbol{C}^{\mathrm{T}}\boldsymbol{C}$，$\boldsymbol{B}=\boldsymbol{E}+2\boldsymbol{C}^{\mathrm{T}}\boldsymbol{C}$，则 $\boldsymbol{AB}=$(　　).

(A)$\boldsymbol{O}$；　(B)$-\boldsymbol{E}$；　(C)$\boldsymbol{E}-\boldsymbol{C}^{\mathrm{T}}\boldsymbol{C}$；　(D)$\boldsymbol{E}$.

(21)设 $\boldsymbol{A}$ 是 $m\times n$ 矩阵，且 $m>n$，则必有(　　).

(A)$|\boldsymbol{A}^{\mathrm{T}}\boldsymbol{A}|\neq 0$；　(B)$|\boldsymbol{A}^{\mathrm{T}}\boldsymbol{A}|=0$；

(C)$|\boldsymbol{AA}^{\mathrm{T}}|\neq 0$；　(D)$|\boldsymbol{AA}^{\mathrm{T}}|=0$.

(22)设 $\boldsymbol{A}$，$\boldsymbol{B}$ 均为 n 阶方阵，$\boldsymbol{E}+\boldsymbol{AB}$ 可逆，则 $\boldsymbol{E}+\boldsymbol{BA}$ 也可逆，且$(\boldsymbol{E}+\boldsymbol{BA})^{-1}=$(　　).

(A)$\boldsymbol{E}+\boldsymbol{A}^{-1}\boldsymbol{B}^{-1}$；　(B)$\boldsymbol{E}+\boldsymbol{B}^{-1}\boldsymbol{A}^{-1}$；

(C)$\boldsymbol{E}-\boldsymbol{B}(\boldsymbol{E}+\boldsymbol{AB})^{-1}\boldsymbol{A}$；　(D)$\boldsymbol{B}(\boldsymbol{E}+\boldsymbol{AB})^{-1}\boldsymbol{A}$.

(23)设矩阵 $\boldsymbol{A}=\begin{pmatrix}1-a&a&0&-a\\-1&2&1&-1\\2-a&a-2&-1&1-a\end{pmatrix}$，其中 a 是任意常数，则 $r(\boldsymbol{A})=$

(　　).

(A)3；　　(B)2；

(C)1；　　(D)与 a 的取值有关．

(24)设 $\boldsymbol{A}$，$\boldsymbol{B}$ 均为 n 阶方阵，且 $\boldsymbol{B}^2=\boldsymbol{B}$，$\boldsymbol{A}=\boldsymbol{B}+\boldsymbol{E}$，则有(　　).

(A)$\boldsymbol{A}$ 不可逆；

(B)$\boldsymbol{A}$ 可逆，且 $\boldsymbol{A}^{-1}=(3\boldsymbol{E}-\boldsymbol{A})/2$；

(C)$\boldsymbol{A}$ 可逆，且 $\boldsymbol{A}^{-1}=2\boldsymbol{E}-\boldsymbol{A}$；

(D)不能确定．

三、计算与证明题

(1)设 $\boldsymbol{A}$ 是 n 阶方阵($n\geqslant 2$)，求证：$(\boldsymbol{A}^*)^*=\begin{cases}\boldsymbol{A}, & 当 n=2 时,\\ |\boldsymbol{A}|^{n-2}\boldsymbol{A}, & 当 n>2 时.\end{cases}$

(2)设 $\boldsymbol{A}$ 为非零实矩阵，$\boldsymbol{A}^*$ 是 $\boldsymbol{A}$ 的伴随矩阵，且 $\boldsymbol{A}^*=\boldsymbol{A}^{\mathrm{T}}$，证明：$\boldsymbol{A}$ 为可逆矩阵．

(3)设矩阵 $\boldsymbol{A}=\begin{pmatrix}2 & 3\\ -2 & 1\end{pmatrix}$，$\boldsymbol{B}=\begin{pmatrix}1 & -2 & 3\\ 4 & 2 & 1\end{pmatrix}$，且已知矩阵 $\boldsymbol{X}$ 满足 $\boldsymbol{A}^*\boldsymbol{X}=\boldsymbol{B}$，其中 $\boldsymbol{A}^*$ 为 $\boldsymbol{A}$ 的伴随矩阵，试求矩阵 $\boldsymbol{X}$.

(4)已知 $\boldsymbol{A}$，$\boldsymbol{B}$，$\boldsymbol{C}$ 分别为 $m\times n$，$n\times p$，$p\times s$ 矩阵，$r(\boldsymbol{A})=n$，$r(\boldsymbol{C})=p$，且 $\boldsymbol{ABC}=\boldsymbol{O}$，证明：$\boldsymbol{B}=\boldsymbol{O}$.

(5)设方阵 $\boldsymbol{A}$ 满足 $\boldsymbol{A}^3-\boldsymbol{A}^2+2\boldsymbol{A}-\boldsymbol{E}=\boldsymbol{O}$，证明 $\boldsymbol{A}$ 及 $\boldsymbol{E}-\boldsymbol{A}$ 均可逆，并求 $\boldsymbol{A}^{-1}$ 和 $(\boldsymbol{E}-\boldsymbol{A})^{-1}$.

(6)若方阵 $\boldsymbol{A}$ 不是单位矩阵，且 $\boldsymbol{A}^2=\boldsymbol{A}$，证明：$\boldsymbol{A}$ 为不可逆矩阵．

(7)设 $\boldsymbol{A}$，$\boldsymbol{B}$，$\boldsymbol{C}$，$\boldsymbol{D}$ 为 $n(n\geqslant 1)$ 阶方阵，若矩阵 $\boldsymbol{G}=\begin{pmatrix}\boldsymbol{A} & \boldsymbol{B}\\ \boldsymbol{C} & \boldsymbol{D}\end{pmatrix}$，且 $\boldsymbol{AC}=\boldsymbol{CA}$，$\boldsymbol{AD}=\boldsymbol{CB}$，又行列式 $|\boldsymbol{A}|\neq 0$，求证：$n\leqslant r(\boldsymbol{G})<2n$.

(8)设 $\boldsymbol{A}$，$\boldsymbol{B}$ 均为 n 阶方阵，且 $\boldsymbol{B}$ 可逆，满足 $\boldsymbol{A}^2+\boldsymbol{AB}+\boldsymbol{B}^2=\boldsymbol{O}$，证明：$\boldsymbol{A}$ 与 $\boldsymbol{A}+\boldsymbol{B}$ 均为可逆矩阵．

(9)设 $\boldsymbol{A}=\begin{pmatrix}0 & 1 & 0\\ a & 0 & c\\ b & 0 & 1/2\end{pmatrix}$，①$a$，$b$，$c$ 满足什么条件矩阵 $\boldsymbol{A}$ 的秩为 3；②a，b，c 取何值时，$\boldsymbol{A}$ 是对称的矩阵；③取一组 a，b，c，使得 $\boldsymbol{A}$ 为正交矩阵．

(10)已知对于 n 阶方阵 $\boldsymbol{A}$，存在自然数 k，使得 $\boldsymbol{A}^k=\boldsymbol{O}$，试证明矩阵 $\boldsymbol{E}-\boldsymbol{A}$ 可逆，并写出其逆矩阵的表达式($\boldsymbol{E}$ 为 n 阶单位阵).

同步练习参考答案

一、填空题

解 (1)依题意，得 $\boldsymbol{B}=(\boldsymbol{A}^*)^{\mathrm{T}}$. 又由 $\boldsymbol{A}^m=\boldsymbol{E}\Rightarrow|\boldsymbol{A}^m|=1$，故 $|\boldsymbol{A}|\neq0$，$\boldsymbol{A}$ 为可逆矩阵.

$\boldsymbol{B}=(\boldsymbol{A}^*)^{\mathrm{T}}=(|\boldsymbol{A}|\boldsymbol{A}^{-1})^{\mathrm{T}}=|\boldsymbol{A}|(\boldsymbol{A}^{\mathrm{T}})^{-1}$，故 $\boldsymbol{B}^m=|\boldsymbol{A}|^m[(\boldsymbol{A}^{\mathrm{T}})^{-1}]^m=[(\boldsymbol{A}^m)^{\mathrm{T}}]^{-1}=\boldsymbol{E}$.

(2)由 $\boldsymbol{A}=(\boldsymbol{B}+\boldsymbol{E})/2$，得 $\boldsymbol{B}=2\boldsymbol{A}-\boldsymbol{E}$，从而由 $\boldsymbol{A}^2=\boldsymbol{A}$，$\boldsymbol{B}^2=(2\boldsymbol{A}-\boldsymbol{E})^2=4\boldsymbol{A}^2-4\boldsymbol{A}+\boldsymbol{E}$，得 $\boldsymbol{B}^2=\boldsymbol{E}$.

(3)设 $\boldsymbol{A}=\boldsymbol{B}+\boldsymbol{C}$，$\boldsymbol{B}$ 为对称矩阵，$\boldsymbol{C}$ 为反对称矩阵．有 $\boldsymbol{A}^{\mathrm{T}}=(\boldsymbol{B}+\boldsymbol{C})^{\mathrm{T}}=\boldsymbol{B}-\boldsymbol{C}$，得 $\begin{cases}\boldsymbol{A}=\boldsymbol{B}+\boldsymbol{C},\\ \boldsymbol{A}^{\mathrm{T}}=\boldsymbol{B}-\boldsymbol{C},\end{cases}$ 解之，得 $\boldsymbol{B}=(\boldsymbol{A}+\boldsymbol{A}^{\mathrm{T}})/2$，$\boldsymbol{C}=(\boldsymbol{A}-\boldsymbol{A}^{\mathrm{T}})/2$. 显然 $\boldsymbol{B}$ 为对称矩阵，$\boldsymbol{C}$ 为反对称矩阵，因而

$$\boldsymbol{B}=\frac{1}{2}\begin{pmatrix}1&1&2\\2&2&1\\1&2&3\end{pmatrix}+\frac{1}{2}\begin{pmatrix}1&2&1\\1&2&2\\2&1&3\end{pmatrix}=\begin{pmatrix}1&3/2&3/2\\3/2&2&3/2\\3/2&3/2&3\end{pmatrix},$$

$$\boldsymbol{C}=\frac{1}{2}\begin{pmatrix}1&1&2\\2&2&1\\1&2&3\end{pmatrix}-\frac{1}{2}\begin{pmatrix}1&2&1\\1&2&2\\2&1&3\end{pmatrix}=\begin{pmatrix}0&-1/2&1/2\\1/2&0&-1/2\\-1/2&1/2&0\end{pmatrix}.$$

注意：上述结论非常重要，考研中极易出现，要熟记，任一方阵 $\boldsymbol{A}$ 均可表示为一对称阵 $(\boldsymbol{A}+\boldsymbol{A}^{\mathrm{T}})/2$ 和一反对称阵 $(\boldsymbol{A}-\boldsymbol{A}^{\mathrm{T}})/2$ 之和.

(4)由 $\boldsymbol{AB}=\boldsymbol{BC}=\boldsymbol{CA}=\boldsymbol{E}\Rightarrow\boldsymbol{E}=(\boldsymbol{AB})(\boldsymbol{CA})=\boldsymbol{A}(\boldsymbol{BC})\boldsymbol{A}=\boldsymbol{A}^2\Rightarrow\boldsymbol{E}=(\boldsymbol{BC})(\boldsymbol{AB})=\boldsymbol{B}(\boldsymbol{CA})\boldsymbol{B}=\boldsymbol{B}^2\Rightarrow\boldsymbol{E}=(\boldsymbol{CA})(\boldsymbol{BC})=\boldsymbol{C}(\boldsymbol{AB})\boldsymbol{C}=\boldsymbol{C}^2$，故 $\boldsymbol{A}^2+\boldsymbol{B}^2+\boldsymbol{C}^2=3\boldsymbol{E}$.

(5)矩阵 $\boldsymbol{A}$ 左乘 $\boldsymbol{P}$，相当于交换 1，3 行的位置．左乘 $\boldsymbol{A}$ 的 100 次幂，相当于交换 100 次 1，3 行的位置．同理，右乘 $\boldsymbol{P}$ 的 m 次幂相当于交换 m 次 1，3 列的位置，故

当 $m=2k$ 时，$\boldsymbol{A}=\begin{pmatrix}a_{11}&a_{12}&a_{13}\\a_{21}&a_{22}&a_{23}\\a_{31}&a_{32}&a_{33}\end{pmatrix}$；当 $m=2k+1$ 时，$\boldsymbol{A}=\begin{pmatrix}a_{13}&a_{12}&a_{11}\\a_{23}&a_{22}&a_{21}\\a_{33}&a_{32}&a_{31}\end{pmatrix}$.

(6)由于 $\boldsymbol{A}$ 可逆，则 $|\boldsymbol{A}|\neq0$. 显然 $|\boldsymbol{B}|=-|\boldsymbol{A}|\neq0$，故 $\boldsymbol{B}$ 为可逆矩阵，且有 $\boldsymbol{B}=\boldsymbol{E}(i,j)\boldsymbol{A}$，其中 $\boldsymbol{E}(i,j)$ 是单位矩阵 $\boldsymbol{E}$ 交换第 i 行和第 j 行后得到的初等方阵，故

$$AB^{-1}=A[E(i,j)A]^{-1}=AA^{-1}[E(i,j)]^{-1}=[E(i,j)]^{-1}=E(i,j).$$

(7)由 $AA^*=|A|E$，即 $A^*=|A|A^{-1}$，故

$$|2A^*B^{-1}|=|2|A|A^{-1}B^{-1}|=|4A^{-1}B^{-1}|=4^n|A^{-1}B^{-1}|=4^n/|AB|$$
$$=-4^n/6=-2^{2n-1}/3.$$

(8)由于 A 为可逆矩阵，则 $A^*=|A|A^{-1}$. 又 $A^2=|A|E$，则 $A=|A|A^{-1}$，故

$$A^*=A,\ (A^{-1})^*=(A^*)^{-1}=A^{-1}.$$

(9)由于 $|A|\neq 0$，$|B|\neq 0$，故 A，B 均为可逆矩阵．而 $(AB)^*=|AB|(AB)^{-1}$，故

$$|(AB)^*|=||AB|(AB)^{-1}|=|AB|^4|(AB)^{-1}|=|AB|^3=(|A||B|)^3=1.$$

(10)$A^*=|A|A^{-1}=A^{-1}/8$，则

$$|(A/3)^{-1}-8A^*|=|3A^{-1}-A^{-1}|=|2A^{-1}|=2^3|A^{-1}|=8\times 1/|A|=8\times 8=64.$$

(11)$|A|=(-1)^{n+1}a_1a_2\cdots a_n\neq 0$，故 A 为可逆矩阵，

$$(A^*)^{-1}=(|A|A^{-1})^{-1}=\frac{1}{|A|}A=\frac{(-1)^{n+1}}{a_1a_2\cdots a_n}A.$$

(12)由 $AA^*=A^*A=|A|E$，有 $A^*=|A|A^{-1}$，故

$$(A^*)^{-1}=\frac{1}{|A|}(A^{-1})^{-1}=\frac{1}{|A|}A=\frac{1}{10}A.$$

(13)因为 $A(4A^{-1}+A^*)=4E+AA^*=4E+|A|E=4E+2E=6E$，两边取行列式有 $|A||4A^{-1}+A^*|=|6E|$，即 $2|4A^{-1}+A^*|=6^3=216$，故 $|4A^{-1}+A^*|=108$.

(14)由 $CC^*=|C|E$，C 为四阶方阵且为可逆矩阵，故 $|C^*|=|C|^{n-1}=|C|^3$. 又 $|A|=\begin{vmatrix}1&-2\\-3&2\end{vmatrix}=-4$，$|B|=\begin{vmatrix}1&1\\-1&1\end{vmatrix}=2$，$|B^{-1}|=\frac{1}{2}$，$|C|=|A||B^{-1}|=-4\times\frac{1}{2}=-2$，故 $|C^*|=(-2)^3=-8$.

(15)由于 $f(x)=x^2+2x+1=(x+1)^2$，故

$$f(A)=(A+E)^2=\begin{pmatrix}2&0\\2&0\end{pmatrix}^2=\begin{pmatrix}4&0\\4&0\end{pmatrix}.$$

(16)因为 A 为正交矩阵，即有 $A^{\mathrm{T}}A=E$，且有 $|A|=1$，故

$$|E-A|=|A^{\mathrm{T}}A-A|=|A^{\mathrm{T}}-E||A|=|A^{\mathrm{T}}-E|=|A-E|=(-1)^n|E-A|,$$

因而有 $|E-A|=(-1)^n|E-A|$. 由于 n 为奇数，故 $|E-A|=0$.

(17)由 $(AB-2E)^{-1}=AB-2E$，有 $(AB-2E)^2=E$，$(AB)^2-4AB+4E=E$，

$$(AB)^2-4AB+3E=O,\ (AB-E)(AB-3E)=O.$$

由 $AB-E$ 可逆，两边左乘 $(AB-E)^{-1}$，有 $AB-3E=O$，即 $AB=3E$.

(18)注意到$a_{31}=3$，$a_{32}=6$，$a_{33}=15$，$a_{34}=-9$，$a_{35}=12$，则由行列式的性质知

$$a_{31}A_{11}+a_{32}A_{12}+a_{33}A_{13}+a_{34}A_{14}+a_{35}A_{15}=0,$$

即 $3A_{11}+6A_{12}+15A_{13}-9A_{14}+12A_{15}=3(A_{11}+2A_{12}+5A_{13}-3A_{14}+4A_{15})=0$，

故 $$A_{11}+2A_{12}+5A_{13}-3A_{14}+4A_{15}=0.$$

(19)由$r(\boldsymbol{AB})=2$，故$|\boldsymbol{AB}|=0$，即$|\boldsymbol{A}||\boldsymbol{B}|=0$，故$|\boldsymbol{A}|$与$|\boldsymbol{B}|$中至少有一个为0.而$|\boldsymbol{B}|\neq0$，则$|\boldsymbol{A}|=0$.

又 $$|\boldsymbol{A}|=\begin{vmatrix}a&1&1\\-1&1&0\\1&2&1\end{vmatrix}=\begin{vmatrix}a-1&-1&0\\-1&1&0\\1&2&1\end{vmatrix}$$

$$=\begin{vmatrix}a-1&-1\\-1&1\end{vmatrix}=a-2=0,$$

故$a=2$.

(20)由于$\boldsymbol{B}$是非零矩阵，即$r(\boldsymbol{B})\geqslant1$.又由$\boldsymbol{AB}=\boldsymbol{O}$，故有$r(\boldsymbol{A})+r(\boldsymbol{B})\leqslant3$.而$\begin{vmatrix}1&2\\3&-1\end{vmatrix}\neq0$，故$r(\boldsymbol{A})\geqslant2$.由上可知$r(\boldsymbol{A})=2$，$r(\boldsymbol{B})=1$.

(21)令$\boldsymbol{C}=\boldsymbol{BA}$，则$r(\boldsymbol{C})\leqslant r(\boldsymbol{A})=2$.又因为$|\boldsymbol{B}|=\begin{vmatrix}1&2\\3&4\end{vmatrix}\cdot\begin{vmatrix}2&3\\5&6\end{vmatrix}=6\neq0$，故由$\boldsymbol{C}=\boldsymbol{BA}$，得$\boldsymbol{A}=\boldsymbol{B}^{-1}\boldsymbol{C}$，则要$r(\boldsymbol{A})\leqslant r(\boldsymbol{C})$，因而有$r(\boldsymbol{C})=r(\boldsymbol{BA})=r(\boldsymbol{A})=2$.

(22)由于四阶方阵$\boldsymbol{A}$的秩为2，故$\boldsymbol{A}$中的任意三阶子式均为0，从而$\boldsymbol{A}$的所有代数余子式均为0，即$\boldsymbol{A}^*=\boldsymbol{O}$，故$r(\boldsymbol{A}^*)=0$.

二、选择题

解 (1)由$(\boldsymbol{A}^*)^{\mathrm{T}}=(\boldsymbol{A}^{\mathrm{T}})^*=(-\boldsymbol{A})^*=(-1)^{n-1}\boldsymbol{A}^*$，故当$n$为偶数时，$(\boldsymbol{A}^*)^{\mathrm{T}}=-\boldsymbol{A}^*$，即$\boldsymbol{A}^*$为反对称矩阵；当$n$为奇数时，$(\boldsymbol{A}^*)^{\mathrm{T}}=\boldsymbol{A}^*$，即$\boldsymbol{A}^*$为对称矩阵．选(D).

(2)因

$$r(\boldsymbol{A}^*)=\begin{cases}n, & r(\boldsymbol{A})=n,\\1, & r(\boldsymbol{A})=n-1,\\0, & r(\boldsymbol{A})<n-1,\end{cases}$$

则由$r(\boldsymbol{A})=2\leqslant3-1<n-1$，故$r(\boldsymbol{A}^*)=0$，故正确答案为(A).

(3)由 $$\begin{aligned}\boldsymbol{A}-3\boldsymbol{B}&=(\boldsymbol{\alpha}_1,\boldsymbol{\alpha}_2,\boldsymbol{\alpha}_3,\boldsymbol{\alpha})-3(\boldsymbol{\alpha}_1,\boldsymbol{\alpha}_2,\boldsymbol{\alpha}_3,\boldsymbol{\beta})\\&=(\boldsymbol{\alpha}_1,\boldsymbol{\alpha}_2,\boldsymbol{\alpha}_3,\boldsymbol{\alpha})-(3\boldsymbol{\alpha}_1,3\boldsymbol{\alpha}_2,3\boldsymbol{\alpha}_3,3\boldsymbol{\beta})\end{aligned}$$

$=(-2\boldsymbol{\alpha}_1, -2\boldsymbol{\alpha}_2, -2\boldsymbol{\alpha}_3, \boldsymbol{\alpha}-3\boldsymbol{\beta})$,

即$|\boldsymbol{A}-3\boldsymbol{B}|=|-2\boldsymbol{\alpha}_1, -2\boldsymbol{\alpha}_2, -2\boldsymbol{\alpha}_3, \boldsymbol{\alpha}-3\boldsymbol{\beta}|=(-2)^3|\boldsymbol{\alpha}_1, \boldsymbol{\alpha}_2, \boldsymbol{\alpha}_3, \boldsymbol{\alpha}-3\boldsymbol{\beta}|$

$=(-2)^3(|\boldsymbol{\alpha}_1, \boldsymbol{\alpha}_2, \boldsymbol{\alpha}_3, \boldsymbol{\alpha}|-3|\boldsymbol{\alpha}_1, \boldsymbol{\alpha}_2, \boldsymbol{\alpha}_3, \boldsymbol{\beta}|)$

$=-8\times(2-3\times3)=-8\times(-7)=56$,

故正确答案为(D).

(4)由 $\boldsymbol{A}^2=\boldsymbol{E}$，有$(\boldsymbol{A}+\boldsymbol{E})(\boldsymbol{A}-\boldsymbol{E})=\boldsymbol{O}$，故 $r(\boldsymbol{A}+\boldsymbol{E})+r(\boldsymbol{A}-\boldsymbol{E})\leqslant n$. 由$(\boldsymbol{A}+\boldsymbol{E})+(\boldsymbol{E}-\boldsymbol{A})=2\boldsymbol{E}$，故 $r(\boldsymbol{A}+\boldsymbol{E})+r(\boldsymbol{E}-\boldsymbol{A})\geqslant n$，即 $r(\boldsymbol{A}+\boldsymbol{E})+r(\boldsymbol{A}-\boldsymbol{E})\geqslant n$，故 $r(\boldsymbol{A}+\boldsymbol{E})+r(\boldsymbol{A}-\boldsymbol{E})=n$，故正确答案为(B).

(5)因为 $\boldsymbol{A}$，$\boldsymbol{B}$ 均为方阵，由矩阵乘法的行列式性质知$|\boldsymbol{AB}|=|\boldsymbol{A}||\boldsymbol{B}|=0$，所以必有$|\boldsymbol{A}|=0$ 或$|\boldsymbol{B}|=0$，故选(C).

(6)由 $\boldsymbol{A}^2=\boldsymbol{A}$，得 $\boldsymbol{A}(\boldsymbol{A}-\boldsymbol{E})=\boldsymbol{O}$. 若 $\boldsymbol{A}$ 可逆，两边左乘 $\boldsymbol{A}^{-1}$，得 $\boldsymbol{A}-\boldsymbol{E}=\boldsymbol{O}$，即$\boldsymbol{A}=\boldsymbol{E}$，故正确答案为(D).

(7)由 $\boldsymbol{AB}=\boldsymbol{O}$，得 $r(\boldsymbol{A})+r(\boldsymbol{B})\leqslant3$，而 $\boldsymbol{A}\neq\boldsymbol{O}$，故 $r(\boldsymbol{A})\geqslant1$，$r(\boldsymbol{B})\leqslant2$，则$|\boldsymbol{B}|=0$，即

$$|\boldsymbol{B}|=\begin{vmatrix}1&3&5\\2&4&t\\3&5&3\end{vmatrix}=4(t-4)=0,$$

即 $t=4$，选(C).

(8)由于 $\boldsymbol{P}$，$\boldsymbol{Q}$ 均为初等矩阵，左乘矩阵 $\boldsymbol{A}$ 相当于把 $\boldsymbol{A}$ 的第 1，3 行交换位置，它的 100 次幂左乘 $\boldsymbol{A}$，即把 $\boldsymbol{A}$ 的 1，3 行交换 100 次，结果仍为 $\boldsymbol{A}$；同样，右乘矩阵$\boldsymbol{Q}$ 相当于把 $\boldsymbol{A}$ 的第 2，3 列交换位置，它的 101 次幂右乘 $\boldsymbol{A}$，相当于把 $\boldsymbol{A}$ 的第 2，3 列交换 101 次，结果是 $\boldsymbol{A}$ 的第 2，3 列交换了位置，故 $\boldsymbol{P}^{100}\boldsymbol{A}\boldsymbol{Q}^{101}$ 相当于将 $\boldsymbol{A}$ 的第 2，3 列交换了位置．选(B).

(9)由于 $\boldsymbol{A}$，$\boldsymbol{B}$ 都是非零矩阵，故 $r(\boldsymbol{A})>0$，$r(\boldsymbol{B})>0$，故可排除(A)；由 $\boldsymbol{AB}=\boldsymbol{O}$，知 $r(\boldsymbol{A})+r(\boldsymbol{B})\leqslant n$. 由 $r(\boldsymbol{A})>0$，$r(\boldsymbol{B})>0$ 知，(C)和(D)均不正确．故选(B).

(10)因为经初等变换后所得矩阵与原矩阵等价，故它们有相同的秩，即 $r(\boldsymbol{A})=r(\boldsymbol{B})$. 故若$|\boldsymbol{A}|=0$，则 $r(\boldsymbol{A})<n$，因此 $r(\boldsymbol{B})<n$，$|\boldsymbol{B}|=0$. 正确答案为(D).

(11) $|k\boldsymbol{A}\boldsymbol{A}^{\mathrm{T}}|=k^n|\boldsymbol{A}\boldsymbol{A}^{\mathrm{T}}|=k^n|\boldsymbol{A}||\boldsymbol{A}^{\mathrm{T}}|=k^n|\boldsymbol{A}|^2=k^nd^2$，选(D).

(12)由 $\boldsymbol{A}$ 为可逆对称方阵，则 $\boldsymbol{A}=\boldsymbol{A}^{\mathrm{T}}$，右乘 $\boldsymbol{A}^{-1}$，即有 $\boldsymbol{A}^{\mathrm{T}}\boldsymbol{A}^{-1}=\boldsymbol{E}$，故(D)为正确答案．事实上，由 $\boldsymbol{A}^{-1}=\boldsymbol{A}^{\mathrm{T}}$ 知，$\boldsymbol{A}$ 为正交矩阵，故(A)错误．由 $\boldsymbol{A}$ 为可逆矩阵，(B)显然错误．由(C)可推出 $\boldsymbol{A}$ 为反对称矩阵．

(13)由于$(k\boldsymbol{A})^*=k^{n-1}\boldsymbol{A}^*$，故$|(3\boldsymbol{A})^*|=|3^{n-1}\boldsymbol{A}^*|=(3^{n-1})^n|\boldsymbol{A}^*|=$

$3^{n(n-1)}|\boldsymbol{A}|^{n-1}$，故正确答案为(C).

(14)由 $\boldsymbol{A}$，$\boldsymbol{B}$ 可逆，则可取 $\boldsymbol{P}=\boldsymbol{A}^{-1}$，$\boldsymbol{Q}=\boldsymbol{B}$，则有 $\boldsymbol{PAQ}=\boldsymbol{A}^{-1}\boldsymbol{AB}=\boldsymbol{B}$，故(D)成立.

(15)由 $2\boldsymbol{A}=\boldsymbol{AB}^{-1}+\boldsymbol{C}\Rightarrow 2\boldsymbol{A}-\boldsymbol{AB}^{-1}=\boldsymbol{C}\Rightarrow \boldsymbol{A}(2\boldsymbol{E}-\boldsymbol{B}^{-1})=\boldsymbol{C}$. 又 $\boldsymbol{C}$ 可逆，$2\boldsymbol{E}-\boldsymbol{B}^{-1}$ 可逆 $\Rightarrow \boldsymbol{A}=\boldsymbol{C}(2\boldsymbol{E}-\boldsymbol{B}^{-1})^{-1}\Rightarrow \boldsymbol{A}=\boldsymbol{C}[2\boldsymbol{B}^{-1}\boldsymbol{B}-\boldsymbol{B}^{-1}]^{-1}=\boldsymbol{C}[\boldsymbol{B}^{-1}(2\boldsymbol{B}-\boldsymbol{E})]^{-1}=\boldsymbol{C}(2\boldsymbol{B}-\boldsymbol{E})^{-1}\boldsymbol{B}$. 选(D).

(16)由于 $r=r(\boldsymbol{E}_r)=r(\boldsymbol{BA})\leqslant\min\{r(\boldsymbol{B}),r(\boldsymbol{A})\}$，故知 $r(\boldsymbol{B})=r$ 或 $r(\boldsymbol{A})=r$，故 $r\leqslant s$，选(C).

(17)由 $\boldsymbol{B}$ 为非零矩阵 $\Rightarrow r(\boldsymbol{B})\geqslant 1$，且由 $\boldsymbol{AB}=\boldsymbol{O}\Rightarrow r(\boldsymbol{A})+r(\boldsymbol{B})\leqslant 3$. 当 $t=9$ 时，得 $r(\boldsymbol{A})=1$，故 $1\leqslant r(\boldsymbol{B})\leqslant 2$，即 $\boldsymbol{B}$ 的秩可以是1，也可以是2，(A)、(B)排除. 当 $t\neq 9$ 时，得 $r(\boldsymbol{A})=2$，故 $1\leqslant r(\boldsymbol{B})\leqslant 1$. 即 $r(\boldsymbol{B})=1$，排除(D). 正确答案为(C).

(18) $|-|\boldsymbol{A}|\boldsymbol{A}|=(-|\boldsymbol{A}|)^5|\boldsymbol{A}|=(-2)^5|\boldsymbol{A}|=-32|\boldsymbol{A}|=-64$，选(D).

(19)由 $\boldsymbol{AB}=\boldsymbol{BA}$，且 $\boldsymbol{A}$，$\boldsymbol{B}$ 均为可逆矩阵，则 $\boldsymbol{A}^{-1}\boldsymbol{ABA}^{-1}=\boldsymbol{A}^{-1}\boldsymbol{BAA}^{-1}$，即 $\boldsymbol{BA}^{-1}=\boldsymbol{A}^{-1}\boldsymbol{B}$，从而 $\boldsymbol{A}^{-1}$ 和 $\boldsymbol{B}$ 可交换；$\boldsymbol{B}^{-1}\boldsymbol{ABB}^{-1}=\boldsymbol{B}^{-1}\boldsymbol{BAB}^{-1}$，即 $\boldsymbol{B}^{-1}\boldsymbol{A}=\boldsymbol{AB}^{-1}$，从而 $\boldsymbol{A}$ 和 $\boldsymbol{B}^{-1}$ 可交换；对 $\boldsymbol{AB}=\boldsymbol{BA}$，两边取逆，有 $(\boldsymbol{AB})^{-1}=(\boldsymbol{BA})^{-1}$，即 $\boldsymbol{A}^{-1}\boldsymbol{B}^{-1}=\boldsymbol{B}^{-1}\boldsymbol{A}^{-1}$，从而 $\boldsymbol{A}^{-1}$ 和 $\boldsymbol{B}^{-1}$ 可交换. 故(A)、(B)、(C)均为正确的结论，只有(D)为不正确的结论.

注意：熟记下面结论：即已知 $\boldsymbol{A}$ 和 $\boldsymbol{B}$，$\boldsymbol{A}^{-1}$ 和 $\boldsymbol{B}$，$\boldsymbol{A}$ 和 $\boldsymbol{B}^{-1}$，$\boldsymbol{A}^{-1}$ 和 $\boldsymbol{B}^{-1}$ 中，只要其中一组是可交换的，则其他三组也是可交换的.

(20)
$$\begin{aligned}\boldsymbol{AB}&=(\boldsymbol{E}-\boldsymbol{C}^{\mathrm{T}}\boldsymbol{C})(\boldsymbol{E}+2\boldsymbol{C}^{\mathrm{T}}\boldsymbol{C})=\boldsymbol{E}+2\boldsymbol{C}^{\mathrm{T}}\boldsymbol{C}-\boldsymbol{C}^{\mathrm{T}}\boldsymbol{C}-2\boldsymbol{C}^{\mathrm{T}}\boldsymbol{CC}^{\mathrm{T}}\boldsymbol{C}\\&=\boldsymbol{E}+\boldsymbol{C}^{\mathrm{T}}\boldsymbol{C}-2\boldsymbol{C}^{\mathrm{T}}(\boldsymbol{CC}^{\mathrm{T}})\boldsymbol{C}=\boldsymbol{E}+\boldsymbol{C}^{\mathrm{T}}\boldsymbol{C}-2\times 1/2\times\boldsymbol{C}^{\mathrm{T}}\boldsymbol{C}\\&=\boldsymbol{E}+\boldsymbol{C}^{\mathrm{T}}\boldsymbol{C}-\boldsymbol{C}^{\mathrm{T}}\boldsymbol{C}=\boldsymbol{E}\text{，选(D).}\end{aligned}$$

(21) $r(\boldsymbol{AA}^{\mathrm{T}})\leqslant r(\boldsymbol{A})\leqslant n<m$，而 $\boldsymbol{AA}^{\mathrm{T}}$ 是 $m\times m$ 矩阵，故 $|\boldsymbol{AA}^{\mathrm{T}}|=0$，选(D).

(22)
$$\begin{aligned}&(\boldsymbol{E}+\boldsymbol{BA})[\boldsymbol{E}-\boldsymbol{B}(\boldsymbol{E}+\boldsymbol{AB})^{-1}\boldsymbol{A}]\\&=\boldsymbol{E}+\boldsymbol{BA}-[(\boldsymbol{E}+\boldsymbol{BA})\boldsymbol{B}(\boldsymbol{E}+\boldsymbol{AB})^{-1}\boldsymbol{A}]\\&=\boldsymbol{E}+\boldsymbol{BA}-[(\boldsymbol{BB}^{-1}+\boldsymbol{BA})\boldsymbol{B}(\boldsymbol{E}+\boldsymbol{AB})^{-1}\boldsymbol{A}]\\&=\boldsymbol{E}+\boldsymbol{BA}-[\boldsymbol{B}(\boldsymbol{E}+\boldsymbol{AB})(\boldsymbol{E}+\boldsymbol{AB})^{-1}\boldsymbol{A}]\\&=\boldsymbol{E}+\boldsymbol{BA}-\boldsymbol{BA}=\boldsymbol{E}\text{，选(C).}\end{aligned}$$

(23)
$$\boldsymbol{A}=\begin{pmatrix}1-a&a&0&-a\\-1&2&1&-1\\2-a&a-2&-1&1-a\end{pmatrix}\longrightarrow\begin{pmatrix}1-a&a&0&-a\\-1&2&1&-1\\1&-2&-1&1\end{pmatrix}$$

$$\longrightarrow\begin{pmatrix}1-a & a & 0 & -a\\ 1 & -2 & -1 & 1\\ 0 & 0 & 0 & 0\end{pmatrix},$$

无论 a 为何值，上述的第 1 行和第 2 行均不可能成比例，故 $r(\boldsymbol{A})=2$，选(B).

(24)由 $\boldsymbol{B}^2=\boldsymbol{B}$，得 $\boldsymbol{B}^2-\boldsymbol{B}-2\boldsymbol{E}=-2\boldsymbol{E}$，$(\boldsymbol{B}-2\boldsymbol{E})(\boldsymbol{B}+\boldsymbol{E})=-2\boldsymbol{E}$，即

$$(\boldsymbol{E}-\boldsymbol{B}/2)(\boldsymbol{B}+\boldsymbol{E})=\boldsymbol{E},$$

则 $\boldsymbol{A}=\boldsymbol{B}+\boldsymbol{E}$ 可逆．将 $\boldsymbol{B}=\boldsymbol{A}-\boldsymbol{E}$ 代入，则$(3\boldsymbol{E}-\boldsymbol{A})(\boldsymbol{B}+\boldsymbol{E})/2=\boldsymbol{E}$，故

$$\boldsymbol{A}^{-1}=(\boldsymbol{B}+\boldsymbol{E})^{-1}=(3\boldsymbol{E}-\boldsymbol{A})/2,$$

应选(B).

三、计算与证明题

(1)**证**　当 $n=2$ 时，设 $\boldsymbol{A}=\begin{pmatrix}a_{11} & a_{12}\\ a_{21} & a_{22}\end{pmatrix}$，则

$$(\boldsymbol{A}^*)^*=\begin{pmatrix}a_{22} & -a_{12}\\ -a_{21} & a_{11}\end{pmatrix}^*=\begin{pmatrix}a_{11} & a_{12}\\ a_{21} & a_{22}\end{pmatrix}=\boldsymbol{A};$$

当 $n>2$ 时，如果 $\boldsymbol{A}$ 可逆，由 $\boldsymbol{A}\boldsymbol{A}^*=|\boldsymbol{A}|\boldsymbol{E}$，得 $(\boldsymbol{A}^*)^{-1}=\dfrac{1}{|\boldsymbol{A}|}\boldsymbol{A}$，又 $(\boldsymbol{A}^*)(\boldsymbol{A}^*)^*=|\boldsymbol{A}^*|\boldsymbol{E}$，故 $(\boldsymbol{A}^*)^*=(\boldsymbol{A}^*)^{-1}|\boldsymbol{A}^*|=\dfrac{1}{|\boldsymbol{A}|}\boldsymbol{A}|\boldsymbol{A}|^{n-1}=|\boldsymbol{A}|^{n-2}\boldsymbol{A}$.

如果 $\boldsymbol{A}$ 不可逆，则 $r(\boldsymbol{A})\leqslant n-1$，从而 $r(\boldsymbol{A}^*)\leqslant 1$. 又由 $n>2$，故 $(\boldsymbol{A}^*)^*=\boldsymbol{O}$，因而也有 $(\boldsymbol{A}^*)^*=|\boldsymbol{A}|^{n-2}\boldsymbol{A}$.

综上所证，$(\boldsymbol{A}^*)^*=\begin{cases}\boldsymbol{A}, & \text{当 } n=2 \text{ 时},\\ |\boldsymbol{A}|^{n-2}\boldsymbol{A}, & \text{当 } n>2 \text{ 时}.\end{cases}$

(2)**证**　由 $\boldsymbol{A}\boldsymbol{A}^*=|\boldsymbol{A}|\boldsymbol{E}$ 且 $\boldsymbol{A}^*=\boldsymbol{A}^{\mathrm{T}}$，得 $\boldsymbol{A}\boldsymbol{A}^{\mathrm{T}}=|\boldsymbol{A}|\boldsymbol{E}$. 若 $|\boldsymbol{A}|=0$，则 $\boldsymbol{A}\boldsymbol{A}^{\mathrm{T}}=\boldsymbol{O}$，设

$$\boldsymbol{A}=\begin{pmatrix}a_{11} & a_{12} & \cdots & a_{1n}\\ a_{21} & a_{22} & \cdots & a_{2n}\\ \vdots & \vdots & & \vdots\\ a_{n1} & a_{n2} & \cdots & a_{nn}\end{pmatrix},$$

则 $\boldsymbol{A}\boldsymbol{A}^{\mathrm{T}}=(c_{ij})_{n\times n}=\boldsymbol{C}$，其中 $c_{ij}=a_{i1}a_{j1}+a_{i2}a_{j2}+\cdots+a_{in}a_{jn}(i,\ j=1,\ 2,\ \cdots,\ n)$. 因为 $|\boldsymbol{A}|=0$，故 $\boldsymbol{A}\boldsymbol{A}^{\mathrm{T}}=\boldsymbol{C}=\boldsymbol{O}$，即 $c_{ij}=0$.

当 $i=j$ 时，$c_{ij}=a_{j1}^2+a_{j2}^2+\cdots+a_{jn}^2=0$，即 $a_{j1}=a_{j2}=\cdots=a_{jn}=0(j=1,\ 2,\ \cdots,\ n)$，故 $\boldsymbol{A}=\boldsymbol{O}$. 这与 $\boldsymbol{A}$ 是非零矩阵矛盾，故 $|\boldsymbol{A}|\neq 0$，即 $\boldsymbol{A}$ 为可逆矩阵．

(3)**解**　$|\boldsymbol{A}|=8\neq 0$，则由 $\boldsymbol{A}^*\boldsymbol{X}=\boldsymbol{B}$，$\boldsymbol{A}\boldsymbol{A}^*\boldsymbol{X}=\boldsymbol{A}\boldsymbol{B}$，$|\boldsymbol{A}|\boldsymbol{X}=\boldsymbol{A}\boldsymbol{B}$，而

$$\boldsymbol{AB}=\begin{pmatrix}2 & 3\\-2 & 1\end{pmatrix}\begin{pmatrix}1 & -2 & 3\\4 & 2 & 1\end{pmatrix}=\begin{pmatrix}14 & 2 & 9\\2 & -2 & -5\end{pmatrix},$$

故 $$\boldsymbol{X}=\frac{1}{|\boldsymbol{A}|}\boldsymbol{AB}=\frac{1}{8}\begin{pmatrix}14 & 2 & 9\\2 & -2 & -5\end{pmatrix}=\begin{pmatrix}7/4 & 1/4 & 9/8\\1/4 & -1/4 & -5/8\end{pmatrix}.$$

(4)**证** 由 $\boldsymbol{A}(\boldsymbol{BC})=\boldsymbol{O}$，故 $r(\boldsymbol{A})+r(\boldsymbol{BC})\leqslant n$. 由 $r(\boldsymbol{A})=n$，则 $r(\boldsymbol{BC})\leqslant 0$. 而$r(\boldsymbol{BC})\geqslant 0$，故 $r(\boldsymbol{BC})=0$，即又有 $r(\boldsymbol{B})+r(\boldsymbol{C})\leqslant p$，且已知 $r(\boldsymbol{C})=p$，故 $r(\boldsymbol{B})=0$，从而 $\boldsymbol{B}=\boldsymbol{O}$.

(5)**证** 由 $\boldsymbol{A}^3-\boldsymbol{A}^2+2\boldsymbol{A}-\boldsymbol{E}=\boldsymbol{O}$，得 $\boldsymbol{A}(\boldsymbol{A}^2-\boldsymbol{A}+2\boldsymbol{E})=\boldsymbol{E}$，即有 $|\boldsymbol{A}||\boldsymbol{A}^2-\boldsymbol{A}+2\boldsymbol{E}|=1\neq 0$，故 $\boldsymbol{A}$ 为可逆矩阵，且 $\boldsymbol{A}^{-1}=(\boldsymbol{A}^2-\boldsymbol{A}+2\boldsymbol{E})$.

再由 $\boldsymbol{A}^3-\boldsymbol{A}^2+2\boldsymbol{A}-\boldsymbol{E}=\boldsymbol{O}$，得$(\boldsymbol{E}-\boldsymbol{A})(\boldsymbol{A}^2+2\boldsymbol{E})=\boldsymbol{E}$，故 $\boldsymbol{E}-\boldsymbol{A}$ 也可逆，且 $(\boldsymbol{E}-\boldsymbol{A})^{-1}=\boldsymbol{A}^2+2\boldsymbol{E}$.

(6)**证** 用反证法．若 $\boldsymbol{A}$ 可逆，则有 $\boldsymbol{A}^{-1}\boldsymbol{A}=\boldsymbol{E}$，由已知 $\boldsymbol{A}^2=\boldsymbol{A}$，得 $\boldsymbol{A}^{-1}\boldsymbol{A}^2=\boldsymbol{E}$；即有 $\boldsymbol{A}=\boldsymbol{E}$，与 $\boldsymbol{A}$ 不是单位矩阵矛盾，故 $\boldsymbol{A}$ 不可逆．

(7)**证** 在 $\boldsymbol{G}$ 中 n 阶矩阵 $\boldsymbol{A}$ 的行列式 $|\boldsymbol{A}|\neq 0$，故 $r(\boldsymbol{G})\geqslant n$，由

$$\begin{pmatrix}\boldsymbol{E} & \boldsymbol{O}\\-\boldsymbol{CA}^{-1} & \boldsymbol{E}\end{pmatrix}\begin{pmatrix}\boldsymbol{A} & \boldsymbol{B}\\\boldsymbol{C} & \boldsymbol{D}\end{pmatrix}=\begin{pmatrix}\boldsymbol{A} & \boldsymbol{B}\\\boldsymbol{O} & \boldsymbol{D}-\boldsymbol{CA}^{-1}\boldsymbol{B}\end{pmatrix},$$

知 $$\begin{vmatrix}\boldsymbol{A} & \boldsymbol{B}\\\boldsymbol{C} & \boldsymbol{D}\end{vmatrix}=|\boldsymbol{A}||\boldsymbol{D}-\boldsymbol{CA}^{-1}\boldsymbol{B}|=|\boldsymbol{AD}-\boldsymbol{ACA}^{-1}\boldsymbol{B}|$$

$$=|\boldsymbol{AD}-\boldsymbol{CAA}^{-1}\boldsymbol{B}|=|\boldsymbol{AD}-\boldsymbol{CB}|=0,$$

于是 $r(\boldsymbol{G})<2n$，故 $n\leqslant r(\boldsymbol{G})<2n$.

(8)**证** 由 $\boldsymbol{A}^2+\boldsymbol{AB}+\boldsymbol{B}^2=\boldsymbol{O}$，得 $\boldsymbol{A}(\boldsymbol{A}+\boldsymbol{B})=-\boldsymbol{B}^2$，两边取行列式有 $|\boldsymbol{A}||\boldsymbol{A}+\boldsymbol{B}|=|-\boldsymbol{B}^2|$．由于 $\boldsymbol{B}$ 为可逆矩阵，故 $|\boldsymbol{B}|\neq 0$. 因此 $|\boldsymbol{A}|\neq 0$，$|\boldsymbol{A}+\boldsymbol{B}|\neq 0$，故 $\boldsymbol{A}$，$\boldsymbol{A}+\boldsymbol{B}$ 均为可逆矩阵．

(9)**解** ① 由 $|\boldsymbol{A}|=\begin{vmatrix}0 & 1 & 0\\a & 0 & c\\b & 0 & 1/2\end{vmatrix}=bc-\dfrac{1}{2}a$，当 $a\neq 2bc$ 时，$|\boldsymbol{A}|\neq 0$，$\boldsymbol{A}$ 的秩为 3.

② $\boldsymbol{A}$ 为对称矩阵，则有 $\boldsymbol{A}^{\mathrm{T}}=\boldsymbol{A}$，即 $a=1$，$b=0$，$c=0$.

③ $\boldsymbol{A}$ 为正交矩阵，则有 $\boldsymbol{AA}^{\mathrm{T}}=\boldsymbol{E}$，即

$$\begin{vmatrix}0 & 1 & 0\\a & 0 & c\\b & 0 & 1/2\end{vmatrix}\begin{vmatrix}0 & a & b\\1 & 0 & 0\\0 & c & 1/2\end{vmatrix}=\begin{vmatrix}1 & 0 & 0\\0 & a^2+c^2 & ab+c/2\\0 & ab+c/2 & b^2+1/4\end{vmatrix}=\boldsymbol{E}.$$

$$\begin{cases}a^2+c^2=1,\\b^2+1/4=1,\\ab+1/2c=0,\end{cases}\quad 解之得\begin{cases}a=\pm 1/2,\\b=\pm\sqrt{3}/2,\\c=\pm\sqrt{3}/2,\end{cases}$$

即当 $a=1/2$，$b=-\sqrt{3}/2$，$c=\sqrt{3}/2$ 或 $a=-1/2$，$b=\sqrt{3}/2$，$c=-\sqrt{3}/2$ 时，$\boldsymbol{A}$ 为正交矩阵．

(10)**解** 根据公式 $1-a^k=(1-a)(1+a+a^2+\cdots+a^{k-1})$ 以及 $\boldsymbol{A}$ 与 $\boldsymbol{E}$ 可交换得

$$\boldsymbol{E}-\boldsymbol{A}^k=(\boldsymbol{E}-\boldsymbol{A})(\boldsymbol{E}+\boldsymbol{A}+\boldsymbol{A}^2+\cdots+\boldsymbol{A}^{k-1}).$$

因为 $\boldsymbol{A}^k=\boldsymbol{O}$，所以 $(\boldsymbol{E}-\boldsymbol{A})(\boldsymbol{E}+\boldsymbol{A}+\boldsymbol{A}^2+\cdots+\boldsymbol{A}^{k-1})=\boldsymbol{E}$，即 $\boldsymbol{E}-\boldsymbol{A}$ 可逆，且

$$(\boldsymbol{E}-\boldsymbol{A})^{-1}=\boldsymbol{E}+\boldsymbol{A}+\boldsymbol{A}^2+\cdots+\boldsymbol{A}^{k-1}.$$

考研题解析

1.(2000 年 4)设 $\boldsymbol{\alpha}=(1,0,-1)^{\mathrm{T}}$，矩阵 $\boldsymbol{A}=\boldsymbol{\alpha}\boldsymbol{\alpha}^{\mathrm{T}}$，$n$ 为正整数，则 $|a\boldsymbol{E}-\boldsymbol{A}^n|=$______．

解 因为 $\boldsymbol{A}=\boldsymbol{\alpha}\boldsymbol{\alpha}^{\mathrm{T}}=\begin{pmatrix}1\\0\\-1\end{pmatrix}(1,0,-1)=\begin{pmatrix}1&0&-1\\0&0&0\\-1&0&1\end{pmatrix}$，

而
$$\boldsymbol{\alpha}^{\mathrm{T}}\boldsymbol{\alpha}=(1,0,-1)\begin{pmatrix}1\\0\\-1\end{pmatrix}=2,$$

则 $\boldsymbol{A}^2=(\boldsymbol{\alpha}\boldsymbol{\alpha}^{\mathrm{T}})(\boldsymbol{\alpha}\boldsymbol{\alpha}^{\mathrm{T}})=\boldsymbol{\alpha}(\boldsymbol{\alpha}^{\mathrm{T}}\boldsymbol{\alpha})\boldsymbol{\alpha}^{\mathrm{T}}=2\boldsymbol{\alpha}\boldsymbol{\alpha}^{\mathrm{T}}=2\boldsymbol{A}$，递推可得 $\boldsymbol{A}^n=2^{n-1}\boldsymbol{A}$，那么

$$|a\boldsymbol{E}-\boldsymbol{A}^n|=|a\boldsymbol{E}-2^{n-1}\boldsymbol{A}|=\begin{vmatrix}a-2^{n-1}&0&2^{n-1}\\0&a&0\\2^{n-1}&0&a-2^{n-1}\end{vmatrix}=a^2(a-2^n).$$

2.(1990 年 4)设 $\boldsymbol{A}$ 是 n 阶可逆矩阵，$\boldsymbol{A}^*$ 是 $\boldsymbol{A}$ 的伴随矩阵，则(　　)．

(A) $|\boldsymbol{A}^*|=|\boldsymbol{A}|^{n-1}$；　　(B) $|\boldsymbol{A}^*|=|\boldsymbol{A}|$；

(C) $|\boldsymbol{A}^*|=|\boldsymbol{A}|^n$；　　(D) $|\boldsymbol{A}^*|=|\boldsymbol{A}^{-1}|$．

解 对 $\boldsymbol{A}\boldsymbol{A}^*=\boldsymbol{A}^*\boldsymbol{A}=|\boldsymbol{A}|\boldsymbol{E}$ 两端取行列式，有 $|\boldsymbol{A}|\cdot|\boldsymbol{A}^*|=||\boldsymbol{A}|\boldsymbol{E}|=|\boldsymbol{A}|^n|\boldsymbol{E}|=|\boldsymbol{A}|^n$．由 $\boldsymbol{A}$ 可逆 $\Rightarrow|\boldsymbol{A}|\neq 0$，故 $|\boldsymbol{A}^*|=|\boldsymbol{A}|^{n-1}$．因此，应选(A)．

3.(1992 年 3)设 $\boldsymbol{A}$ 为 m 阶方阵，$\boldsymbol{B}$ 为 n 阶方阵，且 $|\boldsymbol{A}|=a$，$|\boldsymbol{B}|=b$，$\boldsymbol{C}=\begin{pmatrix}\boldsymbol{O}&\boldsymbol{A}\\\boldsymbol{B}&\boldsymbol{O}\end{pmatrix}$，则 $|\boldsymbol{C}|=$____．

解 由拉普拉斯展开式，有

$$|\boldsymbol{C}|=\begin{vmatrix}\boldsymbol{O} & \boldsymbol{A}\\ \boldsymbol{B} & \boldsymbol{O}\end{vmatrix}=(-1)^{mn}|\boldsymbol{A}||\boldsymbol{B}|=(-1)^{mn}ab.$$

4.(1992 年 4)已知实矩阵 $\boldsymbol{A}=(a_{ij})_{3\times3}$ 满足条件：(1)$a_{ij}=A_{ij}$(i，$j=1$，2，3)，其中 A_{ij} 是 a_{ij} 的代数余子式；(2)$a_{11}\neq0$. 计算行列式$|\boldsymbol{A}|$.

解 因为 $a_{ij}=A_{ij}$，即

$$\boldsymbol{A}=\begin{pmatrix}a_{11} & a_{12} & a_{13}\\ a_{21} & a_{22} & a_{23}\\ a_{31} & a_{32} & a_{33}\end{pmatrix}=\begin{pmatrix}A_{11} & A_{12} & A_{13}\\ A_{21} & A_{22} & A_{23}\\ A_{31} & A_{32} & A_{33}\end{pmatrix}=(\boldsymbol{A}^*)^{\mathrm{T}},$$

亦即 $\boldsymbol{A}^{\mathrm{T}}=\boldsymbol{A}^*$. 由于 $\boldsymbol{A}\boldsymbol{A}^*=|\boldsymbol{A}|\boldsymbol{E}$，故 $\boldsymbol{A}\boldsymbol{A}^{\mathrm{T}}=|\boldsymbol{A}|\boldsymbol{E}$. 两边取行列式，得

$$|\boldsymbol{A}|^2=|\boldsymbol{A}||\boldsymbol{A}^{\mathrm{T}}|=||\boldsymbol{A}|\boldsymbol{E}|=|\boldsymbol{A}|^3,$$

从而$|\boldsymbol{A}|=1$ 或$|\boldsymbol{A}|=0$.

由于 $a_{11}\neq0$，对$|\boldsymbol{A}|$按第 1 行展开，有

$$|\boldsymbol{A}|=a_{11}A_{11}+a_{12}A_{12}+a_{13}A_{13}=a_{11}^2+a_{12}^2+a_{13}^2>0,$$

故必有$|\boldsymbol{A}|=1$.

5.(1993 年 4)若 $\boldsymbol{\alpha}_1$，$\boldsymbol{\alpha}_2$，$\boldsymbol{\alpha}_3$，$\boldsymbol{\beta}_1$，$\boldsymbol{\beta}_2$ 都是 4 维列向量，且四阶行列式$|\boldsymbol{\alpha}_1,\boldsymbol{\alpha}_2,\boldsymbol{\alpha}_3,\boldsymbol{\beta}_1|=m$，$|\boldsymbol{\alpha}_1,\boldsymbol{\alpha}_2,\boldsymbol{\beta}_2,\boldsymbol{\alpha}_3|=n$，则四阶行列式$|\boldsymbol{\alpha}_3,\boldsymbol{\alpha}_2,\boldsymbol{\alpha}_1,\boldsymbol{\beta}_1+\boldsymbol{\beta}_2|=$(　　).

(A)$m+n$；　　(B)$-(m+n)$；　　(C)$n-m$；　　(D)$m-n$.

解 利用行列式的性质，有$|\boldsymbol{\alpha}_3,\boldsymbol{\alpha}_2,\boldsymbol{\alpha}_1,\boldsymbol{\beta}_1+\boldsymbol{\beta}_2|=|\boldsymbol{\alpha}_3,\boldsymbol{\alpha}_2,\boldsymbol{\alpha}_1,\boldsymbol{\beta}_1|+|\boldsymbol{\alpha}_3,\boldsymbol{\alpha}_2,\boldsymbol{\alpha}_1,\boldsymbol{\beta}_2|=-|\boldsymbol{\alpha}_1,\boldsymbol{\alpha}_2,\boldsymbol{\alpha}_3,\boldsymbol{\beta}_1|-|\boldsymbol{\alpha}_1,\boldsymbol{\alpha}_2,\boldsymbol{\alpha}_3,\boldsymbol{\beta}_2|=-m+|\boldsymbol{\alpha}_1,\boldsymbol{\alpha}_2,\boldsymbol{\beta}_2,\boldsymbol{\alpha}_3|=n-m$，所以应选(C).

6.(1995 年 1)设 $\boldsymbol{A}$ 为 n 阶矩阵，满足 $\boldsymbol{A}\boldsymbol{A}^{\mathrm{T}}=\boldsymbol{E}$，$|\boldsymbol{A}|<0$，求$|\boldsymbol{A}+\boldsymbol{E}|$.

解 因为$|\boldsymbol{A}+\boldsymbol{E}|=|\boldsymbol{A}+\boldsymbol{A}\boldsymbol{A}^{\mathrm{T}}|=|\boldsymbol{A}(\boldsymbol{E}+\boldsymbol{A}^{\mathrm{T}})|=|\boldsymbol{A}||(\boldsymbol{E}+\boldsymbol{A})^{\mathrm{T}}|=|\boldsymbol{A}||\boldsymbol{E}+\boldsymbol{A}|$，所以$(1-|\boldsymbol{A}|)|\boldsymbol{E}+\boldsymbol{A}|=0$. 又因$|\boldsymbol{A}|<0$，$1-|\boldsymbol{A}|>0$，故$|\boldsymbol{E}+\boldsymbol{A}|=0$.

注意：$|\boldsymbol{A}+\boldsymbol{B}|\neq|\boldsymbol{A}|+|\boldsymbol{B}|$，对于$|\boldsymbol{A}+\boldsymbol{B}|$的处理通常是将 $\boldsymbol{A}+\boldsymbol{B}$ 恒等变形转化为乘积形式，其中单位矩阵的恒等变形是一个重要技巧.

7.(1998 年 4)设 $\boldsymbol{A}$，$\boldsymbol{B}$ 均为 n 阶矩阵，$|\boldsymbol{A}|=2$，$|\boldsymbol{B}|=-3$，则$|2\boldsymbol{A}^*\boldsymbol{B}^{-1}|=$________.

解
$$\begin{aligned}|2\boldsymbol{A}^*\boldsymbol{B}^{-1}|&=2^n|\boldsymbol{A}^*\boldsymbol{B}^{-1}|=2^n|\boldsymbol{A}^*||\boldsymbol{B}^{-1}|\\&=2^n|\boldsymbol{A}|^{n-1}|\boldsymbol{B}|^{-1}=-2^{2n-1}/3.\end{aligned}$$

8.(2003 年 2)设三阶方阵 $\boldsymbol{A}$，$\boldsymbol{B}$ 满足 $\boldsymbol{A}^2\boldsymbol{B}-\boldsymbol{A}-\boldsymbol{B}=\boldsymbol{E}$，其中 $\boldsymbol{E}$ 为三阶单位

矩阵，若$\boldsymbol{A}=\begin{pmatrix}1&0&1\\0&2&0\\-2&0&1\end{pmatrix}$，则$|\boldsymbol{B}|=$________.

解 由已知条件有$(\boldsymbol{A}^2-\boldsymbol{E})\boldsymbol{B}=\boldsymbol{A}+\boldsymbol{E}$，即$(\boldsymbol{A}+\boldsymbol{E})(\boldsymbol{A}-\boldsymbol{E})\boldsymbol{B}=\boldsymbol{A}+\boldsymbol{E}$. 因为$\boldsymbol{A}+\boldsymbol{E}=\begin{pmatrix}2&0&1\\0&3&0\\-2&0&2\end{pmatrix}$，知$\boldsymbol{A}+\boldsymbol{E}$可逆，故$\boldsymbol{B}=(\boldsymbol{A}-\boldsymbol{E})^{-1}$，而

$$|\boldsymbol{A}-\boldsymbol{E}|=\begin{vmatrix}0&0&1\\0&1&0\\-2&0&0\end{vmatrix}=2,$$

故
$$|\boldsymbol{B}|=|(\boldsymbol{A}-\boldsymbol{E})^{-1}|=\frac{1}{|\boldsymbol{A}-\boldsymbol{E}|}=\frac{1}{2}.$$

9.(2004年1，2)设矩阵$\boldsymbol{A}=\begin{pmatrix}2&1&0\\1&2&0\\0&0&1\end{pmatrix}$，矩阵$\boldsymbol{B}$满足$\boldsymbol{ABA}^*=2\boldsymbol{BA}^*+\boldsymbol{E}$，其中$\boldsymbol{A}^*$为$\boldsymbol{A}$的伴随矩阵，$\boldsymbol{E}$是单位矩阵，则$|\boldsymbol{B}|=$________.

解 由于$\boldsymbol{AA}^*=\boldsymbol{A}^*\boldsymbol{A}=|\boldsymbol{A}|\boldsymbol{E}$，易见$|\boldsymbol{A}|=3$，用$\boldsymbol{A}$右乘矩阵方程的两端，有

$$3\boldsymbol{AB}=6\boldsymbol{B}+\boldsymbol{A}\Rightarrow 3(\boldsymbol{A}-2\boldsymbol{E})\boldsymbol{B}=\boldsymbol{A}\Rightarrow 3^3|\boldsymbol{A}-2\boldsymbol{E}||\boldsymbol{B}|=|\boldsymbol{A}|.$$

又$|\boldsymbol{A}-2\boldsymbol{E}|=\begin{vmatrix}0&1&0\\1&0&0\\0&0&-1\end{vmatrix}=1$，故$|\boldsymbol{B}|=\frac{1}{9}$.

10.(2005年2，4)设$\boldsymbol{\alpha}_1$，$\boldsymbol{\alpha}_2$，$\boldsymbol{\alpha}_3$均为3维列向量，记矩阵

$\boldsymbol{A}=(\boldsymbol{\alpha}_1,\boldsymbol{\alpha}_2,\boldsymbol{\alpha}_3)$，$\boldsymbol{B}=(\boldsymbol{\alpha}_1+\boldsymbol{\alpha}_2+\boldsymbol{\alpha}_3,\boldsymbol{\alpha}_1+2\boldsymbol{\alpha}_2+4\boldsymbol{\alpha}_3,\boldsymbol{\alpha}_1+3\boldsymbol{\alpha}_2+9\boldsymbol{\alpha}_3)$，如果$|\boldsymbol{A}|=1$，那么$|\boldsymbol{B}|=$________.

解 对矩阵$\boldsymbol{B}$用分块技巧，有

$$\boldsymbol{B}=(\boldsymbol{\alpha}_1,\boldsymbol{\alpha}_2,\boldsymbol{\alpha}_3)\begin{pmatrix}1&1&1\\1&2&3\\1&4&9\end{pmatrix},$$

两边取行列式，并用行列式乘法公式，得

$$|\boldsymbol{B}|=|\boldsymbol{A}|\begin{vmatrix}1&1&1\\1&2&3\\1&4&9\end{vmatrix}=2|\boldsymbol{A}|,$$

所以$|\boldsymbol{B}|=2$.

11.(1994 年 1)设 $\boldsymbol{A}$ 为 n 阶非零矩阵，$\boldsymbol{A}^*$ 是 $\boldsymbol{A}$ 的伴随矩阵，$\boldsymbol{A}^{\mathrm{T}}$ 是 $\boldsymbol{A}$ 的转置矩阵，当 $\boldsymbol{A}^*=\boldsymbol{A}^{\mathrm{T}}$时，证明$|\boldsymbol{A}|\neq 0$.

证法一 由于 $\boldsymbol{A}^*=\boldsymbol{A}^{\mathrm{T}}$，根据 $\boldsymbol{A}^*$ 的定义有 $A_{ij}=a_{ij}$ ($\forall i$，$j=1，2，\cdots，n$)，其中 A_{ij} 是行列式$|\boldsymbol{A}|$中 a_{ij} 的代数余子式．因为 $\boldsymbol{A}\neq\boldsymbol{O}$，不妨设 $a_{ij}\neq 0$，则

$$|\boldsymbol{A}|=\alpha_{i1}A_{i1}+\alpha_{i2}A_{i2}+\cdots+\alpha_{in}A_{in}=a_{i1}^2+a_{i2}^2+\cdots+a_{in}^2>0,$$

故$|\boldsymbol{A}|\neq 0$.

证法二 (反证法)若$|\boldsymbol{A}|=0$，则 $\boldsymbol{A}\boldsymbol{A}^{\mathrm{T}}=\boldsymbol{A}\boldsymbol{A}^*=|\boldsymbol{A}|\boldsymbol{E}=\boldsymbol{O}$. 设 $\boldsymbol{A}$ 的行向量为$\boldsymbol{\alpha}_i(i=1，2，\cdots，n)$，则 $\boldsymbol{\alpha}_i\boldsymbol{\alpha}_i^{\mathrm{T}}=a_{i1}^2+a_{i2}^2+\cdots+a_{in}^2=0(i=1，2，\cdots，n)$，于是 $\boldsymbol{\alpha}_i=(\boldsymbol{\alpha}_{i1}，\boldsymbol{\alpha}_{i2}，\cdots，\boldsymbol{\alpha}_{in})=\boldsymbol{0}(i=1，2，\cdots，n)$，进而有 $\boldsymbol{A}=\boldsymbol{O}$，这与 $\boldsymbol{A}$ 是非零矩阵相矛盾，故$|\boldsymbol{A}|\neq 0$.

12.(1989 年 3)设 $\boldsymbol{A}$ 和 $\boldsymbol{B}$ 均为 n 阶矩阵，则必有(　　).

(A)$|\boldsymbol{A}+\boldsymbol{B}|=|\boldsymbol{A}|+|\boldsymbol{B}|$；　　(B)$\boldsymbol{AB}=\boldsymbol{BA}$；

(C)$|\boldsymbol{AB}|=|\boldsymbol{BA}|$；　　(D)$(\boldsymbol{A}+\boldsymbol{B})^{-1}=\boldsymbol{A}^{-1}+\boldsymbol{B}^{-1}$.

解 当行列式的一行(列)是两个数的和时，可把行列式对该行(列)拆开成两个行列式之和，拆开时其他各行(列)均保持不变．对于行列式的这一性质应当正确理解．因此，若要拆开 n 阶行列式$|\boldsymbol{A}+\boldsymbol{B}|$，则应当是 2^n 个 n 阶行列式的和，所以$|\boldsymbol{A}+\boldsymbol{B}|\neq|\boldsymbol{A}|+|\boldsymbol{B}|$，故(A)错误．

矩阵的运算是表格的运算，它不同于数字运算，矩阵的乘法没有交换律，故(B)不正确．

若 $\boldsymbol{A}=\begin{pmatrix}1&0\\0&1\end{pmatrix}$，$\boldsymbol{B}=\begin{pmatrix}1&0\\0&2\end{pmatrix}$，则$(\boldsymbol{A}+\boldsymbol{B})^{-1}=\begin{pmatrix}2&0\\0&3\end{pmatrix}^{-1}=\begin{pmatrix}1/2&0\\0&1/3\end{pmatrix}$，而

$$\boldsymbol{A}^{-1}+\boldsymbol{B}^{-1}=\begin{pmatrix}1&0\\0&1\end{pmatrix}+\begin{pmatrix}1&0\\0&1/2\end{pmatrix}=\begin{pmatrix}2&0\\0&3/2\end{pmatrix},$$

故(D)错．

由行列式乘法公式$|\boldsymbol{AB}|=|\boldsymbol{A}||\boldsymbol{B}|=|\boldsymbol{B}||\boldsymbol{A}|=|\boldsymbol{BA}|$，知(C)正确．

注意：行列式是数，故恒有$|\boldsymbol{A}||\boldsymbol{B}|=|\boldsymbol{B}||\boldsymbol{A}|$，而矩阵则不行．

13.(1991 年 4)设 $\boldsymbol{A}$，$\boldsymbol{B}$ 为 n 阶方阵，满足等式 $\boldsymbol{AB}=\boldsymbol{O}$，则必有(　　).

(A)$\boldsymbol{A}=\boldsymbol{O}$ 或 $\boldsymbol{B}=\boldsymbol{O}$；　　(B)$\boldsymbol{A}+\boldsymbol{B}=\boldsymbol{O}$；

(C)$|\boldsymbol{A}|=0$ 或$|\boldsymbol{B}|=0$；　　(D)$|\boldsymbol{A}|+|\boldsymbol{B}|=0$.

解 由 $\boldsymbol{AB}=\boldsymbol{O}$，用行列式乘法公式，有$|\boldsymbol{A}||\boldsymbol{B}|=|\boldsymbol{AB}|=0$，所以$|\boldsymbol{A}|$与$|\boldsymbol{B}|$这两个数中至少有一个为 0，故应选(C).

注意：若 $\boldsymbol{A}=\begin{pmatrix}1&1\\1&1\end{pmatrix}$，$\boldsymbol{B}=\begin{pmatrix}1&1\\-1&-1\end{pmatrix}$，有 $\boldsymbol{AB}=\boldsymbol{O}$，显然 $\boldsymbol{A}\neq\boldsymbol{O}$，$\boldsymbol{B}\neq\boldsymbol{O}$.

这里一个常见的错误是“若 $\boldsymbol{AB}=\boldsymbol{O}$，$\boldsymbol{B}\neq\boldsymbol{O}$，则 $\boldsymbol{A}=\boldsymbol{O}$”. 要引起注意.

14.(1992 年 4)设线性方程组 $\begin{cases}x_1+2x_2-2x_3=0,\\2x_1-x_2+\lambda x_3=0,\\3x_1+x_2-x_3=0\end{cases}$ 的系数矩阵为 $\boldsymbol{A}$，三阶矩阵 $\boldsymbol{B}\neq\boldsymbol{O}$，且 $\boldsymbol{AB}=\boldsymbol{O}$，试求 λ 的值.

解　对矩阵 $\boldsymbol{B}$ 按列分块，记 $\boldsymbol{B}=(\boldsymbol{\beta}_1,\boldsymbol{\beta}_2,\boldsymbol{\beta}_3)$，那么

$$\boldsymbol{AB}=\boldsymbol{A}(\boldsymbol{\beta}_1,\boldsymbol{\beta}_2,\boldsymbol{\beta}_3)=(\boldsymbol{A\beta}_1,\boldsymbol{A\beta}_2,\boldsymbol{A\beta}_3)=(\boldsymbol{0},\boldsymbol{0},\boldsymbol{0}).$$

因而 $\boldsymbol{A\beta}_i=\boldsymbol{0}(i=1,2,3)$，即 $\boldsymbol{\beta}_i$ 是 $\boldsymbol{AX}=\boldsymbol{0}$ 的解. 由于 $\boldsymbol{B}\neq\boldsymbol{O}$，故 $\boldsymbol{AX}=\boldsymbol{0}$ 有非零解，因此

$$|\boldsymbol{A}|=\begin{vmatrix}1&2&-2\\2&-1&\lambda\\3&1&-1\end{vmatrix}=\begin{vmatrix}1&0&-2\\2&\lambda-1&\lambda\\3&0&-1\end{vmatrix}=5(\lambda-1)=0,$$

故 $\lambda=1$.

15.(1994 年 1)已知 $\boldsymbol{\alpha}=(1,2,3)$，$\boldsymbol{\beta}=(1,1/2,1/3)$，设 $\boldsymbol{A}=\boldsymbol{\alpha}^{\mathrm{T}}\boldsymbol{\beta}$，则 $\boldsymbol{A}^n=$____.

解　矩阵乘法有结合律，注意 $\boldsymbol{\beta\alpha}^{\mathrm{T}}=(1,1/2,1/3)(1,2,3)^{\mathrm{T}}=3$(是一个数)，而

$$\boldsymbol{A}=\boldsymbol{\alpha}^{\mathrm{T}}\boldsymbol{\beta}=\begin{pmatrix}1\\2\\3\end{pmatrix}\left(1,\frac{1}{2},\frac{1}{3}\right)=\begin{pmatrix}1&1/2&1/3\\2&1&2/3\\3&3/2&1\end{pmatrix},$$

于是 $\boldsymbol{A}^n=(\boldsymbol{\alpha}^{\mathrm{T}}\boldsymbol{\beta})(\boldsymbol{\alpha}^{\mathrm{T}}\boldsymbol{\beta})\cdots(\boldsymbol{\alpha}^{\mathrm{T}}\boldsymbol{\beta})=\boldsymbol{\alpha}^{\mathrm{T}}(\boldsymbol{\beta\alpha}^{\mathrm{T}})(\boldsymbol{\beta\alpha}^{\mathrm{T}})\cdots(\boldsymbol{\beta\alpha}^{\mathrm{T}})\boldsymbol{\beta}=3^{n-1}\boldsymbol{\alpha}^{\mathrm{T}}\boldsymbol{\beta}$，所以应填

$$3^{n-1}\begin{pmatrix}1&1/2&1/3\\2&1&2/3\\3&3/2&1\end{pmatrix}.$$

16.(1995 年 4)设 n 维行向量 $\boldsymbol{\alpha}=(1/2,0,\cdots,0,1/2)$，矩阵 $\boldsymbol{A}=\boldsymbol{E}-\boldsymbol{\alpha}^{\mathrm{T}}\boldsymbol{\alpha}$，$\boldsymbol{B}=\boldsymbol{E}+2\boldsymbol{\alpha}^{\mathrm{T}}\boldsymbol{\alpha}$，其中 $\boldsymbol{E}$ 为 n 阶单位矩阵，则 $\boldsymbol{AB}=$(　　).

(A)$\boldsymbol{O}$;　　　　(B)$-\boldsymbol{E}$;

(C)$\boldsymbol{E}$;　　　　(D)$\boldsymbol{E}+\boldsymbol{\alpha}^{\mathrm{T}}\boldsymbol{\alpha}$.

解　利用矩阵乘法的分配律、结合律，有

$$\begin{aligned}\boldsymbol{AB}&=(\boldsymbol{E}-\boldsymbol{\alpha}^{\mathrm{T}}\boldsymbol{\alpha})(\boldsymbol{E}+2\boldsymbol{\alpha}^{\mathrm{T}}\boldsymbol{\alpha})=\boldsymbol{E}+2\boldsymbol{\alpha}^{\mathrm{T}}\boldsymbol{\alpha}-\boldsymbol{\alpha}^{\mathrm{T}}\boldsymbol{\alpha}-2\boldsymbol{\alpha}^{\mathrm{T}}\boldsymbol{\alpha}\boldsymbol{\alpha}^{\mathrm{T}}\boldsymbol{\alpha}\\&=\boldsymbol{E}+\boldsymbol{\alpha}^{\mathrm{T}}\boldsymbol{\alpha}-2\boldsymbol{\alpha}^{\mathrm{T}}(\boldsymbol{\alpha}\boldsymbol{\alpha}^{\mathrm{T}})\boldsymbol{\alpha}.\end{aligned}$$

由于　$\boldsymbol{\alpha}\boldsymbol{\alpha}^{\mathrm{T}}=\left(\frac{1}{2},0,\cdots,0,\frac{1}{2}\right)\left(\frac{1}{2},0,\cdots,0,\frac{1}{2}\right)^{\mathrm{T}}=\frac{1}{2}$,

故
$$\boldsymbol{AB}=\boldsymbol{E}+\boldsymbol{\alpha}^{\mathrm{T}}\boldsymbol{\alpha}-2\times\frac{1}{2}\boldsymbol{\alpha}^{\mathrm{T}}\boldsymbol{\alpha}=\boldsymbol{E},$$

所以应选(C).

17.(1997年1)设 $\boldsymbol{A}=\begin{pmatrix}1 & 2 & -2\\ 4 & t & 3\\ 3 & -1 & 1\end{pmatrix}$，$\boldsymbol{B}$ 为三阶非零矩阵，且 $\boldsymbol{AB}=\boldsymbol{O}$，则$t=$____.

解 由 $\boldsymbol{AB}=\boldsymbol{O}$，对 $\boldsymbol{B}$ 按列分块有 $\boldsymbol{AB}=\boldsymbol{A}(\boldsymbol{\beta}_1, \boldsymbol{\beta}_2, \boldsymbol{\beta}_3)=(\boldsymbol{A\beta}_1, \boldsymbol{A\beta}_2, \boldsymbol{A\beta}_3)=(\boldsymbol{0}, \boldsymbol{0}, \boldsymbol{0})$，即 $\boldsymbol{\beta}_1$，$\boldsymbol{\beta}_2$，$\boldsymbol{\beta}_3$是齐次方程组 $\boldsymbol{AX}=\boldsymbol{0}$ 的解．又因 $\boldsymbol{B}\neq\boldsymbol{O}$，故 $\boldsymbol{AX}=\boldsymbol{0}$ 有非零解，那么

$$|\boldsymbol{A}|=\begin{vmatrix}1 & 2 & -2\\ 4 & t & 3\\ 3 & -1 & 1\end{vmatrix}=\begin{vmatrix}7 & 0 & 0\\ 4 & t & 3\\ 3 & -1 & 1\end{vmatrix}=7(t+3)=0,$$

所以应填-3.

18.(1998年3)齐次方程组$\begin{cases}\lambda x_1+x_2+\lambda^2 x_3=0,\\ x_1+\lambda x_2+x_3=0,\\ x_1+x_2+\lambda x_3=0\end{cases}$ 的系数矩阵为 $\boldsymbol{A}$，若存在三阶矩阵 $\boldsymbol{B}\neq\boldsymbol{O}$，使得 $\boldsymbol{AB}=\boldsymbol{O}$，则(　　).

(A)$\lambda=-2$ 且$|\boldsymbol{B}|=0$；　　(B)$\lambda=-2$ 且$|\boldsymbol{B}|\neq 0$；

(C)$\lambda=1$ 且$|\boldsymbol{B}|=0$；　　(D)$\lambda=1$ 且$|\boldsymbol{B}|\neq 0$.

解 由 $\boldsymbol{AB}=\boldsymbol{O}$ 知 $r(\boldsymbol{A})+r(\boldsymbol{B})\leqslant 3$，又因 $\boldsymbol{A}\neq\boldsymbol{O}$，$\boldsymbol{B}\neq\boldsymbol{O}$，于是 $1\leqslant r(\boldsymbol{A})<3$，$1\leqslant r(\boldsymbol{B})<3$，故$|\boldsymbol{B}|=0$. 显然，$\lambda=1$时，由于

$$\boldsymbol{A}=\begin{pmatrix}1 & 1 & 1\\ 1 & 1 & 1\\ 1 & 1 & 1\end{pmatrix},$$

则有 $1\leqslant r(\boldsymbol{A})<3$，故应选(C).

19.(1999年3，4)设 $\boldsymbol{A}=\begin{pmatrix}1 & 0 & 1\\ 0 & 2 & 0\\ 1 & 0 & 1\end{pmatrix}$，而 $n\geqslant 2$ 为正整数，则 $\boldsymbol{A}^n-2\boldsymbol{A}^{n-1}=$______.

解 由于 $\boldsymbol{A}^n-2\boldsymbol{A}^{n-1}=(\boldsymbol{A}-2\boldsymbol{E})\boldsymbol{A}^{n-1}$，而

$$\boldsymbol{A}-2\boldsymbol{E}=\begin{pmatrix}-1 & 0 & 1\\ 0 & 0 & 0\\ 1 & 0 & -1\end{pmatrix},\ (\boldsymbol{A}-2\boldsymbol{E})\boldsymbol{A}=\boldsymbol{O},$$

从而 $\boldsymbol{A}^n-2\boldsymbol{A}^{n-1}=\boldsymbol{O}$.

20.(2003 年 3)设$\boldsymbol{\alpha}$为 3 维列向量，$\boldsymbol{\alpha}^{\mathrm{T}}$ 是$\boldsymbol{\alpha}$的转置，若$\boldsymbol{\alpha}\boldsymbol{\alpha}^{\mathrm{T}}=\begin{pmatrix}1&-1&1\\-1&1&-1\\1&-1&1\end{pmatrix}$，则$\boldsymbol{\alpha}^{\mathrm{T}}\boldsymbol{\alpha}=$____.

解　$\boldsymbol{\alpha}\boldsymbol{\alpha}^{\mathrm{T}}$ 是秩为 1 的矩阵，$\boldsymbol{\alpha}^{\mathrm{T}}\boldsymbol{\alpha}$ 是一个数，这两个符号不要混淆.

由$\begin{pmatrix}1&-1&1\\-1&1&-1\\1&-1&1\end{pmatrix}=\begin{pmatrix}1\\-1\\1\end{pmatrix}(1,\ -1,\ 1)=\boldsymbol{\alpha}\boldsymbol{\alpha}^{\mathrm{T}}$，故

$$\boldsymbol{\alpha}^{\mathrm{T}}\boldsymbol{\alpha}=(1,\ -1,\ 1)\begin{pmatrix}1\\-1\\1\end{pmatrix}=3.$$

21.(2004 年 4)设$\boldsymbol{A}=\begin{pmatrix}0&-1&0\\1&0&0\\0&0&-1\end{pmatrix}$，$\boldsymbol{B}=\boldsymbol{P}^{-1}\boldsymbol{A}\boldsymbol{P}$，其中$\boldsymbol{P}$为三阶可逆矩阵，则$\boldsymbol{B}^{2004}-2\boldsymbol{A}^2=$________.

解　由$\begin{pmatrix}\boldsymbol{A}&\boldsymbol{O}\\\boldsymbol{O}&\boldsymbol{B}\end{pmatrix}^n=\begin{pmatrix}\boldsymbol{A}^n&\boldsymbol{O}\\\boldsymbol{O}&\boldsymbol{B}^n\end{pmatrix}$，$\begin{pmatrix}a_1&&\\&a_2&\\&&a_3\end{pmatrix}^n=\begin{pmatrix}a_1^n&&\\&a_2^n&\\&&a_3^n\end{pmatrix}$，又

$$\begin{pmatrix}0&-1\\1&0\end{pmatrix}^2=\begin{pmatrix}-1&0\\0&-1\end{pmatrix},$$

易见$\boldsymbol{A}^2=\begin{pmatrix}0&-1&0\\1&0&0\\0&0&-1\end{pmatrix}^2=\begin{pmatrix}-1&0&0\\0&-1&0\\0&0&1\end{pmatrix}$，从而$\boldsymbol{A}^{2004}=(\boldsymbol{A}^2)^{1002}=\boldsymbol{E}$，故

$$\boldsymbol{B}^{2004}-2\boldsymbol{A}^2=\boldsymbol{P}^{-1}\boldsymbol{A}^{2004}\boldsymbol{P}-2\boldsymbol{A}^2=\boldsymbol{P}^{-1}\boldsymbol{E}\boldsymbol{P}-2\boldsymbol{A}^2=\begin{pmatrix}3&0&0\\0&3&0\\0&0&-1\end{pmatrix}.$$

22.(1993 年 4)设四阶方阵$\boldsymbol{A}$的秩为 2，则其伴随矩阵$\boldsymbol{A}^*$的秩为__________.

解　由于$r(\boldsymbol{A})=2$，说明$\boldsymbol{A}$中三阶子式全为 0，于是$|\boldsymbol{A}|$的代数余子式$A_{ij}\equiv 0$，故$\boldsymbol{A}^*=0$，所以$r(\boldsymbol{A}^*)=0$.

注意：若熟悉伴随矩阵$\boldsymbol{A}^*$的秩的关系式$r(\boldsymbol{A}^*)=\begin{cases}n,&\text{若 } r(\boldsymbol{A})=n,\\1,&\text{若 } r(\boldsymbol{A})=n-1,\\0,&\text{若 } r(\boldsymbol{A})<n-1,\end{cases}$易

知 $r(\boldsymbol{A}^*)=0$.

23.(1995 年 3，4)设 $\boldsymbol{A}=\begin{pmatrix}1&0&0\\2&2&0\\3&4&5\end{pmatrix}$，$\boldsymbol{A}^*$ 是 $\boldsymbol{A}$ 的伴随矩阵，则$(\boldsymbol{A}^*)^{-1}=$

________.

解 由 $\boldsymbol{A}\boldsymbol{A}^*=|\boldsymbol{A}|\boldsymbol{E}$，有$\dfrac{\boldsymbol{A}}{|\boldsymbol{A}|}\boldsymbol{A}^*=\boldsymbol{E}$，故$(\boldsymbol{A}^*)^{-1}=\dfrac{\boldsymbol{A}}{|\boldsymbol{A}|}$. 现 $|\boldsymbol{A}|=10$，所以

$$(\boldsymbol{A}^*)^{-1}=\frac{1}{10}\begin{pmatrix}1&0&0\\2&2&0\\3&4&5\end{pmatrix}.$$

注意：要熟记关系式$(\boldsymbol{A}^*)^{-1}=(\boldsymbol{A}^{-1})^*=\dfrac{\boldsymbol{A}}{|\boldsymbol{A}|}$，在已知矩阵 $\boldsymbol{A}$ 的情况下，只要求出$|\boldsymbol{A}|$的值，就可求出$(\boldsymbol{A}^*)^{-1}$或$(\boldsymbol{A}^{-1})^*$.

24.(1996 年 3，4)设 n 阶矩阵 $\boldsymbol{A}$ 非奇异($n\geqslant 2$)，$\boldsymbol{A}^*$ 是 $\boldsymbol{A}$ 的伴随矩阵，则(　　).

(A)$(\boldsymbol{A}^*)^*=|\boldsymbol{A}|^{n-1}\boldsymbol{A}$;　　(B)$(\boldsymbol{A}^*)^*=|\boldsymbol{A}|^{n+1}\boldsymbol{A}$;

(C)$(\boldsymbol{A}^*)^*=|\boldsymbol{A}|^{n-2}\boldsymbol{A}$;　　(D)$(\boldsymbol{A}^*)^*=|\boldsymbol{A}|^{n+2}\boldsymbol{A}$.

解 由 $\boldsymbol{A}\boldsymbol{A}^*=\boldsymbol{A}^*\boldsymbol{A}=|\boldsymbol{A}|\boldsymbol{E}$. 现将 $\boldsymbol{A}^*$ 视为关系式中的矩阵 $\boldsymbol{A}$，则有$\boldsymbol{A}^*(\boldsymbol{A}^*)^*=|\boldsymbol{A}^*|\boldsymbol{E}$. 由 $|\boldsymbol{A}^*|=|\boldsymbol{A}|^{n-1}$ 及$(\boldsymbol{A}^*)^{-1}=\dfrac{\boldsymbol{A}}{|\boldsymbol{A}|}$，得$(\boldsymbol{A}^*)^*=|\boldsymbol{A}^*|(\boldsymbol{A}^*)^{-1}=|\boldsymbol{A}|^{n-1}\dfrac{\boldsymbol{A}}{|\boldsymbol{A}|}=|\boldsymbol{A}|^{n-2}\boldsymbol{A}$. 选(C).

注意：由 $\boldsymbol{A}^*(\boldsymbol{A}^*)^*=|\boldsymbol{A}^*|\boldsymbol{E}$，左乘 $\boldsymbol{A}$ 有$(\boldsymbol{A}\boldsymbol{A}^*)(\boldsymbol{A}^*)^*=|\boldsymbol{A}|^{n-1}\boldsymbol{A}$，即$(|\boldsymbol{A}|\boldsymbol{E})(\boldsymbol{A}^*)^*=|\boldsymbol{A}|^{n-1}\boldsymbol{A}$. 亦知应选(C).

25.(1998 年 2)设 $\boldsymbol{A}$ 是任一 $n(n\geqslant 3)$阶方阵，$\boldsymbol{A}^*$ 是其伴随矩阵，又 k 为常数，且 $k\neq 0$，± 1，则必有$(k\boldsymbol{A})^*=$(　　).

(A)$k\boldsymbol{A}^*$;　　(B)$k^{n-1}\boldsymbol{A}^*$;　　(C)$k^n\boldsymbol{A}^*$;　　(D)$k^{-1}\boldsymbol{A}^*$.

解 对任何 n 阶矩阵都要成立的关系式，对特殊的 n 阶矩阵自然也成立，那么当 $\boldsymbol{A}$ 可逆时，由 $\boldsymbol{A}^*=|\boldsymbol{A}|\boldsymbol{A}^{-1}$有$(k\boldsymbol{A}^*)=|k\boldsymbol{A}|(k\boldsymbol{A})^{-1}=k^n|\boldsymbol{A}|\cdot\dfrac{1}{k}\boldsymbol{A}^{-1}=k^{n-1}\boldsymbol{A}^*$，故应选(B).

26.(2000 年 1)设矩阵 $\boldsymbol{A}$ 的伴随矩阵为

$$\boldsymbol{A}^*=\begin{pmatrix}1&0&0&0\\0&1&0&0\\1&0&1&0\\0&-3&0&8\end{pmatrix},$$

且 $\boldsymbol{ABA}^{-1}=\boldsymbol{BA}^{-1}+3\boldsymbol{E}$，其中 $\boldsymbol{E}$ 是四阶单位矩阵，求矩阵 $\boldsymbol{B}$.

解 由 $|\boldsymbol{A}^*|=|\boldsymbol{A}|^{n-1}$，有 $|\boldsymbol{A}|^3=8$，得 $|\boldsymbol{A}|=2$. $\boldsymbol{A}$ 是可逆矩阵，用 $\boldsymbol{A}$ 右乘矩阵方程两端，有 $(\boldsymbol{A}-\boldsymbol{E})\boldsymbol{B}=3\boldsymbol{A}$. 因为 $\boldsymbol{A}^*\boldsymbol{A}=\boldsymbol{AA}^*=|\boldsymbol{A}|\boldsymbol{E}$，用 $\boldsymbol{A}^*$ 左乘上式的两端，并把 $|\boldsymbol{A}|=2$ 代入，有 $(2\boldsymbol{E}-\boldsymbol{A}^*)\boldsymbol{B}=6\boldsymbol{E}$，于是 $\boldsymbol{B}=6(2\boldsymbol{E}-\boldsymbol{A}^*)^{-1}$.

因为
$$2\boldsymbol{E}-\boldsymbol{A}^*=\begin{pmatrix}1&0&0&0\\0&1&0&0\\-1&0&1&0\\0&3&0&-6\end{pmatrix},$$

故
$$(2\boldsymbol{E}-\boldsymbol{A}^*)^{-1}=\begin{pmatrix}1&0&0&0\\0&1&0&0\\1&0&1&0\\0&1/2&0&-1/6\end{pmatrix},$$

因此
$$\boldsymbol{B}=\begin{pmatrix}6&0&0&0\\0&6&0&0\\6&0&6&0\\0&3&0&-1\end{pmatrix}.$$

27. (2002 年 4) 设 $\boldsymbol{A}$，$\boldsymbol{B}$ 为 n 阶矩阵，$\boldsymbol{A}^*$，$\boldsymbol{B}^*$ 分别为 $\boldsymbol{A}$，$\boldsymbol{B}$ 对应的伴随矩阵，分块矩阵 $\boldsymbol{C}=\begin{pmatrix}\boldsymbol{A}&\boldsymbol{O}\\\boldsymbol{O}&\boldsymbol{B}\end{pmatrix}$，则 $\boldsymbol{C}$ 的伴随矩阵 $\boldsymbol{C}^*=($　　$)$.

(A) $\begin{pmatrix}|\boldsymbol{A}|\boldsymbol{A}^*&\boldsymbol{O}\\\boldsymbol{O}&|\boldsymbol{B}|\boldsymbol{B}^*\end{pmatrix}$；　(B) $\begin{pmatrix}|\boldsymbol{B}|\boldsymbol{B}^*&\boldsymbol{O}\\\boldsymbol{O}&|\boldsymbol{A}|\boldsymbol{A}^*\end{pmatrix}$；

(C) $\begin{pmatrix}|\boldsymbol{A}|\boldsymbol{B}^*&\boldsymbol{O}\\\boldsymbol{O}&|\boldsymbol{B}|\boldsymbol{A}^*\end{pmatrix}$；　(D) $\begin{pmatrix}|\boldsymbol{B}|\boldsymbol{A}^*&\boldsymbol{O}\\\boldsymbol{O}&|\boldsymbol{A}|\boldsymbol{B}^*\end{pmatrix}$.

解 由
$$\boldsymbol{C}^*=|\boldsymbol{C}|\boldsymbol{C}^{-1}=\begin{vmatrix}\boldsymbol{A}&\boldsymbol{O}\\\boldsymbol{O}&\boldsymbol{B}\end{vmatrix}\begin{pmatrix}\boldsymbol{A}&\boldsymbol{O}\\\boldsymbol{O}&\boldsymbol{B}\end{pmatrix}^{-1}=|\boldsymbol{A}|\,|\boldsymbol{B}|\begin{pmatrix}\boldsymbol{A}^{-1}&\boldsymbol{O}\\\boldsymbol{O}&\boldsymbol{B}^{-1}\end{pmatrix}$$
$$=\begin{pmatrix}|\boldsymbol{A}|\,|\boldsymbol{B}|\boldsymbol{A}^{-1}&\boldsymbol{O}\\\boldsymbol{O}&|\boldsymbol{A}|\,|\boldsymbol{B}|\boldsymbol{B}^{-1}\end{pmatrix},$$
应选(D).

28. (2005 年 3) 设矩阵 $\boldsymbol{A}=(a_{ij})_{3\times3}$ 满足 $\boldsymbol{A}^*=\boldsymbol{A}^{\mathrm{T}}$，其中 $\boldsymbol{A}^*$ 为 $\boldsymbol{A}$ 的伴随矩阵，$\boldsymbol{A}^{\mathrm{T}}$ 为 $\boldsymbol{A}$ 的转置矩阵，若 a_{11}，a_{12}，a_{13} 为三个相等的正数，则 a_{11} 为(　　).

(A) $\sqrt{3}/3$；　(B) 3；　(C) 1/3；　(D) $\sqrt{3}$.

解 因为 $\boldsymbol{A}^*=\boldsymbol{A}^{\mathrm{T}}$，即

$$\begin{pmatrix} A_{11} & A_{21} & A_{31} \\ A_{12} & A_{22} & A_{32} \\ A_{13} & A_{23} & A_{33} \end{pmatrix} = \begin{pmatrix} a_{11} & a_{21} & a_{31} \\ a_{12} & a_{22} & a_{32} \\ a_{13} & a_{23} & a_{33} \end{pmatrix},$$

由此可知 $a_{ij}=A_{ij}$，$\forall i$，$j=1$，2，3，那么

$$|\boldsymbol{A}|=a_{11}A_{11}+a_{12}A_{12}+a_{13}A_{13}=a_{11}^2+a_{12}^2+a_{13}^2=3a_{11}^2>0.$$

又由 $\boldsymbol{A}^*=\boldsymbol{A}^{\mathrm{T}}$，两边取行列式并利用 $|\boldsymbol{A}^*|=|\boldsymbol{A}|^{n-1}$ 及 $|\boldsymbol{A}^{\mathrm{T}}|=|\boldsymbol{A}|$，得 $|\boldsymbol{A}|^2=|\boldsymbol{A}|$，从而 $|\boldsymbol{A}|=1$，即 $3a_{11}^2=1$，故 $a_{11}=\sqrt{3}/3$. 应选(A).

29.(1990 年 3)已知对于 n 阶方阵 $\boldsymbol{A}$，存在自然数 k，使得 $\boldsymbol{A}^k=\boldsymbol{O}$，试证明矩阵 $\boldsymbol{E}-\boldsymbol{A}$ 可逆，并写出其逆矩阵的表达式($\boldsymbol{E}$ 为 n 阶单位阵).

证 由于 $\boldsymbol{A}^k=\boldsymbol{O}$，故 $(\boldsymbol{E}-\boldsymbol{A})(\boldsymbol{E}+\boldsymbol{A}+\boldsymbol{A}^2+\cdots+\boldsymbol{A}^{k-1})=\boldsymbol{E}-\boldsymbol{A}^k=\boldsymbol{E}$，所以 $\boldsymbol{E}-\boldsymbol{A}$ 可逆，且 $(\boldsymbol{E}-\boldsymbol{A})^{-1}=\boldsymbol{E}+\boldsymbol{A}+\boldsymbol{A}^2+\cdots+\boldsymbol{A}^{k-1}$.

30.(1991 年 1)设四阶方阵 $\boldsymbol{A}=\begin{pmatrix} 5 & 2 & 0 & 0 \\ 2 & 1 & 0 & 0 \\ 0 & 0 & 1 & -2 \\ 0 & 0 & 1 & 1 \end{pmatrix}$，则 $\boldsymbol{A}$ 的逆矩阵 $\boldsymbol{A}^{-1}=$ ________.

解 由 $\begin{pmatrix} \boldsymbol{A} & \boldsymbol{O} \\ \boldsymbol{O} & \boldsymbol{B} \end{pmatrix}^{-1}=\begin{pmatrix} \boldsymbol{A}^{-1} & \boldsymbol{O} \\ \boldsymbol{O} & \boldsymbol{B}^{-1} \end{pmatrix}$，$\begin{pmatrix} \boldsymbol{O} & \boldsymbol{A} \\ \boldsymbol{B} & \boldsymbol{O} \end{pmatrix}^{-1}=\begin{pmatrix} \boldsymbol{O} & \boldsymbol{B}^{-1} \\ \boldsymbol{A}^{-1} & \boldsymbol{O} \end{pmatrix}$，根据二阶矩阵的伴随矩阵求逆法，得

$$\boldsymbol{A}^{-1}=\begin{pmatrix} 1 & -2 & 0 & 0 \\ -2 & 5 & 0 & 0 \\ 0 & 0 & 1/3 & 2/3 \\ 0 & 0 & -1/3 & 1/3 \end{pmatrix}.$$

注意：本题若用伴随矩阵法或行变换法就比较麻烦.

31.(1991 年 1)设 n 阶方阵 $\boldsymbol{A}$，$\boldsymbol{B}$，$\boldsymbol{C}$ 满足关系式 $\boldsymbol{ABC}=\boldsymbol{E}$，其中 $\boldsymbol{E}$ 是 n 阶单位阵，则必有(　　).

(A)$\boldsymbol{ACB}=\boldsymbol{E}$；　(B)$\boldsymbol{CBA}=\boldsymbol{E}$；　(C)$\boldsymbol{BAC}=\boldsymbol{E}$；　(D)$\boldsymbol{BCA}=\boldsymbol{E}$.

解 据行列式乘法公式，$|\boldsymbol{A}||\boldsymbol{B}||\boldsymbol{C}|=1$，知 $\boldsymbol{A}$，$\boldsymbol{B}$，$\boldsymbol{C}$ 均可逆. 对 $\boldsymbol{ABC}=\boldsymbol{E}$ 先左乘 $\boldsymbol{A}^{-1}$ 再右乘 $\boldsymbol{A}$，有 $\boldsymbol{BCA}=\boldsymbol{E}\Rightarrow\boldsymbol{BC}=\boldsymbol{A}^{-1}\Rightarrow\boldsymbol{BCA}=\boldsymbol{E}$. 应选(D). 类似地，由 $\boldsymbol{BCA}=\boldsymbol{E}\Rightarrow\boldsymbol{CAB}=\boldsymbol{E}$.

注意：若 n 阶矩阵 $\boldsymbol{ABCD}=\boldsymbol{E}$，则有 $\boldsymbol{ABCD}=\boldsymbol{BCDA}=\boldsymbol{CDAB}=\boldsymbol{DABC}=\boldsymbol{E}$.

32.(1991 年 3)设 $\boldsymbol{A}$ 和 $\boldsymbol{B}$ 为可逆矩阵，$\boldsymbol{X}=\begin{pmatrix} \boldsymbol{O} & \boldsymbol{A} \\ \boldsymbol{B} & \boldsymbol{O} \end{pmatrix}$ 为分块矩阵，则 $\boldsymbol{X}^{-1}=$ ________.

解 利用分块矩阵，按可逆定义有

$$\begin{pmatrix} \boldsymbol{O} & \boldsymbol{A} \\ \boldsymbol{B} & \boldsymbol{O} \end{pmatrix}\begin{pmatrix} \boldsymbol{X}_1 & \boldsymbol{X}_2 \\ \boldsymbol{X}_3 & \boldsymbol{X}_4 \end{pmatrix}=\begin{pmatrix} \boldsymbol{E} & \boldsymbol{O} \\ \boldsymbol{O} & \boldsymbol{E} \end{pmatrix},$$

即 $$\boldsymbol{AX}_3=\boldsymbol{E},\ \boldsymbol{AX}_4=\boldsymbol{O},\ \boldsymbol{BX}_1=\boldsymbol{O},\ \boldsymbol{BX}_2=\boldsymbol{E},$$

由 $\boldsymbol{A}$，$\boldsymbol{B}$ 均可逆知 $\boldsymbol{X}_3=\boldsymbol{A}^{-1}$，$\boldsymbol{X}_4=\boldsymbol{O}$，$\boldsymbol{X}_1=\boldsymbol{O}$，$\boldsymbol{X}_2=\boldsymbol{B}^{-1}$，故应填 $\begin{pmatrix} \boldsymbol{O} & \boldsymbol{B}^{-1} \\ \boldsymbol{A}^{-1} & \boldsymbol{O} \end{pmatrix}$.

33.(1992 年 4)设 $\boldsymbol{A}$，$\boldsymbol{B}$，$\boldsymbol{A}+\boldsymbol{B}$，$\boldsymbol{A}^{-1}+\boldsymbol{B}^{-1}$ 均为 n 阶可逆矩阵，则 $(\boldsymbol{A}^{-1}+\boldsymbol{B}^{-1})^{-1}=($ $)$.

(A)$\boldsymbol{A}^{-1}+\boldsymbol{B}^{-1}$； (B)$\boldsymbol{A}+\boldsymbol{B}$；

(C)$\boldsymbol{A}(\boldsymbol{A}+\boldsymbol{B})^{-1}\boldsymbol{B}$； (D)$(\boldsymbol{A}+\boldsymbol{B})^{-1}$.

解 因为 $\boldsymbol{A}$，$\boldsymbol{B}$，$\boldsymbol{A}+\boldsymbol{B}$ 均可逆，则有

$$\begin{aligned}(\boldsymbol{A}^{-1}+\boldsymbol{B}^{-1})^{-1}&=(\boldsymbol{EA}^{-1}+\boldsymbol{B}^{-1}\boldsymbol{E})^{-1}=(\boldsymbol{B}^{-1}\boldsymbol{BA}^{-1}+\boldsymbol{B}^{-1}\boldsymbol{AA}^{-1})^{-1}\\&=[\boldsymbol{B}^{-1}(\boldsymbol{B}+\boldsymbol{A})\boldsymbol{A}^{-1}]^{-1}=(\boldsymbol{A}^{-1})^{-1}(\boldsymbol{B}+\boldsymbol{A})^{-1}(\boldsymbol{B}^{-1})^{-1}\\&=\boldsymbol{A}(\boldsymbol{A}+\boldsymbol{B})^{-1}\boldsymbol{B},\end{aligned}$$

故应选(C).

注意：一般情况下 $(\boldsymbol{A}+\boldsymbol{B})^{-1}\neq\boldsymbol{A}^{-1}+\boldsymbol{B}^{-1}$，不要与转置的性质相混淆.

34.(1994 年 3，4)设 $\boldsymbol{A}=\begin{pmatrix} 0 & a_1 & 0 & \cdots & 0 \\ 0 & 0 & a_2 & \cdots & 0 \\ \vdots & \vdots & \vdots & & \vdots \\ 0 & 0 & 0 & \cdots & a_{n-1} \\ a_n & 0 & 0 & \cdots & 0 \end{pmatrix}$，其中 $a_i\neq0$，$i=1$，2，$\cdots$，n，则 $\boldsymbol{A}^{-1}=$________.

解 由于 $\begin{pmatrix} \boldsymbol{O} & \boldsymbol{A} \\ \boldsymbol{B} & \boldsymbol{O} \end{pmatrix}^{-1}=\begin{pmatrix} \boldsymbol{O} & \boldsymbol{B}^{-1} \\ \boldsymbol{A}^{-1} & \boldsymbol{O} \end{pmatrix}$，且

$$\begin{pmatrix} a_1 & & & \\ & a_2 & & \\ & & \ddots & \\ & & & a_{n-1} \end{pmatrix}^{-1}=\begin{pmatrix} 1/a_1 & & & \\ & 1/a_2 & & \\ & & \ddots & \\ & & & 1/a_{n-1} \end{pmatrix},$$

本题对 $\boldsymbol{A}$ 分块后可知

$$\boldsymbol{A}^{-1}=\begin{pmatrix} 0 & 0 & \cdots & 0 & 1/a_n \\ 1/a_1 & 0 & \cdots & 0 & 0 \\ 0 & 1/a_2 & \cdots & 0 & 0 \\ \vdots & \vdots & & \vdots & \vdots \\ 0 & 0 & \cdots & 1/a_{n-1} & 0 \end{pmatrix}.$$

35.(1996 年 1)设 $\boldsymbol{A}=\boldsymbol{E}-\boldsymbol{\xi}\boldsymbol{\xi}^{\mathrm{T}}$，其中 $\boldsymbol{E}$ 为 n 阶单位矩阵，$\boldsymbol{\xi}$ 是 n 维非零列向量，$\boldsymbol{\xi}^{\mathrm{T}}$ 是 $\boldsymbol{\xi}$ 的转置矩阵，证明：(1)$\boldsymbol{A}^2=\boldsymbol{A}$ 的充要条件是 $\boldsymbol{\xi}^{\mathrm{T}}\boldsymbol{\xi}=1$；(2)当 $\boldsymbol{\xi}^{\mathrm{T}}\boldsymbol{\xi}=1$ 时，$\boldsymbol{A}$ 是不可逆矩阵．

证 (1)
$$\begin{aligned}\boldsymbol{A}^2&=(\boldsymbol{E}-\boldsymbol{\xi}\boldsymbol{\xi}^{\mathrm{T}})(\boldsymbol{E}-\boldsymbol{\xi}\boldsymbol{\xi}^{\mathrm{T}})=\boldsymbol{E}-2\boldsymbol{\xi}\boldsymbol{\xi}^{\mathrm{T}}+\boldsymbol{\xi}\boldsymbol{\xi}^{\mathrm{T}}\boldsymbol{\xi}\boldsymbol{\xi}^{\mathrm{T}}\\&=\boldsymbol{E}-\boldsymbol{\xi}\boldsymbol{\xi}^{\mathrm{T}}+\boldsymbol{\xi}(\boldsymbol{\xi}^{\mathrm{T}}\boldsymbol{\xi})\boldsymbol{\xi}^{\mathrm{T}}-\boldsymbol{\xi}\boldsymbol{\xi}^{\mathrm{T}}=\boldsymbol{A}+(\boldsymbol{\xi}^{\mathrm{T}}\boldsymbol{\xi})\boldsymbol{\xi}\boldsymbol{\xi}^{\mathrm{T}}-\boldsymbol{\xi}\boldsymbol{\xi}^{\mathrm{T}},\end{aligned}$$
故
$$\boldsymbol{A}^2=\boldsymbol{A}\Leftrightarrow(\boldsymbol{\xi}^{\mathrm{T}}\boldsymbol{\xi}-1)\boldsymbol{\xi}\boldsymbol{\xi}^{\mathrm{T}}=\boldsymbol{O}.$$

因为 $\boldsymbol{\xi}$ 是非零列向量，$\boldsymbol{\xi}\boldsymbol{\xi}^{\mathrm{T}}\neq\boldsymbol{O}$，故 $\boldsymbol{A}^2=\boldsymbol{A}\Leftrightarrow\boldsymbol{\xi}^{\mathrm{T}}\boldsymbol{\xi}-1=0$，即 $\boldsymbol{\xi}^{\mathrm{T}}\boldsymbol{\xi}=1$.

(2)反证法．当 $\boldsymbol{\xi}^{\mathrm{T}}\boldsymbol{\xi}=1$ 时，由(1)知 $\boldsymbol{A}^2=\boldsymbol{A}$，若 $\boldsymbol{A}$ 可逆，则 $\boldsymbol{A}=\boldsymbol{A}^{-1}\boldsymbol{A}^2=\boldsymbol{A}^{-1}\boldsymbol{A}=\boldsymbol{E}$. 与已知 $\boldsymbol{A}=\boldsymbol{E}-\boldsymbol{\xi}\boldsymbol{\xi}^{\mathrm{T}}\neq\boldsymbol{E}$ 矛盾．

36.(1997 年 3，4)设 $\boldsymbol{A}$ 为 n 阶非奇异矩阵，$\boldsymbol{\alpha}$ 为 n 维列向量，b 为常数，记分块矩阵
$$\boldsymbol{P}=\begin{pmatrix}\boldsymbol{E}&\boldsymbol{0}\\-\boldsymbol{\alpha}^{\mathrm{T}}\boldsymbol{A}^*&|\boldsymbol{A}|\end{pmatrix},\ \boldsymbol{Q}=\begin{pmatrix}\boldsymbol{A}&\boldsymbol{\alpha}\\\boldsymbol{\alpha}^{\mathrm{T}}&b\end{pmatrix},$$
其中 $\boldsymbol{A}^*$ 是矩阵 $\boldsymbol{A}$ 的伴随矩阵，$\boldsymbol{E}$ 为 n 阶单位矩阵．

(1)计算并化简 $\boldsymbol{PQ}$；

(2)证明矩阵 $\boldsymbol{Q}$ 可逆的充分必要条件是 $\boldsymbol{\alpha}^{\mathrm{T}}\boldsymbol{A}^{-1}\boldsymbol{\alpha}\neq b$.

解 (1)由 $\boldsymbol{A}\boldsymbol{A}^*=\boldsymbol{A}^*\boldsymbol{A}=|\boldsymbol{A}|\boldsymbol{E}$ 及 $\boldsymbol{A}^*=|\boldsymbol{A}|\boldsymbol{A}^{-1}$，有
$$\begin{aligned}\boldsymbol{PQ}&=\begin{pmatrix}\boldsymbol{E}&\boldsymbol{0}\\-\boldsymbol{\alpha}^{\mathrm{T}}\boldsymbol{A}^*&|\boldsymbol{A}|\end{pmatrix}\begin{pmatrix}\boldsymbol{A}&\boldsymbol{\alpha}\\\boldsymbol{\alpha}^{\mathrm{T}}&b\end{pmatrix}\\&=\begin{pmatrix}\boldsymbol{A}&\boldsymbol{\alpha}\\-\boldsymbol{\alpha}^{\mathrm{T}}\boldsymbol{A}^*\boldsymbol{A}+|\boldsymbol{A}|\boldsymbol{\alpha}^{\mathrm{T}}&-\boldsymbol{\alpha}^{\mathrm{T}}\boldsymbol{A}^*\boldsymbol{\alpha}+b|\boldsymbol{A}|\end{pmatrix}\\&=\begin{pmatrix}\boldsymbol{A}&\boldsymbol{\alpha}\\\boldsymbol{0}&|\boldsymbol{A}|(b-\boldsymbol{\alpha}^{\mathrm{T}}\boldsymbol{A}^{-1}\boldsymbol{\alpha})\end{pmatrix}.\end{aligned}$$

(2)用行列式拉普拉斯展开公式及行列式乘法公式，有
$$|\boldsymbol{P}|=\begin{vmatrix}\boldsymbol{E}&\boldsymbol{0}\\-\boldsymbol{\alpha}^{\mathrm{T}}\boldsymbol{A}^*&|\boldsymbol{A}|\end{vmatrix}=|\boldsymbol{A}|,$$
$$|\boldsymbol{P}||\boldsymbol{Q}|=|\boldsymbol{PQ}|=\begin{vmatrix}\boldsymbol{A}&\boldsymbol{\alpha}\\\boldsymbol{0}&|\boldsymbol{A}|(b-\boldsymbol{\alpha}^{\mathrm{T}}\boldsymbol{A}^{-1}\boldsymbol{\alpha})\end{vmatrix}=|\boldsymbol{A}|^2(b-\boldsymbol{\alpha}^{\mathrm{T}}\boldsymbol{A}^{-1}\boldsymbol{\alpha}).$$
又因 $\boldsymbol{A}$ 可逆，$|\boldsymbol{A}|\neq0$，故 $|\boldsymbol{Q}|=|\boldsymbol{A}|(b-\boldsymbol{\alpha}^{\mathrm{T}}\boldsymbol{A}^{-1}\boldsymbol{\alpha})$. 由此可知，$\boldsymbol{Q}$ 可逆的充分必要条件是 $b-\boldsymbol{\alpha}^{\mathrm{T}}\boldsymbol{A}^{-1}\boldsymbol{\alpha}\neq0$，即 $\boldsymbol{\alpha}^{\mathrm{T}}\boldsymbol{A}^{-1}\boldsymbol{\alpha}\neq b$.

37.(2000 年 2)设 $\boldsymbol{A}=\begin{pmatrix}1&0&0&0\\-2&3&0&0\\0&-4&5&0\\0&0&-6&7\end{pmatrix}$，$\boldsymbol{E}$ 为四阶单位矩阵，且 $\boldsymbol{B}=$

$(\boldsymbol{E}+\boldsymbol{A})^{-1}(\boldsymbol{E}-\boldsymbol{A})$，则$(\boldsymbol{E}+\boldsymbol{B})^{-1}=$________.

解　虽可以由 $\boldsymbol{A}$ 先求出$(\boldsymbol{E}+\boldsymbol{A})^{-1}$，再作矩阵乘法求出 $\boldsymbol{B}$，最后通过求逆得到$(\boldsymbol{E}+\boldsymbol{B})^{-1}$. 但这种方法计算量太大. 若用单位矩阵恒等变形的技巧，我们有

$$\begin{aligned}\boldsymbol{B}+\boldsymbol{E}&=(\boldsymbol{E}+\boldsymbol{A})^{-1}(\boldsymbol{E}-\boldsymbol{A})+\boldsymbol{E}=(\boldsymbol{E}+\boldsymbol{A})^{-1}[(\boldsymbol{E}-\boldsymbol{A})+(\boldsymbol{E}+\boldsymbol{A})]\\&=2(\boldsymbol{E}+\boldsymbol{A})^{-1},\end{aligned}$$

所以　$$(\boldsymbol{E}+\boldsymbol{B})^{-1}=[2(\boldsymbol{E}+\boldsymbol{A})^{-1}]^{-1}=\frac{1}{2}(\boldsymbol{E}+\boldsymbol{A})=\begin{pmatrix}1&0&0&0\\-1&2&0&0\\0&-2&3&0\\0&0&-3&4\end{pmatrix},$$

或者由 $\boldsymbol{B}=(\boldsymbol{E}+\boldsymbol{A})^{-1}(\boldsymbol{E}-\boldsymbol{A})$，左乘 $\boldsymbol{E}+\boldsymbol{A}$，得

$$(\boldsymbol{E}+\boldsymbol{A})\boldsymbol{B}=\boldsymbol{E}-\boldsymbol{A}\Rightarrow(\boldsymbol{E}+\boldsymbol{A})\boldsymbol{B}+(\boldsymbol{E}+\boldsymbol{A})=\boldsymbol{E}-\boldsymbol{A}+\boldsymbol{E}+\boldsymbol{A}=2\boldsymbol{E},$$

即有　$$(\boldsymbol{E}+\boldsymbol{A})(\boldsymbol{E}+\boldsymbol{B})=2\boldsymbol{E}.$$

38.(2001 年 1)设矩阵 $\boldsymbol{A}$ 满足 $\boldsymbol{A}^2+\boldsymbol{A}-4\boldsymbol{E}=\boldsymbol{O}$，其中 $\boldsymbol{E}$ 为单位矩阵，则$(\boldsymbol{A}-\boldsymbol{E})^{-1}=$________.

解　因为$(\boldsymbol{A}-\boldsymbol{E})(\boldsymbol{A}+2\boldsymbol{E})-2\boldsymbol{E}=\boldsymbol{A}^2+\boldsymbol{A}-4\boldsymbol{E}=\boldsymbol{O}$，故$(\boldsymbol{A}-\boldsymbol{E})(\boldsymbol{A}+2\boldsymbol{E})=2\boldsymbol{E}$，即$(\boldsymbol{A}-\boldsymbol{E})\cdot\dfrac{\boldsymbol{A}+2\boldsymbol{E}}{2}=\boldsymbol{E}$，按定义知$(\boldsymbol{A}-\boldsymbol{E})^{-1}=(\boldsymbol{A}+2\boldsymbol{E})/2$.

39.(2002 年 4)设矩阵 $\boldsymbol{A}=\begin{pmatrix}1&-1\\2&3\end{pmatrix}$，$\boldsymbol{B}=\boldsymbol{A}^2-3\boldsymbol{A}+2\boldsymbol{E}$，则 $\boldsymbol{B}^{-1}=$______.

解　因为 $\boldsymbol{B}=(\boldsymbol{A}-2\boldsymbol{E})(\boldsymbol{A}-\boldsymbol{E})$，故 $\boldsymbol{B}^{-1}=(\boldsymbol{A}-\boldsymbol{E})^{-1}(\boldsymbol{A}-2\boldsymbol{E})^{-1}$，故应求出$(\boldsymbol{A}-\boldsymbol{E})^{-1}$，$(\boldsymbol{A}-2\boldsymbol{E})^{-1}$.

而　$$(\boldsymbol{A}-\boldsymbol{E})^{-1}=\begin{pmatrix}0&-1\\2&2\end{pmatrix}^{-1}=\frac{1}{2}\begin{pmatrix}2&1\\-2&0\end{pmatrix},$$

$$(\boldsymbol{A}-2\boldsymbol{E})^{-1}=\begin{pmatrix}-1&-1\\2&1\end{pmatrix}^{-1}=\begin{pmatrix}1&1\\-2&-1\end{pmatrix},$$

所以　$$\boldsymbol{B}^{-1}=\frac{1}{2}\begin{pmatrix}2&1\\-2&0\end{pmatrix}\begin{pmatrix}1&1\\-2&-1\end{pmatrix}=\begin{pmatrix}0&1/2\\-1&-1\end{pmatrix}.$$

40.(2003 年 4)设 $\boldsymbol{A}$，$\boldsymbol{B}$ 均为三阶矩阵，$\boldsymbol{E}$ 是三阶单位矩阵，已知 $\boldsymbol{AB}=2\boldsymbol{A}+\boldsymbol{B}$，$\boldsymbol{B}=\begin{pmatrix}2&0&2\\0&4&0\\2&0&2\end{pmatrix}$，则$(\boldsymbol{A}-\boldsymbol{E})^{-1}=$______.

解　由已知，有 $\boldsymbol{AB}-\boldsymbol{B}-2\boldsymbol{A}+2\boldsymbol{E}=2\boldsymbol{E}$，即$(\boldsymbol{A}-\boldsymbol{E})(\boldsymbol{B}-2\boldsymbol{E})=2\boldsymbol{E}$，按可逆定义知$(\boldsymbol{A}-\boldsymbol{E})^{-1}=(\boldsymbol{B}-2\boldsymbol{E})/2$，故应填$\begin{pmatrix}0&0&1\\0&1&0\\1&0&0\end{pmatrix}$.

41.(2003 年 3，4)设 n 维向量 $\boldsymbol{\alpha}=(a, 0, \cdots, 0, a)^{\mathrm{T}}$，$a<0$，$\boldsymbol{E}$ 是 n 阶单位矩阵，$\boldsymbol{A}=\boldsymbol{E}-\boldsymbol{\alpha}\boldsymbol{\alpha}^{\mathrm{T}}$，$\boldsymbol{B}=\boldsymbol{E}+\frac{1}{a}\boldsymbol{\alpha}\boldsymbol{\alpha}^{\mathrm{T}}$，其中 $\boldsymbol{A}$ 的逆矩阵为 $\boldsymbol{B}$，则 $a=$ ________.

解 按可逆定义，有 $\boldsymbol{AB}=\boldsymbol{E}$，即

$$(\boldsymbol{E}-\boldsymbol{\alpha}\boldsymbol{\alpha}^{\mathrm{T}})\left(\boldsymbol{E}+\frac{1}{a}\boldsymbol{\alpha}\boldsymbol{\alpha}^{\mathrm{T}}\right)=\boldsymbol{E}+\frac{1}{a}\boldsymbol{\alpha}\boldsymbol{\alpha}^{\mathrm{T}}-\boldsymbol{\alpha}\boldsymbol{\alpha}^{\mathrm{T}}-\frac{1}{a}\boldsymbol{\alpha}\boldsymbol{\alpha}^{\mathrm{T}}\boldsymbol{\alpha}\boldsymbol{\alpha}^{\mathrm{T}}.$$

由于 $\boldsymbol{\alpha}^{\mathrm{T}}\boldsymbol{\alpha}=2a^2$，而 $\boldsymbol{\alpha}\boldsymbol{\alpha}^{\mathrm{T}}$ 是秩为 1 的矩阵，故

$$\boldsymbol{AB}=\boldsymbol{E}\Leftrightarrow\left(\frac{1}{a}-1-2a\right)\boldsymbol{\alpha}\boldsymbol{\alpha}^{\mathrm{T}}=\boldsymbol{O}\Leftrightarrow\frac{1}{a}-1-2a=0\Rightarrow a=\frac{1}{2},\ a=-1,$$

已知 $a<0$，故应填-1，

42.(1995 年 1)设 $\boldsymbol{A}=\begin{pmatrix}a_{11}&a_{12}&a_{13}\\a_{21}&a_{22}&a_{23}\\a_{31}&a_{32}&a_{33}\end{pmatrix}$，$\boldsymbol{B}=\begin{pmatrix}a_{21}&a_{22}&a_{23}\\a_{11}&a_{12}&a_{13}\\a_{31}+a_{11}&a_{32}+a_{12}&a_{33}+a_{13}\end{pmatrix}$，

$\boldsymbol{P}_1=\begin{pmatrix}0&1&0\\1&0&0\\0&0&1\end{pmatrix}$，$\boldsymbol{P}_2=\begin{pmatrix}1&0&0\\0&1&0\\1&0&1\end{pmatrix}$，则必有(　　).

(A)$\boldsymbol{AP}_1\boldsymbol{P}_2=\boldsymbol{B}$;　　(B)$\boldsymbol{AP}_2\boldsymbol{P}_1=\boldsymbol{B}$;

(C)$\boldsymbol{P}_1\boldsymbol{P}_2\boldsymbol{A}=\boldsymbol{B}$;　　(D)$\boldsymbol{P}_2\boldsymbol{P}_1\boldsymbol{A}=\boldsymbol{B}$.

解 $\boldsymbol{A}$ 经过两次初等行变换得到 $\boldsymbol{B}$，根据初等矩阵的性质，左乘初等矩阵为行变换，右乘初等矩阵为列变换，故排除(A)、(B).

$\boldsymbol{P}_1\boldsymbol{P}_2\boldsymbol{A}$ 表示把 $\boldsymbol{A}$ 的第 1 行加到第 3 行后再 1，2 两行互换. 这正是矩阵 $\boldsymbol{B}$，所以应选(C).

而 $\boldsymbol{P}_2\boldsymbol{P}_1\boldsymbol{A}$ 表示把 $\boldsymbol{A}$ 的 1，2 两行互换后再把第 1 行加到第 3 行，那么这时的矩阵是

$$\begin{pmatrix}a_{21}&a_{22}&a_{23}\\a_{11}&a_{12}&a_{13}\\a_{31}+a_{21}&a_{32}+a_{22}&a_{33}+a_{23}\end{pmatrix},$$

不等于矩阵 $\boldsymbol{B}$，故(D)不正确.

43.(2001 年 3，4)设 $\boldsymbol{A}=\begin{pmatrix}a_{11}&a_{12}&a_{13}&a_{14}\\a_{21}&a_{22}&a_{23}&a_{24}\\a_{31}&a_{32}&a_{33}&a_{34}\\a_{41}&a_{42}&a_{43}&a_{44}\end{pmatrix}$，$\boldsymbol{B}=\begin{pmatrix}a_{14}&a_{13}&a_{12}&a_{11}\\a_{24}&a_{23}&a_{22}&a_{21}\\a_{34}&a_{33}&a_{32}&a_{31}\\a_{44}&a_{43}&a_{42}&a_{41}\end{pmatrix}$，

$$P_1=\begin{pmatrix}0&0&0&1\\0&1&0&0\\0&0&1&0\\1&0&0&0\end{pmatrix},\ P_2=\begin{pmatrix}1&0&0&0\\0&0&1&0\\0&1&0&0\\0&0&0&1\end{pmatrix}$$，其中 $\boldsymbol{A}$ 可逆，则 $\boldsymbol{B}^{-1}=$(　　).

(A)$\boldsymbol{A}^{-1}\boldsymbol{P}_1\boldsymbol{P}_2$；　　(B)$\boldsymbol{P}_1\boldsymbol{A}^{-1}\boldsymbol{P}_2$；

(C)$\boldsymbol{P}_1\boldsymbol{P}_2\boldsymbol{A}^{-1}$；　　(D)$\boldsymbol{P}_2\boldsymbol{A}^{-1}\boldsymbol{P}_1$.

解　把矩阵 $\boldsymbol{A}$ 的 1，4 两列对换，2，3 两列对换即得到矩阵 $\boldsymbol{B}$. 根据初等矩阵的性质，有 $\boldsymbol{B}=\boldsymbol{A}\boldsymbol{P}_1\boldsymbol{P}_2$ 或 $\boldsymbol{B}=\boldsymbol{A}\boldsymbol{P}_2\boldsymbol{P}_1$，故 $\boldsymbol{B}^{-1}=(\boldsymbol{A}\boldsymbol{P}_2\boldsymbol{P}_1)^{-1}=\boldsymbol{P}_1^{-1}\boldsymbol{P}_2^{-1}\boldsymbol{A}^{-1}=\boldsymbol{P}_1\boldsymbol{P}_2\boldsymbol{A}^{-1}$，所以应选(C).

44.(2004 年 1，2)设 $\boldsymbol{A}$ 是三阶方阵，将 $\boldsymbol{A}$ 的第 1 列与第 2 列交换得 $\boldsymbol{B}$，再把 $\boldsymbol{B}$ 的第 2 列加到第 3 列得 $\boldsymbol{C}$，则满足 $\boldsymbol{AQ}=\boldsymbol{C}$ 的可逆矩阵 $\boldsymbol{Q}$ 为(　　).

(A)$\begin{pmatrix}0&1&0\\1&0&0\\1&0&1\end{pmatrix}$；　　(B)$\begin{pmatrix}0&1&0\\1&0&1\\0&0&1\end{pmatrix}$；

(C)$\begin{pmatrix}0&1&0\\1&0&0\\0&1&1\end{pmatrix}$；　　(D)$\begin{pmatrix}0&1&1\\1&0&0\\0&0&1\end{pmatrix}$.

解　用初等矩阵描述，有

$$\boldsymbol{A}\begin{pmatrix}0&1&0\\1&0&0\\0&0&1\end{pmatrix}=\boldsymbol{B},\ \boldsymbol{B}\begin{pmatrix}1&0&0\\0&1&1\\0&0&1\end{pmatrix}=\boldsymbol{C},$$

故
$$\boldsymbol{A}\begin{pmatrix}0&1&0\\1&0&0\\0&0&1\end{pmatrix}\begin{pmatrix}1&0&0\\0&1&1\\0&0&1\end{pmatrix}=\boldsymbol{C},$$

从而
$$\boldsymbol{Q}=\begin{pmatrix}0&1&0\\1&0&0\\0&0&1\end{pmatrix}\begin{pmatrix}1&0&0\\0&1&1\\0&0&1\end{pmatrix}=\begin{pmatrix}0&1&1\\1&0&0\\0&0&1\end{pmatrix},$$

所以应选(D).

45.(2004 年 3，4)设 n 阶矩阵 $\boldsymbol{A}$ 与 $\boldsymbol{B}$ 等价，则必有(　　).

(A)当 $|\boldsymbol{A}|=a(a\neq0)$ 时，$|\boldsymbol{B}|=a$；　(B)当 $|\boldsymbol{A}|=a(a\neq0)$ 时，$|\boldsymbol{B}|=-a$；

(C)当 $|\boldsymbol{A}|\neq0$ 时，$|\boldsymbol{B}|=0$；　(D)当 $|\boldsymbol{A}|=0$ 时，$|\boldsymbol{B}|=0$.

解　矩阵 $\boldsymbol{A}$ 与 $\boldsymbol{B}$ 等价，即 $\boldsymbol{A}$ 经初等变换得到 $\boldsymbol{B}$. $\boldsymbol{A}$ 与 $\boldsymbol{B}$ 等价的充分必要条件是 $\boldsymbol{A}$ 与 $\boldsymbol{B}$ 有相同的秩. 矩阵经过初等变换其行列式的值不一定相等，例如，假若把矩阵 $\boldsymbol{A}$ 的第 1 行乘以 6 可得到 $\boldsymbol{B}$，那么 $\boldsymbol{A}$ 与 $\boldsymbol{B}$ 等价，而当 $|\boldsymbol{A}|=a$ 时，

$|\boldsymbol{B}|=6a$，故(A)、(B)均不正确.

当$|\boldsymbol{A}|\neq 0$时，$r(\boldsymbol{A})=n$，而$|\boldsymbol{B}|=0\Rightarrow r(\boldsymbol{B})<n$，因此(C)不正确.

当$|\boldsymbol{A}|=0$时，$r(\boldsymbol{A})<n$，故$r(\boldsymbol{B})<n$，因而$|\boldsymbol{B}|=0$，即(D)正确，应选(D).

46.(2005年1，2)设$\boldsymbol{A}$为$n(n\geqslant 2)$阶可逆矩阵，交换$\boldsymbol{A}$的第1行与第2行得矩阵$\boldsymbol{B}$，$\boldsymbol{A}^*$，$\boldsymbol{B}^*$分别为$\boldsymbol{A}$，$\boldsymbol{B}$的伴随矩阵，则(　　).

(A)交换$\boldsymbol{A}^*$的第1列与第2列得$\boldsymbol{B}^*$；

(B)交换$\boldsymbol{A}^*$的第1行与第2行得$\boldsymbol{B}^*$；

(C)交换$\boldsymbol{A}^*$的第1列与第2列得$-\boldsymbol{B}^*$；

(D)交换$\boldsymbol{A}^*$的第1行与第2行得$-\boldsymbol{B}^*$.

解　以$\boldsymbol{A}$为三阶矩阵为例．因为$\boldsymbol{A}$作初等行变换得到$\boldsymbol{B}$，所以用相应的初等矩阵左乘$\boldsymbol{A}$得到$\boldsymbol{B}$，即$\begin{pmatrix}0&1&0\\1&0&0\\0&0&1\end{pmatrix}\boldsymbol{A}=\boldsymbol{B}$，于是

$$\boldsymbol{B}^{-1}=\boldsymbol{A}^{-1}\begin{pmatrix}0&1&0\\1&0&0\\0&0&1\end{pmatrix}^{-1}=\boldsymbol{A}^{-1}\begin{pmatrix}0&1&0\\1&0&0\\0&0&1\end{pmatrix},$$

从而

$$\frac{\boldsymbol{B}^*}{|\boldsymbol{B}|}=\frac{\boldsymbol{A}^*}{|\boldsymbol{A}|}\begin{pmatrix}0&1&0\\1&0&0\\0&0&1\end{pmatrix}.$$

又因$|\boldsymbol{A}|=-|\boldsymbol{B}|$，故

$$\boldsymbol{A}^*\begin{pmatrix}0&1&0\\1&0&0\\0&0&1\end{pmatrix}=-\boldsymbol{B}^*,$$

所以应选(C).

47.(1989年3，4)已知$\boldsymbol{X}=\boldsymbol{A}\boldsymbol{X}+\boldsymbol{B}$，求矩阵$\boldsymbol{X}$，其中

$$\boldsymbol{A}=\begin{pmatrix}0&1&0\\-1&1&1\\-1&0&-1\end{pmatrix},\ \boldsymbol{B}=\begin{pmatrix}1&-1\\2&0\\5&-3\end{pmatrix}.$$

解　由$\boldsymbol{X}=\boldsymbol{A}\boldsymbol{X}+\boldsymbol{B}$，得$(\boldsymbol{E}-\boldsymbol{A})\boldsymbol{X}=\boldsymbol{B}$. 因为

$$(\boldsymbol{E}-\boldsymbol{A})^{-1}=\begin{pmatrix}1&-1&0\\1&0&-1\\1&0&2\end{pmatrix}^{-1}=\frac{1}{3}\begin{pmatrix}0&2&1\\-3&2&1\\0&-1&1\end{pmatrix},$$

所以 $$X=(E-A)^{-1}B=\frac{1}{3}\begin{pmatrix}0&2&1\\-3&2&1\\0&-1&1\end{pmatrix}\begin{pmatrix}1&-1\\2&0\\5&-3\end{pmatrix}=\begin{pmatrix}3&-1\\2&0\\1&-1\end{pmatrix}.$$

48.(1990 年 1)设四阶矩阵

$$B=\begin{pmatrix}1&-1&0&0\\0&1&-1&0\\0&0&1&-1\\0&0&0&1\end{pmatrix},\ C=\begin{pmatrix}2&1&3&4\\0&2&1&3\\0&0&2&1\\0&0&0&2\end{pmatrix},$$

且矩阵 A 满足关系式 $A(E-C^{-1}B)^{T}C^{T}=E$，其中 E 为四阶单位矩阵，C^{-1} 是 C 的逆矩阵，C^{T} 表示 C 的转置矩阵，将上述关系式化简并求矩阵 A.

解　由 $(AB)^{T}=B^{T}A^{T}$，知 $(E-C^{-1}B)^{T}C^{T}=[C(E-C^{-1}B)]^{T}=(C-B)^{T}$；

由 $A(C-B)^{T}=E$，知 $A=[(C-B)^{T}]^{-1}=[(C-B)^{-1}]^{T}$.

由 $$C-B=\begin{pmatrix}1&2&3&4\\0&1&2&3\\0&0&1&2\\0&0&0&1\end{pmatrix},$$

得 $$(C-B)^{-1}=\begin{pmatrix}1&-2&1&0\\0&1&-2&1\\0&0&1&-2\\0&0&0&1\end{pmatrix},$$

故 $$A=\begin{pmatrix}1&0&0&0\\-2&1&0&0\\1&-2&1&0\\0&1&-2&1\end{pmatrix}.$$

49.(1991 年 4)设 n 阶矩阵 A 和 B 满足条件 $A+B=AB$，

(1)证明 $A-E$ 为可逆矩阵，其中 E 为 n 阶单位矩阵；

(2)已知 $B=\begin{pmatrix}1&-3&0\\2&1&0\\0&0&2\end{pmatrix}$，求矩阵 A.

解　由 $A+B=AB$，有 $AB-A-B+E=(A-E)(B-E)=E$，所以 $A-E$ 可逆，且 $(B-E)^{-1}=A-E$，即 $A=E+(B-E)^{-1}$.

由于 $$(B-E)^{-1}=\begin{pmatrix}0&-3&0\\2&0&0\\0&0&1\end{pmatrix}^{-1}=\begin{pmatrix}0&1/2&0\\-1/3&0&0\\0&0&1\end{pmatrix},$$

故
$$A=\begin{pmatrix}1 & 1/2 & 0\\ -1/3 & 1 & 0\\ 0 & 0 & 2\end{pmatrix}.$$

50.(1992 年 1)设 A，B 为三阶矩阵，满足 $AB+E=A^2+B$，E 为三阶单位阵，又知 $A=\begin{pmatrix}1 & 0 & 1\\ 0 & 2 & 0\\ -1 & 0 & 1\end{pmatrix}$，求矩阵 B.

解　由条件得 $(A-E)B=A^2-E=(A-E)(A+E)$.

又 $A-E=\begin{pmatrix}0 & 0 & 1\\ 0 & 1 & 0\\ -1 & 0 & 0\end{pmatrix}$ 可逆，左乘 $(A-E)^{-1}$，得
$$B=A+E=\begin{pmatrix}2 & 0 & 1\\ 0 & 3 & 0\\ -1 & 0 & 2\end{pmatrix}.$$

注意：矩阵乘法没有交换律，通常 $A^2-B^2\neq(A+B)(A-B)$. 但对于 A^2-E 却有
$$A^2-E=(A+E)(A-E)=(A-E)(A+E).$$

51.(1992 年 4)设矩阵 $A=\begin{pmatrix}1 & 0 & 1\\ 0 & 2 & 0\\ 1 & 0 & 1\end{pmatrix}$，矩阵 X 满足 $AX+E=A^2+X$，其中 E 为三阶单位矩阵，试求出矩阵 X.

解　由 $AX+E=A^2+X$，得 $AX-X=A^2-E$，即
$$(A-E)X=(A-E)(A+E).$$

由 $A-E=\begin{pmatrix}0 & 0 & 1\\ 0 & 1 & 0\\ 1 & 0 & 0\end{pmatrix}$，知 $|A-E|\neq 0$，$A-E$ 可逆，故
$$X=A+E=\begin{pmatrix}2 & 0 & 1\\ 0 & 3 & 0\\ 1 & 0 & 2\end{pmatrix}.$$

52.(1995 年 1)设三阶方阵 A，B 满足关系式 $A^{-1}BA=6A+BA$，且
$$A=\begin{pmatrix}1/3 & 0 & 0\\ 0 & 1/4 & 0\\ 0 & 0 & 1/7\end{pmatrix},$$
则 $B=$________.

解　矩阵方程右乘 $\boldsymbol{A}^{-1}$，得 $\boldsymbol{A}^{-1}\boldsymbol{B}=6\boldsymbol{E}+\boldsymbol{B}$，即 $(\boldsymbol{A}^{-1}-\boldsymbol{E})\boldsymbol{B}=6\boldsymbol{E}$. 由于 $\boldsymbol{A}$ 是对角矩阵，

$$\boldsymbol{A}^{-1}=\begin{pmatrix}1/3&&\\&1/4&\\&&1/7\end{pmatrix}^{-1}=\begin{pmatrix}3&&\\&4&\\&&7\end{pmatrix},$$

从而
$$\boldsymbol{A}^{-1}-\boldsymbol{E}=\begin{pmatrix}2&&\\&3&\\&&6\end{pmatrix},$$

故
$$\boldsymbol{B}=6\begin{pmatrix}2&&\\&3&\\&&6\end{pmatrix}^{-1}=6\begin{pmatrix}1/2&&\\&1/3&\\&&1/6\end{pmatrix}=\begin{pmatrix}3&&\\&2&\\&&1\end{pmatrix}.$$

53.(1997 年 2)已知 $\boldsymbol{A}=\begin{pmatrix}1&1&-1\\0&1&1\\0&0&-1\end{pmatrix}$，且 $\boldsymbol{A}^2-\boldsymbol{AB}=\boldsymbol{E}$，求矩阵 $\boldsymbol{B}$.

解　由条件得 $\boldsymbol{AB}=\boldsymbol{A}^2-\boldsymbol{E}$. 因 $|\boldsymbol{A}|=-1$，故 $\boldsymbol{A}$ 可逆，于是 $\boldsymbol{B}=\boldsymbol{A}-\boldsymbol{A}^{-1}$. 又

$$\boldsymbol{A}^{-1}=\begin{pmatrix}1&1&-1\\0&1&1\\0&0&-1\end{pmatrix}^{-1}=\begin{pmatrix}1&-1&-2\\0&1&1\\0&0&-1\end{pmatrix},$$

故
$$\boldsymbol{B}=\begin{pmatrix}1&1&-1\\0&1&1\\0&0&-1\end{pmatrix}-\begin{pmatrix}1&-1&-2\\0&1&1\\0&0&-1\end{pmatrix}=\begin{pmatrix}0&2&1\\0&0&0\\0&0&0\end{pmatrix}.$$

54.(1998 年 2)设 $(2\boldsymbol{E}-\boldsymbol{C}^{-1}\boldsymbol{B})\boldsymbol{A}^{\mathrm{T}}=\boldsymbol{C}^{-1}$，$\boldsymbol{A}^{\mathrm{T}}$ 是四阶矩阵 $\boldsymbol{A}$ 的转置矩阵，且

$$\boldsymbol{B}=\begin{pmatrix}1&2&-3&-2\\0&1&2&-3\\0&0&1&2\\0&0&0&1\end{pmatrix},\ \boldsymbol{C}=\begin{pmatrix}1&2&0&1\\0&1&2&0\\0&0&1&2\\0&0&0&1\end{pmatrix},$$

求矩阵 $\boldsymbol{A}$.

解　用矩阵 $\boldsymbol{C}$ 左乘矩阵方程的两端，得 $(2\boldsymbol{C}-\boldsymbol{B})\boldsymbol{A}^{\mathrm{T}}=\boldsymbol{E}$，两端取转置，得 $\boldsymbol{A}(2\boldsymbol{C}^{\mathrm{T}}-\boldsymbol{B}^{\mathrm{T}})=\boldsymbol{E}$，故 $2\boldsymbol{C}^{\mathrm{T}}-\boldsymbol{B}^{\mathrm{T}}$ 可逆，

$$\boldsymbol{A}=(2\boldsymbol{C}^{\mathrm{T}}-\boldsymbol{B}^{\mathrm{T}})^{-1}=\begin{pmatrix}1&0&0&0\\2&1&0&0\\3&2&1&0\\4&3&2&1\end{pmatrix}^{-1}=\begin{pmatrix}1&0&0&0\\-2&1&0&0\\1&-2&1&0\\0&1&-2&1\end{pmatrix}.$$

55.(1998 年 3，4)设矩阵 $\boldsymbol{A}$，$\boldsymbol{B}$ 满足 $\boldsymbol{A}^*\boldsymbol{BA}=2\boldsymbol{BA}-8\boldsymbol{E}$，其中 $\boldsymbol{A}=\begin{pmatrix}1&0&0\\0&-2&0\\0&0&1\end{pmatrix}$，$\boldsymbol{E}$ 为单位矩阵，$\boldsymbol{A}^*$ 为 $\boldsymbol{A}$ 的伴随矩阵，则 $\boldsymbol{B}=$________.

解 将已知矩阵方程左乘 $\boldsymbol{A}$，右乘 $\boldsymbol{A}^{-1}$，得 $\boldsymbol{A}(\boldsymbol{A}^*\boldsymbol{BA})\boldsymbol{A}^{-1}=\boldsymbol{A}(2\boldsymbol{BA})\boldsymbol{A}^{-1}-\boldsymbol{A}(8\boldsymbol{E})\boldsymbol{A}^{-1}$. 由 $\boldsymbol{AA}^*=|\boldsymbol{A}|\boldsymbol{E}$ 及 $|\boldsymbol{A}|=-2$，得 $\boldsymbol{B}+\boldsymbol{AB}=4\boldsymbol{E}$，故

$$\boldsymbol{B}=4(\boldsymbol{E}+\boldsymbol{A})^{-1}=4\begin{pmatrix}2&0&0\\0&-1&0\\0&0&2\end{pmatrix}^{-1}=\begin{pmatrix}2&0&0\\0&-4&0\\0&0&2\end{pmatrix}.$$

56.(1999 年 2)已知 $\boldsymbol{A}=\begin{pmatrix}1&1&-1\\-1&1&1\\1&-1&1\end{pmatrix}$，矩阵 $\boldsymbol{X}$ 满足 $\boldsymbol{A}^*\boldsymbol{X}=\boldsymbol{A}^{-1}+2\boldsymbol{X}$，求矩阵 $\boldsymbol{X}$.

解 由 $\boldsymbol{AA}^*=|\boldsymbol{A}|\boldsymbol{E}$，用矩阵 $\boldsymbol{A}$ 左乘方程的两端，得 $|\boldsymbol{A}|\boldsymbol{X}=\boldsymbol{E}+2\boldsymbol{AX}$，移项，得 $(|\boldsymbol{A}|\boldsymbol{E}-2\boldsymbol{A})\boldsymbol{X}=\boldsymbol{E}$. 据可逆定义，知 $\boldsymbol{X}=(|\boldsymbol{A}|\boldsymbol{E}-2\boldsymbol{A})^{-1}$. 由

$$|\boldsymbol{A}|=\begin{vmatrix}1&1&-1\\-1&1&1\\1&-1&1\end{vmatrix}=4,\quad |\boldsymbol{A}|\boldsymbol{E}-2\boldsymbol{A}=2\begin{pmatrix}1&-1&1\\1&1&-1\\-1&1&1\end{pmatrix},$$

故
$$\boldsymbol{X}=\frac{1}{2}\begin{pmatrix}1&-1&1\\1&1&-1\\-1&1&1\end{pmatrix}^{-1}=\frac{1}{4}\begin{pmatrix}1&1&0\\0&1&1\\1&0&1\end{pmatrix}.$$

57.(1999 年 4)已知 $\boldsymbol{AB}-\boldsymbol{B}=\boldsymbol{A}$，其中 $\boldsymbol{B}=\begin{pmatrix}1&-2&0\\2&1&0\\0&0&2\end{pmatrix}$，则 $\boldsymbol{A}=$________.

解 由 $\boldsymbol{AB}-\boldsymbol{B}=\boldsymbol{A}$，得 $\boldsymbol{AB}-\boldsymbol{A}=\boldsymbol{B}$，即 $\boldsymbol{A}(\boldsymbol{B}-\boldsymbol{E})=\boldsymbol{B}$. 又 $\boldsymbol{B}-\boldsymbol{E}=\begin{pmatrix}0&-2&0\\2&0&0\\0&0&1\end{pmatrix}$可逆，故

$$\boldsymbol{A}=(\boldsymbol{B}-\boldsymbol{E})^{-1}\boldsymbol{B}=\begin{pmatrix}0&1/2&0\\-1/2&0&0\\0&0&1\end{pmatrix}\begin{pmatrix}1&-2&0\\2&1&0\\0&0&2\end{pmatrix}=\begin{pmatrix}1&1/2&0\\-1/2&1&0\\0&0&2\end{pmatrix}.$$

58.(2001 年 2)已知矩阵

$$\boldsymbol{A}=\begin{pmatrix}1&0&0\\1&1&0\\1&1&1\end{pmatrix},\ \boldsymbol{B}=\begin{pmatrix}0&1&1\\1&0&1\\1&1&0\end{pmatrix},$$

且矩阵 $\boldsymbol{X}$ 满足 $\boldsymbol{AXA}+\boldsymbol{BXB}=\boldsymbol{AXB}+\boldsymbol{BXA}+\boldsymbol{E}$，求 $\boldsymbol{X}$.

解 由条件，得 $\boldsymbol{AX}(\boldsymbol{A}-\boldsymbol{B})+\boldsymbol{BX}(\boldsymbol{B}-\boldsymbol{A})=\boldsymbol{E}$，即 $(\boldsymbol{A}-\boldsymbol{B})\boldsymbol{X}(\boldsymbol{A}-\boldsymbol{B})=\boldsymbol{E}$.

由 $|\boldsymbol{A}-\boldsymbol{B}|=\begin{vmatrix}1&-1&-1\\0&1&-1\\0&0&1\end{vmatrix}=1$，所以 $\boldsymbol{A}-\boldsymbol{B}$ 可逆，且 $(\boldsymbol{A}-\boldsymbol{B})^{-1}=$

$\begin{pmatrix}1&1&2\\0&1&1\\0&0&1\end{pmatrix}$，故 $\boldsymbol{X}=[(\boldsymbol{A}-\boldsymbol{B})^{-1}]^2=\begin{pmatrix}1&2&5\\0&1&2\\0&0&1\end{pmatrix}$.

59.(2002 年 2)已知 $\boldsymbol{A}$，$\boldsymbol{B}$ 为三阶矩阵，且满足 $2\boldsymbol{A}^{-1}\boldsymbol{B}=\boldsymbol{B}-4\boldsymbol{E}$，其中 $\boldsymbol{E}$ 是三阶单位矩阵.

(1)证明矩阵 $\boldsymbol{A}-2\boldsymbol{E}$ 可逆；(2)若 $\boldsymbol{B}=\begin{pmatrix}1&-2&0\\1&2&0\\0&0&2\end{pmatrix}$，求矩阵 $\boldsymbol{A}$.

解 (1)由 $2\boldsymbol{A}^{-1}\boldsymbol{B}=\boldsymbol{B}-4\boldsymbol{E}$ 左乘 $\boldsymbol{A}$，移项，得 $\boldsymbol{AB}-2\boldsymbol{B}-4\boldsymbol{A}=\boldsymbol{O}$，从而

$$(\boldsymbol{A}-2\boldsymbol{E})(\boldsymbol{B}-4\boldsymbol{E})=8\boldsymbol{E}\text{ 或 }(\boldsymbol{A}-2\boldsymbol{E})\cdot\frac{1}{8}(\boldsymbol{B}-4\boldsymbol{E})=\boldsymbol{E},$$

故 $\boldsymbol{A}-2\boldsymbol{E}$ 可逆，且 $(\boldsymbol{A}-2\boldsymbol{E})^{-1}=\dfrac{1}{8}(\boldsymbol{B}-4\boldsymbol{E})$.

(2)由(1)知 $\boldsymbol{A}=2\boldsymbol{E}+8(\boldsymbol{B}-4\boldsymbol{E})^{-1}$，而

$$(\boldsymbol{B}-4\boldsymbol{E})^{-1}=\begin{pmatrix}-3&-2&0\\1&-2&0\\0&0&-2\end{pmatrix}^{-1}=\begin{pmatrix}-1/4&1/4&0\\-1/8&-3/8&0\\0&0&-1/2\end{pmatrix},$$

故
$$\boldsymbol{A}=\begin{pmatrix}0&2&0\\-1&-1&0\\0&0&-2\end{pmatrix}.$$

60.(2005 年 4)设 $\boldsymbol{A}$，$\boldsymbol{B}$，$\boldsymbol{C}$ 均为 n 阶矩阵，若 $\boldsymbol{B}=\boldsymbol{E}+\boldsymbol{AB}$，$\boldsymbol{C}=\boldsymbol{A}+\boldsymbol{CA}$，则 $\boldsymbol{B}-\boldsymbol{C}$ 为(   ).

(A) $\boldsymbol{E}$；　(B) $-\boldsymbol{E}$；　(C) $\boldsymbol{A}$；　(D) $-\boldsymbol{A}$.

解 由 $\boldsymbol{B}=\boldsymbol{E}+\boldsymbol{AB}\Rightarrow(\boldsymbol{E}-\boldsymbol{A})\boldsymbol{B}=\boldsymbol{E}\Rightarrow\boldsymbol{B}=(\boldsymbol{E}-\boldsymbol{A})^{-1}$；

由 $\boldsymbol{C}=\boldsymbol{A}+\boldsymbol{CA}\Rightarrow\boldsymbol{C}(\boldsymbol{E}-\boldsymbol{A})=\boldsymbol{A}\Rightarrow\boldsymbol{C}=\boldsymbol{A}(\boldsymbol{E}-\boldsymbol{A})^{-1}$，

故 $\boldsymbol{B}-\boldsymbol{C}=(\boldsymbol{E}-\boldsymbol{A})^{-1}-\boldsymbol{A}(\boldsymbol{E}-\boldsymbol{A})^{-1}=(\boldsymbol{E}-\boldsymbol{A})(\boldsymbol{E}-\boldsymbol{A})^{-1}=\boldsymbol{E}$，选(A).

61.(1992 年 1)设 $\boldsymbol{A}=\begin{pmatrix} a_1b_1 & a_1b_2 & \cdots & a_1b_n \\ a_2b_1 & a_2b_2 & \cdots & a_2b_n \\ \vdots & \vdots & & \vdots \\ a_nb_1 & a_nb_2 & \cdots & a_nb_n \end{pmatrix}$，其中 $a_i\neq0$，$b_i\neq0$，$i=1$，2，…，n，则矩阵 $\boldsymbol{A}$ 的秩 $r(\boldsymbol{A})=$________.

解 因为矩阵 $\boldsymbol{A}$ 中任何两行都成比例，所以 $\boldsymbol{A}$ 中二阶子式全为 0，又因 $a_i\neq0$，$b_i\neq0$，知 $a_1b_1\neq0$，$\boldsymbol{A}$ 中有一阶子式非零，故知 $r(\boldsymbol{A})=1$.

62.(1993 年 1)已知 $\boldsymbol{Q}=\begin{pmatrix} 1 & 2 & 3 \\ 2 & 4 & t \\ 3 & 6 & 9 \end{pmatrix}$，$\boldsymbol{P}$ 为三阶非零矩阵，且满足 $\boldsymbol{PQ}=\boldsymbol{O}$，则(　　).

(A)当 $t=6$ 时 $\boldsymbol{P}$ 的秩必为 1；　　(B)当 $t=6$ 时 $\boldsymbol{P}$ 的秩必为 2；

(C)当 $t\neq6$ 时 $\boldsymbol{P}$ 的秩必为 1；　　(D)当 $t\neq6$ 时 $\boldsymbol{P}$ 的秩必为 2.

解 若 $\boldsymbol{A}$ 是 $m\times n$ 矩阵，$\boldsymbol{B}$ 是 $n\times s$ 矩阵，$\boldsymbol{AB}=\boldsymbol{O}$，则 $r(\boldsymbol{A})+r(\boldsymbol{B})\leqslant n$.

当 $t=6$ 时，$r(\boldsymbol{Q})=1$. 由 $r(\boldsymbol{P})+r(\boldsymbol{Q})\leqslant3$，得 $r(\boldsymbol{P})\leqslant2$，因此(A)、(B)中对 $r(\boldsymbol{P})$ 的判定都有可能成立，但不是必成立，所以(A)、(B)均不正确.

当 $t\neq6$ 时，$r(\boldsymbol{Q})=2$. 由 $r(\boldsymbol{P})+r(\boldsymbol{Q})\leqslant3$，得 $r(\boldsymbol{P})\leqslant1$. 又因 $\boldsymbol{P}\neq\boldsymbol{O}$，有 $r(\boldsymbol{P})\geqslant1$，从而 $r(\boldsymbol{P})=1$ 必成立，所以应选(C).

63.(1994 年 3)设 $\boldsymbol{A}$ 是 $n\times n$ 矩阵，$\boldsymbol{C}$ 是 n 阶可逆矩阵，矩阵 $\boldsymbol{A}$ 的秩为 r，矩阵 $\boldsymbol{B}=\boldsymbol{AC}$ 的秩为 r_1，则(　　).

(A)$r>r_1$；　　(B)$r<r_1$；

(C)$r=r_1$；　　(D)r 与 r_1 的关系依 $\boldsymbol{C}$ 而定.

解 由于 $r(\boldsymbol{AB})\leqslant\min\{r(\boldsymbol{A}),r(\boldsymbol{B})\}$，若 $\boldsymbol{A}$ 可逆，则

$$r(\boldsymbol{AB})\leqslant r(\boldsymbol{B})=r(\boldsymbol{EB})=r[\boldsymbol{A}^{-1}(\boldsymbol{AB})]\leqslant r(\boldsymbol{AB}),$$

从而 $r(\boldsymbol{AB})=r(\boldsymbol{B})$，所以应选(C).

64.(1996 年 1)设 $\boldsymbol{A}$ 是 4×3 矩阵，且 $r(\boldsymbol{A})=2$，而 $\boldsymbol{B}=\begin{pmatrix} 1 & 0 & 2 \\ 0 & 2 & 0 \\ -1 & 0 & 3 \end{pmatrix}$，则 $r(\boldsymbol{AB})=$______.

解 因为 $\boldsymbol{B}$ 可逆，故 $r(\boldsymbol{AB})=r(\boldsymbol{A})=2$.

注意：若 $\boldsymbol{A}$ 可逆，则 $r(\boldsymbol{AB})=r(\boldsymbol{B})$，$r(\boldsymbol{BA})=r(\boldsymbol{B})$. 即可逆矩阵与矩阵相乘不改变矩阵的秩.

65.(2001 年 3，4)设矩阵 $\boldsymbol{A}=\begin{pmatrix}k&1&1&1\\1&k&1&1\\1&1&k&1\\1&1&1&k\end{pmatrix}$，且 $r(\boldsymbol{A})=3$，则 $k=$ ________.

解　由于

$$|\boldsymbol{A}|=\begin{vmatrix}k&1&1&1\\1&k&1&1\\1&1&k&1\\1&1&1&k\end{vmatrix}=\begin{vmatrix}k+3&k+3&k+3&k+3\\1&k&1&1\\1&1&k&1\\1&1&1&k\end{vmatrix}$$

$$=(k+3)\begin{vmatrix}1&1&1&1\\1&k&1&1\\1&1&k&1\\1&1&1&k\end{vmatrix}=(k+3)\begin{vmatrix}1&1&1&1\\0&k-1&0&0\\0&0&k-1&0\\0&0&0&k-1\end{vmatrix}$$

$$=(k+3)(k-1)^3,$$

则 $r(\boldsymbol{A})=3\Rightarrow|\boldsymbol{A}|=0$. 而当 $k=1$ 时，$r(\boldsymbol{A})=1$，故必有 $k=-3$.

66.(2003 年 3)设三阶矩阵 $\boldsymbol{A}=\begin{pmatrix}a&b&b\\b&a&b\\b&b&a\end{pmatrix}$，$r(\boldsymbol{A}^*)=1$，则必有(　　).

(A)$a=b$ 或 $a+2b=0$；　　(B)$a=b$ 或 $a+2b\neq0$；

(C)$a\neq b$ 且 $a+2b=0$；　　(D)$a\neq b$ 且 $a+2b\neq0$.

解　根据伴随矩阵 $\boldsymbol{A}^*$ 秩的关系式

$$r(\boldsymbol{A}^*)=\begin{cases}n，若\ r(\boldsymbol{A})=n,\\1，若\ r(\boldsymbol{A})=n-1,\\0，若\ r(\boldsymbol{A})<n-1,\end{cases}$$

知 $r(\boldsymbol{A}^*)=1\Leftrightarrow r(\boldsymbol{A})=2$. 若 $a=b$，易见 $r(\boldsymbol{A})\leqslant1$，故可排除(A)、(B).

当 $a\neq b$，$\boldsymbol{A}$ 中有二阶子式 $\begin{vmatrix}a&b\\b&a\end{vmatrix}\neq0$，若 $r(\boldsymbol{A})=2$，按定义只需 $|\boldsymbol{A}|=0$.

由于

$$|\boldsymbol{A}|=\begin{vmatrix}a+2b&a+2b&a+2b\\b&a&b\\b&b&a\end{vmatrix}=(a+2b)(a-b)^2,$$

故选(C).

67.(2022 年 1，2，3)已知矩阵 $\boldsymbol{A}=\begin{pmatrix}1&0&-1\\2&-1&1\\-1&2&-5\end{pmatrix}$，若存在下三角矩阵

$\boldsymbol{P}$ 和上三角矩阵 $\boldsymbol{Q}$，使得 $\boldsymbol{PAQ}$ 为对角矩阵，则 $\boldsymbol{P}$，$\boldsymbol{Q}$ 可以分别取(　　).

(A) $\begin{pmatrix}1&0&0\\0&1&0\\0&0&1\end{pmatrix}$，$\begin{pmatrix}1&0&1\\0&1&3\\0&0&1\end{pmatrix}$；　(B) $\begin{pmatrix}1&0&0\\2&-1&0\\-3&2&1\end{pmatrix}$，$\begin{pmatrix}1&0&0\\0&1&0\\0&0&1\end{pmatrix}$；

(C) $\begin{pmatrix}1&0&0\\2&-1&0\\-3&2&1\end{pmatrix}$，$\begin{pmatrix}1&0&1\\0&1&3\\0&0&1\end{pmatrix}$；　(D) $\begin{pmatrix}1&0&0\\0&1&0\\1&3&1\end{pmatrix}$，$\begin{pmatrix}1&2&-3\\0&-1&2\\0&0&1\end{pmatrix}$.

解　利用初等变换与初等矩阵的关系，可以直接验证

$$\begin{pmatrix}1&0&0\\2&-1&0\\-3&2&1\end{pmatrix}\begin{pmatrix}1&0&-1\\2&-1&1\\-1&2&-5\end{pmatrix}\begin{pmatrix}1&0&1\\0&1&3\\0&0&1\end{pmatrix}=\begin{pmatrix}1&0&0\\0&1&0\\0&0&0\end{pmatrix},$$

故选(C).

68.(2021 年 1)设 $\boldsymbol{A}$，$\boldsymbol{B}$ 为 n 阶矩阵，下列各式不成立的是(　　).

(A) $r\begin{pmatrix}\boldsymbol{A}&\boldsymbol{O}\\\boldsymbol{O}&\boldsymbol{A}^{\mathrm{T}}\boldsymbol{A}\end{pmatrix}=2r(\boldsymbol{A})$；　(B) $r\begin{pmatrix}\boldsymbol{A}&\boldsymbol{AB}\\\boldsymbol{O}&\boldsymbol{A}^{\mathrm{T}}\end{pmatrix}=2r(\boldsymbol{A})$；

(C) $r\begin{pmatrix}\boldsymbol{A}&\boldsymbol{BA}\\\boldsymbol{O}&\boldsymbol{AA}^{\mathrm{T}}\end{pmatrix}=2r(\boldsymbol{A})$；　(D) $r\begin{pmatrix}\boldsymbol{A}&\boldsymbol{O}\\\boldsymbol{BA}&\boldsymbol{A}^{\mathrm{T}}\end{pmatrix}=2r(\boldsymbol{A})$.

解　对任意矩阵 $\boldsymbol{A}$，$\boldsymbol{B}$ 有

$$r\begin{pmatrix}\boldsymbol{A}&\boldsymbol{O}\\\boldsymbol{O}&\boldsymbol{B}\end{pmatrix}=r(\boldsymbol{A})+r(\boldsymbol{B}),$$

且
$$r(\boldsymbol{A})=r(\boldsymbol{A}^{\mathrm{T}})=r(\boldsymbol{A}^{\mathrm{T}}\boldsymbol{A})=r(\boldsymbol{AA}^{\mathrm{T}}),$$

于是
$$r\begin{pmatrix}\boldsymbol{A}&\boldsymbol{O}\\\boldsymbol{O}&\boldsymbol{A}^{\mathrm{T}}\boldsymbol{A}\end{pmatrix}=r(\boldsymbol{A})+r(\boldsymbol{A}^{\mathrm{T}}\boldsymbol{A})=2r(\boldsymbol{A}),$$

故选项(A)正确．对选项(B)和(D)，利用分块矩阵的初等变换可得

$$\begin{pmatrix}\boldsymbol{A}&\boldsymbol{AB}\\\boldsymbol{O}&\boldsymbol{A}^{\mathrm{T}}\end{pmatrix}\begin{pmatrix}\boldsymbol{E}&-\boldsymbol{B}\\\boldsymbol{O}&\boldsymbol{E}\end{pmatrix}=\begin{pmatrix}\boldsymbol{A}&\boldsymbol{O}\\\boldsymbol{O}&\boldsymbol{A}^{\mathrm{T}}\end{pmatrix},\quad\begin{pmatrix}\boldsymbol{E}&\boldsymbol{O}\\-\boldsymbol{B}&\boldsymbol{E}\end{pmatrix}\begin{pmatrix}\boldsymbol{A}&\boldsymbol{O}\\\boldsymbol{BA}&\boldsymbol{A}^{\mathrm{T}}\end{pmatrix}=\begin{pmatrix}\boldsymbol{A}&\boldsymbol{O}\\\boldsymbol{O}&\boldsymbol{A}^{\mathrm{T}}\end{pmatrix},$$

初等变换不改变矩阵的秩，于是(B)和(D)都是对的，注意初等变换的左行右列原则．(C)是不成立的，我们给出一个(C)的反例：

$$\boldsymbol{A}=\begin{pmatrix}1&1\\0&0\end{pmatrix},\ \boldsymbol{B}=\begin{pmatrix}0&1\\1&0\end{pmatrix},\ \begin{pmatrix}\boldsymbol{A}&\boldsymbol{BA}\\\boldsymbol{O}&\boldsymbol{AA}^{\mathrm{T}}\end{pmatrix}=\begin{pmatrix}1&1&0&0\\0&0&1&1\\0&0&2&0\\0&0&0&0\end{pmatrix}.$$

69.(2020 年 1)若矩阵 $\boldsymbol{A}$ 经初等列变换化成 $\boldsymbol{B}$，则(　　).

(A)存在矩阵 $\boldsymbol{P}$ 使得 $\boldsymbol{PA}=\boldsymbol{B}$；　　(B)存在矩阵 $\boldsymbol{P}$ 使得 $\boldsymbol{BP}=\boldsymbol{A}$；

(C)存在矩阵 $\boldsymbol{P}$ 使得 $\boldsymbol{PB}=\boldsymbol{A}$；　　(D)方程组 $\boldsymbol{AX}=\boldsymbol{0}$ 与 $\boldsymbol{BX}=\boldsymbol{0}$ 同解．

解　矩阵 $\boldsymbol{A}$ 经初等列变换化成 $\boldsymbol{B}$，说明存在可逆矩阵 $\boldsymbol{Q}$ 使得 $\boldsymbol{B}=\boldsymbol{AQ}$，

$$\boldsymbol{A}=\boldsymbol{B}\boldsymbol{Q}^{-1}=\boldsymbol{BP},$$

故选(B)，其他选项易知都不对．

70.(2018 年 1，2)设 $\boldsymbol{A}$，$\boldsymbol{B}$ 为 n 阶矩阵，记 $r(\boldsymbol{X})$ 为矩阵 $\boldsymbol{X}$ 的秩，$(\boldsymbol{X},\ \boldsymbol{Y})$ 表示分块矩阵，则(　　)．

(A)$r(\boldsymbol{A},\ \boldsymbol{AB})=r(\boldsymbol{A})$；　　(B)$r(\boldsymbol{A},\ \boldsymbol{BA})=r(\boldsymbol{A})$；

(C)$r(\boldsymbol{A},\ \boldsymbol{B})=\max\{r(\boldsymbol{A}),\ r(\boldsymbol{B})\}$；　　(D)$r(\boldsymbol{A},\ \boldsymbol{B})=r(\boldsymbol{A}^{\mathrm{T}}\boldsymbol{B}^{\mathrm{T}})$．

解　对(A)，有 $(\boldsymbol{A},\ \boldsymbol{AB})=\boldsymbol{A}(\boldsymbol{E},\ \boldsymbol{B})$，且 $(\boldsymbol{E},\ \boldsymbol{B})$ 为行满秩的矩阵，则 $r(\boldsymbol{A},\ \boldsymbol{AB})=r(\boldsymbol{A})$，故选(A)．

(B)错误，反例取 $\boldsymbol{A}=\begin{pmatrix}1&0\\0&0\end{pmatrix}$，$\boldsymbol{B}=\begin{pmatrix}1&0\\1&1\end{pmatrix}$．

(C)错误，因为 $r(\boldsymbol{A},\ \boldsymbol{B})\geqslant\max\{r(\boldsymbol{A}),\ r(\boldsymbol{B})\}$，反例取 $\boldsymbol{A}=\begin{pmatrix}1&0\\0&0\end{pmatrix}$，$\boldsymbol{B}=\begin{pmatrix}0&0\\0&1\end{pmatrix}$．

(D)错误，反例取 $\boldsymbol{A}=\begin{pmatrix}1&0\\0&0\end{pmatrix}$，$\boldsymbol{B}=\begin{pmatrix}0&0\\1&0\end{pmatrix}$．

71.(2016 年 2)设矩阵 $\begin{pmatrix}a&-1&-1\\-1&a&-1\\-1&-1&a\end{pmatrix}$ 与 $\begin{pmatrix}1&1&0\\0&-1&1\\1&0&1\end{pmatrix}$ 等价，则 $a=$ ________．

解　因为矩阵 $\boldsymbol{A}=\begin{pmatrix}a&-1&-1\\-1&a&-1\\-1&-1&a\end{pmatrix}$ 与 $\boldsymbol{B}=\begin{pmatrix}1&1&0\\0&-1&1\\1&0&1\end{pmatrix}$ 等价，所以 $r(\boldsymbol{A})=r(\boldsymbol{B})=2$，因此有

$$|\boldsymbol{A}|=\begin{vmatrix}a&-1&-1\\-1&a&-1\\-1&-1&a\end{vmatrix}=(a+1)^2(a-2)=0,$$

则 $a=2$ 或 $a=-1$．注意到当 $a=-1$ 时，$r(\boldsymbol{A})=1$ 不满足条件，因此 $a=2$．

72.(2015 年 2，3)设矩阵 $\boldsymbol{A}=\begin{pmatrix}a&1&0\\1&a&-1\\0&1&a\end{pmatrix}$，且 $\boldsymbol{A}^3=\boldsymbol{O}$，

(1)求 a 的值；

(2)若矩阵 $\boldsymbol{X}$ 满足 $\boldsymbol{X}-\boldsymbol{X}\boldsymbol{A}^2-\boldsymbol{A}\boldsymbol{X}+\boldsymbol{A}\boldsymbol{X}\boldsymbol{A}^2=\boldsymbol{E}$，其中 $\boldsymbol{E}$ 为三阶单位矩阵，求 $\boldsymbol{X}$.

解 (1)因为 $\boldsymbol{A}^3=\boldsymbol{O}$，则

$$|\boldsymbol{A}|=\begin{vmatrix} a & 1 & 0 \\ 1 & a & -1 \\ 0 & 1 & a \end{vmatrix}=a^3=0,$$

所以 $a=0$.

(2)由 $\boldsymbol{X}-\boldsymbol{X}\boldsymbol{A}^2-\boldsymbol{A}\boldsymbol{X}+\boldsymbol{A}\boldsymbol{X}\boldsymbol{A}^2=\boldsymbol{E}$，得

$$(\boldsymbol{E}-\boldsymbol{A})\boldsymbol{X}(\boldsymbol{E}-\boldsymbol{A}^2)=\boldsymbol{E}.$$

由(1)知

$$\boldsymbol{E}-\boldsymbol{A}=\begin{pmatrix} 1 & -1 & 0 \\ -1 & 1 & 1 \\ 0 & -1 & 1 \end{pmatrix},\ \boldsymbol{E}-\boldsymbol{A}^2=\begin{pmatrix} 0 & 0 & 1 \\ 0 & 1 & 0 \\ -1 & 0 & 2 \end{pmatrix},$$

因此 $\boldsymbol{X}=(\boldsymbol{E}-\boldsymbol{A})^{-1}(\boldsymbol{E}-\boldsymbol{A}^2)^{-1}=\begin{pmatrix} 2 & 1 & -1 \\ 1 & 1 & -1 \\ 1 & 1 & 0 \end{pmatrix}\begin{pmatrix} 2 & 0 & -1 \\ 0 & 1 & 0 \\ 1 & 0 & 0 \end{pmatrix}=\begin{pmatrix} 3 & 1 & -2 \\ 1 & 1 & -1 \\ 2 & 1 & -1 \end{pmatrix}$.

73.(2013 年 1，2，3)设 $\boldsymbol{A}=(a_{ij})$ 是三阶非零矩阵，$|\boldsymbol{A}|$ 为 $\boldsymbol{A}$ 的行列式，A_{ij} 为 a_{ij} 的代数余子式，若 $a_{ij}+A_{ij}=0(i, j=1, 2, 3)$，则 $|\boldsymbol{A}|=$________.

解 由 $a_{ij}+A_{ij}=0(i, j=1, 2, 3)$，可知 $\boldsymbol{A}^{\mathrm{T}}=-\boldsymbol{A}^*$，于是

$$|\boldsymbol{A}|=|\boldsymbol{A}^{\mathrm{T}}|=|-\boldsymbol{A}^*|=-|\boldsymbol{A}^*|=-|\boldsymbol{A}|^2,$$

因此 $|\boldsymbol{A}|=0$ 或 -1. 又 $\boldsymbol{A}$ 是非零矩阵，不妨设 $a_{11}\neq 0$，则

$$|\boldsymbol{A}|=a_{11}A_{11}+a_{12}A_{12}+a_{13}A_{13}=-(a_{11}^2+a_{12}^2+a_{13}^2)\neq 0,$$

所以 $|\boldsymbol{A}|=-1$.

74.(2012 年 2)设 $\boldsymbol{A}$ 为三阶矩阵，$|\boldsymbol{A}|=3$，$\boldsymbol{A}^*$ 为 $\boldsymbol{A}$ 的伴随矩阵. 若交换 $\boldsymbol{A}$ 的第 1 行与第 2 行得到矩阵 $\boldsymbol{B}$，则 $|\boldsymbol{B}\boldsymbol{A}^*|=$________.

解 记 $\boldsymbol{P}=\begin{pmatrix} 0 & 1 & 0 \\ 1 & 0 & 0 \\ 0 & 0 & 1 \end{pmatrix}$，则由题意知 $\boldsymbol{P}\boldsymbol{A}=\boldsymbol{B}$. 又 $|\boldsymbol{A}|=3$，所以 $|\boldsymbol{A}^*|=|\boldsymbol{A}|^2=9$，因此

$$|\boldsymbol{B}\boldsymbol{A}^*|=|\boldsymbol{B}||\boldsymbol{A}|^*=|\boldsymbol{P}||\boldsymbol{A}||\boldsymbol{A}|^*=-27.$$

75.(2012 年 1，2，3)设 $\boldsymbol{A}$ 为三阶矩阵，$\boldsymbol{P}$ 为三阶可逆矩阵，且 $\boldsymbol{P}^{-1}\boldsymbol{A}\boldsymbol{P}=\begin{pmatrix} 1 & 0 & 0 \\ 0 & 1 & 0 \\ 0 & 0 & 2 \end{pmatrix}$. 若 $\boldsymbol{P}=(\boldsymbol{\alpha}_1, \boldsymbol{\alpha}_2, \boldsymbol{\alpha}_3)$，$\boldsymbol{Q}=(\boldsymbol{\alpha}_1+\boldsymbol{\alpha}_2, \boldsymbol{\alpha}_2, \boldsymbol{\alpha}_3)$，则 $\boldsymbol{Q}^{-1}\boldsymbol{A}\boldsymbol{Q}=($　　$)$.

(A) $\begin{pmatrix}1&0&0\\0&2&0\\0&0&1\end{pmatrix}$; (B) $\begin{pmatrix}1&0&0\\0&1&0\\0&0&2\end{pmatrix}$;

(C) $\begin{pmatrix}2&0&0\\0&1&0\\0&0&2\end{pmatrix}$; (D) $\begin{pmatrix}2&0&0\\0&2&0\\0&0&1\end{pmatrix}$.

解 由初等变换与初等矩阵的关系可知

$$\boldsymbol{Q}=\boldsymbol{P}\begin{pmatrix}1&0&0\\1&1&0\\0&0&1\end{pmatrix},$$

因此

$$\begin{aligned}\boldsymbol{Q}^{-1}\boldsymbol{A}\boldsymbol{Q}&=\begin{pmatrix}1&0&0\\1&1&0\\0&0&1\end{pmatrix}^{-1}\boldsymbol{P}^{-1}\boldsymbol{A}\boldsymbol{P}\begin{pmatrix}1&0&0\\1&1&0\\0&0&1\end{pmatrix}\\&=\begin{pmatrix}1&0&0\\-1&1&0\\0&0&1\end{pmatrix}\begin{pmatrix}1&0&0\\0&1&0\\0&0&2\end{pmatrix}\begin{pmatrix}1&0&0\\1&1&0\\0&0&1\end{pmatrix}\\&=\begin{pmatrix}1&0&0\\0&1&0\\0&0&2\end{pmatrix},\end{aligned}$$

故选(B).

第三章　线性方程组

思维导图

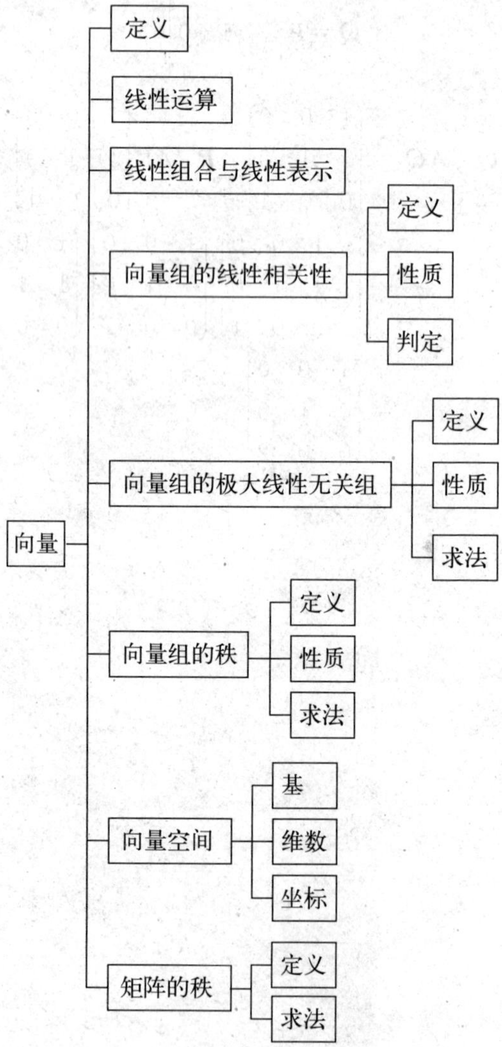

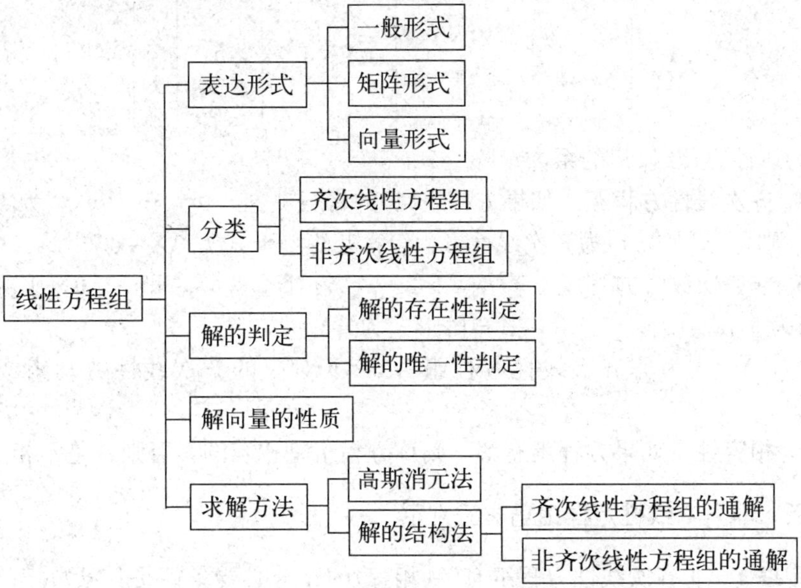

内 容 提 要

一、线性方程组及表达形式

1. 一般形式

$$\begin{cases} a_{11}x_1+a_{12}x_2+\cdots+a_{1n}x_n=b_1, \\ a_{21}x_1+a_{22}x_2+\cdots+a_{2n}x_n=b_2, \\ \cdots\cdots\cdots\cdots\cdots\cdots \\ a_{m1}x_1+a_{m2}x_2+\cdots+a_{mn}x_n=b_m, \end{cases} \tag{1}$$

其中 x_1，x_2，…，x_n 是 n 个未知量，$a_{ij}(i=1, 2, \cdots, m; j=1, 2, \cdots, n)$ 为方程组的系数，$b_i(i=1, 2, \cdots, m)$ 为常数项．

2. 连加号(缩写)形式

$$\sum_{j=1}^{n} a_{ij}x_j = b_i \quad (i=1, 2, \cdots, m). \tag{2}$$

3. 矩阵形式

$$\boldsymbol{AX}=\boldsymbol{b}, \tag{3}$$

其中
$$A=\begin{pmatrix} a_{11} & a_{12} & \cdots & a_{1n} \\ a_{21} & a_{22} & \cdots & a_{2n} \\ \vdots & \vdots & & \vdots \\ a_{m1} & a_{m2} & \cdots & a_{mn} \end{pmatrix},\ X=\begin{pmatrix} x_1 \\ x_2 \\ \vdots \\ x_n \end{pmatrix},\ b=\begin{pmatrix} b_1 \\ b_2 \\ \vdots \\ b_n \end{pmatrix},$$
A 称为线性方程组(1)的系数矩阵．

4. 齐次线性方程组 如果方程组(1)的常数项 b_1，b_2，…，b_m 全为零，即 $\boldsymbol{b}=\boldsymbol{0}$，则称方程组(1)为齐次线性方程组，其矩阵形式为 $\boldsymbol{AX}=\boldsymbol{0}$.

5. 非齐次线性方程组 若 b_1，b_2，…，b_m 不全为零，即 $\boldsymbol{b}\neq\boldsymbol{0}$，则称方程组(1)为非齐次线性方程组，其矩阵形式为 $\boldsymbol{AX}=\boldsymbol{b}$.

称 $\boldsymbol{AX}=\boldsymbol{0}$ 为非齐次线性方程组 $\boldsymbol{AX}=\boldsymbol{b}$ 对应的齐次线性方程组或导出方程组．

6. 相容性 如果方程组有解，则称方程组是相容的，否则，是不相容的．

二、非齐次线性方程组有解的判定

定理 1 非齐次线性方程组有解(相容)的充分必要条件是其系数矩阵的秩等于增广矩阵的秩．

定理 2 当方程组有解(相容)时，若系数矩阵的秩等于未知量的个数，则方程组有唯一解；当系数矩阵的秩小于未知量的个数时，方程组有无穷多解．

推论 含 n 个方程、n 个未知量的齐次线性方程组有非零解的充分必要条件是方程组的系数行列式等于零．

三、齐次线性方程组有非零解的判定

定理 齐次线性方程组有非零解的充分必要条件是其系数矩阵的秩小于未知量的个数；只有零解的充分必要条件是其系数矩阵的秩等于未知量的个数．

推论 1 如果齐次线性方程中方程的个数小于未知量的个数，则该方程组必有非零解．

推论 2 含 n 个方程、n 个未知量的齐次线性方程组有非零解的充分必要条件是方程组的系数行列式等于零．

四、n 维向量组的线性关系

定义 给定 n 维向量组 $\boldsymbol{\alpha}_1$，$\boldsymbol{\alpha}_2$，…，$\boldsymbol{\alpha}_m$，$\boldsymbol{\beta}$，如果存在一组数 k_1，k_2，…，k_m，使得
$$\boldsymbol{\beta}=k_1\boldsymbol{\alpha}_1+k_2\boldsymbol{\alpha}_2+\cdots+k_m\boldsymbol{\alpha}_m,$$
则称 $\boldsymbol{\beta}$ 是向量组 $\boldsymbol{\alpha}_1$，$\boldsymbol{\alpha}_2$，…，$\boldsymbol{\alpha}_m$ 的线性组合，或称向量 $\boldsymbol{\beta}$ 可由向量 $\boldsymbol{\alpha}_1$，$\boldsymbol{\alpha}_2$，…，

$\boldsymbol{\alpha}_m$ 线性表示．

定理 1　给定 n 维列向量组 $\boldsymbol{\alpha}_1$，$\boldsymbol{\alpha}_2$，…，$\boldsymbol{\alpha}_m$，$\boldsymbol{\beta}$，向量 $\boldsymbol{\beta}$ 可由向量组 $\boldsymbol{\alpha}_1$，$\boldsymbol{\alpha}_2$，…，$\boldsymbol{\alpha}_m$ 线性表示的充要条件是方程组 $\boldsymbol{AX}=\boldsymbol{\beta}$ 有解，其中 $\boldsymbol{A}=(\boldsymbol{\alpha}_1, \boldsymbol{\alpha}_2, \cdots, \boldsymbol{\alpha}_m)$，$\boldsymbol{X}=(x_1, x_2, \cdots, x_m)^{\mathrm{T}}$．

定理 2　向量 $\boldsymbol{\beta}$ 可由向量组 $\boldsymbol{\alpha}_1$，$\boldsymbol{\alpha}_2$，…，$\boldsymbol{\alpha}_m$ 线性表示的充分必要条件是向量组 $\boldsymbol{\alpha}_1$，$\boldsymbol{\alpha}_2$，…，$\boldsymbol{\alpha}_m$ 构成的矩阵与向量组 $\boldsymbol{\alpha}_1$，$\boldsymbol{\alpha}_2$，…，$\boldsymbol{\alpha}_m$，$\boldsymbol{\beta}$ 构成的矩阵有相同的秩，即

$$r(\boldsymbol{\alpha}_1, \boldsymbol{\alpha}_2, \cdots, \boldsymbol{\alpha}_m)=r(\boldsymbol{\alpha}_1, \boldsymbol{\alpha}_2, \cdots, \boldsymbol{\alpha}_m, \boldsymbol{\beta}).$$

五、线性相关与线性无关

1. 线性相关

(1)**定义 1**　对于 n 维向量 $\boldsymbol{\alpha}_1$，$\boldsymbol{\alpha}_2$，…，$\boldsymbol{\alpha}_m$，如果存在一组不全为零的实数 k_1，k_2，…，k_m，使得 $k_1\boldsymbol{\alpha}_1+k_2\boldsymbol{\alpha}_2+\cdots+k_m\boldsymbol{\alpha}_m=\boldsymbol{0}$，则称向量组 $\boldsymbol{\alpha}_1$，$\boldsymbol{\alpha}_2$，…，$\boldsymbol{\alpha}_m$ 线性相关．

(2)线性相关的充分必要条件

定理 1　$\boldsymbol{\alpha}_1$，$\boldsymbol{\alpha}_2$，…，$\boldsymbol{\alpha}_m$ 线性相关$\Leftrightarrow(\boldsymbol{\alpha}_1, \boldsymbol{\alpha}_2, \cdots, \boldsymbol{\alpha}_m)(x_1, x_2, \cdots, x_m)^{\mathrm{T}}=\boldsymbol{0}$ 有非零解$\Leftrightarrow r(\boldsymbol{\alpha}_1, \boldsymbol{\alpha}_2, \cdots, \boldsymbol{\alpha}_m)<m$(向量的个数)$\Leftrightarrow$存在 $\boldsymbol{\alpha}_i(i=1, 2, \cdots, m)$可由其余$m-1$ 个向量线性表示．

特别地，n 个 n 维向量线性相关$\Leftrightarrow|\boldsymbol{\alpha}_1, \boldsymbol{\alpha}_2, \cdots, \boldsymbol{\alpha}_n|=0$；$n+1$ 个 n 维向量一定线性相关．

2. 线性无关

(1)**定义 2**　对 n 维向量 $\boldsymbol{\alpha}_1$，$\boldsymbol{\alpha}_2$，…，$\boldsymbol{\alpha}_m$，如果 $k_1\boldsymbol{\alpha}_1+k_2\boldsymbol{\alpha}_2+\cdots+k_m\boldsymbol{\alpha}_m=\boldsymbol{0}$，只有 $k_1=k_2=\cdots=k_m=0$，则称 $\boldsymbol{\alpha}_1$，$\boldsymbol{\alpha}_2$，…，$\boldsymbol{\alpha}_m$ 线性无关．或者说，只要 k_1，k_2，…，k_m 不全为零，必有 $k_1\boldsymbol{\alpha}_1+k_2\boldsymbol{\alpha}_2+\cdots+k_m\boldsymbol{\alpha}_m\neq\boldsymbol{0}$，则称 $\boldsymbol{\alpha}_1$，$\boldsymbol{\alpha}_2$，…，$\boldsymbol{\alpha}_m$ 线性无关．

(2)线性无关的充分必要条件

定理 2　$\boldsymbol{\alpha}_1$，$\boldsymbol{\alpha}_2$，…，$\boldsymbol{\alpha}_m$ 线性无关$\Leftrightarrow(\boldsymbol{\alpha}_1, \boldsymbol{\alpha}_2, \cdots, \boldsymbol{\alpha}_m)(x_1, x_2, \cdots, x_m)^{\mathrm{T}}=\boldsymbol{0}$ 只有零解$\Leftrightarrow r(\boldsymbol{\alpha}_1, \boldsymbol{\alpha}_2, \cdots, \boldsymbol{\alpha}_m)=m$(向量的个数)$\Leftrightarrow$每一个向量 $\boldsymbol{\alpha}_i$ 都不能用其余 $m-1$ 个向量线性表示．

3. 几个重要结论

(1)阶梯形向量组一定线性无关．

(2)若 $\boldsymbol{\alpha}_1$，$\boldsymbol{\alpha}_2$，…，$\boldsymbol{\alpha}_m$ 线性无关，则它的任一部分组 $\boldsymbol{\alpha}_{i1}$，$\boldsymbol{\alpha}_{i2}$，…，$\boldsymbol{\alpha}_{it}$ 必线性无关．

(3)若 $\boldsymbol{\alpha}_1$，$\boldsymbol{\alpha}_2$，…，$\boldsymbol{\alpha}_m$ 线性无关，则它的任一延伸组

$$\begin{pmatrix}\boldsymbol{\alpha}_1\\ \boldsymbol{\beta}_1\end{pmatrix},\ \begin{pmatrix}\boldsymbol{\alpha}_2\\ \boldsymbol{\beta}_2\end{pmatrix},\ \cdots,\ \begin{pmatrix}\boldsymbol{\alpha}_m\\ \boldsymbol{\beta}_m\end{pmatrix}$$

必线性无关.

(4)两两正交、非零的向量组必线性无关.

六、线性相关性与线性表示之间的关系

定理 1 $\boldsymbol{\alpha}_1, \boldsymbol{\alpha}_2, \cdots, \boldsymbol{\alpha}_m$ 线性相关的充要条件是存在 $\boldsymbol{\alpha}_i$ 可由其余 $m-1$ 个向量线性表示.

定理 2 若 $\boldsymbol{\alpha}_1, \boldsymbol{\alpha}_2, \cdots, \boldsymbol{\alpha}_m$ 线性无关，$\boldsymbol{\alpha}_1, \boldsymbol{\alpha}_2, \cdots, \boldsymbol{\alpha}_m, \boldsymbol{\beta}$ 线性相关，则 $\boldsymbol{\beta}$ 可由 $\boldsymbol{\alpha}_1, \boldsymbol{\alpha}_2, \cdots, \boldsymbol{\alpha}_m$ 线性表示，且表示法唯一.

定理 3 若向量组 $\boldsymbol{\alpha}_1, \boldsymbol{\alpha}_2, \cdots, \boldsymbol{\alpha}_m$ 可由向量组 $\boldsymbol{\beta}_1, \boldsymbol{\beta}_2, \cdots, \boldsymbol{\beta}_t$ 线性表示，且 $m>t$，则 $\boldsymbol{\alpha}_1, \boldsymbol{\alpha}_2, \cdots, \boldsymbol{\alpha}_m$ 线性相关.

推论 若向量组 $\boldsymbol{\alpha}_1, \boldsymbol{\alpha}_2, \cdots, \boldsymbol{\alpha}_m$ 可由向量组 $\boldsymbol{\beta}_1, \boldsymbol{\beta}_2, \cdots, \boldsymbol{\beta}_t$ 线性表示，且 $\boldsymbol{\alpha}_1, \boldsymbol{\alpha}_2, \cdots, \boldsymbol{\alpha}_m$ 线性无关，则 $m\leqslant t$.

七、极大线性无关组与向量组的秩

1. 极大线性无关组

定义 1 如果向量组 $\boldsymbol{\alpha}_1, \boldsymbol{\alpha}_2, \cdots, \boldsymbol{\alpha}_m$ 的一个部分向量组 $\boldsymbol{\alpha}_{j1}, \boldsymbol{\alpha}_{j2}, \cdots, \boldsymbol{\alpha}_{jr}$ $(r\leqslant m)$满足条件：

(1)$\boldsymbol{\alpha}_{j1}, \boldsymbol{\alpha}_{j2}, \cdots, \boldsymbol{\alpha}_{jr}$ 线性无关；

(2)$\boldsymbol{\alpha}_1, \boldsymbol{\alpha}_2, \cdots, \boldsymbol{\alpha}_m$ 中的每一个向量都可由此部分向量组线性表示，

则称 $\boldsymbol{\alpha}_{j1}, \boldsymbol{\alpha}_{j2}, \cdots, \boldsymbol{\alpha}_{jr}$ 是向量组 $\boldsymbol{\alpha}_1, \boldsymbol{\alpha}_2, \cdots, \boldsymbol{\alpha}_m$ 的一个极大线性无关组.

定理 1 一个向量组的极大线性无关组之间彼此等价并与向量组本身等价，而且一个向量组的所有极大线性无关组所含向量的个数相等.

2. 向量组的秩

定义 2 向量组的极大线性无关组所含向量的个数称为向量组的秩.

定理 2 矩阵 $\boldsymbol{A}$ 的行秩等于列秩，且等于矩阵 $\boldsymbol{A}$ 的秩.

3. 向量组的秩与矩阵的秩的关系

定理 3 $r(\boldsymbol{A})=\boldsymbol{A}$ 的行秩(矩阵 $\boldsymbol{A}$ 的行向量组的秩)$=\boldsymbol{A}$ 的列秩(矩阵 $\boldsymbol{A}$ 的列向量组的秩).

定理 4 经初等变换，矩阵和向量组的秩均不变.

定理 5 若向量组(Ⅰ)可由向量组(Ⅱ)线性表示，则 $r(\text{Ⅰ})\leqslant r(\text{Ⅱ})$. 特别地，等价的向量组有相同的秩.

八、向量空间

定义 1 设 V 是数域 F 上的 n 维向量构成的非空集合，若(1) $\forall \boldsymbol{\alpha}$，$\boldsymbol{\beta}\in V$，$\boldsymbol{\alpha}+\boldsymbol{\beta}\in V$；(2) $\forall \boldsymbol{\alpha}\in V$，$k\in F$，$k\boldsymbol{\alpha}\in V$，则称集合 V 为数域 F 上的向量空间．若 F 为实数域 $\mathbf{R}$，则称 V 为实向量空间．

定义 2 设 V 为向量空间，如果存在 r 个向量 $\boldsymbol{\alpha}_1$，$\boldsymbol{\alpha}_2$，…，$\boldsymbol{\alpha}_r\in V$，满足(1) $\boldsymbol{\alpha}_1$，$\boldsymbol{\alpha}_2$，…，$\boldsymbol{\alpha}_r$ 线性无关；(2) V 中任一向量都可以由 $\boldsymbol{\alpha}_1$，$\boldsymbol{\alpha}_2$，…，$\boldsymbol{\alpha}_r$ 线性表示，则向量组 $\boldsymbol{\alpha}_1$，$\boldsymbol{\alpha}_2$，…，$\boldsymbol{\alpha}_r$ 称为向量空间 V 的一个基，r 称为向量空间 V 的维数，记为 $\dim V=r$，并称 V 为 r 维向量空间．

定理 1 n 维向量空间 V 中的任意 n 个线性无关的向量都是 V 的一个基．

定义 3 设向量组 $\boldsymbol{\alpha}_1$，$\boldsymbol{\alpha}_2$，…，$\boldsymbol{\alpha}_r$ 是向量空间 V 的一个基，向量空间 V 中的任一向量 $\boldsymbol{\alpha}$ 的唯一表示式 $\boldsymbol{\alpha}=x_1\boldsymbol{\alpha}_1+x_2\boldsymbol{\alpha}_2+\cdots+x_r\boldsymbol{\alpha}_r$ 中，$\boldsymbol{\alpha}_1$，$\boldsymbol{\alpha}_2$，…，$\boldsymbol{\alpha}_r$ 的系数构成的有序数组 x_1，x_2，…，x_r 称为向量 $\boldsymbol{\alpha}$ 关于基 $\boldsymbol{\alpha}_1$，$\boldsymbol{\alpha}_2$，…，$\boldsymbol{\alpha}_r$ 的坐标，记为 $\boldsymbol{X}=(x_1,\ x_2,\ \cdots,\ x_r)^{\mathrm{T}}$．

定义 4 设向量组 $\boldsymbol{\alpha}_1$，$\boldsymbol{\alpha}_2$，…，$\boldsymbol{\alpha}_n$ 和 $\boldsymbol{\beta}_1$，$\boldsymbol{\beta}_2$，…，$\boldsymbol{\beta}_n$ 是 n 维向量空间 V 的两个基，若它们之间的关系可表示为

$$(\boldsymbol{\beta}_1,\ \boldsymbol{\beta}_2,\ \cdots,\ \boldsymbol{\beta}_n)=(\boldsymbol{\alpha}_1,\ \boldsymbol{\alpha}_2,\ \cdots,\ \boldsymbol{\alpha}_n)\begin{pmatrix} c_{11} & c_{12} & \cdots & c_{1n} \\ c_{21} & c_{22} & \cdots & c_{2n} \\ \vdots & \vdots & & \vdots \\ c_{n1} & c_{n2} & \cdots & c_{nn} \end{pmatrix}$$
$$=(\boldsymbol{\alpha}_1,\ \boldsymbol{\alpha}_2,\ \cdots,\ \boldsymbol{\alpha}_n)\boldsymbol{C},$$

则称矩阵 $\boldsymbol{C}=(c_{ij})_{n\times n}$ 为从基 $\boldsymbol{\alpha}_1$，$\boldsymbol{\alpha}_2$，…，$\boldsymbol{\alpha}_n$ 到基 $\boldsymbol{\beta}_1$，$\boldsymbol{\beta}_2$，…，$\boldsymbol{\beta}_n$ 的过渡矩阵（或基变换矩阵）．

定理 2 设向量空间 V 的一组基 $\boldsymbol{\alpha}_1$，$\boldsymbol{\alpha}_2$，…，$\boldsymbol{\alpha}_n$ 到另一组基 $\boldsymbol{\beta}_1$，$\boldsymbol{\beta}_2$，…，$\boldsymbol{\beta}_n$ 的过渡矩阵为 $\boldsymbol{C}$，V 中一个向量在这两组基下的坐标分别为 $\boldsymbol{X}$，$\boldsymbol{Y}$，则 $\boldsymbol{X}=\boldsymbol{CY}$.

九、线性方程组解的结构

1. 齐次线性方程组解的结构

定义 设 $\boldsymbol{\xi}_1$，$\boldsymbol{\xi}_2$，…，$\boldsymbol{\xi}_s\in\boldsymbol{Q}$（$\boldsymbol{Q}$ 是齐次线性方程组 $\boldsymbol{AX}=\boldsymbol{0}$ 的解空间），且

(1) $\boldsymbol{\xi}_1$，$\boldsymbol{\xi}_2$，…，$\boldsymbol{\xi}_s$ 线性无关；

(2) $\boldsymbol{Q}$ 中的任一个解向量都能够由 $\boldsymbol{\xi}_1$，$\boldsymbol{\xi}_2$，…，$\boldsymbol{\xi}_s$ 线性表示，

则称 $\boldsymbol{\xi}_1$，$\boldsymbol{\xi}_2$，…，$\boldsymbol{\xi}_s$ 为线性方程组 $\boldsymbol{AX}=\boldsymbol{0}$ 的一个基础解系．

定理 1 设 $\boldsymbol{A}$ 是 $m\times n$ 矩阵，$r(\boldsymbol{A})=r<n$，则齐次线性方程组的基础解系

含有 $n-r$ 个解向量，如果 $\boldsymbol{\xi}_1$，$\boldsymbol{\xi}_2$，…，$\boldsymbol{\xi}_{n-r}$ 是齐次线性方程组 $\boldsymbol{AX}=\mathbf{0}$ 的一个基础解系，则方程组的任一解向量 $\boldsymbol{\xi}=k_1\boldsymbol{\xi}_1+k_2\boldsymbol{\xi}_2+\cdots+k_{n-r}\boldsymbol{\xi}_{n-r}$，其中 k_1，k_2，…，k_{n-r} 为任意常数．此解称为齐次线性方程组的通解(或一般解)．

2. 非齐次线性方程组解的结构

定理 2 设 $\boldsymbol{\eta}_0$ 是 $\boldsymbol{AX}=\boldsymbol{b}$ 的一个特解，$\boldsymbol{\xi}_1$，$\boldsymbol{\xi}_2$，…，$\boldsymbol{\xi}_{n-r}$ 是其导出方程组 $\boldsymbol{AX}=\mathbf{0}$ 的基础解系，则 $\boldsymbol{AX}=\boldsymbol{b}$ 的一般解(通解)为 $\boldsymbol{\eta}=\boldsymbol{\eta}_0+k_1\boldsymbol{\xi}_1+k_2\boldsymbol{\xi}_2+\cdots+k_{n-r}\boldsymbol{\xi}_{n-r}$，其中 k_1，k_2，…，k_{n-r} 为任意常数，$r(\boldsymbol{A})=r$.

典 型 例 题

例 1 当向量组 $\boldsymbol{\alpha}_1$，$\boldsymbol{\alpha}_2$，…，$\boldsymbol{\alpha}_m$ 线性相关时，使等式 $k_1\boldsymbol{\alpha}_1+k_2\boldsymbol{\alpha}_2+\cdots+k_m\boldsymbol{\alpha}_m=\mathbf{0}$ 成立的常数 k_1，k_2，…，k_m 是(　　).

(A)任意一组常数；　　　　(B)任意一组不全为零的常数；

(C)某些特定的不全为零的常数；　　(D)唯一的一组不全为零的常数.

解 根据线性相关的定义，向量组 $\boldsymbol{\alpha}_1$，$\boldsymbol{\alpha}_2$，…，$\boldsymbol{\alpha}_m$ 线性相关，是指存在不全为零的数 k_1，k_2，…，k_m 使得 $k_1\boldsymbol{\alpha}_1+k_2\boldsymbol{\alpha}_2+\cdots+k_m\boldsymbol{\alpha}_m=\mathbf{0}$，而并不是对任何组数 k_1，k_2，…，k_m 都能使上式成立，因此(A)不成立．例如，向量组 $\boldsymbol{\alpha}_1=(1,\ 0,\ 0)$，$\boldsymbol{\alpha}_2=(2,\ 0,\ 0)$ 是线性相关的(因 $2\boldsymbol{\alpha}_1-\boldsymbol{\alpha}_2=\mathbf{0}$)，但取 $k_1=1$，$k_2=0$，则 $k_1\boldsymbol{\alpha}_1+k_2\boldsymbol{\alpha}_2=\boldsymbol{\alpha}_1+0\boldsymbol{\alpha}_2=\boldsymbol{\alpha}_1\neq(0,\ 0,\ 0)$. 说明并非对任何数 k_1，k_2，都能使 $k_1\boldsymbol{\alpha}_1+k_2\boldsymbol{\alpha}_2=\mathbf{0}$.

同样的道理和反例，否定(B)．至于(D)，因为线性相关的定义只要求有使上式成立的一组不全为零的数 k_1，k_2，…，k_m，对这组不全为零的数的唯一性并无要求，可能仅一组，也可能有无穷多组，故(D)不成立．根据定义，应选(C).

例 2 假如 $\boldsymbol{\alpha}_1$，$\boldsymbol{\alpha}_2$，…，$\boldsymbol{\alpha}_m$ 线性相关，$\boldsymbol{\beta}_1$，$\boldsymbol{\beta}_2$，…，$\boldsymbol{\beta}_m$ 线性相关，则有不全为零的数 k_1，k_2，…，k_m，使 $\sum\limits_{i=1}^{m}k_i\boldsymbol{\alpha}_i=\mathbf{0}$，$\sum\limits_{j=1}^{m}k_j\boldsymbol{\beta}_j=\mathbf{0}$，因而 $\sum\limits_{s=1}^{m}k_s(\boldsymbol{\alpha}_s+\boldsymbol{\beta}_s)=\mathbf{0}$，故 $\boldsymbol{\alpha}_1+\boldsymbol{\beta}_1$，$\boldsymbol{\alpha}_2+\boldsymbol{\beta}_2$，…，$\boldsymbol{\alpha}_m+\boldsymbol{\beta}_m$ 线性相关．这种证法正确否?

解 这种证法不一定正确．由 $\boldsymbol{\alpha}_1$，$\boldsymbol{\alpha}_2$，…，$\boldsymbol{\alpha}_m$ 线性相关，存在一组不全为零的数 t_1，t_2，…，t_m，使

$$t_1\boldsymbol{\alpha}_1+t_2\boldsymbol{\alpha}_2+\cdots+t_m\boldsymbol{\alpha}_m=\mathbf{0}. \tag{1}$$

这是正确的．但是这里的 t_1，t_2，…，t_m 是对向量组 $\boldsymbol{\alpha}_1$，$\boldsymbol{\alpha}_2$，…，$\boldsymbol{\alpha}_m$ 来说的，仅与该向量组有关，也就是说，使(1)式成立的这组不全为零的数 t_1，t_2，…，t_m，不一定能使 $t_1\boldsymbol{\beta}_1+t_2\boldsymbol{\beta}_2+\cdots+t_m\boldsymbol{\beta}_m=\mathbf{0}$ 同时成立．同样由 $\boldsymbol{\beta}_1$，$\boldsymbol{\beta}_2$，…，$\boldsymbol{\beta}_m$ 线

性相关，也存在一组不全为零的数 s_1，s_2，…，s_m，使

$$s_1\boldsymbol{\beta}_1+s_2\boldsymbol{\beta}_2+\cdots+s_m\boldsymbol{\beta}_m=\mathbf{0}. \tag{2}$$

而这一组数 s_1，s_2，…，s_m 也仅与向量组 $\boldsymbol{\beta}_1$，$\boldsymbol{\beta}_2$，…，$\boldsymbol{\beta}_m$ 有关，不一定使 $s_1\boldsymbol{\alpha}_1+s_2\boldsymbol{\alpha}_2+\cdots+s_m\boldsymbol{\alpha}_m=\mathbf{0}$ 同时成立，因而虽然(1)式与(2)式分别成立的不全是零的数组可能有很多，但不一定能找到一组公共的不全为零的数 k_1，k_2，…，k_m 使

$$\sum_{i=1}^{m}k_i\boldsymbol{\alpha}_i=\mathbf{0},\ \sum_{j=1}^{m}k_j\boldsymbol{\beta}_j=\mathbf{0}$$

同时成立．如能找到，上述证法正确；找不到就不正确．

例 3　若有不全为零的数 λ_1，λ_2，…，λ_m 使

$$\lambda_1\boldsymbol{\alpha}_1+\cdots+\lambda_m\boldsymbol{\alpha}_m+\lambda_1\boldsymbol{\beta}_m+\cdots+\lambda_m\boldsymbol{\beta}_m=\mathbf{0}$$

成立，则 $\boldsymbol{\alpha}_1$，$\boldsymbol{\alpha}_2$，…，$\boldsymbol{\alpha}_m$ 线性相关，$\boldsymbol{\beta}_1$，$\boldsymbol{\beta}_2$，…，$\boldsymbol{\beta}_m$ 亦线性相关，这结论是否正确?

解　由题设能断定向量组 $\boldsymbol{\alpha}_1$，$\boldsymbol{\alpha}_2$，…，$\boldsymbol{\alpha}_m$，$\boldsymbol{\beta}_1$，$\boldsymbol{\beta}_2$，…，$\boldsymbol{\beta}_m$ 线性相关，但其部分向量组不一定线性相关，因而 $\boldsymbol{\alpha}_1$，$\boldsymbol{\alpha}_2$，…，$\boldsymbol{\alpha}_m$ 与 $\boldsymbol{\beta}_1$，$\boldsymbol{\beta}_2$，…，$\boldsymbol{\beta}_m$ 都不一定分别线性相关．例如，取 $\boldsymbol{\alpha}_1=(1,\ 0)$，$\boldsymbol{\alpha}_2=(0,\ 1)$，$\boldsymbol{\beta}_1=(-1,\ 0)$，$\boldsymbol{\beta}_2=(0,\ -1)$．当 $\lambda_1=\lambda_2=1$ 时，有 $\lambda_1\boldsymbol{\alpha}_1+\lambda_2\boldsymbol{\alpha}_2+\lambda_1\boldsymbol{\beta}_1+\lambda_2\boldsymbol{\beta}_2=\mathbf{0}$，从而 $\boldsymbol{\alpha}_1$，$\boldsymbol{\alpha}_2$，$\boldsymbol{\beta}_1$，$\boldsymbol{\beta}_2$ 线性相关，但其部分向量组 $\boldsymbol{\alpha}_1$，$\boldsymbol{\alpha}_2$；$\boldsymbol{\beta}_1$，$\boldsymbol{\beta}_2$ 却分别线性无关．

注意：(1)因 λ_1，λ_2，…，λ_m 不全为零，又由题设有

$$\lambda_1(\boldsymbol{\alpha}_1+\boldsymbol{\beta}_1)+\lambda_2(\boldsymbol{\alpha}_2+\boldsymbol{\beta}_2)+\cdots+\lambda_m(\boldsymbol{\alpha}_m+\boldsymbol{\beta}_m)=\mathbf{0},$$

所以 $\boldsymbol{\alpha}_1+\boldsymbol{\beta}_1$，$\boldsymbol{\alpha}_2+\boldsymbol{\beta}_2$，…，$\boldsymbol{\alpha}_m+\boldsymbol{\beta}_m$ 线性相关．此例表明，由 $\boldsymbol{\alpha}_1+\boldsymbol{\beta}_1$，$\boldsymbol{\alpha}_2+\boldsymbol{\beta}_2$，…，$\boldsymbol{\alpha}_m+\boldsymbol{\beta}_m$ 线性相关，推不出 $\boldsymbol{\alpha}_1$，$\boldsymbol{\alpha}_2$，…，$\boldsymbol{\alpha}_m$ 与 $\boldsymbol{\beta}_1$，$\boldsymbol{\beta}_2$，…，$\boldsymbol{\beta}_m$ 分别线性相关．

(2)由例 2 知，由 $\boldsymbol{\alpha}_1$，$\boldsymbol{\alpha}_2$，…，$\boldsymbol{\alpha}_m$ 与 $\boldsymbol{\beta}_1$，$\boldsymbol{\beta}_2$，…，$\boldsymbol{\beta}_m$ 分别线性相关，推不出 $\boldsymbol{\alpha}_1+\boldsymbol{\beta}_1$，$\boldsymbol{\alpha}_2+\boldsymbol{\beta}_2$，…，$\boldsymbol{\alpha}_m+\boldsymbol{\beta}_m$ 必线性相关．

例 4　向量组 $\boldsymbol{\alpha}_1$，$\boldsymbol{\alpha}_2$，…，$\boldsymbol{\alpha}_m$($m\geqslant 2$)线性相关的充要条件是(　　)．

(A)$\boldsymbol{\alpha}_1$，$\boldsymbol{\alpha}_2$，…，$\boldsymbol{\alpha}_m$ 中有一零向量；

(B)$\boldsymbol{\alpha}_1$，$\boldsymbol{\alpha}_2$，…，$\boldsymbol{\alpha}_m$ 中任意两个向量的分量成比例；

(C)$\boldsymbol{\alpha}_1$，$\boldsymbol{\alpha}_2$，…，$\boldsymbol{\alpha}_m$ 中有一个向量是其余向量的线性组合；

(D)$\boldsymbol{\alpha}_1$，$\boldsymbol{\alpha}_2$，…，$\boldsymbol{\alpha}_m$ 中任意一个向量是其余向量的线性组合．

解　(A)、(B)是向量组线性相关的充分条件，但不是必要条件；(D)既不是充分条件，也不是必要条件．只有(C)入选．

例 5　下述论断是否正确：如果 $\boldsymbol{\alpha}_1$，$\boldsymbol{\alpha}_2$，…，$\boldsymbol{\alpha}_m$ 线性相关，那么其中每个向量都是其余向量的线性组合．

解 论断不正确．按线性相关的定义只要求其中至少有一向量能表示为其余向量的线性组合，并不要求向量组中每个向量都能表示为其余向量的线性组合．否则，线性相关的定义变成存在一组全不为零的数 k_1，k_2，…，k_m，即 $k_1\boldsymbol{\alpha}_1+\cdots+k_m\boldsymbol{\alpha}_m=\mathbf{0}$，这显然是不正确的．

例 6 若 $\boldsymbol{\alpha}_1$，$\boldsymbol{\alpha}_2$，…，$\boldsymbol{\alpha}_m$ 线性相关，则对任一组不全为 0 的数 k_1，k_2，…，k_m，总有 $k_1\boldsymbol{\alpha}_1+\cdots+k_m\boldsymbol{\alpha}_m=\mathbf{0}$，这命题是否正确？

解 不正确．因由定义，只要存在一组不全为 0 的数 k_1，k_2，…，k_m，使 $k_1\boldsymbol{\alpha}_1+\cdots+k_m\boldsymbol{\alpha}_m=\mathbf{0}$ 就行了．

例 7 假定 $\boldsymbol{\alpha}$ 能用 $\boldsymbol{\alpha}_1$，$\boldsymbol{\alpha}_2$，…，$\boldsymbol{\alpha}_m$ 表示为 $\boldsymbol{\alpha}=k_1\boldsymbol{\alpha}_1+\cdots+k_m\boldsymbol{\alpha}_m$，问向量组 $\boldsymbol{\alpha}_1$，$\boldsymbol{\alpha}_2$，…，$\boldsymbol{\alpha}_m$，$\boldsymbol{\alpha}$ 是否线性相关？

解 因可找到一组不全为 0 的数 -1，k_1，k_2，…，k_m，使 $(-1)\boldsymbol{\alpha}+k_1\boldsymbol{\alpha}_1+k_2\boldsymbol{\alpha}_2+\cdots+k_m\boldsymbol{\alpha}_m=\mathbf{0}$ 成立，故向量组 $\boldsymbol{\alpha}_1$，$\boldsymbol{\alpha}_2$，…，$\boldsymbol{\alpha}_m$，$\boldsymbol{\alpha}$ 线性相关．

例 8 如果向量 $\boldsymbol{\beta}$ 可由向量组 $\boldsymbol{\alpha}_1$，$\boldsymbol{\alpha}_2$，…，$\boldsymbol{\alpha}_m$ 线性表示，则（　　）．

(A)存在一组不全为零的数 k_1，k_2，…，k_m 使 $\boldsymbol{\beta}=k_1\boldsymbol{\alpha}_1+k_2\boldsymbol{\alpha}_2+\cdots+k_m\boldsymbol{\alpha}_m$（∗）成立；

(B)存在一组全为零的数 k_1，k_2，…，k_m 使（∗）式成立；

(C)存在唯一的一组数 k_1，k_2，…，k_m 使（∗）式成立；

(D)向量组 $\boldsymbol{\beta}$，$\boldsymbol{\alpha}_1$，$\boldsymbol{\alpha}_2$，…，$\boldsymbol{\alpha}_m$ 线性相关．

解 因（∗）式中的 k_1，k_2，…，k_m 可能全为零，也可能不全为零，可能唯一也可以不唯一，所以(A)、(B)、(C)都不正确，只有(D)正确．

例 9 下列论断是否正确？如果对，加以证明，如果错，举出反例．

若 $a_1=a_2=\cdots=a_n=0$ 时，有 $a_1\boldsymbol{\alpha}_1+a_2\boldsymbol{\alpha}_2+\cdots+a_n\boldsymbol{\alpha}_n=\mathbf{0}$，那么 $\boldsymbol{\alpha}_1$，$\boldsymbol{\alpha}_2$，…，$\boldsymbol{\alpha}_n$ 线性无关．

解 不一定．由线性无关的定义可知，只有(不是有)$a_1=a_2=\cdots=a_n=0$ 时，才有 $a_1\boldsymbol{\alpha}_1+a_2\boldsymbol{\alpha}_2+\cdots+a_n\boldsymbol{\alpha}_n=\mathbf{0}$，$\boldsymbol{\alpha}_1$，$\boldsymbol{\alpha}_2$，…，$\boldsymbol{\alpha}_n$ 线性无关．即 $\boldsymbol{\alpha}_1$，$\boldsymbol{\alpha}_2$，…，$\boldsymbol{\alpha}_n$ 的线性组合只有当组合系数全为零时，才是零向量，除此以外，不再有其他组合系数的线性组合是零向量，$\boldsymbol{\alpha}_1$，$\boldsymbol{\alpha}_2$，…，$\boldsymbol{\alpha}_n$ 才线性无关．由题意不能保证是否还有其他组合系数的线性组合也是零向量，因此不能肯定 $\boldsymbol{\alpha}_1$，$\boldsymbol{\alpha}_2$，…，$\boldsymbol{\alpha}_n$ 线性无关．如果有，则不是；如果没有，就是．例如，向量组 $\boldsymbol{\alpha}_1=(1,0,0)$，$\boldsymbol{\alpha}_2=(0,1,0)$，$\boldsymbol{\alpha}_3=(1,1,0)$，除了 $a_1=a_2=a_3=0$ 满足 $a_1\boldsymbol{\alpha}_1+a_2\boldsymbol{\alpha}_2+a_3\boldsymbol{\alpha}_3=\mathbf{0}$ 外，还有 $a_1=1$，$a_2=1$，$a_3=-1$ 这些全不为零的组合系数也满足 $a_1\boldsymbol{\alpha}_1+a_2\boldsymbol{\alpha}_2+a_3\boldsymbol{\alpha}_3=\mathbf{0}$，这时 $\boldsymbol{\alpha}_1$，$\boldsymbol{\alpha}_2$，$\boldsymbol{\alpha}_3$ 线性相关．再如，向量组 $\boldsymbol{\beta}_1=(1,0,0)$，$\boldsymbol{\beta}_2=(0,1,0)$，$\boldsymbol{\beta}_3=(0,0,1)$除了 $a_1=a_2=a_3=0$ 以外，没有不全为零的系数 k_1，k_2，k_3 使 $k_1\boldsymbol{\beta}_1+k_2\boldsymbol{\beta}_2+k_3\boldsymbol{\beta}_3=\mathbf{0}$，因而 $\boldsymbol{\beta}_1$，$\boldsymbol{\beta}_2$，$\boldsymbol{\beta}_3$ 线性无关．

例 10　若只有当 λ_1，λ_2，…，λ_m 全为零时，等式 $\lambda_1\boldsymbol{\alpha}_1+\cdots+\lambda_m\boldsymbol{\alpha}_m+\lambda_1\boldsymbol{\beta}_1+\cdots+\lambda_m\boldsymbol{\beta}_m=\mathbf{0}$ 才能成立，则 $\boldsymbol{\alpha}_1$，$\boldsymbol{\alpha}_2$，…，$\boldsymbol{\alpha}_m$ 线性无关，$\boldsymbol{\beta}_1$，$\boldsymbol{\beta}_2$，…，$\boldsymbol{\beta}_m$ 也线性无关．这论断正确吗？

解　只有当 λ_1，λ_2，…，λ_m 全为零时，等式 $\lambda_1\boldsymbol{\alpha}_1+\cdots+\lambda_m\boldsymbol{\alpha}_m+\lambda_1\boldsymbol{\beta}_1+\cdots+\lambda_m\boldsymbol{\beta}_m=\lambda_1(\boldsymbol{\alpha}_1+\boldsymbol{\beta}_1)+\cdots+\lambda_m(\boldsymbol{\alpha}_m+\boldsymbol{\beta}_m)=\mathbf{0}$ 才成立，只能断定向量组 $\boldsymbol{\alpha}_1+\boldsymbol{\beta}_2$，…，$\boldsymbol{\alpha}_m+\boldsymbol{\beta}_m$ 线性无关，$\boldsymbol{\alpha}_1$，$\boldsymbol{\alpha}_2$，…，$\boldsymbol{\alpha}_m$ 与 $\boldsymbol{\beta}_1$，$\boldsymbol{\beta}_2$，…，$\boldsymbol{\beta}_m$ 不一定线性无关，例如，$\boldsymbol{\alpha}_1=(1, 0)$，$\boldsymbol{\alpha}_2=(-1, 0)$，$\boldsymbol{\beta}_1=\boldsymbol{\beta}_2=(0, 1)$时，只有当 $\lambda_1=\lambda_2=0$ 时，$\lambda_1\boldsymbol{\alpha}_1+\lambda_2\boldsymbol{\alpha}_2+\lambda_1\boldsymbol{\beta}_1+\lambda_2\boldsymbol{\beta}_2=\lambda_1(\boldsymbol{\alpha}_1+\boldsymbol{\beta}_1)+\lambda_2(\boldsymbol{\alpha}_2+\boldsymbol{\beta}_2)=\mathbf{0}$ 才能成立，因而 $\boldsymbol{\alpha}_1+\boldsymbol{\beta}_1=(1, 1)$，$\boldsymbol{\alpha}_2+\boldsymbol{\beta}_2=(-1, 1)$线性无关，但 $\boldsymbol{\alpha}_1$，$\boldsymbol{\alpha}_2$ 及 $\boldsymbol{\beta}_1$，$\boldsymbol{\beta}_2$ 却分别线性相关．

注意：本例说明 $\boldsymbol{\alpha}_1+\boldsymbol{\beta}_1$，…，$\boldsymbol{\alpha}_m+\boldsymbol{\beta}_m$ 线性无关，推不出 $\boldsymbol{\alpha}_1$，$\boldsymbol{\alpha}_2$，…，$\boldsymbol{\alpha}_m$ 及 $\boldsymbol{\beta}_1$，$\boldsymbol{\beta}_2$，…，$\boldsymbol{\beta}_m$ 分别线性无关．也推不出 $\boldsymbol{\alpha}_1$，$\boldsymbol{\alpha}_2$，…，$\boldsymbol{\alpha}_m$，$\boldsymbol{\beta}_1$，$\boldsymbol{\beta}_2$，…，$\boldsymbol{\beta}_m$ 线性无关．

当然 $\boldsymbol{\alpha}_1$，$\boldsymbol{\alpha}_2$，…，$\boldsymbol{\alpha}_m$ 及 $\boldsymbol{\beta}_1$，$\boldsymbol{\beta}_2$，…，$\boldsymbol{\beta}_m$ 分别线性无关时，也推不出 $\boldsymbol{\alpha}_1+\boldsymbol{\beta}_1$，…，$\boldsymbol{\alpha}_m+\boldsymbol{\beta}_m$ 线性无关．

例 11　n 维向量组 $\boldsymbol{\alpha}_1$，$\boldsymbol{\alpha}_2$，…，$\boldsymbol{\alpha}_m$ 线性无关的充要条件是(　　)．

(A)$\boldsymbol{\alpha}_1$，$\boldsymbol{\alpha}_2$，…，$\boldsymbol{\alpha}_m$ 都不是零向量；

(B)$\boldsymbol{\alpha}_1$，$\boldsymbol{\alpha}_2$，…，$\boldsymbol{\alpha}_m$ 中任意两个向量的分量不成比例；

(C)向量组 $\boldsymbol{\alpha}_1$，$\boldsymbol{\alpha}_2$，…，$\boldsymbol{\alpha}_m$ 的向量个数 $m\leqslant n$；

(D)某向量 $\boldsymbol{\beta}$ 可用 $\boldsymbol{\alpha}_1$，$\boldsymbol{\alpha}_2$，…，$\boldsymbol{\alpha}_m$ 线性表示，且表法唯一．

解　显然(A)、(B)都不对．例如，$\boldsymbol{\alpha}_1=(2, 2)$，$\boldsymbol{\alpha}_2=(3, 4)$，$\boldsymbol{\alpha}_3=(5, 6)$，它们都不是零向量，且任意两个向量的分量不成比例，但它们线性相关，故(A)、(B)不是线性无关的充分条件．显然也不是必要条件．若 $\boldsymbol{\alpha}_1$，$\boldsymbol{\alpha}_2$，…，$\boldsymbol{\alpha}_m$ 线性无关，则其个数 m 不超过向量的维数 n，即 $m\leqslant n$. 这是向量组线性无关的必要条件，但不是充分条件．例如，$\boldsymbol{\beta}_1=(1, 2, 3)$，$\boldsymbol{\beta}_2=(2, 4, 6)$，有 $2=m<n=3$，但 $\boldsymbol{\beta}_1$，$\boldsymbol{\beta}_2$ 线性相关．只有(D)成立．

例 12　若两向量组 $\boldsymbol{\alpha}_1$，$\boldsymbol{\alpha}_2$，…，$\boldsymbol{\alpha}_m$ 与 $\boldsymbol{\alpha}_1$，$\boldsymbol{\alpha}_2$，…，$\boldsymbol{\alpha}_m$，$\boldsymbol{\beta}$ 有相同的秩，证明：$\boldsymbol{\beta}$ 可由 $\boldsymbol{\alpha}_1$，$\boldsymbol{\alpha}_2$，…，$\boldsymbol{\alpha}_m$ 线性表出．

证　设 $\boldsymbol{\alpha}_1$，$\boldsymbol{\alpha}_2$，…，$\boldsymbol{\alpha}_r$，…，$\boldsymbol{\alpha}_m$ 的秩为 r，且 $\boldsymbol{\alpha}_1$，$\boldsymbol{\alpha}_2$，…，$\boldsymbol{\alpha}_r$ 为其一个极大无关组．因向量组 $\boldsymbol{\alpha}_1$，$\boldsymbol{\alpha}_2$，…，$\boldsymbol{\alpha}_m$，$\boldsymbol{\beta}$ 的秩也为 r，故 $\boldsymbol{\alpha}_1$，$\boldsymbol{\alpha}_2$，…，$\boldsymbol{\alpha}_r$ 也为该向量组的一个极大无关组，所以 $\boldsymbol{\beta}$ 可由向量组线性表出．

例 13　设齐次线性方程组 $\boldsymbol{AX}=\mathbf{0}$ 的系数矩阵 $\boldsymbol{A}$ 为 $m\times n$ 矩阵，其秩为 r，$\boldsymbol{X}$ 为 n 维列向量，证明：其任意 $n-r$ 个线性无关的解向量都是它的一个基础解系．

解　设 $n-r$ 个线性无关的解向量为 $\boldsymbol{\alpha}_1$，$\boldsymbol{\alpha}_2$，…，$\boldsymbol{\alpha}_{n-r}$，又 $\boldsymbol{\beta}$ 为其任一解．

由基础解系的定义及题设，只需证 $\boldsymbol{\beta}$ 可由 $\boldsymbol{\alpha}_1$，$\boldsymbol{\alpha}_2$，…，$\boldsymbol{\alpha}_{n-r}$ 线性表示．

若 $\boldsymbol{\beta}$ 包含在 $\boldsymbol{\alpha}_1$，$\boldsymbol{\alpha}_2$，…，$\boldsymbol{\alpha}_{n-r}$ 中，显然 $\boldsymbol{\beta}$ 可由 $\boldsymbol{\alpha}_1$，$\boldsymbol{\alpha}_2$，…，$\boldsymbol{\alpha}_{n-r}$ 线性表出；若 $\boldsymbol{\beta}$ 不包含在 $\boldsymbol{\alpha}_1$，$\boldsymbol{\alpha}_2$，…，$\boldsymbol{\alpha}_{n-r}$ 中，因基础解系仅含 $n-r$ 个解向量，故 $\boldsymbol{\alpha}_1$，$\boldsymbol{\alpha}_2$，…，$\boldsymbol{\alpha}_{n-r}$，$\boldsymbol{\beta}$ 线性相关，而 $\boldsymbol{\alpha}_1$，$\boldsymbol{\alpha}_2$，…，$\boldsymbol{\alpha}_{n-r}$ 线性无关，故 $\boldsymbol{\beta}$ 可由 $\boldsymbol{\alpha}_1$，$\boldsymbol{\alpha}_2$，…，$\boldsymbol{\alpha}_{n-r}$ 线性表出．

例 14　已知线性方程组 $\boldsymbol{AX}=\boldsymbol{b}$ 的系数矩阵 $\boldsymbol{A}$ 是 4×5 矩阵，且 $\boldsymbol{A}$ 的行向量组线性无关，则下列结论成立的是(　　)．

(A)$\boldsymbol{A}$ 的列向量组线性无关；

(B)增广矩阵的行向量组线性无关；

(C)增广矩阵的任意 4 个列向量线性无关；

(D)增广矩阵的列向量组线性无关．

解　因增广矩阵的 4 个行向量是由 $\boldsymbol{A}$ 的 4 个行向量添加一个分量(即方程组的常数项)而得到的，前者线性无关，后者也线性无关，所以(B)入选．

因 $r(\boldsymbol{A})=\boldsymbol{A}$ 的列秩 $=4=r(\widetilde{\boldsymbol{A}})=\widetilde{\boldsymbol{A}}$ 的列秩，而 $\boldsymbol{A}$ 和 $\widetilde{\boldsymbol{A}}$ 分别是 4×5，4×6 矩阵，故 $\boldsymbol{A}$ 及 $\widetilde{\boldsymbol{A}}$ 的列向量组线性相关．

例 15　设向量组 $\boldsymbol{\alpha}_1$，$\boldsymbol{\alpha}_2$，…，$\boldsymbol{\alpha}_m$ 线性无关，向量 $\boldsymbol{\beta}_1$ 可用该向量组线性表示，而向量 $\boldsymbol{\beta}_2$ 不能用它线性表示，试证：$m+1$ 个向量 $\boldsymbol{\alpha}_1$，$\boldsymbol{\alpha}_2$，…，$\boldsymbol{\alpha}_m$，$l\boldsymbol{\beta}_1+\boldsymbol{\beta}_2$ 必线性无关．

证　用反证法证之．如 $\boldsymbol{\alpha}_1$，$\boldsymbol{\alpha}_2$，…，$\boldsymbol{\alpha}_m$，$l\boldsymbol{\beta}_1+\boldsymbol{\beta}_2$ 线性相关，因 $\boldsymbol{\alpha}_1$，$\boldsymbol{\alpha}_2$，…，$\boldsymbol{\alpha}_m$ 线性无关，故 $l\boldsymbol{\beta}_1+\boldsymbol{\beta}_2$ 可由 $\boldsymbol{\alpha}_1$，$\boldsymbol{\alpha}_2$，…，$\boldsymbol{\alpha}_m$ 线性表示．设

$$l\boldsymbol{\beta}_1+\boldsymbol{\beta}_2=k_1\boldsymbol{\alpha}_1+k_2\boldsymbol{\alpha}_2+\cdots+k_m\boldsymbol{\alpha}_m.$$

又因 $\boldsymbol{\beta}_1$ 也可由 $\boldsymbol{\alpha}_1$，$\boldsymbol{\alpha}_2$，…，$\boldsymbol{\alpha}_m$ 线性表示，不妨设 $\boldsymbol{\beta}_1=t_1\boldsymbol{\alpha}_1+t_2\boldsymbol{\alpha}_2+\cdots+t_m\boldsymbol{\alpha}_m$，则 $\boldsymbol{\beta}_2=(k_1-lt_1)\boldsymbol{\alpha}_1+(k_2-lt_2)\boldsymbol{\alpha}_2+\cdots(k_m-lt_m)\boldsymbol{\alpha}_m$，即 $\boldsymbol{\beta}_2$ 可由 $\boldsymbol{\alpha}_1$，$\boldsymbol{\alpha}_2$，…，$\boldsymbol{\alpha}_m$ 线性表示，这与题设矛盾，故 $\boldsymbol{\alpha}_1$，$\boldsymbol{\alpha}_2$，…，$\boldsymbol{\alpha}_m$，$l\boldsymbol{\beta}_1+\boldsymbol{\beta}_2$ 线性无关．

例 16　设向量组 $\boldsymbol{\alpha}_1$，$\boldsymbol{\alpha}_2$，…，$\boldsymbol{\alpha}_n$ 中前 $n-1$ 个向量线性相关，后 $n-1$ 个向量线性无关，试问：(1)$\boldsymbol{\alpha}_1$ 能否由 $\boldsymbol{\alpha}_2$，$\boldsymbol{\alpha}_3$，…，$\boldsymbol{\alpha}_{n-1}$ 线性表示？(2)$\boldsymbol{\alpha}_n$ 能否由 $\boldsymbol{\alpha}_1$，$\boldsymbol{\alpha}_2$，…，$\boldsymbol{\alpha}_{n-1}$ 线性表示？

解　(1)由 $\boldsymbol{\alpha}_1$，$\boldsymbol{\alpha}_2$，…，$\boldsymbol{\alpha}_n$ 线性无关，故 $\boldsymbol{\alpha}_2$，$\boldsymbol{\alpha}_3$，…，$\boldsymbol{\alpha}_{n-1}$ 线性无关，而 $\boldsymbol{\alpha}_1$，$\boldsymbol{\alpha}_2$，…，$\boldsymbol{\alpha}_{n-1}$ 线性相关，故 $\boldsymbol{\alpha}_1$ 可由 $\boldsymbol{\alpha}_2$，$\boldsymbol{\alpha}_3$，…，$\boldsymbol{\alpha}_{n-1}$ 线性表示；

(2)因 $\boldsymbol{\alpha}_1$ 能由 $\boldsymbol{\alpha}_2$，$\boldsymbol{\alpha}_3$，…，$\boldsymbol{\alpha}_{n-1}$ 线性表示，而 $\boldsymbol{\alpha}_2$，$\boldsymbol{\alpha}_3$，…，$\boldsymbol{\alpha}_{n-1}$ 线性无关，故 $\boldsymbol{\alpha}_1$ 能由 $\boldsymbol{\alpha}_2$，$\boldsymbol{\alpha}_3$，…，$\boldsymbol{\alpha}_{n-1}$ 唯一地线性表示，不妨设

$$\boldsymbol{\alpha}_1=k_2\boldsymbol{\alpha}_2+k_3\boldsymbol{\alpha}_3+\cdots+k_{n-1}\boldsymbol{\alpha}_{n-1}=k_2\boldsymbol{\alpha}_2+k_3\boldsymbol{\alpha}_3+\cdots+k_{n-1}\boldsymbol{\alpha}_{n-1}+0\boldsymbol{\alpha}_n,$$

因 $k_n=0$，故 $\boldsymbol{\alpha}_n$ 不能由 $\boldsymbol{\alpha}_2$，$\boldsymbol{\alpha}_3$，…，$\boldsymbol{\alpha}_{n-1}$ 线性表示．

例 17　设 $\boldsymbol{\alpha}_1$，$\boldsymbol{\alpha}_2$，$\boldsymbol{\alpha}_3$ 线性无关，试问常数 m，k 满足什么条件时，向量组 $k\boldsymbol{\alpha}_2-\boldsymbol{\alpha}_1$，$m\boldsymbol{\alpha}_3-\boldsymbol{\alpha}_2$，$\boldsymbol{\alpha}_1-\boldsymbol{\alpha}_3$ 线性无关？线性相关？

解　用定义判定，设 $x_1(k\boldsymbol{\alpha}_2-\boldsymbol{\alpha}_1)+x_2(m\boldsymbol{\alpha}_3-\boldsymbol{\alpha}_2)+x_3(\boldsymbol{\alpha}_1-\boldsymbol{\alpha}_3)=\mathbf{0}$，即 $(x_3-x_1)\boldsymbol{\alpha}_1+(kx_1-x_2)\boldsymbol{\alpha}_2+(mx_2-x_3)\boldsymbol{\alpha}_3=\mathbf{0}$. 因 $\boldsymbol{\alpha}_1$，$\boldsymbol{\alpha}_2$，$\boldsymbol{\alpha}_3$ 线性无关，故

$$\begin{cases}-x_1+x_3=0,\\ kx_1-x_2=0,\\ mx_2-x_3=0,\end{cases}$$

其系数行列式 $D=km-1$.

(1)当 $km-1\neq0$，即 $km\neq1$ 时，方程组只有零解 $x_1=x_2=x_3=0$，所以 $k\boldsymbol{\alpha}_2-\boldsymbol{\alpha}_1$，$m\boldsymbol{\alpha}_3-\boldsymbol{\alpha}_2$，$\boldsymbol{\alpha}_1-\boldsymbol{\alpha}_3$ 线性无关.

(2)当 $km-1=0$，即 $km=1$ 时，方程组有非零解，所以 $k\boldsymbol{\alpha}_2-\boldsymbol{\alpha}_1$，$m\boldsymbol{\alpha}_3-\boldsymbol{\alpha}_2$，$\boldsymbol{\alpha}_1-\boldsymbol{\alpha}_3$ 线性相关.

例 18　设向量 $\boldsymbol{\alpha}_1$，$\boldsymbol{\alpha}_2$，…，$\boldsymbol{\alpha}_m$ 线性无关，且向量 $\boldsymbol{\beta}_i=\sum\limits_{j=1}^{m}a_{ij}\boldsymbol{\alpha}_j(i=1,2,\cdots,m)$，$a_{ij}$ 为常数，证明：$\boldsymbol{\beta}_1$，$\boldsymbol{\beta}_2$，…，$\boldsymbol{\beta}_m$ 线性无关的充要条件是

$$D=\begin{vmatrix}a_{11}&a_{12}&\cdots&a_{1m}\\a_{21}&a_{22}&\cdots&a_{2m}\\\vdots&\vdots&&\vdots\\a_{m1}&a_{m2}&\cdots&a_{mm}\end{vmatrix}\neq0.$$

证　用定义证明. 令 $x_1\boldsymbol{\beta}_2+x_2\boldsymbol{\beta}_2+\cdots+x_m\boldsymbol{\beta}_m=\mathbf{0}$，则

$$\Big(\sum_{j=1}^{m}a_{j1}x_j\Big)\boldsymbol{\alpha}_1+\Big(\sum_{j=1}^{m}a_{j2}x_j\Big)\boldsymbol{\alpha}_2+\cdots+\Big(\sum_{j=1}^{m}a_{jm}x_j\Big)\boldsymbol{\alpha}_m=\mathbf{0}.$$

因 $\boldsymbol{\alpha}_1$，$\boldsymbol{\alpha}_2$，…，$\boldsymbol{\alpha}_m$ 线性无关，故其系数均为零，即 $\sum\limits_{j=1}^{m}a_{ji}x_j=0(i=1,2,\cdots,m)$，于是 $\boldsymbol{\beta}_1$，$\boldsymbol{\beta}_2$，…，$\boldsymbol{\beta}_m$ 线性无关的充要条件是：上述齐次线性方程式组只有零解，而它只有零解的充要条件是：其系数行列式 $D^{\mathrm{T}}=|a_{ji}|\neq0$，即 $D=|a_{ij}|\neq0$.

例 19　判定下列向量组的线性相关性，若线性相关，试找出一个向量，使得这个向量可由其余向量线性表示，并且写出它的一种表达方式.

(1)$\boldsymbol{\alpha}_1=(3,1,2,-4)$，$\boldsymbol{\alpha}_2=(1,0,5,2)$，$\boldsymbol{\alpha}_3=(-1,2,0,3)$；

(2)$\boldsymbol{\alpha}_1=(-2,1,0,3)$，$\boldsymbol{\alpha}_2=(1,-3,2,4)$，$\boldsymbol{\alpha}_3=(3,0,2,-1)$，$\boldsymbol{\alpha}_4=(2,-2,4,6)$.

解　考虑以向量组为系数列向量的齐次线性方程组

(1)$\begin{cases}3x_1+x_2-x_3=0,\\ x_1+2x_3=0,\\ 2x_1+5x_2=0,\\ -4x_1+2x_2+3x_3=0.\end{cases}$ $\quad A=\begin{pmatrix}3&1&-1\\1&0&2\\2&5&0\\-4&2&3\end{pmatrix}\xrightarrow{\text{初等行变换}}\begin{pmatrix}1&0&2\\0&1&-7\\0&0&1\\0&0&0\end{pmatrix}=A_1,$

故 $r(\boldsymbol{A})=r(\boldsymbol{A}_1)=3=$向量的个数(即未知量的个数)，故方程组只有零解，从而 $\boldsymbol{\alpha}_1$，$\boldsymbol{\alpha}_2$，$\boldsymbol{\alpha}_3$ 线性无关.

(2)$\begin{cases}-2x_1+x_2+3x_3+2x_4=0,\\ x_1-3x_2-2x_4=0,\\ 2x_2+2x_3+4x_4=0,\\ 3x_1+4x_2-x_3+6x_4=0.\end{cases}$

$$\boldsymbol{A}=\begin{pmatrix}-2&1&3&2\\1&-3&0&-2\\0&2&2&4\\3&4&-1&6\end{pmatrix}\xrightarrow{\text{初等行变换}}\begin{pmatrix}1&0&0&1\\0&1&0&1\\0&0&1&1\\0&0&0&0\end{pmatrix}=\boldsymbol{A}_1,$$

因 $r(\boldsymbol{A})=r(\boldsymbol{A}_1)=3<4=$向量的个数，故方程组有非零解，从而 $\boldsymbol{\alpha}_1$，$\boldsymbol{\alpha}_2$，$\boldsymbol{\alpha}_3$，$\boldsymbol{\alpha}_4$ 线性相关.

为找出其中一个向量由其余向量的线性表示式，需找出上述方程组的一个非零解. 为此由 $\boldsymbol{A}_1$ 写出其同解的阶梯形方程组$\begin{cases}x_1+x_4=0,\\ x_2+x_4=0,\\ x_3+x_4=0,\end{cases}$得一般解为 $x_1=-x_4$，$x_2=-x_4$，$x_3=-x_4$，其中 x_4 可为任意数. 令 $x_4=1$，得方程组的一个非零解$(-1, -1, -1, 1)$，所以$-\boldsymbol{\alpha}_1-\boldsymbol{\alpha}_2-\boldsymbol{\alpha}_3+\boldsymbol{\alpha}_4=\boldsymbol{0}$，即 $\boldsymbol{\alpha}_4=\boldsymbol{\alpha}_1+\boldsymbol{\alpha}_2+\boldsymbol{\alpha}_3$.

例 20 设有 3 维向量组：$\boldsymbol{\alpha}_1=(1+\lambda, 1, 1)$，$\boldsymbol{\alpha}_2=(1, 1+\lambda, 1)$，$\boldsymbol{\alpha}_3=(1, 1, 1+\lambda)$，$\boldsymbol{\beta}=(0, \lambda, \lambda^2)$，问 λ 为何值时，

(1)$\boldsymbol{\beta}$ 可由 $\boldsymbol{\alpha}_1$，$\boldsymbol{\alpha}_2$，$\boldsymbol{\alpha}_3$ 线性表示，且表示法唯一；

(2)$\boldsymbol{\beta}$ 可由 $\boldsymbol{\alpha}_1$，$\boldsymbol{\alpha}_2$，$\boldsymbol{\alpha}_3$ 线性表示，且表示法不唯一；

(3)$\boldsymbol{\beta}$ 不能由 $\boldsymbol{\alpha}_1$，$\boldsymbol{\alpha}_2$，$\boldsymbol{\alpha}_3$ 线性表示.

解 考察以 $\boldsymbol{\alpha}_1$，$\boldsymbol{\alpha}_2$，$\boldsymbol{\alpha}_3$ 为系数列向量，$\boldsymbol{\beta}$ 为常数列向量的非齐次线性方程组

$$\begin{cases}(1+\lambda)x_1+x_2+x_3=0,\\ x_1+(1+\lambda)x_2+x_3=\lambda,\\ x_1+x_2+(1+\lambda)x_3=\lambda^2,\end{cases}$$

其系数行列式$|\boldsymbol{A}|=\lambda^2(\lambda+3)$，故

(1)当$\lambda\neq 0$且$\lambda\neq -3$时，方程组有唯一解，$\boldsymbol{\beta}$可唯一地表示成$\boldsymbol{\alpha}_1$，$\boldsymbol{\alpha}_2$，$\boldsymbol{\alpha}_3$的线性组合．

(2)当$\lambda=0$时，易看出$r(\mathbf{A})=r(\widetilde{\mathbf{A}})=1<m=3$，故方程组有无穷多解，即$\boldsymbol{\beta}$可由$\boldsymbol{\alpha}_1$，$\boldsymbol{\alpha}_2$，$\boldsymbol{\alpha}_3$线性表示，且表示法不唯一．

(3)当$\lambda=-3$时，$r(\mathbf{A})=2\neq r(\widetilde{\mathbf{A}})=3$，故方程组无解，从而$\boldsymbol{\beta}$不能由$\boldsymbol{\alpha}_1$，$\boldsymbol{\alpha}_2$，$\boldsymbol{\alpha}_3$线性表示．

例 21　已知$\boldsymbol{\alpha}_1=(1，4，0，2)^{\mathrm{T}}$，$\boldsymbol{\alpha}_2=(2，7，1，3)^{\mathrm{T}}$，$\boldsymbol{\alpha}_3=(0，1，-1，a)^{\mathrm{T}}$，$\boldsymbol{\beta}=(3，0，b，4)^{\mathrm{T}}$.

(1)当a，b为何值时，$\boldsymbol{\beta}$不能由$\boldsymbol{\alpha}_1$，$\boldsymbol{\alpha}_2$，$\boldsymbol{\alpha}_3$线性表示；

(2)当a，b为何值时，$\boldsymbol{\beta}$可由$\boldsymbol{\alpha}_1$，$\boldsymbol{\alpha}_2$，$\boldsymbol{\alpha}_3$线性表示，并写出表示式．

解　考察以$\boldsymbol{\alpha}_1$，$\boldsymbol{\alpha}_2$，$\boldsymbol{\alpha}_3$为系数列向量、$\boldsymbol{\beta}$为常数项列向量的非齐次线性方程组：

$$\begin{cases}x_1+2x_2=3,\\4x_1+7x_2+x_3=0,\\x_2-x_3=b,\\2x_1+3x_2+ax_3=4.\end{cases}$$

对其增广矩阵$\widetilde{\mathbf{A}}$施行初等行变换化为阶梯形，有

$$\widetilde{\mathbf{A}}=(\mathbf{A}\mid\boldsymbol{\beta})=\left(\begin{array}{ccc|c}1&2&0&3\\4&7&1&0\\0&1&-1&b\\2&3&a&4\end{array}\right)\longrightarrow\left(\begin{array}{ccc|c}1&2&0&3\\0&1&-1&12\\0&0&a-1&10\\0&0&0&b-12\end{array}\right)=\widetilde{\mathbf{A}}_1.$$

(1)当$b\neq 12$或$a=1$时，因$r(\mathbf{A})\neq r(\widetilde{\mathbf{A}})$，故上述方程组无解，此时$\boldsymbol{\beta}$不能由$\boldsymbol{\alpha}_1$，$\boldsymbol{\alpha}_2$，$\boldsymbol{\alpha}_3$线性表示．

(2)当$b=12$且$a\neq 1$时，因$r(\mathbf{A})=r(\widetilde{\mathbf{A}})=3=m$，故上述方程组有唯一解，此时$\boldsymbol{\beta}$可由$\boldsymbol{\alpha}_1$，$\boldsymbol{\alpha}_2$，$\boldsymbol{\alpha}_3$唯一地线性表示，为此将$\widetilde{\mathbf{A}}_1$化成行最简形：

$$\widetilde{\mathbf{A}}_1\longrightarrow\left(\begin{array}{ccc|c}1&2&0&3\\0&1&-1&12\\0&0&a-1&10\\0&0&0&0\end{array}\right)\longrightarrow\left(\begin{array}{ccc|c}1&0&0&\dfrac{1-21a}{a-1}\\0&1&0&\dfrac{12a-2}{a-1}\\0&0&1&\dfrac{10}{a-1}\\0&0&0&0\end{array}\right),$$

故方程组的唯一解为

$$\mathbf{X}=(x_1，x_2，x_3)^{\mathrm{T}}=\left(\frac{1-21a}{a-1}，\frac{12a-2}{a-1}，\frac{10}{a-1}\right)^{\mathrm{T}},$$

故此时
$$\boldsymbol{\beta}=\frac{1-21a}{a-1}\boldsymbol{\alpha}_1+\frac{12a-2}{a-1}\boldsymbol{\alpha}_2+\frac{10}{a-1}\boldsymbol{\alpha}_3.$$

(3)当 $b=12$ 且 $a=1$ 时，经初等行变换将 $\tilde{\boldsymbol{A}}_1$ 经成简化阶梯形矩阵

$$\tilde{\boldsymbol{A}}_1\longrightarrow\left(\begin{array}{ccc:c}1&2&0&3\\0&-1&1&-12\\0&0&0&0\\0&0&0&0\end{array}\right).$$

方程组有无穷多解 $\boldsymbol{X}=(x_1,\ x_2,\ x_3)^{\mathrm{T}}=k(-2,\ 1,\ 1)^{\mathrm{T}}+(3,\ -12,\ 0)^{\mathrm{T}}=(3-2k,\ k-12,\ k)^{\mathrm{T}}$，其中 k 为任意数，这时 $\boldsymbol{\beta}$ 可由 $\boldsymbol{\alpha}_1$，$\boldsymbol{\alpha}_2$，$\boldsymbol{\alpha}_3$ 线性表示为 $\boldsymbol{\beta}=(3-2k)\boldsymbol{\alpha}_1+(k-12)\boldsymbol{\alpha}_2+k\boldsymbol{\alpha}_3$.

例 22 已知向量组 $\boldsymbol{\alpha}_1$，$\boldsymbol{\alpha}_2$，…，$\boldsymbol{\alpha}_m$ 的秩为 r，则(　　).

(A)$\boldsymbol{\alpha}_1$，$\boldsymbol{\alpha}_2$，…，$\boldsymbol{\alpha}_m$ 中至少有一个 r 个向量的部分组线性无关；

(B)$\boldsymbol{\alpha}_1$，$\boldsymbol{\alpha}_2$，…，$\boldsymbol{\alpha}_m$中任何 r 个向量的线性无关的部分组与 $\boldsymbol{\alpha}_1$，$\boldsymbol{\alpha}_2$，…，$\boldsymbol{\alpha}_m$ 可互相线性表示；

(C)$\boldsymbol{\alpha}_1$，$\boldsymbol{\alpha}_2$，…，$\boldsymbol{\alpha}_m$ 中 r 个向量的部分组皆线性无关；

(D)$\boldsymbol{\alpha}_1$，$\boldsymbol{\alpha}_2$，…，$\boldsymbol{\alpha}_m$ 中 $r+1$ 个向量的部分组皆线性相关.

解 由向量组的秩的定义知，$\boldsymbol{\alpha}_1$，$\boldsymbol{\alpha}_2$，…，$\boldsymbol{\alpha}_m$ 的一个极大无关组必含 r 个向量，这 r 个向量必线性无关，又向量组的极大无关组不唯一，但至少有一个含 r 个向量的部分组线性无关，故(A)成立.

因 $r(\boldsymbol{\alpha}_1,\ \boldsymbol{\alpha}_2,\ \cdots,\ \boldsymbol{\alpha}_m)=r$，故该向量组的任意 r 个向量的线性无关部分组都为其一个极大无关组，而极大无关组与该向量组等价，即可互相线性表示，故(B)也成立.

$r(\boldsymbol{\alpha}_1,\ \boldsymbol{\alpha}_2,\ \cdots,\ \boldsymbol{\alpha}_m)=r$，只保证极大线性无关组中含有 r 个向量，但不能保证该向量中任意 r 个向量的部分组都线性无关，它们有的可能线性相关，因而(C)不成立.

因 $r(\boldsymbol{\alpha}_1,\ \boldsymbol{\alpha}_2,\ \cdots,\ \boldsymbol{\alpha}_m)=r$，说明 $\boldsymbol{\alpha}_1$，$\boldsymbol{\alpha}_2$，…，$\boldsymbol{\alpha}_m$ 中线性无关部分组所含的向量个数最多是 r 个，再添加一个向量所得的 $r+1$ 个向量的部分组就线性相关，故(D)成立.

综上所述，(A)、(B)、(D)都成立.

例 23 求下列向量组的秩和一个极大线性无关组，并将其余向量表示成极大无关组的线性组合.

(1)$\boldsymbol{\alpha}_1=(0,\ 4,\ 2)$，$\boldsymbol{\alpha}_2=(1,\ 1,\ 0)$，$\boldsymbol{\alpha}_3=(-2,\ 4,\ 3)$，$\boldsymbol{\alpha}_4=(-1,\ 1,\ 1)$；

(2)$\boldsymbol{\alpha}_1=(1,\ -2,\ 3,\ -1,\ 2)^{\mathrm{T}}$，$\boldsymbol{\alpha}_2=(3,\ -1,\ 5,\ -3,\ 1)^{\mathrm{T}}$，$\boldsymbol{\alpha}_3=(5,\ 0,\ 7,\ -5,\ -4)^{\mathrm{T}}$，$\boldsymbol{\alpha}_4=(2,\ 1,\ 2,\ -2,\ -3)^{\mathrm{T}}$.

解　用初等行变换法：

$$(1)\boldsymbol{A}=\begin{pmatrix}-1&1&1\\-2&4&3\\1&1&0\\0&4&2\end{pmatrix}\begin{matrix}\boldsymbol{\alpha}_4\\\boldsymbol{\alpha}_3\\\boldsymbol{\alpha}_2\\\boldsymbol{\alpha}_1\end{matrix}\longrightarrow\begin{pmatrix}-1&1&1\\0&2&1\\0&2&1\\0&4&2\end{pmatrix}\begin{matrix}\boldsymbol{\alpha}_4\\\boldsymbol{\alpha}_3-2\boldsymbol{\alpha}_4\\\boldsymbol{\alpha}_2+\boldsymbol{\alpha}_4\\\boldsymbol{\alpha}_1\end{matrix}$$

$$\longrightarrow\begin{pmatrix}-1&1&1\\0&2&1\\0&0&0\\0&0&0\end{pmatrix}\begin{matrix}\boldsymbol{\alpha}_4\\\boldsymbol{\alpha}_3-2\boldsymbol{\alpha}_4\\\boldsymbol{\alpha}_2-\boldsymbol{\alpha}_3+3\boldsymbol{\alpha}_4\\\boldsymbol{\alpha}_1-2\boldsymbol{\alpha}_3+4\boldsymbol{\alpha}_4\end{matrix},$$

由最后的行阶梯形矩阵可知：

① $r(\boldsymbol{\alpha}_1,\boldsymbol{\alpha}_2,\boldsymbol{\alpha}_3,\boldsymbol{\alpha}_4)=2$；

② 因 $\boldsymbol{\alpha}_4$ 不能由 $\boldsymbol{\alpha}_3-2\boldsymbol{\alpha}_4$ 线性表示，所以 $\boldsymbol{\alpha}_4$ 与 $\boldsymbol{\alpha}_3-2\boldsymbol{\alpha}_4$ 线性无关，故 $\boldsymbol{\alpha}_3$ 与 $\boldsymbol{\alpha}_4$ 线性无关，$\boldsymbol{\alpha}_3$，$\boldsymbol{\alpha}_4$ 是原向量组的一个极大线性无关组；

③ 因为 $\boldsymbol{\alpha}_2-\boldsymbol{\alpha}_3+3\boldsymbol{\alpha}_4=\boldsymbol{0}$，$\boldsymbol{\alpha}_1-2\boldsymbol{\alpha}_3+4\boldsymbol{\alpha}_4=\boldsymbol{0}$，故

$$\boldsymbol{\alpha}_2=\boldsymbol{\alpha}_3-3\boldsymbol{\alpha}_4,\ \boldsymbol{\alpha}_1=2\boldsymbol{\alpha}_3-4\boldsymbol{\alpha}_4.$$

$$(2)\begin{pmatrix}1&-2&3&-1&2\\3&-1&5&-3&-1\\5&0&7&-5&-4\\2&1&2&-2&-3\end{pmatrix}\begin{matrix}\boldsymbol{\alpha}_1\\\boldsymbol{\alpha}_2\\\boldsymbol{\alpha}_3\\\boldsymbol{\alpha}_4\end{matrix}\longrightarrow\begin{pmatrix}1&-2&3&-1&2\\0&5&-4&0&-7\\0&10&-8&0&-14\\0&5&-4&0&-7\end{pmatrix}\begin{matrix}\boldsymbol{\alpha}_1\\\boldsymbol{\alpha}_2-3\boldsymbol{\alpha}_1\\\boldsymbol{\alpha}_3-5\boldsymbol{\alpha}_1\\\boldsymbol{\alpha}_4-2\boldsymbol{\alpha}_1\end{matrix}$$

$$\longrightarrow\begin{pmatrix}1&-2&3&-1&2\\0&5&-4&0&-7\\0&0&0&0&0\\0&0&0&0&0\end{pmatrix}\begin{matrix}\boldsymbol{\alpha}_1\\\boldsymbol{\alpha}_2-3\boldsymbol{\alpha}_1\\\boldsymbol{\alpha}_3-2\boldsymbol{\alpha}_2+\boldsymbol{\alpha}_1\\\boldsymbol{\alpha}_4-\boldsymbol{\alpha}_2+\boldsymbol{\alpha}_1\end{matrix},$$

所以 $r(\boldsymbol{\alpha}_1,\boldsymbol{\alpha}_2,\boldsymbol{\alpha}_3,\boldsymbol{\alpha}_4)=2$，$\boldsymbol{\alpha}_1$，$\boldsymbol{\alpha}_2$ 是 $\boldsymbol{\alpha}_1$，$\boldsymbol{\alpha}_2$，$\boldsymbol{\alpha}_3$，$\boldsymbol{\alpha}_4$ 的一个极大无关组，且

$$\boldsymbol{\alpha}_3=-\boldsymbol{\alpha}_1+2\boldsymbol{\alpha}_2,\ \boldsymbol{\alpha}_4=-\boldsymbol{\alpha}_1+\boldsymbol{\alpha}_2.$$

例 24　设 $\boldsymbol{A}$ 是 $m\times n$ 矩阵，证明：存在非零的 $n\times s$ 矩阵 $\boldsymbol{B}$ 使得 $\boldsymbol{AB}=\boldsymbol{O}$ 的充要条件是 $r(\mathbf{A})<n$.

证　**必要性**　因为 $\boldsymbol{AB}=\boldsymbol{O}$，所以 $\boldsymbol{B}$ 的 s 个列向量都是齐次线性方程组 $\boldsymbol{AX}=\boldsymbol{0}$ 的解向量．又 $\boldsymbol{B}\neq\boldsymbol{O}$，则 $\boldsymbol{B}$ 中至少有一个列向量 $\boldsymbol{\beta}\neq\boldsymbol{0}$，使得 $\boldsymbol{A\beta}=\boldsymbol{0}$，即齐次线性方程组有非零解 $\boldsymbol{\beta}$，所以 $r(\mathbf{A})<n$.

充分性　已知 $r(\mathbf{A})<n$，要证存在非零矩阵 $\boldsymbol{B}_{n\times s}$，使得 $\boldsymbol{AB}=\boldsymbol{O}$.

因为 $r(\mathbf{A})<n$，所以齐次线性方程组 $\boldsymbol{AX}=\boldsymbol{0}$ 有非零解，不妨设 $\boldsymbol{X}^*=(x_1,$

x_2，…，$x_n)^{\mathrm{T}}$ 是一个非零解，则只需取矩阵 $\boldsymbol{B}=\begin{pmatrix} x_1 & 0 & \cdots & 0 \\ x_2 & 0 & \cdots & 0 \\ \vdots & \vdots & & \vdots \\ x_n & 0 & \cdots & 0 \end{pmatrix}\neq 0$ 即可．

实际上注意到 $\boldsymbol{X}^*=(x_1, x_2, \cdots, x_n)^{\mathrm{T}}$ 是 $\boldsymbol{AX}=\boldsymbol{0}$ 的一个非零解，就有 $\boldsymbol{AB}=\boldsymbol{O}$．即 $\boldsymbol{B}$ 是存在的一个满足 $\boldsymbol{AB}=\boldsymbol{O}$ 的非零矩阵．

例 25 设 $\boldsymbol{A}$ 是 $m\times n$ 矩阵，$\boldsymbol{B}$ 是 $n\times s$ 矩阵，且 $\boldsymbol{AB}=\boldsymbol{O}$，试证：$r(\boldsymbol{A})+r(\boldsymbol{B})\leqslant n$．

证法一 利用矩阵乘积的秩的估计式．

因 $r(\boldsymbol{AB})\geqslant r(\boldsymbol{A})+r(\boldsymbol{B})-n$．而 $\boldsymbol{AB}=\boldsymbol{O}$，即 $\boldsymbol{AB}$ 是零矩阵，故 $r(\boldsymbol{AB})=0$，故 $0\geqslant r(\boldsymbol{A})+r(\boldsymbol{B})-n$，即 $r(\boldsymbol{A})+r(\boldsymbol{B})\leqslant n$．

证法二 利用齐次线性方程组 $\boldsymbol{AX}=\boldsymbol{0}$ 中 $\boldsymbol{A}$ 的秩和线性无关的解向量的个数之间的关系．

因为 $\boldsymbol{AB}=\boldsymbol{O}$，故 $\boldsymbol{B}$ 的 n 个列向量都是 $\boldsymbol{AX}=\boldsymbol{0}$ 的解向量，$\boldsymbol{X}$ 的维数是 n．

方程组 $\boldsymbol{AX}=\boldsymbol{0}$ 的基础解系中恰有 $n-r(\boldsymbol{A})$ 个线性无关的解向量，所以 $r(\boldsymbol{B})$ 不会超过 $n-r(\boldsymbol{A})$，即 $r(\boldsymbol{B})\leqslant n-r(\boldsymbol{A})$，所以 $r(\boldsymbol{A})+r(\boldsymbol{B})\leqslant n$．

例 26 已知 $\boldsymbol{A}=\begin{pmatrix} 1 & 2 & 3 \\ 2 & 4 & t \\ 3 & 6 & 9 \end{pmatrix}$，$\boldsymbol{B}$ 为三阶非零矩阵，且满足 $\boldsymbol{AB}=\boldsymbol{O}$，$t\neq 6$，求证：$r(\boldsymbol{B})=1$．

证法一 因 $\boldsymbol{B}\neq\boldsymbol{O}$，所以 $r(\boldsymbol{B})\geqslant 1$．下面证 $r(\boldsymbol{B})\leqslant 1$．

因 $\boldsymbol{AB}=\boldsymbol{O}$，由上例的结果知 $r(\boldsymbol{B})+r(\boldsymbol{A})\leqslant 3$．而当 $t\neq 6$ 时，$r(\boldsymbol{A})=2$，故 $r(\boldsymbol{B})\leqslant 3-r(\boldsymbol{A})=1$．从而得 $r(\boldsymbol{B})=1$．

证法二 设 $\boldsymbol{B}$ 的三个行向量为 $\boldsymbol{\alpha}_1$，$\boldsymbol{\alpha}_2$，$\boldsymbol{\alpha}_3$，它们都是方程组 $\boldsymbol{X}^{\mathrm{T}}\boldsymbol{A}=\boldsymbol{0}$ 的解向量，因当 $t\neq 6$ 时，$r(\boldsymbol{A})=2=3-1$，故其基础解系只含一个非零解向量，故 $r(\boldsymbol{B})\leqslant 1$．而 $\boldsymbol{\alpha}_1$，$\boldsymbol{\alpha}_2$，$\boldsymbol{\alpha}_3$ 中至少有一个不为零，故 $r(\boldsymbol{B})\geqslant 1$，从而只有 $r(\boldsymbol{B})=1$．

例 27 已知线性方程组 $\begin{cases} (2-\lambda)x_1+2x_2-2x_3=1, \\ 2x_1+(5-\lambda)x_2-4x_3=2, \\ -2x_1-4x_2+(5-\lambda)x_3=-\lambda-1, \end{cases}$ 问 λ 为何值时，此方程组有唯一解、有无穷多解、无解？

解 方程组的系数行列式为

$$|\boldsymbol{A}|=\begin{vmatrix} 2-\lambda & 2 & -2 \\ 2 & 5-\lambda & -4 \\ -2 & -4 & 5-\lambda \end{vmatrix}=-(\lambda-1)^2(\lambda-10).$$

(1)当$\lambda\neq1$且$\lambda\neq10$时，$|\mathbf{A}|\neq0$，方程组有唯一解．

(2)当$\lambda=1$时，对增广矩阵施行初等行变换化为行阶梯形：

$$\widetilde{\mathbf{A}}=\begin{pmatrix}1&2&-2&1\\2&4&-4&2\\-2&-4&4&-2\end{pmatrix}\longrightarrow\begin{pmatrix}1&2&-2&1\\0&0&0&0\\0&0&0&0\end{pmatrix},$$

可见，$r(\widetilde{\mathbf{A}})=r(\mathbf{A})=1<3$(未知量有3个)，故方程组有无穷多解．

(3)当$\lambda=10$时，对增广矩阵施行初等行变换化为行阶梯形：

$$\widetilde{\mathbf{A}}=\begin{pmatrix}-8&2&-2&1\\2&-5&-4&2\\-2&-4&-5&-11\end{pmatrix}\longrightarrow\begin{pmatrix}2&-5&-4&2\\0&1&1&1\\0&0&0&-3\end{pmatrix},$$

显然，$r(\widetilde{\mathbf{A}})=3\neq r(\mathbf{A})=2$，所以原方程组无解．

例 28　证明方程组

$$\begin{cases}x_1+2x_3+4x_4=a+2c,\\2x_1+2x_2+4x_3+8x_4=2a+b,\\-x_1-2x_2+x_3+2x_4=-a-b+c,\\2x_1+7x_3+14x_4=3a+b+2c-d\end{cases}$$

有解的充要条件是$a+b-c-d=0$.

证　将增广矩阵$\widetilde{\mathbf{A}}$施行初等行变换化为行阶梯形：

$$\widetilde{\mathbf{A}}\longrightarrow\begin{pmatrix}1&0&2&4&a+2c\\0&2&0&0&b-4c\\0&0&3&6&-c\\0&0&0&0&a+b-c-d\end{pmatrix}.$$

因$r(\mathbf{A})=3$，所以$r(\widetilde{\mathbf{A}})=r(\mathbf{A})=3$的充要条件是$a+b-c-d=0$，故原方程组有解的充要条件是$a+b-c-d=0$.

例 29　如果向量$\boldsymbol{\beta}=(b_1,b_2,\cdots,b_n)$是线性方程组

$$\begin{cases}a_{11}x_1+a_{12}x_2+\cdots+a_{1n}x_n=0,\\\cdots\cdots\cdots\cdots\cdots\cdots\\a_{m1}x_1+a_{m2}x_2+\cdots+a_{mn}x_n=0\end{cases}\tag{1}$$

的系数矩阵的行向量组$\boldsymbol{\alpha}_i=(a_{i1},a_{i2},\cdots,a_{in})(i=1,2,\cdots,m)$的线性组合，则方程组(1)的解都是方程

$$b_1x_1+b_2x_2+\cdots+b_nx_n=0\tag{2}$$

的解．

证 设 $\boldsymbol{X}^*=(x_1, x_2, \cdots, x_n)^{\mathrm{T}}$ 为齐次方程组(1)的任意一解，则

$$\boldsymbol{\alpha}_i\boldsymbol{X}^*=0 \quad (i=1, 2, \cdots, s). \tag{3}$$

由于 $\boldsymbol{\beta}$ 是 $\boldsymbol{\alpha}_i(i=1, 2, \cdots, s)$ 的线性组合，故存在一组数 $k_1, k_2, \cdots, k_s$ 使得

$$\boldsymbol{\beta}=k_1\boldsymbol{\alpha}_1+k_2\boldsymbol{\alpha}_2+\cdots+k_s\boldsymbol{\alpha}_s.$$

将方程组(3)中的第 i 个方程乘以 $k_i(i=1, 2, \cdots, s)$ 再相加得

$$k_1\boldsymbol{\alpha}_1\boldsymbol{X}^*+k_2\boldsymbol{\alpha}_2\boldsymbol{X}^*+\cdots+k_s\boldsymbol{\alpha}_s\boldsymbol{X}^*=0;$$

即 $(k_1\boldsymbol{\alpha}_1+k_2\boldsymbol{\alpha}_2+\cdots+k_s\boldsymbol{\alpha}_s)\boldsymbol{X}^*=0$，于是 $\boldsymbol{\beta}\boldsymbol{X}^*=0$. 这就证明了方程组(1)的解都是(2)的解．

例 30 设 $\boldsymbol{A}$ 是 $m\times n$ 矩阵，齐次线性方程组 $\boldsymbol{AX}=\boldsymbol{0}$ 是非齐次线方程组 $\boldsymbol{AX}=\boldsymbol{b}$ 的导出组，则下列结论正确的是(　　).

(A)若 $\boldsymbol{AX}=\boldsymbol{0}$ 有零解，则 $\boldsymbol{AX}=\boldsymbol{b}$ 有唯一解；

(B)若 $\boldsymbol{AX}=\boldsymbol{0}$ 有非零解，则 $\boldsymbol{AX}=\boldsymbol{b}$ 有无穷多解；

(C)若 $\boldsymbol{AX}=\boldsymbol{b}$ 有无穷多解，则 $\boldsymbol{AX}=\boldsymbol{0}$ 仅有零解；

(D)若 $\boldsymbol{AX}=\boldsymbol{b}$ 有无穷多解，则 $\boldsymbol{AX}=\boldsymbol{0}$ 有非零解．

解 因为 $\boldsymbol{AX}=\boldsymbol{0}$ 总有零解，因此 $\boldsymbol{AX}=\boldsymbol{b}$ 可能无解，可能有解．当有解时，可能解唯一，也可能有无穷多解．这三种情况都可能会出现．事实上，当 $\boldsymbol{AX}=\boldsymbol{0}$ 有非零解时，可能 $r(\boldsymbol{A})<n$，继而出现 $r(\boldsymbol{A})\neq r(\widetilde{\boldsymbol{A}})$，此时 $\boldsymbol{AX}=\boldsymbol{b}$ 无解，或者出现 $r(\boldsymbol{A})=r(\widetilde{\boldsymbol{A}})<n$，此时，$\boldsymbol{AX}=\boldsymbol{b}$ 有无穷多解；当 $\boldsymbol{AX}=\boldsymbol{0}$ 仅有零解时，$r(\boldsymbol{A})=n$. 但 $r(\boldsymbol{A})$ 和 $r(\widetilde{\boldsymbol{A}})$ 是否相等不得而知，当然更不能断定 $\boldsymbol{AX}=\boldsymbol{b}$ 有唯一解，故(A)不成立．

由(B)中题设知 $r(\boldsymbol{A})<n$，但 $r(\boldsymbol{A})$ 和 $r(\widetilde{\boldsymbol{A}})$ 是否相等不得而知，因而 $\boldsymbol{AX}=\boldsymbol{b}$ 是否有解不得而知，更不能推出有无穷多解，故(B)不成立．

由(C)中题设知 $r(\boldsymbol{A})=r(\widetilde{\boldsymbol{A}})<n$，若 $\boldsymbol{AX}=\boldsymbol{0}$ 仅有零解，则 $r(\boldsymbol{A})=n$，矛盾．故(C)不成立．

由(D)中题设知 $r(\boldsymbol{A})=r(\widetilde{\boldsymbol{A}})<n$，则 $\boldsymbol{AX}=\boldsymbol{0}$ 有无穷多解，故(D)成立．

综上所述(D)入选．

例 31 设齐次线性方程组 $\begin{cases} a_{11}x_1+a_{12}x_2+\cdots+a_{1n}x_n=0, \\ a_{21}x_1+a_{22}x_2+\cdots+a_{2n}x_n=0, \\ \cdots\cdots\cdots\cdots\cdots\cdots \\ a_{n1}x_1+a_{n2}x_2+\cdots+a_{nn}x_n=0 \end{cases}$ 的系数矩阵 $\boldsymbol{A}$ 的行列式 $|\boldsymbol{A}|=0$，试证向量 $\boldsymbol{\alpha}_i=(A_{i1}, A_{i2}, \cdots, A_{in})^{\mathrm{T}}(i=1, 2, \cdots, n)$ 是上面方程组的 n 个解，其中 A_{ij} 是 $\boldsymbol{A}$ 中元素 a_{ij} 的代数余子式．

证法一 将 $x_1=A_{i1}, x_2=A_{i2}, \cdots, x_n=A_{in}$ 代入第 s 个方程，有

$$a_{s1}A_{i1}+a_{s2}A_{i2}+\cdots+a_{sn}A_{in}=\begin{cases}0, & s\neq i,\\ |\boldsymbol{A}|=0, & s=i\end{cases}=0(s=1,\ 2,\ \cdots,\ n),$$

这说明 $\boldsymbol{\alpha}_i=(A_{i1},\ A_{i2},\ \cdots,\ A_{in})^{\mathrm{T}}$ 是上述方程组的解($i=1,\ 2,\ \cdots,\ n$).

证法二　由题设 $|\boldsymbol{A}|=0$，故 $\boldsymbol{AA}^*=|\boldsymbol{A}|\boldsymbol{E}=\boldsymbol{O}$，即

$$\boldsymbol{A}(\boldsymbol{\alpha}_1,\ \boldsymbol{\alpha}_2,\ \cdots,\ \boldsymbol{\alpha}_n)=\boldsymbol{O},\ (\boldsymbol{A\alpha}_1,\ \boldsymbol{A\alpha}_2,\ \cdots,\ \boldsymbol{A\alpha}_n)=\boldsymbol{O},$$

于是 $\boldsymbol{A\alpha}_1=\boldsymbol{0}$，$\boldsymbol{A\alpha}_2=\boldsymbol{0}$，…，$\boldsymbol{A\alpha}_n=\boldsymbol{0}$，故 $\boldsymbol{\alpha}_1$，$\boldsymbol{\alpha}_2$，…，$\boldsymbol{\alpha}_n$ 是上面齐次线性方程组 $\boldsymbol{AX}=\boldsymbol{0}$ 的 n 个解．

例 32　设齐次线方程组 $\begin{cases}a_{11}x_1+a_{12}x_2+\cdots+a_{1n}x_n=0,\\ a_{21}x_1+a_{22}x_2+\cdots+a_{2n}x_n=0,\\ \cdots\cdots\cdots\cdots\cdots\cdots\\ a_{n1}x_1+a_{n2}x_2+\cdots+a_{nn}x_n=0\end{cases}$ 的系数行列式 $|\boldsymbol{A}|=0$，而 $\boldsymbol{A}$ 中元素 a_{ki} 的代数余子式 $A_{ki}\neq0$(i，$k=1$，2，…，n)，试证：向量 $(A_{k1},\ A_{k2},\ \cdots,\ A_{kn})^{\mathrm{T}}$ 都是方程组的基础解系($k=1,\ 2,\ \cdots,\ n$).

证　依定义，需证明三点：

(1)$(A_{k1},\ A_{k2},\ \cdots,\ A_{kn})^{\mathrm{T}}$($k=1,\ 2,\ \cdots,\ n$)都是方程组的解，这已在上题得证．

(2)$(A_{k1},\ A_{k2},\ \cdots,\ A_{kn})^{\mathrm{T}}$($k=1,\ 2,\ \cdots,\ n$)线性无关．

因 $A_{ki}\neq0$，所以$(A_{k1},\ A_{k2},\ \cdots,\ A_{kn})^{\mathrm{T}}$ 是非零向量，单个非零向量线性无关．

(3)方程组的任何一个解向量 $\boldsymbol{\beta}$ 均可由$(A_{k1},\ A_{k2},\ \cdots,\ A_{kn})^{\mathrm{T}}$ 线性表示．因为 $|\boldsymbol{A}|=0$，$A_{ki}\neq0$，故 $\boldsymbol{A}$ 中不等于零的子式的最高阶数为 $n=1$，所以 $r(\boldsymbol{A})=n-1$，从而基础解系只包含 $n-r=n-(n-1)=1$ 个向量，于是向量 $(A_{k1},\ A_{k2},\ \cdots,\ A_{kn})^{\mathrm{T}}$ 与 $\boldsymbol{\beta}$ 必线性相关，而$(A_{k1},\ A_{k2},\ \cdots,\ A_{kn})^{\mathrm{T}}$ 线性无关，故 $\boldsymbol{\beta}$ 是$(A_{k1},\ A_{k2},\ \cdots,\ A_{kn})^{\mathrm{T}}$ 的线性组合．

由(1)、(2)、(3)知，$(A_{k1},\ A_{k2},\ \cdots,\ A_{kn})^{\mathrm{T}}$($k=1,\ 2,\ \cdots,\ n$)都是齐次方程组的基础解系．

例 33　确定 a 的值，使线性方程组 $\begin{cases}2x_1-x_2+x_3+x_4=1,\\ x_1+2x_2-x_3+4x_4=2,\\ x_1+7x_2-4x_3+11x_4=a\end{cases}$ 有解，并求其解．

解　用初等行变换法将其增广矩阵 $\widetilde{\boldsymbol{A}}$ 化为行阶梯形：

$$\widetilde{\boldsymbol{A}}=\left(\begin{array}{cccc:c}2 & -1 & 1 & 1 & 1\\ 1 & 2 & -1 & 4 & 2\\ 1 & 7 & -4 & 11 & a\end{array}\right)\xrightarrow[r_3-r_1]{\substack{r_1\leftrightarrow r_2\\ r_2-2r_1}}\left(\begin{array}{cccc:c}1 & 2 & -1 & 4 & 2\\ 0 & -5 & 3 & -7 & -3\\ 0 & 5 & -3 & 7 & a-2\end{array}\right)$$

$$\xrightarrow{r_3+r_2}\begin{pmatrix}1 & 2 & -1 & 4 & \vdots & 2\\0 & -5 & 3 & -7 & \vdots & -3\\0 & 0 & 0 & 0 & \vdots & a-5\end{pmatrix}=\widetilde{\boldsymbol{A}}_1.$$

显然，当 $a=5$ 时，$r(\widetilde{\boldsymbol{A}})=2=r(\boldsymbol{A})<n=4$，原方程组才有解，且有无穷多解，为求其全部解，用初等行变换将 $\widetilde{\boldsymbol{A}}_1$ 化为行最简形：

$$\widetilde{\boldsymbol{A}}_1=\begin{pmatrix}1 & 2 & -1 & 4 & \vdots & 2\\0 & -5 & 3 & -7 & \vdots & -3\\0 & 0 & 0 & 0 & \vdots & 0\end{pmatrix}\longrightarrow\begin{pmatrix}1 & 0 & 1/5 & 6/5 & \vdots & 4/5\\0 & 1 & -3/5 & 7/5 & \vdots & 3/5\\0 & 0 & 0 & 0 & \vdots & 0\end{pmatrix}=\widetilde{\boldsymbol{A}}_2.$$

由 $\widetilde{\boldsymbol{A}}_2$ 可知，原方程组的一个特解为$(4/5,\ 3/5,\ 0,\ 0)^{\mathrm{T}}$，其导出组的一个基础解系为$(-1/5,\ 3/5,\ 1,\ 0)^{\mathrm{T}}$，$(-6/5,\ -7/5,\ 0,\ 1)^{\mathrm{T}}$，故其通解为

$$\boldsymbol{X}=(4/5,\ 3/5,\ 0,\ 0)^{\mathrm{T}}+k_1(-1/5,\ 3/5,\ 1,\ 0)^{\mathrm{T}}+k_2(-6/5,\ -7/5,\ 0,\ 1)^{\mathrm{T}}.$$

同 步 练 习

一、填空题

(1)若向量组 $\boldsymbol{\alpha}_1=(1,\ -1,\ 2,\ 4)$，$\boldsymbol{\alpha}_2=(0,\ 3,\ t,\ 2)$，$\boldsymbol{\alpha}_3=(3,\ 0,\ 7,\ 14)$线性相关，则 $t=$________，并且 $\boldsymbol{\alpha}_3$ 可由 $\boldsymbol{\alpha}_1$，$\boldsymbol{\alpha}_2$ 表示为________.

(2)设向量组 $\boldsymbol{\alpha}_1$，$\boldsymbol{\alpha}_2$，$\boldsymbol{\alpha}_3$ 线性无关，则向量组 $\boldsymbol{\alpha}_1+\boldsymbol{\alpha}_2$，$\boldsymbol{\alpha}_2+\boldsymbol{\alpha}_3$，$\boldsymbol{\alpha}_3+\boldsymbol{\alpha}_1$ 线性________(填“相关”或“无关”).

(3)若 $\boldsymbol{\alpha}_1=(b,\ b,\ b)$，$\boldsymbol{\alpha}_2=(-b,\ b,\ a)$，$\boldsymbol{\alpha}_3=(-b,\ -b,\ -a)$线性相关，则 a，b 应满足关系式________.

(4)若两个向量组 $\boldsymbol{\alpha}_1=(1,\ 2,\ 3)$，$\boldsymbol{\alpha}_2=(1,\ 0,\ 1)$与 $\boldsymbol{\beta}_1=(-1,\ 2,\ a)$，$\boldsymbol{\beta}_2=(4,\ 1,\ 5)$等价，则 $a=$________.

(5)向量组 $\boldsymbol{\alpha}_1=(-2,\ 1,\ 0,\ 0)$，$\boldsymbol{\alpha}_2=(1,\ 0,\ 3,\ 0)$，$\boldsymbol{\alpha}_3=(4,\ 0,\ 0,\ 5)$线性________(填“相关”或“无关”).

(6)若向量组 $\boldsymbol{\beta}_1=(3,\ 1,\ -1)$，$\boldsymbol{\beta}_2=(6,\ a,\ 5)$，$\boldsymbol{\beta}_3=(0,\ 0,\ 3)$与向量组 $\boldsymbol{\alpha}_1=(1,\ 1,\ 1)$，$\boldsymbol{\alpha}_2=(2,\ 0,\ -2)$，$\boldsymbol{\alpha}_3=(0,\ 2,\ 4)$的秩相同，则 $a=$______.

(7)已知 $r(\boldsymbol{\alpha}_1,\ \boldsymbol{\alpha}_2,\ \boldsymbol{\alpha}_3)=r(\boldsymbol{\alpha}_1,\ \boldsymbol{\alpha}_2,\ \boldsymbol{\alpha}_3,\ \boldsymbol{\alpha}_4)=3$，且 $r(\boldsymbol{\alpha}_1,\ \boldsymbol{\alpha}_2,\ \boldsymbol{\alpha}_3,\ \boldsymbol{\alpha}_5)=4$，那么 $r(\boldsymbol{\alpha}_1,\ \boldsymbol{\alpha}_2,\ \boldsymbol{\alpha}_3,\ \boldsymbol{\alpha}_4+\boldsymbol{\alpha}_5)=$________.

(8)设 $\boldsymbol{\alpha}_1$，$\boldsymbol{\alpha}_2$，…，$\boldsymbol{\alpha}_m$ 是方程组 $\boldsymbol{AX}=\boldsymbol{b}$ 的解，又已知向量 $k_1\boldsymbol{\alpha}_1+k_2\boldsymbol{\alpha}_2+\cdots+k_m\boldsymbol{\alpha}_m$ 也是 $\boldsymbol{AX}=\boldsymbol{b}$ 的解，则 k_1，k_2，…，k_m 应满足条件________.

(9)设 $\boldsymbol{A}$ 为 n 阶方阵，$r(\boldsymbol{A})=n-1$，且 $\boldsymbol{A}$ 中每行元素之和均为零，则齐次线性方程组 $\boldsymbol{AX}=\boldsymbol{0}$ 的通解为________.

(10)设$\boldsymbol{A}$为n阶矩阵，若齐次线性方程组$\boldsymbol{AX}=\boldsymbol{0}$只有零解，则$\boldsymbol{A}^*\boldsymbol{X}=\boldsymbol{0}$的解是________.

(11)设任意一个n维向量都是方程组$\boldsymbol{AX}=\boldsymbol{0}$的解，则$r(\boldsymbol{A})=$________.

(12)设三元方程组$\boldsymbol{AX}=\boldsymbol{b}$的系数矩阵$\boldsymbol{A}$的秩$r(\boldsymbol{A})=2$，向量$\boldsymbol{\alpha}_1$，$\boldsymbol{\alpha}_2$，$\boldsymbol{\alpha}_3$为非齐次方程组$\boldsymbol{AX}=\boldsymbol{b}$的三个特解，且$\boldsymbol{\alpha}_1+\boldsymbol{\alpha}_2+\boldsymbol{\alpha}_3=(6,\ 6,\ 6)^{\mathrm{T}}$，$\boldsymbol{\alpha}_1-\boldsymbol{\alpha}_3=(1,\ 2,\ 1)^{\mathrm{T}}$，则$\boldsymbol{AX}=\boldsymbol{b}$的通解为________.

(13)设三元非齐次线性方程组$\begin{cases}a_{11}x_1+a_{12}x_2+a_{13}x_3=1,\\ a_{21}x_1+a_{22}x_2+a_{23}x_3=1,\\ a_{31}x_1+a_{32}x_2+a_{33}x_3=1\end{cases}$的3个解为$\boldsymbol{\alpha}_1=(1,\ 0,\ 0)^{\mathrm{T}}$，$\boldsymbol{\alpha}_2=(-1,\ 2,\ 0)^{\mathrm{T}}$，$\boldsymbol{\alpha}_3=(-1,\ 1,\ 1)^{\mathrm{T}}$，则系数矩阵$\boldsymbol{A}=$________.

(14)设$\boldsymbol{\alpha}_1=\begin{pmatrix}1\\2\\0\\-2\end{pmatrix}$，$\boldsymbol{\alpha}_2=\begin{pmatrix}-1\\4\\2\\a\end{pmatrix}$，$\boldsymbol{\alpha}_3=\begin{pmatrix}3\\3\\-1\\-6\end{pmatrix}$与$\boldsymbol{\beta}_1=\begin{pmatrix}1\\5\\1\\-a\end{pmatrix}$，$\boldsymbol{\beta}_2=\begin{pmatrix}1\\8\\2\\-2\end{pmatrix}$，$\boldsymbol{\beta}_3=\begin{pmatrix}-5\\2\\t\\10\end{pmatrix}$都是齐次线性方程组$\boldsymbol{AX}=\boldsymbol{0}$的基础解系，则$a$，$t$应满足的条件是________.

(15)设$\boldsymbol{A}$为$m\times n$矩阵，$\boldsymbol{B}$为$n\times s$矩阵，$\boldsymbol{X}$是n维列向量，若$\boldsymbol{ABX}=\boldsymbol{0}$与$\boldsymbol{BX}=\boldsymbol{0}$是同解的齐次线性方程组，则矩阵$\boldsymbol{AB}$的秩$r(\boldsymbol{AB})$与矩阵$\boldsymbol{B}$的秩$r(\boldsymbol{B})$应满足关系式________.

二、选择题

(1)已知n维列向量组$\boldsymbol{\alpha}_1$，$\boldsymbol{\alpha}_2$，…，$\boldsymbol{\alpha}_m$线性无关，则必有(　　).

(A)$m\leqslant n$;

(B)$m>n$;

(C)任一n维列向量$\boldsymbol{\beta}$均可由$\boldsymbol{\alpha}_1$，$\boldsymbol{\alpha}_2$，…，$\boldsymbol{\alpha}_m$线性表示;

(D)方程组$x_1\boldsymbol{\alpha}_1+x_2\boldsymbol{\alpha}_2+\cdots+x_m\boldsymbol{\alpha}_m=\boldsymbol{0}$有非零解.

(2)若向量$\boldsymbol{\beta}$可由向量组$\boldsymbol{\alpha}_1$，$\boldsymbol{\alpha}_2$，…，$\boldsymbol{\alpha}_t$线性表示，则下列结论中正确的是(　　).

(A)存在一组不全为零的数k_1，k_2，…，k_t使等式$\boldsymbol{\beta}=k_1\boldsymbol{\alpha}_1+k_2\boldsymbol{\alpha}_2+\cdots+k_t\boldsymbol{\alpha}_t$

成立；

(B)存在一组全为零的数 k_1，k_2，…，k_t 使等式 $\boldsymbol{\beta}=k_1\boldsymbol{\alpha}_1+k_2\boldsymbol{\alpha}_2+\cdots+k_t\boldsymbol{\alpha}_t$ 成立；

(C)存在一组数 k_1，k_2，…，k_t 使等式 $\boldsymbol{\beta}=k_1\boldsymbol{\alpha}_1+k_2\boldsymbol{\alpha}_2+\cdots+k_t\boldsymbol{\alpha}_t$ 成立；

(D)对 $\boldsymbol{\beta}$ 的线性表示式唯一.

(3)如果 $r(\boldsymbol{\alpha}_1, \boldsymbol{\alpha}_2, \cdots, \boldsymbol{\alpha}_s)=4$，则下列说法正确的是(　　).

(A)$\boldsymbol{\alpha}_1$，$\boldsymbol{\alpha}_2$，…，$\boldsymbol{\alpha}_s$ 的一个部分组如果所含向量的个数和不超过 4，则必线性无关；

(B)$\boldsymbol{\alpha}_1$，$\boldsymbol{\alpha}_2$，$\boldsymbol{\alpha}_3$，$\boldsymbol{\alpha}_4$ 是 $\boldsymbol{\alpha}_1$，$\boldsymbol{\alpha}_2$，…，$\boldsymbol{\alpha}_s$ 的一个极大无关组；

(C)$\boldsymbol{\alpha}_1$，$\boldsymbol{\alpha}_2$，…，$\boldsymbol{\alpha}_s$ 的线性无关的部分组所含向量个数不超过 4；

(D)$\boldsymbol{\alpha}_1$，$\boldsymbol{\alpha}_2$，…，$\boldsymbol{\alpha}_s$ 的线性相关的部分组所含向量个数一定大于 4.

(4)设 n 维向量组 $\boldsymbol{\alpha}_1$，$\boldsymbol{\alpha}_2$，…，$\boldsymbol{\alpha}_s$ 的秩为 k，它的一个部分组 $\boldsymbol{\alpha}_1$，$\boldsymbol{\alpha}_2$，…，$\boldsymbol{\alpha}_t(t<s)$ 的秩为 l，下列条件中，不能判定 $\boldsymbol{\alpha}_1$，$\boldsymbol{\alpha}_2$，…，$\boldsymbol{\alpha}_t$ 是一个极大无关组的是(　　).

(A)$l=k$，且 $\boldsymbol{\alpha}_1$，$\boldsymbol{\alpha}_2$，…，$\boldsymbol{\alpha}_s$ 线性无关；

(B)$l=k$，且 $\boldsymbol{\alpha}_1$，$\boldsymbol{\alpha}_2$，…，$\boldsymbol{\alpha}_t$ 与 $\boldsymbol{\alpha}_1$，$\boldsymbol{\alpha}_2$，…，$\boldsymbol{\alpha}_s$ 等价；

(C)$t=k$，且 $\boldsymbol{\alpha}_1$，$\boldsymbol{\alpha}_2$，…，$\boldsymbol{\alpha}_t$ 与 $\boldsymbol{\alpha}_1$，$\boldsymbol{\alpha}_2$，…，$\boldsymbol{\alpha}_s$ 等价；

(D)$l=k=t$.

(5)设 $\boldsymbol{B}$ 是 n 阶矩阵，且 $|\boldsymbol{B}|=0$，则 $\boldsymbol{B}$ 的行向量中(　　).

(A)必有两个向量对应分量成比例；

(B)必有一个向量为零向量；

(C)必有一个向量是其余向量的线性组合；

(D)任一列向量是其余列向量的线性组合.

(6)设 $\boldsymbol{\alpha}_1=\begin{pmatrix}1\\0\\0\\k_1\end{pmatrix}$，$\boldsymbol{\alpha}_2=\begin{pmatrix}1\\2\\0\\k_2\end{pmatrix}$，$\boldsymbol{\alpha}_3=\begin{pmatrix}-1\\2\\3\\k_3\end{pmatrix}$，$\boldsymbol{\alpha}_4=\begin{pmatrix}-2\\1\\5\\k_4\end{pmatrix}$，其中 k_1，k_2，k_3，k_4 是任意实数，则有(　　).

(A)$\boldsymbol{\alpha}_1$，$\boldsymbol{\alpha}_2$，$\boldsymbol{\alpha}_3$ 一定线性相关；　　(B)$\boldsymbol{\alpha}_1$，$\boldsymbol{\alpha}_2$，$\boldsymbol{\alpha}_3$，$\boldsymbol{\alpha}_4$ 必线性相关；

(C)$\boldsymbol{\alpha}_1$，$\boldsymbol{\alpha}_2$，$\boldsymbol{\alpha}_3$ 必线性无关；　　(D)$\boldsymbol{\alpha}_1$，$\boldsymbol{\alpha}_2$，$\boldsymbol{\alpha}_3$，$\boldsymbol{\alpha}_4$ 必线性无关.

(7)设 n 阶方阵 $\mathbf{A}$ 的秩 $r(\mathbf{A})=r<n$，则在 $\mathbf{A}$ 的 n 个行向量中(　　).

(A)必有 r 个行向量线性无关；

(B)任意 r 个行向量均可构成极大无关组；

(C)任意 r 个行向量均线性无关；

(D)任一行向量均可由其余 r 个行向量线性表示．

(8)设向量组 $\boldsymbol{\alpha}_1$，$\boldsymbol{\alpha}_2$，…，$\boldsymbol{\alpha}_s$ 的秩为 r，则(　　)．

(A)$\boldsymbol{\alpha}_1$，$\boldsymbol{\alpha}_2$，…，$\boldsymbol{\alpha}_{r-1}$必线性无关；

(B)$\boldsymbol{\alpha}_1$，$\boldsymbol{\alpha}_2$，…，$\boldsymbol{\alpha}_r$ 必线性无关；

(C)$\boldsymbol{\alpha}_1$，$\boldsymbol{\alpha}_2$，…，$\boldsymbol{\alpha}_{r+1}$必线性无关；

(D)$\boldsymbol{\alpha}_1$，$\boldsymbol{\alpha}_2$，…，$\boldsymbol{\alpha}_{r+1}$必线性相关．

(9)设 $\boldsymbol{A}=\begin{pmatrix} 3 & a+2 & 4 \\ 5 & a & a+5 \\ 1 & -1 & 2 \end{pmatrix}$，若齐次方程组 $\boldsymbol{AX}=\boldsymbol{0}$ 的任一非零解均可用 $\boldsymbol{\alpha}$ 线性表示，那么必有 $a=$(　　)．

(A)3；　　(B)5；　　(C)3 或－5；　　(D)5 或－3．

(10)设 $\boldsymbol{A}$ 为 $m\times n$ 矩阵，非齐次线性方程组 $\boldsymbol{AX}=\boldsymbol{b}$ 有无穷多解，且 $r(\boldsymbol{A})=r<n$，则该方程组的通解中所含线性无关的解向量的个数为(　　)．

(A)$n-r$；　　(B)r；　　(C)$n-r+1$；　　(D)$r+1$．

(11)设矩阵 $\boldsymbol{A}=(a_{ij})_{n\times n}$，且 $|\boldsymbol{A}|=0$，$\boldsymbol{A}$ 中元素 a_{ij} 的代数余子式 $A_{ij}\neq 0$，则齐次线性方程组 $\boldsymbol{AX}=\boldsymbol{0}$ 的基础解系中含有的线性无关的解向量是(　　)．

(A)1 个；　　(B)i 个；　　(C)j 个；　　(D)n 个．

(12)设 $\boldsymbol{\alpha}_1$，$\boldsymbol{\alpha}_2$，$\boldsymbol{\alpha}_3$ 是齐次线性方程组 $\boldsymbol{AX}=\boldsymbol{0}$ 的基础解系，则该方程组的基础解系还可以表示为(　　)．

(A)$\boldsymbol{\alpha}_1$，$\boldsymbol{\alpha}_1+\boldsymbol{\alpha}_2$，$\boldsymbol{\alpha}_1+\boldsymbol{\alpha}_2+\boldsymbol{\alpha}_3$；

(B)$\boldsymbol{\alpha}_1-\boldsymbol{\alpha}_2$，$\boldsymbol{\alpha}_2-\boldsymbol{\alpha}_3$，$\boldsymbol{\alpha}_3-\boldsymbol{\alpha}_1$；

(C)$\boldsymbol{\alpha}_1$，$\boldsymbol{\alpha}_2$，$\boldsymbol{\alpha}_3$ 的一个等价向量组；

(D)$\boldsymbol{\alpha}_1$，$\boldsymbol{\alpha}_2$，$\boldsymbol{\alpha}_3$ 的一个等秩向量组．

(13)非齐次线性方程组 $\boldsymbol{AX}=\boldsymbol{b}$ 中未知量个数为 n，方程个数为 m，系数矩阵 $\boldsymbol{A}$ 的秩为 r，则(　　)．

(A)当 $r=m$ 时，方程组 $\boldsymbol{AX}=\boldsymbol{b}$ 有解；

(B)当 $r=n$ 时，方程组 $\boldsymbol{AX}=\boldsymbol{b}$ 有唯一解；

(C)当 $m=n$ 时，方程组 $\boldsymbol{AX}=\boldsymbol{b}$ 有唯一解；

(D)当 $r<n$ 时，方程组 $\boldsymbol{AX}=\boldsymbol{b}$ 有无穷多解．

(14)设 $\boldsymbol{A}_1$，$\boldsymbol{A}_2$ 为 n 阶矩阵，$\boldsymbol{X}_1$，$\boldsymbol{X}_2$，$\boldsymbol{B}_1$，$\boldsymbol{B}_2$ 为 $n\times 1$ 矩阵，记 $\boldsymbol{A}=\begin{pmatrix} \boldsymbol{A}_1 & \boldsymbol{O} \\ \boldsymbol{O} & \boldsymbol{A}_2 \end{pmatrix}$，$\boldsymbol{X}=\begin{pmatrix} \boldsymbol{X}_1 \\ \boldsymbol{X}_2 \end{pmatrix}$，$\boldsymbol{B}=\begin{pmatrix} \boldsymbol{B}_1 \\ \boldsymbol{B}_2 \end{pmatrix}$，则线性方程组 $\boldsymbol{AX}=\boldsymbol{B}$ 无解的充分必要条件是(　　)．

(A)$\boldsymbol{A}_1\boldsymbol{X}_1=\boldsymbol{B}_1$ 无解；

(B)$\boldsymbol{A}_2\boldsymbol{X}_2=\boldsymbol{B}_2$ 无解；

(C)$\boldsymbol{A}_1\boldsymbol{X}_1=\boldsymbol{B}_1$ 和 $\boldsymbol{A}_2\boldsymbol{X}_2=\boldsymbol{B}_2$ 都无解；

(D)$\boldsymbol{A}_1\boldsymbol{X}_1=\boldsymbol{B}_1$ 和 $\boldsymbol{A}_2\boldsymbol{X}_2=\boldsymbol{B}_2$ 至少有一个无解．

(15)已知矩阵 $\boldsymbol{A}=\begin{pmatrix}1 & 2 & 3\\ 2 & 4 & t\\ 3 & 6 & 9\end{pmatrix}$，三阶矩阵 $\boldsymbol{B}$ 满足 $\boldsymbol{AB}=\boldsymbol{O}$，且 $\boldsymbol{B}\neq\boldsymbol{O}$，则(　　).

(A)当 $t=6$ 时，$r(\boldsymbol{B})=1$；　　(B)当 $t=6$ 时，$r(\boldsymbol{B})=2$；

(C)当 $t\neq6$ 时，$r(\boldsymbol{B})=1$；　　(D)当 $t\neq6$ 时，$r(\boldsymbol{B})=2$.

三、计算与证明题

(1)如果 n 阶矩阵 $\boldsymbol{A}$ 满足 $\boldsymbol{A}^2-3\boldsymbol{A}+2\boldsymbol{E}=\boldsymbol{O}$，试证：$r(\boldsymbol{A}-\boldsymbol{E})+r(\boldsymbol{A}-2\boldsymbol{E})=n$.

(2)设 $\boldsymbol{\alpha}_1$，$\boldsymbol{\alpha}_2$，$\boldsymbol{\alpha}_3$ 是线性无关的 4 维向量，$\boldsymbol{\beta}_1$，$\boldsymbol{\beta}_2$ 也是 4 维向量，试证：存在不全为 0 的数 k_1，k_2，使得 $k_1\boldsymbol{\beta}_1+k_2\boldsymbol{\beta}_2$ 可由 $\boldsymbol{\alpha}_1$，$\boldsymbol{\alpha}_2$，$\boldsymbol{\alpha}_3$ 线性表示．

(3)设 $\boldsymbol{\alpha}_1=(1,\ 2,\ 3)^{\mathrm{T}}$，$\boldsymbol{\alpha}_2(3,\ -1,\ 2)^{\mathrm{T}}$，$\boldsymbol{\alpha}_3=(2,\ 3,\ C)^{\mathrm{T}}$，问：

① C 为何值时，$\boldsymbol{\alpha}_1$，$\boldsymbol{\alpha}_2$，$\boldsymbol{\alpha}_3$ 线性无关？

② C 为何值时，$\boldsymbol{\alpha}_1$，$\boldsymbol{\alpha}_2$，$\boldsymbol{\alpha}_3$ 线性相关？将 $\boldsymbol{\alpha}_3$ 表示成 $\boldsymbol{\alpha}_1$，$\boldsymbol{\alpha}_2$ 的线性组合．

(4)设有五个向量 $\boldsymbol{\alpha}_1=(3,\ 1,\ 2,\ 5)$，$\boldsymbol{\alpha}_2=(1,\ 1,\ 1,\ 2)$，$\boldsymbol{\alpha}_3=(2,\ 0,\ 1,\ 3)$，$\boldsymbol{\alpha}_4=(1,\ -1,\ 0,\ 1)$，$\boldsymbol{\alpha}_5=(4,\ 2,\ 3,\ 7)$，求此向量组中的一个极大线性无关组，并用它表示其余向量．

(5)设 $\boldsymbol{\eta}_0$ 是非齐次线性方程组 $\boldsymbol{AX}=\boldsymbol{b}$ 的一个解，$\boldsymbol{\xi}_1$，$\boldsymbol{\xi}_2$，…，$\boldsymbol{\xi}_{n-r}$是对应的齐次线性方程组的一个基础解系，证明：

① $\boldsymbol{\eta}_0$，$\boldsymbol{\xi}_1$，$\boldsymbol{\xi}_2$，…，$\boldsymbol{\xi}_{n-r}$线性无关；

② $\boldsymbol{\eta}_0$，$\boldsymbol{\eta}_0+\boldsymbol{\xi}_1$，…，$\boldsymbol{\eta}_0+\boldsymbol{\xi}_{n-r}$线性无关．

(6)已知线性方程组

$$\begin{cases}x_1+x_2+x_3+x_4+x_5=a,\\3x_1+2x_2+x_3+x_4-3x_5=0,\\x_2+2x_3+2x_4+6x_5=b,\\5x_1+4x_2+3x_3+3x_4-x_5=2,\end{cases}$$

① 当 a，b 为何值时，方程组有解；

② 当方程组有解时，求出方程组的导出组的一个基础解系；

③ 当方程组有解时，求出方程组的全部解．

同步练习参考答案

一、填空题

(1)**解**　以 $\boldsymbol{\alpha}_1^{\mathrm{T}}$，$\boldsymbol{\alpha}_2^{\mathrm{T}}$，$\boldsymbol{\alpha}_3^{\mathrm{T}}$ 为列作矩阵 $\boldsymbol{A}$，并进行初等行变换，得

$$\boldsymbol{A}=(\boldsymbol{\alpha}_1^{\mathrm{T}},\ \boldsymbol{\alpha}_2^{\mathrm{T}},\ \boldsymbol{\alpha}_3^{\mathrm{T}})=\begin{pmatrix}1&0&3\\-1&3&0\\2&t&7\\4&2&14\end{pmatrix}\longrightarrow\begin{pmatrix}1&0&3\\0&3&3\\0&t&1\\0&2&2\end{pmatrix}\longrightarrow\begin{pmatrix}1&0&3\\0&1&1\\0&t-1&0\\0&0&0\end{pmatrix}=\boldsymbol{T},$$

所以当 $t=1$ 时，$\boldsymbol{\alpha}_1$，$\boldsymbol{\alpha}_2$，$\boldsymbol{\alpha}_3$ 线性相关，且由第 3 列知 $\boldsymbol{\alpha}_3=3\boldsymbol{\alpha}_1+\boldsymbol{\alpha}_2$.

(2)**解**　令 $\boldsymbol{\beta}_1=\boldsymbol{\alpha}_1+\boldsymbol{\alpha}_2$，$\boldsymbol{\beta}_2=\boldsymbol{\alpha}_2+\boldsymbol{\alpha}_3$，$\boldsymbol{\beta}_3=\boldsymbol{\alpha}_3+\boldsymbol{\alpha}_1$，则

$$(\boldsymbol{\beta}_1,\ \boldsymbol{\beta}_2,\ \boldsymbol{\beta}_3)=(\boldsymbol{\alpha}_1,\ \boldsymbol{\alpha}_2,\ \boldsymbol{\alpha}_3)\begin{pmatrix}1&0&1\\1&1&0\\0&1&1\end{pmatrix}.$$

因为 $\begin{vmatrix}1&0&1\\1&1&0\\0&1&1\end{vmatrix}=2\neq0$，所以矩阵 $\begin{pmatrix}1&0&1\\1&1&0\\0&1&1\end{pmatrix}$ 是可逆矩阵.

又因为 $\boldsymbol{\alpha}_1$，$\boldsymbol{\alpha}_2$，$\boldsymbol{\alpha}_3$ 线性无关，所以 $r(\boldsymbol{\beta}_1,\ \boldsymbol{\beta}_2,\ \boldsymbol{\beta}_3)=r(\boldsymbol{\alpha}_1,\ \boldsymbol{\alpha}_2,\ \boldsymbol{\alpha}_3)=3$，故向量组 $\boldsymbol{\alpha}_1+\boldsymbol{\alpha}_2$，$\boldsymbol{\alpha}_2+\boldsymbol{\alpha}_3$，$\boldsymbol{\alpha}_3+\boldsymbol{\alpha}_1$ 线性无关.

(3)**解**　因为 $\boldsymbol{\alpha}_1$，$\boldsymbol{\alpha}_2$，$\boldsymbol{\alpha}_3$ 是 3 个三维行向量，所以采用行列式的方法比较简单. 因为向量组 $\boldsymbol{\alpha}_1$，$\boldsymbol{\alpha}_2$，$\boldsymbol{\alpha}_3$ 线性相关，所以行列式

$$\begin{vmatrix}b&b&b\\-b&b&a\\-b&-b&-a\end{vmatrix}=2b^2(b-a)=0,$$

因此 a，b 应满足关系式 $a=b$ 或 $b=0$.

(4)**解**　以 $\boldsymbol{\alpha}_1^{\mathrm{T}}$，$\boldsymbol{\alpha}_2^{\mathrm{T}}$，$\boldsymbol{\beta}_1^{\mathrm{T}}$，$\boldsymbol{\beta}_2^{\mathrm{T}}$ 为列作矩阵 $\boldsymbol{A}$，并对 $\boldsymbol{A}$ 施以初等行变换化为矩阵 $\boldsymbol{T}_{\boldsymbol{A}}$，得

$$\boldsymbol{A}=(\boldsymbol{\alpha}_1^{\mathrm{T}},\ \boldsymbol{\alpha}_2^{\mathrm{T}},\ \boldsymbol{\beta}_1^{\mathrm{T}},\ \boldsymbol{\beta}_2^{\mathrm{T}})=\begin{pmatrix}1&1&-1&4\\2&0&2&1\\3&1&a&5\end{pmatrix}\longrightarrow\begin{pmatrix}1&1&-1&4\\0&-2&4&-7\\0&-2&a+3&-7\end{pmatrix}$$

$$\longrightarrow\begin{pmatrix}1&1&-1&4\\0&-2&4&-7\\0&0&a-1&0\end{pmatrix}\longrightarrow\begin{pmatrix}1&0&1&1/2\\0&1&-2&7/2\\0&0&a-1&0\end{pmatrix}=\boldsymbol{T}_{\boldsymbol{A}},$$

所以当 $a=1$ 时，$\boldsymbol{\beta}_1$，$\boldsymbol{\beta}_2$ 可由 $\boldsymbol{\alpha}_1$，$\boldsymbol{\alpha}_2$ 线性表示．

下面验证当 $a=1$ 时，$\boldsymbol{\alpha}_1$，$\boldsymbol{\alpha}_2$ 可由 $\boldsymbol{\beta}_1$，$\boldsymbol{\beta}_2$ 线性表示．

以 $\boldsymbol{\beta}_1^{\mathrm{T}}$，$\boldsymbol{\beta}_2^{\mathrm{T}}$，$\boldsymbol{\alpha}_1^{\mathrm{T}}$，$\boldsymbol{\alpha}_2^{\mathrm{T}}$ 为列作矩阵 $\boldsymbol{B}$，并对 $\boldsymbol{B}$ 施以初等行变换化为矩阵 $\boldsymbol{T_B}$，得

$$\boldsymbol{B}=(\boldsymbol{\beta}_1^{\mathrm{T}},\ \boldsymbol{\beta}_2^{\mathrm{T}},\ \boldsymbol{\alpha}_1^{\mathrm{T}},\ \boldsymbol{\alpha}_2^{\mathrm{T}})=\begin{pmatrix}-1&4&1&1\\2&1&2&0\\1&5&3&1\end{pmatrix}\longrightarrow\begin{pmatrix}-1&4&1&1\\0&9&4&2\\0&9&4&2\end{pmatrix}$$

$$\longrightarrow\begin{pmatrix}-1&4&1&1\\0&9&4&2\\0&0&0&0\end{pmatrix}\longrightarrow\begin{pmatrix}1&0&7/9&-1/9\\0&1&4/9&2/9\\0&0&0&0\end{pmatrix}=\boldsymbol{T_B},$$

可见 $\boldsymbol{\alpha}_1$，$\boldsymbol{\alpha}_2$ 可由 $\boldsymbol{\beta}_1$，$\boldsymbol{\beta}_2$ 表示为 $\boldsymbol{\alpha}_1=\frac{7}{9}\boldsymbol{\beta}_1+\frac{4}{9}\boldsymbol{\beta}_2$，$\boldsymbol{\alpha}_2=-\frac{1}{9}\boldsymbol{\beta}_1+\frac{2}{9}\boldsymbol{\beta}_2$.

故当 $a=1$ 时，向量组 $\boldsymbol{\alpha}_1$，$\boldsymbol{\alpha}_2$ 与向量组 $\boldsymbol{\beta}_1$，$\boldsymbol{\beta}_2$ 等价．

(5)**解**　因为向量组的后三个元素构成的向量组

$$\boldsymbol{\beta}_1=(1,\ 0,\ 0),\ \boldsymbol{\beta}_2=(0,\ 3,\ 0),\ \boldsymbol{\beta}_3=(0,\ 0,\ 5)$$

线性无关，所以它们添加分量构成的向量组 $\boldsymbol{\alpha}_1$，$\boldsymbol{\alpha}_2$，$\boldsymbol{\alpha}_3$ 也线性无关．

(6)**解**　先求已知向量组 $\boldsymbol{\alpha}_1$，$\boldsymbol{\alpha}_2$，$\boldsymbol{\alpha}_3$ 的秩．因为

$$\begin{vmatrix}1&1&1\\2&0&-2\\0&2&4\end{vmatrix}=\begin{vmatrix}1&1&1\\0&-2&-4\\0&2&4\end{vmatrix}=\begin{vmatrix}1&1&1\\0&-2&-4\\0&0&0\end{vmatrix}=0,$$

且向量 $\boldsymbol{\alpha}_1$ 与 $\boldsymbol{\alpha}_2$ 对应分量不成比例，所以 $r(\boldsymbol{\alpha}_1,\ \boldsymbol{\alpha}_2,\ \boldsymbol{\alpha}_3)=2$. 因为

$$\begin{vmatrix}3&1&-1\\6&a&5\\0&0&3\end{vmatrix}=\begin{vmatrix}3&1&-1\\0&a-2&7\\0&0&3\end{vmatrix}=9(a-2),$$

所以当 $a=2$ 时，向量组 $\boldsymbol{\beta}_1$，$\boldsymbol{\beta}_2$，$\boldsymbol{\beta}_3$ 线性相关，且向量 $\boldsymbol{\beta}_1$ 与 $\boldsymbol{\beta}_3$ 的对应分量不成比例，所以 $r(\boldsymbol{\beta}_1,\ \boldsymbol{\beta}_2,\ \boldsymbol{\beta}_3)=2$. 因此要使 $r(\boldsymbol{\alpha}_1,\ \boldsymbol{\alpha}_2,\ \boldsymbol{\alpha}_3)=r(\boldsymbol{\beta}_1,\ \boldsymbol{\beta}_2,\ \boldsymbol{\beta}_3)$，必须满足 $a=2$.

(7)**解**　由 $r(\boldsymbol{\alpha}_1,\ \boldsymbol{\alpha}_2,\ \boldsymbol{\alpha}_3)=3$，故 $\boldsymbol{\alpha}_1$，$\boldsymbol{\alpha}_2$，$\boldsymbol{\alpha}_3$ 线性无关．而 $r(\boldsymbol{\alpha}_1,\ \boldsymbol{\alpha}_2,\ \boldsymbol{\alpha}_3,\ \boldsymbol{\alpha}_4)=3$，故 $\boldsymbol{\alpha}_1$，$\boldsymbol{\alpha}_2$，$\boldsymbol{\alpha}_3$，$\boldsymbol{\alpha}_4$ 线性相关，且由 $\boldsymbol{\alpha}_1$，$\boldsymbol{\alpha}_2$，$\boldsymbol{\alpha}_3$ 线性无关可得，$\boldsymbol{\alpha}_4$ 可由 $\boldsymbol{\alpha}_1$，$\boldsymbol{\alpha}_2$，$\boldsymbol{\alpha}_3$ 线性表示，不妨令

$$\boldsymbol{\alpha}_4=\lambda_1\boldsymbol{\alpha}_1+\lambda_2\boldsymbol{\alpha}_2+\lambda_3\boldsymbol{\alpha}_3. \tag{1}$$

由 $\boldsymbol{\alpha}_1$，$\boldsymbol{\alpha}_2$，$\boldsymbol{\alpha}_3$ 线性无关，易知 $3\leqslant r(\boldsymbol{\alpha}_1,\ \boldsymbol{\alpha}_2,\ \boldsymbol{\alpha}_3,\ \boldsymbol{\alpha}_4+\boldsymbol{\alpha}_5)\leqslant 4$，若 $r(\boldsymbol{\alpha}_1,\ \boldsymbol{\alpha}_2,\ \boldsymbol{\alpha}_3,\ \boldsymbol{\alpha}_4+\boldsymbol{\alpha}_5)=3$，则 $\boldsymbol{\alpha}_4+\boldsymbol{\alpha}_5$ 可由 $\boldsymbol{\alpha}_1$，$\boldsymbol{\alpha}_2$，$\boldsymbol{\alpha}_3$ 线性表示．不妨令

$$\boldsymbol{\alpha}_4+\boldsymbol{\alpha}_5=k_1\boldsymbol{\alpha}_1+k_2\boldsymbol{\alpha}_2+k_3\boldsymbol{\alpha}_3. \tag{2}$$

将(1)代入(2)得 $\boldsymbol{\alpha}_5=(k_1-\lambda_1)\boldsymbol{\alpha}_1+(k_2-\lambda_2)\boldsymbol{\alpha}_2+(k_3-\lambda_3)\boldsymbol{\alpha}_3$，即 $\boldsymbol{\alpha}_5$ 可由 $\boldsymbol{\alpha}_1$，$\boldsymbol{\alpha}_2$，$\boldsymbol{\alpha}_3$ 线性表示，从而与 $r(\boldsymbol{\alpha}_1, \boldsymbol{\alpha}_2, \boldsymbol{\alpha}_3, \boldsymbol{\alpha}_5)=4$ 矛盾，故可得 $r(\boldsymbol{\alpha}_1, \boldsymbol{\alpha}_2, \boldsymbol{\alpha}_3, \boldsymbol{\alpha}_4+\boldsymbol{\alpha}_5)=4$.

(8)**解**　因为 $\boldsymbol{\alpha}_1$，$\boldsymbol{\alpha}_2$，…，$\boldsymbol{\alpha}_m$ 是方程组 $\boldsymbol{AX}=\boldsymbol{b}$ 的解，所以 $\boldsymbol{A\alpha}_1=\boldsymbol{b}$，$\boldsymbol{A\alpha}_2=\boldsymbol{b}$，…，$\boldsymbol{A\alpha}_m=\boldsymbol{b}$. 又因为向量 $k_1\boldsymbol{\alpha}_1+k_2\boldsymbol{\alpha}_2+\cdots+k_m\boldsymbol{\alpha}_m$ 也是方程组 $\boldsymbol{AX}=\boldsymbol{b}$ 的解，所以

$$\boldsymbol{A}(k_1\boldsymbol{\alpha}_1+k_2\boldsymbol{\alpha}_2+\cdots+k_m\boldsymbol{\alpha}_m)=\boldsymbol{b},$$

即
$$k_1\boldsymbol{A\alpha}_1+k_2\boldsymbol{A\alpha}_2+\cdots+k_m\boldsymbol{A\alpha}_m=\boldsymbol{b},$$

所以
$$k_1\boldsymbol{b}+k_2\boldsymbol{b}+\cdots+k_m\boldsymbol{b}=\boldsymbol{b}，即\ k_1+k_2+\cdots+k_m=1.$$

(9)**解**　因为 $r(\boldsymbol{A})=n-1$，所以 $\boldsymbol{AX}=\boldsymbol{0}$ 的基础解系中只含有 $n-(n-1)=1$ 个解向量．又因为 $\boldsymbol{A}$ 中每行元素之和均为零，所以向量(1，1，…，1)为线性方程组 $\boldsymbol{AX}=\boldsymbol{0}$ 的一个解向量，故其通解为 $(x_1, x_2, \cdots, x_n)=(k, k, \cdots, k)$，$k$ 为任意常数．

(10)**解**　齐次线性方程组 $\boldsymbol{AX}=\boldsymbol{0}$ 只有零解 $\Leftrightarrow|\boldsymbol{A}|\neq0\Leftrightarrow r(\boldsymbol{A})=n\Leftrightarrow\boldsymbol{A}$ 可逆 $\Leftrightarrow\boldsymbol{A}^*$ 可逆 $\Leftrightarrow r(\boldsymbol{A}^*)=n$，所以 $\boldsymbol{A}^*\boldsymbol{X}=\boldsymbol{0}$ 只有零解，因此 $\boldsymbol{X}=\boldsymbol{0}$.

(11)**解**　因为任意一个 n 维向量都是方程组 $\boldsymbol{AX}=\boldsymbol{0}$ 的解，所以方程组 $\boldsymbol{AX}=\boldsymbol{0}$ 的基础解系所含向量的个数为 n.

又因为方程组 $\boldsymbol{AX}=\boldsymbol{0}$ 的基础解系所含的线性无关的解向量的个数可由 $n-r(\boldsymbol{A})$ 决定，所以有 $n-r(\boldsymbol{A})=n$，即 $r(\boldsymbol{A})=0$.

(12)**解**　因为 $r(\boldsymbol{A})=2$，所以方程组 $\boldsymbol{AX}=\boldsymbol{0}$ 的基础解系所含线性无关的解向量的个数为 3－2＝1 个．

因为 $\boldsymbol{\alpha}_1$，$\boldsymbol{\alpha}_2$，$\boldsymbol{\alpha}_3$ 为 $\boldsymbol{AX}=\boldsymbol{b}$ 的三个特解，所以 $\boldsymbol{A\alpha}_1=\boldsymbol{b}$，$\boldsymbol{A\alpha}_2=\boldsymbol{b}$，$\boldsymbol{A\alpha}_3=\boldsymbol{b}$，所以 $\boldsymbol{A}(\boldsymbol{\alpha}_1-\boldsymbol{\alpha}_3)=\boldsymbol{A\alpha}_1-\boldsymbol{A\alpha}_3=\boldsymbol{b}-\boldsymbol{b}=\boldsymbol{0}$，即 $\boldsymbol{\alpha}_1-\boldsymbol{\alpha}_3$ 是对应齐次线性方程组 $\boldsymbol{AX}=\boldsymbol{0}$ 的非零解，所以方程组 $\boldsymbol{AX}=\boldsymbol{0}$ 的通解为 $k(\boldsymbol{\alpha}_1-\boldsymbol{\alpha}_3)$，$k$ 为任意常数．

由 $\boldsymbol{A}(\boldsymbol{\alpha}_1+\boldsymbol{\alpha}_2+\boldsymbol{\alpha}_3)=\boldsymbol{b}+\boldsymbol{b}+\boldsymbol{b}=3\boldsymbol{b}$，知 $(\boldsymbol{\alpha}_1+\boldsymbol{\alpha}_2+\boldsymbol{\alpha}_3)/3$ 是方程组 $\boldsymbol{AX}=\boldsymbol{b}$ 的一个特解，所以 $\boldsymbol{AX}=\boldsymbol{b}$ 的通解是 $k(\boldsymbol{\alpha}_1-\boldsymbol{\alpha}_3)+(\boldsymbol{\alpha}_1+\boldsymbol{\alpha}_2+\boldsymbol{\alpha}_3)/3=k(1, 2, 1)^{\mathrm{T}}+(2, 2, 2)^{\mathrm{T}}$.

(13)**解**　因为向量 $\boldsymbol{\alpha}_1+\boldsymbol{\alpha}_2+\boldsymbol{\alpha}_3$ 是非齐次线性方程组 $\boldsymbol{AX}=(1, 1, 1)^{\mathrm{T}}$ 的解，所以有 $\boldsymbol{A\alpha}_1=(1, 1, 1)^{\mathrm{T}}$，$\boldsymbol{A\alpha}_2=(1, 1, 1)^{\mathrm{T}}$，$\boldsymbol{A\alpha}_3=(1, 1, 1)^{\mathrm{T}}$，即

$$(\boldsymbol{A\alpha}_1, \boldsymbol{A\alpha}_2, \boldsymbol{A\alpha}_3)=\boldsymbol{A}(\boldsymbol{\alpha}_1, \boldsymbol{\alpha}_2, \boldsymbol{\alpha}_3)=\boldsymbol{A}\begin{pmatrix}1&-1&-1\\0&2&1\\0&0&1\end{pmatrix}=\begin{pmatrix}1&1&1\\1&1&1\\1&1&1\end{pmatrix},$$

而行列式 $\begin{vmatrix}1&-1&-1\\0&2&1\\0&1&1\end{vmatrix}=2\neq0$，所以

$$\boldsymbol{A}=\begin{pmatrix}1&1&1\\1&1&1\\1&1&1\end{pmatrix}\begin{pmatrix}1&-1&-1\\0&2&1\\0&0&1\end{pmatrix}^{-1}=\begin{pmatrix}1&1&1\\1&1&1\\1&1&1\end{pmatrix}\begin{pmatrix}1&1/2&1/2\\0&1/2&-1/2\\0&0&1\end{pmatrix}=\begin{pmatrix}1&1&1\\1&1&1\\1&1&1\end{pmatrix}.$$

(14)**解**　因为 $\boldsymbol{\alpha}_1$，$\boldsymbol{\alpha}_2$，$\boldsymbol{\alpha}_3$ 与 $\boldsymbol{\beta}_1$，$\boldsymbol{\beta}_2$，$\boldsymbol{\beta}_3$ 都是同一个方程组 $\boldsymbol{AX}=\boldsymbol{0}$ 的基础解系，所以 $\boldsymbol{\alpha}_1$，$\boldsymbol{\alpha}_2$，$\boldsymbol{\alpha}_3$ 与 $\boldsymbol{\beta}_1$，$\boldsymbol{\beta}_2$，$\boldsymbol{\beta}_3$ 都线性无关且它们等价，于是它们可以互相线性表示，为此对 $(\boldsymbol{\alpha}_1,\boldsymbol{\alpha}_2,\boldsymbol{\alpha}_3\mid\boldsymbol{\beta}_1,\boldsymbol{\beta}_2,\boldsymbol{\beta}_3)$ 进行初等行变换，有

$$(\boldsymbol{\alpha}_1,\boldsymbol{\alpha}_2,\boldsymbol{\alpha}_3\mid\boldsymbol{\beta}_1,\boldsymbol{\beta}_2,\boldsymbol{\beta}_3)=\left(\begin{array}{ccc|ccc}1&-1&3&1&1&-5\\2&4&3&5&8&2\\0&2&-1&1&2&t\\-2&a&-6&-a&-2&10\end{array}\right)$$

$$\longrightarrow\left(\begin{array}{ccc|ccc}1&-1&3&1&1&-5\\0&6&-3&3&6&12\\0&2&-1&1&2&t\\0&a-2&0&2-a&0&0\end{array}\right)$$

$$\longrightarrow\left(\begin{array}{ccc|ccc}1&-1&3&1&1&-5\\0&2&-1&1&2&t\\0&a-2&0&2-a&0&0\\0&0&0&0&0&12-3t\end{array}\right).$$

因为 $\boldsymbol{\alpha}_1$，$\boldsymbol{\alpha}_2$，$\boldsymbol{\alpha}_3$ 与 $\boldsymbol{\beta}_1$，$\boldsymbol{\beta}_2$，$\boldsymbol{\beta}_3$ 等价，所以 $r(\boldsymbol{\alpha}_1,\boldsymbol{\alpha}_2,\boldsymbol{\alpha}_3)=r(\boldsymbol{\beta}_1,\boldsymbol{\beta}_2,\boldsymbol{\beta}_3)=3$，所以 $a\neq2$ 且 $t=4$.

(15)**解**　因为齐次线性方程组 $\boldsymbol{ABX}=\boldsymbol{0}$ 与 $\boldsymbol{BX}=\boldsymbol{0}$ 是同解方程组，故它们有相同的基础解系．又因为基础解系所含向量的个数等于未知量的个数与系数矩阵的秩之差，于是有 $n-r(\boldsymbol{AB})=n-r(\boldsymbol{B})$，所以 $r(\boldsymbol{AB})=r(\boldsymbol{B})$.

二、选择题

(1)**解**　向量组中向量的个数大于维数时，必线性相关，从而由已知条件 $\boldsymbol{\alpha}_1$，$\boldsymbol{\alpha}_2$，…，$\boldsymbol{\alpha}_m$ 线性无关知 $m\leqslant n$，即(A)正确，(B)不对．

当 $\boldsymbol{\alpha}_1=(1,0,0)^{\mathrm{T}}$，$\boldsymbol{\alpha}_2=(0,1,0)^{\mathrm{T}}$ 时，$\boldsymbol{\alpha}_1$，$\boldsymbol{\alpha}_2$ 线性无关，向量 $\boldsymbol{\beta}=(0,0,1)^{\mathrm{T}}$ 不能由 $\boldsymbol{\alpha}_1$，$\boldsymbol{\alpha}_2$ 线性表示，从而(C)不对．注意当 $m=n$ 时，$\boldsymbol{\alpha}_1$，$\boldsymbol{\alpha}_2$，…，$\boldsymbol{\alpha}_n$ 是 n 个线性无关的 n 维向量，从而为 $\mathbf{R}^n$ 的基，这时任一 n 维向量 $\boldsymbol{\beta}$ 均可由它们线性表示．

方程组 $x_1\boldsymbol{\alpha}_1+x_2\boldsymbol{\alpha}_2+\cdots+x_m\boldsymbol{\alpha}_m=\boldsymbol{0}$ 有非零解的充要条件是 $\boldsymbol{\alpha}_1$，$\boldsymbol{\alpha}_2$，…，$\boldsymbol{\alpha}_m$ 线性相关，故(D)不对．

(2)**解**　向量 $\boldsymbol{\beta}$ 由向量组 $\boldsymbol{\alpha}_1$，$\boldsymbol{\alpha}_2$，…，$\boldsymbol{\alpha}_t$ 线性表示，只要求存在一组常数

k_1，k_2，…，k_t 使等式 $\boldsymbol{\beta}=k_1\boldsymbol{\alpha}_1+k_2\boldsymbol{\alpha}_2+\cdots+k_t\boldsymbol{\alpha}_t$ 成立．至于 k_1，k_2，…，k_t 是否为 0 与结论无关，因此可以排除(A)和(B)．如果表达式唯一，则要求 $\boldsymbol{\alpha}_1$，$\boldsymbol{\alpha}_2$，…，$\boldsymbol{\alpha}_t$ 线性无关，而题设中无此条件，因此不能得出对 $\boldsymbol{\beta}$ 的线性表示式唯一的结论，故排除选项(D)，因此答案应选(C)．

(3)**解**　举反例判断，设 $\boldsymbol{\alpha}_1=(1, 1, 1, 0)$，$\boldsymbol{\alpha}_2=(1, 0, 0, 0)$，$\boldsymbol{\alpha}_3=(0, 1, 0, 0)$，$\boldsymbol{\alpha}_4=(0, 0, 1, 0)$，$\boldsymbol{\alpha}_5=(0, 0, 0, 1)$．显然 $r(\boldsymbol{\alpha}_1, \boldsymbol{\alpha}_2, \boldsymbol{\alpha}_3, \boldsymbol{\alpha}_4, \boldsymbol{\alpha}_5)=4$，部分组$(\boldsymbol{\alpha}_1, \boldsymbol{\alpha}_2, \boldsymbol{\alpha}_3, \boldsymbol{\alpha}_4)$是只包含了 4 个向量的组，但它是线性相关的，故排除(A)、(B)、(D)．(A)、(B)、(D)都是错在用一个部分组所含向量个数是否大于向量组的秩来判断部分组是否线性无关．因此选(C)．

(4)**解**　关于选项(A)，因为向量组 $\boldsymbol{\alpha}_1$，$\boldsymbol{\alpha}_2$，…，$\boldsymbol{\alpha}_s$ 线性无关，所以根据线性无关组的任一部分组也线性无关可得，向量组 $\boldsymbol{\alpha}_1$，$\boldsymbol{\alpha}_2$，…，$\boldsymbol{\alpha}_t$ 线性无关．又因为向量组 $\boldsymbol{\alpha}_1$，$\boldsymbol{\alpha}_2$，…，$\boldsymbol{\alpha}_t$ 的秩 l 等于向量组 $\boldsymbol{\alpha}_1$，$\boldsymbol{\alpha}_2$，…，$\boldsymbol{\alpha}_s$ 的秩 k，所以线性无关组 $\boldsymbol{\alpha}_1$，$\boldsymbol{\alpha}_2$，…，$\boldsymbol{\alpha}_t$ 是向量组 $\boldsymbol{\alpha}_1$，$\boldsymbol{\alpha}_2$，…，$\boldsymbol{\alpha}_s$ 的一个极大无关组，故排除(A)．

关于选项(B)，虽然 $l=k$ 且$(\boldsymbol{\alpha}_1, \boldsymbol{\alpha}_2, \cdots, \boldsymbol{\alpha}_t)\cong(\boldsymbol{\alpha}_1, \boldsymbol{\alpha}_2, \cdots, \boldsymbol{\alpha}_s)$，但是当 $t>l$ 时，由于 $\boldsymbol{\alpha}_1$，$\boldsymbol{\alpha}_2$，…，$\boldsymbol{\alpha}_t$ 的秩为 l，则 $\boldsymbol{\alpha}_1$，$\boldsymbol{\alpha}_2$，…，$\boldsymbol{\alpha}_t$ 必线性相关，因而谈不上极大无关组，故应选(B)．

(5)**解**　因为$|\boldsymbol{B}|=0$，所以 $\boldsymbol{B}$ 的行向量组线性相关．根据线性相关的定义，设矩阵 $\boldsymbol{B}$ 的行向量为 $\boldsymbol{\beta}_1$，$\boldsymbol{\beta}_2$，…，$\boldsymbol{\beta}_n$，则存在不全为 0 的常数 $k_i(i=1, 2, \cdots, n)$使得等式 $k_1\boldsymbol{\beta}_1+k_2\boldsymbol{\beta}_2+\cdots+k_n\boldsymbol{\beta}_n=\mathbf{0}$ 成立．不妨设 $k_1\neq 0$，则必有 $\boldsymbol{\beta}_1=-\frac{k_2}{k_1}\boldsymbol{\beta}_2-\cdots-\frac{k_n}{k_{n-1}}\boldsymbol{\beta}_n$，即必有一个向量是其余向量的线性组合，因此选(C)．而(A)、(B)选项仅是$|\boldsymbol{B}|=0$ 的充分条件，而非必要条件．

(6)**解**　考虑向量 $\boldsymbol{\alpha}_1$，$\boldsymbol{\alpha}_2$，$\boldsymbol{\alpha}_3$ 的前三行构成的向量组 $\boldsymbol{\beta}_1$，$\boldsymbol{\beta}_2$，$\boldsymbol{\beta}_3$，因为

$$\begin{vmatrix}1 & 1 & -1\\0 & 2 & 2\\0 & 0 & 3\end{vmatrix}=1\times2\times3=6\neq0,$$

所以向量组 $\boldsymbol{\beta}_1=\begin{pmatrix}1\\0\\0\end{pmatrix}$，$\boldsymbol{\beta}_2=\begin{pmatrix}1\\2\\0\end{pmatrix}$，$\boldsymbol{\beta}_3=\begin{pmatrix}-1\\2\\3\end{pmatrix}$线性无关．

根据线性无关向量组增加分量后仍然线性无关，可知线性无关向量组 $\boldsymbol{\beta}_1$，$\boldsymbol{\beta}_2$，$\boldsymbol{\beta}_3$ 添加分量成为向量组 $\boldsymbol{\alpha}_1$，$\boldsymbol{\alpha}_2$，$\boldsymbol{\alpha}_3$ 后仍然线性无关，故答案为(C)．

(7)**解**　由定义知 $r(\boldsymbol{A})=r$，$\boldsymbol{A}$ 的 n 个行向量组的秩也为 r，即行向量组的极大无关组所含向量的个数为 r，从而必有 r 个行向量线性无关，所以选(A)．

(8)**解** 由 $r(\boldsymbol{\alpha}_1, \boldsymbol{\alpha}_2, \cdots, \boldsymbol{\alpha}_s)=r$，表明向量组中有 r 个向量线性无关，而任意 $r+1$ 个向量必线性相关，故(D)正确．由题意 $r(\boldsymbol{\alpha}_1, \boldsymbol{\alpha}_2, \cdots, \boldsymbol{\alpha}_s)=r$ 只能表明向量组中有 r 个向量线性无关，而并不是任意 r 个向量均线性无关，故排除(B)．由向量组的秩为 r 时，其中可以有 $r-1$ 个向量线性相关．如向量组 $\boldsymbol{\alpha}_1=(1, 0, 0)$，$\boldsymbol{\alpha}_2=(2, 0, 0)$，$\boldsymbol{\alpha}_3=(0, 1, 0)$，$\boldsymbol{\alpha}_4=(0, 0, 1)$的秩为3，其中 $\boldsymbol{\alpha}_1$，$\boldsymbol{\alpha}_2$ 线性相关，$\boldsymbol{\alpha}_1$，$\boldsymbol{\alpha}_2$，$\boldsymbol{\alpha}_3$ 也线性相关，故(A)也不正确，正确答案应选(D).

(9)**解** 因为齐次方程组 $\boldsymbol{AX}=\boldsymbol{0}$ 有非零解，且其任一解均可以由 $\boldsymbol{\alpha}$ 线性表出，说明 $\boldsymbol{AX}=\boldsymbol{0}$ 的基础解系只有一个向量，因此 $r(\boldsymbol{A})=3-1=2$. 对矩阵 $\boldsymbol{A}$ 作初等变换有

$$\boldsymbol{A}\longrightarrow\begin{pmatrix}1 & -1 & 2\\ 3 & a+2 & 4\\ 5 & a & a+5\end{pmatrix}\longrightarrow\begin{pmatrix}1 & -1 & 2\\ 0 & a+5 & -2\\ 0 & a+5 & a-5\end{pmatrix}\longrightarrow\begin{pmatrix}1 & -1 & 2\\ 0 & a+5 & -2\\ 0 & 0 & a-3\end{pmatrix},$$

可见当 $a=3$ 或 $a=-5$ 时，均有秩 $r(\boldsymbol{A})=2$，所以应选(C).

(10)**解** 因为 $r(\boldsymbol{A})=r$，所以对应齐次线性方程组 $\boldsymbol{AX}=\boldsymbol{0}$ 的基础解系中含有 $n-r$ 个解向量，记它们为 $\boldsymbol{\alpha}_1$，$\boldsymbol{\alpha}_2$，$\cdots$，$\boldsymbol{\alpha}_{n-r}$.

设 $\boldsymbol{\beta}$ 是非齐次线性方程组 $\boldsymbol{AX}=\boldsymbol{b}$ 的解向量，$\boldsymbol{\beta}^*$ 为方程组 $\boldsymbol{AX}=\boldsymbol{b}$ 的特解，即 $\boldsymbol{A\beta}^*=\boldsymbol{b}$，则根据解的结构定理知，$\boldsymbol{AX}=\boldsymbol{b}$ 的通解为

$$\boldsymbol{\beta}=k_1\boldsymbol{\alpha}_1+k_2\boldsymbol{\alpha}_2+\cdots+k_m\boldsymbol{\alpha}_{n-r}+k\boldsymbol{\beta}^*,$$

而 $\boldsymbol{\alpha}_1$，$\boldsymbol{\alpha}_2$，$\cdots$，$\boldsymbol{\alpha}_{n-r}$，$\boldsymbol{\beta}$ 是线性无关的．事实上，若存在常数 k_1，k_2，$\cdots$，k_{n-r}，k 使得

$$k_1\boldsymbol{\alpha}_1+k_2\boldsymbol{\alpha}_2+\cdots+k_{n-r}\boldsymbol{\alpha}_{n-r}+k\boldsymbol{\beta}^*=\boldsymbol{0},$$

等式两端左乘矩阵 $\boldsymbol{A}$，有

$$k_1\boldsymbol{A\alpha}_1+k_2\boldsymbol{A\alpha}_2+\cdots+k_{n-r}\boldsymbol{A\alpha}_{n-r}+k\boldsymbol{A\beta}^*=\boldsymbol{0}.$$

即 $k_1\cdot\boldsymbol{0}+k_2\cdot\boldsymbol{0}+\cdots+k_{n-r}\cdot\boldsymbol{0}+k\boldsymbol{b}=\boldsymbol{0}$. 因为 $\boldsymbol{b}\neq\boldsymbol{0}$，所以 $k=0$，所以 $k_1\boldsymbol{\alpha}_1+k_2\boldsymbol{\alpha}_2+\cdots+k_{n-r}\boldsymbol{\alpha}_{n-r}=\boldsymbol{0}$.

又因为 $\boldsymbol{\alpha}_1$，$\boldsymbol{\alpha}_2$，$\cdots$，$\boldsymbol{\alpha}_{n-r}$ 是 $\boldsymbol{AX}=\boldsymbol{0}$ 的基础解系，所以它们线性无关，所以 $k_1=k_2=\cdots=k_{n-r}=0$，即 $\boldsymbol{\alpha}_1$，$\boldsymbol{\alpha}_2$，$\cdots$，$\boldsymbol{\alpha}_{n-r}$，$\boldsymbol{\beta}^*$ 线性无关，所以方程组 $\boldsymbol{AX}=\boldsymbol{b}$ 的任一解向量 $\boldsymbol{\beta}$ 均可由一组线性无关向量组 $\boldsymbol{\alpha}_1$，$\boldsymbol{\alpha}_2$，$\cdots$，$\boldsymbol{\alpha}_{n-r}$，$\boldsymbol{\beta}^*$ 线性表示，故它的基础解系所含向量的个数为 $n-r+1$，故应选(C).

(11)**解** 因为 $|\boldsymbol{A}|=0$ 且任一元素 a_{ij} 的代数余子式 $A_{ij}\neq0$，所以 $r(\boldsymbol{A})=n-1$，所以方程组 $\boldsymbol{AX}=\boldsymbol{0}$ 的基础解系所含向量为 $n-(n-1)=1$ 个，故应选(A).

(12)**解** 因为等秩的向量组不一定是方程组的解向量，所以排除(D)；因

为等价的向量组的个数不一定是3，所以排除(C).

因为$\boldsymbol{\alpha}_1$，$\boldsymbol{\alpha}_2$，$\boldsymbol{\alpha}_3$是$\boldsymbol{AX}=\boldsymbol{0}$的基础解系，所以$\boldsymbol{\alpha}_1$，$\boldsymbol{\alpha}_2$，$\boldsymbol{\alpha}_3$线性无关．而选项(B)中$\boldsymbol{\alpha}_1-\boldsymbol{\alpha}_2$，$\boldsymbol{\alpha}_2-\boldsymbol{\alpha}_3$，$\boldsymbol{\alpha}_3-\boldsymbol{\alpha}_1$这三个向量虽然都是方程组$\boldsymbol{AX}=\boldsymbol{0}$的解，但由$(\boldsymbol{\alpha}_1-\boldsymbol{\alpha}_2)+(\boldsymbol{\alpha}_2-\boldsymbol{\alpha}_3)+(\boldsymbol{\alpha}_3-\boldsymbol{\alpha}_1)=\boldsymbol{0}$可得这三个向量线性相关，所以不符合基础解系的定义，故排除(B)．应选(A).

(13)**解**　$\boldsymbol{AX}=\boldsymbol{b}$有解的充要条件为$r(\boldsymbol{A})=r(\boldsymbol{A}\mid\boldsymbol{b})$.

由已知$r(\boldsymbol{A})=m$，即相当于$\boldsymbol{A}$的m个行向量线性无关，故添加一个分量后得$(\boldsymbol{A}\mid\boldsymbol{b})$的$m$个行向量仍线性无关，即有$r(\boldsymbol{A})=r(\boldsymbol{A}\mid\boldsymbol{b})$，所以$\boldsymbol{AX}=\boldsymbol{b}$有解．因此正确答案为(A)．而在(B)、(C)、(D)中都不能保证有$r(\boldsymbol{A})=r(\boldsymbol{A}\mid\boldsymbol{b})$，即都不能保证有解，更不能保证有唯一解和有无穷多解．

(14)**解**　因为方程组$\boldsymbol{AX}=\boldsymbol{B}$无解，所以有$\begin{pmatrix}\boldsymbol{A}_1 & \boldsymbol{O}\\ \boldsymbol{O} & \boldsymbol{A}_2\end{pmatrix}\begin{pmatrix}\boldsymbol{X}_1\\ \boldsymbol{X}_2\end{pmatrix}=\begin{pmatrix}\boldsymbol{A}_1\boldsymbol{X}_1\\ \boldsymbol{A}_2\boldsymbol{X}_2\end{pmatrix}=\begin{pmatrix}\boldsymbol{B}_1\\ \boldsymbol{B}_2\end{pmatrix}$无解．又$\begin{pmatrix}\boldsymbol{A}_1\boldsymbol{X}_1\\ \boldsymbol{A}_2\boldsymbol{X}_2\end{pmatrix}=\begin{pmatrix}\boldsymbol{B}_1\\ \boldsymbol{B}_2\end{pmatrix}$无解$\Leftrightarrow\boldsymbol{A}_1\boldsymbol{X}_1=\boldsymbol{B}_1$无解或$\boldsymbol{A}_2\boldsymbol{X}_2=\boldsymbol{B}_2$无解，所以$\boldsymbol{AX}=\boldsymbol{B}$无解的充分必要条件是$\boldsymbol{A}_1\boldsymbol{X}_1=\boldsymbol{B}_1$和$\boldsymbol{A}_2\boldsymbol{X}_2=\boldsymbol{B}_2$至少有一个无解，故应选(D).

(15)**解**　因为$\boldsymbol{A}=\begin{pmatrix}1 & 2 & 3\\ 2 & 4 & t\\ 3 & 6 & 9\end{pmatrix}\longrightarrow\begin{pmatrix}1 & 2 & 3\\ 0 & 0 & t-6\\ 0 & 0 & 0\end{pmatrix}$，所以当$t=6$时，$r(\boldsymbol{A})=1$，当$t\neq6$时，$r(\boldsymbol{A})=2$.

又因为$\boldsymbol{AB}=\boldsymbol{O}$且$\boldsymbol{B}\neq\boldsymbol{O}$，所以矩阵$\boldsymbol{B}$的列向量是齐次方程组$\boldsymbol{AX}=\boldsymbol{0}$的解，所以$1\leqslant r(\boldsymbol{B})\leqslant3-r(\boldsymbol{A})$，故

当$t=6$时，$r(\boldsymbol{A})=1$，此时$1\leqslant r(\boldsymbol{B})\leqslant2$，于是不能确定(A)或(B)一定成立．

当$t\neq6$时，有$r(\boldsymbol{A})=2$，此时$1\leqslant r(\boldsymbol{B})\leqslant1$，即$r(\boldsymbol{B})=1$，所以应选(C).

三、计算与证明题

(1)**证**　将已知等式左边进行因式分解，得$(\boldsymbol{A}-\boldsymbol{E})(\boldsymbol{A}-2\boldsymbol{E})=\boldsymbol{O}$.

如果$\boldsymbol{AB}=\boldsymbol{O}$，则$r(\boldsymbol{A})+r(\boldsymbol{B})\leqslant n$，有$r(\boldsymbol{A}-\boldsymbol{E})+r(\boldsymbol{A}-2\boldsymbol{E})\leqslant n$.

另一方面，因为$(\boldsymbol{A}-\boldsymbol{E})-(\boldsymbol{A}-2\boldsymbol{E})=\boldsymbol{E}$，根据$r(\boldsymbol{A}\pm\boldsymbol{B})\leqslant r(\boldsymbol{A})\pm r(\boldsymbol{B})$，有

$$n=r(\boldsymbol{E})=r[(\boldsymbol{A}-\boldsymbol{E})-(\boldsymbol{A}-2\boldsymbol{E})]\leqslant r(\boldsymbol{A}-\boldsymbol{E})+r(\boldsymbol{A}-2\boldsymbol{E}),$$

即$r(\boldsymbol{A}-\boldsymbol{E})+r(\boldsymbol{A}-2\boldsymbol{E})\geqslant n$．综上，有$r(\boldsymbol{A}-\boldsymbol{E})+r(\boldsymbol{A}-2\boldsymbol{E})=n$.

注意：以下结论课本上没有，但考研时可直接使用！

①如果 $\boldsymbol{AB}=\boldsymbol{O}$，则 $r(\boldsymbol{A})+r(\boldsymbol{B})\leqslant n$（$n$ 是 $\boldsymbol{A}$ 的列数，也是 $\boldsymbol{B}$ 的行数）.

②若 $r(\boldsymbol{A})=\boldsymbol{A}$ 的列数 n，则 $r(\boldsymbol{AB})=r(\boldsymbol{B})$；

若 $r(\boldsymbol{B})=\boldsymbol{B}$ 的行数 n，则 $r(\boldsymbol{AB})=r(\boldsymbol{A})$.

③若 $\boldsymbol{A}$ 的列数 $=\boldsymbol{B}$ 的行数 $=n$，则 $r(\boldsymbol{AB})\geqslant r(\boldsymbol{A})+r(\boldsymbol{B})-n$.

(2)**证** 因为 $\boldsymbol{\alpha}_1$，$\boldsymbol{\alpha}_2$，$\boldsymbol{\alpha}_3$，$\boldsymbol{\beta}_1$，$\boldsymbol{\beta}_2$ 为 5 个 4 维向量，所以它们必线性相关，因此存在不全为 0 的常数 k_1，k_2，l_1，l_2，l_3，使得 $l_1\boldsymbol{\alpha}_1+l_2\boldsymbol{\alpha}_2+l_3\boldsymbol{\alpha}_3+k_1\boldsymbol{\beta}_1+k_2\boldsymbol{\beta}_2=\boldsymbol{0}$.

因 $\boldsymbol{\alpha}_1$，$\boldsymbol{\alpha}_2$，$\boldsymbol{\alpha}_3$ 线性无关，所以可以肯定 k_1，k_2 是不全为 0 的两个常数．否则，若 $k_1=k_2=0$，则 $l_1\boldsymbol{\alpha}_1+l_2\boldsymbol{\alpha}_2+l_3\boldsymbol{\alpha}_3=\boldsymbol{0}$. 由 $\boldsymbol{\alpha}_1$，$\boldsymbol{\alpha}_2$，$\boldsymbol{\alpha}_3$ 线性无关，得 $l_1=l_2=l_3=0$，与题意矛盾，所以 k_1，k_2 是不全为 0，且 $k_1\boldsymbol{\beta}_1+k_2\boldsymbol{\beta}_2=-l_1\boldsymbol{\alpha}_1-l_2\boldsymbol{\alpha}_2-l_3\boldsymbol{\alpha}_3$，即 $k_1\boldsymbol{\beta}_1+k_2\boldsymbol{\beta}_2$（$k_1$，$k_2$ 不全为 0）可由 $\boldsymbol{\alpha}_1$，$\boldsymbol{\alpha}_2$，$\boldsymbol{\alpha}_3$ 线性表示．

(3)**解** ①因为

$$|\boldsymbol{A}|=|\boldsymbol{\alpha}_1,\boldsymbol{\alpha}_2,\boldsymbol{\alpha}_3|=\begin{vmatrix}1&3&2\\2&-1&3\\3&2&C\end{vmatrix}=\begin{vmatrix}1&3&2\\0&-7&-1\\0&-7&C-6\end{vmatrix}$$

$$=\begin{vmatrix}1&3&2\\0&-7&-1\\0&0&C-5\end{vmatrix}=7(5-C),$$

所以当 $C\neq5$ 时，$\boldsymbol{\alpha}_1$，$\boldsymbol{\alpha}_2$，$\boldsymbol{\alpha}_3$ 线性无关；当 $C=5$ 时，$\boldsymbol{\alpha}_1$，$\boldsymbol{\alpha}_2$，$\boldsymbol{\alpha}_3$ 线性相关．

② 当 $C=5$ 时，$\boldsymbol{\alpha}_1$，$\boldsymbol{\alpha}_2$，$\boldsymbol{\alpha}_3$ 线性相关，只要将 $\boldsymbol{A}$ 进行初等行变换，化成行阶梯形矩阵，便可得出表达形式，即

$$\boldsymbol{A}=(\boldsymbol{\alpha}_1,\boldsymbol{\alpha}_2,\boldsymbol{\alpha}_3)=\begin{pmatrix}1&3&2\\2&-1&3\\3&2&5\end{pmatrix}\longrightarrow\begin{pmatrix}1&3&2\\0&-7&-1\\0&0&0\end{pmatrix}\longrightarrow\begin{pmatrix}1&0&11/7\\0&1&1/7\\0&0&0\end{pmatrix}=\boldsymbol{T},$$

由 $\boldsymbol{T}$ 的第 3 列知 $\boldsymbol{\alpha}_3=\frac{11}{7}\boldsymbol{\alpha}_1+\frac{1}{7}\boldsymbol{\alpha}_2$.

(4)**解** 对由 $\boldsymbol{\alpha}_1$，$\boldsymbol{\alpha}_2$，$\boldsymbol{\alpha}_3$，$\boldsymbol{\alpha}_4$，$\boldsymbol{\alpha}_5$ 构成的矩阵，进行初等行变换：

$$(\boldsymbol{\alpha}_1,\boldsymbol{\alpha}_2,\boldsymbol{\alpha}_3,\boldsymbol{\alpha}_4,\boldsymbol{\alpha}_5)=\begin{pmatrix}3&1&2&1&4\\1&1&0&-1&2\\2&1&1&0&3\\5&2&3&1&7\end{pmatrix}\longrightarrow\begin{pmatrix}1&1&0&-1&2\\0&-2&2&4&-2\\0&-1&1&2&-1\\0&-3&3&6&-3\end{pmatrix}$$

$$\longrightarrow\begin{pmatrix}1&1&0&-1&2\\0&-1&1&2&-1\\0&0&0&0&0\\0&0&0&0&0\end{pmatrix}\longrightarrow\begin{pmatrix}1&0&1&1&1\\0&-1&1&2&-1\\0&0&0&0&0\\0&0&0&0&0\end{pmatrix}.$$

由此可以看出，向量组 $\boldsymbol{\alpha}_1$，$\boldsymbol{\alpha}_2$ 或者 $\boldsymbol{\alpha}_1$，$\boldsymbol{\alpha}_3$ 或者 $\boldsymbol{\alpha}_1$，$\boldsymbol{\alpha}_4$ 或者 $\boldsymbol{\alpha}_1$，$\boldsymbol{\alpha}_5$ 都是极大线性无关组．不妨取 $\boldsymbol{\alpha}_1$，$\boldsymbol{\alpha}_2$ 作为该向量组的极大线性无关组，易得 $\boldsymbol{\alpha}_3=\boldsymbol{\alpha}_1-\boldsymbol{\alpha}_2$，$\boldsymbol{\alpha}_4=\boldsymbol{\alpha}_1-2\boldsymbol{\alpha}_2$，$\boldsymbol{\alpha}_5=\boldsymbol{\alpha}_1+\boldsymbol{\alpha}_2$.

(5)**证**　①反证:假如 $\boldsymbol{\eta}_0$，$\boldsymbol{\xi}_1$，$\boldsymbol{\xi}_2$，…，$\boldsymbol{\xi}_{n-r}$线性相关，则其中至少有一个向量可由其余向量线性表示．设此向量为 $\boldsymbol{\eta}_0$.

1°如果 $\boldsymbol{\eta}=\boldsymbol{\eta}_0$，即 $\boldsymbol{\eta}_0=k_1\boldsymbol{\xi}_1+k_2\boldsymbol{\xi}_2+\cdots+k_{n-r}\boldsymbol{\xi}_{n-r}$，则

$$\mathbf{A}\boldsymbol{\eta}_0=\mathbf{A}(k_1\boldsymbol{\xi}_1+k_2\boldsymbol{\xi}_2+\cdots+k_{n-r}\boldsymbol{\xi}_{n-r})=\mathbf{0},$$

而 $\boldsymbol{\eta}_0$ 是 $\boldsymbol{AX}=\boldsymbol{b}$ 的一个解，即 $\mathbf{A}\boldsymbol{\eta}_0=\boldsymbol{b}$ 与上述矛盾；

2°如果 $\boldsymbol{\eta}=\boldsymbol{\eta}_i$，即 $\boldsymbol{\xi}_i=k_0\boldsymbol{\eta}_0+k_1\boldsymbol{\xi}_1+\cdots+k_{i-1}\boldsymbol{\xi}_{i-1}+k_{i+1}\boldsymbol{\xi}_{i+1}+\cdots+k_{n-r}\boldsymbol{\xi}_{n-r}$，则

$$\mathbf{A}\boldsymbol{\xi}_i=\mathbf{A}(k_0\boldsymbol{\eta}_0)+\mathbf{A}(k_1\boldsymbol{\xi}_1+\cdots+k_{i-1}\boldsymbol{\xi}_{i-1}+k_{i+1}\boldsymbol{\xi}_{i+1}+\cdots+k_{n-r}\boldsymbol{\xi}_{n-r})=k_0\boldsymbol{b}=\mathbf{0},$$

必有 $k_0=0$；如果 $k_0=0$，说明 $\boldsymbol{\xi}_i$ 可以被基础解系中的其余向量线性表示，这与基础解系中各向量线性无关定理矛盾．综合1°和2°的结论可知，该向量组线性无关．

② 反证：如果向量组 $\boldsymbol{\eta}_0$，$\boldsymbol{\eta}_0+\boldsymbol{\xi}_1$，…，$\boldsymbol{\eta}_0+\boldsymbol{\eta}_{n-r}$线性相关，则必存在一组不全为零的数 k_0，k_1，…，k_{n-r}，使 $k_0\boldsymbol{\eta}_0+k_1(\boldsymbol{\eta}_0+\boldsymbol{\xi}_1)+\cdots+k_{n-r}(\boldsymbol{\eta}_0+\boldsymbol{\xi}_{n-r})=\mathbf{0}$，即

$$(k_0+k_1+\cdots+k_{n-r})\boldsymbol{\eta}_0+k_1\boldsymbol{\xi}_1+\cdots+k_{n-r}\boldsymbol{\xi}_{n-r}=\mathbf{0}.$$

设 $k=k_0+k_1+\cdots+k_{n-r}$，则 $k\neq0$；否则由上式知，$\boldsymbol{\xi}_1$，…，$\boldsymbol{\xi}_{n-r}$线性相关，因而与基础解系矛盾，所以 $k\neq0$，于是有 $k\mathbf{A}\boldsymbol{\eta}_0+\mathbf{A}(k_1\boldsymbol{\xi}_1+\cdots+k_{n-r}\boldsymbol{\xi}_{n-r})=\mathbf{0}$，从而 $k\mathbf{A}\boldsymbol{\eta}_0=\mathbf{0}$ 与 $\boldsymbol{\eta}_0$是非齐次方程组一个解的结论矛盾，因此所给向量组是线性无关的．

(6)**解**　① 将增广矩阵化为行阶梯形有

$$\widetilde{\mathbf{A}}=\left(\begin{array}{ccccc:c}1&1&1&1&1&a\\3&2&1&1&-3&0\\0&1&2&2&6&b\\5&4&3&3&-1&2\end{array}\right)\longrightarrow\left(\begin{array}{ccccc:c}1&1&1&1&1&a\\0&-1&-2&-2&-6&-3a\\0&1&2&2&6&b\\0&-1&-2&-2&-6&2-5a\end{array}\right)$$

$$\longrightarrow\left(\begin{array}{ccccc:c}1&1&1&1&1&a\\0&1&2&2&6&3a\\0&0&0&0&0&b-3a\\0&0&0&0&0&2-2a\end{array}\right),$$

因此当 $b-3a=0$ 且 $2-2a=0$，即 $a=1$ 且 $b=3$ 时，方程组的系数矩阵与增广矩阵的秩相等，即此时方程组有解．

② 当 $a=1$，$b=3$ 时，有

$$\widetilde{A}\longrightarrow\begin{pmatrix}1&1&1&1&1&1\\0&1&2&2&6&3\\0&0&0&0&0&0\\0&0&0&0&0&0\end{pmatrix}\longrightarrow\begin{pmatrix}1&0&-1&-1&-5&-2\\0&1&2&2&6&3\\0&0&0&0&0&0\\0&0&0&0&0&0\end{pmatrix},$$

因此原方程组的同解方程组为

$$\begin{cases}x_1-x_3-x_4-5x_5=-2,\\x_2+2x_3+2x_4+6x_5=3.\end{cases}$$

将 x_3，x_4，x_5 视为自由变量，当它们分别取(1，0，0)，(0，1，0)，(0，0，1)时，得出导出组的基础解系为

$$\boldsymbol{\xi}_1=\begin{pmatrix}1\\-2\\1\\0\\0\end{pmatrix},\ \boldsymbol{\xi}_2=\begin{pmatrix}1\\-2\\0\\1\\0\end{pmatrix},\ \boldsymbol{\xi}_3=\begin{pmatrix}5\\-6\\0\\0\\1\end{pmatrix}.$$

③ 令 $x_3=x_4=x_5=0$，可得原方程组的特解为 $\boldsymbol{\eta}=(-2,3,0,0,0)^{\mathrm{T}}$，于是原方程组的全部解为

$$\begin{pmatrix}x_1\\x_2\\x_3\\x_4\\x_5\end{pmatrix}=k_1\begin{pmatrix}1\\-2\\1\\0\\0\end{pmatrix}+k_2\begin{pmatrix}1\\-2\\0\\1\\0\end{pmatrix}+k_3\begin{pmatrix}5\\-6\\0\\0\\1\end{pmatrix}+\begin{pmatrix}-2\\3\\0\\0\\0\end{pmatrix},$$

其中 k_1，k_2，k_3 为任意常数.

考研题解析

1.(1999 年 1)设 $\boldsymbol{A}$ 是 $m\times n$ 矩阵，$\boldsymbol{B}$ 是 $n\times m$ 矩阵，则(　　).

(A)当 $m>n$ 时，必有行列式 $|\boldsymbol{AB}|\neq0$；

(B)当 $m>n$ 时，必有行列式 $|\boldsymbol{AB}|=0$；

(C)当 $n>m$ 时，必有行列式 $|\boldsymbol{AB}|\neq0$；

(D)当 $n>m$ 时，必有行列式 $|\boldsymbol{AB}|=0$.

解法一　因为 $\boldsymbol{AB}$ 是 m 阶矩阵，$|\boldsymbol{AB}|=0$ 的充分必要条件是 $r(\boldsymbol{AB})<m$. 由于 $r(\boldsymbol{AB})\leqslant r(\boldsymbol{B})\leqslant\min\{m,n\}$. 当 $m>n$ 时，必有 $r(\boldsymbol{AB})\leqslant n<m$，因此选(B).

解法二　由于方程组 $\boldsymbol{BX}=\boldsymbol{0}$ 的解必是方程组 $\boldsymbol{ABX}=\boldsymbol{0}$的解，而 $\boldsymbol{BX}=\boldsymbol{0}$是

含 n 个方程、m 个未知数的齐次线性方程组，因此当 $m>n$ 时，$\boldsymbol{BX}=\boldsymbol{0}$ 必有非零解，从而 $\boldsymbol{ABX}=\boldsymbol{0}$ 有非零解，故 $|\boldsymbol{AB}|=0$.

2.(1995 年 3)设矩阵 $\boldsymbol{A}_{m\times n}$ 的秩 $r(\boldsymbol{A})=m<n$，$\boldsymbol{E}_m$ 为 m 阶单位矩阵，下述结论中正确的是(　　).

(A)$\boldsymbol{A}$ 的任意 m 个列向量必线性无关；

(B)$\boldsymbol{A}$ 的任意一个 m 阶子式不等于零；

(C)若矩阵 $\boldsymbol{B}$ 满足 $\boldsymbol{AB}=\boldsymbol{O}$，则 $\boldsymbol{B}=\boldsymbol{O}$；

(D)$\boldsymbol{A}$ 通过初等行变换可以化为 $(\boldsymbol{E}_m, \boldsymbol{O})$.

解　$r(\boldsymbol{A})=m$ 表示 $\boldsymbol{A}$ 中有 m 个列向量线性无关，有 m 阶子式不等于零，并不是任意的，因此(A)、(B)均不正确.

经初等变换可把 $\boldsymbol{A}$ 化成标准形，一般应当既有初等行变换也有初等列变换，只用一种不一定能化为标准形. 例如，$\begin{pmatrix} 0 & 1 & 0 \\ 0 & 0 & 1 \end{pmatrix}$，只用初等行变换就不能化成 $(\boldsymbol{E}_2, \boldsymbol{O})$ 的形式，故(D)不正确.

关于(C)，由 $\boldsymbol{BA}=\boldsymbol{O}$ 知 $r(\boldsymbol{B})+r(\boldsymbol{A})\leqslant m$. 又 $r(\boldsymbol{A})=m$，从而 $r(\boldsymbol{B})\leqslant 0$，按定义又有 $r(\boldsymbol{B})\geqslant 0$，于是 $r(\boldsymbol{B})=0$，即 $\boldsymbol{B}=\boldsymbol{O}$.

3.(1995 年 4)设矩阵 $\boldsymbol{A}_{m\times n}$ 的秩为 $r(\boldsymbol{A})=m<n$，$\boldsymbol{E}_m$ 为 m 阶单位矩阵，下述结论中正确的是(　　).

(A)$\boldsymbol{A}$ 的任意 m 个列向量必线性无关；

(B)$\boldsymbol{A}$ 的任意一个 m 阶子式不等于零；

(C)$\boldsymbol{A}$ 通过初等行变换必可化为 $(\boldsymbol{E}_m, \boldsymbol{O})$ 的形式；

(D)非齐次线性方程组 $\boldsymbol{AX}=\boldsymbol{b}$ 一定有无穷多解.

解　本题(A)、(B)、(C)不正确，可参看上题.

因为 $\boldsymbol{A}$ 是 $m\times n$ 矩阵，$r(\boldsymbol{A})=m$，故增广矩阵的秩必为 m，那么 $r(\boldsymbol{A})=r(\widetilde{\boldsymbol{A}})=m<n$，所以方程组 $\boldsymbol{AX}=\boldsymbol{b}$ 必有无穷多解，故应选(D).

4.(1998 年 1)设矩阵 $\begin{pmatrix} a_1 & b_1 & c_1 \\ a_2 & b_2 & c_2 \\ a_3 & b_3 & c_3 \end{pmatrix}$ 是满秩的，则直线 $\dfrac{x-a_3}{a_1-a_2}=\dfrac{y-b_3}{b_1-b_2}=\dfrac{z-c_3}{c_1-c_2}$ 与直线 $\dfrac{x-a_1}{a_2-a_3}=\dfrac{y-b_1}{b_2-b_3}=\dfrac{z-c_1}{c_2-c_3}$ (　　).

(A)相交于一点；　　(B)重合；

(C)平行但不重合；　　(D)异面.

解　经初等变换矩阵的秩不变，由

$$\begin{pmatrix} a_1 & b_1 & c_1 \\ a_2 & b_2 & c_2 \\ a_3 & b_3 & c_3 \end{pmatrix} \longrightarrow \begin{pmatrix} a_1 & b_1 & c_1 \\ a_2-a_1 & b_2-b_1 & c_2-c_1 \\ a_3-a_2 & b_3-b_2 & c_3-c_2 \end{pmatrix},$$

可知后者的秩仍为 3，所以这两直线的方向向量$\boldsymbol{v}_1=(a_1-a_2, b_1-b_2, c_1-c_2)$与$\boldsymbol{v}_2=(a_2-a_3, b_2-b_3, c_2-c_3)$线性无关，因此可排除(B)、(C).

在这两条直线上各取一点(a_3, b_3, c_3)与(a_1, b_1, c_1)，又可构造向量$\boldsymbol{v}=(a_3-a_1, b_3-b_1, c_3-c_1)$，如果$\boldsymbol{v}$，$\boldsymbol{v}_1$，$\boldsymbol{v}_2$共面，则两条直线相交；若$\boldsymbol{v}$，$\boldsymbol{v}_1$，$\boldsymbol{v}_2$不共面，则两直线异面．为此可用混合积

$$(\boldsymbol{v}, \boldsymbol{v}_1, \boldsymbol{v}_2)=\begin{vmatrix} a_3-a_1 & b_3-b_1 & c_3-c_1 \\ a_1-a_2 & b_1-b_2 & c_1-c_2 \\ a_2-a_3 & b_2-b_3 & c_2-c_3 \end{vmatrix}=0,$$

或观察出$\boldsymbol{v}+\boldsymbol{v}_1+\boldsymbol{v}_2=\boldsymbol{0}$，而知应选(A).

5.(1998 年 4)若向量组$\boldsymbol{\alpha}$，$\boldsymbol{\beta}$，$\boldsymbol{\gamma}$线性无关，$\boldsymbol{\alpha}$，$\boldsymbol{\beta}$，$\boldsymbol{\delta}$线性相关，则(　　).

(A)$\boldsymbol{\alpha}$必可由$\boldsymbol{\beta}$，$\boldsymbol{\gamma}$，$\boldsymbol{\delta}$线性表示；　(B)$\boldsymbol{\beta}$必不可由$\boldsymbol{\alpha}$，$\boldsymbol{\gamma}$，$\boldsymbol{\delta}$线性表示；

(C)$\boldsymbol{\delta}$必可由$\boldsymbol{\alpha}$，$\boldsymbol{\beta}$，$\boldsymbol{\gamma}$线性表示；　(D)$\boldsymbol{\delta}$必不可由$\boldsymbol{\alpha}$，$\boldsymbol{\beta}$，$\boldsymbol{\gamma}$线性表示．

解　由$\boldsymbol{\alpha}$，$\boldsymbol{\beta}$，$\boldsymbol{\gamma}$线性无关知，$\boldsymbol{\alpha}$，$\boldsymbol{\beta}$线性无关．又因$\boldsymbol{\alpha}$，$\boldsymbol{\beta}$，$\boldsymbol{\delta}$线性相关，故$\boldsymbol{\delta}$必可由$\boldsymbol{\alpha}$，$\boldsymbol{\beta}$线性表示，因此$\boldsymbol{\delta}$必可由$\boldsymbol{\alpha}$，$\boldsymbol{\beta}$，$\boldsymbol{\gamma}$线性表示，选(C).

注意：若$\boldsymbol{\alpha}_1$，$\boldsymbol{\alpha}_2$，…，$\boldsymbol{\alpha}_s$线性无关，$\boldsymbol{\alpha}_1$，$\boldsymbol{\alpha}_2$，…，$\boldsymbol{\alpha}_s$，$\boldsymbol{\beta}$线性相关，则$\boldsymbol{\beta}$可以由$\boldsymbol{\alpha}_1$，$\boldsymbol{\alpha}_2$，…，$\boldsymbol{\alpha}_s$线性表示，且表示法唯一．这一定理在考研中多次出现，应当理解并会运用这一定理．

6.(1998 年 2) 已知$\boldsymbol{\alpha}_1=(1, 4, 0, 2)^{\mathrm{T}}$，$\boldsymbol{\alpha}_2=(2, 7, 1, 3)^{\mathrm{T}}$，$\boldsymbol{\alpha}_3=(0, 1, -1, a)^{\mathrm{T}}$，$\boldsymbol{\beta}=(3, 10, b, 4)^{\mathrm{T}}$，问：

(1)当a，b取何值时，$\boldsymbol{\beta}$不能由$\boldsymbol{\alpha}_1$，$\boldsymbol{\alpha}_2$，$\boldsymbol{\alpha}_3$线性表出?

(2)当a，b取何值时，$\boldsymbol{\beta}$可由$\boldsymbol{\alpha}_1$，$\boldsymbol{\alpha}_2$，$\boldsymbol{\alpha}_3$线性表出？并写出此表示式．

解　设$x_1\boldsymbol{\alpha}_1+x_2\boldsymbol{\alpha}_2+x_3\boldsymbol{\alpha}_3=\boldsymbol{\beta}$，对$(\boldsymbol{\alpha}_1, \boldsymbol{\alpha}_2, \boldsymbol{\alpha}_3, \boldsymbol{\beta})$作初等行变换有

$$\left(\begin{array}{ccc:c} 1 & 2 & 0 & 3 \\ 4 & 7 & 1 & 10 \\ 0 & 1 & -1 & b \\ 2 & 3 & a & 4 \end{array}\right) \longrightarrow \left(\begin{array}{ccc:c} 1 & 2 & 0 & 3 \\ 0 & -1 & 1 & -2 \\ 0 & 1 & -1 & b \\ 0 & -1 & a & -2 \end{array}\right) \longrightarrow \left(\begin{array}{ccc:c} 1 & 2 & 0 & 3 \\ 0 & -1 & 1 & -2 \\ 0 & 0 & a-1 & 0 \\ 0 & 0 & 0 & b-2 \end{array}\right),$$

(1)当$b\neq 2$时，方程组$(\boldsymbol{\alpha}_1, \boldsymbol{\alpha}_2, \boldsymbol{\alpha}_3)\boldsymbol{X}=\boldsymbol{\beta}$无解，此时$\boldsymbol{\beta}$不能由$\boldsymbol{\alpha}_1$，$\boldsymbol{\alpha}_2$，$\boldsymbol{\alpha}_3$线性表出．

(2)当$b=2$，$a\neq 1$时，方程组$(\boldsymbol{\alpha}_1, \boldsymbol{\alpha}_2, \boldsymbol{\alpha}_3)\boldsymbol{X}=\boldsymbol{\beta}$有唯一解，即

$$\boldsymbol{X}=(x_1, x_2, x_3)^{\mathrm{T}}=(-1, 2, 0)^{\mathrm{T}},$$

于是$\boldsymbol{\beta}$可唯一表示为$\boldsymbol{\beta}=-\boldsymbol{\alpha}_1+2\boldsymbol{\alpha}_2$.

当 $b=2$，$a=1$ 时，线性方程组$(\boldsymbol{\alpha}_1, \boldsymbol{\alpha}_2, \boldsymbol{\alpha}_3)\boldsymbol{X}=\boldsymbol{\beta}$ 有无穷多解，即

$\boldsymbol{X}=(x_1, x_2, x_3)^{\mathrm{T}}=k(-2, 1, 1)^{\mathrm{T}}+(-1, 2, 0)^{\mathrm{T}}$，$k$ 为任意常数．

7.(1999 年 3，4)设向量 $\boldsymbol{\beta}$ 可由向量组 $\boldsymbol{\alpha}_1$，$\boldsymbol{\alpha}_2$，…，$\boldsymbol{\alpha}_m$ 线性表示，但不能由向量组(Ⅰ)：$\boldsymbol{\alpha}_1$，$\boldsymbol{\alpha}_2$，…，$\boldsymbol{\alpha}_{m-1}$ 线性表示，记向量组(Ⅱ)：$\boldsymbol{\alpha}_1$，$\boldsymbol{\alpha}_2$，…，$\boldsymbol{\alpha}_{m-1}$，$\boldsymbol{\beta}$，则(　　)．

(A)$\boldsymbol{\alpha}_m$ 不能由(Ⅰ)线性表示，也不能由(Ⅱ)线性表示；

(B)$\boldsymbol{\alpha}_m$ 不能由(Ⅰ)线性表示，可由(Ⅱ)线性表示；

(C)$\boldsymbol{\alpha}_m$ 可由(Ⅰ)线性表示，也可由(Ⅱ)线性表示；

(D)$\boldsymbol{\alpha}_m$ 可由(Ⅰ)线性表示，不可由(Ⅱ)线性表示．

解　因为 $\boldsymbol{\beta}$ 可由 $\boldsymbol{\alpha}_1$，$\boldsymbol{\alpha}_2$，…，$\boldsymbol{\alpha}_m$ 线性表示，故可设 $\boldsymbol{\beta}=k_1\boldsymbol{\alpha}_1+k_2\boldsymbol{\alpha}_2+\cdots+k_m\boldsymbol{\alpha}_m$.

由于 $\boldsymbol{\beta}$ 不能由 $\boldsymbol{\alpha}_1$，$\boldsymbol{\alpha}_2$，…，$\boldsymbol{\alpha}_{m-1}$ 线性表示，故上述表达式中必有 $k_m\neq0$，因此

$$\boldsymbol{\alpha}_m=(\boldsymbol{\beta}-k_1\boldsymbol{\alpha}_1-k_2\boldsymbol{\alpha}_2-\cdots-k_{m-1}\boldsymbol{\alpha}_{m-1})/k_m,$$

即 $\boldsymbol{\alpha}_m$ 可由(Ⅱ)线性表示，可排除(A)、(D).

若 $\boldsymbol{\alpha}_m$ 可由(Ⅰ)线性表示，设 $\boldsymbol{\alpha}_m=l_1\boldsymbol{\alpha}_1+\cdots+l_{m-1}\boldsymbol{\alpha}_{m-1}$，则

$$\boldsymbol{\beta}=(k_1+k_ml_1)\boldsymbol{\alpha}_1+(k_2+k_ml_2)\boldsymbol{\alpha}_2+\cdots+(k_{m-1}+k_ml_{m-1})\boldsymbol{\alpha}_{m-1},$$

与题设矛盾，选(B).

8.(2002 年 2)已知向量组

$$\boldsymbol{\beta}_1=\begin{pmatrix}0\\1\\-1\end{pmatrix},\ \boldsymbol{\beta}_2=\begin{pmatrix}a\\2\\1\end{pmatrix},\ \boldsymbol{\beta}_3=\begin{pmatrix}b\\1\\0\end{pmatrix} \text{与} \ \boldsymbol{\alpha}_1=\begin{pmatrix}1\\2\\-3\end{pmatrix},\ \boldsymbol{\alpha}_2=\begin{pmatrix}3\\0\\1\end{pmatrix},\ \boldsymbol{\alpha}_3=\begin{pmatrix}9\\6\\-7\end{pmatrix}$$

具有相同的秩，且 $\boldsymbol{\beta}_3$ 可由 $\boldsymbol{\alpha}_1$，$\boldsymbol{\alpha}_2$，$\boldsymbol{\alpha}_3$ 线性表示，求 a，b 的值．

解　因 $\boldsymbol{\beta}_3$ 可由 $\boldsymbol{\alpha}_1$，$\boldsymbol{\alpha}_2$，$\boldsymbol{\alpha}_3$ 线性表示，故线性方程组

$$\begin{pmatrix}1&3&9\\2&0&6\\-3&1&-7\end{pmatrix}\begin{pmatrix}x_1\\x_2\\x_3\end{pmatrix}=\begin{pmatrix}b\\1\\0\end{pmatrix}$$

有解．对增广矩阵施行初等行变换：

$$\left(\begin{array}{ccc:c}1&3&9&b\\2&0&6&1\\-3&1&-7&0\end{array}\right)\longrightarrow\left(\begin{array}{ccc:c}1&3&9&b\\0&-6&-12&1-2b\\0&10&20&3b\end{array}\right)\longrightarrow\left(\begin{array}{ccc:c}1&3&9&b\\0&1&2&(2b-1)/6\\0&1&2&3b/10\end{array}\right)$$

$$\longrightarrow\left(\begin{array}{ccc:c}1&3&9&b\\0&1&2&(2b-1)/6\\0&0&0&3b/10-(2b-1)/6\end{array}\right).$$

由非齐次线性方程组相容定理知$\frac{3b}{10}-\frac{2b-1}{6}=0$，得 $b=5$.

又 $\boldsymbol{\alpha}_1$ 和 $\boldsymbol{\alpha}_2$ 线性无关，$\boldsymbol{\alpha}_3=3\boldsymbol{\alpha}_1+2\boldsymbol{\alpha}_2$，所以向量组 $\boldsymbol{\alpha}_1$，$\boldsymbol{\alpha}_2$，$\boldsymbol{\alpha}_3$ 的秩为 2.

由题设知，向量组 $\boldsymbol{\beta}_1$，$\boldsymbol{\beta}_2$，$\boldsymbol{\beta}_3$ 的秩也为 2，从而 $\begin{vmatrix} 0 & a & 5 \\ 1 & 2 & 1 \\ -1 & 1 & 0 \end{vmatrix}=0\Rightarrow a=15$.

9.(2000 年 3，4)设向量组 $\boldsymbol{\alpha}_1=(a,\ 2,\ 10)^{\mathrm{T}}$，$\boldsymbol{\alpha}_2=(-2,\ 1,\ 5)^{\mathrm{T}}$，$\boldsymbol{\alpha}_3=(-1,\ 1,\ 4)^{\mathrm{T}}$，$\boldsymbol{\beta}=(1,\ b,\ c)^{\mathrm{T}}$，试问：当 a，b，c 满足什么条件时，

(1)$\boldsymbol{\beta}$ 可由 $\boldsymbol{\alpha}_1$，$\boldsymbol{\alpha}_2$，$\boldsymbol{\alpha}_3$ 线性表示，且表示法唯一？

(2)$\boldsymbol{\beta}$ 不能由 $\boldsymbol{\alpha}_1$，$\boldsymbol{\alpha}_2$，$\boldsymbol{\alpha}_3$ 线性表示？

(3)$\boldsymbol{\beta}$ 可由 $\boldsymbol{\alpha}_1$，$\boldsymbol{\alpha}_2$，$\boldsymbol{\alpha}_3$ 线性表示，但表示法不唯一？并求出一般表达式.

解 设 $x_1\boldsymbol{\alpha}_1+x_2\boldsymbol{\alpha}_2+x_3\boldsymbol{\alpha}_3=\boldsymbol{\beta}$，系数行列式

$$|\boldsymbol{A}|=|\boldsymbol{\alpha}_1,\ \boldsymbol{\alpha}_2,\ \boldsymbol{\alpha}_3|=\begin{vmatrix} a & -2 & -1 \\ 2 & 1 & 1 \\ 10 & 5 & 4 \end{vmatrix}=-a-4,$$

(1)当 $a\neq-4$ 时，$|\boldsymbol{A}|\neq0$，方程组有唯一解，即 $\boldsymbol{\beta}$ 可由 $\boldsymbol{\alpha}_1$，$\boldsymbol{\alpha}_2$，$\boldsymbol{\alpha}_3$ 线性表出，且表示法唯一.

(2)当 $a=-4$ 时，对增广矩阵作初等行变换，有

$$\widetilde{\boldsymbol{A}}=\left(\begin{array}{ccc:c} -4 & -2 & -1 & 1 \\ 2 & 1 & 1 & b \\ 10 & 5 & 4 & c \end{array}\right)\longrightarrow\left(\begin{array}{ccc:c} 2 & 1 & 1 & b \\ 0 & 0 & 1 & 2b+1 \\ 0 & 0 & -1 & -5b+c \end{array}\right)$$

$$\longrightarrow\left(\begin{array}{ccc:c} 2 & 1 & 1 & b \\ 0 & 0 & 1 & 2b+1 \\ 0 & 0 & 0 & 3b-c-1 \end{array}\right),$$

故当 $3b-c\neq1$ 时，$r(\boldsymbol{A})=2$，$r(\widetilde{\boldsymbol{A}})=3$，方程组无解，即 $\boldsymbol{\beta}$ 不能由 $\boldsymbol{\alpha}_1$，$\boldsymbol{\alpha}_2$，$\boldsymbol{\alpha}_3$ 线性表示.

(3)若 $a=-4$，且 $3b-c=1$，有 $r(\boldsymbol{A})=r(\widetilde{\boldsymbol{A}})=2<3$，方程组有无穷多解，即 $\boldsymbol{\beta}$ 可由 $\boldsymbol{\alpha}_1$，$\boldsymbol{\alpha}_2$，$\boldsymbol{\alpha}_3$ 线性表示，且表示法不唯一.化简增广矩阵，

$$\widetilde{\boldsymbol{A}}\longrightarrow\left(\begin{array}{ccc:c} 2 & 1 & 1 & b \\ 0 & 0 & 1 & 2b+1 \\ 0 & 0 & 0 & 0 \end{array}\right).$$

取 x_1 为自由变量，解出 $x_1=t$，$x_3=2b+1$，$x_2=-2t-b-1$，即

$$\boldsymbol{\beta}=t\boldsymbol{\alpha}_1-(2t+b+1)\boldsymbol{\alpha}_2+(2b+1)\boldsymbol{\alpha}_3,$$

其中 t 为任意常数.

10.(2003 年 4)设有向量组(Ⅰ)：$\boldsymbol{\alpha}_1=(1,\ 0,\ 2)^{\mathrm{T}}$，$\boldsymbol{\alpha}_2=(1,\ 1,\ 3)^{\mathrm{T}}$，$\boldsymbol{\alpha}_3=(1,\ -1,\ a+2)^{\mathrm{T}}$和向量组(Ⅱ)：$\boldsymbol{\beta}_1=(1,\ 2,\ a+3)^{\mathrm{T}}$，$\boldsymbol{\beta}_2=(2,\ 1,\ a+6)^{\mathrm{T}}$，$\boldsymbol{\beta}_3=(2,\ 1,\ a+4)^{\mathrm{T}}$，试问：当 a 为何值时，向量组(Ⅰ)与(Ⅱ)等价？当 a 为何值时，向量组(Ⅰ)与(Ⅱ)不等价？

解　对$(\boldsymbol{\alpha}_1,\ \boldsymbol{\alpha}_2,\ \boldsymbol{\alpha}_3 \mid \boldsymbol{\beta}_1,\ \boldsymbol{\beta}_2,\ \boldsymbol{\beta}_3)$作初等行变换，有

$$(\boldsymbol{\alpha}_1,\ \boldsymbol{\alpha}_2,\ \boldsymbol{\alpha}_3 \mid \boldsymbol{\beta}_1,\ \boldsymbol{\beta}_2,\ \boldsymbol{\beta}_3)=\left(\begin{array}{ccc|ccc}1 & 1 & 1 & 1 & 2 & 2\\ 0 & 1 & -1 & 2 & 1 & 1\\ 2 & 3 & a+2 & a+3 & a+6 & a+4\end{array}\right)$$

$$\longrightarrow\left(\begin{array}{ccc|ccc}1 & 1 & 1 & 1 & 2 & 2\\ 0 & 1 & -1 & 2 & 1 & 1\\ 0 & 1 & a & a+1 & a+2 & a\end{array}\right)$$

$$\longrightarrow\left(\begin{array}{ccc|ccc}1 & 1 & 1 & 1 & 2 & 2\\ 0 & 1 & -1 & 2 & 1 & 1\\ 0 & 0 & a+1 & a-1 & a+1 & a-1\end{array}\right).$$

(1)当 $a\neq-1$ 时，行列式 $|\boldsymbol{\alpha}_1,\ \boldsymbol{\alpha}_2,\ \boldsymbol{\alpha}_3|=a+1\neq0$，由克莱姆法则知，三个线性方程组 $x_1\boldsymbol{\alpha}_1+x_2\boldsymbol{\alpha}_2+x_3\boldsymbol{\alpha}_3=\boldsymbol{\beta}_i(i=1,\ 2,\ 3)$均有唯一解，所以 $\boldsymbol{\beta}_1$，$\boldsymbol{\beta}_2$，$\boldsymbol{\beta}_3$ 可由向量组(Ⅰ)线性表示.

由于行列式

$$|\boldsymbol{\beta}_1,\ \boldsymbol{\beta}_2,\ \boldsymbol{\beta}_3|=\begin{vmatrix}1 & 2 & 2\\ 2 & 1 & 1\\ a+3 & a+6 & a+4\end{vmatrix}=\begin{vmatrix}1 & 2 & 0\\ 2 & 1 & 0\\ a+3 & a+6 & -2\end{vmatrix}=6\neq0,$$

故对 $\forall a$，方程组 $x_1\boldsymbol{\beta}_1+x_2\boldsymbol{\beta}_2+x_3\boldsymbol{\beta}_3=a_j(j=1,\ 2,\ 3)$恒有唯一解，即 $\boldsymbol{\alpha}_1$，$\boldsymbol{\alpha}_2$，$\boldsymbol{\alpha}_3$ 总可由向量组(Ⅱ)线性表出. 因此，当 $a\neq-1$ 时，向量组(Ⅰ)与(Ⅱ)等价.

(2)当 $a=-1$ 时，有

$$(\boldsymbol{\alpha}_1,\ \boldsymbol{\alpha}_2,\ \boldsymbol{\alpha}_3 \mid \boldsymbol{\beta}_1,\ \boldsymbol{\beta}_2,\ \boldsymbol{\beta}_3)\longrightarrow\left(\begin{array}{ccc|ccc}1 & 1 & 1 & 1 & 2 & 2\\ 0 & 1 & -1 & 2 & 1 & 1\\ 0 & 0 & 0 & -2 & 0 & -2\end{array}\right).$$

由于 $r(\boldsymbol{\alpha}_1,\ \boldsymbol{\alpha}_2,\ \boldsymbol{\alpha}_3)\neq r(\boldsymbol{\alpha}_1,\ \boldsymbol{\alpha}_2,\ \boldsymbol{\alpha}_3,\ \boldsymbol{\beta}_1)$，线性方程组 $x_1\boldsymbol{\alpha}_1+x_2\boldsymbol{\alpha}_2+x_3\boldsymbol{\alpha}_3=\boldsymbol{\beta}_1$ 无解，故向量 $\boldsymbol{\beta}_1$ 不能由 $\boldsymbol{\alpha}_1$，$\boldsymbol{\alpha}_2$，$\boldsymbol{\alpha}_3$ 线性表示，因此向量组(Ⅰ)与(Ⅱ)不等价.

11.(2005 年 2)确定常数 a，使向量组 $\boldsymbol{\alpha}_1=(1,\ 1,\ a)^{\mathrm{T}}$，$\boldsymbol{\alpha}_2=(1,\ a,\ 1)^{\mathrm{T}}$，$\boldsymbol{\alpha}_3=(a,\ 1,\ 1)^{\mathrm{T}}$ 可由向量组 $\boldsymbol{\beta}_1=(1,\ 1,\ a)^{\mathrm{T}}$，$\boldsymbol{\beta}_2=(-2,\ a,\ 4)^{\mathrm{T}}$，$\boldsymbol{\beta}_3=(-2,$

$a, a)^T$ 线性表示，但向量组 $\boldsymbol{\beta}_1, \boldsymbol{\beta}_2, \boldsymbol{\beta}_3$ 不能由向量组 $\boldsymbol{\alpha}_1, \boldsymbol{\alpha}_2, \boldsymbol{\alpha}_3$ 线性表示．

解 因 $\boldsymbol{\alpha}_1, \boldsymbol{\alpha}_2, \boldsymbol{\alpha}_3$ 可由 $\boldsymbol{\beta}_1, \boldsymbol{\beta}_2, \boldsymbol{\beta}_3$ 线性表示，则 $x_1\boldsymbol{\beta}_1+x_2\boldsymbol{\beta}_2+x_3\boldsymbol{\beta}_3=\boldsymbol{\alpha}_i(i=1, 2, 3)$均有解．对增广矩阵作初等行变换，有

$$\left(\begin{array}{ccc:ccc}1 & -2 & -2 & 1 & 1 & a \\ 1 & a & a & 1 & a & 1 \\ a & 4 & a & a & 1 & 1\end{array}\right) \longrightarrow \left(\begin{array}{ccc:ccc}1 & -2 & -2 & 1 & 1 & a \\ 0 & a+2 & a+2 & 0 & a-1 & 1-a \\ 0 & 2a+4 & 3a & 0 & 1-a & 1-a^2\end{array}\right)$$

$$\longrightarrow \left(\begin{array}{ccc:ccc}1 & -2 & -2 & 1 & 1 & a \\ 0 & a+2 & a+2 & 0 & a-1 & 1-a \\ 0 & 0 & a-4 & 0 & 3-3a & -(a-1)^2\end{array}\right),$$

故当 $a\neq 4$ 且 $a\neq -2$ 时，$\boldsymbol{\alpha}_1, \boldsymbol{\alpha}_2, \boldsymbol{\alpha}_3$ 可由 $\boldsymbol{\beta}_1, \boldsymbol{\beta}_2, \boldsymbol{\beta}_3$ 线性表示．

向量组 $\boldsymbol{\beta}_1, \boldsymbol{\beta}_2, \boldsymbol{\beta}_3$ 不能由向量组 $\boldsymbol{\alpha}_1, \boldsymbol{\alpha}_2, \boldsymbol{\alpha}_3$ 线性表示，即方程组 $x_1\boldsymbol{\alpha}_1+x_2\boldsymbol{\alpha}_2+x_3\boldsymbol{\alpha}_3=\boldsymbol{\beta}_j(j=1, 2, 3)$无解．对增广矩阵作初等行变换，有

$$\left(\begin{array}{ccc:ccc}1 & 1 & a & 1 & -2 & -2 \\ 1 & a & 1 & 1 & a & a \\ a & 1 & 1 & a & 4 & a\end{array}\right) \longrightarrow \left(\begin{array}{ccc:ccc}1 & 1 & a & 1 & -2 & -2 \\ 0 & a-1 & 1-a & 0 & a+2 & a+2 \\ 0 & 1-a & 1-a^2 & 0 & 2a+4 & 3a\end{array}\right)$$

$$\longrightarrow \left(\begin{array}{ccc:ccc}1 & 1 & a & 1 & -2 & -2 \\ 0 & a-1 & 1-a & 0 & a+2 & a+2 \\ 0 & 0 & 2-a-a^2 & 0 & 3a+6 & 4a+2\end{array}\right),$$

可见当 $a=1$ 或 $a=-2$ 时，$\boldsymbol{\beta}_2, \boldsymbol{\beta}_3$ 不能由 $\boldsymbol{\alpha}_1, \boldsymbol{\alpha}_2, \boldsymbol{\alpha}_3$ 线性表示．

因此当 $a=1$ 时向量组 $\boldsymbol{\alpha}_1, \boldsymbol{\alpha}_2, \boldsymbol{\alpha}_3$ 可由向量组 $\boldsymbol{\beta}_1, \boldsymbol{\beta}_2, \boldsymbol{\beta}_3$ 线性表示，但 $\boldsymbol{\beta}_1, \boldsymbol{\beta}_2, \boldsymbol{\beta}_3$ 不能由 $\boldsymbol{\alpha}_1, \boldsymbol{\alpha}_2, \boldsymbol{\alpha}_3$ 线性表示．

12.(2006 年 1，2，3)设 $\boldsymbol{\alpha}_1, \boldsymbol{\alpha}_2, \cdots, \boldsymbol{\alpha}_s$ 均为 n 维列向量，$\boldsymbol{A}$ 是 $m\times n$ 矩阵，下列选项正确的是(　　).

(A)若 $\boldsymbol{\alpha}_1, \boldsymbol{\alpha}_2, \cdots, \boldsymbol{\alpha}_s$ 线性相关，则 $\boldsymbol{A\alpha}_1, \boldsymbol{A\alpha}_2, \cdots, \boldsymbol{A\alpha}_s$ 线性相关；

(B)若 $\boldsymbol{\alpha}_1, \boldsymbol{\alpha}_2, \cdots, \boldsymbol{\alpha}_s$ 线性相关，则 $\boldsymbol{A\alpha}_1, \boldsymbol{A\alpha}_2, \cdots, \boldsymbol{A\alpha}_s$ 线性无关；

(C)若 $\boldsymbol{\alpha}_1, \boldsymbol{\alpha}_2, \cdots, \boldsymbol{\alpha}_s$ 线性无关，则 $\boldsymbol{A\alpha}_1, \boldsymbol{A\alpha}_2, \cdots, \boldsymbol{A\alpha}_s$ 线性相关；

(D)若 $\boldsymbol{\alpha}_1, \boldsymbol{\alpha}_2, \cdots, \boldsymbol{\alpha}_s$ 线性无关，则 $\boldsymbol{A\alpha}_1, \boldsymbol{A\alpha}_2, \cdots, \boldsymbol{A\alpha}_s$ 线性无关．

解 注意到$(\boldsymbol{A\alpha}_1, \boldsymbol{A\alpha}_2, \cdots, \boldsymbol{A\alpha}_s)=\boldsymbol{A}(\boldsymbol{\alpha}_1, \boldsymbol{\alpha}_2, \cdots, \boldsymbol{\alpha}_s)$，如果 $\boldsymbol{\alpha}_1, \boldsymbol{\alpha}_2, \cdots, \boldsymbol{\alpha}_s$ 线性相关，则

$$r(\boldsymbol{A\alpha}_1, \boldsymbol{A\alpha}_2, \cdots, \boldsymbol{A\alpha}_s)\leqslant r(\boldsymbol{\alpha}_1, \boldsymbol{\alpha}_2, \cdots, \boldsymbol{\alpha}_s)<s,$$

因此 $\boldsymbol{A\alpha}_1, \boldsymbol{A\alpha}_2, \cdots, \boldsymbol{A\alpha}_s$ 线性相关，故应选(A).

13.(2007 年 1，2，3)设向量组 $\boldsymbol{\alpha}_1, \boldsymbol{\alpha}_2, \boldsymbol{\alpha}_3$ 线性无关，则下列向量组线性相关的是(　　).

(A) $\boldsymbol{\alpha}_1-\boldsymbol{\alpha}_2$，$\boldsymbol{\alpha}_2-\boldsymbol{\alpha}_3$，$\boldsymbol{\alpha}_3-\boldsymbol{\alpha}_1$；　　(B) $\boldsymbol{\alpha}_1+\boldsymbol{\alpha}_2$，$\boldsymbol{\alpha}_2+\boldsymbol{\alpha}_3$，$\boldsymbol{\alpha}_3+\boldsymbol{\alpha}_1$；

(C) $\boldsymbol{\alpha}_1-2\boldsymbol{\alpha}_2$，$\boldsymbol{\alpha}_2-2\boldsymbol{\alpha}_3$，$\boldsymbol{\alpha}_3-2\boldsymbol{\alpha}_1$；(D) $\boldsymbol{\alpha}_1+2\boldsymbol{\alpha}_2$，$\boldsymbol{\alpha}_2+2\boldsymbol{\alpha}_3$，$\boldsymbol{\alpha}_3+2\boldsymbol{\alpha}_1$.

解　显然选项(A)中三个向量的和为 $\mathbf{0}$，因此选(A). 而选项(B)中的向量是线性无关的，这是因为

$$(\boldsymbol{\alpha}_1+\boldsymbol{\alpha}_2,\ \boldsymbol{\alpha}_2+\boldsymbol{\alpha}_3,\ \boldsymbol{\alpha}_3+\boldsymbol{\alpha}_1)=(\boldsymbol{\alpha}_1,\ \boldsymbol{\alpha}_2,\ \boldsymbol{\alpha}_3)\begin{pmatrix}1&0&1\\1&1&0\\0&1&1\end{pmatrix},$$

其中 $\begin{pmatrix}1&0&1\\1&1&0\\0&1&1\end{pmatrix}$ 不可逆，因此(B)中的向量组线性无关. 类似可得，(C)、(D)中的向量组也线性无关.

14. (2008 年 1)设 $\boldsymbol{\alpha}$，$\boldsymbol{\beta}$ 为 3 维列向量，矩阵 $\mathbf{A}=\boldsymbol{\alpha\alpha}^{\mathrm{T}}+\boldsymbol{\beta\beta}^{\mathrm{T}}$，其中 $\boldsymbol{\alpha}^{\mathrm{T}}$，$\boldsymbol{\beta}^{\mathrm{T}}$ 为 $\boldsymbol{\alpha}$，$\boldsymbol{\beta}$ 的转置，证明：

(1) $r(\mathbf{A})\leqslant 2$；(2)若 $\boldsymbol{\alpha}$，$\boldsymbol{\beta}$ 线性相关，则 $r(\mathbf{A})<2$.

证　(1)因为 $\boldsymbol{\alpha}$，$\boldsymbol{\beta}$ 为 3 维列向量，所以 $\boldsymbol{\alpha\alpha}^{\mathrm{T}}$，$\boldsymbol{\beta\beta}^{\mathrm{T}}$ 都是三阶矩阵，且 $r(\boldsymbol{\alpha\alpha}^{\mathrm{T}})\leqslant 1$，$r(\boldsymbol{\beta\beta}^{\mathrm{T}})\leqslant 1$，因此 $r(\mathbf{A})=r(\boldsymbol{\alpha\alpha}^{\mathrm{T}}+\boldsymbol{\beta\beta}^{\mathrm{T}})\leqslant r(\boldsymbol{\alpha\alpha}^{\mathrm{T}})+r(\boldsymbol{\beta\beta}^{\mathrm{T}})\leqslant 2$.

(2)若 $\boldsymbol{\alpha}$，$\boldsymbol{\beta}$ 线性相关，不妨设 $\boldsymbol{\alpha}=k\boldsymbol{\beta}$，则

$$r(\mathbf{A})=r(\boldsymbol{\alpha\alpha}^{\mathrm{T}}+\boldsymbol{\beta\beta}^{\mathrm{T}})=r((1+k^2)\boldsymbol{\beta\beta}^{\mathrm{T}})=r(\boldsymbol{\beta\beta}^{\mathrm{T}})\leqslant 1<2.$$

15. (1996 年 3，4)设有任意两个 n 维向量组 $\boldsymbol{\alpha}_1$，…，$\boldsymbol{\alpha}_m$ 和 $\boldsymbol{\beta}_1$，…，$\boldsymbol{\beta}_m$，若存在两组不全为零的数 λ_1，…，λ_m 和 k_1，…，k_m，使 $(\lambda_1+k_1)\boldsymbol{\alpha}_1+\cdots+(\lambda_m+k_m)\boldsymbol{\alpha}_m+(\lambda_1-k_1)\boldsymbol{\beta}_1+\cdots+(\lambda_m-k_m)\boldsymbol{\beta}_m=\mathbf{0}$，则(　　).

(A) $\boldsymbol{\alpha}_1$，…，$\boldsymbol{\alpha}_m$ 和 $\boldsymbol{\beta}_1$，…，$\boldsymbol{\beta}_m$ 都线性相关；

(B) $\boldsymbol{\alpha}_1$，…，$\boldsymbol{\alpha}_m$ 和 $\boldsymbol{\beta}_1$，…，$\boldsymbol{\beta}_m$ 都线性无关；

(C) $\boldsymbol{\alpha}_1+\boldsymbol{\beta}_1$，…，$\boldsymbol{\alpha}_m+\boldsymbol{\beta}_m$，$\boldsymbol{\alpha}_1-\boldsymbol{\beta}_1$，…，$\boldsymbol{\alpha}_m-\boldsymbol{\beta}_m$ 线性无关；

(D) $\boldsymbol{\alpha}_1+\boldsymbol{\beta}_1$，…，$\boldsymbol{\alpha}_m+\boldsymbol{\beta}_m$，$\boldsymbol{\alpha}_1-\boldsymbol{\beta}_1$，…，$\boldsymbol{\alpha}_m-\boldsymbol{\beta}_m$ 线性相关.

解　若向量组 $\boldsymbol{\gamma}_1$，$\boldsymbol{\gamma}_2$，…，$\boldsymbol{\gamma}_s$ 线性无关，则若 $x_1\boldsymbol{\gamma}_1+x_2\boldsymbol{\gamma}_2+\cdots+x_s\boldsymbol{\gamma}_s=\mathbf{0}$，必有 $x_1=0$，$x_2=0$，…，$x_s=0$. 而 λ_1，…，λ_m 与 k_1，…，k_m 不全为零，由此推不出某向量组线性无关，故应排除(B)、(C).

一般情况下，对于 $k_1\boldsymbol{\alpha}_1+\cdots+k_s\boldsymbol{\alpha}_s+l_1\boldsymbol{\beta}_1+\cdots+l_s\boldsymbol{\beta}_s=\mathbf{0}$，不能保证必有 $k_1\boldsymbol{\alpha}_1+\cdots+k_s\boldsymbol{\alpha}_s=\mathbf{0}$ 及 $l_1\boldsymbol{\beta}_1+\cdots+l_s\boldsymbol{\beta}_s=\mathbf{0}$，故(A)不正确. 由已知条件，有

$$\lambda_1(\boldsymbol{\alpha}_1+\boldsymbol{\beta}_1)+\cdots+\lambda_m(\boldsymbol{\alpha}_m+\boldsymbol{\beta}_m)+k_1(\boldsymbol{\alpha}_1-\boldsymbol{\beta}_1)+\cdots+k_m(\boldsymbol{\alpha}_m-\boldsymbol{\beta}_m)=\mathbf{0},$$

又因 λ_1，…，λ_m，k_1，…，k_m，不全为零，从而 $\boldsymbol{\alpha}_1+\boldsymbol{\beta}_1$，…，$\boldsymbol{\alpha}_m+\boldsymbol{\beta}_m$，$\boldsymbol{\alpha}_1-\boldsymbol{\beta}_1$，…，$\boldsymbol{\alpha}_m-\boldsymbol{\beta}_m$ 线性相关，故应选(D).

16. (2010 年 2)设向量组(Ⅰ)：$\boldsymbol{\alpha}_1$，$\boldsymbol{\alpha}_2$，…，$\boldsymbol{\alpha}_r$ 可由向量组(Ⅱ)：$\boldsymbol{\beta}_1$，$\boldsymbol{\beta}_2$，…，

$\boldsymbol{\beta}_s$ 线性表示，下列命题正确的是(　　).

(A)若向量组(Ⅰ)线性无关，则 $r\leqslant s$；(B)若向量组(Ⅰ)线性相关，则 $r>s$；

(C)若向量组(Ⅱ)线性无关，则 $r\leqslant s$；(D)若向量组(Ⅱ)线性相关，则 $r>s$.

解　因为向量组(Ⅰ)可由向量组(Ⅱ)线性表示，所以 $r(\text{Ⅰ})\leqslant r(\text{Ⅱ})$，因此当向量组(Ⅰ)线性无关时，$r=r(\text{Ⅰ})\leqslant r(\text{Ⅱ})\leqslant s$，故应选(A).

17.(2020 年 1)已知直线 L_1：$\dfrac{x-a_2}{a_1}=\dfrac{y-b_2}{b_1}=\dfrac{z-c_2}{c_1}$与直线 L_2：$\dfrac{x-a_3}{a_2}=\dfrac{y-b_3}{b_2}=\dfrac{z-c_3}{c_2}$相交于一点，记向量 $\boldsymbol{\alpha}_i=\begin{pmatrix}a_i\\b_i\\c_i\end{pmatrix}$，$i=1$，2，3，则(　　).

(A)$\boldsymbol{\alpha}_1$ 可由 $\boldsymbol{\alpha}_2$，$\boldsymbol{\alpha}_3$ 线性表示；　　(B)$\boldsymbol{\alpha}_2$ 可由 $\boldsymbol{\alpha}_1$，$\boldsymbol{\alpha}_3$ 线性表示；

(C)$\boldsymbol{\alpha}_3$ 可由 $\boldsymbol{\alpha}_1$，$\boldsymbol{\alpha}_2$ 线性表示；　　(D)$\boldsymbol{\alpha}_1$，$\boldsymbol{\alpha}_2$，$\boldsymbol{\alpha}_3$ 线性无关.

解　令 L_1：$\dfrac{x-a_2}{a_1}=\dfrac{y-b_2}{b_1}=\dfrac{z-c_2}{c_1}=t$，即有 $\begin{pmatrix}x\\y\\z\end{pmatrix}=\begin{pmatrix}a_2\\b_2\\c_2\end{pmatrix}+t\begin{pmatrix}a_1\\b_1\\c_1\end{pmatrix}=\boldsymbol{\alpha}_2+t\boldsymbol{\alpha}_1$.

同理，由 L_2 的方程可得 $\begin{pmatrix}x\\y\\z\end{pmatrix}=\begin{pmatrix}a_3\\b_3\\c_3\end{pmatrix}+t\begin{pmatrix}a_2\\b_2\\c_2\end{pmatrix}=\boldsymbol{\alpha}_3+t\boldsymbol{\alpha}_2$.

由于两直线相交，即存在 t 使得 $\boldsymbol{\alpha}_2+t\boldsymbol{\alpha}_1=\boldsymbol{\alpha}_3+t\boldsymbol{\alpha}_2$，即 $\boldsymbol{\alpha}_3=t\boldsymbol{\alpha}_1+(1-t)\boldsymbol{\alpha}_2$，所以 $\boldsymbol{\alpha}_3$ 可由 $\boldsymbol{\alpha}_1$，$\boldsymbol{\alpha}_2$ 线性表示，故应选(C).

18.(2011 年 1，2，3)设向量组 $\boldsymbol{\alpha}_1=(1,\ 0,\ 1)^{\mathrm{T}}$，$\boldsymbol{\alpha}_2=(0,\ 1,\ 1)^{\mathrm{T}}$，$\boldsymbol{\alpha}_3=(1,\ 3,\ 5)^{\mathrm{T}}$ 不能由向量组 $\boldsymbol{\beta}_1=(1,\ 1,\ 1)^{\mathrm{T}}$，$\boldsymbol{\beta}_2=(1,\ 2,\ 3)^{\mathrm{T}}$，$\boldsymbol{\beta}_3=(3,\ 4,\ a)^{\mathrm{T}}$ 线性表示.

(1)求 a 的值；

(2)将 $\boldsymbol{\beta}_1$，$\boldsymbol{\beta}_2$，$\boldsymbol{\beta}_3$ 用 $\boldsymbol{\alpha}_1$，$\boldsymbol{\alpha}_2$，$\boldsymbol{\alpha}_3$ 线性表示.

解　(1)由于 $|\boldsymbol{\alpha}_1,\ \boldsymbol{\alpha}_2,\ \boldsymbol{\alpha}_3|=\begin{vmatrix}1&0&1\\0&1&3\\1&1&5\end{vmatrix}=1\neq0$，所以向量组 $\boldsymbol{\alpha}_1$，$\boldsymbol{\alpha}_2$，$\boldsymbol{\alpha}_3$ 线性无关. 因为 $\boldsymbol{\alpha}_1$，$\boldsymbol{\alpha}_2$，$\boldsymbol{\alpha}_3$ 不能由 $\boldsymbol{\beta}_1$，$\boldsymbol{\beta}_2$，$\boldsymbol{\beta}_3$ 线性表示，所以 $\boldsymbol{\beta}_1$，$\boldsymbol{\beta}_2$，$\boldsymbol{\beta}_3$ 线性相关，则

$$|\boldsymbol{\beta}_1,\ \boldsymbol{\beta}_2,\ \boldsymbol{\beta}_3|=\begin{vmatrix}1&1&3\\1&2&4\\1&3&a\end{vmatrix}=\begin{vmatrix}1&1&3\\0&1&1\\0&2&a-3\end{vmatrix}=a-5=0,$$

故 $a=5$.

(2)对增广矩阵$(\boldsymbol{\alpha}_1, \boldsymbol{\alpha}_2, \boldsymbol{\alpha}_3 \mid \boldsymbol{\beta}_1, \boldsymbol{\beta}_2, \boldsymbol{\beta}_3)$作行初等变换：

$$(\boldsymbol{\alpha}_1, \boldsymbol{\alpha}_2, \boldsymbol{\alpha}_3 \mid \boldsymbol{\beta}_1, \boldsymbol{\beta}_2, \boldsymbol{\beta}_3)=\left(\begin{array}{ccc:ccc}1&0&1&1&1&3\\0&1&3&1&2&4\\1&1&5&1&3&5\end{array}\right)\longrightarrow\left(\begin{array}{ccc:ccc}1&0&1&1&1&3\\0&1&3&1&2&4\\0&1&4&0&2&2\end{array}\right)$$

$$\longrightarrow\left(\begin{array}{ccc:ccc}1&0&1&1&1&3\\0&1&3&1&2&4\\0&0&1&-1&0&-2\end{array}\right)\longrightarrow\left(\begin{array}{ccc:ccc}1&0&0&2&1&5\\0&1&0&4&2&10\\0&0&1&-1&0&-2\end{array}\right),$$

则$\boldsymbol{\beta}_1=2\boldsymbol{\alpha}_1+4\boldsymbol{\alpha}_2-\boldsymbol{\alpha}_3$，$\boldsymbol{\beta}_2=\boldsymbol{\alpha}_1+2\boldsymbol{\alpha}_2$，$\boldsymbol{\beta}_3=5\boldsymbol{\alpha}_1+10\boldsymbol{\alpha}_2-2\boldsymbol{\alpha}_3$.

19.(1996年3)设向量$\boldsymbol{\alpha}_1$，$\boldsymbol{\alpha}_2$，…，$\boldsymbol{\alpha}_t$是齐次方程组$\boldsymbol{AX}=\boldsymbol{0}$的一个基础解系，向量$\boldsymbol{\beta}$不是方程组$\boldsymbol{AX}=\boldsymbol{0}$的解，即$\boldsymbol{A\beta}\neq 0$，试证明：向量组$\boldsymbol{\beta}$，$\boldsymbol{\beta}+\boldsymbol{\alpha}_1$，$\boldsymbol{\beta}+\boldsymbol{\alpha}_2$，…，$\boldsymbol{\beta}+\boldsymbol{\alpha}_t$线性无关.

证法一　(定义法)若有一组数k，k_1，k_2，…，k_t，使得

$$k\boldsymbol{\beta}+k_1(\boldsymbol{\beta}+\boldsymbol{\alpha}_1)+k_2(\boldsymbol{\beta}+\boldsymbol{\alpha}_2)+\cdots+k_t(\boldsymbol{\beta}+\boldsymbol{\alpha}_t)=\boldsymbol{0}, \tag{1}$$

则因$\boldsymbol{\alpha}_1$，$\boldsymbol{\alpha}_2$，…，$\boldsymbol{\alpha}_t$是$\boldsymbol{AX}=\boldsymbol{0}$的解$\Rightarrow \boldsymbol{A\alpha}_i=\boldsymbol{0}(i=1, 2, \cdots, t)$，用$\boldsymbol{A}$左乘上式的两边，有$(k+k_1+k_2+\cdots+k_t)\boldsymbol{A\beta}=\boldsymbol{0}$. 由于$\boldsymbol{A\beta}\neq\boldsymbol{0}$，故

$$k+k_1+k_2+\cdots+k_t=0. \tag{2}$$

对(1)重新分组为

$$(k+k_1+\cdots+k_t)\boldsymbol{\beta}+k_1\boldsymbol{\alpha}_1+k_2\boldsymbol{\alpha}_2+\cdots+k_t\boldsymbol{\alpha}_t=\boldsymbol{0}, \tag{3}$$

把(2)代入(3)，得

$$k_1\boldsymbol{\alpha}_1+k_2\boldsymbol{\alpha}_2+\cdots+k_t\boldsymbol{\alpha}_t=\boldsymbol{0}.$$

由于$\boldsymbol{\alpha}_1$，$\boldsymbol{\alpha}_2$，…，$\boldsymbol{\alpha}_t$是基础解系，它们线性无关，故必有$k_1=0$，$k_2=0$，…，$k_t=0$，代入(2)式得$k=0$，因此向量组$\boldsymbol{\beta}$，$\boldsymbol{\beta}+\boldsymbol{\alpha}_1$，$\boldsymbol{\beta}+\boldsymbol{\alpha}_2$，…，$\boldsymbol{\beta}+\boldsymbol{\alpha}_t$线性无关.

证法二　经初等变换的向量组的秩不变. 把第1列的-1倍分别加至其余各列，有

$$(\boldsymbol{\beta}, \boldsymbol{\beta}+\boldsymbol{\alpha}_1, \boldsymbol{\beta}+\boldsymbol{\alpha}_2, \cdots, \boldsymbol{\beta}+\boldsymbol{\alpha}_t)\longrightarrow(\boldsymbol{\beta}, \boldsymbol{\alpha}_1, \boldsymbol{\alpha}_2, \cdots, \boldsymbol{\alpha}_t),$$

因此
$$r(\boldsymbol{\beta}, \boldsymbol{\beta}+\boldsymbol{\alpha}_1, \cdots, \boldsymbol{\beta}+\boldsymbol{\alpha}_t)=r(\boldsymbol{\beta}, \boldsymbol{\alpha}_1, \cdots, \boldsymbol{\alpha}_t).$$

由于$\boldsymbol{\alpha}_1$，$\boldsymbol{\alpha}_2$，…，$\boldsymbol{\alpha}_t$是基础解系，它们是线性无关的，$r(\boldsymbol{\alpha}_1, \boldsymbol{\alpha}_2, \cdots, \boldsymbol{\alpha}_t)=t$，又$\boldsymbol{\beta}$必不能由$\boldsymbol{\alpha}_1$，$\boldsymbol{\alpha}_2$，…，$\boldsymbol{\alpha}_t$线性表出(否则$\boldsymbol{A\beta}=\boldsymbol{0}$)，故$r(\boldsymbol{\alpha}_1, \boldsymbol{\alpha}_2, \cdots, \boldsymbol{\alpha}_t, \boldsymbol{\beta})=t+1$，所以$r(\boldsymbol{\beta}, \boldsymbol{\beta}+\boldsymbol{\alpha}_1, \boldsymbol{\beta}+\boldsymbol{\alpha}_2, \cdots, \boldsymbol{\beta}+\boldsymbol{\alpha}_t)=t+1$，即向量组$\boldsymbol{\beta}$，$\boldsymbol{\beta}+\boldsymbol{\alpha}_1$，$\boldsymbol{\beta}+\boldsymbol{\alpha}_2$，…，$\boldsymbol{\beta}+\boldsymbol{\alpha}_t$线性无关.

20.(1997年1)设$\boldsymbol{\alpha}_1=\begin{pmatrix}a_1\\a_2\\a_3\end{pmatrix}$，$\boldsymbol{\alpha}_2=\begin{pmatrix}b_1\\b_2\\b_3\end{pmatrix}$，$\boldsymbol{\alpha}_3=\begin{pmatrix}c_1\\c_2\\c_3\end{pmatrix}$，则三条直线

$$a_1x+b_1y+c_1=0,\ a_2x+b_2y+c_2=0,\ a_3x+b_3y+c_3=0$$

(其中 $a_i^2+b_i^2\neq0$，$i=1$，2，3)交于一点的充要条件是(　　).

(A)$\boldsymbol{\alpha}_1$，$\boldsymbol{\alpha}_2$，$\boldsymbol{\alpha}_3$ 线性相关；

(B)$\boldsymbol{\alpha}_1$，$\boldsymbol{\alpha}_2$，$\boldsymbol{\alpha}_3$ 线性无关；

(C)$r(\boldsymbol{\beta}_1, \boldsymbol{\alpha}_2, \boldsymbol{\alpha}_3)=r(\boldsymbol{\alpha}_1, \boldsymbol{\alpha}_2)$；

(D)$\boldsymbol{\alpha}_1$，$\boldsymbol{\alpha}_2$，$\boldsymbol{\alpha}_3$ 线性相关，$\boldsymbol{\alpha}_1$，$\boldsymbol{\alpha}_2$ 线性无关.

解　三条直线交于一点的充要条件是方程组

$$\begin{cases}a_1x+b_1y+c_1=0,\\ a_2x+b_2y+c_2=0,\\ a_3x+b_3y+c_3=0\end{cases}$$

有唯一解，亦即 $r(\boldsymbol{A})=r(\widetilde{\boldsymbol{A}})=n$，即 $r(\boldsymbol{\alpha}_1, \boldsymbol{\alpha}_2)=r(\boldsymbol{\alpha}_1, \boldsymbol{\alpha}_2, \boldsymbol{\alpha}_3)=2$，所以应选(D).

注意：选项(C)保证方程组有解，即三条直线有交点，但不确定交点唯一，选项(A)是必要条件，不充分.选项(B)表示三直线没有公共交点.

21.(1997 年 3，4)设向量组 $\boldsymbol{\alpha}_1$，$\boldsymbol{\alpha}_2$，$\boldsymbol{\alpha}_3$ 线性无关，则下列向量组中线性无关的是(　　).

(A)$\boldsymbol{\alpha}_1+\boldsymbol{\alpha}_2$，$\boldsymbol{\alpha}_2+\boldsymbol{\alpha}_3$，$\boldsymbol{\alpha}_3-\boldsymbol{\alpha}_1$；

(B)$\boldsymbol{\alpha}_1+\boldsymbol{\alpha}_2$，$\boldsymbol{\alpha}_2+\boldsymbol{\alpha}_3$，$\boldsymbol{\alpha}_1+2\boldsymbol{\alpha}_2+\boldsymbol{\alpha}_3$；

(C)$\boldsymbol{\alpha}_1+2\boldsymbol{\alpha}_2$，$2\boldsymbol{\alpha}_2+3\boldsymbol{\alpha}_3$，$3\boldsymbol{\alpha}_3+\boldsymbol{\alpha}_1$；

(D)$\boldsymbol{\alpha}_1+\boldsymbol{\alpha}_2+\boldsymbol{\alpha}_3$，$2\boldsymbol{\alpha}_1-3\boldsymbol{\alpha}_2+22\boldsymbol{\alpha}_3$，$3\boldsymbol{\alpha}_1+5\boldsymbol{\alpha}_2-5\boldsymbol{\alpha}_3$.

解　对于(A)，$(\boldsymbol{\alpha}_1+\boldsymbol{\alpha}_2)-(\boldsymbol{\alpha}_2+\boldsymbol{\alpha}_3)+(\boldsymbol{\alpha}_3-\boldsymbol{\alpha}_1)=\boldsymbol{0}$，线性相关；

对于(B)，$(\boldsymbol{\alpha}_1+\boldsymbol{\alpha}_2)+(\boldsymbol{\alpha}_2+\boldsymbol{\alpha}_3)-(\boldsymbol{\alpha}_1+2\boldsymbol{\alpha}_2+\boldsymbol{\alpha}_3)=\boldsymbol{0}$，线性相关.

对于(C)，简单加减得不到 $\boldsymbol{0}$，转为计算行列式.由 $|\boldsymbol{C}|=\begin{vmatrix}1&0&1\\2&2&0\\0&3&3\end{vmatrix}=12\neq0$，知应选(C).

22.(1998 年 1)设 $\boldsymbol{A}$ 是 n 阶矩阵，若存在正整数 k，使线性方程组 $\boldsymbol{A}^k\boldsymbol{X}=\boldsymbol{0}$ 有解向量 $\boldsymbol{\alpha}$，且 $\boldsymbol{A}^{k-1}\boldsymbol{\alpha}\neq\boldsymbol{0}$，证明：向量组 $\boldsymbol{\alpha}$，$\boldsymbol{A\alpha}$，…，$\boldsymbol{A}^{k-1}\boldsymbol{\alpha}$ 是线性无关的.

证　若 $l_1\boldsymbol{\alpha}+l_2\boldsymbol{A\alpha}+\cdots+l_k\boldsymbol{A}^{k-1}\boldsymbol{\alpha}=\boldsymbol{0}$，用 $\boldsymbol{A}^{k-1}$ 左乘上式，并把 $\boldsymbol{A}^k\boldsymbol{\alpha}=\boldsymbol{0}$，$\boldsymbol{A}^{k+1}\boldsymbol{\alpha}=\boldsymbol{0}$，…代入，得 $l_1\boldsymbol{A}^{k-1}\boldsymbol{\alpha}=\boldsymbol{0}$.

由于 $\boldsymbol{A}^{k-1}\boldsymbol{\alpha}\neq\boldsymbol{0}$，故必有 $l_1=0$. 对 $l_2\boldsymbol{A\alpha}+\cdots+l_k\boldsymbol{A}^{k-1}\boldsymbol{\alpha}=\boldsymbol{0}$，用 $\boldsymbol{A}^{k-2}$ 左乘，必有 $l_2=0$.

归纳可得 $l_i=0(i=1, 2, \cdots, k)$，即 $\boldsymbol{\alpha}$，$\boldsymbol{A\alpha}$，…，$\boldsymbol{A}^{k-1}\boldsymbol{\alpha}$ 线性无关.

23.(2002年4)设向量组$\boldsymbol{\alpha}_1=(a,\ 0,\ c)$，$\boldsymbol{\alpha}_2=(b,\ c,\ 0)$，$\boldsymbol{\alpha}_3=(0,\ a,\ b)$线性无关，则$a$，$b$，$c$必满足关系式________.

解　n个n维向量$\boldsymbol{\alpha}_1$，$\boldsymbol{\alpha}_2$，…，$\boldsymbol{\alpha}_n$线性无关的充分必要条件是行列式$|\boldsymbol{\alpha}_1,\ \boldsymbol{\alpha}_2,\ \cdots,\ \boldsymbol{\alpha}_n|\neq 0$. 而$|\boldsymbol{\alpha}_1,\ \boldsymbol{\alpha}_2,\ \boldsymbol{\alpha}_3|=\begin{vmatrix} a & b & 0 \\ 0 & c & a \\ c & 0 & b \end{vmatrix}=2abc$，故应填$abc\neq 0$.

24.(2003年1，2)设向量组(Ⅰ)：$\boldsymbol{\alpha}_1$，$\boldsymbol{\alpha}_2$，…，$\boldsymbol{\alpha}_r$可由向量组(Ⅱ)：$\boldsymbol{\beta}_1$，$\boldsymbol{\beta}_2$，…，$\boldsymbol{\beta}_s$线性表示，则(　　).

(A)当$r<s$时，向量组(Ⅱ)必线性相关；

(B)当$r>s$时，向量组(Ⅱ)必线性相关；

(C)当$r<s$时，向量组(Ⅰ)必线性相关；

(D)当$r>s$时，向量组(Ⅰ)必线性相关.

解　根据定理“若$\boldsymbol{\alpha}_1$，$\boldsymbol{\alpha}_2$，…，$\boldsymbol{\alpha}_s$可由$\boldsymbol{\beta}_1$，$\boldsymbol{\beta}_2$，…，$\boldsymbol{\beta}_t$线性表示，且$s>t$，则$\boldsymbol{\alpha}_1$，$\boldsymbol{\alpha}_2$，…，$\boldsymbol{\alpha}_s$必线性相关”，即若多数向量可由少数向量线性表示，则这多数向量必线性相关，故应选(D).

25.(2012年1，2，3)设$\boldsymbol{\alpha}_1=\begin{pmatrix} 0 \\ 0 \\ c_1 \end{pmatrix}$，$\boldsymbol{\alpha}_2=\begin{pmatrix} 0 \\ 1 \\ c_2 \end{pmatrix}$，$\boldsymbol{\alpha}_3=\begin{pmatrix} 1 \\ -1 \\ c_3 \end{pmatrix}$，$\boldsymbol{\alpha}_4=\begin{pmatrix} -1 \\ 1 \\ c_4 \end{pmatrix}$，其中$c_1$，$c_2$，$c_3$，$c_4$为任意常数，则下列向量组必线性相关的是(　　).

(A)$\boldsymbol{\alpha}_1$，$\boldsymbol{\alpha}_2$，$\boldsymbol{\alpha}_3$；　　(B)$\boldsymbol{\alpha}_1$，$\boldsymbol{\alpha}_2$，$\boldsymbol{\alpha}_4$；

(C)$\boldsymbol{\alpha}_1$，$\boldsymbol{\alpha}_3$，$\boldsymbol{\alpha}_4$；　　(D)$\boldsymbol{\alpha}_2$，$\boldsymbol{\alpha}_3$，$\boldsymbol{\alpha}_4$.

解　n个n维向量线性相关的充要条件是$|\boldsymbol{\alpha}_1,\ \boldsymbol{\alpha}_2,\ \cdots,\ \boldsymbol{\alpha}_n|=0$.

显然
$$|\boldsymbol{\alpha}_1,\ \boldsymbol{\alpha}_3,\ \boldsymbol{\alpha}_4|=\begin{vmatrix} 0 & 1 & -1 \\ 0 & -1 & 1 \\ c_1 & c_3 & c_4 \end{vmatrix}=0,$$
所以$\boldsymbol{\alpha}_1$，$\boldsymbol{\alpha}_3$，$\boldsymbol{\alpha}_4$必线性相关，故应选(C).

26.(2014年1，2)设$\boldsymbol{\alpha}_1$，$\boldsymbol{\alpha}_2$，$\boldsymbol{\alpha}_3$为3维向量，则对任意常数k，l，向量组$\boldsymbol{\alpha}_1+k\boldsymbol{\alpha}_3$，$\boldsymbol{\alpha}_2+l\boldsymbol{\alpha}_3$线性无关是向量组$\boldsymbol{\alpha}_1$，$\boldsymbol{\alpha}_2$，$\boldsymbol{\alpha}_3$线性无关的(　　).

(A)必要非充分条件；　　(B)充分非必要条件；

(C)充分必要条件；　　(D)既非充分也非必要条件.

解　如果$\boldsymbol{\alpha}_1$，$\boldsymbol{\alpha}_2$，$\boldsymbol{\alpha}_3$线性无关，令$\lambda_1(\boldsymbol{\alpha}_1+k\boldsymbol{\alpha}_3)+\lambda_2(\boldsymbol{\alpha}_2+l\boldsymbol{\alpha}_3)=\mathbf{0}$，即
$$\lambda_1\boldsymbol{\alpha}_1+\lambda_2\boldsymbol{\alpha}_2+(k\lambda_1+l\lambda_2)\boldsymbol{\alpha}_3=\mathbf{0},$$
则$\lambda_1=\lambda_2=k\lambda_1+l\lambda_2=0$，从而$\boldsymbol{\alpha}_1+k\boldsymbol{\alpha}_3$，$\boldsymbol{\alpha}_2+l\boldsymbol{\alpha}_3$线性无关.

反之，如果$\boldsymbol{\alpha}_1+k\boldsymbol{\alpha}_3$，$\boldsymbol{\alpha}_2+l\boldsymbol{\alpha}_3$线性无关，不一定有$\boldsymbol{\alpha}_1$，$\boldsymbol{\alpha}_2$，$\boldsymbol{\alpha}_3$线性无关.

如取反例：$\boldsymbol{\alpha}_1=(1,\ 0,\ 0)^{\mathrm{T}}$，$\boldsymbol{\alpha}_2=(0,\ 1,\ 0)^{\mathrm{T}}$，$\boldsymbol{\alpha}_3=(0,\ 0,\ 0)^{\mathrm{T}}$，此时 $\boldsymbol{\alpha}_1$，$\boldsymbol{\alpha}_2$，$\boldsymbol{\alpha}_3$ 线性相关，而 $\boldsymbol{\alpha}_1+k\boldsymbol{\alpha}_3$，$\boldsymbol{\alpha}_2+l\boldsymbol{\alpha}_3$ 显然线性无关，故应选(A).

27.(2017 年 1，3)设矩阵 $\boldsymbol{A}=\begin{pmatrix}1&0&1\\1&1&2\\0&1&1\end{pmatrix}$，$\boldsymbol{\alpha}_1$，$\boldsymbol{\alpha}_2$，$\boldsymbol{\alpha}_3$ 为线性无关的 3 维列向量组，则向量组 $\boldsymbol{A\alpha}_1$，$\boldsymbol{A\alpha}_2$，$\boldsymbol{A\alpha}_3$ 的秩为________.

解 因为 $\boldsymbol{\alpha}_1$，$\boldsymbol{\alpha}_2$，$\boldsymbol{\alpha}_3$ 线性无关，所以矩阵 $(\boldsymbol{\alpha}_1,\ \boldsymbol{\alpha}_2,\ \boldsymbol{\alpha}_3)$ 可逆，从而

$$r(\boldsymbol{A\alpha}_1,\ \boldsymbol{A\alpha}_2,\ \boldsymbol{A\alpha}_3)=r(\boldsymbol{A}(\boldsymbol{\alpha}_1,\ \boldsymbol{\alpha}_2,\ \boldsymbol{\alpha}_3))=r(\boldsymbol{A}).$$

由

$$\boldsymbol{A}=\begin{pmatrix}1&0&1\\1&1&2\\0&1&1\end{pmatrix}\longrightarrow\begin{pmatrix}1&0&1\\0&1&1\\0&1&1\end{pmatrix}\longrightarrow\begin{pmatrix}1&0&1\\0&1&1\\0&0&0\end{pmatrix},$$

得 $r(\boldsymbol{A})=2$，故 $r(\boldsymbol{A\alpha}_1,\ \boldsymbol{A\alpha}_2,\ \boldsymbol{A\alpha}_3)=2$，即向量组 $\boldsymbol{A\alpha}_1$，$\boldsymbol{A\alpha}_2$，$\boldsymbol{A\alpha}_3$ 的秩为 2.

28.(2001 年 4)设 $\boldsymbol{\alpha}_i=(\alpha_{i1},\ \alpha_{i2},\ \cdots,\ \alpha_{in})^{\mathrm{T}}(i=1,\ 2,\ \cdots,\ r;\ r<n)$ 是 n 维实向量，且 $\boldsymbol{\alpha}_1$，$\boldsymbol{\alpha}_2$，$\cdots$，$\boldsymbol{\alpha}_r$ 线性无关．已知 $\boldsymbol{\beta}=(\boldsymbol{b}_1,\ \boldsymbol{b}_2,\ \cdots,\ \boldsymbol{b}_n)^{\mathrm{T}}$ 是线性方程组

$$\begin{cases}a_{11}x_1+a_{12}x_2+\cdots+a_{1n}x_n=0,\\a_{21}x_1+a_{22}x_2+\cdots+a_{2n}x_n=0,\\\cdots\cdots\cdots\cdots\cdots\cdots\cdots\cdots\\a_{r1}x_1+a_{r2}x_2+\cdots+a_{rn}x_n=0\end{cases}$$

的非零解向量，试判断向量组 $\boldsymbol{\alpha}_1$，$\boldsymbol{\alpha}_2$，$\cdots$，$\boldsymbol{\alpha}_r$，$\boldsymbol{\beta}$ 的线性相关性．

解 设 $k_1\boldsymbol{\alpha}_1+k_2\boldsymbol{\alpha}_2+\cdots+k_r\boldsymbol{\alpha}_r+l\boldsymbol{\beta}=\boldsymbol{0}$，因为 $\boldsymbol{\beta}$ 是方程组的非零解，故

$$\begin{cases}a_{11}b_1+a_{12}b_2+\cdots+a_{1n}b_n=0,\\a_{21}b_1+a_{22}b_2+\cdots+a_{2n}b_n=0,\\\cdots\cdots\cdots\cdots\cdots\cdots\cdots\cdots\\a_{r1}b_1+a_{r2}b_2+\cdots+a_{rn}b_n=0,\end{cases}\qquad(*)$$

即 $\boldsymbol{\beta}\neq\boldsymbol{0}$，$\boldsymbol{\beta}^{\mathrm{T}}\boldsymbol{\alpha}_1=0$，$\cdots$，$\boldsymbol{\beta}^{\mathrm{T}}\boldsymbol{\alpha}_r=0$. 用 $\boldsymbol{\beta}^{\mathrm{T}}$ 左乘$(*)$，并把 $\boldsymbol{\beta}^{\mathrm{T}}\boldsymbol{\alpha}_i=0$ 代入得 $l\boldsymbol{\beta}^{\mathrm{T}}\boldsymbol{\beta}=0$.

因为 $\boldsymbol{\beta}\neq\boldsymbol{0}$，有 $\boldsymbol{\beta}^{\mathrm{T}}\boldsymbol{\beta}>0$，故必有 $l=0$，从而$(*)$式为

$$k_1\boldsymbol{\alpha}_1+k_2\boldsymbol{\alpha}_2+\cdots+k_r\boldsymbol{\alpha}_r=\boldsymbol{0}.$$

由于 $\boldsymbol{\alpha}_1$，$\boldsymbol{\alpha}_2$，$\cdots$，$\boldsymbol{\alpha}_r$ 线性无关，所以有 $k_1=k_2=\cdots=k_r=0$，因此向量组 $\boldsymbol{\alpha}_1$，$\boldsymbol{\alpha}_2$，$\cdots$，$\boldsymbol{\alpha}_r$，$\boldsymbol{\beta}$ 线性无关．

29.(2002 年 2)设向量组 $\boldsymbol{\alpha}_1$，$\boldsymbol{\alpha}_2$，$\boldsymbol{\alpha}_3$ 线性无关，向量 $\boldsymbol{\beta}_1$ 可由 $\boldsymbol{\alpha}_1$，$\boldsymbol{\alpha}_2$，$\boldsymbol{\alpha}_3$ 线性表示，而向量 $\boldsymbol{\beta}_2$ 不能由 $\boldsymbol{\alpha}_1$，$\boldsymbol{\alpha}_2$，$\boldsymbol{\alpha}_3$ 线性表示，则对于任意常数 k，必有(　　).

(A)$\boldsymbol{\alpha}_1$，$\boldsymbol{\alpha}_2$，$\boldsymbol{\alpha}_3$，$k\boldsymbol{\beta}_1+\boldsymbol{\beta}_2$ 线性无关；

(B)$\boldsymbol{\alpha}_1$，$\boldsymbol{\alpha}_2$，$\boldsymbol{\alpha}_3$，$k\boldsymbol{\beta}_1+\boldsymbol{\beta}_2$ 线性相关；

(C)$\boldsymbol{\alpha}_1$，$\boldsymbol{\alpha}_2$，$\boldsymbol{\alpha}_3$，$\boldsymbol{\beta}_1+k\boldsymbol{\beta}_2$ 线性无关；

(D)$\boldsymbol{\alpha}_1$，$\boldsymbol{\alpha}_2$，$\boldsymbol{\alpha}_3$，$k\boldsymbol{\beta}_1+k\boldsymbol{\beta}_2$ 线性相关．

解　如果 $\boldsymbol{\alpha}_1$，$\boldsymbol{\alpha}_2$，…，$\boldsymbol{\alpha}_s$ 线性无关，$\boldsymbol{\beta}$ 不能由 $\boldsymbol{\alpha}_1$，$\boldsymbol{\alpha}_2$，…，$\boldsymbol{\alpha}_s$ 线性表示，则 $\boldsymbol{\alpha}_1$，$\boldsymbol{\alpha}_2$，…，$\boldsymbol{\alpha}_s$，$\boldsymbol{\beta}$ 线性无关．这是因为 $\boldsymbol{\beta}$ 不能由 $\boldsymbol{\alpha}_1$，$\boldsymbol{\alpha}_2$，…，$\boldsymbol{\alpha}_s$ 线性表示等价于方程组

$$x_1\boldsymbol{\alpha}_1+x_2\boldsymbol{\alpha}_2+\cdots+x_s\boldsymbol{\alpha}_s=\boldsymbol{\beta}$$

无解，故 $r(\boldsymbol{\alpha}_1,\cdots,\boldsymbol{\alpha}_s)\neq r(\boldsymbol{\alpha}_1,\cdots,\boldsymbol{\alpha}_s,\boldsymbol{\beta})$．由 $\boldsymbol{\alpha}_1$，…，$\boldsymbol{\alpha}_s$ 线性无关，知 $r(\boldsymbol{\alpha}_1,\cdots,\boldsymbol{\alpha}_s)=s$，从而 $r(\boldsymbol{\alpha}_1,\cdots,\boldsymbol{\alpha}_s,\boldsymbol{\beta})=s+1$，即 $\boldsymbol{\alpha}_1$，…，$\boldsymbol{\alpha}_s$，$\boldsymbol{\beta}$ 线性无关.

因为 $\boldsymbol{\beta}_2$ 不能由 $\boldsymbol{\alpha}_1$，$\boldsymbol{\alpha}_2$，$\boldsymbol{\alpha}_3$ 线性表示，$\boldsymbol{\alpha}_1$，$\boldsymbol{\alpha}_2$，$\boldsymbol{\alpha}_3$ 线性无关，不论 k 取何值，$k\boldsymbol{\beta}_1$ 总能由 $\boldsymbol{\alpha}_1$，$\boldsymbol{\alpha}_2$，$\boldsymbol{\alpha}_3$ 线性表示，所以 $\boldsymbol{\alpha}_1$，$\boldsymbol{\alpha}_2$，$\boldsymbol{\alpha}_3$，$k\boldsymbol{\beta}_1+\boldsymbol{\beta}_2$ 必线性无关，故(B)不正确，即应选(A).

而 $\boldsymbol{\alpha}_1$，$\boldsymbol{\alpha}_2$，$\boldsymbol{\alpha}_3$，$\boldsymbol{\beta}_1+k\boldsymbol{\beta}_2$ 当 $k=0$ 时线性相关，当 $k\neq 0$ 时线性无关，即(C)、(D)均不正确．

30.(2002 年 3)设三阶矩阵 $\boldsymbol{A}=\begin{pmatrix}1&2&-2\\2&1&2\\3&0&4\end{pmatrix}$，3 维列向量 $\boldsymbol{\alpha}=(a,1,1)^{\mathrm{T}}$，已知 $\boldsymbol{A\alpha}$ 与 $\boldsymbol{\alpha}$ 线性相关，则 $\boldsymbol{\alpha}=$________.

解　因为 $\boldsymbol{A\alpha}=\begin{pmatrix}1&2&-2\\2&1&2\\3&0&4\end{pmatrix}\begin{pmatrix}a\\1\\1\end{pmatrix}=\begin{pmatrix}a\\2a+3\\3a+4\end{pmatrix}$，那么由 $\boldsymbol{A\alpha}$，$\boldsymbol{\alpha}$ 线性相关，有

$$a/a=(2a+3)/1=(3a+4)/1\Rightarrow a=-1.$$

注意：两个向量 $\boldsymbol{\alpha}$，$\boldsymbol{\beta}$ 线性相关$\Leftrightarrow\boldsymbol{\alpha}$，$\boldsymbol{\beta}$ 的坐标成比例；三个向量 $\boldsymbol{\alpha}$，$\boldsymbol{\beta}$，$\boldsymbol{\gamma}$ 线性相关$\Leftrightarrow\boldsymbol{\alpha}$，$\boldsymbol{\beta}$，$\boldsymbol{\gamma}$ 共面．

31.(2003 年 3)设 $\boldsymbol{\alpha}_1$，$\boldsymbol{\alpha}_2$，…，$\boldsymbol{\alpha}_s$ 均为 n 维向量，下列结论不正确的是(　　).

(A)若对于任意一组不全为零的数 k_1，k_2…，k_s，都有 $k_1\boldsymbol{\alpha}_1+k_2\boldsymbol{\alpha}_2+\cdots+k_s\boldsymbol{\alpha}_s\neq\boldsymbol{0}$，则 $\boldsymbol{\alpha}_1$，$\boldsymbol{\alpha}_2$，…，$\boldsymbol{\alpha}_s$ 线性无关；

(B)若 $\boldsymbol{\alpha}_1$，$\boldsymbol{\alpha}_2$，…，$\boldsymbol{\alpha}_s$ 线性相关，则对于任意一组不全为零的数 k_1，k_2，…，k_s，有 $k_1\boldsymbol{\alpha}_1+k_2\boldsymbol{\alpha}_2+\cdots+k_s\boldsymbol{\alpha}_s=\boldsymbol{0}$；

(C)$\boldsymbol{\alpha}_1$，$\boldsymbol{\alpha}_2$，…，$\boldsymbol{\alpha}_s$ 线性无关的充分必要条件是此向量组的秩为 s；

(D)$\boldsymbol{\alpha}_1$，$\boldsymbol{\alpha}_2$，…，$\boldsymbol{\alpha}_s$ 线性无关的必要条件是其中任意两个向量线性无关．

解 按线性相关定义，若存在不全为零的数 k_1，k_2，…，k_s，使 $k_1\boldsymbol{\alpha}_1+k_2\boldsymbol{\alpha}_2+\cdots+k_s\boldsymbol{\alpha}_s=\mathbf{0}$，则称向量组 $\boldsymbol{\alpha}_1$，$\boldsymbol{\alpha}_2$，…，$\boldsymbol{\alpha}_s$ 线性相关，即齐次方程组 $(\boldsymbol{\alpha}_1,\ \boldsymbol{\alpha}_2,\ \cdots,\ \boldsymbol{\alpha}_s)(x_1,\ x_2,\ \cdots,\ x_s)^{\mathrm{T}}=\mathbf{0}$ 有非零解，则向量组 $\boldsymbol{\alpha}_1$，$\boldsymbol{\alpha}_2$，…，$\boldsymbol{\alpha}_s$ 线性相关，而非零解就是关系式中的组合系数.

按定义不难看出(B)是错误的，因为式中的常数 k_1，k_2，…，k_s 不能是任意的，而应当是齐次方程组的解，所以应选(B).

而向量组 $\boldsymbol{\alpha}_1$，$\boldsymbol{\alpha}_2$，…，$\boldsymbol{\alpha}_s$ 线性无关，即齐次方程组 $(\boldsymbol{\alpha}_1,\ \boldsymbol{\alpha}_2,\ \cdots,\ \boldsymbol{\alpha}_s)(x_1,\ x_2,\ \cdots,\ x_s)^{\mathrm{T}}=\mathbf{0}$ 只有零解，亦即系数矩阵的秩 $r(\boldsymbol{\alpha}_1,\ \boldsymbol{\alpha}_2,\ \cdots,\ \boldsymbol{\alpha}_s)=s$，故(C)是正确的，不应当选.

因为线性无关等价于齐次方程组只有零解，那么若 k_1，k_2，…，k_s 不全为 0，则 $(k_1,\ k_2,\ \cdots,\ k_s)^{\mathrm{T}}$ 必不是齐次方程组的解，即必有 $k_1\boldsymbol{\alpha}_1+k_2\boldsymbol{\alpha}_2+\cdots+k_s\boldsymbol{\alpha}_s\neq\mathbf{0}$，可知(A)是正确的，不应当选.

因为"如果 $\boldsymbol{\alpha}_1$，$\boldsymbol{\alpha}_2$，…，$\boldsymbol{\alpha}_s$ 线性相关，则必有 $\boldsymbol{\alpha}_1$，…，$\boldsymbol{\alpha}_s$，$\boldsymbol{\alpha}_{s+1}$ 线性相关"，所以若 $\boldsymbol{\alpha}_1$，$\boldsymbol{\alpha}_2$，…，$\boldsymbol{\alpha}_s$ 中有某两个向量线性相关，则必有 $\boldsymbol{\alpha}_1$，$\boldsymbol{\alpha}_2$，…，$\boldsymbol{\alpha}_s$ 线性相关，那么 $\boldsymbol{\alpha}_1$，$\boldsymbol{\alpha}_2$，…，$\boldsymbol{\alpha}_s$ 线性无关的必要条件是其任一个部分组必线性无关，因此(D)是正确的，不应当选.

32.(2004 年 1，2)设 $\boldsymbol{A}$，$\boldsymbol{B}$ 为满足 $\boldsymbol{AB}=\boldsymbol{O}$ 的任意两个非零矩阵，则必有(　　).

(A)$\boldsymbol{A}$ 的列向量组线性相关，$\boldsymbol{B}$ 的行向量组线性相关；

(B)$\boldsymbol{A}$ 的列向量组线性相关，$\boldsymbol{B}$ 的列向量组线性相关；

(C)$\boldsymbol{A}$ 的行向量组线性相关，$\boldsymbol{B}$ 的行向量组线性相关；

(D)$\boldsymbol{A}$ 的行向量组线性相关，$\boldsymbol{B}$ 的列向量组线性相关.

解 设 $\boldsymbol{A}$ 是 $m\times n$ 矩阵，$\boldsymbol{B}$ 是 $n\times s$ 矩阵，且 $\boldsymbol{AB}=\boldsymbol{O}$，那么 $r(\boldsymbol{A})+r(\boldsymbol{B})\leqslant n$.

由于 $\boldsymbol{A}$，$\boldsymbol{B}$ 均非零矩阵，故 $0<r(\boldsymbol{A})<n$，$0<r(\boldsymbol{B})<n$.

由 $r(\boldsymbol{A})=\boldsymbol{A}$ 的列秩知，$\boldsymbol{A}$ 的列向量组线性相关.

由 $r(\boldsymbol{B})=\boldsymbol{B}$ 的行秩知，$\boldsymbol{B}$ 的行向量组线性相关. 故应选(A).

33.(2013 年 1，2，3)设 $\boldsymbol{A}$，$\boldsymbol{B}$，$\boldsymbol{C}$ 均为 n 阶矩阵，若 $\boldsymbol{AB}=\boldsymbol{C}$，且 $\boldsymbol{B}$ 可逆，则(　　).

(A)矩阵 $\boldsymbol{C}$ 的行向量组与矩阵 $\boldsymbol{A}$ 的行向量组等价；

(B)矩阵 $\boldsymbol{C}$ 的列向量组与矩阵 $\boldsymbol{A}$ 的列向量组等价；

(C)矩阵 $\boldsymbol{C}$ 的行向量组与矩阵 $\boldsymbol{B}$ 的行向量组等价；

(D)矩阵 $\boldsymbol{C}$ 的列向量组与矩阵 $\boldsymbol{B}$ 的列向量组等价.

解 对矩阵 $\boldsymbol{A}$，$\boldsymbol{C}$ 分别按列分块，记 $\boldsymbol{A}=(\boldsymbol{\alpha}_1,\ \boldsymbol{\alpha}_2,\ \cdots,\ \boldsymbol{\alpha}_n)$，$\boldsymbol{C}=(\boldsymbol{\gamma}_1,\ \boldsymbol{\gamma}_2,\ \cdots,\ \boldsymbol{\gamma}_n)$.

由 $\boldsymbol{AB}=\boldsymbol{C}$ 有

$$(\boldsymbol{\alpha}_1,\boldsymbol{\alpha}_2,\cdots,\boldsymbol{\alpha}_n)\begin{pmatrix} b_{11} & b_{12} & \cdots & b_{1n} \\ b_{21} & b_{22} & \cdots & b_{2n} \\ \vdots & \vdots & & \vdots \\ b_{n1} & b_{n2} & \cdots & b_{nn} \end{pmatrix}=(\boldsymbol{\gamma}_1,\boldsymbol{\gamma}_2,\cdots,\boldsymbol{\gamma}_n),$$

可见
$$\begin{cases} \boldsymbol{\gamma}_1=b_{11}\boldsymbol{\alpha}_1+b_{21}\boldsymbol{\alpha}_2+\cdots+b_{n1}\boldsymbol{\alpha}_n, \\ \boldsymbol{\gamma}_2=b_{12}\boldsymbol{\alpha}_1+b_{22}\boldsymbol{\alpha}_2+\cdots+b_{n2}\boldsymbol{\alpha}_n, \\ \cdots\cdots\cdots\cdots\cdots\cdots \\ \boldsymbol{\gamma}_n=b_{1n}\boldsymbol{\alpha}_1+b_{2n}\boldsymbol{\alpha}_2+\cdots+b_{nn}\boldsymbol{\alpha}_n, \end{cases}$$

即 $\boldsymbol{C}$ 的列向量组可由 $\boldsymbol{A}$ 的列向量组线性表示．

因为 $\boldsymbol{B}$ 可逆，所以由 $\boldsymbol{AB}=\boldsymbol{C}$，可得 $\boldsymbol{CB}^{-1}=\boldsymbol{A}$. 同理可知，$\boldsymbol{A}$ 的列向量组也可由 $\boldsymbol{C}$ 的列向量组线性表示，故应选(B).

34.(2005 年 3，4)设行向量组(2，1，1，1)，(2，1，a，a)，(3，2，1，a)，(4，3，2，1)线性相关，且 $a\neq1$，则 $a=$______.

解　n 个 n 维向量线性相关$\Leftrightarrow|\boldsymbol{\alpha}_1,\boldsymbol{\alpha}_2,\cdots,\boldsymbol{\alpha}_n|=0$. 根据题设有

$$\begin{vmatrix} 2 & 2 & 3 & 4 \\ 1 & 1 & 2 & 3 \\ 1 & a & 1 & 2 \\ 1 & a & a & 1 \end{vmatrix}=\begin{vmatrix} 0 & 0 & -1 & -2 \\ 1 & 1 & 2 & 3 \\ 1 & a & 1 & 2 \\ 0 & 0 & a-1 & -1 \end{vmatrix}=\begin{vmatrix} 1 & a & 1 & 2 \\ 1 & 1 & 2 & 3 \\ 0 & 0 & 1 & 2 \\ 0 & 0 & a-1 & -1 \end{vmatrix}$$
$$=(1-a)(1-2a)=0,$$

由于题设规定 $a\neq1$，所以 $a=1/2$.

35.(1995 年 3)已知向量组(Ⅰ)：$\boldsymbol{\alpha}_1$，$\boldsymbol{\alpha}_2$，$\boldsymbol{\alpha}_3$；(Ⅱ)：$\boldsymbol{\alpha}_1$，$\boldsymbol{\alpha}_2$，$\boldsymbol{\alpha}_3$，$\boldsymbol{\alpha}_4$；(Ⅲ)：$\boldsymbol{\alpha}_1$，$\boldsymbol{\alpha}_2$，$\boldsymbol{\alpha}_3$，$\boldsymbol{\alpha}_5$. 如果各向量组的秩分别为 r(Ⅰ)$=r$(Ⅱ)$=3$，r(Ⅲ)$=4$，证明：向量组 $\boldsymbol{\alpha}_1$，$\boldsymbol{\alpha}_2$，$\boldsymbol{\alpha}_3$，$\boldsymbol{\alpha}_5-\boldsymbol{\alpha}_4$ 的秩为 4.

证　因为 r(Ⅰ)$=r$(Ⅱ)$=3$，所以 $\boldsymbol{\alpha}_1$，$\boldsymbol{\alpha}_2$，$\boldsymbol{\alpha}_3$ 线性无关，而 $\boldsymbol{\alpha}_1$，$\boldsymbol{\alpha}_2$，$\boldsymbol{\alpha}_3$，$\boldsymbol{\alpha}_4$ 线性相关，因此 $\boldsymbol{\alpha}_4$ 可由 $\boldsymbol{\alpha}_1$，$\boldsymbol{\alpha}_2$，$\boldsymbol{\alpha}_3$ 线性表出，设为 $\boldsymbol{\alpha}_4=l_1\boldsymbol{\alpha}_1+l_2\boldsymbol{\alpha}_2+l_3\boldsymbol{\alpha}_3$.

若 $k_1\boldsymbol{\alpha}_1+k_2\boldsymbol{\alpha}_2+k_3\boldsymbol{\alpha}_3+k_4(\boldsymbol{\alpha}_5-\boldsymbol{\alpha}_4)=\boldsymbol{0}$，即

$$(k_1-l_1k_4)\boldsymbol{\alpha}_1+(k_2-l_2k_4)\boldsymbol{\alpha}_2+(k_3-l_3k_4)\boldsymbol{\alpha}_3+k_4\boldsymbol{\alpha}_5=\boldsymbol{0},$$

由于 r(Ⅲ)$=4$，即 $\boldsymbol{\alpha}_1$，$\boldsymbol{\alpha}_2$，$\boldsymbol{\alpha}_3$，$\boldsymbol{\alpha}_5$ 线性无关，故必有

$$\begin{cases} k_1-l_1k_4=0, \\ k_2-l_2k_4=0, \\ k_3-l_3k_4=0, \\ k_4=0, \end{cases}$$

解出 $k_4=0$，$k_3=0$，$k_2=0$，$k_1=0$，于是 $\boldsymbol{\alpha}_1$，$\boldsymbol{\alpha}_2$，$\boldsymbol{\alpha}_3$，$\boldsymbol{\alpha}_5-\boldsymbol{\alpha}_4$ 线性无关，即

其秩为 4.

36.(1997 年 2)已知向量组 $\boldsymbol{\alpha}_1=(1, 2, -1, 1)$，$\boldsymbol{\alpha}_2=(2, 0, t, 0)$，$\boldsymbol{\alpha}_3=(0, -4, 5, -2)$的秩为 2，则 $t=$________.

解 经初等变换向量组的秩不变，由

$$\begin{pmatrix}1 & 2 & -1 & 1\\ 2 & 0 & t & 0\\ 0 & -4 & 5 & -2\end{pmatrix}\longrightarrow\begin{pmatrix}1 & 2 & -1 & 1\\ 0 & -4 & t+2 & -2\\ 0 & -4 & 5 & -2\end{pmatrix}\longrightarrow\begin{pmatrix}1 & 2 & -1 & 1\\ 0 & -4 & t+2 & -2\\ 0 & 0 & 3-t & 0\end{pmatrix},$$

知 $t=3$.

37.(1999 年 2)设向量组 $\boldsymbol{\alpha}_1=(1, 1, 1, 3)^{\mathrm{T}}$，$\boldsymbol{\alpha}_2=(-1, -3, 5, 1)^{\mathrm{T}}$，$\boldsymbol{\alpha}_3=(3, 2, -1, p+2)^{\mathrm{T}}$，$\boldsymbol{\alpha}_4=(-2, -6, 10, p)^{\mathrm{T}}$.

(1)当 p 为何值时，该向量组线性无关？并在此时将向量 $\boldsymbol{\alpha}=(4, 1, 6, 10)^{\mathrm{T}}$ 用 $\boldsymbol{\alpha}_1$，$\boldsymbol{\alpha}_2$，$\boldsymbol{\alpha}_3$，$\boldsymbol{\alpha}_4$ 线性表出.

(2)当 p 为何值时，该向量组线性相关？并在此时求出它的秩和一个极大线性无关组.

解 对矩阵$(\boldsymbol{\alpha}_1, \boldsymbol{\alpha}_2, \boldsymbol{\alpha}_3, \boldsymbol{\alpha}_4 \mid \boldsymbol{\alpha})$作初等行变换：

$$\left(\begin{array}{cccc:c}1 & -1 & 3 & -2 & 4\\ 1 & -3 & 2 & -6 & 1\\ 1 & 5 & -1 & 10 & 6\\ 3 & 1 & p+2 & p & 10\end{array}\right)\longrightarrow\left(\begin{array}{cccc:c}1 & -1 & 3 & -2 & 4\\ 0 & -2 & -1 & -4 & -3\\ 0 & 6 & -4 & 12 & 2\\ 0 & 4 & p-7 & p+6 & -2\end{array}\right)$$

$$\longrightarrow\left(\begin{array}{cccc:c}1 & -1 & 3 & -2 & 4\\ 0 & -2 & -1 & -4 & -3\\ 0 & 0 & -7 & 0 & -7\\ 0 & 0 & p-9 & p-2 & -8\end{array}\right)\longrightarrow\left(\begin{array}{cccc:c}1 & -1 & 3 & -2 & 4\\ 0 & -2 & -1 & -4 & -3\\ 0 & 0 & 1 & 0 & 1\\ 0 & 0 & 0 & p-2 & 1-p\end{array}\right).$$

(1)当 $p\neq 2$ 时，向量组 $\boldsymbol{\alpha}_1$，$\boldsymbol{\alpha}_2$，$\boldsymbol{\alpha}_3$，$\boldsymbol{\alpha}_4$ 线性无关. 由 $\boldsymbol{\alpha}=x_1\boldsymbol{\alpha}_1+x_2\boldsymbol{\alpha}_2+x_3\boldsymbol{\alpha}_3+x_4\boldsymbol{\alpha}_4$，解得

$$x_1=2,\ x_2=\frac{3p-4}{p-2},\ x_3=1,\ x_4=\frac{1-p}{p-2}.$$

(2)当 $p=2$ 时，向量组 $\boldsymbol{\alpha}_1$，$\boldsymbol{\alpha}_2$，$\boldsymbol{\alpha}_3$，$\boldsymbol{\alpha}_4$ 线性相关. 此时，向量组的秩等于 3. $\boldsymbol{\alpha}_1$，$\boldsymbol{\alpha}_2$，$\boldsymbol{\alpha}_3$（或 $\boldsymbol{\alpha}_1$，$\boldsymbol{\alpha}_3$，$\boldsymbol{\alpha}_4$）为其一个极大线性无关组.

注意：列向量作行变换 $\boldsymbol{A}=(\boldsymbol{\alpha}_1, \boldsymbol{\alpha}_2, \boldsymbol{\alpha}_3, \boldsymbol{\alpha}_4)\longrightarrow\boldsymbol{B}=(\boldsymbol{\beta}_1, \boldsymbol{\beta}_2, \boldsymbol{\beta}_3, \boldsymbol{\beta}_4)$，那么在阶梯形矩阵 $\boldsymbol{B}$ 中，每行第一个为 0 的数所在的列对应的就是 $\boldsymbol{\alpha}_1$，$\boldsymbol{\alpha}_2$，$\boldsymbol{\alpha}_3$，$\boldsymbol{\alpha}_4$ 的一个极大线性无关组. 即若 $\boldsymbol{\beta}_1$，$\boldsymbol{\beta}_2$，$\boldsymbol{\beta}_3$ 是 $\boldsymbol{\beta}_1$，$\boldsymbol{\beta}_2$，$\boldsymbol{\beta}_3$，$\boldsymbol{\beta}_4$ 的极大线性无关组，则 $\boldsymbol{\alpha}_1$，$\boldsymbol{\alpha}_2$，$\boldsymbol{\alpha}_3$ 是 $\boldsymbol{\alpha}_1$，$\boldsymbol{\alpha}_2$，$\boldsymbol{\alpha}_3$，$\boldsymbol{\alpha}_4$ 的极大线性无关组.

38.(2022 年 1，2，3)设 $\boldsymbol{\alpha}_1=\begin{pmatrix}\lambda\\1\\1\end{pmatrix}$，$\boldsymbol{\alpha}_2=\begin{pmatrix}1\\\lambda\\1\end{pmatrix}$，$\boldsymbol{\alpha}_3=\begin{pmatrix}1\\1\\\lambda\end{pmatrix}$，$\boldsymbol{\alpha}_4=\begin{pmatrix}1\\\lambda\\\lambda^2\end{pmatrix}$，若向量组 $\boldsymbol{\alpha}_1$，$\boldsymbol{\alpha}_2$，$\boldsymbol{\alpha}_3$ 与 $\boldsymbol{\alpha}_1$，$\boldsymbol{\alpha}_2$，$\boldsymbol{\alpha}_4$ 等价，则 λ 的取值范围是(　　).

(A)$\{0, 1\}$；　(B)$\{\lambda|\lambda\in\mathbf{R}, \lambda\neq-2\}$；

(C)$\{\lambda|\lambda\in\mathbf{R}$ 且 $\lambda\neq-1, \lambda\neq-2\}$；(D)$\{\lambda|\lambda\in\mathbf{R}, \lambda\neq-1\}$.

解　(1)如果 $\lambda=1$，显然是满足条件的.

(2)如果 $\lambda\neq1$，作行初等变换得

$$(\boldsymbol{\alpha}_1, \boldsymbol{\alpha}_2, \boldsymbol{\alpha}_3, \boldsymbol{\alpha}_4)=\begin{pmatrix}\lambda&1&1&1\\1&\lambda&1&\lambda\\1&1&\lambda&\lambda^2\end{pmatrix}\longrightarrow\begin{pmatrix}1&1&\lambda&\lambda^2\\0&\lambda-1&1-\lambda&\lambda-\lambda^2\\0&1-\lambda&1-\lambda^2&1-\lambda^3\end{pmatrix}$$

$$\longrightarrow\begin{pmatrix}1&1&\lambda&\lambda^2\\0&1&-1&-\lambda\\0&1&1+\lambda&1+\lambda+\lambda^2\end{pmatrix}\longrightarrow\begin{pmatrix}1&1&\lambda&\lambda^2\\0&1&-1&-\lambda\\0&0&2+\lambda&(1+\lambda)^2\end{pmatrix}.$$

向量组 $\boldsymbol{\alpha}_1$，$\boldsymbol{\alpha}_2$，$\boldsymbol{\alpha}_3$ 与 $\boldsymbol{\alpha}_1$，$\boldsymbol{\alpha}_2$，$\boldsymbol{\alpha}_4$ 等价的充要条件是

$$r(\boldsymbol{\alpha}_1, \boldsymbol{\alpha}_2, \boldsymbol{\alpha}_3)=r(\boldsymbol{\alpha}_1, \boldsymbol{\alpha}_2, \boldsymbol{\alpha}_4)=r(\boldsymbol{\alpha}_1, \boldsymbol{\alpha}_2, \boldsymbol{\alpha}_3, \boldsymbol{\alpha}_4),$$

则可知 $(1+\lambda)^2\neq0$ 且 $2+\lambda\neq0$，即 $\lambda\neq-1$ 且 $\lambda\neq-2$，故应选(C).

39.(2003 年 1)从 $\mathbf{R}^2$ 的基 $\boldsymbol{\alpha}_1=\begin{pmatrix}1\\0\end{pmatrix}$，$\boldsymbol{\alpha}_2=\begin{pmatrix}1\\-1\end{pmatrix}$ 到基 $\boldsymbol{\beta}_1=\begin{pmatrix}1\\0\end{pmatrix}$，$\boldsymbol{\beta}_2=\begin{pmatrix}1\\2\end{pmatrix}$ 的过渡矩阵为________.

解　设由基 $\boldsymbol{\alpha}_1$，$\boldsymbol{\alpha}_2$ 到基 $\boldsymbol{\beta}_1$，$\boldsymbol{\beta}_2$ 的过渡矩阵为 $\boldsymbol{C}$，即 $(\boldsymbol{\beta}_1, \boldsymbol{\beta}_2)=(\boldsymbol{\alpha}_1, \boldsymbol{\alpha}_2)\boldsymbol{C}$，所以

$$\boldsymbol{C}=(\boldsymbol{\alpha}_1, \boldsymbol{\alpha}_2)^{-1}(\boldsymbol{\beta}_1, \boldsymbol{\beta}_2).$$

因
$$(\boldsymbol{\alpha}_1, \boldsymbol{\alpha}_2)^{-1}=\begin{pmatrix}1&1\\0&-1\end{pmatrix}^{-1}=\begin{pmatrix}1&1\\0&-1\end{pmatrix},$$

于是
$$\boldsymbol{C}=\begin{pmatrix}1&1\\0&-1\end{pmatrix}\begin{pmatrix}1&1\\0&2\end{pmatrix}=\begin{pmatrix}1&3\\0&-2\end{pmatrix}.$$

40.(2006 年 3)设 4 维向量组 $\boldsymbol{\alpha}_1=(1+a, 1, 1, 1)^{\mathrm{T}}$，$\boldsymbol{\alpha}_2=(2, 2+a, 2, 2)^{\mathrm{T}}$，$\boldsymbol{\alpha}_3=(3, 3, 3+a, 3)^{\mathrm{T}}$，$\boldsymbol{\alpha}_4=(4, 4, 4, 4+a)^{\mathrm{T}}$，问 a 为何值时，$\boldsymbol{\alpha}_1$，$\boldsymbol{\alpha}_2$，$\boldsymbol{\alpha}_3$，$\boldsymbol{\alpha}_4$ 线性相关？当 $\boldsymbol{\alpha}_1$，$\boldsymbol{\alpha}_2$，$\boldsymbol{\alpha}_3$，$\boldsymbol{\alpha}_4$ 线性相关时，求其一个极大线性无关组，并将其余向量用该极大线性无关组表示.

解　记以 $\boldsymbol{\alpha}_1$，$\boldsymbol{\alpha}_2$，$\boldsymbol{\alpha}_3$，$\boldsymbol{\alpha}_4$ 为列向量的矩阵为 $\boldsymbol{A}$，则

$$|\boldsymbol{A}|=\begin{vmatrix}1+a & 2 & 3 & 4\\ 1 & 2+a & 3 & 4\\ 1 & 2 & 3+a & 4\\ 1 & 2 & 3 & 4+a\end{vmatrix}=(10+a)a^3,$$

于是当$|\boldsymbol{A}|=0$，即$a=0$或$a=-10$时，$\boldsymbol{\alpha}_1$，$\boldsymbol{\alpha}_2$，$\boldsymbol{\alpha}_3$，$\boldsymbol{\alpha}_4$线性相关．

当$a=0$时，显然$\boldsymbol{\alpha}_1$是一个极大线性无关组，且

$$\boldsymbol{\alpha}_2=2\boldsymbol{\alpha}_1,\ \boldsymbol{\alpha}_3=3\boldsymbol{\alpha}_1,\ \boldsymbol{\alpha}_4=4\boldsymbol{\alpha}_1.$$

当$a=-10$时，

$$\boldsymbol{A}=\begin{pmatrix}-9 & 2 & 3 & 4\\ 1 & -8 & 3 & 4\\ 1 & 2 & -7 & 4\\ 1 & 2 & 3 & -6\end{pmatrix},$$

由于此时$\boldsymbol{A}$有三阶非零子式$\begin{vmatrix}-9 & 2 & 3\\ 1 & -8 & 3\\ 1 & 2 & -7\end{vmatrix}=-400$，所以$\boldsymbol{\alpha}_1$，$\boldsymbol{\alpha}_2$，$\boldsymbol{\alpha}_3$为一个极大线性无关组，且$\boldsymbol{\alpha}_1+\boldsymbol{\alpha}_2+\boldsymbol{\alpha}_3+\boldsymbol{\alpha}_4=\boldsymbol{0}$，即$\boldsymbol{\alpha}_4=-\boldsymbol{\alpha}_1-\boldsymbol{\alpha}_2-\boldsymbol{\alpha}_3$.

41.(2009年1)设$\boldsymbol{\alpha}_1$，$\boldsymbol{\alpha}_2$，$\boldsymbol{\alpha}_3$是3维向量空间$\mathbf{R}^3$的一个基，则由基$\boldsymbol{\alpha}_1$，$\frac{1}{2}\boldsymbol{\alpha}_2$，$\frac{1}{3}\boldsymbol{\alpha}_3$到基$\boldsymbol{\alpha}_1+\boldsymbol{\alpha}_2$，$\boldsymbol{\alpha}_2+\boldsymbol{\alpha}_3$，$\boldsymbol{\alpha}_3+\boldsymbol{\alpha}_1$的过渡矩阵为(　　).

(A) $\begin{pmatrix}1 & 0 & 1\\ 2 & 2 & 0\\ 0 & 3 & 3\end{pmatrix}$；　　(B) $\begin{pmatrix}1 & 2 & 0\\ 0 & 2 & 3\\ 1 & 0 & 3\end{pmatrix}$；

(C) $\begin{pmatrix}\frac{1}{2} & \frac{1}{4} & -\frac{1}{6}\\ -\frac{1}{2} & \frac{1}{4} & \frac{1}{6}\\ \frac{1}{2} & -\frac{1}{4} & \frac{1}{6}\end{pmatrix}$；　　(D) $\begin{pmatrix}\frac{1}{2} & -\frac{1}{2} & \frac{1}{2}\\ \frac{1}{4} & \frac{1}{4} & -\frac{1}{4}\\ -\frac{1}{6} & \frac{1}{6} & \frac{1}{6}\end{pmatrix}$.

解　直接观察可得

$$(\boldsymbol{\alpha}_1+\boldsymbol{\alpha}_2,\ \boldsymbol{\alpha}_2+\boldsymbol{\alpha}_3,\ \boldsymbol{\alpha}_3+\boldsymbol{\alpha}_1)=\left(\boldsymbol{\alpha}_1,\ \frac{1}{2}\boldsymbol{\alpha}_2,\ \frac{1}{3}\boldsymbol{\alpha}_3\right)\begin{pmatrix}1 & 0 & 1\\ 2 & 2 & 0\\ 0 & 3 & 3\end{pmatrix},$$

故应选(A).

42.(2019年1)设向量组$\boldsymbol{\alpha}_1=(1,2,1)^{\mathrm{T}}$，$\boldsymbol{\alpha}_2=(1,3,2)^{\mathrm{T}}$，$\boldsymbol{\alpha}_3=(1,a,3)^{\mathrm{T}}$为$\mathbf{R}^3$的一个基，$\boldsymbol{\beta}=(1,1,1)^{\mathrm{T}}$在这个基下的坐标为$(b,c,1)^{\mathrm{T}}$.

(1)求 a，b，c；

(2)证明 $\boldsymbol{\alpha}_2$，$\boldsymbol{\alpha}_3$，$\boldsymbol{\beta}$ 是 $\mathbf{R}^3$ 的一个基，并求由 $\boldsymbol{\alpha}_2$，$\boldsymbol{\alpha}_3$，$\boldsymbol{\beta}$ 到 $\boldsymbol{\alpha}_1$，$\boldsymbol{\alpha}_2$，$\boldsymbol{\alpha}_3$ 的过渡矩阵.

解　(1)由题可知 $\boldsymbol{\beta}=b\boldsymbol{\alpha}_1+c\boldsymbol{\alpha}_2+\boldsymbol{\alpha}_3$，即

$$\begin{cases}b+c+1=1,\\2b+3c+a=1,\\b+2c+3=1,\end{cases}$$

解得 $a=3$，$b=2$，$c=-2$.

(2)由于 $|\boldsymbol{\alpha}_2, \boldsymbol{\alpha}_3, \boldsymbol{\beta}|=\begin{vmatrix}1&1&1\\3&3&1\\2&3&1\end{vmatrix}=\begin{vmatrix}1&1&1\\0&0&-2\\0&1&-1\end{vmatrix}=2\neq 0$，因此 $r(\boldsymbol{\alpha}_2, \boldsymbol{\alpha}_3, \boldsymbol{\beta})=3$，故 $\boldsymbol{\alpha}_2$，$\boldsymbol{\alpha}_3$，$\boldsymbol{\beta}$ 线性无关，从而 $\boldsymbol{\alpha}_2$，$\boldsymbol{\alpha}_3$，$\boldsymbol{\beta}$ 是 $\mathbf{R}^3$ 的一个基.

设过渡矩阵为 $\boldsymbol{C}$，则 $(\boldsymbol{\alpha}_1, \boldsymbol{\alpha}_2, \boldsymbol{\alpha}_3)=(\boldsymbol{\alpha}_2, \boldsymbol{\alpha}_3, \boldsymbol{\beta})\boldsymbol{C}$，从而

$$\boldsymbol{C}=(\boldsymbol{\alpha}_2, \boldsymbol{\alpha}_3, \boldsymbol{\beta})^{-1}(\boldsymbol{\alpha}_1, \boldsymbol{\alpha}_2, \boldsymbol{\alpha}_3)=\begin{pmatrix}1&1&0\\-\frac{1}{2}&0&1\\\frac{1}{2}&0&0\end{pmatrix}.$$

43.(2010 年 1)设 $\boldsymbol{\alpha}_1=(1, 2, -1, 0)^{\mathrm{T}}$，$\boldsymbol{\alpha}_2=(1, 1, 0, 2)^{\mathrm{T}}$，$\boldsymbol{\alpha}_3=(2, 1, 1, a)^{\mathrm{T}}$，若由 $\boldsymbol{\alpha}_1$，$\boldsymbol{\alpha}_2$，$\boldsymbol{\alpha}_3$ 生成的向量空间的维数为 2，则 $a=$________.

解　由题可知 $r(\boldsymbol{\alpha}_1, \boldsymbol{\alpha}_2, \boldsymbol{\alpha}_3)=2$，对矩阵 $(\boldsymbol{\alpha}_1, \boldsymbol{\alpha}_2, \boldsymbol{\alpha}_3)$ 作初等行变换：

$$(\boldsymbol{\alpha}_1, \boldsymbol{\alpha}_2, \boldsymbol{\alpha}_3)=\begin{pmatrix}1&1&2\\2&1&1\\-1&0&1\\0&2&a\end{pmatrix}\longrightarrow\begin{pmatrix}1&1&2\\0&1&3\\0&0&a-6\\0&0&0\end{pmatrix},$$

因此 $a-6=0$，即 $a=6$.

44.(2015 年 1)设向量组 $\boldsymbol{\alpha}_1$，$\boldsymbol{\alpha}_2$，$\boldsymbol{\alpha}_3$ 为 $\mathbf{R}^3$ 的一个基，$\boldsymbol{\beta}_1=2\boldsymbol{\alpha}_1+2k\boldsymbol{\alpha}_3$，$\boldsymbol{\beta}_2=2\boldsymbol{\alpha}_2$，$\boldsymbol{\beta}_3=\boldsymbol{\alpha}_1+(k+1)\boldsymbol{\alpha}_3$.

(1)证明向量组 $\boldsymbol{\beta}_1$，$\boldsymbol{\beta}_2$，$\boldsymbol{\beta}_3$ 是 $\mathbf{R}^3$ 的一个基；

(2)当 k 为何值时，存在非零向量 $\boldsymbol{\xi}$ 在基 $\boldsymbol{\alpha}_1$，$\boldsymbol{\alpha}_2$，$\boldsymbol{\alpha}_3$ 与基 $\boldsymbol{\beta}_1$，$\boldsymbol{\beta}_2$，$\boldsymbol{\beta}_3$ 下的坐标相同，并求所有的 $\boldsymbol{\xi}$.

解　(1)由题可知

$$(\boldsymbol{\beta}_1, \boldsymbol{\beta}_2, \boldsymbol{\beta}_3)=(2\boldsymbol{\alpha}_1+2k\boldsymbol{\alpha}_3, 2\boldsymbol{\alpha}_2, \boldsymbol{\alpha}_1+(k+1)\boldsymbol{\alpha}_3)=(\boldsymbol{\alpha}_1, \boldsymbol{\alpha}_2, \boldsymbol{\alpha}_3)\boldsymbol{P},$$

其中矩阵$\boldsymbol{P}=\begin{pmatrix}2&0&1\\0&2&0\\2k&0&k+1\end{pmatrix}$，且$|\boldsymbol{P}|=4\neq0$，即$\boldsymbol{P}$可逆，所以向量组$\boldsymbol{\beta}_1$，$\boldsymbol{\beta}_2$，$\boldsymbol{\beta}_3$是$\mathbf{R}^3$的一个基.

(2)设非零向量$\boldsymbol{\xi}$在两个基下的坐标都是$\boldsymbol{X}$，则

$$\boldsymbol{\xi}=(\boldsymbol{\alpha}_1,\ \boldsymbol{\alpha}_2,\ \boldsymbol{\alpha}_3)\boldsymbol{X}=(\boldsymbol{\beta}_1,\ \boldsymbol{\beta}_2,\ \boldsymbol{\beta}_3)\boldsymbol{X}=(\boldsymbol{\alpha}_1,\ \boldsymbol{\alpha}_2,\ \boldsymbol{\alpha}_3)\boldsymbol{PX}.$$

由于矩阵$(\boldsymbol{\alpha}_1,\ \boldsymbol{\alpha}_2,\ \boldsymbol{\alpha}_3)$可逆，所以$\boldsymbol{X}=\boldsymbol{PX}$，即$(\boldsymbol{P}-\boldsymbol{E})\boldsymbol{X}=\boldsymbol{0}$. 对$\boldsymbol{P}-\boldsymbol{E}$作初等行变换：

$$\boldsymbol{P}-\boldsymbol{E}=\begin{pmatrix}1&0&1\\0&1&0\\2k&0&k\end{pmatrix}\longrightarrow\begin{pmatrix}1&0&1\\0&1&0\\0&0&-k\end{pmatrix},$$

所以当且仅当$k=0$时，方程组$(\boldsymbol{P}-\boldsymbol{E})\boldsymbol{X}=\boldsymbol{0}$有非零解，且所有非零解为

$$\boldsymbol{X}=c\begin{pmatrix}1\\0\\-1\end{pmatrix},\ c\neq0,$$

故在两个基下坐标相同的所有非零向量为

$$\boldsymbol{\xi}=(\boldsymbol{\alpha}_1,\ \boldsymbol{\alpha}_2,\ \boldsymbol{\alpha}_3)\begin{pmatrix}c\\0\\-c\end{pmatrix}=c(\boldsymbol{\alpha}_1-\boldsymbol{\alpha}_3),$$

其中c为任意非零常数.

45.(2019年1)如右图所示，有3张平面两两相交，交线相互平行，它们的方程

$$a_{i1}x+a_{i2}y+a_{i3}z=d_i(i=1,\ 2,\ 3)$$

组成的线性方程组的系数矩阵和增广矩阵分别记为$\boldsymbol{A}$，$\widetilde{\boldsymbol{A}}$，则(　　).

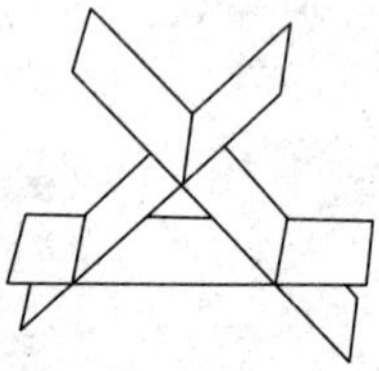

(A)$r(\boldsymbol{A})=2$，$r(\widetilde{\boldsymbol{A}})=3$；　　(B)$r(\boldsymbol{A})=2$，$r(\widetilde{\boldsymbol{A}})=2$；

(C)$r(\boldsymbol{A})=1$，$r(\widetilde{\boldsymbol{A}})=2$；　　(D)$r(\boldsymbol{A})=1$，$r(\widetilde{\boldsymbol{A}})=1$.

解　令$\boldsymbol{X}=(x,\ y,\ z)^{\mathrm{T}}$，$\boldsymbol{b}=(d_1,\ d_2,\ d_3)^{\mathrm{T}}$，由于三个平面无交点，因此方程组$\boldsymbol{AX}=\boldsymbol{b}$无解，即$r(\boldsymbol{A})<r(\widetilde{\boldsymbol{A}})\leqslant3$. 再根据任意两个平面都不重合或平行可知，$\boldsymbol{A}$的任意两行线性无关，所以$r(\boldsymbol{A})\geqslant2$，从而$r(\boldsymbol{A})=2$，$r(\widetilde{\boldsymbol{A}})=3$，故选(A).

46.(2020年2，3)设四阶矩阵$\boldsymbol{A}=(a_{ij})$不可逆，a_{12}的代数余子式$A_{12}\neq0$，$\boldsymbol{\alpha}_1$，$\boldsymbol{\alpha}_2$，$\boldsymbol{\alpha}_3$，$\boldsymbol{\alpha}_4$为矩阵$\boldsymbol{A}$的列向量组，$\boldsymbol{A}^*$为$\boldsymbol{A}$的伴随矩阵，则方程组$\boldsymbol{A}^*\boldsymbol{X}=\boldsymbol{0}$

的通解为(　　).

(A)$X=k_1\alpha_1+k_2\alpha_2+k_3\alpha_3$，其中 k_1，k_2，k_3 为任意常数；

(B)$X=k_1\alpha_1+k_2\alpha_2+k_3\alpha_4$，其中 k_1，k_2，k_3 为任意常数；

(C)$X=k_1\alpha_1+k_2\alpha_3+k_3\alpha_4$，其中 k_1，k_2，k_3 为任意常数；

(D)$X=k_1\alpha_2+k_2\alpha_3+k_3\alpha_4$，其中 k_1，k_2，k_3 为任意常数.

解　由 A 不可逆，且 $A_{12}\neq 0$，知 $r(A)=3$，故 $r(A^*)=1$，则 $A^*X=0$ 的基础解系所含解向量的个数为 $n-r(A^*)=4-1=3$. 由 $A^*A=A^*(\alpha_1,\alpha_2,\alpha_3,\alpha_4)=|A|E=O$ 知，A 的每一列 α_1，α_2，α_3，α_4 是 $A^*X=0$ 的解向量.

因为 $AA^*=|A|E=O$，所以

$$(\alpha_1,\alpha_2,\alpha_3,\alpha_4)\begin{pmatrix}A_{11}\\A_{12}\\A_{13}\\A_{14}\end{pmatrix}=0,$$

即 $A_{11}\alpha_1+A_{12}\alpha_2+A_{13}\alpha_3+A_{14}\alpha_4=0$. 因为 $A_{12}\neq 0$，则 α_2 可由 α_1，α_3，α_4 线性表示. 又 $r(A)=r(\alpha_1,\alpha_2,\alpha_3,\alpha_4)=3$，所以 α_1，α_3，α_4 线性无关，则 α_1，α_3，α_4 是 $A^*X=0$ 的基础解系，故应选(C).

47.(2022 年 2，3)设矩阵 $A=\begin{pmatrix}1&1&1\\1&a&a^2\\1&b&b^2\end{pmatrix}$，$b=\begin{pmatrix}1\\2\\4\end{pmatrix}$，则线性方程组 $AX=b$ 解的情况为(　　).

(A)无解；　　(B)有解；

(C)有无穷多解或无解；　　(D)有唯一解或无解.

解　对增广矩阵作初等行变换：

$$(A\,\vdots\,b)=\left(\begin{array}{ccc:c}1&1&1&1\\1&a&a^2&2\\1&b&b^2&4\end{array}\right)\longrightarrow\left(\begin{array}{ccc:c}1&1&1&1\\0&a-1&a^2-1&1\\0&b-1&b^2-1&3\end{array}\right),$$

当 $a\neq 1$，$b\neq 1$，$a\neq b$ 时，$r(A)=r(A\,\vdots\,b)=3$，此时方程组有唯一解；当 $a=1$，$b\neq 1$ 或 $a\neq 1$，$b=1$ 时，$r(A)=2$，$r(A\,\vdots\,b)=3$，此时方程组无解；当 $a=b=1$ 时，$r(A)=1$，$r(A\,\vdots\,b)=2$，此时方程组无解；当 $a=b\neq 1$ 时，$r(A)=2$，$r(A\,\vdots\,b)=3$，此时方程组无解，故应选(D).

48.(2021 年 2)设三阶矩阵 $A=(\alpha_1,\alpha_2,\alpha_3)$，$B=(\beta_1,\beta_2,\beta_3)$，若向量组 α_1，α_2，α_3 可以由向量组 β_1，β_2，β_3 线性表示，则(　　).

(A)$AX=0$ 的解均为 $BX=0$的解；　(B)$A^TX=0$的解均为 $B^TX=0$的解；

(C)$\boldsymbol{BX}=\boldsymbol{0}$ 的解均为 $\boldsymbol{AX}=\boldsymbol{0}$的解；(D)$\boldsymbol{B}^{\mathrm{T}}\boldsymbol{X}=\boldsymbol{0}$的解均为 $\boldsymbol{A}^{\mathrm{T}}\boldsymbol{X}=\boldsymbol{0}$的解．

解 因为向量组 $\boldsymbol{\alpha}_1$，$\boldsymbol{\alpha}_2$，$\boldsymbol{\alpha}_3$ 可以由向量组 $\boldsymbol{\beta}_1$，$\boldsymbol{\beta}_2$，$\boldsymbol{\beta}_3$ 线性表示，所以存在矩阵 $\boldsymbol{P}$，使得 $\boldsymbol{A}=\boldsymbol{BP}$，那么当 $\boldsymbol{B}^{\mathrm{T}}\boldsymbol{X}=\boldsymbol{0}$时，$\boldsymbol{A}^{\mathrm{T}}\boldsymbol{X}=(\boldsymbol{BP})^{\mathrm{T}}\boldsymbol{X}=\boldsymbol{P}^{\mathrm{T}}\boldsymbol{B}^{\mathrm{T}}\boldsymbol{X}=\boldsymbol{0}$，这说明 $\boldsymbol{B}^{\mathrm{T}}\boldsymbol{X}=\boldsymbol{0}$的解均为 $\boldsymbol{A}^{\mathrm{T}}\boldsymbol{X}=\boldsymbol{0}$的解，故应选(D).

49.(2022 年 1)设 $\boldsymbol{A}$，$\boldsymbol{B}$ 均为 n 阶矩阵，如果方程组 $\boldsymbol{AX}=\boldsymbol{0}$与 $\boldsymbol{BX}=\boldsymbol{0}$同解，则(　　).

(A)方程组 $\begin{pmatrix}\boldsymbol{A} & \boldsymbol{O}\\ \boldsymbol{E} & \boldsymbol{B}\end{pmatrix}\boldsymbol{Y}=\boldsymbol{0}$ 只有零解；

(B)方程组 $\begin{pmatrix}\boldsymbol{E} & \boldsymbol{A}\\ \boldsymbol{O} & \boldsymbol{AB}\end{pmatrix}\boldsymbol{Y}=\boldsymbol{0}$ 只有零解；

(C)方程组 $\begin{pmatrix}\boldsymbol{A} & \boldsymbol{B}\\ \boldsymbol{O} & \boldsymbol{B}\end{pmatrix}\boldsymbol{Y}=\boldsymbol{0}$ 与 $\begin{pmatrix}\boldsymbol{B} & \boldsymbol{A}\\ \boldsymbol{O} & \boldsymbol{A}\end{pmatrix}\boldsymbol{Y}=\boldsymbol{0}$ 同解；

(D)方程组 $\begin{pmatrix}\boldsymbol{AB} & \boldsymbol{B}\\ \boldsymbol{O} & \boldsymbol{A}\end{pmatrix}\boldsymbol{Y}=\boldsymbol{0}$ 与 $\begin{pmatrix}\boldsymbol{BA} & \boldsymbol{A}\\ \boldsymbol{O} & \boldsymbol{B}\end{pmatrix}\boldsymbol{Y}=\boldsymbol{0}$ 同解．

解 对选项(A)和(B)，直接取反例 $\boldsymbol{A}=\boldsymbol{B}=\boldsymbol{O}$ 即可．

选项(C)的系数矩阵可以作初等行变换：

$$\begin{pmatrix}\boldsymbol{A} & \boldsymbol{B}\\ \boldsymbol{O} & \boldsymbol{B}\end{pmatrix}\longrightarrow\begin{pmatrix}\boldsymbol{A} & \boldsymbol{O}\\ \boldsymbol{O} & \boldsymbol{B}\end{pmatrix},\ \begin{pmatrix}\boldsymbol{B} & \boldsymbol{A}\\ \boldsymbol{O} & \boldsymbol{A}\end{pmatrix}\longrightarrow\begin{pmatrix}\boldsymbol{B} & \boldsymbol{O}\\ \boldsymbol{O} & \boldsymbol{A}\end{pmatrix},$$

令 $\boldsymbol{Y}=\begin{pmatrix}\boldsymbol{Y}_1\\ \boldsymbol{Y}_2\end{pmatrix}$，$\boldsymbol{Y}_1$，$\boldsymbol{Y}_2$ 均为 n 维列向量，那么第一个方程组等价于 $\boldsymbol{AY}_1=\boldsymbol{0}$，$\boldsymbol{BY}_2=\boldsymbol{0}$，而第二个方程组等价于 $\boldsymbol{BY}_1=\boldsymbol{0}$，$\boldsymbol{AY}_2=\boldsymbol{0}$，而 $\boldsymbol{AY}_1=\boldsymbol{0}$ 与 $\boldsymbol{BY}_1=\boldsymbol{0}$ 同解，$\boldsymbol{AY}_2=\boldsymbol{0}$ 与 $\boldsymbol{BY}_2=\boldsymbol{0}$ 同解，因此选项(C)的两个方程组是同解的，故应选(C).

选项(D)的第一个方程组等价于 $\boldsymbol{ABY}_1=\boldsymbol{0}$，$\boldsymbol{AY}_2=\boldsymbol{0}$，第二个方程组等价于 $\boldsymbol{BAY}_1=\boldsymbol{0}$，$\boldsymbol{BY}_2=\boldsymbol{0}$. 而 $\boldsymbol{ABY}_1=\boldsymbol{0}$ 与 $\boldsymbol{BAY}_1=\boldsymbol{0}$ 不一定同解，例如，可取

$$\boldsymbol{A}=\begin{pmatrix}1 & 1\\ -1 & -1\end{pmatrix},\ \boldsymbol{B}=\begin{pmatrix}1 & 1\\ 1 & 1\end{pmatrix},$$

那么 $\boldsymbol{AX}=\boldsymbol{0}$ 与 $\boldsymbol{BX}=\boldsymbol{0}$同解，但

$$\boldsymbol{AB}=\begin{pmatrix}2 & 2\\ -2 & -2\end{pmatrix},\ \boldsymbol{BA}=\begin{pmatrix}0 & 0\\ 0 & 0\end{pmatrix}.$$

50.(2011 年 1)设 $\boldsymbol{A}=(\boldsymbol{\alpha}_1,\ \boldsymbol{\alpha}_2,\ \boldsymbol{\alpha}_3,\ \boldsymbol{\alpha}_4)$是四阶矩阵，$\boldsymbol{A}^*$ 是 $\boldsymbol{A}$ 的伴随矩阵，若$(1,\ 0,\ 1,\ 0)^{\mathrm{T}}$ 是方程组 $\boldsymbol{AX}=\boldsymbol{0}$ 的一个基础解系，则 $\boldsymbol{A}^*\boldsymbol{X}=\boldsymbol{0}$的基础解

系可为(　　).

(A)$\boldsymbol{\alpha}_1$，$\boldsymbol{\alpha}_3$；　　(B)$\boldsymbol{\alpha}_1$，$\boldsymbol{\alpha}_2$；

(C)$\boldsymbol{\alpha}_1$，$\boldsymbol{\alpha}_2$，$\boldsymbol{\alpha}_3$；　　(D)$\boldsymbol{\alpha}_2$，$\boldsymbol{\alpha}_3$，$\boldsymbol{\alpha}_4$.

解　方程组 $\boldsymbol{AX}=\boldsymbol{0}$ 的基础解系中只含有一个向量$(1,0,1,0)^{\mathrm{T}}$，则 $r(\boldsymbol{A})=3$ 且 $\boldsymbol{\alpha}_1+\boldsymbol{\alpha}_3=\boldsymbol{0}$，$r(\boldsymbol{A}^*)=1$.

再由 $\boldsymbol{A}^*\boldsymbol{A}=|\boldsymbol{A}|\boldsymbol{E}=\boldsymbol{O}$ 可知，$\boldsymbol{\alpha}_1$，$\boldsymbol{\alpha}_2$，$\boldsymbol{\alpha}_3$，$\boldsymbol{\alpha}_4$ 都是方程组 $\boldsymbol{A}^*\boldsymbol{X}=\boldsymbol{0}$ 的解．因为 $\boldsymbol{A}^*\boldsymbol{X}=\boldsymbol{0}$ 的基础解系中有三个线性无关的向量，而向量组 $\boldsymbol{\alpha}_1$，$\boldsymbol{\alpha}_2$，$\boldsymbol{\alpha}_4$ 和 $\boldsymbol{\alpha}_2$，$\boldsymbol{\alpha}_3$，$\boldsymbol{\alpha}_4$ 都是线性无关的，均可作为 $\boldsymbol{A}^*\boldsymbol{X}=\boldsymbol{0}$ 的一个基础解系，故应选(D).

51.(2011 年 3)设 $\boldsymbol{A}$ 为 4×3 矩阵，$\boldsymbol{\eta}_1$，$\boldsymbol{\eta}_2$，$\boldsymbol{\eta}_3$ 是非齐次线性方程组 $\boldsymbol{AX}=\boldsymbol{\beta}$ 的 3 个线性无关的解，k_1，k_2 为任意常数，则 $\boldsymbol{AX}=\boldsymbol{\beta}$ 的通解为(　　).

(A)$\dfrac{\boldsymbol{\eta}_2+\boldsymbol{\eta}_3}{2}+k_1(\boldsymbol{\eta}_2-\boldsymbol{\eta}_1)$；

(B)$\dfrac{\boldsymbol{\eta}_2-\boldsymbol{\eta}_3}{2}+k_1(\boldsymbol{\eta}_2-\boldsymbol{\eta}_1)$；

(C)$\dfrac{\boldsymbol{\eta}_2+\boldsymbol{\eta}_3}{2}+k_1(\boldsymbol{\eta}_2-\boldsymbol{\eta}_1)+k_2(\boldsymbol{\eta}_3-\boldsymbol{\eta}_1)$；

(D)$\dfrac{\boldsymbol{\eta}_2-\boldsymbol{\eta}_3}{2}+k_1(\boldsymbol{\eta}_2-\boldsymbol{\eta}_1)+k_2(\boldsymbol{\eta}_3-\boldsymbol{\eta}_1)$.

解　显然 $\boldsymbol{A}$ 不是零矩阵，因此方程组 $\boldsymbol{AX}=\boldsymbol{0}$ 的基础解系中至多含有两个线性无关的解．因为 $\boldsymbol{\eta}_1$，$\boldsymbol{\eta}_2$，$\boldsymbol{\eta}_3$ 是方程组 $\boldsymbol{AX}=\boldsymbol{\beta}$ 的 3 个线性无关的解，所以 $\boldsymbol{\eta}_2-\boldsymbol{\eta}_1$，$\boldsymbol{\eta}_3-\boldsymbol{\eta}_1$ 是方程组 $\boldsymbol{AX}=\boldsymbol{0}$ 的两个线性无关的解，从而是 $\boldsymbol{AX}=\boldsymbol{0}$的一个基础解系．又$\dfrac{\boldsymbol{\eta}_2+\boldsymbol{\eta}_3}{2}$仍是方程组 $\boldsymbol{AX}=\boldsymbol{\beta}$ 的解，所以方程组 $\boldsymbol{AX}=\boldsymbol{\beta}$ 的通解为 $\dfrac{\boldsymbol{\eta}_2+\boldsymbol{\eta}_3}{2}+k_1(\boldsymbol{\eta}_2-\boldsymbol{\eta}_1)+k_2(\boldsymbol{\eta}_3-\boldsymbol{\eta}_1)$，故应选(C).

52.(2012 年 1，2，3)设 $\boldsymbol{A}=\begin{pmatrix}1&a&0&0\\0&1&a&0\\0&0&1&a\\a&0&0&1\end{pmatrix}$，$\boldsymbol{\beta}=\begin{pmatrix}1\\-1\\0\\0\end{pmatrix}$，

(1)计算行列式$|\boldsymbol{A}|$；

(2)当实数 a 为何值时，方程组 $\boldsymbol{AX}=\boldsymbol{\beta}$ 有无穷多解，并求其通解．

解　(1)行列式按照第 1 行展开得

$$|\boldsymbol{A}|=\begin{vmatrix}1&a&0&0\\0&1&a&0\\0&0&1&a\\a&0&0&1\end{vmatrix}=\begin{vmatrix}1&a&0\\0&1&a\\0&0&1\end{vmatrix}-a\begin{vmatrix}0&a&0\\0&1&a\\a&0&1\end{vmatrix}=1-a^4.$$

(2)对增广矩阵作初等行变换：

$$(\boldsymbol{A}\,\vdots\,\boldsymbol{\beta})=\left(\begin{array}{cccc:c}1&a&0&0&1\\0&1&a&0&-1\\0&0&1&a&0\\a&0&0&1&0\end{array}\right)\longrightarrow\left(\begin{array}{cccc:c}1&a&0&0&1\\0&1&a&0&-1\\0&0&1&a&0\\0&-a^2&0&1&-a\end{array}\right)$$

$$\longrightarrow\left(\begin{array}{cccc:c}1&a&0&0&1\\0&1&a&0&-1\\0&0&1&a&0\\0&0&a^3&1&-a-a^2\end{array}\right)\longrightarrow\left(\begin{array}{cccc:c}1&a&0&0&1\\0&1&a&0&-1\\0&0&1&a&0\\0&0&0&1-a^4&-a-a^2\end{array}\right).$$

当 $r(\boldsymbol{A})=r(\boldsymbol{A}\,\vdots\,\boldsymbol{\beta})<4$ 时，方程组 $\boldsymbol{AX}=\boldsymbol{\beta}$ 有无穷多解，因此 $1-a^4=-a-a^2=0$，解得 $a=-1$，此时方程组 $\boldsymbol{AX}=\boldsymbol{\beta}$ 有无穷多解，且通解为

$$\boldsymbol{X}=(0,\ -1,\ 0,\ 0)^{\mathrm{T}}+k(1,\ 1,\ 1,\ 1)^{\mathrm{T}},$$

其中 k 为任意常数.

53.(1998 年 4)已知线性方程组

$$\begin{cases}x_1+x_2+2x_3+3x_4=1,\\x_1+3x_2+6x_3+x_4=3,\\3x_1-x_2-k_1x_3+15x_4=3,\\x_1-5x_2-10x_3+12x_4=k_2,\end{cases}$$

问 k_1 和 k_2 各取何值时，方程组无解？有唯一解？有无穷多解？在方程组有无穷多解的情况下，试求一般解.

解 $$\widetilde{\boldsymbol{A}}\xrightarrow[\text{行变换}]{\text{经初等}}\begin{pmatrix}1&1&2&3&1\\0&1&2&-1&1\\0&0&2-k_1&2&4\\0&0&0&3&k_2+5\end{pmatrix}=\widetilde{\boldsymbol{A}}_1.$$

(1)当 $k_1\neq2$ 时，$r(\boldsymbol{A})=r(\widetilde{\boldsymbol{A}})=4$，方程组有唯一解；

(2)当 $k_1=2$ 时，对 $\widetilde{\boldsymbol{A}}_1$ 继续进行初等行变换，得

$$\widetilde{\boldsymbol{A}}_1\longrightarrow\begin{pmatrix}1&1&2&3&1\\0&1&2&-1&1\\0&0&0&1&2\\0&0&0&0&k_2-1\end{pmatrix}=\widetilde{\boldsymbol{A}}_2.$$

(a)若 $k_1=2$ 且 $k_2\neq1$，则 $r(\boldsymbol{A})=3$，$r(\widetilde{\boldsymbol{A}})=4$，$r(\boldsymbol{A})\neq r(\widetilde{\boldsymbol{A}})$，方程组无解.

(b)若 $k_1=2$ 且 $k_2=1$，经初等行变换，得

$$\widetilde{A}_2 \longrightarrow \begin{pmatrix} 1 & 0 & 0 & 0 & -8 \\ 0 & 1 & 2 & 0 & 3 \\ 0 & 0 & 0 & 1 & 2 \\ 0 & 0 & 0 & 0 & 0 \end{pmatrix},$$

其基础解系为 $\boldsymbol{\alpha}_1=(0,\ -2,\ 1,\ 0)^{\mathrm{T}}$，特解 $\boldsymbol{\eta}_0=(-8,\ 3,\ 0,\ 2)^{\mathrm{T}}$，一般解为

$$\boldsymbol{\eta}=k\boldsymbol{\alpha}_1+\boldsymbol{\eta}_0\ (k\ \text{为任意常数}).$$

54.(1996 年 3)设

$$\boldsymbol{A}=\begin{pmatrix} 1 & 1 & 1 & \cdots & 1 \\ a_1 & a_2 & a_3 & \cdots & a_n \\ a_1^2 & a_2^2 & a_3^2 & \cdots & a_n^2 \\ \vdots & \vdots & \vdots & & \vdots \\ a_1^{n-1} & a_2^{n-1} & a_3^{n-1} & \cdots & a_n^{n-1} \end{pmatrix},\ \boldsymbol{X}=\begin{pmatrix} x_1 \\ x_2 \\ x_3 \\ \vdots \\ x_n \end{pmatrix},\ \boldsymbol{b}=\begin{pmatrix} 1 \\ 1 \\ 1 \\ \vdots \\ 1 \end{pmatrix},$$

其中 $a_i\neq a_j\ (i\neq j;\ i,\ j=1,\ 2,\ \cdots,\ n)$，则线性方程 $\boldsymbol{A}^{\mathrm{T}}\boldsymbol{X}=\boldsymbol{b}$ 的解是________.

解　因为 $|\boldsymbol{A}|$ 是范德蒙行列式，由 $a_i\neq a_j$ 知 $|\boldsymbol{A}|=\prod\limits_{1\leqslant j<i\leqslant n}(a_i-a_j)\neq 0$，所以方程组 $\boldsymbol{A}^{\mathrm{T}}\boldsymbol{X}=\boldsymbol{b}$ 有唯一解.

根据克莱姆法则，对于

$$\begin{pmatrix} 1 & a_1 & a_1^2 & \cdots & a_1^{n-1} \\ 1 & a_2 & a_2^2 & \cdots & a_2^{n-1} \\ 1 & a_3 & a_3^2 & \cdots & a_3^{n-1} \\ \vdots & \vdots & \vdots & & \vdots \\ 1 & a_n & a_n^2 & \cdots & a_n^{n-1} \end{pmatrix}\begin{pmatrix} x_1 \\ x_2 \\ x_3 \\ \vdots \\ x_n \end{pmatrix}=\begin{pmatrix} 1 \\ 1 \\ 1 \\ \vdots \\ 1 \end{pmatrix},$$

$D=|\boldsymbol{A}|$，$D_1=|\boldsymbol{A}|$，$D_2=D_3=\cdots=D_n=0$，故 $\boldsymbol{A}^{\mathrm{T}}\boldsymbol{X}=\boldsymbol{b}$ 的解是 $(1,\ 0,\ 0,\ \cdots,\ 0)^{\mathrm{T}}$.

55.(1998 年 4)已知下列非齐次线性方程组(Ⅰ)和(Ⅱ)：

$$(\text{Ⅰ})\begin{cases} x_1+x_2\qquad\ \ -2x_4=-6, \\ 4x_1-x_2-x_3-\ x_4=1, \\ 3x_1-x_2-x_3\qquad\ \ =3; \end{cases}\qquad (\text{Ⅱ})\begin{cases} x_1+mx_2-x_3-x_4=-5, \\ \qquad nx_2-x_3-2x_4=-11, \\ \qquad\qquad x_3-2x_4=-t+1. \end{cases}$$

(1)求解方程组(Ⅰ)，用其导出组的基础解系表示通解.

(2)当方程组中的参数 $m,\ n,\ t$ 为何值时，方程组(Ⅰ)与(Ⅱ)同解?

解　(1)对方程组(Ⅰ)的增广矩阵作初等行变换，有

$$\widetilde{A}_1=\left(\begin{array}{cccc:c} 1 & 1 & 0 & -2 & -6 \\ 4 & -1 & -1 & -1 & 1 \\ 3 & -1 & -1 & 0 & 3 \end{array}\right)\longrightarrow\left(\begin{array}{cccc:c} 1 & 1 & 0 & -2 & -6 \\ 0 & -5 & -1 & 7 & 25 \\ 0 & -4 & -1 & 6 & 21 \end{array}\right)$$

$$\longrightarrow\left(\begin{array}{cccc:c}1&1&0&-2&-6\\0&-1&0&1&4\\0&-4&-1&6&21\end{array}\right)\longrightarrow\left(\begin{array}{cccc:c}1&1&0&-2&-6\\0&1&0&-1&-4\\0&0&-1&2&5\end{array}\right),$$

由于 $r(\boldsymbol{A}_1)=r(\widetilde{\boldsymbol{A}}_1)=3<4$，则方程组(Ⅰ)有无穷多解．

令 $x_4=0$，得方程组(Ⅰ)的特解为$(-2,\ -4,\ -5,\ 0)^{\mathrm{T}}$；

令 $x_4=1$，得方程组(Ⅰ)的导出组的基础解系为$(1,\ 1,\ 2,\ 1)^{\mathrm{T}}$，
故方程组(Ⅰ)的通解为$(-2,\ -4,\ -5,\ 0)^{\mathrm{T}}+k(1,\ 1,\ 2,\ 1)^{\mathrm{T}}$，其中 k 为任意常数．

(2)把方程组(Ⅰ)的通解 $x_1=-2+k$，$x_2=-4+k$，$x_3=-5+2k$，$x_4=k$ 代入到方程组(Ⅱ)中，整理有

$$\begin{cases}(m-2)(k-4)=0,\\(n-4)(k-4)=0,\\t=6.\end{cases}$$

因为 k 是任意常数，故 $m=2$，$n=4$，$t=6$，此时方程组(Ⅰ)的解全是方程组(Ⅱ)的解．

由于 $r(\boldsymbol{A}_1)=r(\widetilde{\boldsymbol{A}}_1)=3$，当 $n=4$ 时，$r(\boldsymbol{A}_2)=r(\widetilde{\boldsymbol{A}}_2)=3$，所以 r((Ⅰ)的解)$=r$((Ⅱ)的解)$=r$((Ⅰ)的解，(Ⅱ)的解)，因此(Ⅱ)的解也必是(Ⅰ)的解，从而(Ⅰ)与(Ⅱ)同解．

56.(2010 年 1，2，3)设 $\boldsymbol{A}=\begin{pmatrix}\lambda&1&1\\0&\lambda-1&0\\1&1&\lambda\end{pmatrix}$，$\boldsymbol{b}=\begin{pmatrix}a\\1\\1\end{pmatrix}$，已知线性方程组 $\boldsymbol{AX}=\boldsymbol{b}$ 存在两个不同的解．

(1)求 λ，a；

(2)求方程组 $\boldsymbol{AX}=\boldsymbol{b}$ 的通解．

解 (1)因为方程组 $\boldsymbol{AX}=\boldsymbol{b}$ 有两个不同的解，所以 $r(\boldsymbol{A})=r(\boldsymbol{A}\mid\boldsymbol{b})<3$，于是

$$|\boldsymbol{A}|=\begin{vmatrix}\lambda&1&1\\0&\lambda-1&0\\1&1&\lambda\end{vmatrix}=(\lambda-1)\begin{vmatrix}\lambda&1\\1&\lambda\end{vmatrix}=(\lambda+1)(\lambda-1)^2=0,$$

因此 $\lambda=\pm1$.

当 $\lambda=1$ 时，$(\boldsymbol{A}\mid\boldsymbol{b})=\left(\begin{array}{ccc:c}1&1&1&a\\0&0&0&1\\1&1&1&1\end{array}\right)$，显然 $r(\boldsymbol{A})=1$，$r(\boldsymbol{A}\mid\boldsymbol{b})=2$，方程

组无解，所以$\lambda=1$舍去.

当$\lambda=-1$时，对$\boldsymbol{AX}=\boldsymbol{b}$的增广矩阵作初等行变换：

$$(\boldsymbol{A} \mid \boldsymbol{b})=\left(\begin{array}{ccc|c} -1 & 1 & 1 & a \\ 0 & -2 & 0 & 1 \\ 1 & 1 & -1 & 1 \end{array}\right) \longrightarrow \left(\begin{array}{ccc|c} 1 & 0 & -1 & \frac{3}{2} \\ 0 & 1 & 0 & -\frac{1}{2} \\ 0 & 0 & 0 & a+2 \end{array}\right),$$

因为方程组$\boldsymbol{AX}=\boldsymbol{b}$有解，所以$a+2=0$，即$a=-2$.

(2)当$\lambda=-1$，$a=-2$时，

$$(\boldsymbol{A} \mid \boldsymbol{b}) \longrightarrow \left(\begin{array}{ccc|c} 1 & 0 & -1 & \frac{3}{2} \\ 0 & 1 & 0 & -\frac{1}{2} \\ 0 & 0 & 0 & 0 \end{array}\right),$$

因此方程组$\boldsymbol{AX}=\boldsymbol{b}$的通解为$\boldsymbol{X}=\left(\frac{3}{2},\ -\frac{1}{2},\ 0\right)+k(1,\ 0,\ 1)^{\mathrm{T}}$，其中$k$为任意常数.

57.(2019年3)已知矩阵$\boldsymbol{A}=\begin{pmatrix} 1 & 0 & -1 \\ 1 & 1 & -1 \\ 0 & 1 & a^2-1 \end{pmatrix}$，$\boldsymbol{b}=\begin{pmatrix} 0 \\ 1 \\ a \end{pmatrix}$，若线性方程组$\boldsymbol{AX}=\boldsymbol{b}$有无穷多解，则$a=$________.

解　对增广矩阵作初等行变换：

$$(\boldsymbol{A} \mid \boldsymbol{b})=\left(\begin{array}{ccc|c} 1 & 0 & -1 & 0 \\ 1 & 1 & -1 & 1 \\ 0 & 1 & a^2-1 & a \end{array}\right) \longrightarrow \left(\begin{array}{ccc|c} 1 & 0 & -1 & 0 \\ 0 & 1 & 0 & 1 \\ 0 & 0 & a^2-1 & a-1 \end{array}\right),$$

因此当$a=1$时，$r(\boldsymbol{A})=r(\boldsymbol{A} \mid \boldsymbol{b})=2<3$，方程组$\boldsymbol{AX}=\boldsymbol{b}$有无穷多解，故应填1.

58.(2019年2，3)设$\boldsymbol{A}$是四阶矩阵，$\boldsymbol{A}^*$是$\boldsymbol{A}$的伴随矩阵，若线性方程组$\boldsymbol{AX}=\boldsymbol{0}$的基础解系中只有2个向量，则$r(\boldsymbol{A}^*)=$(　　).

(A)0；　　(B)1；　　(C)2；　　(D)3.

解　由方程组$\boldsymbol{AX}=\boldsymbol{0}$的基础解系中有2个向量，可知$n-r(\boldsymbol{A})=4-r(\boldsymbol{A})=2$，即$r(\boldsymbol{A})=2$，则$\boldsymbol{A}^*=\boldsymbol{O}$，从而$r(\boldsymbol{A}^*)=0$，故应选(A).

59.(2019年1)设$\boldsymbol{A}=(\boldsymbol{\alpha}_1,\ \boldsymbol{\alpha}_2,\ \boldsymbol{\alpha}_3)$是三阶矩阵，$\boldsymbol{\alpha}_1$，$\boldsymbol{\alpha}_2$线性无关，且$\boldsymbol{\alpha}_3=-\boldsymbol{\alpha}_1+2\boldsymbol{\alpha}_2$，则线性方程组$\boldsymbol{AX}=\boldsymbol{0}$的通解为________.

解　先计算$\boldsymbol{A}$的秩，由$\boldsymbol{\alpha}_1$，$\boldsymbol{\alpha}_2$线性无关，可知$r(\boldsymbol{A})\geqslant 2$. 又由$\boldsymbol{\alpha}_3=$

$-\boldsymbol{\alpha}_1+2\boldsymbol{\alpha}_2$，可知 $r(\boldsymbol{A})\leqslant 2$，则 $r(\boldsymbol{A})=2$，所以 $\boldsymbol{AX}=\boldsymbol{0}$ 的基础解系含有 $n-r(\boldsymbol{A})=3-2=1$ 个向量.

由 $\boldsymbol{\alpha}_3=-\boldsymbol{\alpha}_1+2\boldsymbol{\alpha}_2$，可知 $\boldsymbol{A}\begin{pmatrix}1\\-2\\1\end{pmatrix}=\boldsymbol{\alpha}_1-2\boldsymbol{\alpha}_2+\boldsymbol{\alpha}_3=\boldsymbol{0}$，从而 $\begin{pmatrix}1\\-2\\1\end{pmatrix}$ 为 $\boldsymbol{AX}=\boldsymbol{0}$ 的基础解系，故 $\boldsymbol{AX}=\boldsymbol{0}$ 的通解为 $\boldsymbol{X}=k(1, -2, 1)^{\mathrm{T}}$，$k$ 为任意常数.

60.(2015 年 2，3)设矩阵 $\boldsymbol{A}=\begin{pmatrix}1&1&1\\1&2&a\\1&4&a^2\end{pmatrix}$，$\boldsymbol{b}=\begin{pmatrix}1\\d\\d^2\end{pmatrix}$，若集合 $\Omega=\{1, 2\}$，则线性方程组 $\boldsymbol{AX}=\boldsymbol{b}$ 有无穷多解的充分必要条件为(　　).

(A)$a\notin\Omega$，$d\notin\Omega$；　　(B)$a\notin\Omega$，$d\in\Omega$；

(C)$a\in\Omega$，$d\notin\Omega$；　　(D)$a\in\Omega$，$d\in\Omega$.

解　方程组 $\boldsymbol{AX}=\boldsymbol{b}$ 有无穷多解的充分必要条件为 $r(\boldsymbol{A})=r(\boldsymbol{A}\,\vdots\,\boldsymbol{b})<3$，对增广矩阵 $(\boldsymbol{A}\,\vdots\,\boldsymbol{b})$ 作初等行变换：

$$(\boldsymbol{A}\,\vdots\,\boldsymbol{b})=\left(\begin{array}{ccc:c}1&1&1&1\\1&2&a&d\\1&4&a^2&d^2\end{array}\right)\longrightarrow\left(\begin{array}{ccc:c}1&1&1&1\\0&1&a-1&d-1\\0&0&(a-1)(a-2)&(d-1)(d-2)\end{array}\right),$$

所以 $a=1$ 或 2，同时 $d=1$ 或 2，故应选(D).

61.(2007 年 1，2，3)设线性方程组

$$\begin{cases}x_1+x_2+x_3=0,\\x_1+2x_2+ax_3=0,\\x_1+4x_2+a^2x_3=0\end{cases}\tag{1}$$

与方程

$$x_1+2x_2+x_3=a-1\tag{2}$$

有公共解，求 a 的值及所有公共解.

解　因为方程组(1)和(2)有公共解，将(1)和(2)联立成方程组

$$\begin{cases}x_1+x_2+x_3=0,\\x_1+2x_2+ax_3=0,\\x_1+4x_2+a^2x_3=0,\\x_1+2x_2+x_3=a-1,\end{cases}\tag{3}$$

此非齐次方程组的解即为所求的公共解．对增广矩阵 $\widetilde{\boldsymbol{A}}$ 作初等行变换：

$$\widetilde{\mathbf{A}}=\left(\begin{array}{ccc:c}1&1&1&0\\1&2&a&0\\1&4&a^2&0\\1&2&1&a-1\end{array}\right)\longrightarrow\left(\begin{array}{ccc:c}1&1&1&0\\0&1&a-1&0\\0&0&(a-2)(a-1)&0\\0&0&1-a&a-1\end{array}\right),$$

于是当 $a=1$ 时，有 $r(\mathbf{A})=r(\widetilde{\mathbf{A}})=2<3$，方程组(3)有解，此时，

$$\widetilde{\mathbf{A}}\longrightarrow\left(\begin{array}{ccc:c}1&0&1&0\\0&1&0&0\\0&0&0&0\\0&0&0&0\end{array}\right),$$

方程组是齐次的，基础解系为$(-1,\ 0,\ 1)^{\mathrm{T}}$，所以(1)和(2)的公共解为 $k(-1,\ 0,\ 1)^{\mathrm{T}}$，其中 k 为任意常数.

当 $a=2$ 时，$r(\mathbf{A})=r(\widetilde{\mathbf{A}})=3$，方程组(3)有唯一解，此时，

$$\widetilde{\mathbf{A}}\longrightarrow\left(\begin{array}{ccc:c}1&0&0&0\\0&1&0&1\\0&0&1&-1\\0&0&0&0\end{array}\right),$$

故方程组(3)的解为$(0,\ 1,\ -1)^{\mathrm{T}}$，即(1)和(2)的公共解为$(0,\ 1,\ -1)^{\mathrm{T}}$.

62.(2016 年 2)设矩阵 $\mathbf{A}=\begin{pmatrix}1&1&1-a\\1&0&a\\a+1&1&a+1\end{pmatrix}$，$\boldsymbol{\beta}=\begin{pmatrix}0\\1\\2a-2\end{pmatrix}$，且方程组 $\mathbf{AX}=\boldsymbol{\beta}$无解.

(1)求 a 的值；

(2)求方程组 $\mathbf{A}^{\mathrm{T}}\mathbf{AX}=\mathbf{A}^{\mathrm{T}}\boldsymbol{\beta}$ 的通解.

解　(1)对增广矩阵$(\mathbf{A}\,\vdots\,\boldsymbol{\beta})$作初等行变换：

$$(\mathbf{A}\,\vdots\,\boldsymbol{\beta})=\left(\begin{array}{ccc:c}1&1&1-a&0\\1&0&a&1\\a+1&1&a+1&2a-2\end{array}\right)\longrightarrow\left(\begin{array}{ccc:c}1&0&a&1\\0&1&1-2a&-1\\0&0&2a-a^2&a-2\end{array}\right),$$

因为方程组 $\mathbf{AX}=\boldsymbol{\beta}$ 无解，所以 $r(\mathbf{A})<r(\mathbf{A}\,\vdots\,\boldsymbol{\beta})$，则 $2a-a^2=0$，且 $a-2\neq0$，解得 $a=0$.

(2)由于 $a=0$，所以

$$\mathbf{A}=\begin{pmatrix}1&1&1\\1&0&0\\1&1&1\end{pmatrix},\ \mathbf{A}^{\mathrm{T}}\mathbf{A}=\begin{pmatrix}1&1&1\\1&0&1\\1&0&1\end{pmatrix}\begin{pmatrix}1&1&1\\1&0&0\\1&1&1\end{pmatrix}=\begin{pmatrix}3&2&2\\2&2&2\\2&2&2\end{pmatrix},$$

$$A^{\mathrm{T}}\boldsymbol{\beta}=\begin{pmatrix}1&1&1\\1&0&1\\1&0&1\end{pmatrix}\begin{pmatrix}0\\1\\-2\end{pmatrix}=\begin{pmatrix}-1\\-2\\-2\end{pmatrix}.$$

对方程组 $A^{\mathrm{T}}AX=A^{\mathrm{T}}\boldsymbol{\beta}$ 的增广矩阵作初等行变换：

$$(A^{\mathrm{T}}A \mid A^{\mathrm{T}}\boldsymbol{\beta})=\left(\begin{array}{ccc|c}3&2&2&-1\\2&2&2&-2\\2&2&2&-2\end{array}\right)\longrightarrow\left(\begin{array}{ccc|c}1&0&0&1\\0&1&1&-2\\0&0&0&0\end{array}\right),$$

$A^{\mathrm{T}}AX=\mathbf{0}$ 的基础解系为 $\boldsymbol{\xi}=(0,\ -1,\ 1)^{\mathrm{T}}$，$A^{\mathrm{T}}AX=A^{\mathrm{T}}\boldsymbol{\beta}$ 的特解为 $\boldsymbol{\eta}=(1,\ -2,\ 0)^{\mathrm{T}}$，所以 $A^{\mathrm{T}}AX=A^{\mathrm{T}}\boldsymbol{\beta}$ 的通解为 $X=k(0,\ -1,\ 1)^{\mathrm{T}}+(1,\ -2,\ 0)^{\mathrm{T}}$，其中 k 为任意常数．

63.(2000 年 2)设 $\boldsymbol{\alpha}=\begin{pmatrix}1\\2\\1\end{pmatrix}$，$\boldsymbol{\beta}=\begin{pmatrix}1\\1/2\\0\end{pmatrix}$，$\boldsymbol{\gamma}=\begin{pmatrix}0\\0\\8\end{pmatrix}$，$A=\boldsymbol{\alpha}\boldsymbol{\beta}^{\mathrm{T}}$，$B=\boldsymbol{\beta}^{\mathrm{T}}\boldsymbol{\alpha}$，其中 $\boldsymbol{\beta}^{\mathrm{T}}$ 是 $\boldsymbol{\beta}$ 的转置，求解方程组 $2B^2A^2X=A^4X+B^4X+\boldsymbol{\gamma}$.

解　由已知，得

$$A=\begin{pmatrix}1\\2\\1\end{pmatrix}\left(1,\ \frac{1}{2},\ 0\right)=\begin{pmatrix}1&1/2&0\\2&1&0\\1&1/2&0\end{pmatrix},\ B=\left(1,\ \frac{1}{2},\ 0\right)\begin{pmatrix}1\\2\\1\end{pmatrix}=2.$$

又 $A^2=\boldsymbol{\alpha}\boldsymbol{\beta}^{\mathrm{T}}\boldsymbol{\alpha}\boldsymbol{\beta}^{\mathrm{T}}=\boldsymbol{\alpha}(\boldsymbol{\beta}^{\mathrm{T}}\boldsymbol{\alpha})\boldsymbol{\beta}^{\mathrm{T}}=2A$，递推得 $A^4=2^3A$，代入原方程组，得 $16AX=8AX+16X+\boldsymbol{\gamma}$，即 $8(A-2E)X=\boldsymbol{\gamma}$(其中 E 是三阶单位矩阵)．令 $X=(x_1,\ x_2,\ x_3)^{\mathrm{T}}$，代入上式，得到非齐次线性方程组

$$\begin{cases}-x_1+\dfrac{1}{2}x_2=0,\\2x_1-x_2=0,\\x_1+\dfrac{1}{2}x_2-2x_3=1,\end{cases}$$

解其对应的齐次方程组，得通解 $\boldsymbol{\xi}=k\begin{pmatrix}1\\2\\1\end{pmatrix}$ (k 为任意常数).

非齐次线性方程组的一个特解为 $\boldsymbol{\eta}^*=\begin{pmatrix}0\\0\\-1/2\end{pmatrix}$，于是所求方程组的解为 $\boldsymbol{\eta}=\boldsymbol{\xi}+\boldsymbol{\eta}^*$，即

$$\boldsymbol{\eta}=k\begin{pmatrix}1\\2\\1\end{pmatrix}+\begin{pmatrix}0\\0\\-1/2\end{pmatrix}，其中 k 为任意常数.$$

64.(2002 年 1，2)已知四阶方阵 $\boldsymbol{A}=(\boldsymbol{\alpha}_1,\ \boldsymbol{\alpha}_2,\ \boldsymbol{\alpha}_3,\ \boldsymbol{\alpha}_4)$，$\boldsymbol{\alpha}_1$，$\boldsymbol{\alpha}_2$，$\boldsymbol{\alpha}_3$，$\boldsymbol{\alpha}_4$ 均为 4 维列向量，其中 $\boldsymbol{\alpha}_2$，$\boldsymbol{\alpha}_3$，$\boldsymbol{\alpha}_4$ 线性无关，$\boldsymbol{\alpha}_1=2\boldsymbol{\alpha}_2-\boldsymbol{\alpha}_3$. 如果 $\boldsymbol{\beta}=\boldsymbol{\alpha}_1+\boldsymbol{\alpha}_2+\boldsymbol{\alpha}_3+\boldsymbol{\alpha}_4$，求线性方程组 $\boldsymbol{AX}=\boldsymbol{\beta}$ 的通解.

解　由 $\boldsymbol{\alpha}_2$，$\boldsymbol{\alpha}_3$，$\boldsymbol{\alpha}_4$ 线性无关及 $\boldsymbol{\alpha}_1=2\boldsymbol{\alpha}_2-\boldsymbol{\alpha}_3$ 知，向量组的秩 $r(\boldsymbol{\alpha}_1,\ \boldsymbol{\alpha}_2,\ \boldsymbol{\alpha}_3,\ \boldsymbol{\alpha}_4)=3$，即矩阵 $\boldsymbol{A}$ 的秩为 3，因此 $\boldsymbol{AX}=\boldsymbol{0}$ 的基础解系中只包含一个解向量. 由

$$(\boldsymbol{\alpha}_1,\ \boldsymbol{\alpha}_2,\ \boldsymbol{\alpha}_3,\ \boldsymbol{\alpha}_4)\begin{pmatrix}1\\-2\\1\\0\end{pmatrix}=\boldsymbol{\alpha}_1-2\boldsymbol{\alpha}_2+\boldsymbol{\alpha}_3=\boldsymbol{0},$$

知 $\boldsymbol{AX}=\boldsymbol{0}$ 的基础解系是 $(1,\ -2,\ 1,\ 0)^{\mathrm{T}}$. 再由

$$\boldsymbol{\beta}=\boldsymbol{\alpha}_1+\boldsymbol{\alpha}_2+\boldsymbol{\alpha}_3+\boldsymbol{\alpha}_4=(\boldsymbol{\alpha}_1,\ \boldsymbol{\alpha}_2,\ \boldsymbol{\alpha}_3,\ \boldsymbol{\alpha}_4)\begin{pmatrix}1\\1\\1\\1\end{pmatrix}=\boldsymbol{A}\begin{pmatrix}1\\1\\1\\1\end{pmatrix},$$

知 $(1,\ 1,\ 1,\ 1)^{\mathrm{T}}$ 是 $\boldsymbol{AX}=\boldsymbol{\beta}$ 的一个特解，故 $\boldsymbol{AX}=\boldsymbol{\beta}$ 的通解为

$$\boldsymbol{\eta}=k\begin{pmatrix}1\\-2\\1\\0\end{pmatrix}+\begin{pmatrix}1\\1\\1\\1\end{pmatrix},$$

其中 k 为任意常数.

65.(2004 年 4)设线性方程组

$$\begin{cases}x_1+\lambda x_2+\lambda x_3+x_4=0,\\2x_1+x_2+x_3+2x_4=0,\\3x_1+(2+\lambda)x_2+(4+\lambda)x_3+4x_4=1,\end{cases}$$

已知 $(1,\ -1,\ 1,\ -1)^{\mathrm{T}}$ 是该方程组的一个解，试求：

(Ⅰ)方程组的全部解，并用对应的齐次方程组的基础解系表示全部解；

(Ⅱ)该方程组满足 $x_2=x_3$ 的全部解.

解　将 $(1,\ -1,\ 1,\ -1)^{\mathrm{T}}$ 代入方程组，得 $\lambda=\mu$. 对增广矩阵作初等行变换，有

$$\widetilde{\mathbf{A}}=\left(\begin{array}{cccc:c}1&\lambda&\lambda&1&0\\2&1&1&2&0\\3&2+\lambda&4+\lambda&4&1\end{array}\right)\longrightarrow\left(\begin{array}{cccc:c}1&\lambda&\lambda&1&0\\0&1-2\lambda&1-2\lambda&0&0\\0&2-2\lambda&4-2\lambda&1&1\end{array}\right)$$

$$\longrightarrow\left(\begin{array}{cccc:c}1&\lambda&\lambda&1&0\\0&1-2\lambda&1-2\lambda&0&0\\0&1&3&1&1\end{array}\right).$$

（Ⅰ）当 $\lambda=1/2$ 时，

$$\widetilde{\mathbf{A}}\longrightarrow\left(\begin{array}{cccc:c}1&1/2&1/2&1&0\\0&1&3&1&1\\0&0&0&0&0\end{array}\right).$$

因 $r(\mathbf{A})=r(\widetilde{\mathbf{A}})=2<4$，方程组有无穷多解，其全部解为

$$\boldsymbol{\eta}=(-1/2,\ 1,\ 0,\ 0)^{\mathrm{T}}+k_1(1,\ -3,\ 1,\ 0)^{\mathrm{T}}+k_2(-1,\ -2,\ 0,\ 2)^{\mathrm{T}}\ (k_1,\ k_2\text{ 为任意常数}).$$

当 $\lambda\neq1/2$ 时，

$$\widetilde{\mathbf{A}}\longrightarrow\left(\begin{array}{cccc:c}1&\lambda&\lambda&1&0\\0&1&1&0&0\\0&1&3&1&1\end{array}\right)\longrightarrow\left(\begin{array}{cccc:c}1&0&0&1&0\\0&1&1&0&0\\0&0&2&1&1\end{array}\right).$$

因 $r(\mathbf{A})=r(\widetilde{\mathbf{A}})=3<4$，方程组有无穷多解，其全部解为

$$\boldsymbol{\eta}=(-1,\ 0,\ 0,\ 1)^{\mathrm{T}}+k(2,\ -1,\ 1,\ -2)^{\mathrm{T}}\ (k\text{ 为任意常数}).$$

（Ⅱ）当 $\lambda=1/2$ 时，若 $x_2=x_3$，由方程组的通解

$$\begin{cases}x_1=-1/2+k_1-k_2,\\x_2=1-3k_1-2k_2,\\x_3=k_1,\\x_4=2k_2,\end{cases}$$

知 $1-3k_1-2k_2=k_1$，即 $k_1=1/4-k_2/2$，将其代入整理，得全部解为

$$x_1=-1/4-3k_2/2,\ x_2=1/4-k_2/2,\ x_3=1/4-k_2/2,\ x_4=2k_2,$$

或 $(-1/4,\ 1/4,\ 1/4,\ 0)^{\mathrm{T}}+k_2(-3/2,\ -1/2,\ -1/2,\ 2)^{\mathrm{T}}$，其中 k_2 为任意常数.

当 $\lambda\neq1/2$ 时，由 $x_2=x_3$，知 $-k=k$，即 $k=0$，从而只有唯一解 $(-1,\ 0,\ 0,\ 1)^{\mathrm{T}}$.

66.（1992 年 3）设 $\mathbf{A}$ 为 $m\times n$ 矩阵，齐次线性方程组 $\mathbf{AX}=\mathbf{0}$ 仅有零解的充分条件是（　　）.

(A)$\mathbf{A}$ 的列向量组线性无关；　　　(B)$\mathbf{A}$ 的列向量组线性相关；

(C)$\boldsymbol{A}$ 的行向量组线性无关；　　(D)$\boldsymbol{A}$ 的行向量组线性相关；

解　齐次方程组 $\boldsymbol{AX}=\boldsymbol{0}$ 只有零解$\Leftrightarrow r(\boldsymbol{A})=n$.

由于 $r(\boldsymbol{A})=\boldsymbol{A}$ 的行秩$=\boldsymbol{A}$ 的列秩，现 $\boldsymbol{A}$ 是 $m\times n$ 矩阵，$r(\boldsymbol{A})=n$，即 $\boldsymbol{A}$ 的列向量组线性无关，故应选(A).

注意：虽 $\boldsymbol{A}$ 的行秩$=\boldsymbol{A}$ 的列秩，但行向量组与列向量组的线性相关性是可能不同的．

67.(1996 年 1)求齐次方程组

$$\begin{cases}x_1+x_2+x_5=0,\\x_1+x_2-x_3=0,\\x_3+x_4+x_5=0\end{cases}$$

的基础解系．

解　对系数矩阵作初等行变换，有

$$\begin{vmatrix}1&1&0&0&1\\1&1&-1&0&0\\0&0&1&1&1\end{vmatrix}\longrightarrow\begin{vmatrix}1&1&0&0&1\\0&0&-1&0&-1\\0&0&0&1&0\end{vmatrix},$$

由 $n-r(\boldsymbol{A})=5-3=2$，取 x_2，x_5 为自由未知量，得

$$\boldsymbol{\eta}_1=(-1,1,0,0,0)^{\mathrm{T}},\quad \boldsymbol{\eta}_2=(-1,0,-1,0,1)^{\mathrm{T}}.$$

68.(1998 年 1)已知线性方程组

$$(\text{Ⅰ})\begin{cases}a_{11}x_1+a_{12}x_2+\cdots+a_{1,2n}x_{2n}=0,\\a_{21}x_1+a_{22}x_2+\cdots+a_{2,2n}x_{2n}=0,\\\cdots\cdots\cdots\cdots\cdots\cdots\cdots\cdots\\a_{n1}x_1+a_{n2}x_2+\cdots+a_{n,2n}x_{2n}=0\end{cases}$$

的一个基础解系为$(b_{11},b_{12},\cdots,b_{1,2n})^{\mathrm{T}}$，$(b_{21},b_{22},\cdots,b_{2,2n})^{\mathrm{T}}$，…，$(b_{n1},b_{n2},\cdots,b_{n,2n})^{\mathrm{T}}$，试写出线性方程组

$$(\text{Ⅱ})\begin{cases}b_{11}y_1+b_{12}y_2+\cdots+b_{1,2n}y_{2n}=0,\\b_{21}y_1+b_{22}y_2+\cdots+b_{2,2n}y_{2n}=0,\\\cdots\cdots\cdots\cdots\cdots\cdots\cdots\cdots\\b_{n1}y_1+b_{n2}y_2+\cdots+b_{n,2n}y_{2n}=0\end{cases}$$

的通解，并说明理由．

解　记方程组(Ⅰ)和(Ⅱ)的系数矩阵分别为 $\boldsymbol{A}$ 和 $\boldsymbol{B}$. 由于 $\boldsymbol{B}$ 的每一行都是 $\boldsymbol{AX}=\boldsymbol{0}$ 的解，故 $\boldsymbol{AB}^{\mathrm{T}}=\boldsymbol{O}$，$\boldsymbol{BA}^{\mathrm{T}}=(\boldsymbol{AB}^{\mathrm{T}})^{\mathrm{T}}=\boldsymbol{O}$，因此 $\boldsymbol{A}$ 的行向量组是方程组(Ⅱ)的解．

由于 $\boldsymbol{B}$ 的行向量组是(Ⅰ)的基础解系，它们应线性无关，从而知 $r(\boldsymbol{B})=n$. 且由(Ⅰ)的解的结构，知 $2n-r(\boldsymbol{A})=n$，故 $r(\boldsymbol{A})=n$，于是 $\boldsymbol{A}$ 的行向量组线性无关．

又因(Ⅱ)的解空间是 $2n-r(\boldsymbol{B})=n$ 维的，所以 $\boldsymbol{A}$ 的行向量组是(Ⅱ)的解空间的一个基，所以(Ⅱ)的通解为

$$k_1(a_{11}, a_{12}, \cdots, a_{1,2n})^{\mathrm{T}}+k_2(a_{21}, a_{22}, \cdots, a_{2,2n})^{\mathrm{T}}+k_n(a_{n1}, a_{n2}, \cdots, a_{n,2n})^{\mathrm{T}},$$

其中 k_1，k_2，$\cdots$，k_n 是任意常数.

69.(2000 年 3)设 $\boldsymbol{A}$ 为 n 阶实矩阵，$\boldsymbol{A}^{\mathrm{T}}$ 是 $\boldsymbol{A}$ 的转置矩阵，则对于线性方程组(Ⅰ)：$\boldsymbol{AX}=\boldsymbol{0}$ 和(Ⅱ)：$\boldsymbol{A}^{\mathrm{T}}\boldsymbol{AX}=\boldsymbol{0}$，必有(　　).

(A)(Ⅱ)的解是(Ⅰ)的解，(Ⅰ)的解也是(Ⅱ)的解；

(B)(Ⅱ)的解是(Ⅰ)的解，但(Ⅰ)的解不是(Ⅱ)的解；

(C)(Ⅰ)的解不是(Ⅱ)的解，(Ⅱ)的解也不是(Ⅰ)的解；

(D)(Ⅰ)的解是(Ⅱ)的解，但(Ⅱ)的解不是(Ⅰ)的解.

解　若 $\boldsymbol{\eta}$ 是(Ⅰ)的解，则 $\boldsymbol{A\eta}=\boldsymbol{0}$，则$(\boldsymbol{A}^{\mathrm{T}}\boldsymbol{A})\boldsymbol{\eta}=\boldsymbol{A}^{\mathrm{T}}\,\boldsymbol{0}=\boldsymbol{0}$，即 $\boldsymbol{\eta}$ 是(Ⅱ)的解.

若 $\boldsymbol{\alpha}$ 是(Ⅱ)的解，有 $\boldsymbol{A}^{\mathrm{T}}\boldsymbol{A\alpha}=\boldsymbol{0}$，用 $\boldsymbol{\alpha}^{\mathrm{T}}$ 左乘得 $\boldsymbol{\alpha}^{\mathrm{T}}\boldsymbol{A}^{\mathrm{T}}\boldsymbol{A\alpha}=\boldsymbol{0}$，即$(\boldsymbol{A\alpha}^{\mathrm{T}})(\boldsymbol{A\alpha})=\boldsymbol{0}$，亦即 $\boldsymbol{A\alpha}$ 自己的内积$(\boldsymbol{A\alpha}, \boldsymbol{A\alpha})=\boldsymbol{0}$，故必有 $\boldsymbol{A\alpha}=\boldsymbol{0}$，即 $\boldsymbol{\alpha}$ 是(Ⅰ)的解，所以(Ⅰ)与(Ⅱ)同解，故应选(A).

70.(2001 年 1)设 $\boldsymbol{\alpha}_1$，$\boldsymbol{\alpha}_2$，$\cdots$，$\boldsymbol{\alpha}_s$ 为线性方程组 $\boldsymbol{AX}=\boldsymbol{0}$ 的一个基础解系，$\boldsymbol{\beta}_1=t_1\boldsymbol{\alpha}_1+t_2\boldsymbol{\alpha}_2$，$\boldsymbol{\beta}_2=t_1\boldsymbol{\alpha}_1+t_2\boldsymbol{\alpha}_2$，$\cdots$，$\boldsymbol{\beta}_s=t_1\boldsymbol{\alpha}_s+t_2\boldsymbol{\alpha}_1$，其中 t_1，t_2 为实数，试问 t_1，t_2 满足什么关系时，$\boldsymbol{\beta}_1$，$\boldsymbol{\beta}_2$，$\cdots$，$\boldsymbol{\beta}_s$ 也为 $\boldsymbol{AX}=\boldsymbol{0}$ 的一个基础解系？

解　由于 $\boldsymbol{\beta}_i(i=1, 2, \cdots, s)$是 $\boldsymbol{\alpha}_1$，$\boldsymbol{\alpha}_2$，$\cdots$，$\boldsymbol{\alpha}_s$ 的线性组合，又 $\boldsymbol{\alpha}_1$，$\cdots$，$\boldsymbol{\alpha}_s$ 是$\boldsymbol{AX}=\boldsymbol{0}$ 的解，所以根据齐次方程组解的性质知，$\boldsymbol{\beta}_i(i=1, 2, \cdots, s)$均为 $\boldsymbol{AX}=\boldsymbol{0}$ 的解.

由 $\boldsymbol{\alpha}_1$，$\boldsymbol{\alpha}_2$，$\cdots$，$\boldsymbol{\alpha}_s$ 是 $\boldsymbol{AX}=\boldsymbol{0}$ 的基础解系，知 $s=n-r(\boldsymbol{A})$. 设 $k_1\boldsymbol{\beta}_1+k_2\boldsymbol{\beta}_2+\cdots+k_s\boldsymbol{\beta}_s=\boldsymbol{0}$，即$(t_1k_1+t_2k_2)\boldsymbol{\alpha}_1+(t_2k_1+t_1k_2)\boldsymbol{\alpha}_2+(t_2k_2+t_1k_3)\boldsymbol{\alpha}_3+\cdots+(t_2k_{s-1}+t_1k_s)\boldsymbol{\alpha}_s=\boldsymbol{0}$.

由于 $\boldsymbol{\alpha}_1$，$\boldsymbol{\alpha}_2$，$\cdots$，$\boldsymbol{\alpha}_s$ 线性无关，因此有

$$\begin{cases} t_1k_1+t_2k_2=0, \\ t_2k_1+t_1k_2=0, \\ t_2k_2+t_1k_3=0, \\ \quad\cdots\cdots\cdots\cdots \\ t_2k_{s-1}+t_1k_s=0. \end{cases} \qquad (*)$$

因为系数行列式

$$\begin{vmatrix} t_1 & 0 & 0 & \cdots & 0 & t_2 \\ t_2 & t_1 & 0 & \cdots & 0 & 0 \\ 0 & t_2 & t_1 & \cdots & 0 & 0 \\ \vdots & \vdots & \vdots & & \vdots & \vdots \\ 0 & 0 & 0 & \cdots & t_2 & t_1 \end{vmatrix}=t_1^s+(-1)^{s+1}t_2^s,$$

所以当 $t_1^s+(-1)^{s+1}t_2^s\neq0$ 时，方程组（$*$）只有零解 $k_1=k_2=\cdots=k_s=0$，从而 $\boldsymbol{\beta}_1$，$\boldsymbol{\beta}_2$，…，$\boldsymbol{\beta}_s$ 线性无关．即当 s 为偶数，$t_1\neq\pm t_2$ 或 s 为奇数，$t_1\neq-t_2$ 时，$\boldsymbol{\beta}_1$，$\boldsymbol{\beta}_2$，…，$\boldsymbol{\beta}_s$ 也为 $\boldsymbol{AX}=\boldsymbol{0}$ 的一个基础解系．

71.（2002 年 3）设 $\boldsymbol{A}$ 是 $m\times n$ 矩阵，$\boldsymbol{B}$ 是 $n\times m$ 矩阵，则线性方程组 $(\boldsymbol{AB})\boldsymbol{X}=\boldsymbol{0}$（　　）．

(A)当 $n>m$ 时，仅有零解；　　(B)当 $n>m$ 时，必有非零解；

(C)当 $m>n$ 时，仅有零解；　　(D)当 $m>n$ 时，必有非零解．

解　$\boldsymbol{AB}$ 是 m 阶矩阵，那么 $\boldsymbol{ABX}=\boldsymbol{0}$ 仅有零解的充分必要条件是 $r(\boldsymbol{AB})=m$.

又因 $r(\boldsymbol{AB})\leqslant r(\boldsymbol{B})\leqslant\min\{m,n\}$，故当 $m>n$ 时，必有 $r(\boldsymbol{AB})\leqslant\min\{m,n\}=n<m$，所以应当选(D).

72.（2001 年 2）已知 $\boldsymbol{\alpha}_1$，$\boldsymbol{\alpha}_2$，$\boldsymbol{\alpha}_3$，$\boldsymbol{\alpha}_4$ 是线性方程组 $\boldsymbol{AX}=\boldsymbol{0}$ 的一个基础解系，若 $\boldsymbol{\beta}_1=\boldsymbol{\alpha}_1+t\boldsymbol{\alpha}_2$，$\boldsymbol{\beta}_2=\boldsymbol{\alpha}_2+t\boldsymbol{\alpha}_3$，$\boldsymbol{\beta}_3=\boldsymbol{\alpha}_3+t\boldsymbol{\alpha}_4$，$\boldsymbol{\beta}_4=\boldsymbol{\alpha}_4+t\boldsymbol{\alpha}_1$，讨论实数 t 满足什么关系时，$\boldsymbol{\beta}_1$，$\boldsymbol{\beta}_2$，$\boldsymbol{\beta}_3$，$\boldsymbol{\beta}_4$ 也是 $\boldsymbol{AX}=\boldsymbol{0}$ 的一基础解系．

解　对应的行列式为

$$\begin{vmatrix}1&0&0&t\\t&1&0&0\\0&t&1&0\\0&0&t&1\end{vmatrix}=t^4-1,$$

所以当 $t\neq\pm1$ 时，$\boldsymbol{\beta}_1$，$\boldsymbol{\beta}_2$，$\boldsymbol{\beta}_3$，$\boldsymbol{\beta}_4$ 是 $\boldsymbol{AX}=\boldsymbol{0}$ 的一个基础解系．

73.（2006 年 1，2）已知非齐次线性方程组

$$\begin{cases}x_1+x_2+x_3+x_4=-1,\\4x_1+3x_2+5x_3-x_4=-1,\\ax_1+x_2+3x_3+bx_4=1\end{cases}$$

有 3 个线性无关的解．

(1)证明方程组的系数矩阵 $\boldsymbol{A}$ 的秩 $r(\boldsymbol{A})=2$；

(2)求 a，b 的值及方程组的通解．

解　(1)设 $\boldsymbol{\alpha}_1$，$\boldsymbol{\alpha}_2$，$\boldsymbol{\alpha}_3$ 是非齐次线性方程组的 3 个线性无关的解，那么 $\boldsymbol{\alpha}_1-\boldsymbol{\alpha}_2$，$\boldsymbol{\alpha}_1-\boldsymbol{\alpha}_3$ 是齐次线性方程组 $\boldsymbol{AX}=\boldsymbol{0}$ 的两个线性无关的解，因此 $n-r(\boldsymbol{A})\geqslant2$，即 $r(\boldsymbol{A})\leqslant2$. 又显然矩阵 $\boldsymbol{A}$ 中有二阶子式不等于 0，因此 $r(\boldsymbol{A})\geqslant2$，故 $r(\boldsymbol{A})=2$.

(2)对增广矩阵作初等行变换：

$$\widetilde{\boldsymbol{A}}=\left(\begin{array}{cccc:c}1&1&1&1&-1\\4&3&5&-1&-1\\a&1&3&b&1\end{array}\right)\longrightarrow\left(\begin{array}{cccc:c}1&1&1&1&-1\\0&-1&1&-5&3\\0&1-a&3-a&b-a&a+1\end{array}\right)$$

$$\longrightarrow\left(\begin{array}{cccc:c}1&1&1&1&-1\\0&1&-1&5&-3\\0&0&4-2a&b+4a-5&4-2a\end{array}\right).$$

由题设和(1)可知 $r(\mathbf{A})=r(\widetilde{\mathbf{A}})=2$，则

$$4-2a=b+4a-5=0,$$

解得 $a=2$，$b=-3$，此时，

$$\widetilde{\mathbf{A}}\longrightarrow\begin{pmatrix}1&0&2&-4&2\\0&1&-1&5&-3\\0&0&0&0&0\end{pmatrix},$$

解得原非齐次线性方程组的特解为$(2,\ -3,\ 0,\ 0)^{\mathrm{T}}$，$\boldsymbol{AX}=\mathbf{0}$ 的基础解系为$(-2,\ 1,\ 1,\ 0)^{\mathrm{T}}$，$(4,\ -5,\ 0,\ 1)^{\mathrm{T}}$，所以原方程组的通解为

$$\boldsymbol{X}=(2,\ -3,\ 0,\ 0)^{\mathrm{T}}+k_1(-2,\ 1,\ 1,\ 0)^{\mathrm{T}}+k_1(4,\ -5,\ 0,\ 1)^{\mathrm{T}},$$

其中 k_1，k_2 为任意常数．

74.(2009 年 1，2，3)设 $\boldsymbol{A}=\begin{pmatrix}1&-1&-1\\-1&1&1\\0&-4&-2\end{pmatrix}$，$\boldsymbol{\xi}_1=\begin{pmatrix}-1\\1\\-2\end{pmatrix}$，

(1)求满足 $\boldsymbol{A}\boldsymbol{\xi}_2=\boldsymbol{\xi}_1$，$\boldsymbol{A}^2\boldsymbol{\xi}_3=\boldsymbol{\xi}_1$ 的所有向量 $\boldsymbol{\xi}_2$，$\boldsymbol{\xi}_3$；

(2)对(1)中的任意向量 $\boldsymbol{\xi}_2$，$\boldsymbol{\xi}_3$，证明 $\boldsymbol{\xi}_1$，$\boldsymbol{\xi}_2$，$\boldsymbol{\xi}_3$ 线性无关．

解　(1)对增广矩阵$(\boldsymbol{A}\,\vdots\,\boldsymbol{\xi}_1)$作初等行变换：

$$(\boldsymbol{A}\,\vdots\,\boldsymbol{\xi}_1)=\left(\begin{array}{ccc:c}1&-1&-1&-1\\-1&1&1&1\\0&-4&-2&-2\end{array}\right)\longrightarrow\left(\begin{array}{ccc:c}1&-1&-1&-1\\0&2&1&1\\0&0&0&0\end{array}\right)\longrightarrow\left(\begin{array}{ccc:c}1&1&0&0\\0&2&1&1\\0&0&0&0\end{array}\right),$$

则方程组 $\boldsymbol{AX}=\boldsymbol{\xi}_1$ 的通解为

$$\begin{cases}x_1=-k_1,\\x_2=k_1,\\x_3=1-2k_1,\end{cases}$$

从而 $\boldsymbol{\xi}_2=(-k_1,\ k_1,\ 1-2k_1)^{\mathrm{T}}$，其中 k_1 为任意常数．

$$\boldsymbol{A}^2=\begin{pmatrix}2&2&0\\-2&-2&0\\4&4&0\end{pmatrix},$$

对增广矩阵$(\boldsymbol{A}^2\,\vdots\,\boldsymbol{\xi}_1)$作初等行变换：

$$(\boldsymbol{A}^2\,\vdots\,\boldsymbol{\xi}_1)=\left(\begin{array}{ccc:c}2&2&0&-1\\-2&-2&0&1\\4&4&0&-2\end{array}\right)\longrightarrow\left(\begin{array}{ccc:c}2&2&0&-1\\0&0&0&0\\0&0&0&0\end{array}\right),$$

则方程组 $A^2X=\xi_1$ 的通解为

$$\begin{cases} x_1=-\dfrac{1}{2}-k_2, \\ x_2=k_2, \\ x_3=k_3, \end{cases}$$

从而 $\xi_3=\left(-\dfrac{1}{2}-k_2,\ k_2,\ k_3\right)^{\mathrm{T}}$，其中 k_2，k_3 为任意常数．

(2)对任意的常数 k_1，k_2，k_3 有

$$|\xi_1,\ \xi_2,\ \xi_3|=\begin{vmatrix} -1 & -k_1 & -\dfrac{1}{2}-k_2 \\ 1 & k_1 & k_2 \\ -2 & 1-2k_1 & k_3 \end{vmatrix}=\begin{vmatrix} 0 & 0 & -\dfrac{1}{2} \\ 1 & k_1 & k_2 \\ -2 & 1-2k_1 & k_3 \end{vmatrix}$$

$$=-\frac{1}{2}\neq 0,$$

因此对任意向量 ξ_2，ξ_3，恒有 ξ_1，ξ_2，ξ_3 线性无关．

75.(2008 年 1，2，3)设 n 元线性方程组 $AX=b$，其中，

$$A=\begin{pmatrix} 2a & 1 & & & & \\ a^2 & 2a & 1 & & & \\ & a^2 & 2a & 1 & & \\ & & \ddots & \ddots & \ddots & \\ & & & a^2 & 2a & 1 \\ & & & & a^2 & 2a \end{pmatrix},\quad X=\begin{pmatrix} x_1 \\ x_2 \\ \vdots \\ x_n \end{pmatrix},\quad b=\begin{pmatrix} 1 \\ 0 \\ \vdots \\ 0 \end{pmatrix},$$

(1)证明行列式 $|A|=(n+1)a^n$；

(2)当 a 为何值时，该方程组有唯一解，并求 x_1；

(3)当 a 为何值时，该方程组有无穷多解，并求其通解．

解　(1)从第 2 行开始，第 k 行减去上一行的 $\dfrac{k-1}{k}$ 倍，$k=2$，3，…，n，可得

$$|A|=\begin{vmatrix} 2a & 1 & & & & \\ & \dfrac{3}{2}a & 1 & & & \\ & & \dfrac{4}{3}a & 1 & & \\ & & & \ddots & \ddots & \\ & & & & \dfrac{n}{n-1}a & 1 \\ & & & & & \dfrac{n+1}{n}a \end{vmatrix}$$

$$=2a\cdot\frac{3}{2}a\cdot\frac{4}{3}a\cdot\cdots\cdot\frac{n}{n-1}a\cdot\frac{n+1}{n}a$$
$$=(n+1)a^n.$$

(2)记 $D_n=|\boldsymbol{A}|=(n+1)a^n$，由克莱姆法则知，当 $a\neq 0$ 时，$|\boldsymbol{A}|=(n+1)a^n\neq 0$，此时方程组有唯一解，且 $x_1=\frac{D_{n-1}}{D_n}=\frac{na^{n-1}}{(n+1)a^n}=\frac{n}{(n+1)a}$.

(3)当 $a=0$ 时，容易得到 $r(\boldsymbol{A})=r(\boldsymbol{A}\mid\boldsymbol{b})=n-1$，方程组有无穷多解，此时通解为

$$\boldsymbol{X}=(0,\ 1,\ 0,\ \cdots,\ 0)^{\mathrm{T}}+k(1,\ 0,\ 0,\ \cdots,\ 0)^{\mathrm{T}},$$

其中 k 为任意常数.

76.(2002 年 4)设四次齐次线性方程组(Ⅰ)为

$$\begin{cases}2x_1+3x_2-x_3=0,\\x_1+2x_2+x_3-x_4=0.\end{cases}$$

而已知另一四元齐次线性方程组(Ⅱ)的一个基础解系为

$$\boldsymbol{\alpha}_1=(2,\ -1,\ a+2,\ 1)^{\mathrm{T}},\ \boldsymbol{\alpha}_2=(-1,\ 2,\ 4,\ a+8)^{\mathrm{T}}.$$

(1)求方程组(Ⅰ)的一个基础解系；

(2)当 $\boldsymbol{\alpha}$ 为何值时，方程组(Ⅰ)与(Ⅱ)有非零公共解？在有非零公共解时，求出全部非零公共解.

解 (1)对方程组(Ⅰ)的系数矩阵作初等行变换，有

$$\begin{pmatrix}2&3&-1&0\\1&2&1&-1\end{pmatrix}\longrightarrow\begin{pmatrix}1&2&1&-1\\0&1&3&-2\end{pmatrix}.$$

由于 $n-r(\boldsymbol{A})=4-2=2$，基础解系由 2 个线性无关的解向量构成，取 x_3，x_4 为自由变量，得 $\boldsymbol{\beta}_1=(5,\ -3,\ 1,\ 0)^{\mathrm{T}}$，$\boldsymbol{\beta}_2=(-3,\ 2,\ 0,\ 1)^{\mathrm{T}}$ 是方程组(Ⅰ)的基础解系.

(2)设 $\boldsymbol{\eta}$ 是方程组(Ⅰ)与(Ⅱ)的非零公共解，则 $\boldsymbol{\eta}=k_1\boldsymbol{\beta}_1+k_2\boldsymbol{\beta}_2=l_1\boldsymbol{\alpha}_1+l_2\boldsymbol{\alpha}_2$，其中 k_1，k_2 与 l_1，l_2 均为不全为零的常数. 由此得齐次方程组(Ⅲ)

$$\begin{cases}5k_1-3k_2-2l_1+l_2=0,\\-3k_1+2k_2+l_1-2l_2=0,\\k_1-(a+2)l_1-4l_2=0,\\k_2-l_1-(a+8)l_2=0\end{cases}$$

有非零解. 对系数矩阵作初等行变换，有

$$\begin{pmatrix}5&-3&-2&1\\-3&2&1&-2\\1&0&-a-2&-4\\0&1&-1&-a-8\end{pmatrix}\longrightarrow\begin{pmatrix}1&0&-a-2&-4\\0&1&-1&-a-8\\0&2&-3a-5&-14\\0&-3&5a+8&21\end{pmatrix}$$

$$\longrightarrow\begin{pmatrix}1&0&-a-2&-4\\0&1&-1&-a-8\\0&0&-3a-3&2a+2\\0&0&5a+5&-3a-3\end{pmatrix}.$$

当且仅当 $a+1=0$ 时，$r(\text{Ⅲ})<4$，方程组有非零解，此时，(Ⅲ)的同解方程组是$\begin{cases}k_1-l_1-4l_2=0,\\k_2-l_1-7l_2=0,\end{cases}$于是

$$\boldsymbol{\eta}=(l_1+4l_2)\boldsymbol{\beta}_1+(l_1+7l_2)\boldsymbol{\beta}_2=l_1(\boldsymbol{\beta}_1+\boldsymbol{\beta}_2)+l_2(4\boldsymbol{\beta}_1+7\boldsymbol{\beta}_2)$$

$$=l_1\begin{pmatrix}2\\-1\\1\\1\end{pmatrix}+l_2\begin{pmatrix}-1\\2\\4\\7\end{pmatrix}.$$

77.(2003 年 4)设有齐次线性方程组 $\boldsymbol{AX}=\boldsymbol{0}$ 和 $\boldsymbol{BX}=\boldsymbol{0}$，其中 $\boldsymbol{A}$，$\boldsymbol{B}$ 均为 $m\times n$ 矩阵，现有 4 个命题：

① 若 $\boldsymbol{AX}=\boldsymbol{0}$ 的解均是 $\boldsymbol{BX}=\boldsymbol{0}$ 的解，则 $r(\boldsymbol{A})\geqslant r(\boldsymbol{B})$；

② 若 $r(\boldsymbol{A})\geqslant r(\boldsymbol{B})$，则 $\boldsymbol{AX}=\boldsymbol{0}$ 的解均是 $\boldsymbol{BX}=\boldsymbol{0}$ 的解；

③ 若 $\boldsymbol{AX}=\boldsymbol{0}$ 与 $\boldsymbol{BX}=\boldsymbol{0}$ 同解，则 $r(\boldsymbol{A})=r(\boldsymbol{B})$；

④ 若 $r(\boldsymbol{A})=r(\boldsymbol{B})$，则 $\boldsymbol{AX}=\boldsymbol{0}$ 与 $\boldsymbol{BX}=\boldsymbol{0}$ 同解 .

以上命题中正确的是(　　).

(A)①②；　　　　(B)①③；

(C)②④；　　　　(D)③④.

解　显然命题④错误，因此排除(C)、(D). 对于(A)与(B)其中必有一个正确，因此命题①必正确，那么②与③哪一个命题正确呢?

由命题①，“若 $\boldsymbol{AX}=\boldsymbol{0}$ 的解均是 $\boldsymbol{BX}=\boldsymbol{0}$ 的解，则 $r(\boldsymbol{A})\geqslant r(\boldsymbol{B})$”正确，知“若 $\boldsymbol{BX}=\boldsymbol{0}$ 的解均是 $\boldsymbol{AX}=\boldsymbol{0}$ 的解，则 $r(\boldsymbol{B})\geqslant$秩$(\boldsymbol{A})$”正确，可见“若 $\boldsymbol{AX}=\boldsymbol{0}$ 与 $\boldsymbol{BX}=\boldsymbol{0}$ 同解，则 $r(\boldsymbol{A})=r(\boldsymbol{B})$”正确，即命题③正确，所以应当选(B).

78.(2004 年 2)设有齐次线性方程组

$$\begin{cases}(1+a)x_1+x_2+x_3+x_4=0,\\2x_1+(2+a)x_2+2x_3+2x_4=0,\\3x_1+3x_2+(3+a)x_3+3x_4=0,\\4x_1+4x_2+4x_3+(4+a)x_4=0,\end{cases}$$

试问 a 取何值时，该方程组有非零解，并求出其通解 .

解　方程组的系数行列式

$$|\boldsymbol{A}|=\begin{vmatrix}1+a & 1 & 1 & 1\\ 2 & 2+a & 2 & 2\\ 3 & 3 & 3+a & 3\\ 4 & 4 & 4 & 4+a\end{vmatrix}=\begin{vmatrix}10+a & 10+a & 10+a & 10+a\\ 2 & 2+a & 2 & 2\\ 3 & 3 & 3+a & 3\\ 4 & 4 & 4 & 4+a\end{vmatrix}$$

$$=(10+a)\begin{vmatrix}1 & 1 & 1 & 1\\ 2 & 2+a & 2 & 2\\ 3 & 3 & 3+a & 3\\ 4 & 4 & 4 & 4+a\end{vmatrix}=(10+a)\begin{vmatrix}1 & 1 & 1 & 1\\ 0 & a & 0 & 0\\ 0 & 0 & a & 0\\ 0 & 0 & 0 & a\end{vmatrix}=(a+10)a^3.$$

当 $a=0$ 或 $a=-10$ 时，方程组有非零解．

当 $a=0$ 时，对系数矩阵 $\boldsymbol{A}$ 作初等行变换，有

$$\boldsymbol{A}=\begin{pmatrix}1 & 1 & 1 & 1\\ 2 & 2 & 2 & 2\\ 3 & 3 & 3 & 3\\ 4 & 4 & 4 & 4\end{pmatrix}\longrightarrow\begin{pmatrix}1 & 1 & 1 & 1\\ 0 & 0 & 0 & 0\\ 0 & 0 & 0 & 0\\ 0 & 0 & 0 & 0\end{pmatrix},$$

故方程组的同解方程组为 $x_1+x_2+x_3+x_4=0$，其基础解系为

$\boldsymbol{\eta}_1=(-1,\ 1,\ 0,\ 0)^{\mathrm{T}}$，$\boldsymbol{\eta}_2=(-1,\ 0,\ 1,\ 0)^{\mathrm{T}}$，$\boldsymbol{\eta}_3=(-1,\ 0,\ 0,\ 1)^{\mathrm{T}}$，

于是所求方程组的通解为 $\boldsymbol{X}=k_1\boldsymbol{\eta}_1+k_2\boldsymbol{\eta}_2+k_3\boldsymbol{\eta}_3$，其中 k_1，k_2，k_3 为任意常数．

当 $a=-10$ 时，对 $\boldsymbol{A}$ 作初等行变换，有

$$\boldsymbol{A}=\begin{pmatrix}-9 & 1 & 1 & 1\\ 2 & -8 & 2 & 2\\ 3 & 3 & -7 & 3\\ 4 & 4 & 4 & -6\end{pmatrix}\longrightarrow\begin{pmatrix}-9 & 1 & 1 & 1\\ 20 & -10 & 0 & 0\\ 30 & 0 & -10 & 0\\ 40 & 0 & 0 & -10\end{pmatrix}$$

$$\longrightarrow\begin{pmatrix}-9 & 1 & 1 & 1\\ -2 & 1 & 0 & 0\\ -3 & 0 & 1 & 0\\ -4 & 0 & 0 & 1\end{pmatrix}\longrightarrow\begin{pmatrix}0 & 0 & 0 & 0\\ -2 & 1 & 0 & 0\\ -3 & 0 & 1 & 0\\ -4 & 0 & 0 & 1\end{pmatrix},$$

故方程组的同解方程组为

$$\begin{cases}x_2=2x_1,\\ x_3=3x_1,\\ x_4=4x_1,\end{cases}$$

其基础解系为 $\boldsymbol{\eta}=(1,\ 2,\ 3,\ 4)^{\mathrm{T}}$，于是所求方程组的通解为 $\boldsymbol{X}=k\boldsymbol{\eta}$，其中 k 为任意常数．

79.（2004 年 3）设 n 阶矩阵 $\boldsymbol{A}$ 的伴随矩阵 $\boldsymbol{A}^*\neq\boldsymbol{O}$，若 $\boldsymbol{\xi}_1$，$\boldsymbol{\xi}_2$，$\boldsymbol{\xi}_3$，$\boldsymbol{\xi}_4$ 是非齐次线性方程 $\boldsymbol{AX}=\boldsymbol{0}$ 的互不相等的解，则对应的齐次线性方程组 $\boldsymbol{AX}=\boldsymbol{0}$ 的基

础解系(　　).

(A)不存在；　　　　　　　　(B)仅含一个非零解向量；

(C)含有两个线性无关的解向量；　(D)含有三个线性无关的解向量.

解　因为$\xi_1 \neq \xi_2$，知$\xi_1-\xi_2$是$AX=0$的非零解，故$r(A)<n$. 又因伴随矩阵$A^* \neq O$，说明有代数余子式$A_{ij}\neq 0$，即$|A|$中有$n-1$阶子式非零，因此$r(A)=n-1$，那么$n-r(A)=1$，即$AX=0$的基础解系仅含有一个非零解向量，应选(B).

80.(2005年1，2)已知三阶矩阵A的第1行是(a, b, c)，a，b，c不全为零，矩阵$B=\begin{pmatrix}1&2&3\\2&4&6\\3&6&k\end{pmatrix}$($k$为常数)，且$AB=O$，求线性方程组$AX=0$的通解.

解法一　由$AB=O$，知$r(A)+r(B)\leqslant 3$，又$A\neq O$，$B\neq O$，故

$$1\leqslant r(A)\leqslant 2,\ 1\leqslant r(B)\leqslant 2.$$

(1)若$r(A)=2$，必有$r(B)=1$，此时$k=9$. 方程组$AX=0$的通解为$t(1, 2, 3)^{\mathrm{T}}$，其中t为任意实数.

(2)若$r(A)=1$，则$AX=0$的同解方程组是$ax_1+bx_2+cx_3=0$，且满足

$$\begin{cases}a+2b+3c=0,\\(k-9)c=0.\end{cases}$$

如果$c\neq 0$，方程组的通解为$t_1(c, 0, -a)^{\mathrm{T}}+t_2(0, c, -b)^{\mathrm{T}}$，其中$t_1$，$t_2$为任意实数；

如果$c=0$，方程组的通解为$t_1(1, 2, 0)^{\mathrm{T}}+t_2(0, 0, 1)^{\mathrm{T}}$，其中$t_1$，$t_2$为任意实数.

解法二　(1)如果$k\neq 9$，则$r(B)=2$. 由$AB=O$，知$r(A)+r(B)\leqslant 3$，因此$r(A)=1$，所以$AX=0$的通解为$t_1(1, 2, 3)^{\mathrm{T}}+t_2(3, 6, k)^{\mathrm{T}}$，其中$t_1$，$t_2$为任意实数.

(2)如果$k=9$，则$r(B)=1$，那么$r(A)=1$或2.

若$r(A)=2$，则$AX=0$的通解为$t_1(1, 2, 3)^{\mathrm{T}}$，其中$t$为任意实数.

若$r(A)=1$，对$ax_1+bx_2+cx_3=0$，设$c\neq 0$，则方程组的通解为$t_1(c, 0, -a)^{\mathrm{T}}+t_2(0, c, -b)^{\mathrm{T}}$，其中$t_1$，$t_2$为任意实数.

81.(2005年3，4)已知齐次线性方程组

$$(\text{i})\begin{cases}x_1+2x_2+3x_3=0,\\2x_1+3x_2+5x_3=0,\\x_1+x_2+ax_3=0\end{cases}\text{和}(\text{ii})\begin{cases}x_1+bx_2+cx_3=0,\\2x_1+b^2x_2+(c+1)x_3=0\end{cases}$$

同解，求a，b，c的值.

解 因为方程组(ⅱ)中方程个数<未知数个数，(ⅱ)必有无穷多解，所以(ⅰ)必有无穷多解，因此(ⅰ)的系数行列式必为0，即有

$$\begin{vmatrix} 1 & 2 & 3 \\ 2 & 3 & 5 \\ 1 & 1 & a \end{vmatrix} = 2-a=0 \Rightarrow a=2.$$

对(ⅰ)的系数矩阵作初等行变换，有

$$\begin{pmatrix} 1 & 2 & 3 \\ 2 & 3 & 5 \\ 1 & 1 & 2 \end{pmatrix} \longrightarrow \begin{pmatrix} 1 & 2 & 3 \\ 0 & 1 & 1 \\ 0 & 0 & 0 \end{pmatrix},$$

可求出方程组(ⅰ)的通解为$k(-1,\ -1,\ 1)^{\mathrm{T}}$.

因为$(-1,\ -1,\ 1)^{\mathrm{T}}$应当是方程组(ⅱ)的解，故有

$$\begin{cases} -1-b+c=0, \\ -2-b^2+c+1=0, \end{cases}$$

解得$b=1$，$c=2$或$b=0$，$c=1$.

当$b=0$，$c=1$时，方程组(ⅱ)为$\begin{cases} x_1+x_3=0, \\ 2x_1+2x_3=0, \end{cases}$因其系数矩阵的秩为1，从而(ⅰ)与(ⅱ)不同解，故$b=0$，$c=1$应舍去.

当$a=2$，$b=1$，$c=2$时，(ⅰ)与(ⅱ)同解.

82.(2001年1)已知方程组$\begin{pmatrix} 1 & 2 & 1 \\ 2 & 3 & a+2 \\ 1 & a & -2 \end{pmatrix}\begin{pmatrix} x_1 \\ x_2 \\ x_3 \end{pmatrix} = \begin{pmatrix} 1 \\ 3 \\ 0 \end{pmatrix}$无解，则$a=$________.

解 方程组无解的充分必要条件是$r(\boldsymbol{A}) \neq r(\widetilde{\boldsymbol{A}})$. 对增广矩阵作初等行变换：

$$\begin{pmatrix} 1 & 2 & 1 & 1 \\ 2 & 3 & a+2 & 3 \\ 1 & a & -2 & 0 \end{pmatrix} \longrightarrow \begin{pmatrix} 1 & 2 & 1 & 1 \\ 0 & -1 & a & 1 \\ 0 & a-2 & -3 & -1 \end{pmatrix} \longrightarrow \begin{pmatrix} 1 & 2 & 1 & 1 \\ 0 & -1 & a & 1 \\ 0 & 0 & a^2-2a-3 & a-3 \end{pmatrix}.$$

若$a=-1$，则$\widetilde{\boldsymbol{A}} \longrightarrow \begin{pmatrix} 1 & 2 & 1 & 1 \\ 0 & -1 & -1 & 1 \\ 0 & 0 & 0 & -4 \end{pmatrix}$，于是有$r(\boldsymbol{A})=2$，$r(\widetilde{\boldsymbol{A}})=3$，从而方程组无解，故应填$-1$.

83.(1997年4)非齐次线性方程组$\boldsymbol{AX}=\boldsymbol{b}$中未知量个数为$n$，方程个数为$m$，系数矩阵$\boldsymbol{A}$的秩为$r$，则(　　).

(A)当$r=m$时，方程组$\boldsymbol{AX}=\boldsymbol{b}$有解；

(B)当 $r=n$ 时，方程组 $\boldsymbol{AX}=\boldsymbol{b}$ 有唯一解；

(C)当 $m=n$ 时，方程组 $\boldsymbol{AX}=\boldsymbol{b}$ 有唯一解；

(D)当 $r<n$ 时，方程组 $\boldsymbol{AX}=\boldsymbol{b}$ 有无穷多解．

解　因 $\boldsymbol{A}$ 是 $m\times n$ 矩阵，若秩 $r(\boldsymbol{A})=m$，则 $m=r(\boldsymbol{A})\leqslant r(\boldsymbol{A}\mid\boldsymbol{b})\leqslant m$，于是$r(\boldsymbol{A})=r(\boldsymbol{A}\mid\boldsymbol{b})$，故方程组有解，选(A).

或由 $r(\boldsymbol{A})=m$ 知，$\boldsymbol{A}$ 的行向量组线性无关，那么其延伸组必线性无关，故增广矩阵$(\boldsymbol{A}\mid\boldsymbol{b})$的 m 个行向量也是线性无关的，亦知 $r(\boldsymbol{A})=r(\boldsymbol{A}\mid\boldsymbol{b})$.

关于(B)、(D)不正确的原因是：由 $r(\boldsymbol{A})=n$ 不能推导出 $r(\boldsymbol{A}\mid\boldsymbol{b})=n$(注意 $\boldsymbol{A}$ 是$m\times n$ 矩阵，m 可能大于n)，由 $r(\boldsymbol{A})=r$ 亦不能导出 $r(\boldsymbol{A}\mid\boldsymbol{b})=r$.

至于(C)，由克莱姆法则，当 $r(\boldsymbol{A})=n$ 时才有唯一解，而现在的条件是$r(\boldsymbol{A})=r$，因此(C)不正确．

84.(2000 年 3，4)设 $\boldsymbol{\alpha}_1$，$\boldsymbol{\alpha}_2$，$\boldsymbol{\alpha}_3$ 是四元非齐次线性方程组 $\boldsymbol{AX}=\boldsymbol{b}$ 的三个解向量，且 $r(\boldsymbol{A})=3$，$\boldsymbol{\alpha}_1=(1,2,3,4)^{\mathrm{T}}$，$\boldsymbol{\alpha}_2+\boldsymbol{\alpha}_3=(0,1,2,3)^{\mathrm{T}}$，$c$ 表示任意常数，则线性方程组 $\boldsymbol{AX}=\boldsymbol{b}$ 的通解为 $\boldsymbol{X}=$(　　).

(A) $\begin{pmatrix}1\\2\\3\\4\end{pmatrix}+c\begin{pmatrix}1\\1\\1\\1\end{pmatrix}$；　　(B) $\begin{pmatrix}1\\2\\3\\4\end{pmatrix}+c\begin{pmatrix}0\\1\\2\\3\end{pmatrix}$；

(C) $\begin{pmatrix}1\\2\\3\\4\end{pmatrix}+c\begin{pmatrix}2\\3\\4\\5\end{pmatrix}$；　　(D) $\begin{pmatrix}1\\2\\3\\4\end{pmatrix}+c\begin{pmatrix}3\\4\\5\\6\end{pmatrix}$.

解　方程组 $\boldsymbol{AX}=\boldsymbol{b}$ 有解，应搞清解的结构．

由 $n-r(\boldsymbol{A})=4-3=1$，所以通解形式为 $\boldsymbol{\alpha}+k\boldsymbol{\eta}$，其中 $\boldsymbol{\alpha}$ 是特解，$\boldsymbol{\eta}$ 是导出组 $\boldsymbol{AX}=\boldsymbol{0}$ 的基础解系．现特解可取为 $\boldsymbol{\alpha}_1$，下面应找出 $\boldsymbol{AX}=\boldsymbol{0}$ 的一个非零解：

由于 $\boldsymbol{A\alpha}_i=\boldsymbol{b}$，有 $\boldsymbol{A}[2\boldsymbol{\alpha}_1-(\boldsymbol{\alpha}_2+\boldsymbol{\alpha}_3)]=\boldsymbol{0}$，即 $2\boldsymbol{\alpha}_1-(\boldsymbol{\alpha}_2+\boldsymbol{\alpha}_3)=(2,3,4,5)^{\mathrm{T}}$ 是 $\boldsymbol{AX}=\boldsymbol{0}$ 的一个非零解，故应选(C).

85.(2001 年 3)设 $\boldsymbol{A}$ 是 n 阶矩阵，$\boldsymbol{\alpha}$ 是 n 维列向量，若 $r\begin{pmatrix}\boldsymbol{A} & \boldsymbol{\alpha}\\ \boldsymbol{\alpha}^{\mathrm{T}} & \boldsymbol{0}\end{pmatrix}=r(\boldsymbol{A})$，则线性方程组(　　).

(A)$\boldsymbol{AX}=\boldsymbol{\alpha}$ 必有无穷多解；　　(B)$\boldsymbol{AX}=\boldsymbol{\alpha}$ 必有唯一解；

(C) $\begin{pmatrix}\boldsymbol{A} & \boldsymbol{\alpha}\\ \boldsymbol{\alpha}^{\mathrm{T}} & 0\end{pmatrix}\begin{pmatrix}\boldsymbol{X}\\ \boldsymbol{Y}\end{pmatrix}=\boldsymbol{0}$ 仅有零解；　　(D) $\begin{pmatrix}\boldsymbol{A} & \boldsymbol{\alpha}\\ \boldsymbol{\alpha}^{\mathrm{T}} & 0\end{pmatrix}\begin{pmatrix}\boldsymbol{X}\\ \boldsymbol{Y}\end{pmatrix}=\boldsymbol{0}$ 必有非零解．

解 因为"$AX=0$ 仅有零解"与"$AX=0$ 必有非零解"这两个命题必然是一对一错，不可能两个命题同时正确，也不可能两个命题同时错误，所以本题应当从(C)或(D)入手．

由于$\begin{pmatrix} \boldsymbol{A} & \boldsymbol{\alpha} \\ \boldsymbol{\alpha}^{\mathrm{T}} & 0 \end{pmatrix}$是 $n+1$ 阶矩阵，$\boldsymbol{A}$ 是 n 阶矩阵，故必有 $r\begin{pmatrix} \boldsymbol{A} & \boldsymbol{\alpha} \\ \boldsymbol{\alpha}^{\mathrm{T}} & 0 \end{pmatrix}=r(\boldsymbol{A})\leqslant n<n=1$，因此(D)正确．

86.(2003 年 1，2)已知平面上三条不同直线的方程分别为

$$l_1:\ ax+2by+3c=0,$$
$$l_2:\ bx+2cy+3a=0,$$
$$l_3:\ cx+2ay+3b=0,$$

试证这三条直线交于一点的充分必要条件为 $a+b+c=0$.

证 **必要性** 若三条直线交于一点，则线性方程组

$$\begin{cases} ax+2by=-3c, \\ bx+2cy=-3a, \\ cx+2ay=-3b \end{cases} \tag{1}$$

有唯一解，故 $r(\boldsymbol{A})=r(\widetilde{\boldsymbol{A}})=2$，于是$|\widetilde{\boldsymbol{A}}|=0$，由于

$$|\widetilde{\boldsymbol{A}}|=\begin{vmatrix} a & 2b & -3c \\ b & 2c & -3a \\ c & 2a & -3b \end{vmatrix}=6(a+b+c)\begin{vmatrix} 1 & 1 & -1 \\ b & c & -a \\ c & a & -b \end{vmatrix} \tag{2}$$
$$=6(a+b+c)(a^2+b^2+c^2-ab-ac-bc)$$
$$=3(a+b+c)[(a-b)^2+(b-c)^2(c-a)^2],$$

由 l_1，l_2，l_3 是三条不同直线知，$a=b=c$ 不成立，故$(a-b)^2+(b-c)^2+(c-a)^2\neq0$，故必有 $a+b+c=0$.

充分性 若 $a+b+c=0$，由(2)知$|\widetilde{\boldsymbol{A}}|=0$，故秩 $r(\widetilde{\boldsymbol{A}})<3$. 由

$$\begin{vmatrix} a & 2b \\ b & 2c \end{vmatrix}=2(ac-b)^2=-2[a(a+b)+b^2]=-2\left[\left(a+\frac{1}{2}b\right)^2+\frac{3}{4}b^2\right]\neq0,$$

(否则 $a=b=c=0$)知 $r(\boldsymbol{A})=2$，于是 $r(\boldsymbol{A})=r(\widetilde{\boldsymbol{A}})=2$，因此方程组(1)有唯一解，即三条直线 l_1，l_2，l_3 交于一点．

87.(2013 年 1，2，3)设 $\boldsymbol{A}=\begin{pmatrix} 1 & a \\ 1 & 0 \end{pmatrix}$，$\boldsymbol{B}=\begin{pmatrix} 0 & 1 \\ 1 & b \end{pmatrix}$，当 a，b 为何值时，存在矩阵 $\boldsymbol{C}$ 使得 $\boldsymbol{AC}-\boldsymbol{CA}=\boldsymbol{B}$，并求所有矩阵 $\boldsymbol{C}$.

解 设矩阵 $\boldsymbol{C}=\begin{pmatrix} x_1 & x_2 \\ x_3 & x_4 \end{pmatrix}$，由 $\boldsymbol{AC}-\boldsymbol{CA}=\boldsymbol{B}$，可得

$$\begin{pmatrix} x_1+ax_3 & x_2+ax_4 \\ x_1 & x_2 \end{pmatrix}-\begin{pmatrix} x_1+x_2 & ax_1 \\ x_3+x_4 & ax_3 \end{pmatrix}=\begin{pmatrix} 0 & 1 \\ 1 & b \end{pmatrix},$$

即
$$\begin{cases} -x_2+ax_3=0, \\ -ax_1+x_2+ax_4=1, \\ x_1-x_3-x_4=1, \\ x_2-ax_3=b. \end{cases} \quad (*)$$

对增广矩阵作初等行变换：

$$\left(\begin{array}{cccc:c} 0 & -1 & a & 0 & 0 \\ -a & 1 & 0 & a & 1 \\ 1 & 0 & -1 & -1 & 1 \\ 0 & 1 & -a & 0 & b \end{array}\right) \longrightarrow \left(\begin{array}{cccc:c} 1 & 0 & -1 & -1 & 1 \\ 0 & 1 & -a & 0 & 0 \\ 0 & 0 & 0 & 0 & a+1 \\ 0 & 0 & 0 & 0 & b \end{array}\right).$$

当 $a\neq-1$ 或 $b\neq0$ 时，方程组无解．

当 $a=-1$ 且 $b=0$ 时，方程组有解，此时，存在矩阵 $\boldsymbol{C}$ 满足 $\boldsymbol{AC}-\boldsymbol{CA}=\boldsymbol{B}$.

由于方程组(*)的通解为 $\begin{pmatrix} x_1 \\ x_2 \\ x_3 \\ x_4 \end{pmatrix}=\begin{pmatrix} 1 \\ 0 \\ 0 \\ 0 \end{pmatrix}+k_1\begin{pmatrix} 1 \\ -1 \\ 1 \\ 0 \end{pmatrix}+k_2\begin{pmatrix} 1 \\ 0 \\ 0 \\ 1 \end{pmatrix}$，其中 k_1，k_2 为任意常数，故当且仅当 $a=-1$ 且 $b=0$ 时，存在矩阵 $\boldsymbol{C}=\begin{pmatrix} 1+k_1+k_2 & -k_1 \\ k_1 & k_2 \end{pmatrix}$，满足 $\boldsymbol{AC}-\boldsymbol{CA}=\boldsymbol{B}$.

88. (2014 年 1，2)设矩阵 $\boldsymbol{A}=\begin{pmatrix} 1 & -2 & 3 & -4 \\ 0 & 1 & -1 & 1 \\ 1 & 2 & 0 & -3 \end{pmatrix}$，$\boldsymbol{E}$ 为三阶单位矩阵，

(1)求方程组 $\boldsymbol{AX}=\boldsymbol{0}$ 的一个基础解系；

(2)求满足 $\boldsymbol{AB}=\boldsymbol{E}$ 的所有矩阵 $\boldsymbol{B}$.

解　(1)对矩阵 $\boldsymbol{A}$ 作初等行变换：

$$\boldsymbol{A}=\begin{pmatrix} 1 & -2 & 3 & -4 \\ 0 & 1 & -1 & 1 \\ 1 & 2 & 0 & -3 \end{pmatrix} \longrightarrow \begin{pmatrix} 1 & 0 & 0 & 1 \\ 0 & 1 & 0 & -2 \\ 0 & 0 & 1 & -3 \end{pmatrix},$$

则方程组 $\boldsymbol{AX}=\boldsymbol{0}$ 的一个基础解系为 $\boldsymbol{\xi}=(-1,\ 2,\ 3,\ 1)^{\mathrm{T}}$.

(2)设 $\boldsymbol{B}=\begin{pmatrix} x_1 & y_1 & z_1 \\ x_2 & y_2 & z_2 \\ x_3 & y_3 & z_3 \\ x_4 & y_4 & z_4 \end{pmatrix}$，由 $\boldsymbol{AB}=\boldsymbol{E}$ 可知

$$\boldsymbol{A}\begin{pmatrix}x_1\\x_2\\x_3\\x_4\end{pmatrix}=\begin{pmatrix}1\\0\\0\end{pmatrix},\ \boldsymbol{A}\begin{pmatrix}y_1\\y_2\\y_3\\y_4\end{pmatrix}=\begin{pmatrix}0\\1\\0\end{pmatrix},\ \boldsymbol{A}\begin{pmatrix}z_1\\z_2\\z_3\\z_4\end{pmatrix}=\begin{pmatrix}0\\0\\1\end{pmatrix}.$$

对矩阵$(\boldsymbol{A}\mid\boldsymbol{E})$作初等行变换：

$$(\boldsymbol{A}\mid\boldsymbol{E})=\left(\begin{array}{cccc:ccc}1&-2&3&-4&1&0&0\\0&1&-1&1&0&1&0\\1&2&0&-3&0&0&1\end{array}\right)$$

$$\longrightarrow\left(\begin{array}{cccc:ccc}1&0&0&1&2&6&-1\\0&1&0&-2&-1&-3&1\\0&0&1&-3&-1&-4&1\end{array}\right).$$

记$\boldsymbol{E}=(\boldsymbol{e}_1,\ \boldsymbol{e}_2,\ \boldsymbol{e}_3)$，则$\boldsymbol{AX}=\boldsymbol{e}_1$，$\boldsymbol{AY}=\boldsymbol{e}_2$，$\boldsymbol{AZ}=\boldsymbol{e}_3$的通解分别为

$$\boldsymbol{X}=\begin{pmatrix}2\\-1\\-1\\0\end{pmatrix}+k_1\begin{pmatrix}-1\\2\\3\\1\end{pmatrix},\ \boldsymbol{Y}=\begin{pmatrix}6\\-3\\-4\\0\end{pmatrix}+k_2\begin{pmatrix}-1\\2\\3\\1\end{pmatrix},\ \boldsymbol{Z}=\begin{pmatrix}-1\\1\\1\\0\end{pmatrix}+k_3\begin{pmatrix}-1\\2\\3\\1\end{pmatrix},$$

故
$$\boldsymbol{B}=\begin{pmatrix}-k_1+2&-k_2+6&-k_3-1\\2k_1-1&2k_2-3&2k_3+1\\3k_1-1&3k_2-4&3k_3+1\\k_1&k_2&k_3\end{pmatrix},$$

其中k_1，k_2，k_3为任意常数.

89.(2016年1，3)设矩阵$\boldsymbol{A}=\begin{pmatrix}1&-1&-1\\2&a&1\\-1&1&a\end{pmatrix}$，$\boldsymbol{B}=\begin{pmatrix}2&2\\1&a\\-a-1&-2\end{pmatrix}$，当$a$为何值时，方程$\boldsymbol{AX}=\boldsymbol{B}$无解、有唯一解、有无穷多解？在有解时，求解此方程.

解 对方程的增广矩阵$(\boldsymbol{A}\mid\boldsymbol{B})$作初等行变换：

$$(\boldsymbol{A}\mid\boldsymbol{B})=\left(\begin{array}{ccc:cc}1&-1&-1&2&2\\2&a&1&1&a\\-1&1&a&-a-1&-2\end{array}\right)$$

$$\longrightarrow\left(\begin{array}{ccc:cc}1&-1&-1&2&2\\0&a+2&3&-3&a-4\\0&0&a-1&1-a&0\end{array}\right),$$

(1)当$a\neq1$且$a\neq-2$时，

$$(\boldsymbol{A}\mid\boldsymbol{B})\longrightarrow\begin{pmatrix}1&-1&-1&2&2\\0&a+2&3&-3&a-4\\0&0&a-1&1-a&0\end{pmatrix}\longrightarrow\begin{pmatrix}1&0&0&1&\dfrac{3a}{a+2}\\0&1&0&0&\dfrac{a-4}{a+2}\\0&0&1&-1&0\end{pmatrix},$$

此时，$r(\boldsymbol{A})=r(\boldsymbol{A}\mid\boldsymbol{B})=3$，方程 $\boldsymbol{AX}=\boldsymbol{B}$ 有唯一解，且

$$\boldsymbol{X}=\begin{pmatrix}1&\dfrac{3a}{a+2}\\0&\dfrac{a-4}{a+2}\\-1&0\end{pmatrix}.$$

(2)当 $a=1$ 时，

$$(\boldsymbol{A}\mid\boldsymbol{B})\longrightarrow\begin{pmatrix}1&-1&-1&2&2\\0&3&3&-3&-3\\0&0&0&0&0\end{pmatrix}\longrightarrow\begin{pmatrix}1&0&0&1&1\\0&1&1&-1&-1\\0&0&0&0&0\end{pmatrix},$$

此时，$r(\boldsymbol{A})=r(\boldsymbol{A}|\boldsymbol{B})=2<3$，方程 $\boldsymbol{AX}=\boldsymbol{B}$ 有无穷多解，且

$$\boldsymbol{X}=\begin{pmatrix}1&1\\-1&-1\\0&0\end{pmatrix}+\begin{pmatrix}0&0\\k_1&k_2\\-k_1&-k_2\end{pmatrix}=\begin{pmatrix}1&1\\k_1-1&k_2-1\\-k_1&-k_2\end{pmatrix},$$

其中 k_1，k_2 为任意常数．

(3)当 $a=-2$ 时，

$$(\boldsymbol{A}\mid\boldsymbol{B})\longrightarrow\begin{pmatrix}1&-1&-1&2&2\\0&0&3&-3&-6\\0&0&-3&3&0\end{pmatrix}\longrightarrow\begin{pmatrix}1&-1&-1&2&2\\0&0&1&-1&0\\0&0&0&0&1\end{pmatrix},$$

此时，$r(\boldsymbol{A})=2<r(\boldsymbol{A}\mid\boldsymbol{B})=3$，方程 $\boldsymbol{AX}=\boldsymbol{B}$ 无解．

90.(2018 年 1，2，3)已知 a 是常数，且矩阵 $\boldsymbol{A}=\begin{pmatrix}1&2&a\\1&3&0\\2&7&-a\end{pmatrix}$ 可经初等列变换化为矩阵 $\boldsymbol{B}=\begin{pmatrix}1&a&2\\0&1&1\\-1&1&1\end{pmatrix}$.

(1)求 a；

(2)求满足 $\boldsymbol{AP}=\boldsymbol{B}$ 的可逆矩阵 $\boldsymbol{P}$.

解 (1)由于$|\boldsymbol{A}|=\begin{vmatrix}1 & 2 & a\\1 & 3 & 0\\2 & 7 & -a\end{vmatrix}=0$，则可知

$$|\boldsymbol{B}|=\begin{vmatrix}1 & a & 2\\0 & 1 & 1\\-1 & 1 & 1\end{vmatrix}=1-a+2-1=0,$$

解得 $a=2$.

(2)由 $\boldsymbol{AP}=\boldsymbol{B}$ 可知，求 $\boldsymbol{P}$ 即为求解矩阵方程 $\boldsymbol{AX}=\boldsymbol{B}$.

设 $\boldsymbol{P}=\begin{pmatrix}x_1 & x_2 & x_3\\x_4 & x_5 & x_6\\x_7 & x_8 & x_9\end{pmatrix}$，对矩阵$(\boldsymbol{A}\mid\boldsymbol{B})$作初等行变换：

$$(\boldsymbol{A}\mid\boldsymbol{B})=\left(\begin{array}{ccc:ccc}1 & 2 & 2 & 1 & 2 & 2\\1 & 3 & 0 & 0 & 1 & 1\\2 & 7 & -2 & -1 & 1 & 1\end{array}\right)\longrightarrow\left(\begin{array}{ccc:ccc}1 & 2 & 2 & 1 & 2 & 2\\0 & 1 & -2 & -1 & -1 & -1\\0 & 3 & -6 & -3 & -3 & -3\end{array}\right)$$

$$\longrightarrow\left(\begin{array}{ccc:ccc}1 & 2 & 2 & 1 & 2 & 2\\0 & 1 & -2 & -1 & -1 & -1\\0 & 0 & 0 & 0 & 0 & 0\end{array}\right)\longrightarrow\left(\begin{array}{ccc:ccc}1 & 0 & 6 & 3 & 4 & 4\\0 & 1 & -2 & -1 & -1 & -1\\0 & 0 & 0 & 0 & 0 & 0\end{array}\right),$$

由上可得

$$\begin{cases}x_1+6x_7=3,\\x_4-2x_7=-1,\\x_2+6x_8=4,\\x_5-2x_8=-1,\\x_3+6x_9=4,\\x_6-2x_9=-1.\end{cases}$$

取 x_7，x_8，x_9 为自由未知量，令 $x_7=k_1$，$x_8=k_2$，$x_9=k_3$，得

$$\boldsymbol{P}=\begin{pmatrix}-6k_1+3 & -6k_2+4 & -6k_3+4\\2k_1-1 & 2k_2-1 & 2k_3-1\\k_1 & k_2 & k_3\end{pmatrix}.$$

又 $\boldsymbol{P}$ 可逆，则$|\boldsymbol{P}|\neq0$，即 $k_2\neq k_3$，综上可得

$$\boldsymbol{P}=\begin{pmatrix}-6k_1+3 & -6k_2+4 & -6k_3+4\\2k_1-1 & 2k_2-1 & 2k_3-1\\k_1 & k_2 & k_3\end{pmatrix},$$

其中 k_1，k_2，k_3 为任意常数且 $k_2\neq k_3$.

第四章　相似矩阵

思维导图

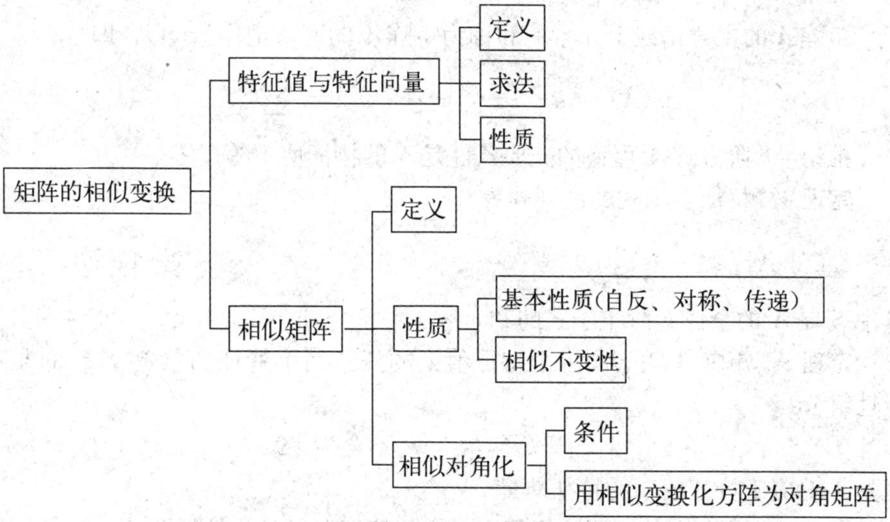

内容提要

一、特征值与特征向量

1. 特征值

(1)特征矩阵　设$\boldsymbol{A}=(a_{ij})_{n\times n}$为$n$阶方阵，含有数$\lambda$的矩阵$\lambda\boldsymbol{E}-\boldsymbol{A}$，称为$\boldsymbol{A}$的特征矩阵.

(2)特征多项式　$\boldsymbol{A}$的特征矩阵的行列式$|\lambda\boldsymbol{E}-\boldsymbol{A}|$称为$\boldsymbol{A}$的特征多项式.它是一个首项为1的$n$次多项式：$f(\lambda)=\lambda^n+a_1\lambda^{n-1}+\cdots+a_n$.

(3)特征值　方程$|\lambda\boldsymbol{E}-\boldsymbol{A}|=0$称为$\boldsymbol{A}$的特征方程，特征方程的根称为$\boldsymbol{A}$的特征值(或特征根).

2. 特征向量　设λ_0是$\boldsymbol{A}$的一个特征值，齐次线性方程组$(\lambda_0\boldsymbol{E}-\boldsymbol{A})\boldsymbol{X}=\boldsymbol{0}$

的任意一个非零解 ξ，称为矩阵 A 对应于特征值 λ_0 的特征向量．

3. 特征值与特征向量的性质

定理 1 设有 n 阶方阵 A、常数 λ 及 n 维向量 ξ，向量 ξ 是方阵 A 对应于特征值 λ 的特征向量的充分必要条件是 $A\xi=\lambda\xi$.

定理 2 n 阶方阵 A 与其转置矩阵 A^T 有相同的特征值．

定理 3 设 n 阶方阵 $A=(a_{ij})_{n\times n}$ 的 n 个特征值为 λ_1，λ_2，…，λ_n，则

(1)$\lambda_1\cdot\lambda_2\cdot\cdots\cdot\lambda_n=|A|$；

(2)$\lambda_1+\lambda_2+\cdots+\lambda_n=a_{11}+a_{22}+\cdots+a_{nn}$.

矩阵 A 的主对角线上元素的和称为矩阵 A 的迹，记作 $\mathrm{tr}(A)$，即

$$\mathrm{tr}(A)=a_{11}+a_{22}+\cdots+a_{nn}=\sum_{i=1}^{n}\lambda_i.$$

推论 n 阶方阵 A 可逆的充要条件是 A 的特征值不等于零．

定理 4 特征多项式的展开式为

$$|\lambda E-A|=\lambda^n-\sum_{i=1}^{n}a_{ii}\lambda^{n-1}+\cdots+(-1)^k S_k\lambda^{n-k}+\cdots+(-1)^n|A|,$$

其中 S_k 是 A 的全体 k 阶主子式的和．

定理 5 矩阵 A 关于同一个特征值 λ_i 的任意两个特征向量 ξ_{i1}，ξ_{i2} 的非零线性组合

$$k_1\xi_{i1}+k_2\xi_{i2}\ (k_1,\ k_2\text{不全为零})$$

也是 A 对应于特征值 λ_i 的特征向量．

定理 6 矩阵 A 的不同特征值所对应的特征向量是线性无关的．

定理 7 矩阵 A 的 r 个不同特征值所对应的 r 组线性无关的特征向量组并在一起仍然是线性无关的．

定理 8 设 λ_0 是 n 阶方阵 A 的一个 t 重特征值，则 λ_0 对应的特征向量集合中线性无关的向量个数不超过 t.

二、方阵的相似对角化

1. 相似矩阵的概念

定义 1 设 A 和 B 为两个 n 阶方阵，若存在可逆矩阵 P，使得 $P^{-1}AP=B$，则称 A 和 B 相似，或 A 相似于 B，记为 $A\sim B$. 可逆矩阵 P 称为相似变换矩阵．

定理 1 设 n 阶方阵 $A=(a_{ij})$ 和 $B=(b_{ij})$ 相似，则有

(1)$r(A)=r(B)$；

(2)$|A|=|B|$；

(3) $|\lambda\boldsymbol{E}-\boldsymbol{A}|=|\lambda\boldsymbol{E}-\boldsymbol{B}|$，即相似矩阵有相同的特征多项式，因而有相同的特征值；

(4) $\sum_{i=1}^{n}a_{ii}=\sum_{i=1}^{n}\lambda_i=\sum_{i=1}^{n}b_{ii}$，即矩阵 $\boldsymbol{A}$ 和 $\boldsymbol{B}$ 有相同的迹.

相似是方阵之间的一种关系，这种关系具有下列性质：

(1)自反性，即 $\boldsymbol{A}\sim\boldsymbol{A}$；

(2)对称性，即 $\boldsymbol{A}\sim\boldsymbol{B}$，则 $\boldsymbol{B}\sim\boldsymbol{A}$；

(3)传递性，即 $\boldsymbol{A}\sim\boldsymbol{B}$，$\boldsymbol{B}\sim\boldsymbol{C}$，则 $\boldsymbol{A}\sim\boldsymbol{C}$.

2. 方阵相似于对角矩阵的条件

定义 2　对于 n 阶方阵 $\boldsymbol{A}$，若存在可逆矩阵 $\boldsymbol{P}$，使得

$$\boldsymbol{P}^{-1}\boldsymbol{A}\boldsymbol{P}=\boldsymbol{\Lambda}=\begin{pmatrix}\lambda_1 & & & \\ & \lambda_2 & & \\ & & \ddots & \\ & & & \lambda_n\end{pmatrix},$$

则称 $\boldsymbol{A}$ 相似于对角矩阵，或 $\boldsymbol{A}$ 可相似对角化.

定理 2　n 阶方阵 $\boldsymbol{A}$ 可相似对角化的充分必要条件是 $\boldsymbol{A}$ 有 n 个线性无关的特征向量.

注意：若 $\boldsymbol{A}$ 可通过相似变换化为对角矩阵 $\boldsymbol{\Lambda}$，则 $\boldsymbol{\Lambda}$ 的对角线上的元素是 $\boldsymbol{A}$ 的 n 个特征值 λ_1，λ_2，…，λ_n，相似变换矩阵 $\boldsymbol{P}$ 的列向量是 $\boldsymbol{A}$ 的特征值对应的 n 个线性无关的特征向量 $\boldsymbol{\xi}_1$，$\boldsymbol{\xi}_2$，…，$\boldsymbol{\xi}_n$.

推论 1　若 n 阶方阵 $\boldsymbol{A}$ 有 n 个互异的特征值，则 $\boldsymbol{A}$ 必能相似于对角矩阵.

推论 2　n 阶方阵 $\boldsymbol{A}$ 相似于对角矩阵的充要条件是，$\boldsymbol{A}$ 的每一个 t_i 重特征值 λ_i 对应 t_i 个线性无关的特征向量.

3. 化 $\boldsymbol{A}$ 为对角矩阵 $\boldsymbol{\Lambda}$ 的步骤

(1)先求出 $\boldsymbol{A}$ 的特征值 λ_1，λ_2，…，λ_n；

(2)再求出所对应的线性无关的特征向量 $\boldsymbol{\xi}_1$，$\boldsymbol{\xi}_2$，…，$\boldsymbol{\xi}_n$；

(3)构造可逆矩阵 $\boldsymbol{P}=(\boldsymbol{\xi}_1, \boldsymbol{\xi}_2, \cdots, \boldsymbol{\xi}_n)$，则 $\boldsymbol{P}^{-1}\boldsymbol{A}\boldsymbol{P}=\boldsymbol{\Lambda}$.

典 型 例 题

例 1　(1)问 $(\lambda_0\boldsymbol{E}-\boldsymbol{A})\boldsymbol{X}=\boldsymbol{0}$ 的解向量是否都是 $\boldsymbol{A}$ 的属于特征值 λ_0 的特征向量？

(2)如果 $\boldsymbol{\alpha}$ 是 $\boldsymbol{A}$ 的属于特征值 λ_0 的特征向量，则 $\boldsymbol{\alpha}$ 的倍向量 $k\boldsymbol{\alpha}$ 是否也是 $\boldsymbol{A}$ 的属于 λ_0 的特征向量？

(3)如果$\boldsymbol{\alpha}$，$\boldsymbol{\beta}$是$\boldsymbol{A}$的属于特征值λ_0的任意两个特征向量，则其线性组合$k_1\boldsymbol{\alpha}+k_2\boldsymbol{\beta}$是否都是$\boldsymbol{A}$的属于$\lambda_0$的特征向量？

解 由定义知，特征向量是非零向量，因此

(1)如解向量是非零向量，就是$\boldsymbol{A}$的属于λ_0的特征向量．

(2)如$k\boldsymbol{\alpha}\neq\boldsymbol{0}$，即$k\neq 0$，则$k\boldsymbol{\alpha}$也是$\boldsymbol{A}$的属于$\lambda_0$的特征向量．

(3)如果$k_1\boldsymbol{\alpha}+k_2\boldsymbol{\beta}\neq\boldsymbol{0}$，则它就是$\boldsymbol{A}$的属于$\lambda_0$的特征向量．

例 2 对于特征值λ_0，如果方程组$(\lambda_0\boldsymbol{E}-\boldsymbol{A})\boldsymbol{X}=\boldsymbol{0}$的基础解系由$\boldsymbol{\alpha}_1$，$\boldsymbol{\alpha}_2$所组成，那么$\boldsymbol{A}$的属于$\lambda_0$的全部特征向量为$k_1\boldsymbol{\alpha}_1(k_1\neq 0)$，或为$k_2\boldsymbol{\alpha}_2(k_2\neq 0)$，或为$k_1\boldsymbol{\alpha}_1+k_2\boldsymbol{\alpha}_2$，这些说法对吗？

解 说法都不对．把$k_1\boldsymbol{\alpha}_1$或$k_2\boldsymbol{\alpha}_2(k_1\neq 0,\ k_2\neq 0)$作为$\boldsymbol{A}$的属于$\lambda_0$的全部特征向量，丢掉了$k_1$，$k_2$全不为零的特征向量；把$k_1\boldsymbol{\alpha}_1+k_2\boldsymbol{\alpha}_2$作为$\boldsymbol{A}$的属于$\lambda_0$的全部特征向量，由于没有指明$k_1$，$k_2$不同时为零，因而把$k_1=k_2=0$时所得到的零向量也作为特征向量．

例 3 设$\boldsymbol{\alpha}$为矩阵$\boldsymbol{A}$的属于特征值λ的特征向量，记$\boldsymbol{B}=\boldsymbol{A}^2+p\boldsymbol{A}+q\boldsymbol{E}$（$p$，$q$为常数)，证明：$\boldsymbol{\alpha}$是矩阵$\boldsymbol{B}$属于特征值$\lambda^2+p\lambda+q$的特征向量．

证 由$\boldsymbol{A\alpha}=\lambda\boldsymbol{\alpha}$，得到$\boldsymbol{A}^2\boldsymbol{\alpha}=\lambda\boldsymbol{A\alpha}=\lambda^2\boldsymbol{\alpha}$，故

$$\begin{aligned}\boldsymbol{B\alpha}&=(\boldsymbol{A}^2+p\boldsymbol{A}+q\boldsymbol{E})\boldsymbol{\alpha}=\boldsymbol{A}^2\boldsymbol{\alpha}+p(\boldsymbol{A\alpha})+q\boldsymbol{E\alpha}\\&=\lambda^2\boldsymbol{\alpha}+p\lambda\boldsymbol{\alpha}+q\boldsymbol{\alpha}=(\lambda^2+p\lambda+q)\boldsymbol{\alpha}.\end{aligned}$$

例 4 设$\boldsymbol{A}$为n阶可逆阵，且有n个线性无关的特征向量，证明：$\boldsymbol{A}^{-1}$与$\boldsymbol{A}$及$\boldsymbol{A}+\boldsymbol{A}^{-1}$与$\boldsymbol{A}$都有相同的$n$个线性无关的特征向量．

证 因$\boldsymbol{A\alpha}=\lambda\boldsymbol{\alpha}$，$\boldsymbol{A}$可逆，故$\lambda\neq 0$，即$\boldsymbol{A}^{-1}\boldsymbol{A\alpha}=\lambda\boldsymbol{A}^{-1}\boldsymbol{\alpha}$，亦即$\boldsymbol{A}^{-1}\boldsymbol{\alpha}=(1/\lambda)\boldsymbol{\alpha}$，所以$\boldsymbol{A}^{-1}$与$\boldsymbol{A}$都有相同的$n$个线性无关的特征向量．又由

$$(\boldsymbol{A}+\boldsymbol{A}^{-1})\boldsymbol{\alpha}=\boldsymbol{A\alpha}+\boldsymbol{A}^{-1}\boldsymbol{\alpha}=\lambda\boldsymbol{\alpha}+(1/\lambda)\boldsymbol{\alpha}=(\lambda+1/\lambda)\boldsymbol{\alpha}$$

可知，$\boldsymbol{A}+\boldsymbol{A}^{-1}$与$\boldsymbol{A}$有相同的$n$个线性无关的特征向量．

例 5 一个向量$\boldsymbol{\alpha}$不可能同时是矩阵$\boldsymbol{A}$的不同特征值的特征向量(即一个特征向量只能属于一个特征值)，试证之．

证 用反证法．如果$\boldsymbol{\alpha}$是矩阵$\boldsymbol{A}$的不同特征值λ_1，λ_2的特征向量，则

$$\boldsymbol{A\alpha}=\lambda_1\boldsymbol{\alpha},\ \boldsymbol{A\alpha}=\lambda_2\boldsymbol{\alpha},$$

从而$\lambda_1\boldsymbol{\alpha}=\lambda_2\boldsymbol{\alpha}$，即$(\lambda_1-\lambda_2)\boldsymbol{\alpha}=\boldsymbol{0}$，因$\lambda_1\neq\lambda_2$，故$\boldsymbol{\alpha}=\boldsymbol{0}$，这与特征向量的定义矛盾.

例 6 设λ_1，λ_2是n阶矩阵$\boldsymbol{A}$的两个不同的特征值，$\boldsymbol{\alpha}_1$，$\boldsymbol{\alpha}_2$分别是$\boldsymbol{A}$的属于λ_1，λ_2的特征向量，证明：$\boldsymbol{\alpha}_1+\boldsymbol{\alpha}_2$不是$\boldsymbol{A}$的特征向量．

证 假设$\boldsymbol{\alpha}_1+\boldsymbol{\alpha}_2$是$\boldsymbol{A}$的属于特征值$\lambda$的特征向量，则

$$\boldsymbol{A}(\boldsymbol{\alpha}_1+\boldsymbol{\alpha}_2)=\lambda(\boldsymbol{\alpha}_1+\boldsymbol{\alpha}_2)=\lambda\boldsymbol{\alpha}_1+\lambda\boldsymbol{\alpha}_2.\tag{1}$$

又
$$A(\boldsymbol{\alpha}_1+\boldsymbol{\alpha}_2)=A\boldsymbol{\alpha}_1+A\boldsymbol{\alpha}_2=\lambda_1\boldsymbol{\alpha}_1+\lambda_2\boldsymbol{\alpha}_2, \tag{2}$$
(1)－(2)，得
$$(\lambda-\lambda_1)\boldsymbol{\alpha}_1+(\lambda-\lambda_2)\boldsymbol{\alpha}_2=\mathbf{0}.$$

由于 $\lambda_1\neq\lambda_2$，$\boldsymbol{\alpha}_1$ 与 $\boldsymbol{\alpha}_2$ 线性无关，故 $\lambda-\lambda_1=\lambda-\lambda_2=0$，从而 $\lambda_1=\lambda_2$ 与 $\lambda_1\neq\lambda_2$ 矛盾，故 $\boldsymbol{\alpha}_1+\boldsymbol{\alpha}_2$ 不是 A 的特征向量．

例 7　设 $\boldsymbol{\alpha}_i$ 为矩阵 A 的属于互异特征值 $\lambda_i(i=1, 2, \cdots, t)$ 的特征向量，证明：当 $k_i(i=1, 2, \cdots, t)$ 中至少有两个不为零时，则 $k_1\boldsymbol{\alpha}_1+k_2\boldsymbol{\alpha}_2+\cdots+k_t\boldsymbol{\alpha}_t$ 必不是 A 的特征向量．

证　设 $A(k_1\boldsymbol{\alpha}_1+\cdots+k_t\boldsymbol{\alpha}_t)=\lambda(k_1\boldsymbol{\alpha}_1+\cdots+k_t\boldsymbol{\alpha}_t)$，则
$$k_1(\lambda-\lambda_1)\boldsymbol{\alpha}_1+k_2(\lambda-\lambda_2)\boldsymbol{\alpha}_2+\cdots+k_t(\lambda-\lambda_t)\boldsymbol{\alpha}_t=\mathbf{0}.$$
因属于不同特征值的特征向量线性无关，故
$$k_1(\lambda-\lambda_1)=k_2(\lambda-\lambda_2)=\cdots=k_t(\lambda-\lambda_t)=0,$$
但由题设，k_1，k_2，…，k_t 中至少有两个不为零，不妨设 $k_r\neq0$，$k_s\neq0(1\leqslant r, s\leqslant t)$，由
$$k_r(\lambda-\lambda_r)=k_s(\lambda-\lambda_s)=0,$$
得到 $\lambda=\lambda_r=\lambda_s$，这与特征值互异矛盾，所以 $k_1\boldsymbol{\alpha}_1+\cdots+k_t\boldsymbol{\alpha}_t$ 必不是 A 的特征向量.

例 8　求矩阵 $A=\begin{pmatrix}1&2&3\\2&1&3\\3&3&6\end{pmatrix}$ 的特征值和特征向量，并问其特征向量是否两两正交．

解　为求 A 的特征值，将 $|\lambda E-A|$ 分解成 λ 的一次因式的乘积，为此将 $|\lambda E-A|$ 中某个元素(例如，第 3 行第 1 列处元素)消成零，提取 λ 的一次因式：
$$|\lambda E-A|=\begin{vmatrix}\lambda-1&-2&-3\\-2&\lambda-1&-3\\-3&-3&\lambda-6\end{vmatrix}=\begin{vmatrix}\lambda+1&-2&-3\\-\lambda-1&\lambda-1&-3\\0&-3&\lambda-6\end{vmatrix}$$
$$=(\lambda+1)\begin{vmatrix}1&-2&-3\\-1&\lambda-1&-3\\0&-3&\lambda-6\end{vmatrix}=(\lambda+1)\begin{vmatrix}1&-2&-3\\0&\lambda-3&-6\\0&-3&\lambda-6\end{vmatrix}$$
$$=(\lambda+1)[(\lambda-3)(\lambda-6)-18]=(\lambda+1)(\lambda-9)\lambda,$$
故 A 的三个特征值为 $\lambda_1=-1$，$\lambda_2=9$，$\lambda_3=0$.

解 $(\lambda_1E-A)X=\mathbf{0}$ 得线性无关的特征向量 $\boldsymbol{\xi}_1=(1, -1, 0)^{\mathrm{T}}$；

解 $(\lambda_2E-A)X=\mathbf{0}$ 得线性无关的特征向量 $\boldsymbol{\xi}_2=(1, 1, 2)^{\mathrm{T}}$；

解$(\lambda_3\boldsymbol{E}-\boldsymbol{A})\boldsymbol{X}=\boldsymbol{0}$得线性无关的特征向量$\boldsymbol{\xi}_3=(1,1,-1)^{\mathrm{T}}$.
因$\boldsymbol{A}$为实对称矩阵，属于不同特征值的特征向量两两正交.

例 9 求矩阵$\boldsymbol{A}=\begin{pmatrix}-3 & -1 & 2\\ 0 & -1 & 4\\ -1 & 0 & 1\end{pmatrix}$的实特征值和对应的特征向量.

解
$$|\lambda\boldsymbol{E}-\boldsymbol{A}|=\begin{vmatrix}\lambda+3 & 1 & -2\\ 0 & \lambda+1 & -4\\ 1 & 0 & \lambda-1\end{vmatrix}=\begin{vmatrix}\lambda+3 & 1 & 0\\ 0 & \lambda+1 & 2\lambda-2\\ 1 & 0 & \lambda-1\end{vmatrix}$$
$$=(\lambda-1)\begin{vmatrix}\lambda+3 & 1 & 0\\ 0 & \lambda+1 & 2\\ 1 & 0 & 1\end{vmatrix}=(\lambda-1)\begin{vmatrix}\lambda+3 & 1 & 0\\ -2 & \lambda+1 & 0\\ 0 & 0 & 1\end{vmatrix}$$
$$=(\lambda-1)[(\lambda+3)(\lambda+1)+2]=(\lambda-1)(\lambda^2+4\lambda+5),$$
显然矩阵$\boldsymbol{A}$的实特征值为$\lambda=1$.

解方程组$(\boldsymbol{E}-\boldsymbol{A})\boldsymbol{X}=\boldsymbol{0}$，得基础解系$\boldsymbol{\xi}_1=(0,2,1)^{\mathrm{T}}$，故$\lambda=1$对应的特征向量为$k\boldsymbol{\xi}=k(0,2,1)^{\mathrm{T}}(k\neq0)$.

例 10 求$\boldsymbol{A}=\begin{pmatrix}3 & 1 & 0\\ -4 & -1 & 0\\ 4 & -8 & -2\end{pmatrix}$的特征值与特征向量.

解
$$|\lambda\boldsymbol{E}-\boldsymbol{A}|=\begin{vmatrix}\lambda-3 & -1 & 0\\ 4 & \lambda+1 & 0\\ -4 & 8 & \lambda+2\end{vmatrix}=(\lambda+2)(\lambda^2-2\lambda+1),$$
故$\boldsymbol{A}$的特征值为$\lambda_1=\lambda_2=1$，$\lambda_3=-2$.

当$\lambda=1$时，
$$\boldsymbol{E}-\boldsymbol{A}=\begin{pmatrix}-2 & -1 & 0\\ 4 & 2 & 0\\ -4 & 8 & 3\end{pmatrix}\longrightarrow\begin{pmatrix}2 & 1 & 0\\ 0 & 10 & 3\\ 0 & 0 & 0\end{pmatrix},$$
解$(\boldsymbol{E}-\boldsymbol{A})\boldsymbol{X}=\boldsymbol{0}$，得基础解系$\boldsymbol{\xi}_1=(3,-6,20)^{\mathrm{T}}$，相应的特征向量为$k_1\boldsymbol{\xi}_1$ $(k_1\neq0)$.

当$\lambda=-2$时，
$$-2\boldsymbol{E}-\boldsymbol{A}=\begin{pmatrix}-5 & -1 & 0\\ 4 & -1 & 0\\ -4 & 8 & 0\end{pmatrix}\longrightarrow\begin{pmatrix}4 & -1 & 0\\ 0 & 7 & 0\\ 0 & 0 & 0\end{pmatrix},$$
解$(-2\boldsymbol{E}-\boldsymbol{A})\boldsymbol{X}=\boldsymbol{0}$，得基础解系$\boldsymbol{\xi}_2=(0,0,1)^{\mathrm{T}}$，相应的特征向量为$k_2\boldsymbol{\xi}_2$ $(k_2\neq0)$.

例 11　求 $\boldsymbol{A}=\begin{pmatrix}1 & 0 & 2\\0 & 1 & 2\\3 & -a-2 & 2a\end{pmatrix}$ 的特征值与特征向量.

解　$|\lambda\boldsymbol{E}-\boldsymbol{A}|=\begin{vmatrix}\lambda-1 & 0 & -2\\0 & \lambda-1 & -2\\-3 & a+2 & \lambda-2a\end{vmatrix}=\begin{vmatrix}\lambda-1 & 1-\lambda & 0\\0 & \lambda-1 & -2\\-3 & a+2 & \lambda-2a\end{vmatrix}$

$=(\lambda-1)[\lambda^2-(2a+1)\lambda+4a-2]=(\lambda-1)(\lambda-2)[\lambda-(2a-1)]$，

故 $\boldsymbol{A}$ 的特征值为 $\lambda_1=1$，$\lambda_2=2$，$\lambda_3=2a-1$.

当 $\lambda=1$ 时，

$$\boldsymbol{E}-\boldsymbol{A}=\begin{pmatrix}0 & 0 & -2\\0 & 0 & -2\\-3 & a+2 & 1-2a\end{pmatrix}\longrightarrow\begin{pmatrix}-3 & a+2 & 1-2a\\0 & 0 & 1\\0 & 0 & 0\end{pmatrix},$$

解 $(\boldsymbol{E}-\boldsymbol{A})\boldsymbol{X}=\boldsymbol{0}$，得基础解系 $\boldsymbol{\xi}_1=(a+2,\ 3,\ 0)^{\mathrm{T}}$，相应的特征向量为 $k_1\boldsymbol{\xi}_1$ $(k_1\neq0)$.

当 $\lambda=2$ 时，

$$2\boldsymbol{E}-\boldsymbol{A}=\begin{pmatrix}1 & 0 & -2\\0 & 1 & -2\\-3 & a+2 & 2-2a\end{pmatrix}\longrightarrow\begin{pmatrix}1 & 0 & -2\\0 & 1 & -2\\0 & 0 & 0\end{pmatrix},$$

解 $(2\boldsymbol{E}-\boldsymbol{A})\boldsymbol{X}=\boldsymbol{0}$，得基础解系 $\boldsymbol{\xi}_2=(2,\ 2,\ 1)^{\mathrm{T}}$，相应的特征向量为 $k_2\boldsymbol{\xi}_2(k_2\neq0)$.

当 $\lambda=2a-1$ 时，

$$(2a-1)\boldsymbol{E}-\boldsymbol{A}=\begin{pmatrix}2a-2 & 0 & -2\\0 & 2a-2 & -2\\-3 & a+2 & -1\end{pmatrix}\xrightarrow{\text{若 } a\neq1}\begin{pmatrix}a-1 & 0 & -1\\0 & a-1 & -1\\0 & 0 & 0\end{pmatrix},$$

解 $((2a-1)\boldsymbol{E}-\boldsymbol{A})\boldsymbol{X}=\boldsymbol{0}$，得基础解系为 $\boldsymbol{\xi}_3=(1,\ 1,\ a-1)^{\mathrm{T}}$，相应的特征向量为 $k_3\boldsymbol{\xi}_3(k_3\neq0)$，若 $a=1$，即 $\lambda=1$，显然其特征向量就是 $k_1\boldsymbol{\xi}_1$.

例 12　已知矩阵 $\boldsymbol{A}=\begin{pmatrix}a & 1 & b\\2 & 3 & 4\\-1 & 1 & -1\end{pmatrix}$ 的特征值之和为 3，特征值之积为 -24，则 $b=$______.

解　由 $a+3+(-1)=\sum\limits_i\lambda_i=3$，则 $a=1$.

又　$\prod\limits_i\lambda_i=\begin{vmatrix}a & 1 & b\\2 & 3 & 4\\-1 & 1 & -1\end{vmatrix}=\begin{vmatrix}1 & 1 & b\\2 & 3 & 4\\-1 & 1 & -1\end{vmatrix}=\begin{vmatrix}1 & 1 & b\\0 & 1 & 4-2b\\0 & 2 & b-1\end{vmatrix}$

$=5b-9=-24$，

所以 $b=-3$.

例 13 矩阵 $\boldsymbol{A}=\begin{pmatrix}1&1&0\\1&0&1\\0&1&1\end{pmatrix}$ 的特征值是（　　）.

(A)1，1，0；　　(B)1，−1，−2；

(C)1，−1，2；　　(D)1，1，2.

解 由 $\sum_i a_{ii}=2$，知(B)、(D)应排除，又由 $\prod_i \lambda_i=|\boldsymbol{A}|$，而 $|\boldsymbol{A}|=-2$，知(A)应排除，故应选(C).

例 14 设矩阵 $\boldsymbol{A}$ 是三阶矩阵，特征值是 1，2，3，则

(1) $\boldsymbol{A}+2\boldsymbol{E}$ 的特征值是__________；　　(2) $\boldsymbol{A}^{-1}$ 的特征值是__________；

(3)伴随矩阵 $\boldsymbol{A}^*$ 的特征值是______；　　(4) $\boldsymbol{A}^2+\boldsymbol{E}$ 的特征值是______；

(5) $(\boldsymbol{A}^*-2\boldsymbol{E})^2$ 的特征值是__________.

解 设 $\boldsymbol{A\alpha}=\lambda\boldsymbol{\alpha}$，$\boldsymbol{\alpha}\neq\boldsymbol{0}$，则

(1)由 $(\boldsymbol{A}+2\boldsymbol{E})\boldsymbol{\alpha}=\boldsymbol{A\alpha}+2\boldsymbol{\alpha}=(\lambda+2)\boldsymbol{\alpha}$ 知，若 λ 是矩阵 $\boldsymbol{A}$ 的特征值，则 $\lambda+2$ 是矩阵 $\boldsymbol{A}+2\boldsymbol{E}$ 的特征值，因此 $\boldsymbol{A}+2\boldsymbol{E}$ 的特征值是3，4，5.

(2)对 $\boldsymbol{A\alpha}=\lambda\boldsymbol{\alpha}$，左乘 $\boldsymbol{A}^{-1}$ 有 $\boldsymbol{\alpha}=\lambda\boldsymbol{A}^{-1}\boldsymbol{\alpha}$，因为 $\boldsymbol{\alpha}\neq\boldsymbol{0}$，知 $\lambda\neq0$，从而 $\boldsymbol{A}^{-1}\boldsymbol{\alpha}=\frac{1}{\lambda}\boldsymbol{\alpha}$，即若 λ 是矩阵 $\boldsymbol{A}$ 的特征值，则 $\frac{1}{\lambda}$ 是 $\boldsymbol{A}^{-1}$ 的特征值，因此 $\boldsymbol{A}^{-1}$ 的特征值是1，$\frac{1}{2}$，$\frac{1}{3}$.

(3)由于 $\boldsymbol{A}^*=|\boldsymbol{A}|\boldsymbol{A}^{-1}$，于是 $\boldsymbol{A}^*\boldsymbol{\alpha}=|\boldsymbol{A}|\boldsymbol{A}^{-1}\boldsymbol{\alpha}=\frac{|\boldsymbol{A}|}{\lambda}\boldsymbol{\alpha}$，即若 λ 是矩阵 $\boldsymbol{A}$ 的特征值，则 $\frac{|\boldsymbol{A}|}{\lambda}$ 是伴随矩阵 $\boldsymbol{A}^*$ 的特征值. 又因 $|\boldsymbol{A}|=\prod_i \lambda_i=6$，所以 $\boldsymbol{A}^*$ 的特征值是 6，3，2.

(4)对 $\boldsymbol{A\alpha}=\lambda\boldsymbol{\alpha}$ 有 $\boldsymbol{A}^2\boldsymbol{\alpha}=\boldsymbol{A}(\lambda\boldsymbol{\alpha})=\lambda\boldsymbol{A\alpha}=\lambda^2\boldsymbol{\alpha}$，即若 λ 是矩阵 $\boldsymbol{A}$ 的特征值，则 λ^2 是 $\boldsymbol{A}^2$ 的特征值，因此 $\boldsymbol{A}^2+\boldsymbol{E}$ 的特征值是 2，5，10.

(5)由 $\boldsymbol{A}^*$ 的特征值是 6，3，2 知，$\boldsymbol{A}^*-2\boldsymbol{E}$ 的特征值是 4，1，0，故 $(\boldsymbol{A}^*-2\boldsymbol{E})^2$ 的特征值是 16，1，0.

例 15 求可逆矩阵 $\boldsymbol{P}$，化 $\boldsymbol{A}=\begin{pmatrix}3&4\\4&-3\end{pmatrix}$ 为对角形.

解 $|\lambda\boldsymbol{E}-\boldsymbol{A}|=\begin{vmatrix}\lambda-3&-4\\-4&\lambda+3\end{vmatrix}=\lambda^2-25\Rightarrow\boldsymbol{A}$ 的特征值为 $\lambda_1=5$，$\lambda_2=-5$.

当 $\lambda=5$ 时，$5\boldsymbol{E}-\boldsymbol{A}=\begin{pmatrix}2&-4\\-4&8\end{pmatrix}\longrightarrow\begin{pmatrix}1&-2\\0&0\end{pmatrix}$，解得基础解系 $\boldsymbol{\xi}_1=\begin{pmatrix}2\\1\end{pmatrix}$；

当 $\lambda=-5$ 时，$-5\boldsymbol{E}-\boldsymbol{A}=\begin{pmatrix}-8&-4\\-4&-2\end{pmatrix}\longrightarrow\begin{pmatrix}2&1\\0&0\end{pmatrix}$，解得基础解系 $\boldsymbol{\xi}_2=\begin{pmatrix}1\\-2\end{pmatrix}$.

令 $\boldsymbol{P}=\begin{pmatrix}2&1\\1&-2\end{pmatrix}$，则 $\boldsymbol{P}^{-1}\boldsymbol{AP}=\begin{pmatrix}5&\\&-5\end{pmatrix}$.

例 16　已知三阶方阵 $\boldsymbol{A}=\begin{pmatrix}0&0&2\\0&2&x\\2&0&0\end{pmatrix}$可对角化，则 $x=$__________.

解　$|\lambda\boldsymbol{E}-\boldsymbol{A}|=\begin{vmatrix}\lambda&0&-2\\0&\lambda-2&-x\\-2&0&\lambda\end{vmatrix}=(\lambda-2)^2(\lambda+2)=0$，

解得 $\boldsymbol{A}$ 的特征值为 $\lambda_1=\lambda_2=2$，$\lambda_3=-2$.

要使 $\boldsymbol{A}$ 可对角化，则必有 $r(2\boldsymbol{E}-\boldsymbol{A})=1$.

$$2\boldsymbol{E}-\boldsymbol{A}=\begin{pmatrix}2&0&-2\\0&0&-x\\-2&0&2\end{pmatrix}\longrightarrow\begin{pmatrix}2&0&-2\\0&0&-x\\0&0&0\end{pmatrix},$$

故必有 $x=0$.

例 17　设 n 阶方阵 $\boldsymbol{A}$ 有 n 个特征值分别为 2，3，…，n，$n+1$，且方阵 $\boldsymbol{B}$ 与 $\boldsymbol{A}$ 相似，则 $|\boldsymbol{B}-\boldsymbol{E}|=$________.

解　由相似矩阵有相同的特征值，故 $\boldsymbol{B}$ 的特征值为 2，3，…，n，$n+1$，从而 $\boldsymbol{B}-\boldsymbol{E}$ 的特征值为 1，2，…，n，故 $|\boldsymbol{B}-\boldsymbol{E}|=1\cdot 2\cdot\cdots\cdot n=n!$.

例 18　设 $\boldsymbol{A}$ 为 n 阶方阵，如果有正整数 k 使 $\boldsymbol{A}^k=\boldsymbol{O}$，称 $\boldsymbol{A}$ 为幂零矩阵，证明：幂零矩阵的特征值全为零 .

证　设 λ 为 $\boldsymbol{A}$ 的任一特征值，$\boldsymbol{\alpha}$ 为 $\boldsymbol{A}$ 的属于 λ 的特征向量，在 $\boldsymbol{A\alpha}=\lambda\boldsymbol{\alpha}$ 的两边，$k-1$ 次左乘矩阵 $\boldsymbol{A}$，并反复利用 $\boldsymbol{A\alpha}=\lambda\boldsymbol{\alpha}$，得到 $\boldsymbol{A}^k\boldsymbol{\alpha}=\lambda^k\boldsymbol{\alpha}$. 因 $\boldsymbol{A}^k=\boldsymbol{O}$，故 $\lambda^k\boldsymbol{\alpha}=\boldsymbol{0}$，而 $\boldsymbol{\alpha}\neq\boldsymbol{0}$，从而 $\lambda=0$. 由 λ 的任意性，本例得证 .

例 19　设 λ 是 n 阶方阵 $\boldsymbol{A}$ 的特征值，$\boldsymbol{\alpha}$ 是 $\boldsymbol{A}$ 的属于 λ 的特征向量，试证：λ^m 是 $\boldsymbol{A}^m$ 的特征值，$\boldsymbol{\alpha}$ 是 $\boldsymbol{A}^m$ 的属于 λ^m 的特征向量（m 为正整数）.

证　由题意有 $\boldsymbol{A\alpha}=\lambda\boldsymbol{\alpha}$，两端左乘矩阵 $\boldsymbol{A}^{m-1}$，反复利用 $\boldsymbol{A\alpha}=\lambda\boldsymbol{\alpha}$，得到

$$\boldsymbol{A}^m\boldsymbol{\alpha}=\boldsymbol{A}(\boldsymbol{A}^{m-1}\boldsymbol{\alpha})=\lambda^{m-1}\boldsymbol{A\alpha}=\lambda^m\boldsymbol{\alpha}.$$

上式表明，λ^m是$\boldsymbol{A}^m$的特征值，$\boldsymbol{A}$的属于λ的特征向量$\boldsymbol{\alpha}$同时是$\boldsymbol{A}^m$的属于λ^m的特征向量．

例 20 设λ是$\boldsymbol{A}$的一个特征值，$\boldsymbol{\alpha}$是$\boldsymbol{A}$的属于λ的特征向量，$f(\lambda)$是λ的多项式，$f(\boldsymbol{A})$是$\boldsymbol{A}$的多项式矩阵，试证：$f(\lambda)$是$f(\boldsymbol{A})$的特征值，而$\boldsymbol{\alpha}$是$f(\boldsymbol{A})$的属于$f(\lambda)$的特征向量．

证 设$f(\lambda)=a_n\lambda^n+a_{n-1}\lambda^{n-1}+\cdots+a_1\lambda+a_0$，则

$$f(\boldsymbol{A})=a_n\boldsymbol{A}^n+a_{n-1}\boldsymbol{A}^{n-1}+\cdots+a_1\boldsymbol{A}+a_0\boldsymbol{E},$$

$$\begin{aligned}f(\boldsymbol{A})\boldsymbol{\alpha}&=(a_n\boldsymbol{A}^n+a_{n-1}\boldsymbol{A}^{n-1}+\cdots+a_1\boldsymbol{A}+a_0\boldsymbol{E})\boldsymbol{\alpha}\\&=a_n\boldsymbol{A}^n\boldsymbol{\alpha}+a_{n-1}\boldsymbol{A}^{n-1}\boldsymbol{\alpha}+\cdots+\alpha_1\boldsymbol{A}\boldsymbol{\alpha}+a_0\boldsymbol{\alpha}\\&=a_n\lambda^n\boldsymbol{\alpha}+a_{n-1}\lambda^{n-1}\boldsymbol{\alpha}+\cdots+a_1\lambda\boldsymbol{\alpha}+a_0\boldsymbol{\alpha}\\&=(a_n\lambda^n+a_{n-1}\lambda^{n-1}+\cdots+a_1\lambda+a_0)\boldsymbol{\alpha}=f(\lambda)\boldsymbol{\alpha}.\end{aligned}$$

上式表明，$f(\lambda)$是$f(\boldsymbol{A})$的一个特征值，$\boldsymbol{\alpha}$是$f(\boldsymbol{A})$的属于$f(\lambda)$的特征向量．

例 21 设$\boldsymbol{A}$为$m\times n$矩阵，$\boldsymbol{B}$为$n\times m$矩阵，证明$\boldsymbol{AB}$和$\boldsymbol{BA}$有相同的非零特征值．属于相同的一个非零特征值的特征向量是否相同?

证 令λ为$\boldsymbol{BA}$的一个非零特征值，$\boldsymbol{\alpha}$是$\boldsymbol{BA}$的属于λ的特征向量，则$\boldsymbol{BA\alpha}=\lambda\boldsymbol{\alpha}(\boldsymbol{\alpha}\neq\boldsymbol{0})$．下证$\boldsymbol{A\alpha}\neq\boldsymbol{0}$．事实上，如$\boldsymbol{A\alpha}=\boldsymbol{0}$，则$\boldsymbol{BA\alpha}=\boldsymbol{B0}=\boldsymbol{0}=\lambda\boldsymbol{\alpha}(\boldsymbol{\alpha}\neq\boldsymbol{0})$．因$\lambda\neq0$，故$\boldsymbol{\alpha}=\boldsymbol{0}$．这与$\boldsymbol{\alpha}\neq\boldsymbol{0}$矛盾，所以$\boldsymbol{A\alpha}\neq\boldsymbol{0}$，于是$\lambda$为$\boldsymbol{AB}$的非零特征值，且$\boldsymbol{A\alpha}$是$\boldsymbol{AB}$的属于$\lambda$的特征向量．

同法可证，$\boldsymbol{AB}$的非零特征值λ也是$\boldsymbol{BA}$的非零特征值，故$\boldsymbol{AB}$与$\boldsymbol{BA}$有相同的非零特征值．如$\boldsymbol{\beta}$是$\boldsymbol{AB}$的属于λ的特征向量，则$\boldsymbol{B\beta}$是$\boldsymbol{BA}$的属于λ的特征向量．

由上可知，属于$\boldsymbol{AB}$与$\boldsymbol{BA}$的相同的非零特征值的特征向量$\boldsymbol{A\alpha}$与$\boldsymbol{B\beta}$是完全不同的，前者为m维向量，后者为n维向量．

例 22 $\boldsymbol{A}$，$\boldsymbol{B}$为n阶矩阵，当$\boldsymbol{A}$可逆时，证明：$\boldsymbol{AB}$与$\boldsymbol{BA}$有相同的特征值．

证一 $\boldsymbol{A}$可逆时，有$\boldsymbol{BA}=\boldsymbol{A}^{-1}(\boldsymbol{AB})\boldsymbol{A}$，即$\boldsymbol{BA}$与$\boldsymbol{AB}$为相似矩阵，故$\boldsymbol{AB}$与$\boldsymbol{BA}$有相同的特征值．

证二 证$\boldsymbol{AB}$与$\boldsymbol{BA}$有相同的特征多项式，因$\boldsymbol{A}$可逆，故

$$\begin{aligned}|\lambda\boldsymbol{E}-\boldsymbol{AB}|&=|\boldsymbol{A}|^{-1}|\boldsymbol{A}||\lambda\boldsymbol{E}-\boldsymbol{AB}|=|\boldsymbol{A}^{-1}||\lambda\boldsymbol{E}-\boldsymbol{AB}||\boldsymbol{A}|\\&=|\boldsymbol{A}^{-1}(\lambda\boldsymbol{E})\boldsymbol{A}-\boldsymbol{A}^{-1}(\boldsymbol{AB})\boldsymbol{A}|=|\lambda\boldsymbol{E}\boldsymbol{A}^{-1}\boldsymbol{A}-(\boldsymbol{A}^{-1}\boldsymbol{A})\boldsymbol{BA}|\\&=|\lambda\boldsymbol{E}-\boldsymbol{BA}|.\end{aligned}$$

例 23 设λ_0是方阵$\boldsymbol{A}$的特征值，证明：λ_0也是$(\boldsymbol{P}^{-1}\boldsymbol{AP})^{\mathrm{T}}$的特征值．

证 设$\boldsymbol{B}=\boldsymbol{P}^{-1}\boldsymbol{AP}$．因$\boldsymbol{B}$与$\boldsymbol{A}$相似，故$\lambda_0$也是$\boldsymbol{B}$的特征值．又$(\boldsymbol{P}^{-1}\boldsymbol{AP})^{\mathrm{T}}=\boldsymbol{B}^{\mathrm{T}}$，因$\boldsymbol{B}$和$\boldsymbol{B}^{\mathrm{T}}$的特征值相同，故$\boldsymbol{B}$的特征值$\lambda_0$也是$\boldsymbol{B}^{\mathrm{T}}$即$(\boldsymbol{P}^{-1}\boldsymbol{AP})^{\mathrm{T}}$的特征值．

例 24 设$\boldsymbol{A}$为n阶矩阵，试证：齐次线性方程组$\boldsymbol{AX}=\boldsymbol{0}$有非零解的充要

条件是 $\boldsymbol{A}$ 有零特征值.

证　必要性　因 $\boldsymbol{AX}=\boldsymbol{0}$ 有非零解，故 $|\boldsymbol{A}|=0$，因而 $|0\boldsymbol{E}-\boldsymbol{A}|=|-\boldsymbol{A}|=(-1)^n|\boldsymbol{A}|=0$，所以数 0 是 $\boldsymbol{A}$ 的特征值.

充分性　因 0 是 $\boldsymbol{A}$ 的特征值，故 $0=|0\boldsymbol{E}-\boldsymbol{A}|=|-\boldsymbol{A}|=(-1)^n|\boldsymbol{A}|$，所以 $|\boldsymbol{A}|=0$，因而 $\boldsymbol{AX}=\boldsymbol{0}$ 有非零解.

例 25　证明：0 是矩阵 $\boldsymbol{A}=\begin{pmatrix}1&4&3\\2&5&6\\3&6&9\end{pmatrix}$ 的一个特征值.

证　只需证明 $|0\boldsymbol{E}-\boldsymbol{A}|=0$，即需证 $|-\boldsymbol{A}|=(-1)^3|\boldsymbol{A}|=0$. 事实上，因 $\boldsymbol{A}$ 的第 1 列与第 3 列成比例，由行列式性质即得 $|\boldsymbol{A}|=0$.

注意：当矩阵 $\boldsymbol{A}$ 的元素已知时，欲证某数 λ 为该矩阵的特征值，可归结为证明行列式 $|\lambda\boldsymbol{E}-\boldsymbol{A}|=0$.

例 26　已知三阶矩阵 $\boldsymbol{A}$ 的特征值为 1，-1，2，设矩阵 $\boldsymbol{B}=\boldsymbol{A}^3-5\boldsymbol{A}^2$，试求 $\boldsymbol{B}$ 的特征值.

解　因 $\boldsymbol{B}=f(\boldsymbol{A})=\boldsymbol{A}^3-5\boldsymbol{A}^2$，设 $\boldsymbol{A}$ 的特征值为 λ，则 $\boldsymbol{B}=f(\boldsymbol{A})$ 的特征值为 $f(\lambda)=\lambda^3-5\lambda^2$. 将 $\boldsymbol{A}$ 的 3 个特征值 $\lambda_1=1$，$\lambda_2=-1$，$\lambda_3=2$ 分别代入上式，即得 $\boldsymbol{B}=f(\boldsymbol{A})$ 的 3 个特征值：

$$f(1)=-4,\ f(-1)=-6,\ f(2)=-12.$$

例 27　若 n 阶可逆阵 $\boldsymbol{A}$ 的每行元素之和为 $a(a\neq0)$，求矩阵 $4\boldsymbol{A}^3+3\boldsymbol{A}^2+5\boldsymbol{A}+\boldsymbol{E}$ 的一个特征值.

解　因 $\boldsymbol{A}$ 的各行元素之和为 a，故 $\boldsymbol{A}$ 的一个特征值为 a，于是 $4\boldsymbol{A}^3+3\boldsymbol{A}^2+5\boldsymbol{A}+\boldsymbol{E}$ 的一个特征值为 $4a^3+3a^2+5a+1$.

例 28　设 $\boldsymbol{A}=(a_{ij})_{n\times n}$，其特征多项式为

$$f(\lambda)=|\lambda\boldsymbol{E}-\boldsymbol{A}|=\lambda^n+a_1\lambda^{n-1}+\cdots+a_{n-1}\lambda+a_n,$$

证明：$a_1=-(a_{11}+a_{22}+\cdots+a_{nn})$.

证　$$f(\lambda)=\begin{vmatrix}\lambda-a_{11}&-a_{12}&\cdots&-a_{1n}\\-a_{21}&\lambda-a_{22}&\cdots&-a_{2n}\\\vdots&\vdots&&\vdots\\-a_{n1}&-a_{n2}&\cdots&\lambda-a_{nn}\end{vmatrix}=\lambda^n+a_1\lambda^{n-1}+\cdots+a_{n-1}\lambda+a_n.$$

上面特征多项式即行列式 $|\lambda\boldsymbol{E}-\boldsymbol{A}|$ 的展开式中必有一项是其主对角线上元素的乘积 $(\lambda-a_{11})(\lambda-a_{22})\cdots(\lambda-a_{nn})$，展开式中其余各项，因为要去掉一行和一列，故至多包含有 $n-2$ 个主对角线上的元素的乘积，所以这些项中 λ 的次数最多是 $n-2$ 次，因此特征多项式 $f(\lambda)$ 中含 λ 的 n 次与 $n-1$ 次的项，只能在对角线上元素的连乘积那些项中出现. 事实上，

$$(\lambda-a_{11})(\lambda-a_{22})\cdots(\lambda-a_{nn})=\lambda^n-(a_{11}+a_{22}+\cdots+a_{nn})\lambda^{n-1}+\cdots,$$

因而 $a_1=-(a_{11}+a_{22}+\cdots+a_{nn})$. 令 $\lambda=0$，得

$$\begin{vmatrix} -a_{11} & -a_{12} & \cdots & -a_{1n} \\ -a_{21} & -a_{22} & \cdots & -a_{2n} \\ \vdots & \vdots & & \vdots \\ -a_{n1} & -a_{n2} & \cdots & -a_{nn} \end{vmatrix}=a_n,$$

故 $a_n=(-1)^n|\boldsymbol{A}|$.

注意：此例说明 n 阶矩阵的特征多项式是一个 λ 的(首项系数为 1 的)多项式，其 $n-1$ 次项的系数为矩阵 $\boldsymbol{A}$ 的主对角线上元素之和的相反数，其常数项为$(-1)^n$ 与$|\boldsymbol{A}|$的乘积.

例 29 已知三阶矩阵 $\boldsymbol{A}$ 的特征值为 1，-1，2，设矩阵 $\boldsymbol{B}=\boldsymbol{A}^3-5\boldsymbol{A}^2$，试计算：(1)$|\boldsymbol{B}|$；(2)$|\boldsymbol{A}-5\boldsymbol{E}|$.

解 (1)设 $f(\lambda)=\lambda^3-5\lambda^2$，则 $\boldsymbol{B}=f(\boldsymbol{A})=\boldsymbol{A}^3-5\boldsymbol{A}^2$，因 $\boldsymbol{A}$ 的所有特征值为 1，-1，2，故 $\boldsymbol{B}$ 的特征值为

$$f(1)=1-5=-4,\ f(-1)=-1-5=-6,\ f(2)=8-20=-12,$$

所以 $$|\boldsymbol{B}|=(-4)\times(-6)\times(-12)=-288.$$

(2) **解法一** 令 $f(\boldsymbol{A})=\boldsymbol{A}-5\boldsymbol{E}$，因 $\boldsymbol{A}$ 的所有特征值为 $\lambda=1$，-1，2，故 $f(\boldsymbol{A})=\boldsymbol{A}-5\boldsymbol{E}$ 的所有特征值为 $f(\lambda)=\lambda-5$，即

$$f(1)=1-5=-4,\ f(-1)=-1-5=-6,\ f(2)=2-5=-3,$$

所以 $$|\boldsymbol{A}-5\boldsymbol{E}|=|f(\boldsymbol{A})|=f(1)\cdot f(-1)\cdot f(2)=-72.$$

解法二 因 $\boldsymbol{A}$ 的所有特征值为 1，-1，2，故 $|\boldsymbol{A}|=-2$，又 $\boldsymbol{B}=\boldsymbol{A}^3-5\boldsymbol{A}^2=\boldsymbol{A}^2(\boldsymbol{A}-5\boldsymbol{E})$，故 $|\boldsymbol{B}|=|\boldsymbol{A}|^2\ |\boldsymbol{A}-5\boldsymbol{E}|$，即 $|\boldsymbol{A}-5\boldsymbol{E}|=|\boldsymbol{B}|/|\boldsymbol{A}|^2=(-288)/4=-72$.

解法三 因 $\boldsymbol{A}$ 的 3 个特征值为 1，-1，2，故 $|\lambda\boldsymbol{E}-\boldsymbol{A}|=(\lambda-1)(\lambda+1)(\lambda-2)$. 令 $\lambda=5$，由上式得到 $|5\boldsymbol{E}-\boldsymbol{A}|=(5-1)(5+1)(5-2)=72$，故 $|\boldsymbol{A}-5\boldsymbol{E}|=(-1)^3|5\boldsymbol{E}-\boldsymbol{A}|=-72$.

注意：用特征值计算$|\boldsymbol{A}|$，(1)要善于应用$|\boldsymbol{A}|=\lambda_1\lambda_2\cdots\lambda_n$；(2)应熟悉 $\boldsymbol{A}$ 的矩阵多项式 $f(\boldsymbol{A})$的特征值的求法.

例 30 设矩阵 $\boldsymbol{A}$ 满足 $\boldsymbol{A}^2=\boldsymbol{E}$，证明：$3\boldsymbol{E}-\boldsymbol{A}$ 可逆.

证 因 $\boldsymbol{A}^2=\boldsymbol{E}$，于是 $\boldsymbol{A}$ 的特征值为 $\lambda_1=1$，$\lambda_2=-1$，故 3 不是 $\boldsymbol{A}$ 的特征值，从而 $3\boldsymbol{E}-\boldsymbol{A}$ 可逆.

例 31 已知 n 阶矩阵 $\boldsymbol{A}$ 的特征值为 λ，且 $\lambda\neq\pm1$，试证：$\boldsymbol{A}\pm\boldsymbol{E}$ 为可逆矩阵.

证　因 $\lambda\neq\pm1$，故 ±1 不是 $\boldsymbol{A}$ 的特征值，于是 $|1\cdot\boldsymbol{E}-\boldsymbol{A}|\neq0$，$|(-1)\boldsymbol{E}-\boldsymbol{A}|\neq0$. 因

$$|\boldsymbol{E}-\boldsymbol{A}|=|-(\boldsymbol{A}-\boldsymbol{E})|=(-1)^n|\boldsymbol{A}-\boldsymbol{E}|,$$
$$|-\boldsymbol{E}-\boldsymbol{A}|=|-(\boldsymbol{A}+\boldsymbol{E})|=(-1)^n|\boldsymbol{A}+\boldsymbol{E}|,$$

故 $|\boldsymbol{A}-\boldsymbol{E}|\neq0$，$|\boldsymbol{A}+\boldsymbol{E}|\neq0$，从而 $\boldsymbol{A}\pm\boldsymbol{E}$ 为可逆矩阵.

例 32　设 $\boldsymbol{A}$ 为正交矩阵，若 $|\boldsymbol{A}|=-1$，证明：$-\boldsymbol{E}-\boldsymbol{A}$ 不可逆.

证

$$\begin{aligned}|-\boldsymbol{E}-\boldsymbol{A}|&=|(-1)\boldsymbol{A}\boldsymbol{A}^{\mathrm{T}}-\boldsymbol{A}|=|\boldsymbol{A}[(-1)\boldsymbol{A}^{\mathrm{T}}-\boldsymbol{E}]|\\&=|\boldsymbol{A}||(-1)\boldsymbol{A}^{\mathrm{T}}-\boldsymbol{E}|=|\boldsymbol{A}||-\boldsymbol{E}-\boldsymbol{A}^{\mathrm{T}}|\\&=|\boldsymbol{A}||-\boldsymbol{E}-\boldsymbol{A}|=(-1)|-\boldsymbol{E}-\boldsymbol{A}|,\end{aligned}$$

即 $2|-\boldsymbol{E}-\boldsymbol{A}|=0$，从而 $|-\boldsymbol{E}-\boldsymbol{A}|=0$，故 $-\boldsymbol{E}-\boldsymbol{A}$ 不可逆.

例 33　已知 $2n+1$ 阶正交矩阵 $\boldsymbol{A}$，如果 $|\boldsymbol{A}|=1$，证明：$\boldsymbol{E}-\boldsymbol{A}$ 为不可逆矩阵.

证

$$\begin{aligned}|\boldsymbol{E}-\boldsymbol{A}|&=|\boldsymbol{A}\boldsymbol{A}^{\mathrm{T}}-\boldsymbol{A}|=|\boldsymbol{A}||\boldsymbol{A}^{\mathrm{T}}-\boldsymbol{E}|\\&=|\boldsymbol{A}||\boldsymbol{A}-\boldsymbol{E}|=(-1)^{2n+1}|\boldsymbol{E}-\boldsymbol{A}|,\end{aligned}$$

故 $2|\boldsymbol{E}-\boldsymbol{A}|=0$，即 $|\boldsymbol{E}-\boldsymbol{A}|=0$，$\boldsymbol{E}-\boldsymbol{A}$ 不可逆.

注意：用矩阵 $\boldsymbol{A}$ 的特征值证明 $k\boldsymbol{E}-\boldsymbol{A}$ 可逆或不可逆，只需证常数 k 不是或是 $\boldsymbol{A}$ 的特征值，即若 k 不是 $\boldsymbol{A}$ 的特征值，因 $|k\boldsymbol{E}-\boldsymbol{A}|\neq0$，$k\boldsymbol{E}-\boldsymbol{A}$ 可逆；若 k 是 $\boldsymbol{A}$ 的特征值，$k\boldsymbol{E}-\boldsymbol{A}$ 不可逆.

例 34　若 n 阶矩阵可对角化，证明：$\boldsymbol{A}^{\mathrm{T}}$，$k\boldsymbol{A}$ 也可对角化(k 为常数).

证　因 $\boldsymbol{A}$ 可对角化，故存在可逆阵 $\boldsymbol{P}_1$，使 $\boldsymbol{P}_1^{-1}\boldsymbol{A}\boldsymbol{P}_1=\mathrm{diag}(\lambda_1,\lambda_2,\cdots,\lambda_n)$，其中 λ_1，λ_2，…，λ_n 为 $\boldsymbol{A}$ 的特征值．对上式取转置，得

$$\boldsymbol{P}_1^{\mathrm{T}}\boldsymbol{A}^{\mathrm{T}}(\boldsymbol{P}_1^{-1})^{\mathrm{T}}=\mathrm{diag}(\lambda_1,\lambda_2,\cdots,\lambda_n),$$

即

$$[(\boldsymbol{P}_1^{-1})^{\mathrm{T}}]^{-1}\boldsymbol{A}^{\mathrm{T}}(\boldsymbol{P}_1^{-1})^{\mathrm{T}}=\mathrm{diag}(\lambda_1,\lambda_2,\cdots,\lambda_n).$$

令 $(\boldsymbol{P}_1^{-1})^{\mathrm{T}}=\boldsymbol{P}$，显然 $\boldsymbol{P}$ 可逆，且 $\boldsymbol{P}^{-1}\boldsymbol{A}^{\mathrm{T}}\boldsymbol{P}=\mathrm{diag}(\lambda_1,\lambda_2,\cdots,\lambda_n)$，故 $\boldsymbol{A}^{\mathrm{T}}$ 可对角化．同法可证，$k\boldsymbol{A}$ 也可对角化.

例 35　(1)若二阶实矩阵 $\boldsymbol{A}$ 的行列式 $|\boldsymbol{A}|<0$，证明：$\boldsymbol{A}$ 与对角阵相似.

(2)设 $\boldsymbol{A}=\begin{pmatrix}a&b\\c&d\end{pmatrix}$，若 $ad-bc=1$，$|a+d|>2$，证明：$\boldsymbol{A}$ 与对角阵相似.

证　(1)令 $\boldsymbol{A}$ 的特征多项式为 $f(\lambda)$，则 $f(\lambda)=|\lambda\boldsymbol{E}-\boldsymbol{A}|=\lambda^2+a_1\lambda+a_2$，其中 $a_2=(-1)^2|\boldsymbol{A}|=|\boldsymbol{A}|<0$($a_n=(-1)^n|\boldsymbol{A}|$)．又设 $\boldsymbol{A}$ 的两个特征值为 λ_1，λ_2，由韦达定理知 $a_2=\lambda_1\lambda_2=|\boldsymbol{A}|<0$，故 λ_1 与 λ_2 异号，因而 $\boldsymbol{A}$ 的两个特征值互异，故 $\boldsymbol{A}$ 可对角化，即 $\boldsymbol{A}$ 与对角阵相似.

(2)$\boldsymbol{A}$ 的特征多项式 $f(\lambda)=\lambda^2-(a+d)\lambda+1$. 因 $|a+d|>2$，$f(\lambda)$ 的判别式 $=(a+d)^2-4>0$，故 $\boldsymbol{A}$ 有两个不等的非零实特征值，从而 $\boldsymbol{A}$ 与对角阵相似.

例 36 如下矩阵中，a，b，c 取何值时，$\boldsymbol{A}$ 可对角化？

$$\boldsymbol{A}=\begin{pmatrix}1&0&0&0\\a&1&0&0\\2&b&2&0\\2&3&c&2\end{pmatrix}.$$

解 $|\boldsymbol{E}-\boldsymbol{A}|=(\lambda-1)^2(\lambda-2)^2$，故 $\boldsymbol{A}$ 的特征值为 $\lambda_1=\lambda_2=1$，$\lambda_3=\lambda_4=2$. 为使

$$r(\lambda_1\boldsymbol{E}-\boldsymbol{A})=r(\boldsymbol{E}-\boldsymbol{A})=r\begin{pmatrix}0&0&0&0\\a&0&0&0\\-2&-b&-1&0\\-2&-3&-c&-1\end{pmatrix}=n-k_1=4-2=2,$$

必有 $a=0$，b，c 可任意．同样，为使

$$r(\lambda_3\boldsymbol{E}-\boldsymbol{A})=r(2\boldsymbol{E}-\boldsymbol{A})=\begin{pmatrix}-1&0&0&0\\-a&-1&0&0\\-2&-b&0&0\\-2&-3&-c&0\end{pmatrix}=n-k_3=4-2=2,$$

必有 $c=0$，a，b 任意，从而 $a=c=0$，b 为任意时，$\boldsymbol{A}$ 可对角化．

注意：如果对 n 阶矩阵 $\boldsymbol{A}$ 的每个 k_i 重特征值 λ_i，有 $r(\lambda_i\boldsymbol{E}-\boldsymbol{A})=n-k_i$，则 $\boldsymbol{A}$ 与对角阵相似，否则不相似．

例 37 矩阵 $\boldsymbol{A}=\begin{pmatrix}-4&-10&0\\1&3&0\\3&6&1\end{pmatrix}$ 能否与对角阵相似？如果能，试求可逆阵 $\boldsymbol{P}$，化 $\boldsymbol{A}$ 为对角阵．

解 (1)$\boldsymbol{A}$ 的特征多项式 $|\lambda\boldsymbol{E}-\boldsymbol{A}|=(\lambda-1)^2(\lambda+2)$，故其特征值为 $\lambda_1=\lambda_2=1$，$\lambda_3=-2$. 对于 $\lambda_1=\lambda_2=1$，解 $(\lambda\boldsymbol{E}-\boldsymbol{A})\boldsymbol{X}=\boldsymbol{0}$，得基础解系为 $\boldsymbol{\alpha}_1=(-2,1,0)^{\mathrm{T}}$，$\boldsymbol{\alpha}_2=(0,0,1)^{\mathrm{T}}$. 对于 $\lambda_3=-2$，解 $(\lambda\boldsymbol{E}-\boldsymbol{A})\boldsymbol{X}=\boldsymbol{0}$，得基础解系为 $\boldsymbol{\alpha}_3=(5,-1,-3)^{\mathrm{T}}$. $\boldsymbol{A}$ 的线性无关的特征向量的个数与 $\boldsymbol{A}$ 的阶数相等，故 $\boldsymbol{A}$ 与对角阵相似．

(2)令 $\boldsymbol{P}=(\boldsymbol{\alpha}_1,\boldsymbol{\alpha}_3,\boldsymbol{\alpha}_2)$，易验证有 $\boldsymbol{P}^{-1}\boldsymbol{A}\boldsymbol{P}=\mathrm{diag}(1,-2,1)$. $\boldsymbol{P}$ 为所求．

注意：(1)对角元 λ_i 的排列次序与其特征向量 $\boldsymbol{\alpha}_i$ 的排列次序是一致的；(2)由于基础解系不唯一，满足上式的可逆阵 $\boldsymbol{P}$ 不唯一，但总有 $\boldsymbol{P}^{-1}\boldsymbol{A}\boldsymbol{P}=\mathrm{diag}(1,-2,1)$.

例 38 矩阵 $\boldsymbol{A}=\begin{pmatrix}3&0&0\\0&3&0\\0&0&3\end{pmatrix}$ 与 $\boldsymbol{B}=\begin{pmatrix}3&1&0\\0&3&1\\0&0&3\end{pmatrix}$ 是否相似？

解　$\boldsymbol{A}$ 与 $\boldsymbol{B}$ 有相同的特征值，如果 $\boldsymbol{B}$ 能与对角阵相似，则 $\boldsymbol{B}$ 与 $\boldsymbol{A}$ 相似．因 $\boldsymbol{B}$ 有三重特征值，$k_1=3$，而 $r(3\boldsymbol{E}-\boldsymbol{B})=2\neq n-k_1=3-3=0$，故 $\boldsymbol{B}$ 不与对角阵相似，从而 $\boldsymbol{B}$ 与 $\boldsymbol{A}$ 不相似．

例 39　若 n 阶方阵 $\boldsymbol{A}\neq\boldsymbol{O}$，但 $\boldsymbol{A}^k=\boldsymbol{O}$($k$ 为正整数)，证明：$\boldsymbol{A}$ 不与对角矩阵相似．

证　用反证法证之．如果 $\boldsymbol{A}$ 与对角矩阵相似，则存在可逆阵 $\boldsymbol{P}$，使

$$\boldsymbol{P}^{-1}\boldsymbol{A}\boldsymbol{P}=\mathrm{diag}(\lambda_1,\ \lambda_2,\ \cdots,\ \lambda_n)\quad(\lambda_i\text{ 为 }\boldsymbol{A}\text{ 的特征值}),$$

因而

$$\boldsymbol{P}^{-1}\boldsymbol{A}^k\boldsymbol{P}=\mathrm{diag}(\lambda_1^k,\ \lambda_2^k,\ \cdots,\ \lambda_n^k).$$

由 $\boldsymbol{A}^k=\boldsymbol{O}$ 知，$\boldsymbol{A}^k$ 的所有特征值为 $\lambda_i^k=0(i=1,\ 2,\ \cdots,\ n)$，从而 $\boldsymbol{P}^{-1}\boldsymbol{A}\boldsymbol{P}=\boldsymbol{O}$，故 $\boldsymbol{A}=\boldsymbol{O}$，这与 $\boldsymbol{A}\neq\boldsymbol{O}$ 矛盾，所以 $\boldsymbol{A}$ 不与对角阵相似．

例 40　设 $\boldsymbol{A}$，$\boldsymbol{B}$ 都是 n 阶方阵，且 $|\boldsymbol{A}|\neq0$，证明：$\boldsymbol{AB}$ 与 $\boldsymbol{BA}$ 相似．

证　要证 $\boldsymbol{AB}\sim\boldsymbol{BA}$，只要找到可逆阵 $\boldsymbol{P}$，使 $\boldsymbol{P}^{-1}\boldsymbol{ABP}=\boldsymbol{BA}$ 即可．令 $\boldsymbol{P}=\boldsymbol{A}$，因 $|\boldsymbol{A}|\neq0$，故 $\boldsymbol{P}$ 为可逆阵，且有 $\boldsymbol{P}^{-1}(\boldsymbol{AB})\boldsymbol{P}=\boldsymbol{A}^{-1}(\boldsymbol{AB})\boldsymbol{A}=(\boldsymbol{A}^{-1}\boldsymbol{A})\boldsymbol{BA}=\boldsymbol{BA}$，故 $\boldsymbol{AB}$ 与 $\boldsymbol{BA}$ 相似．

例 41　若 $\boldsymbol{A}$ 可逆，且 $\boldsymbol{A}\sim\boldsymbol{B}$，证明：$\boldsymbol{A}^*\sim\boldsymbol{B}^*$．

证　$\boldsymbol{A}\sim\boldsymbol{B}$，$\boldsymbol{A}$ 可逆，则 $\boldsymbol{B}$ 也可逆，事实上，因存在可逆阵 $\boldsymbol{P}_1$，使 $\boldsymbol{P}_1^{-1}\boldsymbol{A}\boldsymbol{P}_1=\boldsymbol{B}$，对等式两边取行列式，则 $|\boldsymbol{B}|\neq0$. 对等式两边求逆得到 $\boldsymbol{P}_1^{-1}\boldsymbol{A}^{-1}\boldsymbol{P}_1=\boldsymbol{B}^{-1}$，从而 $\boldsymbol{A}^{-1}\sim\boldsymbol{B}^{-1}$. 因

$$\boldsymbol{A}^*=|\boldsymbol{A}|\boldsymbol{A}^{-1},\ \boldsymbol{B}^*=|\boldsymbol{B}|\boldsymbol{B}^{-1},$$

由 $\boldsymbol{A}\sim\boldsymbol{B}$，有 $|\boldsymbol{A}|=|\boldsymbol{B}|$($\boldsymbol{A}$ 与 $\boldsymbol{B}$ 有相同的特征值)，于是 $\boldsymbol{P}_1^{-1}\boldsymbol{A}^{-1}\boldsymbol{P}_1=\boldsymbol{B}^{-1}$ 两边同乘以 $|\boldsymbol{A}|$，得 $\boldsymbol{P}_1^{-1}|\boldsymbol{A}|\boldsymbol{A}^{-1}\boldsymbol{P}_1=|\boldsymbol{B}|\boldsymbol{B}^{-1}$，即 $\boldsymbol{P}_1^{-1}\boldsymbol{A}^*\boldsymbol{P}_1=\boldsymbol{B}^*$，故 $\boldsymbol{A}^*\sim\boldsymbol{B}^*$．

例 42　如果 $\boldsymbol{A}\sim\boldsymbol{B}$，$\boldsymbol{C}\sim\boldsymbol{D}$，证明：$\begin{pmatrix}\boldsymbol{A}&\boldsymbol{O}\\\boldsymbol{O}&\boldsymbol{C}\end{pmatrix}\sim\begin{pmatrix}\boldsymbol{B}&\boldsymbol{O}\\\boldsymbol{O}&\boldsymbol{D}\end{pmatrix}$.

证　因 $\boldsymbol{A}\sim\boldsymbol{B}$，故存在可逆阵 $\boldsymbol{P}_1$，使 $\boldsymbol{B}=\boldsymbol{P}_1^{-1}\boldsymbol{A}\boldsymbol{P}_1$. 又因 $\boldsymbol{C}\sim\boldsymbol{D}$，故存在可逆阵 $\boldsymbol{P}_2$，使 $\boldsymbol{D}=\boldsymbol{P}_2^{-1}\boldsymbol{C}\boldsymbol{P}_2$，令 $\boldsymbol{P}=\begin{pmatrix}\boldsymbol{P}_1&\boldsymbol{O}\\\boldsymbol{O}&\boldsymbol{P}_2\end{pmatrix}$，则 $|\boldsymbol{P}|=|\boldsymbol{P}_1||\boldsymbol{P}_2|\neq0$，故 $\boldsymbol{P}$ 可逆，且

$$\boldsymbol{P}^{-1}\begin{pmatrix}\boldsymbol{A}&\boldsymbol{O}\\\boldsymbol{O}&\boldsymbol{C}\end{pmatrix}\boldsymbol{P}=\begin{pmatrix}\boldsymbol{P}_1^{-1}&\boldsymbol{O}\\\boldsymbol{O}&\boldsymbol{P}_2^{-1}\end{pmatrix}\begin{pmatrix}\boldsymbol{A}&\boldsymbol{O}\\\boldsymbol{O}&\boldsymbol{C}\end{pmatrix}\begin{pmatrix}\boldsymbol{P}_1&\boldsymbol{O}\\\boldsymbol{O}&\boldsymbol{P}_2\end{pmatrix}=\begin{pmatrix}\boldsymbol{P}_1^{-1}\boldsymbol{A}\boldsymbol{P}_1&\boldsymbol{O}\\\boldsymbol{O}&\boldsymbol{P}_2^{-1}\boldsymbol{C}\boldsymbol{P}_2\end{pmatrix}=\begin{pmatrix}\boldsymbol{B}&\boldsymbol{O}\\\boldsymbol{O}&\boldsymbol{D}\end{pmatrix}.$$

例 43　设 $\boldsymbol{A}\sim\boldsymbol{B}$，试证明：存在可逆阵 $\boldsymbol{P}$，使 $\boldsymbol{AP}\sim\boldsymbol{BP}$.

证　因 $\boldsymbol{A}\sim\boldsymbol{B}$，故存在可逆阵 $\boldsymbol{P}_1$，使 $\boldsymbol{P}_1^{-1}\boldsymbol{A}\boldsymbol{P}_1=\boldsymbol{B}$，即 $\boldsymbol{A}=\boldsymbol{P}_1\boldsymbol{B}\boldsymbol{P}_1^{-1}$. 令 $\boldsymbol{P}=\boldsymbol{P}_1$，且在等式两端右乘 $\boldsymbol{P}$，则 $\boldsymbol{AP}=\boldsymbol{P}_1\boldsymbol{B}\boldsymbol{P}_1^{-1}\boldsymbol{P}=\boldsymbol{P}_1\boldsymbol{B}\boldsymbol{P}_1\boldsymbol{P}_1^{-1}=\boldsymbol{P}_1\boldsymbol{BP}\boldsymbol{P}_1^{-1}$. 这里用到 $\boldsymbol{P}_1\boldsymbol{P}_1^{-1}=\boldsymbol{P}_1^{-1}\boldsymbol{P}_1=\boldsymbol{E}$，故 $\boldsymbol{P}_1^{-1}(\boldsymbol{AP})\boldsymbol{P}_1=\boldsymbol{BP}$，即 $\boldsymbol{AP}\sim\boldsymbol{BP}$.

例 44 设同阶矩阵 $\boldsymbol{A}$，$\boldsymbol{B}$ 均与对角阵相似，且其特征值一致，证明：$\boldsymbol{A}$ 与 $\boldsymbol{B}$ 相似.

证 由题设，存在可逆阵 $\boldsymbol{P}_1$，使 $\boldsymbol{P}_1^{-1}\boldsymbol{A}\boldsymbol{P}_1=\text{diag}(\lambda_1,\lambda_2,\cdots,\lambda_n)=\boldsymbol{\Lambda}_1$，又存在可逆阵 $\boldsymbol{P}_2$，使 $\boldsymbol{P}_2^{-1}\boldsymbol{B}\boldsymbol{P}_2=\text{diag}(\lambda_{i1},\lambda_{i2},\cdots,\lambda_{in})=\boldsymbol{\Lambda}_2$，即 $\boldsymbol{A}\sim\boldsymbol{\Lambda}_1$，$\boldsymbol{B}\sim\boldsymbol{\Lambda}_2$. 由于 $\boldsymbol{\Lambda}_1$ 与 $\boldsymbol{\Lambda}_2$ 的对角元素相同，仅是排列次序不同，有 $\boldsymbol{\Lambda}_1\sim\boldsymbol{\Lambda}_2$. 又由相似的对称性得到 $\boldsymbol{\Lambda}_2\sim\boldsymbol{B}$，于是由相似的传递性得到 $\boldsymbol{A}\sim\boldsymbol{\Lambda}_1\sim\boldsymbol{\Lambda}_2\sim\boldsymbol{B}$，即 $\boldsymbol{A}\sim\boldsymbol{B}$.

例 45 设 n 阶方阵 $\boldsymbol{A}$ 的 n 个特征值互异，$\boldsymbol{B}$ 与 $\boldsymbol{A}$ 有完全不同的特征值，证明：有非奇异矩阵 $\boldsymbol{P}$ 及另一矩阵 $\boldsymbol{R}$，使 $\boldsymbol{A}=\boldsymbol{PR}$，$\boldsymbol{B}=\boldsymbol{RP}$.

证 由上例可知 $\boldsymbol{A}\sim\boldsymbol{B}$，于是存在可逆阵 $\boldsymbol{P}$，使 $\boldsymbol{P}^{-1}\boldsymbol{AP}=\boldsymbol{B}$，则

$$\boldsymbol{A}=\boldsymbol{P}(\boldsymbol{BP}^{-1}),\ \boldsymbol{B}=(\boldsymbol{P}^{-1}\boldsymbol{A})\boldsymbol{P}.$$

又由 $\boldsymbol{P}^{-1}\boldsymbol{AP}=\boldsymbol{B}$，得到 $\boldsymbol{P}^{-1}\boldsymbol{A}=\boldsymbol{BP}^{-1}$. 令 $\boldsymbol{P}^{-1}\boldsymbol{A}=\boldsymbol{BP}^{-1}=\boldsymbol{R}$. 该例得证.

例 46 已知 $\boldsymbol{A}=\begin{pmatrix}-1&1&0\\-2&2&0\\4&x&1\end{pmatrix}$能对角化，求 $\boldsymbol{A}^n$.

解 因为 $\boldsymbol{A}$ 能对角化，$\boldsymbol{A}$ 必有三个线性无关的特征向量，由于

$$|\lambda\boldsymbol{E}-\boldsymbol{A}|=\begin{vmatrix}\lambda+1&-1&0\\2&\lambda-2&0\\-4&-x&\lambda-1\end{vmatrix}=(\lambda-1)(\lambda^2-\lambda).$$

$\lambda=1$ 是二重特征值，必有两个线性无关的特征向量，因此 $r(\boldsymbol{E}-\boldsymbol{A})=1$，得 $x=-2$.

求出 $\lambda=1$ 的特征向量 $\boldsymbol{X}_1=(1,2,0)^{\mathrm{T}}$，$\boldsymbol{X}_2=(0,0,1)^{\mathrm{T}}$ 及 $\lambda=0$ 的特征向量 $\boldsymbol{X}_3=(1,1,-2)^{\mathrm{T}}$. 令

$$\boldsymbol{P}=(\boldsymbol{X}_1,\boldsymbol{X}_2,\boldsymbol{X}_3)=\begin{pmatrix}1&0&1\\2&0&1\\0&1&-2\end{pmatrix},$$

有 $\boldsymbol{P}^{-1}=\begin{pmatrix}-1&1&0\\4&-2&1\\2&-1&0\end{pmatrix}$，于是 $\boldsymbol{P}^{-1}\boldsymbol{AP}=\boldsymbol{\Lambda}=\begin{pmatrix}1&&\\&1&\\&&0\end{pmatrix}$，得 $\boldsymbol{A}=\boldsymbol{P\Lambda P}^{-1}$，则

$$\boldsymbol{A}^n=\boldsymbol{P\Lambda}^n\boldsymbol{P}^{-1}=\begin{pmatrix}1&0&1\\2&0&1\\0&1&-2\end{pmatrix}\begin{pmatrix}1&&\\&1&\\&&0\end{pmatrix}\begin{pmatrix}-1&1&0\\4&-2&1\\2&-1&0\end{pmatrix}=\begin{pmatrix}-1&1&0\\-2&2&0\\4&-2&1\end{pmatrix}.$$

例 47 已知 $\boldsymbol{A}=\begin{pmatrix}1&2\\4&3\end{pmatrix}$，求 $\boldsymbol{A}^n$.

解　由$|\lambda \boldsymbol{E}-\boldsymbol{A}|=(\lambda-5)(\lambda+1)=0$，得到$\boldsymbol{A}$的特征值为$\lambda_1=5$，$\lambda_2=-1$. $\boldsymbol{A}$与对角阵相似．解$(\lambda_1\boldsymbol{E}-\boldsymbol{A})\boldsymbol{X}=\boldsymbol{0}$，$(\lambda_2\boldsymbol{E}-\boldsymbol{A})\boldsymbol{X}=\boldsymbol{0}$分别得到线性无关的解向量

$$\boldsymbol{\alpha}_1=(1,\ 2)^{\mathrm{T}},\ \boldsymbol{\alpha}_2=(-1,\ 1)^{\mathrm{T}}.$$

取$\boldsymbol{P}=(\boldsymbol{\alpha}_1,\ \boldsymbol{\alpha}_2)=\begin{pmatrix}1 & -1\\ 2 & 1\end{pmatrix}$，则$\boldsymbol{P}^{-1}=\dfrac{1}{3}\begin{pmatrix}1 & 1\\ -2 & 1\end{pmatrix}$.

$$\boldsymbol{A}^n=\boldsymbol{P}\begin{pmatrix}5 & 0\\ 0 & -1\end{pmatrix}^n\boldsymbol{P}^{-1}=\frac{1}{3}\begin{pmatrix}5^n-2(-1)^{n+1} & 5^n+(-1)^{n+1}\\ 2\cdot 5^n-2(-1)^n & 2\cdot 5^n+(-1)^n\end{pmatrix}.$$

注意：计算矩阵$\boldsymbol{A}$的高次幂十分复杂．但若$\boldsymbol{A}$与对角矩阵$\boldsymbol{\Lambda}$相似，即存在可逆矩阵$\boldsymbol{P}$，使$\boldsymbol{P}^{-1}\boldsymbol{A}\boldsymbol{P}=\boldsymbol{\Lambda}$，则$\boldsymbol{A}^k=\boldsymbol{P}\boldsymbol{\Lambda}^k\boldsymbol{P}^{-1}$（$k$为自然数）.

例 48　设$\boldsymbol{P}^{-1}\boldsymbol{A}\boldsymbol{P}=\boldsymbol{\Lambda}$，其中$\boldsymbol{P}=\begin{pmatrix}-1 & -4\\ 1 & 1\end{pmatrix}$，$\boldsymbol{\Lambda}=\begin{pmatrix}-1 & 0\\ 0 & 2\end{pmatrix}$，求$\boldsymbol{A}^{11}$.

解　由题设知

$$\boldsymbol{A}=\boldsymbol{P}\boldsymbol{\Lambda}\boldsymbol{P}^{-1},\ \boldsymbol{A}^2=(\boldsymbol{P}\boldsymbol{\Lambda}\boldsymbol{P}^{-1})(\boldsymbol{P}\boldsymbol{\Lambda}\boldsymbol{P}^{-1})=\boldsymbol{P}\boldsymbol{\Lambda}^2\boldsymbol{P}^{-1},$$
$$\boldsymbol{A}^3=\boldsymbol{P}\boldsymbol{\Lambda}^3\boldsymbol{P}^{-1},\ \cdots,\ \boldsymbol{A}^{11}=\boldsymbol{P}\boldsymbol{\Lambda}^{11}\boldsymbol{P}^{-1}.$$

而
$$\boldsymbol{P}^{-1}=\frac{1}{3}\begin{pmatrix}1 & 4\\ -1 & -1\end{pmatrix},\ \boldsymbol{\Lambda}^{11}=\begin{pmatrix}-1 & 0\\ 0 & 2\end{pmatrix}^{11}=\begin{pmatrix}-1 & 0\\ 0 & 2^{11}\end{pmatrix},$$

$$\boldsymbol{A}^{11}=\boldsymbol{P}\boldsymbol{\Lambda}^{11}\boldsymbol{P}^{-1}=\frac{1}{3}\begin{pmatrix}-1 & -4\\ 1 & 1\end{pmatrix}\begin{pmatrix}-1 & 0\\ 0 & 2^{11}\end{pmatrix}\begin{pmatrix}1 & 4\\ -1 & -1\end{pmatrix}=\begin{pmatrix}2731 & 2732\\ -683 & -684\end{pmatrix}.$$

例 49　设$\boldsymbol{A}=\begin{pmatrix}\lambda & 1 & 0\\ 0 & \lambda & 1\\ 0 & 0 & \lambda\end{pmatrix}$，求$\boldsymbol{A}^n$（$n\geqslant 2$，自然数）.

解　因$\boldsymbol{A}$为主对角元素相同的上三角矩阵．

$$\begin{pmatrix}\lambda & 1 & 0\\ 0 & \lambda & 1\\ 0 & 0 & \lambda\end{pmatrix}=\lambda\begin{pmatrix}1 & 0 & 0\\ 0 & 1 & 0\\ 0 & 0 & 1\end{pmatrix}+\begin{pmatrix}0 & 1 & 0\\ 0 & 0 & 1\\ 0 & 0 & 0\end{pmatrix}=\lambda\boldsymbol{E}+\boldsymbol{B},$$

$\boldsymbol{B}=\begin{pmatrix}0 & 1 & 0\\ 0 & 0 & 1\\ 0 & 0 & 0\end{pmatrix}$为幂零矩阵（幂零矩阵的特征值全为零），必存在某正整数k，使$\boldsymbol{A}^k=\boldsymbol{O}$. 事实上，

$$\boldsymbol{B}^2=\begin{pmatrix}0 & 1 & 0\\ 0 & 0 & 1\\ 0 & 0 & 0\end{pmatrix}^2=\begin{pmatrix}0 & 0 & 1\\ 0 & 0 & 0\\ 0 & 0 & 0\end{pmatrix},$$

$$\boldsymbol{B}^3=\begin{pmatrix}0&1&0\\0&0&1\\0&0&0\end{pmatrix}^3=\begin{pmatrix}0&0&1\\0&0&0\\0&0&0\end{pmatrix}\begin{pmatrix}0&1&0\\0&0&1\\0&0&0\end{pmatrix}=\begin{pmatrix}0&0&0\\0&0&0\\0&0&0\end{pmatrix},$$

注意到$\boldsymbol{B}^k=\begin{pmatrix}0&1&0\\0&0&1\\0&0&0\end{pmatrix}^k=\boldsymbol{O}(k\geqslant 3)$，故

$$\begin{aligned}\boldsymbol{A}^n&=(\lambda\boldsymbol{E}+\boldsymbol{B})^n=(\lambda\boldsymbol{E})^n+C_n^1(\lambda\boldsymbol{E})^{n-1}\boldsymbol{B}+C_n^2(\lambda\boldsymbol{E})^{n-2}\boldsymbol{B}^2+C_n^3(\lambda\boldsymbol{E})^{n-3}\boldsymbol{B}^3+\cdots\\&=(\lambda\boldsymbol{E})^n+C_n^1(\lambda\boldsymbol{E})^{n-1}\boldsymbol{B}+C_n^2(\lambda\boldsymbol{E})^{n-2}\boldsymbol{B}^2\\&=\begin{pmatrix}\lambda^n&0&0\\0&\lambda^n&0\\0&0&\lambda^n\end{pmatrix}+\begin{pmatrix}0&C_n^1\lambda^{n-1}&0\\0&0&C_n^1\lambda^{n-1}\\0&0&0\end{pmatrix}+\begin{pmatrix}0&0&C_n^2\lambda^{n-2}\\0&0&0\\0&0&0\end{pmatrix}\\&=\begin{pmatrix}\lambda^n&C_n^1\lambda^{n-1}&C_n^2\lambda^{n-2}\\0&\lambda^n&C_n^1\lambda^{n-1}\\0&0&\lambda^n\end{pmatrix}.\end{aligned}$$

例 50 设λ_1，λ_2，λ_3为三阶矩阵$\boldsymbol{A}$的特征值，其对应的特征向量分别为$\boldsymbol{\alpha}_1=(1,1,1)^{\mathrm{T}}$，$\boldsymbol{\alpha}_2=(0,1,1)^{\mathrm{T}}$，$\boldsymbol{\alpha}_3=(0,0,1)^{\mathrm{T}}$，求证：

$$(\boldsymbol{A}^n)^{\mathrm{T}}=\begin{pmatrix}\lambda_1^n&\lambda_1^n-\lambda_2^n&\lambda_1^n-\lambda_2^n\\0&\lambda_2^n&\lambda_2^n-\lambda_3^n\\0&0&\lambda_3^n\end{pmatrix}.$$

证 $\boldsymbol{\alpha}_1$，$\boldsymbol{\alpha}_2$，$\boldsymbol{\alpha}_3$线性无关，因而$\boldsymbol{A}$与$\mathrm{diag}(\lambda_1,\lambda_2,\lambda_3)$相似．令$\boldsymbol{P}=(\boldsymbol{\alpha}_1,\boldsymbol{\alpha}_2,\boldsymbol{\alpha}_3)$，得

$$\begin{aligned}(\boldsymbol{A}^n)^{\mathrm{T}}&=(\boldsymbol{P}\mathrm{diag}(\lambda_1^n,\lambda_2^n,\lambda_3^n)\boldsymbol{P}^{-1})^{\mathrm{T}}\\&=\left(\begin{pmatrix}1&0&0\\1&1&0\\1&1&1\end{pmatrix}\begin{pmatrix}\lambda_1^n&0&0\\0&\lambda_2^n&0\\0&0&\lambda_3^n\end{pmatrix}\begin{pmatrix}1&0&0\\-1&1&0\\0&-1&1\end{pmatrix}\right)^{\mathrm{T}}\\&=\begin{pmatrix}\lambda_1^n&\lambda_1^n-\lambda_2^n&\lambda_1^n-\lambda_2^n\\0&\lambda_2^n&\lambda_2^n-\lambda_3^n\\0&0&\lambda_3^n\end{pmatrix}.\end{aligned}$$

同 步 练 习

一、填空题

(1)设四阶矩阵$\boldsymbol{A}$满足$|2\boldsymbol{E}+\boldsymbol{A}|=0$，$\boldsymbol{A}\boldsymbol{A}^{\mathrm{T}}=3\boldsymbol{E}$，$|\boldsymbol{A}|<0$，其中$\boldsymbol{E}$为四阶

单位矩阵，则伴随矩阵 $\boldsymbol{A}^*$ 必有一个特征值为__________.

(2)矩阵 $\boldsymbol{A}=\begin{pmatrix}2&4&2\\1&2&1\\3&6&3\end{pmatrix}$ 的非零特征值是__________.

(3)设矩阵 $\boldsymbol{A}=\begin{pmatrix}0&0&1\\x&1&y\\1&0&0\end{pmatrix}$ 有 3 个线性无关的特征向量，则 x，y 应满足的条件是__________.

(4)已知三阶矩阵 $\boldsymbol{A}$ 的特征值为 -1，2，-3，矩阵 $\boldsymbol{B}=2\boldsymbol{A}^3+\boldsymbol{A}^2$，则 $\boldsymbol{B}$ 的特征值为__________.

(5)已知 $\boldsymbol{A}=\begin{pmatrix}1&2\\3&x\end{pmatrix}$ 与 $\boldsymbol{B}=\begin{pmatrix}2&3\\4&y\end{pmatrix}$ 相似，则 $x=$________，$y=$________.

(6)设实对称矩阵 $\boldsymbol{A}$ 满足 $\boldsymbol{A}^3+3\boldsymbol{A}^2+\boldsymbol{A}=5\boldsymbol{E}$，则 $\boldsymbol{A}=$__________.

(7)设 $\boldsymbol{A}$ 为 n 阶可逆矩阵，且 $r(\boldsymbol{A}-\boldsymbol{E})<n$，则 $\boldsymbol{A}$ 必有特征值__________，且其重数至少是__________.

(8)已知 n 阶实对称矩阵 $\boldsymbol{A}$ 的特征值只能是 1 和 -1，则 $\boldsymbol{A}^2=$__________.

(9)已知三阶实对称矩阵 $\boldsymbol{A}$ 的特征值为 $\lambda_1=-1$，$\lambda_2=\lambda_3=1$，对应于 λ_1 的特征向量为 $\boldsymbol{\alpha}_1=(0,1,1)^{\mathrm{T}}$，则矩阵 $\boldsymbol{A}=$__________.

(10)已知向量 $\boldsymbol{\alpha}_1=(1,k,1)^{\mathrm{T}}$ 是矩阵 $\boldsymbol{A}=\begin{pmatrix}2&1&1\\1&2&1\\1&1&2\end{pmatrix}$ 的逆矩阵 $\boldsymbol{A}^{-1}$ 的特征向量，则 $k=$__________.

二、选择题

(1)若矩阵 $\boldsymbol{A}$ 与矩阵 $\boldsymbol{B}$ 相似，则下列说法正确的是(　　).

(A)$\lambda\boldsymbol{E}-\boldsymbol{A}=\lambda\boldsymbol{E}-\boldsymbol{B}$;

(B)$\boldsymbol{A}$ 与 $\boldsymbol{B}$ 均相似于同一对角矩阵;

(C)$r(\boldsymbol{A})=r(\boldsymbol{B})$;

(D)对于相同的特征值 λ，$\boldsymbol{A}$，$\boldsymbol{B}$ 有相同的特征向量.

(2)设三阶矩阵 $\boldsymbol{A}=\begin{pmatrix}-1&2&2\\3&-1&1\\2&2&-1\end{pmatrix}$，则 $\boldsymbol{A}$ 的特征值为(　　).

(A)1，-1，1;　　(B)2，0，1;

(C)3，-3，-3;　　(D)2，0，-1.

(3)设矩阵 $\boldsymbol{A}$ 满足 $\boldsymbol{A}^3-2\boldsymbol{A}^2-\boldsymbol{A}+2\boldsymbol{E}=\boldsymbol{O}$，则下列矩阵必为可逆矩阵的是(　　).

(A)$\boldsymbol{A}+\boldsymbol{E}$；　(B)$\boldsymbol{A}-\boldsymbol{E}$；　(C)$\boldsymbol{A}+2\boldsymbol{E}$；　(D)$\boldsymbol{A}-2\boldsymbol{E}$.

(4)n 阶方阵 $\boldsymbol{A}$ 的每行元素之和均为 8，则 $\boldsymbol{A}^{-1}$ 有一特征值为(　　).

(A)1/8；　(B)$-1/8$；　(C)8；　(D)-8.

(5)已知四阶方阵 $\boldsymbol{A}$，$|\boldsymbol{A}|=3$，并且 $3\boldsymbol{A}+\boldsymbol{E}$ 不可逆，则 $\boldsymbol{A}^*-\boldsymbol{E}$ 的一个特征值 λ 为(　　).

(A)3；　(B)$-2/3$；　(C)2；　(D)-10.

(6)设 $\boldsymbol{A}$ 是 n 阶非零矩阵，$\boldsymbol{A}^k=\boldsymbol{O}$，下列命题不正确的是(　　).

(A)$\boldsymbol{A}$ 必不能对角化；　(B)$\boldsymbol{A}$ 只有一个线性无关的特征向量；

(C)$\boldsymbol{A}$ 的特征值只有一个零；　(D)$\boldsymbol{E}+\boldsymbol{A}+\boldsymbol{A}^2+\cdots+\boldsymbol{A}^{k-1}$ 必可逆.

(7)与矩阵 $\boldsymbol{A}=\begin{pmatrix}1&0&0\\0&1&0\\0&0&2\end{pmatrix}$ 相似的矩阵是(　　).

(A)$\begin{pmatrix}1&1&0\\0&2&1\\0&0&1\end{pmatrix}$；　(B)$\begin{pmatrix}1&1&0\\0&1&0\\0&0&2\end{pmatrix}$；

(C)$\begin{pmatrix}1&0&1\\0&1&0\\0&0&2\end{pmatrix}$；　(D)$\begin{pmatrix}1&0&1\\0&2&1\\0&0&1\end{pmatrix}$.

(8)设 n 阶方阵 $\boldsymbol{A}$ 相似于对角矩阵，则下列结论正确的是(　　).

(A)$\boldsymbol{A}$ 必为可逆矩阵；　(B)$\boldsymbol{A}$ 有 n 个不同的特征值；

(C)$\boldsymbol{A}$ 必为实对称矩阵；　(D)$\boldsymbol{A}$ 必有 n 个线性无关的特征向量.

(9)若 $\boldsymbol{A}$ 与 $\boldsymbol{B}$ 相似，则下列结论不正确的是(　　).

(A)$\boldsymbol{A}^{\mathrm{T}}$ 与 $\boldsymbol{B}^{\mathrm{T}}$ 相似；　(B)$\boldsymbol{A}^{-1}$ 与 $\boldsymbol{B}^{-1}$ 相似；

(C)$\boldsymbol{A}^k$ 与 $\boldsymbol{B}^k$ 相似；　(D)$\boldsymbol{A}$，$\boldsymbol{B}$ 均与一个对角矩阵相似.

(10)设 $\boldsymbol{A}$，$\boldsymbol{B}$ 为 n 阶矩阵，且 $\boldsymbol{A}$ 与 $\boldsymbol{B}$ 相似，$\boldsymbol{E}$ 为 n 阶单位矩阵，则(　　).

(A)$\lambda\boldsymbol{E}-\boldsymbol{A}=\lambda\boldsymbol{E}-\boldsymbol{B}$；

(B)$\boldsymbol{A}$ 与 $\boldsymbol{B}$ 有相同的特征值和特征向量；

(C)$\boldsymbol{A}$ 与 $\boldsymbol{B}$ 都相似于一个对角矩阵；

(D)对任意常数 t，$t\boldsymbol{E}-\boldsymbol{A}$ 与 $t\boldsymbol{E}-\boldsymbol{B}$ 相似.

三、计算与证明题

(1)已知 $\boldsymbol{A}=\begin{pmatrix}1&2\\4&3\end{pmatrix}$，求 $\boldsymbol{A}^{100}$.

(2)已知三阶矩阵 $\boldsymbol{A}=\begin{pmatrix} a & -5 & 8 \\ 0 & a+1 & 8 \\ 0 & 3a+3 & 25 \end{pmatrix}$，且 $r(\boldsymbol{A})<3$，并已知 $\boldsymbol{B}$ 有三个特征值 1，-1，0，对应的特征向量分别为 $\boldsymbol{\beta}_1=(1,\ 2a,\ -1)^{\mathrm{T}}$，$\boldsymbol{\beta}_2=(a,\ a+3,\ a+2)^{\mathrm{T}}$，$\boldsymbol{\beta}_3=(a-2,\ -1,\ a+1)^{\mathrm{T}}$，试求参数 a 及矩阵 $\boldsymbol{B}$.

(3)已知 6 是三阶矩阵 $\boldsymbol{A}=\begin{pmatrix} 1 & -1 & 1 \\ 2 & 4 & -2 \\ -3 & -3 & a \end{pmatrix}$的特征值.

①求 a 的值及矩阵 $\boldsymbol{A}$ 的其他特征值 λ_1，λ_2；

②求可逆矩阵 $\boldsymbol{P}$，使得 $\boldsymbol{P}^{-1}\boldsymbol{AP}=\begin{pmatrix} \lambda_1 & & \\ & 6 & \\ & & \lambda_2 \end{pmatrix}$.

(4)设 λ_1，λ_2，…，λ_n 为 n 阶实对称方阵 $\boldsymbol{A}$ 的特征值，求证：λ_1^4，λ_2^4，…，λ_n^4 为 $\boldsymbol{A}^4$ 的特征值.

(5)设三阶矩阵 $\boldsymbol{A}$ 有特征值 1，-1，3，证明：$\boldsymbol{B}=(3\boldsymbol{E}+\boldsymbol{A}^*)^2$ 可对角化，并求 $\boldsymbol{B}$ 的一个相似对角形.

(6)设方阵 $\boldsymbol{A}$ 满足条件 $\boldsymbol{A}^{\mathrm{T}}\boldsymbol{A}=\boldsymbol{E}$，其中 $\boldsymbol{A}^{\mathrm{T}}$ 是 $\boldsymbol{A}$ 的转置矩阵，$\boldsymbol{E}$ 为单位阵，试证明：$\boldsymbol{A}$ 的实特征向量所对应的特征值的绝对值等于 1.

同步练习参考答案

一、填空题

解　(1)依题意有 $|2\boldsymbol{E}+\boldsymbol{A}|=|\boldsymbol{A}-(-2\boldsymbol{E})|=0$，即 $\lambda=-2$ 为 $\boldsymbol{A}$ 的一个特征值. 设其对应的一个特征向量为 $\boldsymbol{\alpha}$，则 $\boldsymbol{A\alpha}=-2\boldsymbol{\alpha}$. 由 $\boldsymbol{AA}^{\mathrm{T}}=3\boldsymbol{E}$，得 $|\boldsymbol{A}|^2=3^4=81$，即 $|\boldsymbol{A}|=\pm 9$，由 $|\boldsymbol{A}|<0$，得 $|\boldsymbol{A}|=-9$. 由 $\boldsymbol{A\alpha}=-2\boldsymbol{\alpha}$，$\boldsymbol{A}^*\boldsymbol{A\alpha}=-2\boldsymbol{A}^*\boldsymbol{\alpha}$，即 $\boldsymbol{A}^*\boldsymbol{\alpha}=-|\boldsymbol{A}|\boldsymbol{\alpha}/2=9\boldsymbol{\alpha}/2$，故 9/2 为 $\boldsymbol{A}^*$ 的一个特征值.

(2)由矩阵 $\boldsymbol{A}$ 的特征多项式

$$|\lambda\boldsymbol{E}-\boldsymbol{A}|=\begin{vmatrix} \lambda-2 & -4 & -2 \\ -1 & \lambda-2 & -1 \\ -3 & -6 & \lambda-3 \end{vmatrix}=\lambda^2(\lambda-7),$$

知矩阵 $\boldsymbol{A}$ 的特征值是 $\lambda_1=\lambda_2=0$，$\lambda_3=7$，故应填 7.

(3)因为 $|\boldsymbol{A}-\lambda\boldsymbol{E}|=(\lambda-1)^2(\lambda+1)=0$，所以 $\lambda_1=1$ 为二重特征根，故 $\lambda_1=1$ 对应有两个线性无关的特征向量，即线性方程组 $(\boldsymbol{A}-\boldsymbol{E})\boldsymbol{X}=\boldsymbol{0}$ 的解空间的维数

为 2，所以 $r(\boldsymbol{A}-\boldsymbol{E})=1$，又

$$\boldsymbol{A}-\boldsymbol{E}=\begin{pmatrix}-1&0&1\\x&0&y\\1&0&-1\end{pmatrix}\longrightarrow\begin{pmatrix}1&0&-1\\0&0&x+y\\0&0&0\end{pmatrix},$$

因此 $x+y=0$.

(4)由 $\boldsymbol{B}=f(\boldsymbol{A})=2\boldsymbol{A}^3+\boldsymbol{A}^2$，设 $\boldsymbol{A}$ 的特征值为 λ，则 $\boldsymbol{B}$ 的特征值为 $2\lambda^3+\lambda^2$. 由 $\boldsymbol{A}$ 的 3 个特征值为 -1，2，-3，则 $\boldsymbol{B}$ 的特征值分别为 $2(-1)^3+(-1)^2$，$2\times2^3+2^2$，$2(-3)^3+(-3)^2$，即分别为 -1，20，-45.

(5)由 $\boldsymbol{A}$ 与 $\boldsymbol{B}$ 相似，则 $\boldsymbol{A}$，$\boldsymbol{B}$ 有相同的特征值 λ_1，λ_2，且

$$|\boldsymbol{A}|=|\boldsymbol{B}|=\lambda_1\lambda_2,\ 1+x=2+y=\lambda_1+\lambda_2,$$

即
$$\begin{cases}x-6=2y-12,\\1+x=2+y\end{cases}\Rightarrow\begin{cases}x-2y=-6,\\x-y=1\end{cases}\Rightarrow\begin{cases}x=8,\\y=7.\end{cases}$$

(6)设 $\boldsymbol{A}$ 的特征值为 λ，由 $\boldsymbol{A}$ 是实对称矩阵，故 λ 必为实数. 由 $\boldsymbol{A}^3+3\boldsymbol{A}^2+\boldsymbol{A}=5\boldsymbol{E}$，得 $\lambda^3+3\lambda^2+\lambda=5$，即 $(\lambda-1)(\lambda^2+4\lambda+5)=0$.

由 λ 为实数，故 $\boldsymbol{A}$ 的特征值只能为 1. 由实对称矩阵必可对角化，故存在可逆矩阵 $\boldsymbol{P}$，使得 $\boldsymbol{P}^{-1}\boldsymbol{AP}=\boldsymbol{E}$，即 $\boldsymbol{A}=\boldsymbol{E}$.

(7)由 $r(\boldsymbol{A}-\boldsymbol{E})<n$，故 $|\boldsymbol{A}-\boldsymbol{E}|=0$，即 $|\boldsymbol{E}-\boldsymbol{A}|=0$，故 $\boldsymbol{A}$ 必有特征值 1. 由 $(\boldsymbol{A}-\boldsymbol{E})\boldsymbol{X}=\boldsymbol{0}$，可得 $n-r(\boldsymbol{A}-\boldsymbol{E})$ 个线性无关的解，故它的重数至少为 $n-r(\boldsymbol{A}-\boldsymbol{E})$.

(8)由于 $\boldsymbol{A}$ 为实对称矩阵，故 $\boldsymbol{A}$ 必与对角阵相似，即存在可逆矩阵 $\boldsymbol{P}$，使得 $\boldsymbol{P}^{-1}\boldsymbol{AP}=\boldsymbol{\Lambda}$，其中 $\boldsymbol{\Lambda}$ 的对角线元素只能是 1 和 -1，则 $\boldsymbol{P}^{-1}\boldsymbol{A}^2\boldsymbol{P}=\boldsymbol{E}$，解得 $\boldsymbol{A}^2=\boldsymbol{E}$.

(9)设对应于 $\lambda_2=\lambda_3$ 的特征向量为 $\boldsymbol{\alpha}=(x_1,\ x_2,\ x_3)^{\mathrm{T}}$，依题意有 $\boldsymbol{\alpha}^{\mathrm{T}}\boldsymbol{\alpha}_1=0$，即 $0x_1+x_2+x_3=0$，解得基础解系为 $\boldsymbol{\alpha}_2=(1,\ 0,\ 0)^{\mathrm{T}}$，$\boldsymbol{\alpha}_3=(0,\ 1,\ -1)^{\mathrm{T}}$，则 $\boldsymbol{\alpha}_2$，$\boldsymbol{\alpha}_3$ 是对应于 $\lambda_2=\lambda_3=1$ 的特征向量. 取

$$\boldsymbol{Q}=(\boldsymbol{\alpha}_1,\ \boldsymbol{\alpha}_2,\ \boldsymbol{\alpha}_3)=\begin{pmatrix}0&1&0\\1&0&1\\1&0&-1\end{pmatrix},\ \boldsymbol{\Lambda}=\begin{pmatrix}-1&&\\&1&\\&&1\end{pmatrix},$$

则 $\boldsymbol{Q}^{-1}\boldsymbol{AQ}=\boldsymbol{\Lambda}$.

$$\boldsymbol{A}=\boldsymbol{Q\Lambda Q}^{-1}=\begin{pmatrix}0&1&0\\1&0&1\\1&0&-1\end{pmatrix}\begin{pmatrix}-1&0&0\\0&1&0\\0&0&1\end{pmatrix}\begin{pmatrix}0&1/2&1/2\\1&0&0\\0&1/2&-1/2\end{pmatrix}=\begin{pmatrix}1&0&0\\0&0&-1\\0&-1&0\end{pmatrix}.$$

(10)由 $\boldsymbol{\alpha}$ 是 $\boldsymbol{A}^{-1}$ 的特征向量知，$\boldsymbol{\alpha}$ 也是 $\boldsymbol{A}$ 的特征向量. 设 $\boldsymbol{\alpha}$ 对应的 $\boldsymbol{A}$ 的特征值为 λ，则有 $\boldsymbol{A\alpha}=\lambda\boldsymbol{\alpha}$，即

$$\begin{pmatrix}2&1&1\\1&2&1\\1&1&2\end{pmatrix}\begin{pmatrix}1\\k\\1\end{pmatrix}=\lambda\begin{pmatrix}1\\k\\1\end{pmatrix},$$

得方程组 $\begin{cases}2+k+1=\lambda,\\1+2k+1=\lambda k,\\1+k+2=\lambda,\end{cases}$ 解之得 $k=1$ 或 $k=-2$.

二、选择题

解　(1)由相似矩阵有相同的特征多项式，即有 $|\lambda\boldsymbol{E}-\boldsymbol{A}|=|\lambda\boldsymbol{E}-\boldsymbol{B}|$. 但 $\lambda\boldsymbol{E}-\boldsymbol{A}$ 不一定等于 $\lambda\boldsymbol{E}-\boldsymbol{B}$. 若 $\lambda\boldsymbol{E}-\boldsymbol{A}=\lambda\boldsymbol{E}-\boldsymbol{B}$，则必有 $\boldsymbol{A}=\boldsymbol{B}$，显然不对，排除(A).

(B)中，由于 $\boldsymbol{A}$ 与 $\boldsymbol{B}$ 相似的对角矩阵不唯一，故 $\boldsymbol{A}$，$\boldsymbol{B}$ 可以相似于不同的对角矩阵，排除(B).

由 $\boldsymbol{A}$，$\boldsymbol{B}$ 相似，则 $\boldsymbol{A}$，$\boldsymbol{B}$ 有相同的特征值且有相同的特征多项式．若 0 不是 $\boldsymbol{A}$，$\boldsymbol{B}$ 的特征值，则必有 $|\boldsymbol{A}|\neq 0$，$|\boldsymbol{B}|\neq 0$，则有 $r(\boldsymbol{A})=r(\boldsymbol{B})=n$. 若 0 是 $\boldsymbol{A}$，$\boldsymbol{B}$ 的 k 重特征值，则 $(0\boldsymbol{E}-\boldsymbol{A})\boldsymbol{X}=\boldsymbol{0}$，即 $\boldsymbol{AX}=\boldsymbol{0}$，与 $(0\boldsymbol{E}-\boldsymbol{B})\boldsymbol{X}=\boldsymbol{0}$，即 $\boldsymbol{BX}=\boldsymbol{0}$ 的基础解系的秩必为 k，即有 $r(\boldsymbol{A})=r(\boldsymbol{B})=n-k$，从而证得 $r(\boldsymbol{A})=r(\boldsymbol{B})=n-k$，其中 k 为特征值 0 的重数，故(C)为正确答案．

关于(D)，设 $\boldsymbol{A}$，$\boldsymbol{B}$ 的特征值为 λ_1，λ_2，…，λ_n，则存在可逆矩阵 $\boldsymbol{P}$，$\boldsymbol{Q}$ 使得

$$\boldsymbol{P}^{-1}\boldsymbol{AP}=\begin{pmatrix}\lambda_1&&&\\&\lambda_2&&\\&&\ddots&\\&&&\lambda_n\end{pmatrix},\ \boldsymbol{Q}^{-1}\boldsymbol{AQ}=\begin{pmatrix}\lambda_1&&&\\&\lambda_2&&\\&&\ddots&\\&&&\lambda_n\end{pmatrix}.$$

若相同的特征值对应相同的特征向量，则有 $\boldsymbol{P}=\boldsymbol{Q}$，因此就有 $\boldsymbol{A}=\boldsymbol{B}$，显然是不正确的，排除(D).

(2)利用特征值的性质，即所有特征值的和等于对角线元素之和，即有 $\lambda_1+\lambda_2+\lambda_3=-3$，立即可以排除(A)、(B)、(D)，正确答案为(C).

(3)由 $\boldsymbol{A}^3-2\boldsymbol{A}^2-\boldsymbol{A}+2\boldsymbol{E}=\boldsymbol{O}$，有 $(\boldsymbol{A}+\boldsymbol{E})(\boldsymbol{A}-\boldsymbol{E})(\boldsymbol{A}-2\boldsymbol{E})=\boldsymbol{O}$，故 $\boldsymbol{A}$ 的特征值只能为 1，-1 或 2.

若 $\lambda=1$ 是 $\boldsymbol{A}$ 的特征值，则 $\boldsymbol{E}-\boldsymbol{A}$ 非可逆，即 $\boldsymbol{A}-\boldsymbol{E}$ 也非可逆，排除(B).

若 $\lambda=-1$ 是 $\boldsymbol{A}$ 的特征值，则 $-\boldsymbol{E}-\boldsymbol{A}$ 非可逆，即 $\boldsymbol{A}+\boldsymbol{E}$ 也非可逆，排除(A).

若 $\lambda=2$ 是 $\boldsymbol{A}$ 的特征值，则 $2\boldsymbol{E}-\boldsymbol{A}$ 非可逆，即 $\boldsymbol{A}-2\boldsymbol{E}$ 也非可逆，排除(D).

由于 $\lambda=-2$ 一定不是 $\boldsymbol{A}$ 的特征值，故 $|-2\boldsymbol{E}-\boldsymbol{A}|\neq 0$，即 $\boldsymbol{A}+2\boldsymbol{E}$ 必可逆，

正确答案为(C).

(4)设$\boldsymbol{A}=(a_{ij})_{n\times n}$，因$\boldsymbol{A}$的每行元素之和均为8，则

$$\begin{cases}a_{11}+a_{12}+\cdots+a_{1n}=8,\\ a_{21}+a_{22}+\cdots+a_{2n}=8,\\ \cdots\cdots\cdots\cdots\\ a_{n1}+a_{n2}+\cdots+a_{nn}=8,\end{cases}$$

即$\begin{pmatrix}a_{11}&a_{12}&\cdots&a_{1n}\\a_{21}&a_{22}&\cdots&a_{2n}\\\vdots&\vdots&&\vdots\\a_{n1}&a_{n2}&\cdots&a_{nn}\end{pmatrix}\begin{pmatrix}1\\1\\\vdots\\1\end{pmatrix}=8\begin{pmatrix}1\\1\\\vdots\\1\end{pmatrix}$，亦即$\boldsymbol{A}\begin{pmatrix}1\\1\\\vdots\\1\end{pmatrix}=8\begin{pmatrix}1\\1\\\vdots\\1\end{pmatrix}$，从而8是$\boldsymbol{A}$的特征值，进而$\boldsymbol{A}^{-1}\begin{pmatrix}1\\1\\\vdots\\1\end{pmatrix}=\frac{1}{8}\begin{pmatrix}1\\1\\\vdots\\1\end{pmatrix}$，即$\boldsymbol{A}^{-1}$有一特征值为$\frac{1}{8}$，故选(A).

(5)因为$3\boldsymbol{A}+\boldsymbol{E}$不可逆，所以$|3\boldsymbol{A}+\boldsymbol{E}|=0$，即

$$\left|-3\left(-\frac{1}{3}\boldsymbol{E}-\boldsymbol{A}\right)\right|=(-3)^4\left|-\frac{1}{3}\boldsymbol{E}-\boldsymbol{A}\right|=0,$$

所以$-\frac{1}{3}$是$\boldsymbol{A}$的一个特征值．又因为$\boldsymbol{A}^*=|\boldsymbol{A}|\boldsymbol{A}^{-1}$且$|\boldsymbol{A}|=3$，所以$3\times\frac{1}{-1/3}=-9$是$\boldsymbol{A}^*$的一个特征值，所以$\boldsymbol{A}^*-\boldsymbol{E}$的一个特征值为$\lambda=-9-1=-10$，故应选(D).

(6)假设$\boldsymbol{A}$可对角化，则存在可逆矩阵$\boldsymbol{P}$，使$\boldsymbol{P}^{-1}\boldsymbol{A}\boldsymbol{P}=\boldsymbol{\Lambda}$或$\boldsymbol{A}=\boldsymbol{P}\boldsymbol{\Lambda}\boldsymbol{P}^{-1}$.

因为$\boldsymbol{A}^k=\boldsymbol{O}$，所以$\boldsymbol{A}^k=(\boldsymbol{P}\boldsymbol{\Lambda}\boldsymbol{P}^{-1})\cdots(\boldsymbol{P}\boldsymbol{\Lambda}\boldsymbol{P}^{-1})=\boldsymbol{P}\boldsymbol{\Lambda}^k\boldsymbol{P}^{-1}=\boldsymbol{O}$，所以$\boldsymbol{\Lambda}^k=\boldsymbol{O}$，则$\boldsymbol{\Lambda}=\boldsymbol{O}$，所以$\boldsymbol{A}=\boldsymbol{O}$. 这与$\boldsymbol{A}\neq\boldsymbol{O}$矛盾，故$\boldsymbol{A}$必不能对角化．

又知$\boldsymbol{A}$应该有$n-r(\boldsymbol{A})$个线性无关的特征向量，而$\boldsymbol{A}$的秩未知，为$r(\boldsymbol{A})=n-1$，所以选项(B)的说法不正确，故应选(B).

(7)因为矩阵$\boldsymbol{A}$及四个选项中的矩阵的特征值都是$\lambda_1=1$(二重)，$\lambda_1=2$，其中$\boldsymbol{A}$是对角阵，所以只需判断选项中的矩阵哪个可以对角化．

记(A)、(B)、(C)、(D)中的矩阵分别为$\boldsymbol{A}_1$，$\boldsymbol{A}_2$，$\boldsymbol{A}_3$，$\boldsymbol{A}_4$.

关于(A)，对于特征值$\lambda_1=1$，解齐次线性方程组$(\boldsymbol{E}-\boldsymbol{A}_1)\boldsymbol{X}=\boldsymbol{0}$，得基础解系$\boldsymbol{\alpha}_1=(1,0,0)^{\mathrm{T}}$，因为$\lambda_1=1$是二重特征值，却找不到两个线性无关的特征向量，所以$\boldsymbol{A}_1$不可对角化，排除(A)；关于(B)，同理，对于特征值$\lambda_1=1$(二重)也只对应一个特征向量，所以$\boldsymbol{A}_2$不可对角化，故排除(B)；关于(C)，对于特征值$\lambda_1=1$，解齐次线性方程$(\boldsymbol{E}-\boldsymbol{A}_3)\boldsymbol{X}=\boldsymbol{0}$，得基础解系$\boldsymbol{\alpha}_1=(1,0,$

$0)^{\mathrm{T}}$，$\boldsymbol{\alpha}_2=(0，1，0)^{\mathrm{T}}$. 对于特征值 $\lambda_1=2$，解齐次线性方程组 $(2\boldsymbol{E}-\boldsymbol{A}_3)\boldsymbol{X}=\boldsymbol{0}$，得基础解系 $\boldsymbol{\alpha}_3=(1，0，1)^{\mathrm{T}}$，所以 $\boldsymbol{A}_3$ 可对角化．故本题应选(C).

(8)$\boldsymbol{A}$ 相似于对角矩阵，若 $\boldsymbol{A}$ 有 0 特征值，则必有 $|\boldsymbol{A}|=0$，故 $\boldsymbol{A}$ 可以是不可逆矩阵，排除(A).

$\boldsymbol{A}$ 相似于对角矩阵，$\boldsymbol{A}$ 可以有相同的特征值，只要求特征值的重数等于它所对应的线性无关的特征向量的个数，故 $\boldsymbol{A}$ 必有 n 个线性无关的特征向量，排除(B)，正确答案为(D).

$\boldsymbol{A}$ 可对角化，不要求 $\boldsymbol{A}$ 为实对称矩阵，但 $\boldsymbol{A}$ 为实对称矩阵，则 $\boldsymbol{A}$ 必不可对角化，排除(C). 下面举例说明．取

$$\boldsymbol{A}=\begin{pmatrix}1 & 2 & 3\\ 0 & 0 & 0\\ 0 & 0 & 0\end{pmatrix},$$

则 $|\boldsymbol{A}|=0$，且 $|\lambda\boldsymbol{E}-\boldsymbol{A}|=(\lambda-1)\lambda^2=0$，故 $\boldsymbol{A}$ 的特征值为 0 和 1，且 $\boldsymbol{A}$ 可对角化，但 $\boldsymbol{A}$ 不是实对称矩阵，可排除(A)、(C). 又 $\boldsymbol{A}$ 有重根，即特征值 0 是二重，排除(B).

(9)由 $\boldsymbol{A}$ 与 $\boldsymbol{B}$ 相似，故存在可逆矩阵 $\boldsymbol{T}$，使得 $\boldsymbol{A}=\boldsymbol{T}^{-1}\boldsymbol{B}\boldsymbol{T}$，从而有 $\boldsymbol{A}^{\mathrm{T}}=(\boldsymbol{T}^{-1}\boldsymbol{B}\boldsymbol{T})^{\mathrm{T}}=\boldsymbol{T}^{\mathrm{T}}\boldsymbol{B}^{\mathrm{T}}(\boldsymbol{T}^{\mathrm{T}})^{-1}$. 令 $\boldsymbol{P}=(\boldsymbol{T}^{\mathrm{T}})^{-1}$，有 $\boldsymbol{A}^{\mathrm{T}}=\boldsymbol{P}^{-1}\boldsymbol{B}^{\mathrm{T}}\boldsymbol{P}$，故 $\boldsymbol{A}^{\mathrm{T}}$ 与 $\boldsymbol{B}^{\mathrm{T}}$ 相似，排除(A).

由 $\boldsymbol{A}^{-1}=\boldsymbol{T}^{-1}\boldsymbol{B}^{-1}\boldsymbol{T}$，故 $\boldsymbol{A}^{-1}$ 与 $\boldsymbol{B}^{-1}$ 相似，排除(B).

由 $\boldsymbol{A}^k=(\boldsymbol{T}^{-1}\boldsymbol{B}\boldsymbol{T})^k=\boldsymbol{T}^{-1}\boldsymbol{B}^k\boldsymbol{T}$，故 $\boldsymbol{A}^k$ 与 $\boldsymbol{B}^k$ 相似，排除(C).

由 $\boldsymbol{A}$ 与 $\boldsymbol{B}$ 相似，但 $\boldsymbol{A}$ 与 $\boldsymbol{B}$ 未必可以对角化，即 $\boldsymbol{A}$，$\boldsymbol{B}$ 未必与对角矩阵相似，故选(D).

(10)由 $\boldsymbol{A}$ 与 $\boldsymbol{B}$ 相似，可得 $|\lambda\boldsymbol{E}-\boldsymbol{A}|=|\lambda\boldsymbol{E}-\boldsymbol{B}|$，但不一定有 $\lambda\boldsymbol{E}-\boldsymbol{A}=\lambda\boldsymbol{E}-\boldsymbol{B}$ 成立，故可排除(A). 由 $|\lambda\boldsymbol{E}-\boldsymbol{A}|=|\lambda\boldsymbol{E}-\boldsymbol{B}|$ 知，$\boldsymbol{A}$，$\boldsymbol{B}$ 有相同的特征多项式，从而有相同的特征值，但特征向量未必相同，可排除(B). 由 $\boldsymbol{A}$，$\boldsymbol{B}$ 相似，但 $\boldsymbol{A}$，$\boldsymbol{B}$ 自身不一定能对角化，即相似于对角矩阵，可排除(C). 由 $\boldsymbol{A}$ 与 $\boldsymbol{B}$ 相似，故存在可逆矩阵 $\boldsymbol{P}$，使得 $\boldsymbol{P}^{-1}\boldsymbol{A}\boldsymbol{P}=\boldsymbol{B}$，从而有 $\boldsymbol{P}^{-1}(t\boldsymbol{E}-\boldsymbol{A})\boldsymbol{P}=\boldsymbol{P}^{-1}t\boldsymbol{P}-\boldsymbol{P}^{-1}\boldsymbol{A}\boldsymbol{P}=t\boldsymbol{E}-\boldsymbol{B}$，即 $t\boldsymbol{E}-\boldsymbol{A}$ 与 $t\boldsymbol{E}-\boldsymbol{B}$ 相似，故正确答案为(D).

三、计算与证明题

(1)**解**　$|\lambda\boldsymbol{E}-\boldsymbol{A}|=\begin{vmatrix}\lambda-1 & -2\\ -4 & \lambda-3\end{vmatrix}=\lambda^2-4\lambda-5=(\lambda-5)(\lambda+1)=0$，解得特征值为 $\lambda_1=5$，$\lambda_2=-1$.

由 $(5\boldsymbol{E}-\boldsymbol{A})\boldsymbol{X}=\boldsymbol{0}$，解得 $\lambda_1=5$ 对应的特征向量为 $\boldsymbol{\alpha}_1=(1，2)^{\mathrm{T}}$；

由$(-\boldsymbol{E}-\boldsymbol{A})\boldsymbol{X}=\boldsymbol{0}$，解得$\lambda_2=-1$对应的特征向量为$\boldsymbol{\alpha}_2=(-1,\ 1)^{\mathrm{T}}$.

取$\boldsymbol{P}=(\boldsymbol{\alpha}_1,\ \boldsymbol{\alpha}_2)=\begin{pmatrix}1&-1\\2&1\end{pmatrix}$，则$\boldsymbol{P}^{-1}=\begin{pmatrix}1/3&1/3\\-2/3&1/3\end{pmatrix}$，且使$\boldsymbol{P}^{-1}\boldsymbol{A}\boldsymbol{P}=\begin{pmatrix}5&0\\0&-1\end{pmatrix}$，故$\boldsymbol{A}=\boldsymbol{P}\begin{pmatrix}5&0\\0&-1\end{pmatrix}\boldsymbol{P}^{-1}$，

$$\boldsymbol{A}^{100}=\boldsymbol{P}\begin{pmatrix}5&0\\0&-1\end{pmatrix}\boldsymbol{P}^{-1}\boldsymbol{P}\begin{pmatrix}5&0\\0&1\end{pmatrix}\boldsymbol{P}^{-1}\cdots\boldsymbol{P}\begin{pmatrix}5&0\\0&-1\end{pmatrix}\boldsymbol{P}^{-1}$$

$$=\boldsymbol{P}\begin{pmatrix}5&0\\0&-1\end{pmatrix}^{100}\boldsymbol{P}^{-1}=\boldsymbol{P}\begin{pmatrix}5^{100}&0\\0&1\end{pmatrix}\boldsymbol{P}^{-1}=\frac{1}{3}\begin{pmatrix}5^{100}+2&5^{100}-1\\2\times5^{100}-2&2\times5^{100}+1\end{pmatrix}.$$

(2)解　由$r(\boldsymbol{A})<3$，知$|\boldsymbol{A}|=0$，即有

$$|\boldsymbol{A}|=\begin{vmatrix}a&-5&8\\0&a+1&8\\0&3a+3&25\end{vmatrix}=\begin{vmatrix}a&-5&8\\0&a+1&8\\0&0&1\end{vmatrix}=a(a+1)=0,$$

故$a=0$或$a=-1$.

当$a=0$时，$\boldsymbol{\beta}_1=(1,\ 0,\ -1)^{\mathrm{T}}$，$\boldsymbol{\beta}_2=(0,\ 3,\ 2)^{\mathrm{T}}$，$\boldsymbol{\beta}_3=(-2,\ -1,\ 1)^{\mathrm{T}}$，此时，$\boldsymbol{\beta}_1$，$\boldsymbol{\beta}_2$，$\boldsymbol{\beta}_3$线性无关，故$a=0$满足题意的要求．因为$\boldsymbol{B}\boldsymbol{\beta}_1=\boldsymbol{\beta}_1$，$\boldsymbol{B}\boldsymbol{\beta}_2=-\boldsymbol{\beta}_2$，$\boldsymbol{B}\boldsymbol{\beta}_3=0\cdot\boldsymbol{\beta}_3$，故$\boldsymbol{B}(\boldsymbol{\beta}_1,\ \boldsymbol{\beta}_2,\ \boldsymbol{\beta}_3)=(\boldsymbol{\beta}_1,\ -\boldsymbol{\beta}_2,\ \boldsymbol{0})$，即

$$\boldsymbol{B}=(\boldsymbol{\beta}_1,\ -\boldsymbol{\beta}_2,\ \boldsymbol{0})(\boldsymbol{\beta}_1,\ \boldsymbol{\beta}_2,\ \boldsymbol{\beta}_3)^{-1}=\begin{pmatrix}1&0&0\\0&-3&0\\-1&-2&0\end{pmatrix}\begin{pmatrix}1&0&-2\\0&3&-1\\-1&2&1\end{pmatrix}^{-1}$$

$$=\begin{pmatrix}1&0&0\\0&-3&0\\-1&-2&0\end{pmatrix}\begin{pmatrix}-5&4&-6\\-1&1&-1\\-3&2&-3\end{pmatrix}=\begin{pmatrix}-5&4&-6\\3&-3&3\\7&-6&8\end{pmatrix}.$$

当$a=-1$时，$\boldsymbol{\beta}_1=(1,\ -2,\ -1)^{\mathrm{T}}$，$\boldsymbol{\beta}_2=(-1,\ 2,\ 1)^{\mathrm{T}}$，$\boldsymbol{\beta}_3=(-3,\ -1,\ 0)^{\mathrm{T}}$，易验证$\boldsymbol{\beta}_1$，$\boldsymbol{\beta}_2$，$\boldsymbol{\beta}_3$线性相关，而依题意知，$\boldsymbol{\beta}_1$，$\boldsymbol{\beta}_2$，$\boldsymbol{\beta}_3$是不同特征值对应的特征向量，应该是线性无关的，故$a=-1$不合题意．

(3)解　① $|\lambda\boldsymbol{E}-\boldsymbol{A}|=\begin{vmatrix}\lambda-1&1&-1\\-2&\lambda-4&2\\3&3&\lambda-a\end{vmatrix}=(\lambda-2)[\lambda^2-(3+a)\lambda+3a-3]=0$. 由于6为$\boldsymbol{A}$的特征值，故$\lambda=6$是$\lambda^2-(3+a)\lambda+3a-3=0$的解，即$6^2-(3+a)\times6+3a-3=0$，解得$a=5$，故$|\lambda\boldsymbol{E}-\boldsymbol{A}|=(\lambda-2)^2(\lambda-6)=0$，得$\boldsymbol{A}$的其他特征值为$\lambda_1=\lambda_2=2$（二重）.

② 当$\lambda=2$时，解$(2\boldsymbol{E}-\boldsymbol{A})\boldsymbol{X}=\boldsymbol{0}$，得基础解系为$\boldsymbol{\alpha}_1=(-1,\ 1,\ 0)^{\mathrm{T}}$，$\boldsymbol{\alpha}_2=$

$(1, 0, 1)^T$；

当 $\lambda=6$ 时，解 $(6\boldsymbol{E}-\boldsymbol{A})\boldsymbol{X}=\boldsymbol{0}$ 的基础解系为 $\boldsymbol{\alpha}_3=(1, -2, 3)^T$.

$$令\ \boldsymbol{P}=(\boldsymbol{\alpha}_1, \boldsymbol{\alpha}_3, \boldsymbol{\alpha}_2)=\begin{pmatrix}-1 & 1 & 1\\ 1 & -2 & 0\\ 0 & 3 & 1\end{pmatrix}，则有\ \boldsymbol{P}^{-1}\boldsymbol{AP}=\begin{pmatrix}2 & & \\ & 6 & \\ & & 2\end{pmatrix}.$$

(4)**证**　设 $\boldsymbol{\alpha}_i$ 为 $\boldsymbol{A}$ 的属于 λ_i 的特征向量($i=1, 2, \cdots, n$)，即有 $\boldsymbol{A\alpha}_i=\lambda_i\boldsymbol{\alpha}_i$，故

$$\boldsymbol{A}^2\boldsymbol{\alpha}_i=\boldsymbol{A}(\boldsymbol{A\alpha}_i)=\boldsymbol{A}(\lambda_i\boldsymbol{\alpha}_i)=\lambda_i\boldsymbol{A\alpha}_i=\lambda_i^2\boldsymbol{\alpha}_i,$$
$$\boldsymbol{A}^3\boldsymbol{\alpha}_i=\boldsymbol{A}(\boldsymbol{A}^2\boldsymbol{\alpha}_i)=\boldsymbol{A}(\lambda_i^2\boldsymbol{\alpha}_i)=\lambda_i^2\boldsymbol{A\alpha}_i=\lambda_i^3\boldsymbol{\alpha}_i,$$
$$\boldsymbol{A}^4\boldsymbol{\alpha}_i=\boldsymbol{A}(\boldsymbol{A}^3\boldsymbol{\alpha}_i)=\boldsymbol{A}(\lambda_i^3\boldsymbol{\alpha}_i)=\lambda_i^3\boldsymbol{A\alpha}_i=\lambda_i^4\boldsymbol{\alpha}_i,$$

因此 $\boldsymbol{A}$ 的属于 λ_i 的特征向量 $\boldsymbol{\alpha}_i$，同时是 $\boldsymbol{A}^4$ 的属于 λ_i^4 的特征向量，λ_i^4 是 $\boldsymbol{A}^4$ 的特征值($i=1, 2, \cdots, n$).

(5)**证**　由 $|\boldsymbol{A}|=\lambda_1\lambda_2\lambda_3=1\times(-1)\times3=-3$，$\boldsymbol{AA}^*=|\boldsymbol{A}|\boldsymbol{E}=-3\boldsymbol{E}$，即 $\boldsymbol{A}^*=-3\boldsymbol{A}^{-1}$，故 $\boldsymbol{A}^*$ 的特征值为 $-3/1$，$-3/(-1)$，$-3/3$，即为 -3，3，-1，从而 $3\boldsymbol{E}+\boldsymbol{A}^*$ 的特征值为 0，6，2，故 $\boldsymbol{B}$ 有三个不同的特征值 0，36，4，从而 $\boldsymbol{B}$ 必可对角化，且

$$\boldsymbol{B}\sim\boldsymbol{\Lambda}=\begin{pmatrix}0 & & \\ & 36 & \\ & & 4\end{pmatrix}.$$

(6)**解**　设 $\boldsymbol{X}$ 是 $\boldsymbol{A}$ 的实特征向量，其所对应的特征值为 λ，则有 $\boldsymbol{AX}=\lambda\boldsymbol{X}$，$\boldsymbol{X}^T\boldsymbol{A}^T=\lambda\boldsymbol{X}^T$，因此 $\boldsymbol{X}^T\boldsymbol{A}^T\boldsymbol{AX}=\lambda^2\boldsymbol{X}^T\boldsymbol{X}$. 因为 $\boldsymbol{A}^T\boldsymbol{A}=\boldsymbol{E}$，所以 $\boldsymbol{X}^T\boldsymbol{X}=\lambda^2\boldsymbol{X}^T\boldsymbol{X}$，即 $(\lambda^2-1)\boldsymbol{X}^T\boldsymbol{X}=0$. 因为 $\boldsymbol{X}$ 为实特征向量，故 $\boldsymbol{X}^T\boldsymbol{X}>0$，所以 $\lambda^2-1=0$，即 $|\lambda|=1$.

考 研 题 解 析

1.(2000 年 3)若四阶矩阵 $\boldsymbol{A}$ 与 $\boldsymbol{B}$ 相似，矩阵 $\boldsymbol{A}$ 的特征值为 1/2，1/3，1/4，1/5，则行列式 $|\boldsymbol{B}^{-1}-\boldsymbol{E}|=$________.

解　本题已知条件是特征值，而要求出行列式的值，因为 $|\boldsymbol{A}|=\prod\limits_i\lambda_i$，故应求出 $\boldsymbol{B}^{-1}-\boldsymbol{E}$ 的特征值.

由 $\boldsymbol{A}\sim\boldsymbol{B}$ 知，$\boldsymbol{B}$ 的特征值为 1/2，1/3，1/4，1/5，于是 $\boldsymbol{B}^{-1}$ 的特征值为 2，3，4，5，那么 $\boldsymbol{B}^{-1}-\boldsymbol{E}$ 的特征值为 1，2，3，4，从而 $|\boldsymbol{B}^{-1}-\boldsymbol{E}|=1\times2\times3\times4=24$.

2.(2000 年 4)已知四阶矩阵 $\boldsymbol{A}$ 相似于 $\boldsymbol{B}$，$\boldsymbol{A}$ 的特征值为 2，3，4，5，$\boldsymbol{E}$ 为四阶单位矩阵，则 $|\boldsymbol{B}-\boldsymbol{E}|=$________.

解 与上题相比，本题少考查了一个知识点，即 $\boldsymbol{B}$ 与 $\boldsymbol{B}^{-1}$ 的特征值之间的关系．而思路方法是一样的．

由 $\boldsymbol{A}\sim\boldsymbol{B}$ 得，$\boldsymbol{B}$ 的特征值为 2，3，4，5，进而知 $\boldsymbol{B}-\boldsymbol{E}$ 的特征值为 1，2，3，4，故应填 24.

若用 $\boldsymbol{B}\sim\boldsymbol{\Lambda}=\begin{pmatrix}1&&&\\&2&&\\&&3&\\&&&4\end{pmatrix}$，推出 $\boldsymbol{B}-\boldsymbol{E}\sim\boldsymbol{\Lambda}-\boldsymbol{E}$，进而知 $|\boldsymbol{B}-\boldsymbol{E}|=|\boldsymbol{\Lambda}-\boldsymbol{E}|$，亦可求出行列式的值．

3.(2015 年 2，3)设三阶矩阵 $\boldsymbol{A}$ 的特征值为 2，-2，1，$\boldsymbol{B}=\boldsymbol{A}^2-\boldsymbol{A}+\boldsymbol{E}$，其中 $\boldsymbol{E}$ 为三阶单位矩阵，则 $|\boldsymbol{B}|=$________.

解 $\boldsymbol{A}$ 的特征值为 2，-2，1，则 $\boldsymbol{B}=\boldsymbol{A}^2-\boldsymbol{A}+\boldsymbol{E}$ 的特征值为 3，7，1，因此 $|\boldsymbol{B}|=21$.

4.(1999 年 1，3)设矩阵 $\boldsymbol{A}=\begin{pmatrix}a&-1&c\\5&b&3\\1-c&0&-a\end{pmatrix}$，其行列式 $|\boldsymbol{A}|=-1$，又 $\boldsymbol{A}$ 的伴随矩阵 $\boldsymbol{A}^*$ 有一个特征值 λ_0，属于 λ_0 的一个特征向量 $\boldsymbol{\alpha}=(-1,-1,1)^{\mathrm{T}}$，求 a，b，c 和 λ_0 的值．

解 因为 $\boldsymbol{\alpha}$ 是 $\boldsymbol{A}^*$ 属于特征值 λ_0 的特征向量，即

$$\boldsymbol{A}^*\boldsymbol{\alpha}=\lambda_0\boldsymbol{\alpha}. \tag{1}$$

根据 $\boldsymbol{A}\boldsymbol{A}^*=|\boldsymbol{A}|\boldsymbol{E}$ 及已知条件 $|\boldsymbol{A}|=-1$，用 $\boldsymbol{A}$ 左乘(1)式两端有 $-\boldsymbol{\alpha}=\lambda_0\boldsymbol{A}\boldsymbol{\alpha}$，由此可得

$$\begin{cases}\lambda_0(-a+1+c)=1, & (2)\\ \lambda_0(-5-b+3)=1, & (3)\\ \lambda_0(-1+c-a)=-1. & (4)\end{cases}$$

(2)$-$(4)，得 $\lambda_0=1$. 将 $\lambda_0=1$ 代入(3)，得 $b=-3$；代入(2)，得 $a=c$. 由 $|\boldsymbol{A}|=-1$ 和 $a=c$ 有

$$\begin{vmatrix}a&-1&a\\5&-3&3\\1-a&0&-a\end{vmatrix}=a-3=-1,$$

故 $a=c=2$，因此 $a=2$，$b=-3$，$c=2$，$\lambda_0=1$.

5.(2002 年 3)设 $\boldsymbol{A}$ 是 n 阶实对称矩阵，$\boldsymbol{P}$ 是 n 阶可逆矩阵．已知 n 维列向

量 $\boldsymbol{\alpha}$ 是 $\boldsymbol{A}$ 的属于特征值 λ 的特征向量，则矩阵 $(\boldsymbol{P}^{-1}\boldsymbol{A}\boldsymbol{P})^{\mathrm{T}}$ 属于特征值 λ 的特征向量是(　　).

(A) $\boldsymbol{P}^{-1}\boldsymbol{\alpha}$；　　(B) $\boldsymbol{P}^{\mathrm{T}}\boldsymbol{\alpha}$；　　(C) $\boldsymbol{P}\boldsymbol{\alpha}$；　　(D) $(\boldsymbol{P}^{-1})^{\mathrm{T}}\boldsymbol{\alpha}$.

解　因为 $\boldsymbol{A}$ 是 n 阶实对称矩阵，故 $(\boldsymbol{P}^{-1}\boldsymbol{A}\boldsymbol{P})^{\mathrm{T}}=\boldsymbol{P}^{\mathrm{T}}\boldsymbol{A}^{\mathrm{T}}(\boldsymbol{P}^{-1})^{\mathrm{T}}=\boldsymbol{P}^{\mathrm{T}}\boldsymbol{A}(\boldsymbol{P}^{\mathrm{T}})^{-1}$，那么由 $\boldsymbol{A}\boldsymbol{\alpha}=\lambda\boldsymbol{\alpha}$ 知 $(\boldsymbol{P}^{-1}\boldsymbol{A}\boldsymbol{P})^{\mathrm{T}}(\boldsymbol{P}^{\mathrm{T}}\boldsymbol{\alpha})=(\boldsymbol{P}^{\mathrm{T}}\boldsymbol{A}^{\mathrm{T}}(\boldsymbol{P}^{\mathrm{T}})^{-1})(\boldsymbol{P}^{\mathrm{T}}\boldsymbol{\alpha})=\boldsymbol{P}^{\mathrm{T}}\boldsymbol{A}\boldsymbol{\alpha}=\lambda(\boldsymbol{P}^{\mathrm{T}}\boldsymbol{\alpha})$，所以应选(B).

6.(2020 年 2，3)设 $\boldsymbol{A}$ 为三阶矩阵，$\boldsymbol{\alpha}_1$，$\boldsymbol{\alpha}_2$ 为 $\boldsymbol{A}$ 的属于特征值 1 的线性无关的特征向量，$\boldsymbol{\alpha}_3$ 为 $\boldsymbol{A}$ 的属于特征值 -1 的特征向量，则满足 $\boldsymbol{P}^{-1}\boldsymbol{A}\boldsymbol{P}=\begin{pmatrix}1&0&0\\0&-1&0\\0&0&1\end{pmatrix}$ 的可逆矩阵 $\boldsymbol{P}$ 可为(　　).

(A) $(\boldsymbol{\alpha}_1+\boldsymbol{\alpha}_3,\ \boldsymbol{\alpha}_2,\ -\boldsymbol{\alpha}_3)$；　　(B) $(\boldsymbol{\alpha}_1+\boldsymbol{\alpha}_2,\ \boldsymbol{\alpha}_2,\ -\boldsymbol{\alpha}_3)$；

(C) $(\boldsymbol{\alpha}_1+\boldsymbol{\alpha}_3,\ -\boldsymbol{\alpha}_3,\ \boldsymbol{\alpha}_2)$；　　(D) $(\boldsymbol{\alpha}_1+\boldsymbol{\alpha}_2,\ -\boldsymbol{\alpha}_3,\ \boldsymbol{\alpha}_2)$.

解　同一个特征值对应的特征向量的非零线性组合仍然是这个特征值对应的特征向量，于是

$$\boldsymbol{A}(\boldsymbol{\alpha}_1+\boldsymbol{\alpha}_2,\ -\boldsymbol{\alpha}_3,\ \boldsymbol{\alpha}_2)=(\boldsymbol{\alpha}_1+\boldsymbol{\alpha}_2,\ \boldsymbol{\alpha}_3,\ \boldsymbol{\alpha}_2)=(\boldsymbol{\alpha}_1+\boldsymbol{\alpha}_2,\ -\boldsymbol{\alpha}_3,\ \boldsymbol{\alpha}_2)\begin{pmatrix}1&0&0\\0&-1&0\\0&0&1\end{pmatrix},$$

故选(D).

7.(2003 年 1)设矩阵 $\boldsymbol{A}=\begin{pmatrix}3&2&2\\2&3&2\\2&2&3\end{pmatrix}$，$\boldsymbol{P}=\begin{pmatrix}0&1&0\\1&0&1\\0&0&1\end{pmatrix}$，$\boldsymbol{B}=\boldsymbol{P}^{-1}\boldsymbol{A}^*\boldsymbol{P}$，求 $\boldsymbol{B}+2\boldsymbol{E}$ 的特征值与特征向量，其中 $\boldsymbol{A}^*$ 为 $\boldsymbol{A}$ 的伴随矩阵，$\boldsymbol{E}$ 为三阶单位矩阵.

解　由于

$$|\lambda\boldsymbol{E}-\boldsymbol{A}|=\begin{vmatrix}\lambda-3&-2&-2\\-2&\lambda-3&-2\\-2&-2&\lambda-3\end{vmatrix}=\begin{vmatrix}\lambda-7&\lambda-7&\lambda-7\\-2&\lambda-3&-2\\0&1-\lambda&\lambda-1\end{vmatrix}$$

$$=(\lambda-7)(\lambda-1)\begin{vmatrix}1&1&1\\-2&\lambda-3&-2\\0&-1&1\end{vmatrix}=(\lambda-1)^2(\lambda-7),$$

故 $\boldsymbol{A}$ 的特征值为 $\lambda_1=\lambda_2=1$，$\lambda_3=7$.

因为 $|\boldsymbol{A}|=\prod\limits_i\lambda_i=7$，若 $\boldsymbol{A}\boldsymbol{X}=\lambda\boldsymbol{X}$，则 $\boldsymbol{A}^*\boldsymbol{X}=\dfrac{|\boldsymbol{A}|}{\lambda}\boldsymbol{X}$，所以 $\boldsymbol{A}^*$ 的特征值为 7，7，1.

由于$\boldsymbol{B}=\boldsymbol{P}^{-1}\boldsymbol{A}^*\boldsymbol{P}$，即$\boldsymbol{A}^*$与$\boldsymbol{B}$相似，故$\boldsymbol{B}$的特征值为7，7，1，从而$\boldsymbol{B}+2\boldsymbol{E}$的特征值为9，9，3. 因为

$$\boldsymbol{B}(\boldsymbol{P}^{-1}\boldsymbol{X})=(\boldsymbol{P}^{-1}\boldsymbol{A}^*\boldsymbol{P})(\boldsymbol{P}^{-1}\boldsymbol{X})=\boldsymbol{P}^{-1}\boldsymbol{A}^*\boldsymbol{X}=\frac{|\boldsymbol{A}|}{\lambda}\boldsymbol{P}^{-1}\boldsymbol{X},$$

按定义可知，矩阵$\boldsymbol{B}$属于特征值$|\boldsymbol{A}|/\lambda$的特征向量是$\boldsymbol{P}^{-1}\boldsymbol{X}$，因此$\boldsymbol{B}+2\boldsymbol{E}$属于特征值$|\boldsymbol{A}|/\lambda+2$的特征向量是$\boldsymbol{P}^{-1}\boldsymbol{X}$.

由于 $$\boldsymbol{P}^{-1}=\begin{pmatrix}0&1&-1\\1&0&0\\0&0&1\end{pmatrix},$$

当$\lambda=1$时，由$(\boldsymbol{E}-\boldsymbol{A})\boldsymbol{X}=\boldsymbol{0}$，$\begin{pmatrix}-2&-2&-2\\-2&-2&-2\\-2&-2&-2\end{pmatrix}\longrightarrow\begin{pmatrix}1&1&1\\0&0&0\\0&0&0\end{pmatrix}$，得属于$\lambda=1$的线性无关的特征向量为$\boldsymbol{X}_1=\begin{pmatrix}-1\\1\\0\end{pmatrix}$，$\boldsymbol{X}_2=\begin{pmatrix}-1\\0\\1\end{pmatrix}$.

当$\lambda=7$时，由$(7\boldsymbol{E}-\boldsymbol{A})\boldsymbol{X}=\boldsymbol{0}$，$\begin{pmatrix}4&-2&-2\\-2&4&-2\\-2&-2&4\end{pmatrix}\longrightarrow\begin{pmatrix}1&0&1\\0&1&-1\\0&0&0\end{pmatrix}$，得属于$\lambda=7$的特征向量为$\boldsymbol{X}_3-\begin{pmatrix}1\\1\\1\end{pmatrix}$.

故$\boldsymbol{P}^{-1}\boldsymbol{X}_1=\begin{pmatrix}1\\-1\\0\end{pmatrix}$，$\boldsymbol{P}^{-1}\boldsymbol{X}_2=\begin{pmatrix}-1\\-1\\1\end{pmatrix}$，$\boldsymbol{P}^{-1}\boldsymbol{X}_3=\begin{pmatrix}0\\1\\1\end{pmatrix}$，因此$\boldsymbol{B}+2\boldsymbol{E}$属于特征值$\lambda=9$的全部特征向量为$k_1\begin{pmatrix}1\\-1\\0\end{pmatrix}+k_2\begin{pmatrix}-1\\-1\\1\end{pmatrix}$，其中$k_1$，$k_2$是不全为零的任意常数. 而$\boldsymbol{B}+2\boldsymbol{E}$属于特征值$\lambda=3$的全部特征向量为$k_3\begin{pmatrix}0\\1\\1\end{pmatrix}$，其中$k_3$为非零的任意常数.

8.(2003年4)设矩阵$\boldsymbol{A}=\begin{pmatrix}2&1&1\\1&2&1\\1&1&a\end{pmatrix}$可逆，向量$\boldsymbol{\alpha}=\begin{pmatrix}1\\b\\1\end{pmatrix}$是矩阵$\boldsymbol{A}^*$的一个

特征向量，λ 是 $\boldsymbol{\alpha}$ 对应的特征值，其中 $\boldsymbol{A}^*$ 是矩阵 $\boldsymbol{A}$ 的伴随矩阵，试求 a，b 和 λ 的值．

解　已知 $\boldsymbol{A}^*\boldsymbol{\alpha}=\lambda\boldsymbol{\alpha}$，利用 $\boldsymbol{A}\boldsymbol{A}^*=|\boldsymbol{A}|\boldsymbol{E}$，有 $|\boldsymbol{A}|\boldsymbol{\alpha}=\lambda\boldsymbol{A}\boldsymbol{\alpha}$. 因为 $\boldsymbol{A}$ 可逆，知 $|\boldsymbol{A}|\neq 0$，$\lambda\neq 0$，于是有 $\boldsymbol{A}\boldsymbol{\alpha}=\dfrac{|\boldsymbol{A}|}{\lambda}\boldsymbol{\alpha}$，即

$$\begin{pmatrix}2&1&1\\1&2&1\\1&1&a\end{pmatrix}\begin{pmatrix}1\\b\\1\end{pmatrix}=\frac{|\boldsymbol{A}|}{\lambda}\begin{pmatrix}1\\b\\1\end{pmatrix},$$

由此得方程组

$$\begin{cases}3+b=|\boldsymbol{A}|/\lambda, & (1)\\ 2+2b=|\boldsymbol{A}|b/\lambda, & (2)\\ a+b+1=|\boldsymbol{A}|/\lambda. & (3)\end{cases}$$

(3)−(1)，得 $a=2$；(1)×b−(2)，得 $b^2+b-2=0$，即 $b=1$ 或 $b=-2$. 因为

$$|\boldsymbol{A}|=\begin{vmatrix}2&1&1\\1&2&1\\1&1&a\end{vmatrix}=\begin{vmatrix}2&1&1\\1&2&1\\1&1&2\end{vmatrix}=4,$$

由(1)得 $\lambda=\dfrac{|\boldsymbol{A}|}{3+b}=\dfrac{4}{3+b}$，所以 $\lambda=1$ 或 4.

9.(2008 年 1)设 $\boldsymbol{A}$ 为 n 阶非零矩阵，$\boldsymbol{E}$ 为 n 阶单位矩阵，若 $\boldsymbol{A}^3=\boldsymbol{O}$，则(　　).

(A) $\boldsymbol{E}-\boldsymbol{A}$ 不可逆，$\boldsymbol{E}+\boldsymbol{A}$ 不可逆；　(B) $\boldsymbol{E}-\boldsymbol{A}$ 不可逆，$\boldsymbol{E}+\boldsymbol{A}$ 可逆；

(C) $\boldsymbol{E}-\boldsymbol{A}$ 可逆，$\boldsymbol{E}+\boldsymbol{A}$ 可逆；　(D) $\boldsymbol{E}-\boldsymbol{A}$ 可逆，$\boldsymbol{E}+\boldsymbol{A}$ 可逆．

解　因为 $\boldsymbol{A}^3=\boldsymbol{O}$，所以 $\boldsymbol{A}$ 的特征值 λ 满足 $\lambda^3=0$，即 $\lambda=0$. $\boldsymbol{E}-\boldsymbol{A}$ 和 $\boldsymbol{E}+\boldsymbol{A}$ 的所有特征值均为 1，都可逆，故选(C).

10.(2018 年 1)设二阶矩阵 $\boldsymbol{A}$ 有两个不同的特征值，$\boldsymbol{\alpha}_1$，$\boldsymbol{\alpha}_2$ 是 $\boldsymbol{A}$ 的线性无关的特征向量，$\boldsymbol{A}^2(\boldsymbol{\alpha}_1+\boldsymbol{\alpha}_2)=\boldsymbol{\alpha}_1+\boldsymbol{\alpha}_2$，则 $|\boldsymbol{A}|=$ ________ .

解　设 $\boldsymbol{A}$ 的特征值分别为 λ_1，λ_2，$\lambda_1\neq\lambda_2$，$\boldsymbol{\alpha}_1$，$\boldsymbol{\alpha}_2$ 线性无关，则 $\boldsymbol{\alpha}_1$，$\boldsymbol{\alpha}_2$ 是属于不同特征值的特征向量．不妨设 $\boldsymbol{A}$ 的对应于特征值 λ_1，λ_2 的特征向量分别为 $\boldsymbol{\alpha}_1$，$\boldsymbol{\alpha}_2$，则 $\boldsymbol{A}\boldsymbol{\alpha}_1=\lambda_1\boldsymbol{\alpha}_1$，$\boldsymbol{A}\boldsymbol{\alpha}_2=\lambda_2\boldsymbol{\alpha}_2$，代入得 $\boldsymbol{A}^2(\boldsymbol{\alpha}_1+\boldsymbol{\alpha}_2)=\lambda_1^2\boldsymbol{\alpha}_1+\lambda_2^2\boldsymbol{\alpha}_2=\boldsymbol{\alpha}_1+\boldsymbol{\alpha}_2$，整理得 $(\lambda_1^2-1)\boldsymbol{\alpha}_1+(\lambda_2^2-1)\boldsymbol{\alpha}_2=\boldsymbol{0}$. 因为 $\boldsymbol{\alpha}_1$，$\boldsymbol{\alpha}_2$ 线性无关，所以系数全为 0，$\lambda_1^2-1=0$，$\lambda_2^2-1=0$，所以 $|\boldsymbol{A}|=\lambda_1\lambda_2=-1$.

11.(2008 年 1)设 $\boldsymbol{A}$ 为二阶矩阵，$\boldsymbol{\alpha}_1$，$\boldsymbol{\alpha}_2$ 为线性无关的 2 维列向量，$\boldsymbol{A}\boldsymbol{\alpha}_1=\boldsymbol{0}$，$\boldsymbol{A}\boldsymbol{\alpha}_2=2\boldsymbol{\alpha}_1+\boldsymbol{\alpha}_2$，则 $\boldsymbol{A}$ 的非零特征值为 ________ .

解 由题意得 $\boldsymbol{A}(\boldsymbol{\alpha}_1,\ \boldsymbol{\alpha}_2)=(\boldsymbol{0},\ 2\boldsymbol{\alpha}_1+\boldsymbol{\alpha}_2)=(\boldsymbol{\alpha}_1,\ \boldsymbol{\alpha}_2)\begin{pmatrix}0 & 2\\0 & 1\end{pmatrix}$. 记 $\boldsymbol{P}=(\boldsymbol{\alpha}_1,\ \boldsymbol{\alpha}_2)$，则 $\boldsymbol{P}^{-1}\boldsymbol{AP}=\begin{pmatrix}0 & 2\\0 & 1\end{pmatrix}$，因此 $\boldsymbol{A}$ 与 $\begin{pmatrix}0 & 2\\0 & 1\end{pmatrix}$ 相似，$\boldsymbol{A}$ 的非零特征值为 1.

12.(2018 年 1，2)下列矩阵中，与矩阵 $\begin{pmatrix}1 & 1 & 0\\0 & 1 & 1\\0 & 0 & 1\end{pmatrix}$ 相似的为(　　).

(A) $\begin{pmatrix}1 & 1 & -1\\0 & 1 & 1\\0 & 0 & 1\end{pmatrix}$；　　(B) $\begin{pmatrix}1 & 0 & -1\\0 & 1 & 1\\0 & 0 & 1\end{pmatrix}$；

(C) $\begin{pmatrix}1 & 1 & -1\\0 & 1 & 0\\0 & 0 & 1\end{pmatrix}$；　　(D) $\begin{pmatrix}1 & 0 & -1\\0 & 1 & 0\\0 & 0 & 1\end{pmatrix}$.

解 易知题中矩阵均有三重特征值 1. 若矩阵相似，则不同特征值对应矩阵 $\lambda\boldsymbol{E}-\boldsymbol{A}$ 的秩相等，即 $\boldsymbol{E}-\boldsymbol{A}$ 的秩相等，故选(A).

13.(2013 年 1，2，3)矩阵 $\begin{pmatrix}1 & a & 1\\a & b & a\\1 & a & 1\end{pmatrix}$ 与 $\begin{pmatrix}2 & 0 & 0\\0 & b & 0\\0 & 0 & 0\end{pmatrix}$ 相似的充分必要条件为(　　).

(A)$a=0$，$b=2$；　　(B)$a=0$，b 为任意常数；

(C)$a=2$，$b=0$；　　(D)$a=2$，b 为任意常数.

解 两个同阶实对称矩阵相似的充要条件是它们具有相同的特征值，矩阵 $\begin{pmatrix}2 & 0 & 0\\0 & b & 0\\0 & 0 & 0\end{pmatrix}$ 的特征值为 2，b，0. 由

$$\left|\lambda\boldsymbol{E}-\begin{pmatrix}1 & a & 1\\a & b & a\\1 & a & 1\end{pmatrix}\right|=\begin{vmatrix}\lambda-1 & -a & -1\\-a & \lambda-b & -a\\-1 & -a & \lambda-1\end{vmatrix}=\lambda((\lambda-2)(\lambda-b)-2a^2),$$

因此当且仅当 $a=0$ 时，$\begin{pmatrix}1 & a & 1\\a & b & a\\1 & a & 1\end{pmatrix}$ 的特征值为 2，b，0，其中 b 可为任意常数，故选(B).

14.(2003 年 4)设矩阵 $\boldsymbol{B}=\begin{pmatrix}0 & 0 & 1\\0 & 1 & 0\\1 & 0 & 0\end{pmatrix}$，已知矩阵 $\boldsymbol{A}$ 相似于 $\boldsymbol{B}$，则 $r(\boldsymbol{A}-$

$2E$)与 $r(A-E)$之和等于(　　).

(A)2；　　　(B)3；　　　(C)4；　　　(D)5.

解　若 $P^{-1}AP=B$，则 $P^{-1}(AP+kE)P=B+kE$. 即若 $A\sim B$，则 $A+kE\sim B+kE$. 又因相似矩阵有相同的秩，故

$$r(A-2E)+r(A-E)=r(B-2E)+r(B-E).$$

$$=r\begin{pmatrix}-2&0&1\\0&-1&0\\1&0&-2\end{pmatrix}+r\begin{pmatrix}-1&0&1\\0&0&0\\1&0&-1\end{pmatrix}=4,$$

故应选(C).

15.(2016 年 1，2，3)设 A，B 是可逆矩阵，且 A 与 B 相似，则下列结论错误的是(　　).

(A)A^T 和 B^T 相似；　　　(B)A^{-1}和 B^{-1}相似；

(C)$A+A^T$ 和 $B+B^T$ 相似；　　　(D)$A+A^{-1}$和 $B+B^{-1}$相似.

解　由 A 与 B 相似知，存在可逆矩阵 P 使得 $B=P^{-1}AP$，因此

$$B^T=(P^{-1}AP)^T=P^TA^T(P^T)^{-1},\ B^{-1}=(P^{-1}AP)^{-1}=P^{-1}A^{-1}P,$$

$$B+B^{-1}=P^{-1}AP+P^{-1}A^{-1}P=P^{-1}(A+A^{-1})P,$$

因此选项(A)、(B)、(D)都是对的，选项(C)是不对的，如可取 $A=\begin{pmatrix}1&2\\-2&4\end{pmatrix}$，$B=\begin{pmatrix}0&0\\0&-3\end{pmatrix}$，则 A 与 B 相似，但 $A+A^T=\begin{pmatrix}2&0\\0&-8\end{pmatrix}$和 $B+B^T=\begin{pmatrix}0&0\\0&-6\end{pmatrix}$不相似.

16.(2017 年 1，2，3)已知矩阵 $A=\begin{pmatrix}2&0&0\\0&2&1\\0&0&1\end{pmatrix}$，$B=\begin{pmatrix}2&1&0\\0&2&0\\0&0&1\end{pmatrix}$，$C=\begin{pmatrix}1&0&0\\0&2&0\\0&0&2\end{pmatrix}$，则(　　).

(A)A 和 C 相似，B 和 C 相似；　　(B)A 和 C 相似，B 和 C 不相似；

(C)A 和 C 不相似，B 和 C 相似；　(D)A 和 C 不相似，B 和 C 不相似.

解　注意到 A，B 的特征值都是 2，2，1，要判断 A，B 是否可对角化，充要条件是矩阵的每一个特征值对应的线性无关的特征向量的个数等于其特征值的重数，因此只需要看特征值 $\lambda=2$ 的情形即可. 对矩阵 A 有 $r(2E-A)=1$，因此 A 的二重特征值 2 有两个线性无关的特征向量，可对角化，即 A 和 C 相似.

对矩阵 $\boldsymbol{B}$，有 $r(2\boldsymbol{E}-\boldsymbol{B})=2$，它是不可对角化的，$\boldsymbol{B}$ 和 $\boldsymbol{C}$ 不相似，故选(B).

17.(2009 年 2)设 $\boldsymbol{\alpha}$，$\boldsymbol{\beta}$ 为 3 维列向量，$\boldsymbol{\beta}^{\mathrm{T}}$ 为 $\boldsymbol{\beta}$ 的转置，若矩阵 $\boldsymbol{\alpha\beta}^{\mathrm{T}}$ 相似于 $\begin{pmatrix}2&0&0\\0&0&0\\0&0&0\end{pmatrix}$，则 $\boldsymbol{\beta}^{\mathrm{T}}\boldsymbol{\alpha}=$________.

解 $\boldsymbol{\beta}^{\mathrm{T}}\boldsymbol{\alpha}=\mathrm{tr}(\boldsymbol{\beta}^{\mathrm{T}}\boldsymbol{\alpha})=\mathrm{tr}(\boldsymbol{\alpha\beta}^{\mathrm{T}})=2$.

提示：当矩阵 $\boldsymbol{A}$ 与 $\boldsymbol{B}$ 可以互乘时，$\mathrm{tr}(\boldsymbol{AB})=\mathrm{tr}(\boldsymbol{BA})$，矩阵 $\boldsymbol{AB}$ 与 $\boldsymbol{BA}$ 的所有非零特征值及其重数都相同.

18.(2009 年 1)若 3 维列向量 $\boldsymbol{\alpha}$，$\boldsymbol{\beta}$ 满足 $\boldsymbol{\alpha}^{\mathrm{T}}\boldsymbol{\beta}=2$，其中 $\boldsymbol{\alpha}^{\mathrm{T}}$ 为 $\boldsymbol{\alpha}$ 的转置矩阵，则矩阵 $\boldsymbol{\beta}^{\mathrm{T}}\boldsymbol{\alpha}$ 的非零特征值为________.

解 $\boldsymbol{\beta}^{\mathrm{T}}\boldsymbol{\alpha}$ 的非零特征值为 $\mathrm{tr}(\boldsymbol{\beta}^{\mathrm{T}}\boldsymbol{\alpha})=\mathrm{tr}(\boldsymbol{\alpha\beta}^{\mathrm{T}})=2$.

19.(2009 年 3)设 $\boldsymbol{\alpha}=(1,\ 0,\ 1)^{\mathrm{T}}$，$\boldsymbol{\beta}=(1,\ 0,\ k)^{\mathrm{T}}$，若矩阵 $\boldsymbol{\alpha\beta}^{\mathrm{T}}$ 相似于 $\begin{pmatrix}3&0&0\\0&0&0\\0&0&0\end{pmatrix}$，则 $k=$________.

解 相似矩阵有相同的迹，则 $\mathrm{tr}(\boldsymbol{\alpha\beta}^{\mathrm{T}})=3=\mathrm{tr}(\boldsymbol{\beta}^{\mathrm{T}}\boldsymbol{\alpha})=\boldsymbol{\beta}^{\mathrm{T}}\boldsymbol{\alpha}=1+k$，因此 $k=2$.

20.(2010 年 1，2)设 $\boldsymbol{A}$ 为四阶实对称矩阵，且 $\boldsymbol{A}^2+\boldsymbol{A}=\boldsymbol{O}$，若 $\boldsymbol{A}$ 的秩为 3，则 $\boldsymbol{A}$ 相似于( ).

(A) $\begin{pmatrix}1&&&\\&1&&\\&&1&\\&&&0\end{pmatrix}$； (B) $\begin{pmatrix}1&&&\\&1&&\\&&-1&\\&&&0\end{pmatrix}$；

(C) $\begin{pmatrix}1&&&\\&-1&&\\&&-1&\\&&&0\end{pmatrix}$； (D) $\begin{pmatrix}-1&&&\\&-1&&\\&&-1&\\&&&0\end{pmatrix}$.

解 由 $\boldsymbol{A}^2+\boldsymbol{A}=\boldsymbol{O}$ 知，$\boldsymbol{A}$ 的任一特征值 λ 必满足 $\lambda^2+\lambda=0$，则 $\lambda=0$ 或 -1. 又 $r(\boldsymbol{A})=3$，所以 $\boldsymbol{A}$ 的特征值为 -1，-1，-1，0，且 $\boldsymbol{A}$ 为实对称矩阵，则它相似于 $\mathrm{diag}(-1,\ -1,\ -1,\ 0)$，故选(D).

21.(1999 年 3)设 $\boldsymbol{A}$，$\boldsymbol{B}$ 为 n 阶矩阵，且 $\boldsymbol{A}$ 与 $\boldsymbol{B}$ 相似，$\boldsymbol{E}$ 为 n 阶单位矩阵，则( ).

(A) $\lambda\boldsymbol{E}-\boldsymbol{A}=\lambda\boldsymbol{E}-\boldsymbol{B}$；

(B) $\boldsymbol{A}$ 与 $\boldsymbol{B}$ 有相同的特征值和特征向量；

(C) $\boldsymbol{A}$ 与 $\boldsymbol{B}$ 都相似于一个对角矩阵；

(D)对任意常数 t，$t\boldsymbol{E}-\boldsymbol{A}$ 与 $t\boldsymbol{E}-\boldsymbol{B}$ 相似．

解　若 $\lambda\boldsymbol{E}-\boldsymbol{A}=\lambda\boldsymbol{E}-\boldsymbol{B}$，则 $\boldsymbol{A}=\boldsymbol{B}$，故(A)不对．当 $\boldsymbol{A}\sim\boldsymbol{B}$ 时，即 $\boldsymbol{P}^{-1}\boldsymbol{A}\boldsymbol{P}=\boldsymbol{B}$，有 $|\lambda\boldsymbol{E}-\boldsymbol{A}|=|\lambda\boldsymbol{E}-\boldsymbol{B}|$，即 $\boldsymbol{A}$ 与 $\boldsymbol{B}$ 有相同的特征值，但若 $\boldsymbol{A}\boldsymbol{X}=\lambda\boldsymbol{X}$，则 $\boldsymbol{B}(\boldsymbol{P}^{-1}\boldsymbol{X})=\lambda\boldsymbol{P}^{-1}\boldsymbol{X}$，故 $\boldsymbol{A}$ 与 $\boldsymbol{B}$ 的特征向量不同，所以(B)不正确．当 $\boldsymbol{A}\sim\boldsymbol{B}$ 时，不能保证它们必可相似对角化，故(C)也不正确．

由 $\boldsymbol{P}^{-1}\boldsymbol{A}\boldsymbol{P}=\boldsymbol{B}$ 知，$\forall t$ 恒有 $\boldsymbol{P}^{-1}(t\boldsymbol{E}-\boldsymbol{A})\boldsymbol{P}=t\boldsymbol{E}-\boldsymbol{P}^{-1}\boldsymbol{A}\boldsymbol{P}=t\boldsymbol{E}-\boldsymbol{B}$，即 $t\boldsymbol{E}-\boldsymbol{A}\sim t\boldsymbol{E}-\boldsymbol{B}$，故应选(D).

22.(2021 年 2，3)设矩阵 $\boldsymbol{A}=\begin{pmatrix}2&1&0\\1&2&0\\1&a&b\end{pmatrix}$ 仅有两个不同的特征值，若 $\boldsymbol{A}$ 相似于对角矩阵，求 a，b 的值，并求可逆矩阵 $\boldsymbol{P}$，使 $\boldsymbol{P}^{-1}\boldsymbol{A}\boldsymbol{P}$ 为对角矩阵．

解　首先有

$$|\lambda\boldsymbol{E}-\boldsymbol{A}|=\begin{vmatrix}\lambda-2&-1&0\\-1&\lambda-2&0\\-1&-a&\lambda-b\end{vmatrix}=(\lambda-b)(\lambda-1)(\lambda-3).$$

如果 $b=1$，由于 $\boldsymbol{A}$ 要相似于对角阵，则 $r(\boldsymbol{E}-\boldsymbol{A})=1$，解得 $a=1$，此时，解方程组 $(\boldsymbol{E}-\boldsymbol{A})\boldsymbol{X}=\boldsymbol{0}$，得两个线性无关的特征向量为 $\boldsymbol{\alpha}_1=(-1,1,0)^{\mathrm{T}}$，$\boldsymbol{\alpha}_2=(0,0,1)^{\mathrm{T}}$；解方程组 $(3\boldsymbol{E}-\boldsymbol{A})\boldsymbol{X}=\boldsymbol{0}$，得一个特征向量 $\boldsymbol{\alpha}_3=(1,1,1)^{\mathrm{T}}$．令 $\boldsymbol{P}=(\boldsymbol{\alpha}_1,\boldsymbol{\alpha}_2,\boldsymbol{\alpha}_3)^{\mathrm{T}}$，则

$$\boldsymbol{P}^{-1}\boldsymbol{A}\boldsymbol{P}=\begin{pmatrix}1&0&0\\0&1&0\\0&0&3\end{pmatrix}.$$

如果 $b=3$，由于 $\boldsymbol{A}$ 要相似于对角阵，则 $r(3\boldsymbol{E}-\boldsymbol{A})=1$，解得 $a=-1$，此时，解方程组 $(3\boldsymbol{E}-\boldsymbol{A})\boldsymbol{X}=\boldsymbol{0}$，得两个线性无关的特征向量为 $\boldsymbol{\beta}_1=(1,1,0)^{\mathrm{T}}$，$\boldsymbol{\beta}_2=(0,0,1)^{\mathrm{T}}$；解方程组 $(\boldsymbol{E}-\boldsymbol{A})\boldsymbol{X}=\boldsymbol{0}$，得一个特征向量 $\boldsymbol{\beta}_3=(-1,1,1)^{\mathrm{T}}$．令 $\boldsymbol{P}=(\boldsymbol{\beta}_1,\boldsymbol{\beta}_2,\boldsymbol{\beta}_3)^{\mathrm{T}}$，则

$$\boldsymbol{P}^{-1}\boldsymbol{A}\boldsymbol{P}=\begin{pmatrix}3&0&0\\0&3&0\\0&0&1\end{pmatrix}.$$

23.(2000 年 1)某试验性生产线每年一月份进行熟练工与非熟练工的人数统计，然后将 1/6 熟练工支援其他生产部门，其缺额由招收新的非熟练工补齐．新、老非熟练工经过培训及实践至年终考核有 2/5 成为熟练工．设第 n 年一月份统计的熟练工和非熟练工所占百分比为 x_n 和 y_n，记成向量 $\begin{pmatrix}x_n\\y_n\end{pmatrix}$.

(1)求$\begin{pmatrix}x_{n+1}\\y_{n+1}\end{pmatrix}$与$\begin{pmatrix}x_n\\y_n\end{pmatrix}$的关系式并写成矩阵形式：$\begin{pmatrix}x_{n+1}\\y_{n+1}\end{pmatrix}=\boldsymbol{A}\begin{pmatrix}x_n\\y_n\end{pmatrix}$；

(2)验证$\boldsymbol{\eta}_1=\begin{pmatrix}4\\1\end{pmatrix}$，$\boldsymbol{\eta}_2=\begin{pmatrix}-1\\1\end{pmatrix}$是$\boldsymbol{A}$的两个线性无关的特征向量，并求出相应的特征值；

(3)当$\begin{pmatrix}x_1\\y_1\end{pmatrix}=\begin{pmatrix}1/2\\1/2\end{pmatrix}$时，求$\begin{pmatrix}x_{n+1}\\y_{n+1}\end{pmatrix}$.

解 (1)按题意有$\begin{cases}x_{n+1}=\dfrac{5}{6}x_n+\dfrac{2}{5}\left(\dfrac{1}{6}x_n+y_n\right),\\y_{n+1}=\dfrac{3}{5}\left(\dfrac{1}{6}x_n+y_n\right),\end{cases}$即$\begin{cases}x_{n+1}=\dfrac{9}{10}x_n+\dfrac{2}{5}y_n,\\y_{n+1}=\dfrac{1}{10}x_n+\dfrac{3}{5}y_n.\end{cases}$用矩阵表示为$\begin{pmatrix}x_{n+1}\\y_{n+1}\end{pmatrix}=\begin{pmatrix}9/10&2/5\\1/10&3/5\end{pmatrix}\begin{pmatrix}x_n\\y_n\end{pmatrix}$，于是$\boldsymbol{A}=\begin{pmatrix}9/10&2/5\\1/10&3/5\end{pmatrix}$.

(2)令$\boldsymbol{P}=(\boldsymbol{\eta}_1,\ \boldsymbol{\eta}_2)=\begin{pmatrix}4&-1\\1&1\end{pmatrix}$，则由$|\boldsymbol{P}|=5\neq0$知，$\boldsymbol{\eta}_1$，$\boldsymbol{\eta}_2$线性无关.

因$\boldsymbol{A\eta}_1=\begin{pmatrix}4\\1\end{pmatrix}=\boldsymbol{\eta}_1$，故$\boldsymbol{\eta}_1$为$\boldsymbol{A}$的特征向量，且相应的特征值$\lambda_1=1$.

因$\boldsymbol{A\eta}_2=\begin{pmatrix}-1/2\\1/2\end{pmatrix}=\dfrac{1}{2}\boldsymbol{\eta}_2$，故$\boldsymbol{\eta}_2$为$\boldsymbol{A}$的特征向量，且相应的特征值$\lambda_2=\dfrac{1}{2}$.

(3) $\begin{pmatrix}x_{n+1}\\y_{n+1}\end{pmatrix}=\boldsymbol{A}\begin{pmatrix}x_n\\y_n\end{pmatrix}=\boldsymbol{A}^2\begin{pmatrix}x_{n-1}\\y_{n-1}\end{pmatrix}=\cdots=\boldsymbol{A}^{n-1}\begin{pmatrix}x_1\\y_1\end{pmatrix}=\boldsymbol{A}^n\begin{pmatrix}1/2\\1/2\end{pmatrix}$.

由$\boldsymbol{P}^{-1}\boldsymbol{AP}=\begin{pmatrix}\lambda_1&0\\0&\lambda_2\end{pmatrix}$，有$\boldsymbol{A}=\boldsymbol{P}\begin{pmatrix}\lambda_1&0\\0&\lambda_2\end{pmatrix}\boldsymbol{P}^{-1}$，于是

$$\boldsymbol{A}^n=\boldsymbol{P}\begin{pmatrix}\lambda_1^n&0\\0&\lambda_2^n\end{pmatrix}\boldsymbol{P}^{-1}.$$

又$\boldsymbol{P}^{-1}=\dfrac{1}{5}\begin{pmatrix}1&1\\-1&4\end{pmatrix}$，故

$$\boldsymbol{A}^n=\frac{1}{5}\begin{pmatrix}4&-1\\1&1\end{pmatrix}\begin{pmatrix}1&0\\0&\left(\frac{1}{2}\right)^n\end{pmatrix}\begin{pmatrix}1&1\\-1&4\end{pmatrix}$$

$$=\frac{1}{5}\begin{pmatrix}4+\left(\frac{1}{2}\right)^n&4-4\left(\frac{1}{2}\right)^n\\1-\left(\frac{1}{2}\right)^n&1+4\left(\frac{1}{2}\right)^n\end{pmatrix},$$

因此
$$\begin{pmatrix} x_{n+1} \\ y_{n+1} \end{pmatrix} = \boldsymbol{A}^n \begin{pmatrix} \frac{1}{2} \\ \frac{1}{2} \end{pmatrix} = \frac{1}{10} \begin{pmatrix} 8-3\left(\frac{1}{2}\right)^n \\ 2+3\left(\frac{1}{2}\right)^n \end{pmatrix}.$$

24.(2000 年 4)设矩阵 $\boldsymbol{A}=\begin{pmatrix} 1 & -1 & 1 \\ x & 4 & y \\ -3 & -3 & 5 \end{pmatrix}$，已知 $\boldsymbol{A}$ 有 3 个线性无关的特征向量，$\lambda=2$ 是其二重特征值，试求可逆矩阵 $\boldsymbol{P}$，使得 $\boldsymbol{P}^{-1}\boldsymbol{AP}$ 为对角形矩阵.

解　因为矩阵 $\boldsymbol{A}$ 有 3 个线性无关的特征向量，而 $\lambda=2$ 是其二重特征值，故 $\lambda=2$ 必有 2 个线性无关的特征向量，因此 $(2\boldsymbol{E}-\boldsymbol{A})\boldsymbol{X}=\boldsymbol{0}$ 的基础解系由 2 个解向量所构成，于是 $r(2\boldsymbol{E}-\boldsymbol{A})=1$. 由

$$2\boldsymbol{E}-\boldsymbol{A}=\begin{pmatrix} 1 & 1 & -1 \\ -x & -2 & -y \\ 3 & 3 & -3 \end{pmatrix} \longrightarrow \begin{pmatrix} 1 & 1 & 1 \\ 0 & x-2 & -x-y \\ 0 & 0 & 0 \end{pmatrix},$$

得 $x=2$，$y=-2$，那么矩阵 $\boldsymbol{A}=\begin{pmatrix} 1 & -1 & 1 \\ 2 & 4 & -2 \\ -3 & -3 & 5 \end{pmatrix}$，由此得，矩阵 $\boldsymbol{A}$ 的特征多项式为

$$|\lambda\boldsymbol{E}-\boldsymbol{A}|=\begin{vmatrix} \lambda-1 & 1 & -1 \\ -2 & \lambda-4 & 2 \\ 3 & 3 & \lambda-5 \end{vmatrix}=(\lambda-2)^2(\lambda-6),$$

于是得矩阵 $\boldsymbol{A}$ 的特征值为 $\lambda_1=\lambda_2=2$，$\lambda_3=6$.

对 $\lambda=2$，由 $(2\boldsymbol{E}-\boldsymbol{A})\boldsymbol{X}=\boldsymbol{0}$，$\begin{pmatrix} 1 & 1 & -1 \\ -2 & -2 & 2 \\ 3 & 3 & -3 \end{pmatrix} \longrightarrow \begin{pmatrix} 1 & 1 & -1 \\ 0 & 0 & 0 \\ 0 & 0 & 0 \end{pmatrix}$，得相应的特征向量为 $\boldsymbol{\alpha}_1=(1, -1, 0)^{\mathrm{T}}$，$\boldsymbol{\alpha}_2=(1, 0, 1)^{\mathrm{T}}$.

对 $\lambda=6$，由 $(6\boldsymbol{E}-\boldsymbol{A})\boldsymbol{X}=\boldsymbol{0}$，$\begin{pmatrix} 5 & 1 & -1 \\ -2 & 2 & 2 \\ 3 & 3 & 1 \end{pmatrix} \longrightarrow \begin{pmatrix} 1 & -1 & -1 \\ 0 & 3 & 2 \\ 0 & 0 & 0 \end{pmatrix}$，得相应的特征向量为 $\boldsymbol{\alpha}_3=(1, -2, 3)^{\mathrm{T}}$.

那么令 $\boldsymbol{P}=(\boldsymbol{\alpha}_1, \boldsymbol{\alpha}_2, \boldsymbol{\alpha}_3)=\begin{pmatrix} 1 & 1 & 1 \\ -1 & 0 & -2 \\ 0 & 1 & 3 \end{pmatrix}$，有 $\boldsymbol{P}^{-1}\boldsymbol{AP}=\boldsymbol{\Lambda}=\begin{pmatrix} 2 & 0 & 0 \\ 0 & 2 & 0 \\ 0 & 0 & 6 \end{pmatrix}$.

25.(2008 年 2，3)设 $\boldsymbol{A}$ 为三阶矩阵，$\boldsymbol{\alpha}_1$，$\boldsymbol{\alpha}_2$ 为 $\boldsymbol{A}$ 的分别属于特征值 -1，1

的特征向量，向量 $\boldsymbol{\alpha}_3$ 满足 $\boldsymbol{A\alpha}_3=\boldsymbol{\alpha}_3+\boldsymbol{\alpha}_2$.

(1)证明 $\boldsymbol{\alpha}_1$，$\boldsymbol{\alpha}_2$，$\boldsymbol{\alpha}_3$ 线性无关；

(2)令 $\boldsymbol{P}=(\boldsymbol{\alpha}_1,\ \boldsymbol{\alpha}_2,\ \boldsymbol{\alpha}_3)$，求 $\boldsymbol{P}^{-1}\boldsymbol{AP}$.

解 (1)设存在数 k_1，k_2，k_3 使得

$$k_1\boldsymbol{\alpha}_1+k_2\boldsymbol{\alpha}_2+k_3\boldsymbol{\alpha}_3=\boldsymbol{0}, \tag{i}$$

用 $\boldsymbol{A}$ 左乘(i)两边，并由 $\boldsymbol{A\alpha}_1=-\boldsymbol{\alpha}_1$，$\boldsymbol{A\alpha}_2=\boldsymbol{\alpha}_2$，得

$$-k_1\boldsymbol{\alpha}_1+(k_2+k_3)\boldsymbol{\alpha}_2+k_3\boldsymbol{\alpha}_3=\boldsymbol{0}, \tag{ii}$$

(i)－(ii)，得

$$2k_1\boldsymbol{\alpha}_1-k_3\boldsymbol{\alpha}_2=\boldsymbol{0}.$$

因为 $\boldsymbol{\alpha}_1$，$\boldsymbol{\alpha}_2$ 是 $\boldsymbol{A}$ 属于不同特征值的特征向量，所以 $\boldsymbol{\alpha}_1$，$\boldsymbol{\alpha}_2$ 线性无关，从而 $k_1=k_3=0$，代入(i)，得 $k_2\boldsymbol{\alpha}_2=\boldsymbol{0}$，由于 $\boldsymbol{\alpha}_2\neq\boldsymbol{0}$，所以 $k_2=0$，故 $\boldsymbol{\alpha}_1$，$\boldsymbol{\alpha}_2$，$\boldsymbol{\alpha}_3$ 线性无关.

(2)由题设可得

$$\begin{aligned}\boldsymbol{AP}&=\boldsymbol{A}(\boldsymbol{\alpha}_1,\ \boldsymbol{\alpha}_2,\ \boldsymbol{\alpha}_3)=(\boldsymbol{A\alpha}_1,\ \boldsymbol{A\alpha}_2,\ \boldsymbol{A\alpha}_3)\\&=(\boldsymbol{\alpha}_1,\ \boldsymbol{\alpha}_2,\ \boldsymbol{\alpha}_3)\begin{pmatrix}-1&0&0\\0&1&1\\0&0&1\end{pmatrix}=\boldsymbol{P}\begin{pmatrix}-1&0&0\\0&1&1\\0&0&1\end{pmatrix}.\end{aligned}$$

由(i)知，$\boldsymbol{P}$ 为可逆矩阵，从而

$$\boldsymbol{P}^{-1}\boldsymbol{AP}=\begin{pmatrix}-1&0&0\\0&1&1\\0&0&1\end{pmatrix}.$$

26.(2011 年 1，2，3)设 $\boldsymbol{A}$ 为三阶实对称矩阵，$\boldsymbol{A}$ 的秩为 2，且

$$\boldsymbol{A}\begin{pmatrix}1&1\\0&0\\-1&1\end{pmatrix}=\begin{pmatrix}-1&1\\0&0\\1&1\end{pmatrix}.$$

(1)求 $\boldsymbol{A}$ 的所有特征值与特征向量；

(2)求矩阵 $\boldsymbol{A}$.

解 (1)由条件知

$$\boldsymbol{A}\begin{pmatrix}1\\0\\-1\end{pmatrix}=-\begin{pmatrix}1\\0\\-1\end{pmatrix},\ \boldsymbol{A}\begin{pmatrix}1\\0\\1\end{pmatrix}=\begin{pmatrix}1\\0\\1\end{pmatrix},$$

因此－1 是一个特征值，且它对应的特征向量为 $k_1(1,\ 0,\ -1)^{\mathrm{T}}$，$k_1\neq0$；1 是一个特征值，它所对应的特征向量为 $k_2(1,\ 0,\ 1)^{\mathrm{T}}$，$k_2\neq0$. 再由 $r(\boldsymbol{A})=2$ 知，0 也是 $\boldsymbol{A}$ 的特征值，设它的特征向量为 $(x_1,\ x_2,\ x_3)^{\mathrm{T}}$，那么由对称矩阵不同

特征值对应的特征向量的正交性得$\begin{cases}x_1+x_3=0,\\-x_1+x_3=0,\end{cases}$ 解得特征值 0 对应的特征向量为 $k_3(0,\ 1,\ 0)^{\mathrm{T}}$，$k_3\neq 0$.

(2)令 $\boldsymbol{\Lambda}=\begin{pmatrix}1&0&0\\0&-1&0\\0&0&0\end{pmatrix}$，$\boldsymbol{P}=\begin{pmatrix}1&-1&0\\0&0&1\\1&1&0\end{pmatrix}$，则 $\boldsymbol{P}^{-1}\boldsymbol{AP}=\boldsymbol{\Lambda}$，因此

$$\boldsymbol{A}=\boldsymbol{P\Lambda P}^{-1}=\begin{pmatrix}1&-1&0\\0&0&1\\1&1&0\end{pmatrix}\begin{pmatrix}1&0&0\\0&-1&0\\0&0&0\end{pmatrix}\begin{pmatrix}1&-1&0\\0&0&1\\1&1&0\end{pmatrix}^{-1}$$

$$=\frac{1}{2}\begin{pmatrix}1&-1&0\\0&0&1\\1&1&0\end{pmatrix}\begin{pmatrix}1&0&1\\1&0&-1\\0&0&0\end{pmatrix}=\begin{pmatrix}0&0&1\\0&0&0\\1&0&0\end{pmatrix}.$$

27.(2001 年 1)已知三阶矩阵 $\boldsymbol{A}$ 与 3 维向量 $\boldsymbol{X}$，使得向量组 $\boldsymbol{X}$，$\boldsymbol{AX}$，$\boldsymbol{A}^2\boldsymbol{X}$ 线性无关，且满足 $\boldsymbol{A}^3\boldsymbol{X}=3\boldsymbol{AX}-2\boldsymbol{A}^2\boldsymbol{X}$.

(1)记 $\boldsymbol{P}=(\boldsymbol{X},\ \boldsymbol{AX},\ \boldsymbol{A}^2\boldsymbol{X})$，求三阶矩阵 $\boldsymbol{B}$，使 $\boldsymbol{A}=\boldsymbol{PBP}^{-1}$；

(2)计算行列式 $|\boldsymbol{A}+\boldsymbol{E}|$.

解法一　由于 $\boldsymbol{AP}=\boldsymbol{PB}$，即

$$\boldsymbol{A}(\boldsymbol{X},\ \boldsymbol{AX},\ \boldsymbol{A}^2\boldsymbol{X})=(\boldsymbol{AX},\ \boldsymbol{A}^2\boldsymbol{X},\ \boldsymbol{A}^3\boldsymbol{X})=(\boldsymbol{AX},\ \boldsymbol{A}^2\boldsymbol{X},\ 3\boldsymbol{AX}-2\boldsymbol{A}^2\boldsymbol{X})$$

$$=(\boldsymbol{X},\ \boldsymbol{AX},\ \boldsymbol{A}^2\boldsymbol{X})\begin{pmatrix}0&0&0\\1&0&3\\0&1&-2\end{pmatrix},$$

所以
$$\boldsymbol{B}=\begin{pmatrix}0&0&0\\1&0&3\\0&1&-2\end{pmatrix}.$$

解法二　由于 $\boldsymbol{P}=(\boldsymbol{X},\ \boldsymbol{AX},\ \boldsymbol{A}^2\boldsymbol{X})$可逆，那么 $\boldsymbol{P}^{-1}\boldsymbol{P}=\boldsymbol{E}$，即 $\boldsymbol{P}^{-1}(\boldsymbol{X},\ \boldsymbol{AX},\ \boldsymbol{A}^2\boldsymbol{X})=\boldsymbol{E}$，所以

$$\boldsymbol{P}^{-1}\boldsymbol{X}=\begin{pmatrix}1\\0\\0\end{pmatrix},\ \boldsymbol{P}^{-1}\boldsymbol{AX}=\begin{pmatrix}0\\1\\0\end{pmatrix},\ \boldsymbol{P}^{-1}\boldsymbol{A}^2\boldsymbol{X}=\begin{pmatrix}0\\0\\1\end{pmatrix},$$

于是　$\boldsymbol{B}=\boldsymbol{P}^{-1}\boldsymbol{AP}=\boldsymbol{P}^{-1}(\boldsymbol{AX},\ \boldsymbol{A}^2\boldsymbol{X},\ \boldsymbol{A}^3\boldsymbol{X})=\boldsymbol{P}^{-1}(\boldsymbol{AX},\ \boldsymbol{A}^2\boldsymbol{X},\ 3\boldsymbol{AX}-2\boldsymbol{A}^2\boldsymbol{X})$

$$=(\boldsymbol{P}^{-1}\boldsymbol{AX},\ \boldsymbol{P}^{-1}\boldsymbol{A}^2\boldsymbol{X},\ \boldsymbol{P}^{-1}(3\boldsymbol{AX}-2\boldsymbol{A}^2\boldsymbol{X}))=\begin{pmatrix}0&0&0\\1&0&3\\0&1&-2\end{pmatrix}.$$

解法三　由 $\boldsymbol{A}^3\boldsymbol{X}+2\boldsymbol{A}^2\boldsymbol{X}-3\boldsymbol{AX}=\boldsymbol{0}$ 来求 $\boldsymbol{A}$ 的特征值与特征向量．因为

$$A(A^2X+2AX-3X)=0\cdot(A^2X+2AX-3X),$$

又因 X，AX，A^2X 线性无关，知 $A^2X+2AX-3AX\neq 0$，故 $\lambda=0$ 是 A 的特征值．$A^2X+2AX-3X$ 是属于 $\lambda=0$ 的特征向量．类似地，由

$$(A-E)(A^2X+3AX)=0,\ (A+3E)(A^2X-AX)=0,$$

知 $\lambda=1$ 是 A 的特征值，A^2X+3AX 是特征向量；$\lambda=-3$ 是 A 的特征值，A^2X-AX 是特征向量．A 有三个不同的特征值 1，-3，0，也就有三个线性无关的特征向量，依次是

$$A^2X+3AX,\ A^2X-AX,\ A^2X+2AX-3X.$$

令 $Q=(A^2X+3AX,\ A^2X-AX,\ A^2X+2AX-3X)$，则有

$$Q^{-1}AQ=\begin{pmatrix}1&&\\&-3&\\&&0\end{pmatrix}.$$

而
$$Q=(X,\ AX,\ A^2X)\begin{pmatrix}0&0&-3\\3&-1&2\\1&1&1\end{pmatrix}=PC,$$

于是 $A=Q\Lambda Q^{-1}=PC\Lambda C^{-1}P^{-1}$，所以

$$\begin{aligned}B&=P^{-1}AP=P^{-1}(PC\Lambda C^{-1}P^{-1})P=C\Lambda C^{-1}\\&=\begin{pmatrix}0&0&-3\\3&-1&2\\1&1&1\end{pmatrix}\begin{pmatrix}1&&\\&-3&\\&&0\end{pmatrix}\begin{pmatrix}0&0&-3\\3&-1&2\\1&1&1\end{pmatrix}^{-1}=\begin{pmatrix}0&0&0\\1&0&3\\0&1&-2\end{pmatrix}.\end{aligned}$$

28.(2002 年 1)设 A，B 为同阶方阵，

(1)如果 A，B 相似，试证 A，B 的特征多项式相等；

(2)举一个二阶方阵的例子说明(1)的逆命题不成立；

(3)当 A，B 均为实对称矩阵时，试证(1)的逆命题成立．

证 (1)若 A，B 相似，则存在可逆矩阵 P，使 $P^{-1}AP=B$，故

$$\begin{aligned}|\lambda E-B|&=|\lambda E-P^{-1}AP|=|P^{-1}\lambda EP-P^{-1}AP|\\&=|P^{-1}(\lambda E-A)P|=|P^{-1}|\,|\lambda E-A|\,|P|=|\lambda E-A|.\end{aligned}$$

(2)令 $A=\begin{pmatrix}0&1\\0&0\end{pmatrix}$，$B=\begin{pmatrix}0&0\\0&0\end{pmatrix}$，则 $|\lambda E-A|=\lambda^2=|\lambda E-B|$．但 A，B 不相似．否则，存在可逆矩阵 P，使 $P^{-1}AP=B=O$，从而 $A=POP^{-1}=O$，矛盾．亦可从 $r(A)=1$，$r(B)=0$ 知，A 与 B 不相似．

(3)由 A，B 均为实对称矩阵知，A，B 均相似于对角阵，若 A，B 的特征多项式相等，记特征多项式的根为 λ_1，λ_2，…，λ_n，则有

$$A\sim\begin{pmatrix}\lambda_1&&\\&\ddots&\\&&\lambda_n\end{pmatrix},\quad B\sim\begin{pmatrix}\lambda_1&&\\&\ddots&\\&&\lambda_n\end{pmatrix},$$

即存在可逆阵 P，Q，使

$$P^{-1}AP=\begin{pmatrix}\lambda_1&&\\&\ddots&\\&&\lambda_n\end{pmatrix}=Q^{-1}BQ,$$

于是 $(PQ^{-1})^{-1}A(PQ^{-1})=B$. 由 PQ^{-1} 为可逆矩阵知，A 与 B 相似．

29.(2003 年 4)设矩阵 $B=\begin{pmatrix}0&0&1\\0&1&0\\1&0&0\end{pmatrix}$，已知矩阵 A 相似于 B，则 $r(A-2E)$ 与 $r(A-E)$ 之和等于(　　).

(A)2；　　(B)3；　　(C)4；　　(D)5.

解　若 $P^{-1}AP=B$，则 $P^{-1}(A+kE)P=B+kE$，即若 $A\sim B$，则 $A+kE\sim B+kE$. 又因相似矩阵有相同的秩，故

$$\begin{aligned}r(A-2E)+r(A-E)&=r(B-2E)+r(B-E)\\&=r\begin{pmatrix}-2&0&1\\0&-1&0\\1&0&-2\end{pmatrix}+r\begin{pmatrix}-1&0&1\\0&0&0\\1&0&-1\end{pmatrix}=4,\end{aligned}$$

故应选(C).

30.(2004 年 1，2)设矩阵 $A=\begin{pmatrix}1&2&-3\\-1&4&-3\\1&a&5\end{pmatrix}$ 的特征方程有一个二重根，求 a 的值，并讨论 A 是否可相似对角化．

解　A 的特征多项式为

$$\begin{vmatrix}\lambda-1&-2&3\\1&\lambda-4&3\\-1&-a&\lambda-5\end{vmatrix}=(\lambda-2)(\lambda^2-8\lambda+18+3a).$$

若 $\lambda=2$ 是特征方程的二重根，则有 $2^2-16+18+3a=0$，解得 $a=-2$.

当 $a=-2$ 时，A 的特征值为 2，2，6，矩阵 $2E-A=\begin{pmatrix}1&-2&3\\1&-2&3\\-1&2&-3\end{pmatrix}$ 的秩为 1，故 $\lambda=2$ 对应的线性无关的特征向量有两个，从而 A 可相似对角化．

若 $\lambda=2$ 不是特征方程的二重根，则 $\lambda^2-8\lambda+18+3a$ 为完全平方，从而

$18+3a=16$，解得 $a=-\dfrac{2}{3}$.

当 $a=-\dfrac{2}{3}$ 时，$\boldsymbol{A}$ 的特征值为 2，4，4，矩阵 $4\boldsymbol{E}-\boldsymbol{A}=\begin{pmatrix}3 & -2 & 3\\ 1 & 0 & 3\\ -1 & 2/3 & -1\end{pmatrix}$ 的秩为 2，故 $\lambda=4$ 对应的线性无关的特征向量只有一个，从而 $\boldsymbol{A}$ 不可相似对角化.

31.(2005 年 1)设 $\boldsymbol{A}$ 为三阶矩阵，$\boldsymbol{\alpha}_1$，$\boldsymbol{\alpha}_2$，$\boldsymbol{\alpha}_3$ 是线性无关的三维列向量，且满足 $\boldsymbol{A\alpha}_1=\boldsymbol{\alpha}_1+\boldsymbol{\alpha}_2+\boldsymbol{\alpha}_3$，$\boldsymbol{A\alpha}_2=2\boldsymbol{\alpha}_2+\boldsymbol{\alpha}_3$，$\boldsymbol{A\alpha}_3=2\boldsymbol{\alpha}_2+3\boldsymbol{\alpha}_3$.

(1)求矩阵 $\boldsymbol{B}$，使得 $\boldsymbol{A}(\boldsymbol{\alpha}_1,\boldsymbol{\alpha}_2,\boldsymbol{\alpha}_3)=(\boldsymbol{\alpha}_1,\boldsymbol{\alpha}_2,\boldsymbol{\alpha}_3)\boldsymbol{B}$；

(2)求矩阵 $\boldsymbol{A}$ 的特征值；

(3)求可逆矩阵 $\boldsymbol{P}$，使得 $\boldsymbol{P}^{-1}\boldsymbol{AP}$ 为对角矩阵.

解 (1)按已知条件，有

$$\begin{aligned}\boldsymbol{A}(\boldsymbol{\alpha}_1,\boldsymbol{\alpha}_2,\boldsymbol{\alpha}_3)&=(\boldsymbol{\alpha}_1+\boldsymbol{\alpha}_2+\boldsymbol{\alpha}_3,2\boldsymbol{\alpha}_2+\boldsymbol{\alpha}_3,2\boldsymbol{\alpha}_2+3\boldsymbol{\alpha}_3)\\&=(\boldsymbol{\alpha}_1,\boldsymbol{\alpha}_2,\boldsymbol{\alpha}_3)\begin{pmatrix}1 & 0 & 0\\ 1 & 2 & 2\\ 1 & 1 & 3\end{pmatrix},\end{aligned}$$

所以 $\boldsymbol{B}=\begin{pmatrix}1 & 0 & 0\\ 1 & 2 & 2\\ 1 & 1 & 3\end{pmatrix}$.

(2)因为 $\boldsymbol{\alpha}_1$，$\boldsymbol{\alpha}_2$，$\boldsymbol{\alpha}_3$ 线性无关，矩阵 $\boldsymbol{C}=(\boldsymbol{\alpha}_1,\boldsymbol{\alpha}_2,\boldsymbol{\alpha}_3)$ 可逆，所以 $\boldsymbol{A}$ 与 $\boldsymbol{B}$ 相似. 由

$$|\lambda\boldsymbol{E}-\boldsymbol{B}|=\begin{vmatrix}\lambda-1 & 0 & 0\\ -1 & \lambda-2 & -2\\ -1 & -1 & \lambda-3\end{vmatrix}=(\lambda-1)^2(\lambda-4),$$

知矩阵 $\boldsymbol{B}$ 的特征值是 1，1，4，故矩阵 $\boldsymbol{A}$ 的特征值是 1，1，4.

(3)对于矩阵 $\boldsymbol{B}$，由 $(\boldsymbol{E}-\boldsymbol{B})\boldsymbol{X}=\boldsymbol{0}$，得特征向量 $\boldsymbol{\eta}_1=(-1,1,0)^{\mathrm{T}}$，$\boldsymbol{\eta}_2=(-2,0,1)^{\mathrm{T}}$.

由 $(4\boldsymbol{E}-\boldsymbol{B})\boldsymbol{X}=\boldsymbol{0}$，得特征向量 $\boldsymbol{\eta}_3=(0,1,1)^{\mathrm{T}}$.

令 $\boldsymbol{P}_1=(\boldsymbol{\eta}_1,\boldsymbol{\eta}_2,\boldsymbol{\eta}_3)$，有 $\boldsymbol{P}_1^{-1}\boldsymbol{BP}_1=\begin{pmatrix}1 & & \\ & 1 & \\ & & 4\end{pmatrix}$，从而 $\boldsymbol{P}_1^{-1}\boldsymbol{C}^{-1}\boldsymbol{ACP}_1=\begin{pmatrix}1 & & \\ & 1 & \\ & & 4\end{pmatrix}$，故当 $\boldsymbol{P}=\boldsymbol{CP}_1=(\boldsymbol{\alpha}_1,\boldsymbol{\alpha}_2,\boldsymbol{\alpha}_3)\begin{pmatrix}-1 & -2 & 0\\ 1 & 0 & 1\\ 0 & 1 & 1\end{pmatrix}=(-\boldsymbol{\alpha}_1+\boldsymbol{\alpha}_2,-2\boldsymbol{\alpha}_1+$

$\boldsymbol{\alpha}_3$，$\boldsymbol{\alpha}_2+\boldsymbol{\alpha}_3$)时，

$$\boldsymbol{P}^{-1}\boldsymbol{A}\boldsymbol{P}=\begin{pmatrix}1&&\\&1&\\&&4\end{pmatrix}.$$

32.(2015 年 1，2，3)设矩阵 $\boldsymbol{A}=\begin{pmatrix}0&2&-3\\-1&3&-3\\1&-2&a\end{pmatrix}$ 相似于矩阵 $\boldsymbol{B}=\begin{pmatrix}1&-2&0\\0&b&0\\0&3&1\end{pmatrix}$.

(1)求 a，b 的值；

(2)求可逆矩阵 $\boldsymbol{P}$，使 $\boldsymbol{P}^{-1}\boldsymbol{A}\boldsymbol{P}$ 为对角矩阵．

解　(1)由于矩阵 $\boldsymbol{A}$ 与矩阵 $\boldsymbol{B}$ 相似，所以 $\mathrm{tr}(\boldsymbol{A})=\mathrm{tr}(\boldsymbol{B})$ 和 $|\boldsymbol{A}|=|\boldsymbol{B}|$，可得

$$\begin{cases}3+a=2+b,\\2a-3=b,\end{cases}\text{解得}\begin{cases}a=4,\\b=5.\end{cases}$$

(2)由(1)知 $\boldsymbol{A}=\begin{pmatrix}0&2&-3\\-1&3&-3\\1&-2&4\end{pmatrix}$ 和 $\boldsymbol{B}=\begin{pmatrix}1&-2&0\\0&5&0\\0&3&1\end{pmatrix}$，由 $\boldsymbol{A}$ 与 $\boldsymbol{B}$ 相似知

$$|\lambda\boldsymbol{E}-\boldsymbol{A}|=|\lambda\boldsymbol{E}-\boldsymbol{B}|=(\lambda-1)^2(\lambda-5),$$

故 $\boldsymbol{A}$ 的特征值为 $\lambda_1=\lambda_2=1$，$\lambda_3=5$.

当 $\lambda_1=\lambda_2=1$ 时，解方程组 $(\boldsymbol{E}-\boldsymbol{A})\boldsymbol{X}=\boldsymbol{0}$，得线性无关特征向量

$$\boldsymbol{\alpha}_1=(2,\ 1,\ 0)^{\mathrm{T}},\ \boldsymbol{\alpha}_2=(-3,\ 0,\ 1)^{\mathrm{T}};$$

当 $\lambda_3=5$ 时，解方程组 $(5\boldsymbol{E}-\boldsymbol{A})\boldsymbol{X}=\boldsymbol{0}$，得特征向量 $\boldsymbol{\alpha}_3=(1,\ 1,\ -1)^{\mathrm{T}}$.

取 $\boldsymbol{P}=(\boldsymbol{\alpha}_1,\ \boldsymbol{\alpha}_2,\ \boldsymbol{\alpha}_3)=\begin{pmatrix}2&-3&1\\1&0&1\\0&1&-1\end{pmatrix}$，则 $\boldsymbol{P}^{-1}\boldsymbol{A}\boldsymbol{P}=\begin{pmatrix}1&0&0\\0&1&0\\0&0&5\end{pmatrix}$ 为对角阵．

33.(2016 年 1，2，3)已知矩阵 $\boldsymbol{A}=\begin{pmatrix}0&-1&1\\2&-3&0\\0&0&0\end{pmatrix}$.

(1)求 $\boldsymbol{A}^{99}$；

(2)设三阶矩阵 $\boldsymbol{B}=(\boldsymbol{\alpha}_1,\ \boldsymbol{\alpha}_2,\ \boldsymbol{\alpha}_3)$ 满足 $\boldsymbol{B}^2=\boldsymbol{B}\boldsymbol{A}$，记 $\boldsymbol{B}^{100}=(\boldsymbol{\beta}_1,\ \boldsymbol{\beta}_2,\ \boldsymbol{\beta}_3)$，将 $\boldsymbol{\beta}_1$，$\boldsymbol{\beta}_2$，$\boldsymbol{\beta}_3$ 分别表示为 $\boldsymbol{\alpha}_1$，$\boldsymbol{\alpha}_2$，$\boldsymbol{\alpha}_3$ 的线性组合．

解　(1)首先由

$$|\lambda \boldsymbol{E}-\boldsymbol{A}|=\begin{vmatrix}\lambda & 1 & -1\\ -2 & \lambda+3 & 0\\ 0 & 0 & \lambda\end{vmatrix}=\lambda(\lambda+1)(\lambda+2)=0,$$

得 $\boldsymbol{A}$ 的特征值为 $\lambda_1=-1$，$\lambda_2=-2$，$\lambda_3=0$.

当 $\lambda_1=-1$ 时，解方程组 $(-\boldsymbol{E}-\boldsymbol{A})\boldsymbol{X}=\boldsymbol{0}$，得特征向量 $\boldsymbol{\xi}_1=(1,1,0)^{\mathrm{T}}$；

当 $\lambda_2=-2$ 时，解方程组 $(-2\boldsymbol{E}-\boldsymbol{A})\boldsymbol{X}=\boldsymbol{0}$，得特征向量 $\boldsymbol{\xi}_2=(1,2,0)^{\mathrm{T}}$.

当 $\lambda_3=0$ 时，解方程组 $\boldsymbol{AX}=\boldsymbol{0}$，得特征向量 $\boldsymbol{\xi}_3=(3,2,2)^{\mathrm{T}}$.

令 $\boldsymbol{P}=(\boldsymbol{\xi}_1,\boldsymbol{\xi}_2,\boldsymbol{\xi}_3)=\begin{pmatrix}1&1&3\\1&2&2\\0&0&2\end{pmatrix}$，则 $\boldsymbol{P}^{-1}\boldsymbol{AP}=\begin{pmatrix}-1&0&0\\0&-2&0\\0&0&0\end{pmatrix}=\boldsymbol{\Lambda}$，所以

$$\begin{aligned}\boldsymbol{A}^{99}&=(\boldsymbol{P\Lambda P}^{-1})^{99}=\boldsymbol{P\Lambda}^{99}\boldsymbol{P}^{-1}\\&=\begin{pmatrix}1&1&3\\1&2&2\\0&0&2\end{pmatrix}\begin{pmatrix}-1&0&0\\0&-2&0\\0&0&0\end{pmatrix}^{99}\begin{pmatrix}2&-1&-2\\-1&1&\frac{1}{2}\\0&0&\frac{1}{2}\end{pmatrix}\\&=\begin{pmatrix}2^{99}-2&1-2^{99}&2-2^{98}\\2^{100}-2&1-2^{100}&2-2^{99}\\0&0&0\end{pmatrix}.\end{aligned}$$

(2)由 $\boldsymbol{B}^2=\boldsymbol{BA}$ 知 $\boldsymbol{B}^{100}=\boldsymbol{BA}^{99}=(\boldsymbol{\beta}_1,\boldsymbol{\beta}_2,\boldsymbol{\beta}_3)$，即

$$\begin{aligned}\boldsymbol{\beta}_1&=(2^{99}-2)\boldsymbol{\alpha}_1+(2^{100}-2)\boldsymbol{\alpha}_2,\\\boldsymbol{\beta}_2&=(1-2^{99})\boldsymbol{\alpha}_1+(1-2^{100})\boldsymbol{\alpha}_2,\\\boldsymbol{\beta}_3&=(2-2^{98})\boldsymbol{\alpha}_1+(2-2^{99})\boldsymbol{\alpha}_2.\end{aligned}$$

34.(2019年1，2，3)已知矩阵 $\boldsymbol{A}=\begin{pmatrix}-2&-2&1\\2&x&-2\\0&0&-2\end{pmatrix}$ 和 $\boldsymbol{B}=\begin{pmatrix}2&1&0\\0&-1&0\\0&0&y\end{pmatrix}$ 相似.

(1)求 x，y；

(2)求可逆矩阵 $\boldsymbol{P}$ 使得 $\boldsymbol{P}^{-1}\boldsymbol{AP}=\boldsymbol{B}$.

解 (1)由相似矩阵的性质 $\mathrm{tr}(\boldsymbol{A})=\mathrm{tr}(\boldsymbol{B})$ 和 $|\boldsymbol{A}|=|\boldsymbol{B}|$，可得

$$\begin{cases}-2+x-2=2-1+y,\\4x-8=-2y,\end{cases}$$

解得 $x=3$，$y=-2$.

(2)$\boldsymbol{B}$ 是上三角矩阵，因此 $\boldsymbol{A}$ 和 $\boldsymbol{B}$ 的特征值均为 2，-1，-2.

对矩阵 $\boldsymbol{B}$，当 $\lambda_1=2$ 时，由方程组 $(2\boldsymbol{E}-\boldsymbol{B})\boldsymbol{X}=\boldsymbol{0}$，可得 λ_1 的一个特征向量 $\boldsymbol{\xi}_1=(1,0,0)^{\mathrm{T}}$；

当 $\lambda_2=-1$ 时，由方程组 $(-\boldsymbol{E}-\boldsymbol{B})\boldsymbol{X}=\boldsymbol{0}$，可得 λ_2 的一个特征向量 $\boldsymbol{\xi}_2=(-1,3,0)^{\mathrm{T}}$；

当 $\lambda_3=-2$ 时，由方程组 $(-2\boldsymbol{E}-\boldsymbol{B})\boldsymbol{X}=\boldsymbol{0}$，可得 λ_3 的一个特征向量 $\boldsymbol{\xi}_3=(0,0,1)^{\mathrm{T}}$.

取 $\boldsymbol{P}_1=(\boldsymbol{\xi}_1,\boldsymbol{\xi}_2,\boldsymbol{\xi}_3)=\begin{pmatrix}1&-1&0\\0&3&0\\0&0&1\end{pmatrix}$，则

$$\boldsymbol{P}_1^{-1}\boldsymbol{B}\boldsymbol{P}_1=\begin{pmatrix}2&0&0\\0&-1&0\\0&0&-2\end{pmatrix}.$$

同理，对矩阵 $\boldsymbol{A}$，也可求出一组线性无关的特征向量，取

$$\boldsymbol{P}_2=\begin{pmatrix}-1&-2&-1\\2&1&2\\0&0&4\end{pmatrix},$$

则
$$\boldsymbol{P}_2^{-1}\boldsymbol{A}\boldsymbol{P}_2=\begin{pmatrix}2&0&0\\0&-1&0\\0&0&-2\end{pmatrix},$$

故
$$\boldsymbol{P}_1^{-1}\boldsymbol{B}\boldsymbol{P}_1=\boldsymbol{P}_2^{-1}\boldsymbol{A}\boldsymbol{P}_2\Rightarrow(\boldsymbol{P}_2\boldsymbol{P}_1^{-1})\boldsymbol{A}\boldsymbol{P}_2\boldsymbol{P}_1^{-1}=\boldsymbol{B},$$

因此当取

$$\boldsymbol{P}=\boldsymbol{P}_2\boldsymbol{P}_1^{-1}=\begin{pmatrix}-1&-2&-1\\2&1&2\\0&0&4\end{pmatrix}\begin{pmatrix}1&-1&0\\0&3&0\\0&0&1\end{pmatrix}^{-1}=\begin{pmatrix}-1&-1&-1\\2&1&2\\0&0&4\end{pmatrix}$$

时，则有 $\boldsymbol{P}^{-1}\boldsymbol{A}\boldsymbol{P}=\boldsymbol{B}$.

35.(2014 年 1，2，3)证明 n 阶矩阵 $\begin{pmatrix}1&1&\cdots&1\\1&1&\cdots&1\\\vdots&\vdots&&\vdots\\1&1&\cdots&1\end{pmatrix}$ 与 $\begin{pmatrix}0&\cdots&0&1\\0&\cdots&0&2\\\vdots&&\vdots&\vdots\\0&\cdots&0&n\end{pmatrix}$ 相似.

证　先证明一个基本结论：

秩为 1 的矩阵 $\boldsymbol{A}$ 可对角化的充要条件是 $\mathrm{tr}(\boldsymbol{A})\neq0$，且当 $\mathrm{tr}(\boldsymbol{A})\neq0$ 时，$\boldsymbol{A}$ 的相似对角矩阵为 $\mathrm{diag}(\mathrm{tr}(\boldsymbol{A}),0,\cdots,0)$.

由于 $r(\boldsymbol{A})=1$，所以方程组 $\boldsymbol{A}\boldsymbol{X}=\boldsymbol{0}$ 有且只有 $n-1$ 个线性无关的解，因此

0 至少是 $\boldsymbol{A}$ 的 $n-1$ 重特征值，它只有 $n-1$ 个线性无关的特征向量．

特征值的和等于矩阵的迹，因此 $\boldsymbol{A}$ 的最后一个特征值就是 $\mathrm{tr}(\boldsymbol{A})$．当 $\mathrm{tr}(\boldsymbol{A})\neq 0$ 时，此非零特征值有一个线性无关特征向量，此时 $\boldsymbol{A}$ 可对角化，且其相似对角矩阵为 $\mathrm{diag}(\mathrm{tr}(\boldsymbol{A}),\ 0,\ \cdots,\ 0)$．若 $\mathrm{tr}(\boldsymbol{A})=0$，则 0 是 $\boldsymbol{A}$ 的 n 重特征值，但只有 $n-1$ 个线性无关特征向量，此时不可对角化．

令已知矩阵分别为 $\boldsymbol{A}$ 和 $\boldsymbol{B}$，由以上结论可知 $r(\boldsymbol{A})=r(\boldsymbol{B})=1$，$\mathrm{tr}(\boldsymbol{A})=\mathrm{tr}(\boldsymbol{B})=n$，可知 $\boldsymbol{A}$ 和 $\boldsymbol{B}$ 都相似于对角矩阵 $\mathrm{diag}(n,\ 0,\ \cdots,\ 0)$，故 $\boldsymbol{A}$ 和 $\boldsymbol{B}$ 相似．

36.(2020 年 1，2，3)设 $\boldsymbol{A}$ 为二阶矩阵，$\boldsymbol{P}=(\boldsymbol{\alpha},\ \boldsymbol{A}\boldsymbol{\alpha})$，其中 $\boldsymbol{\alpha}$ 是非零向量且不是 $\boldsymbol{A}$ 的特征向量．

(1)证明：$\boldsymbol{P}$ 是可逆矩阵；

(2)若 $\boldsymbol{A}^2\boldsymbol{\alpha}+\boldsymbol{A}\boldsymbol{\alpha}-6\boldsymbol{\alpha}=\boldsymbol{0}$，求 $\boldsymbol{P}^{-1}\boldsymbol{A}\boldsymbol{P}$，并判断 $\boldsymbol{A}$ 是否相似于对角矩阵．

解 (1)由题意，$\boldsymbol{\alpha}$ 是非零向量，$\boldsymbol{A}\boldsymbol{\alpha}\neq k\boldsymbol{\alpha}$，其中 k 为实数，所以 $\boldsymbol{\alpha}$，$\boldsymbol{A}\boldsymbol{\alpha}$ 线性无关，即 $\boldsymbol{P}=(\boldsymbol{\alpha},\ \boldsymbol{A}\boldsymbol{\alpha})$ 为可逆矩阵．

(2)$\boldsymbol{A}\boldsymbol{P}=\boldsymbol{A}(\boldsymbol{\alpha},\ \boldsymbol{A}\boldsymbol{\alpha})=(\boldsymbol{A}\boldsymbol{\alpha},\ \boldsymbol{A}^2\boldsymbol{\alpha})=(\boldsymbol{A}\boldsymbol{\alpha},\ 6\boldsymbol{\alpha}-\boldsymbol{A}\boldsymbol{\alpha})=(\boldsymbol{\alpha},\ \boldsymbol{A}\boldsymbol{\alpha})\begin{pmatrix}0 & 6\\ 1 & -1\end{pmatrix}=$

$\boldsymbol{P}\begin{pmatrix}0 & 6\\ 1 & -1\end{pmatrix}$，所以 $\boldsymbol{P}^{-1}\boldsymbol{A}\boldsymbol{P}=\begin{pmatrix}0 & 6\\ 1 & -1\end{pmatrix}$，即 $\boldsymbol{A}$ 与 $\boldsymbol{B}=\begin{pmatrix}0 & 6\\ 1 & -1\end{pmatrix}$ 相似．不难知，$\boldsymbol{B}$ 有两个不同的特征值 $\lambda_1=2$，$\lambda_2=-3$，因此 $\boldsymbol{A}$ 的特征值也是 2，-3，所以 $\boldsymbol{A}$ 可以相似对角化．

37.(2007 年 1，2，3)设三阶实对称矩阵 $\boldsymbol{A}$ 的特征值为 λ_1-1，$\lambda_2=2$，$\lambda_3=-2$，$\boldsymbol{\alpha}_1=(1,\ -1,\ 1)^{\mathrm{T}}$ 是 $\boldsymbol{A}$ 的属于特征值 λ_1 的一个特征向量，记 $\boldsymbol{B}=\boldsymbol{A}^5-4\boldsymbol{A}^3+\boldsymbol{E}$，其中 $\boldsymbol{E}$ 为三阶单位矩阵．

(1)验证 $\boldsymbol{\alpha}_1$ 是矩阵 $\boldsymbol{B}$ 的特征向量，并求 $\boldsymbol{B}$ 的全部特征值与特征向量；

(2)求矩阵 $\boldsymbol{B}$.

解 (1)由 $\boldsymbol{A}\boldsymbol{\alpha}_1=\boldsymbol{\alpha}_1$，得

$$\boldsymbol{A}^2\boldsymbol{\alpha}_1=\boldsymbol{A}\boldsymbol{\alpha}_1=\boldsymbol{\alpha}_1,\quad \boldsymbol{A}^3\boldsymbol{\alpha}_1=\boldsymbol{\alpha}_1,\quad \boldsymbol{A}^5\boldsymbol{\alpha}_1=\boldsymbol{\alpha}_1,$$

故 $\quad \boldsymbol{B}\boldsymbol{\alpha}_1=(\boldsymbol{A}^5-4\boldsymbol{A}^3+\boldsymbol{E})\boldsymbol{\alpha}_1=\boldsymbol{A}^5\boldsymbol{\alpha}_1-4\boldsymbol{A}^3\boldsymbol{\alpha}_1+\boldsymbol{\alpha}_1=\boldsymbol{\alpha}_1-4\boldsymbol{\alpha}_1+\boldsymbol{\alpha}_1=-2\boldsymbol{\alpha}_1$，

因此 $\boldsymbol{\alpha}_1$ 是矩阵 $\boldsymbol{B}$ 的属于特征值 2 的特征向量．因为 $\boldsymbol{B}=\boldsymbol{A}^5-4\boldsymbol{A}^3+\boldsymbol{E}$ 及 $\boldsymbol{A}$ 的三个特征值 $\lambda_1=1$，$\lambda_2=2$，$\lambda_3=-2$，得 $\boldsymbol{B}$ 的 3 个特征值为 $\xi_1=-2$，$\xi_2=\xi_3=1$. 设 $\boldsymbol{\alpha}_2$，$\boldsymbol{\alpha}_3$ 为 $\boldsymbol{B}$ 的属于 $\xi_2=\xi_3=1$ 的两个线性无关的特征向量，又 $\boldsymbol{A}$ 为对称矩阵，则 $\boldsymbol{B}$ 也为对称矩阵，因此 $\boldsymbol{\alpha}_1$ 与 $\boldsymbol{\alpha}_2$，$\boldsymbol{\alpha}_3$ 正交，即

$$\boldsymbol{\alpha}_1^{\mathrm{T}}\boldsymbol{\alpha}_2=0,\quad \boldsymbol{\alpha}_1^{\mathrm{T}}\boldsymbol{\alpha}_3=0,$$

所以 $\boldsymbol{\alpha}_2$，$\boldsymbol{\alpha}_3$ 可取为如下齐次线性方程组的两个线性无关的解：

$$(1,\ -1,\ 1)\begin{pmatrix} x_1 \\ x_2 \\ x_3 \end{pmatrix}=0,$$

其基础解系为$(1,\ 1,\ 0)^{\mathrm{T}}$，$(-1,\ 0,\ 1)^{\mathrm{T}}$，故可取 $\boldsymbol{\alpha}_2=(1,\ 1,\ 0)^{\mathrm{T}}$，$\boldsymbol{\alpha}_3=(-1,\ 0,\ 1)^{\mathrm{T}}$，即 $\boldsymbol{B}$ 的全部特征向量为 $k_1\boldsymbol{\alpha}_1$，$k_2\boldsymbol{\alpha}_2+k_3\boldsymbol{\alpha}_3$，其中 $k_1\neq 0$，k_2，k_3 不全为零．

(2)令 $\boldsymbol{P}=(\boldsymbol{\alpha}_1,\ \boldsymbol{\alpha}_2,\ \boldsymbol{\alpha}_3)=\begin{pmatrix} 1 & 1 & -1 \\ -1 & 1 & 0 \\ 1 & 0 & 1 \end{pmatrix}$，$\boldsymbol{P}^{-1}\boldsymbol{BP}=\begin{pmatrix} -2 & 0 & 0 \\ 0 & 1 & 0 \\ 0 & 0 & 1 \end{pmatrix}$，得

$$\boldsymbol{B}=\boldsymbol{P}\begin{pmatrix} -2 & 0 & 0 \\ 0 & 1 & 0 \\ 0 & 0 & 1 \end{pmatrix}\boldsymbol{P}^{-1}=\begin{pmatrix} 1 & 1 & -1 \\ -1 & 1 & 0 \\ 1 & 0 & 1 \end{pmatrix}\begin{pmatrix} -2 & 0 & 0 \\ 0 & 1 & 0 \\ 0 & 0 & 1 \end{pmatrix}\frac{1}{3}\begin{pmatrix} 1 & -1 & 1 \\ 1 & 2 & 1 \\ -1 & 1 & 2 \end{pmatrix}$$

$$=\begin{pmatrix} -2 & 1 & -1 \\ 2 & 1 & 0 \\ -2 & 0 & 1 \end{pmatrix}\frac{1}{3}\begin{pmatrix} 1 & -1 & 1 \\ 1 & 2 & 1 \\ -1 & 1 & 2 \end{pmatrix}=\begin{pmatrix} 0 & 1 & -1 \\ 1 & 0 & 1 \\ -1 & 1 & 0 \end{pmatrix}.$$

38.(2010 年 2)设 $\boldsymbol{A}=\begin{pmatrix} 0 & -1 & 4 \\ -1 & 3 & a \\ 4 & a & 0 \end{pmatrix}$，正交矩阵$\boldsymbol{Q}$使得$\boldsymbol{Q}^{\mathrm{T}}\boldsymbol{AQ}$ 为对角矩阵．若$\boldsymbol{Q}$的第 1 列为$\frac{1}{\sqrt{6}}(1,\ 2,\ 1)^{\mathrm{T}}$，求 a，$\boldsymbol{Q}$．

解　设 $\boldsymbol{\xi}_1=\frac{1}{\sqrt{6}}(1,\ 2,\ 1)^{\mathrm{T}}$ 是矩阵 $\boldsymbol{A}$ 的属于特征值 λ_1 的特征向量，则

$$\begin{pmatrix} 0 & -1 & 4 \\ -1 & 3 & a \\ 4 & a & 0 \end{pmatrix}\begin{pmatrix} 1 \\ 2 \\ 1 \end{pmatrix}=\lambda_1\begin{pmatrix} 1 \\ 2 \\ 1 \end{pmatrix}\Rightarrow\begin{cases} 0+(-2)+4=\lambda_1, \\ -1+6+a=2\lambda_1, \\ 4+2a+0=\lambda_1 \end{cases}\Rightarrow\begin{cases} \lambda_1=2, \\ a=-1. \end{cases}$$

由 $$|\lambda\boldsymbol{E}-\boldsymbol{A}|=\begin{vmatrix} \lambda & 1 & -4 \\ 1 & \lambda-3 & 1 \\ -4 & 1 & \lambda \end{vmatrix}=(\lambda-2)(\lambda-5)(\lambda+4)=0,$$

可得 $\boldsymbol{A}$ 的特征值为 $\lambda_1=2$，$\lambda_2=5$，$\lambda_3=-4$．

当 $\lambda_2=5$ 时，由方程组$(5\boldsymbol{E}-\boldsymbol{A})\boldsymbol{X}=\boldsymbol{0}$，可得 λ_2 的一个特征向量 $\boldsymbol{\xi}_2=\frac{1}{\sqrt{3}}(1,\ -1,\ 1)^{\mathrm{T}}$；

当 $\lambda_3=-4$ 时，由方程组 $(-4\boldsymbol{E}+\boldsymbol{A})\boldsymbol{X}=\boldsymbol{0}$，可得 λ_3 的一个特征向量 $\boldsymbol{\xi}_3=\frac{1}{\sqrt{2}}(-1,\ 0,\ 1)^{\mathrm{T}}$.

取 $\boldsymbol{Q}=(\boldsymbol{\xi}_1,\ \boldsymbol{\xi}_2,\ \boldsymbol{\xi}_3)=\begin{pmatrix}\frac{1}{\sqrt{6}} & \frac{1}{\sqrt{3}} & -\frac{1}{\sqrt{2}}\\ \frac{2}{\sqrt{6}} & -\frac{1}{\sqrt{3}} & 0\\ \frac{1}{\sqrt{6}} & \frac{1}{\sqrt{3}} & \frac{1}{\sqrt{2}}\end{pmatrix}$，则 $\boldsymbol{Q}^{\mathrm{T}}\boldsymbol{A}\boldsymbol{Q}=\mathrm{diag}(2,\ 5,\ -4)$.

39.（1997 年 3）设三阶实对称矩阵 $\boldsymbol{A}$ 的特征值是 1，2，3；矩阵 $\boldsymbol{A}$ 的属于特征值 1，2 的特征向量分别是 $\boldsymbol{\alpha}_1=(-1,\ -1,\ 1)^{\mathrm{T}}$，$\boldsymbol{\alpha}_2=(1,\ -2,\ -1)^{\mathrm{T}}$.

(1)求 $\boldsymbol{A}$ 的属于特征值 3 的特征向量；(2)求矩阵 $\boldsymbol{A}$.

解 (1)设 $\boldsymbol{A}$ 的属于特征值 $\lambda=3$ 的特征向量为 $\boldsymbol{\alpha}_3=(x_1,\ x_2,\ x_3)^{\mathrm{T}}$，因为实对称矩阵属于不同特征值的特征向量相互正交，故

$$\begin{cases}\boldsymbol{\alpha}_1^{\mathrm{T}}\boldsymbol{\alpha}_3=-x_1-x_2+x_3=0,\\ \boldsymbol{\alpha}_2^{\mathrm{T}}\boldsymbol{\alpha}_3=x_1-2x_2-x_3=0,\end{cases}$$

解得基础解系为 $(1,\ 0,\ 1)^{\mathrm{T}}$，因此矩阵 $\boldsymbol{A}$ 的属于特征值 $\lambda=3$ 的特征向量为 $\boldsymbol{\alpha}_3=k(1,\ 0,\ 1)^{\mathrm{T}}$（$k$ 为非零常数）.

(2)由于矩阵 $\boldsymbol{A}$ 的特征值是 1，2，3，特征向量依次为 $\boldsymbol{\alpha}_1$，$\boldsymbol{\alpha}_2$，$\boldsymbol{\alpha}_3$，利用分块矩阵有

$$\boldsymbol{A}(\boldsymbol{\alpha}_1,\ \boldsymbol{\alpha}_2,\ \boldsymbol{\alpha}_3)=(\boldsymbol{\alpha}_1,\ 2\boldsymbol{\alpha}_2,\ 3\boldsymbol{\alpha}_3).$$

因为 $\boldsymbol{\alpha}_1$，$\boldsymbol{\alpha}_2$，$\boldsymbol{\alpha}_3$ 是不同特征值的特征向量，它们线性无关，于是矩阵 $(\boldsymbol{\alpha}_1,\ \boldsymbol{\alpha}_2,\ \boldsymbol{\alpha}_3)$ 可逆，故

$$\boldsymbol{A}=(\boldsymbol{\alpha}_1,\ 2\boldsymbol{\alpha}_2,\ 3\boldsymbol{\alpha}_3)(\boldsymbol{\alpha}_1,\ \boldsymbol{\alpha}_2,\ \boldsymbol{\alpha}_3)^{-1}=\begin{pmatrix}-1 & 2 & 3\\ -1 & -4 & 0\\ 1 & -2 & 3\end{pmatrix}\begin{pmatrix}-1 & 1 & 1\\ -1 & -2 & 0\\ 1 & -1 & 1\end{pmatrix}^{-1}$$

$$=\frac{1}{6}\begin{pmatrix}-1 & 2 & 3\\ -1 & -4 & 0\\ 1 & -2 & 3\end{pmatrix}\begin{pmatrix}-2 & -2 & 2\\ 1 & -2 & -1\\ 3 & 0 & 3\end{pmatrix}=\frac{1}{6}\begin{pmatrix}13 & -2 & 5\\ -2 & 10 & 2\\ 5 & 2 & 13\end{pmatrix}.$$

40.（2001 年 3，4）设矩阵 $\boldsymbol{A}=\begin{pmatrix}1 & 1 & a\\ 1 & a & 1\\ a & 1 & 1\end{pmatrix}$，$\boldsymbol{\beta}=\begin{pmatrix}1\\ 1\\ -2\end{pmatrix}$，已知线性方程组 $\boldsymbol{A}\boldsymbol{X}=\boldsymbol{\beta}$ 有解但不唯一，试求：(1)a 的值；(2)正交矩阵 $\boldsymbol{Q}$，使 $\boldsymbol{Q}^{\mathrm{T}}\boldsymbol{A}\boldsymbol{Q}$ 为对角矩阵.

分析 方程组有解且不唯一，即方程组有无穷多解，故可由 $r(\widetilde{\boldsymbol{A}})=r(\boldsymbol{A})<3$

来求 a 的值．而 $Q^{\mathrm{T}}AQ=\Lambda$，即 $Q^{-1}AQ=\Lambda$，为此应当求出 A 的特征值与特征向量再构造正交矩阵 Q．

解　对方程组 $AX=\beta$ 的增广矩阵作初等行变换，有

$$\widetilde{A}=\begin{pmatrix}1&1&a&1\\1&a&1&1\\a&1&1&-2\end{pmatrix}\longrightarrow\begin{pmatrix}1&1&a&1\\0&a-1&1-a&0\\0&1-a&1-a^2&-a-2\end{pmatrix}$$

$$\longrightarrow\begin{pmatrix}1&1&a&1\\0&a-1&1-a&0\\0&0&(a-1)(a+2)&a+2\end{pmatrix}.$$

因为方程组有无穷多解，所以 $r(\widetilde{A})=r(A)<3$，故 $a=-2$．

$$|\lambda E-A|=\begin{vmatrix}\lambda-1&-1&2\\-1&\lambda+2&-1\\2&-1&\lambda-1\end{vmatrix}=\lambda(\lambda+3)(\lambda-3),$$

故矩阵 A 的特征值为 $\lambda_1=3$，$\lambda_2=0$，$\lambda_3=-3$．

当 $\lambda_1=3$ 时，由 $(3E-A)X=0$，得属于特征值 $\lambda=3$ 的特征向量 $\alpha_1=(1,0,-1)^{\mathrm{T}}$．

当 $\lambda_2=0$ 时，由 $(0E-A)X=0$，得属于特征值 $\lambda=0$ 的特征向量 $\alpha_2=(1,1,1)^{\mathrm{T}}$．

当 $\lambda_3=-3$ 时，由 $(-3E-A)X=0$，得属于特征值 $\lambda=-3$ 的特征向量 $\alpha_3=(1,-2,1)^{\mathrm{T}}$．

实对称矩阵的特征值不同时，其特征向量已经正交，故只需单位化：

$$\beta_1=\frac{1}{\sqrt{2}}\begin{pmatrix}1\\0\\-1\end{pmatrix},\ \beta_2=\frac{1}{\sqrt{3}}\begin{pmatrix}1\\1\\1\end{pmatrix},\ \beta_3=\frac{1}{\sqrt{6}}\begin{pmatrix}1\\-2\\1\end{pmatrix}.$$

令
$$Q=(\beta_1,\beta_2,\beta_2)=\begin{pmatrix}1/\sqrt{2}&1/\sqrt{3}&1/\sqrt{6}\\0&1/\sqrt{3}&-2/\sqrt{6}\\-1/\sqrt{2}&1/\sqrt{3}&1/\sqrt{6}\end{pmatrix},$$

得
$$Q^{\mathrm{T}}AQ=Q^{-1}AQ=\Lambda=\begin{pmatrix}3&&\\&0&\\&&-3\end{pmatrix}.$$

41.（2002 年 3）设 A 为三阶实对称矩阵，且满足条件 $A^2+2A=O$，已知 A 的秩 $r(A)=2$．

（1）求 A 的全部特征值；

(2)当 k 为何值时，矩阵 $\boldsymbol{A}+k\boldsymbol{E}$ 为正定矩阵，其中 $\boldsymbol{E}$ 为三阶单位矩阵．

解 (1)设 λ 是矩阵 $\boldsymbol{A}$ 的任一特征值，$\boldsymbol{\alpha}$ 是属于特征值 $\boldsymbol{A}$ 的特征向量，即 $\boldsymbol{A\alpha}=\lambda\boldsymbol{\alpha}$，$\boldsymbol{\alpha}\neq\boldsymbol{0}$，那么 $\boldsymbol{A}^2\boldsymbol{\alpha}=\lambda^2\boldsymbol{\alpha}$，于是由 $\boldsymbol{A}^2+2\boldsymbol{A}=\boldsymbol{O}$，得 $(\boldsymbol{A}^2+2\boldsymbol{A})\boldsymbol{\alpha}=(\lambda^2+2\lambda)\boldsymbol{\alpha}=\boldsymbol{0}$. 又因 $\boldsymbol{\alpha}\neq\boldsymbol{0}$，故 $\lambda=-2$ 或 $\lambda=0$.

因为 $\boldsymbol{A}$ 是实对称矩阵，必可相似对角化，且 $r(\boldsymbol{\Lambda})=r(\boldsymbol{A})=2$，所以

$$\boldsymbol{A}\sim\boldsymbol{\Lambda}=\begin{pmatrix}-2 & & \\ & -2 & \\ & & 0\end{pmatrix}.$$

即矩阵 $\boldsymbol{A}$ 的特征值为 $\lambda_1=\lambda_2=-2$，$\lambda_3=0$.

(2)由于 $\boldsymbol{A}+k\boldsymbol{E}$ 是对称矩阵，且由(1)知，$\boldsymbol{A}+k\boldsymbol{E}$ 的特征值为 $k-2$，$k-2$，k，故 $\boldsymbol{A}+k\boldsymbol{E}$ 正定 $\Leftrightarrow\begin{cases}k-2>0,\\ k>0,\end{cases}$ 因此当 $k>2$ 时，矩阵 $\boldsymbol{A}+k\boldsymbol{E}$ 为正定矩阵．

42.(2002 年 4)设实对称矩阵 $\boldsymbol{A}=\begin{pmatrix}a & 1 & 1\\ 1 & a & -1\\ 1 & -1 & a\end{pmatrix}$，求可逆矩阵 $\boldsymbol{P}$，使 $\boldsymbol{P}^{-1}\boldsymbol{AP}$ 为对角形矩阵，并计算行列式 $|\boldsymbol{A}-\boldsymbol{E}|$ 的值．

解 由矩阵 $\boldsymbol{A}$ 的特征多项式

$$|\lambda\boldsymbol{E}-\boldsymbol{A}|=\begin{vmatrix}\lambda-a & -1 & -1\\ -1 & \lambda-a & 1\\ -1 & 1 & \lambda-a\end{vmatrix}=(\lambda-a-1)^2(\lambda-a+2),$$

得矩阵 $\boldsymbol{A}$ 的特征值为 $\lambda_1=\lambda_2=a+1$，$\lambda_3=a-2$.

对于 $\lambda=a+1$，由 $[(a+1)\boldsymbol{E}-\boldsymbol{A}]\boldsymbol{X}=\boldsymbol{0}$，得特征向量 $\boldsymbol{\alpha}_1=(1,\ 1,\ 0)^{\mathrm{T}}$，$\boldsymbol{\alpha}_2=(1,\ 0,\ 1)^{\mathrm{T}}$.

对于 $\lambda=a-2$，由 $[(a-2)\boldsymbol{E}-\boldsymbol{A}]\boldsymbol{X}=\boldsymbol{0}$，得特征向量 $\boldsymbol{\alpha}_3=(-1,\ 1,\ 1)^{\mathrm{T}}$.

令 $\boldsymbol{P}=(\boldsymbol{\alpha}_1,\ \boldsymbol{\alpha}_2,\ \boldsymbol{\alpha}_3)=\begin{pmatrix}1 & 1 & -1\\ 1 & 0 & 1\\ 0 & 1 & 1\end{pmatrix}$，有 $\boldsymbol{P}^{-1}\boldsymbol{AP}=\boldsymbol{\Lambda}=\begin{pmatrix}a+1 & & \\ & a+1 & \\ & & a-2\end{pmatrix}$.

因为 $\boldsymbol{A}$ 的特征值是 $a+1$，$a+1$，$a-2$，故 $\boldsymbol{A}-\boldsymbol{E}$ 的特征值是 a，a，$a-3$，所以

$$|\boldsymbol{A}-\boldsymbol{E}|=a^2(a-3).$$

43.(2004 年 4)设三阶实对称矩阵 $\boldsymbol{A}$ 的秩为 2，$\lambda_1=\lambda_2=6$ 是 $\boldsymbol{A}$ 的二重特征值．若 $\boldsymbol{\alpha}_1=(1,\ 1,\ 0)^{\mathrm{T}}$，$\boldsymbol{\alpha}_2=(2,\ 1,\ 1)^{\mathrm{T}}$，$\boldsymbol{\alpha}_3=(-1,\ 2,\ -3)^{\mathrm{T}}$ 都是 $\boldsymbol{A}$ 的属于特征值 6 的特征向量．

(1)求 $\boldsymbol{A}$ 的另一特征值和对应的特征向量；(2)求矩阵 $\boldsymbol{A}$.

解 (1)由 $r(\boldsymbol{A})=2$，知 $|\boldsymbol{A}|=0$，所以 $\lambda=0$ 是 $\boldsymbol{A}$ 的另一特征值．

因为 $\lambda_1=\lambda_2=6$ 是实对称矩阵 $\boldsymbol{A}$ 的二重特征值，故 $\boldsymbol{A}$ 的属于特征值 $\lambda=6$ 的线性无关的特征向量有 2 个，因此 $\boldsymbol{\alpha}_1$，$\boldsymbol{\alpha}_2$，$\boldsymbol{\alpha}_3$ 必线性相关，而 $\boldsymbol{\alpha}_1$，$\boldsymbol{\alpha}_2$ 是 $\boldsymbol{A}$ 的属于特征值 $\lambda=6$ 的线性无关的特征向量.

设 $\lambda=0$ 所对应的特征向量为 $\boldsymbol{\alpha}=(x_1, x_2, x_3)^{\mathrm{T}}$，由于实对称矩阵不同特征值的特征向量相互正交，故有

$$\begin{cases}\boldsymbol{\alpha}_1^{\mathrm{T}}\boldsymbol{\alpha}=x_1+x_2=0,\\ \boldsymbol{\alpha}_2^{\mathrm{T}}\boldsymbol{\alpha}=2x_1+x_2+x_3=0,\end{cases}$$

解此方程组得基础解系 $\boldsymbol{\alpha}=(-1, 1, 1)^{\mathrm{T}}$，那么矩阵 $\boldsymbol{A}$ 属于特征值 $\lambda=0$ 的特征向量为 $k(-1, 1, 1)^{\mathrm{T}}$，k 是不为零的任意常数.

(2)令 $\boldsymbol{P}=(\boldsymbol{\alpha}_1, \boldsymbol{\alpha}_2, \boldsymbol{\alpha}_3)$，则

$$\boldsymbol{P}^{-1}\boldsymbol{A}\boldsymbol{P}=\begin{pmatrix}6&0&0\\0&6&0\\0&0&0\end{pmatrix},$$

所以

$$\boldsymbol{A}=\boldsymbol{P}\begin{pmatrix}6&0&0\\0&6&0\\0&0&0\end{pmatrix}\boldsymbol{P}^{-1}.$$

又 $\boldsymbol{P}^{-1}=\begin{pmatrix}0&1&-1\\1/3&-1/3&2/3\\-1/3&1/3&1/3\end{pmatrix}$，故

$$\boldsymbol{A}=\begin{pmatrix}1&2&-1\\1&1&1\\0&1&1\end{pmatrix}\begin{pmatrix}6&0&0\\0&6&0\\0&0&0\end{pmatrix}\cdot\frac{1}{3}\begin{pmatrix}0&3&-3\\1&-1&2\\-1&1&1\end{pmatrix}=\begin{pmatrix}4&2&2\\2&4&-2\\2&-2&4\end{pmatrix}.$$

第五章　二 次 型

思 维 导 图

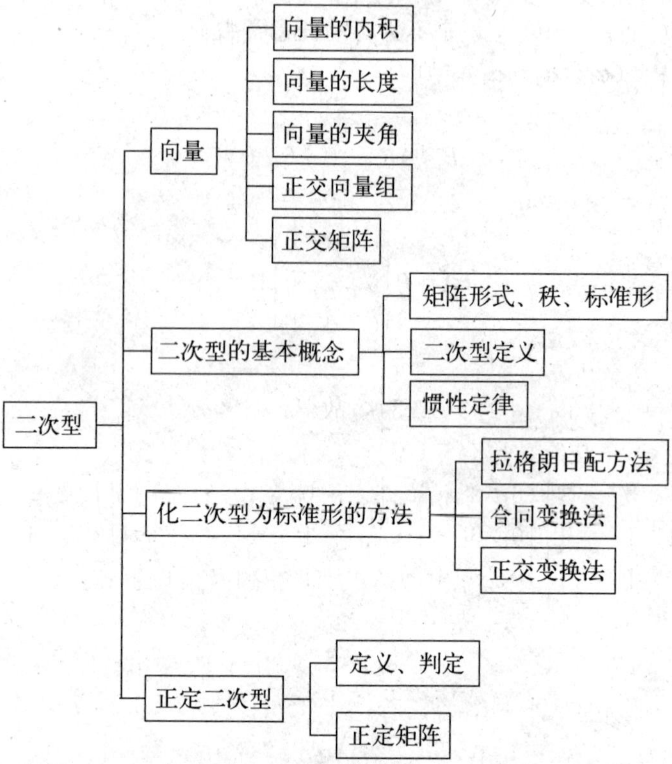

内 容 提 要

一、向量的内积

1. 内积的定义　设有 n 维向量 $\boldsymbol{\alpha}=(a_1, a_2, \cdots, a_n)^{\mathrm{T}}$，$\boldsymbol{\beta}=(b_1, b_2, \cdots, b_n)^{\mathrm{T}}$，令

$$(\boldsymbol{\alpha}, \boldsymbol{\beta})=a_1b_1+a_2b_2+\cdots+a_nb_n,$$

则称$(\boldsymbol{\alpha}, \boldsymbol{\beta})$为向量$\boldsymbol{\alpha}$与$\boldsymbol{\beta}$的内积.

向量的内积具有下列性质：

(1)$(\boldsymbol{\alpha}, \boldsymbol{\beta})=(\boldsymbol{\beta}, \boldsymbol{\alpha})$；

(2)$(k\boldsymbol{\alpha}, \boldsymbol{\beta})=k(\boldsymbol{\alpha}, \boldsymbol{\beta})$；

(3)$(\boldsymbol{\alpha}+\boldsymbol{\beta}, \boldsymbol{\gamma})=(\boldsymbol{\alpha}, \boldsymbol{\gamma})+(\boldsymbol{\beta}, \boldsymbol{\gamma})$；

(4)$(\boldsymbol{\alpha}, \boldsymbol{\alpha})\geqslant 0$，当且仅当$\boldsymbol{\alpha}=\boldsymbol{0}$时等号成立.

2. 长度的定义　令$|\boldsymbol{\alpha}|=\sqrt{(\boldsymbol{\alpha}, \boldsymbol{\alpha})}=\sqrt{a_1^2+a_2^2+\cdots+a_n^2}$，称$|\boldsymbol{\alpha}|$为$n$维向量$\boldsymbol{\alpha}$的长度(或模).称长度为1的向量为单位向量.

向量的长度具有下列性质：

(1)$|k\boldsymbol{\alpha}|=|k||\boldsymbol{\alpha}|$(其中$k$为实数)；

(2)柯西—施瓦茨(Cauchy-Schwarz)不等式：$|(\boldsymbol{\alpha}, \boldsymbol{\beta})|\leqslant|\boldsymbol{\alpha}|\cdot|\boldsymbol{\beta}|$；

(3)三角不等式：$|\boldsymbol{\alpha}+\boldsymbol{\beta}|\leqslant|\boldsymbol{\alpha}|+|\boldsymbol{\beta}|$；

(4)$|\boldsymbol{\alpha}|\geqslant 0$，当且仅当$\boldsymbol{\alpha}=\boldsymbol{0}$时等号成立.

3. 夹角的定义　设$\boldsymbol{\alpha}$，$\boldsymbol{\beta}$为非零向量，称

$$\theta=\arccos\frac{(\boldsymbol{\alpha}, \boldsymbol{\beta})}{|\boldsymbol{\alpha}||\boldsymbol{\beta}|}$$

为n维向量$\boldsymbol{\alpha}$与$\boldsymbol{\beta}$的夹角.当$(\boldsymbol{\alpha}, \boldsymbol{\beta})=0$时，$\theta=\pi/2$，即$\boldsymbol{\alpha}$与$\boldsymbol{\beta}$垂直.

4. 正交与正交向量组

定义1　若$(\boldsymbol{\alpha}, \boldsymbol{\beta})=0$，则称向量$\boldsymbol{\alpha}$与$\boldsymbol{\beta}$正交(垂直)，记作$\boldsymbol{\alpha}\perp\boldsymbol{\beta}$.

定义2　设有m个非零向量$\boldsymbol{\alpha}_1$，$\boldsymbol{\alpha}_2$，…，$\boldsymbol{\alpha}_m$，若$(\boldsymbol{\alpha}_i, \boldsymbol{\alpha}_j)=0(i, j=1, 2, \cdots, m; i\neq j)$，即向量之间两两正交，则称向量组$\boldsymbol{\alpha}_1$，$\boldsymbol{\alpha}_2$，…，$\boldsymbol{\alpha}_m$为正交向量组.

定义3　若向量组$\boldsymbol{\alpha}_1$，$\boldsymbol{\alpha}_2$，…，$\boldsymbol{\alpha}_m$为正交向量组，且$|\boldsymbol{\alpha}_i|=1(i=1, 2, \cdots, m)$，则称该向量组为标准正交向量组.

定理1　正交向量组$\boldsymbol{\alpha}_1$，$\boldsymbol{\alpha}_2$，…，$\boldsymbol{\alpha}_m$是线性无关的向量组.

定理2　设向量组$\boldsymbol{\alpha}_1$，$\boldsymbol{\alpha}_2$，…，$\boldsymbol{\alpha}_m$线性无关，令

$$\boldsymbol{\beta}_1=\boldsymbol{\alpha}_1,$$

$$\boldsymbol{\beta}_2=\boldsymbol{\alpha}_2-\frac{(\boldsymbol{\alpha}_2, \boldsymbol{\beta}_1)}{(\boldsymbol{\beta}_1, \boldsymbol{\beta}_1)}\boldsymbol{\beta}_1,$$

……

$$\boldsymbol{\beta}_m=\boldsymbol{\alpha}_m-\frac{(\boldsymbol{\alpha}_m, \boldsymbol{\beta}_1)}{(\boldsymbol{\beta}_1, \boldsymbol{\beta}_1)}\boldsymbol{\beta}_1-\frac{(\boldsymbol{\alpha}_m, \boldsymbol{\beta}_2)}{(\boldsymbol{\beta}_2, \boldsymbol{\beta}_2)}\boldsymbol{\beta}_2-\cdots-\frac{(\boldsymbol{\alpha}_m, \boldsymbol{\beta}_{m-1})}{(\boldsymbol{\beta}_{m-1}, \boldsymbol{\beta}_{m-1})}\boldsymbol{\beta}_{m-1},$$

则$\boldsymbol{\beta}_1$，$\boldsymbol{\beta}_2$，…，$\boldsymbol{\beta}_m$为正交向量组.再令

$$\boldsymbol{\eta}_i=\frac{\boldsymbol{\beta}_i}{|\boldsymbol{\beta}_i|}(i=1,\ 2,\ \cdots,\ m),$$

则 $\boldsymbol{\eta}_1$，$\boldsymbol{\eta}_2$，…，$\boldsymbol{\eta}_m$ 为标准正交向量组．

定理 3 设 $\boldsymbol{\alpha}_1$，$\boldsymbol{\alpha}_2$，…，$\boldsymbol{\alpha}_r$ 是 n 维正交向量组，若 $r<n$，则存在 n 维非零向量 $\boldsymbol{X}$，使 $\boldsymbol{\alpha}_1$，$\boldsymbol{\alpha}_2$，…，$\boldsymbol{\alpha}_r$，$\boldsymbol{X}$ 为正交向量组．

推论 含有 r 个($r<n$)向量的 n 维正交(或标准正交)向量组，总可以添加 $n-r$ 个 n 维非零向量，构成含有 n 个向量的 n 维正交向量组．

5. 正交矩阵 如果 n 阶矩阵 $\boldsymbol{A}$ 满足 $\boldsymbol{A}^{\mathrm{T}}\boldsymbol{A}=\boldsymbol{E}$ 或 $\boldsymbol{A}\boldsymbol{A}^{\mathrm{T}}=\boldsymbol{E}$，则称 $\boldsymbol{A}$ 为正交矩阵．

定理 4 正交矩阵具有下列性质：

(1)矩阵 $\boldsymbol{A}$ 为正交矩阵的充要条件是 $\boldsymbol{A}^{-1}=\boldsymbol{A}^{\mathrm{T}}$；

(2)正交矩阵的逆矩阵是正交矩阵；

(3)两个正交矩阵的乘积是正交矩阵；

(4)正交矩阵 $\boldsymbol{A}$ 是满秩的，且 $|\boldsymbol{A}|=1$ 或 -1；

(5)n 阶矩阵 $\boldsymbol{A}$ 为正交矩阵的充要条件是 $\boldsymbol{A}$ 的 n 个列(行)向量构成的向量组是标准正交向量组．

二、二次型

1. 二次型的概念及矩阵表示

定义 含有 n 个变量 x_1，x_2，…，x_n 的二次齐次多项式(即每项都是二次的多项式)

$$f(x_1,\ x_2,\ \cdots,\ x_n)=\sum_{i=1}^{n}\sum_{j=1}^{n}a_{ij}x_i x_j,\ a_{ij}=a_{ji},$$

称为 n 元二次型．令 $\boldsymbol{X}=(x_1,\ x_2,\ \cdots,\ x_n)^{\mathrm{T}}$，$\boldsymbol{A}=(a_{ij})$，则二次型可用矩阵乘法表示为

$$f(x_1,\ x_2,\ \cdots,\ x_n)=\boldsymbol{X}^{\mathrm{T}}\boldsymbol{A}\boldsymbol{X},$$

其中 $\boldsymbol{A}^{\mathrm{T}}=\boldsymbol{A}$ 是对称矩阵，称 $\boldsymbol{A}$ 为二次型 $f(x_1,\ x_2,\ \cdots,\ x_n)$ 的矩阵．矩阵 $\boldsymbol{A}$ 的秩 $r(\boldsymbol{A})$ 称为二次型 f 的秩，记作 $r(f)$.

只含有平方项的 n 元二次型 $f(x_1,\ x_2,\ \cdots,\ x_n)=\boldsymbol{X}^{\mathrm{T}}\boldsymbol{A}\boldsymbol{X}=d_1x_1^2+d_2x_2^2+\cdots+d_nx_n^2$，称为 n 元二次型的标准形．

2. 矩阵的合同 设 $\boldsymbol{A}$，$\boldsymbol{B}$ 为 n 阶方阵，若存在 n 阶可逆矩阵 $\boldsymbol{P}$，使 $\boldsymbol{P}^{\mathrm{T}}\boldsymbol{A}\boldsymbol{P}=\boldsymbol{B}$，则称 $\boldsymbol{A}$ 与 $\boldsymbol{B}$ 合同，也称矩阵 $\boldsymbol{A}$ 经合同变换化为 $\boldsymbol{B}$，记作 $\boldsymbol{A}\sim\boldsymbol{B}$. 可逆矩阵 $\boldsymbol{P}$ 称为合同变换矩阵．

矩阵的合同关系有下列性质：

(1)自反性：$\boldsymbol{A}\simeq\boldsymbol{A}$；

(2)对称性：若 $\boldsymbol{A}\simeq\boldsymbol{B}$，则 $\boldsymbol{B}\simeq\boldsymbol{A}$；

(3)传递性：若 $\boldsymbol{A}\simeq\boldsymbol{B}$，$\boldsymbol{B}\simeq\boldsymbol{C}$，则 $\boldsymbol{A}\simeq\boldsymbol{C}$；

(4)合同变换不改变矩阵的秩；

(5)对称矩阵经合同变换仍化为对称矩阵．

定理 1　任何一个实对称矩阵 $\boldsymbol{A}$ 都合同于对角矩阵．即对于一个 n 阶实对称矩阵 $\boldsymbol{A}$，总存在可逆矩阵 $\boldsymbol{P}$，使得 $\boldsymbol{P}^{\mathrm{T}}\boldsymbol{A}\boldsymbol{P}=\boldsymbol{\Lambda}$.

定理 2(惯性定律)　一个二次型经过可逆线性变换化为标准形，其标准形正、负项的个数是唯一确定的，它们的和等于该二次型的秩．

标准形中的正项个数 p、负项个数 q 分别称为二次型的正、负惯性指标，$p-q$ 称为二次型的符号差，用 s 表示．$s=p-q=2p-r$（$p+q=r$ 为二次型的秩）．秩为 r，正惯性指标为 p 的 n 元二次型的标准形可化为 $f=z_1^2+z_2^2+\cdots+z_p^2-z_{p+1}^2-\cdots-z_r^2$，称为二次型的规范形，规范形是唯一的．

定理 3　实对称矩阵 $\boldsymbol{A}\sim\boldsymbol{B}$ 的充分必要条件是：二次型 $\boldsymbol{X}^{\mathrm{T}}\boldsymbol{A}\boldsymbol{X}$ 与 $\boldsymbol{X}^{\mathrm{T}}\boldsymbol{B}\boldsymbol{X}$ 有相同的正、负惯性指标．

三、用正交变换化二次型为标准形

1. 正交变换　设 $\boldsymbol{C}$ 为 n 阶正交矩阵，$\boldsymbol{X}$，$\boldsymbol{Y}$ 是 $\mathbf{R}^n$ 中的 n 维向量，称线性变换 $\boldsymbol{X}=\boldsymbol{C}\boldsymbol{Y}$ 是 $\mathbf{R}^n$ 上的正交变换．

定理 1　$\mathbf{R}^n$ 上的线性变换 $\boldsymbol{X}=\boldsymbol{C}\boldsymbol{Y}$ 是正交变换的充分必要条件是：在线性变换 $\boldsymbol{X}=\boldsymbol{C}\boldsymbol{Y}$ 下，向量的内积不变，即对于 $\mathbf{R}^n$ 中的任意向量 $\boldsymbol{Y}_1$，$\boldsymbol{Y}_2$，在 $\boldsymbol{X}=\boldsymbol{C}\boldsymbol{Y}$ 下，若 $\boldsymbol{X}_1=\boldsymbol{C}\boldsymbol{Y}_1$，$\boldsymbol{X}_2=\boldsymbol{C}\boldsymbol{Y}_2$，则 $(\boldsymbol{X}_1, \boldsymbol{X}_2)=(\boldsymbol{Y}_1, \boldsymbol{Y}_2)$.

定理 2　$\mathbf{R}^n$ 上的线性变换 $\boldsymbol{X}=\boldsymbol{C}\boldsymbol{Y}$ 是正交变换的充分必要条件是：线性变换 $\boldsymbol{X}=\boldsymbol{C}\boldsymbol{Y}$ 把 $\mathbf{R}^n$ 中的标准正交基变为标准正交基．

定理 3　实对称矩阵的特征值是实数．

定理 4　实对称矩阵的不同特征值所对应的特征向量是正交的．

定理 5　设 $\boldsymbol{A}$ 为 n 阶实对称矩阵，则必有正交矩阵 $\boldsymbol{C}$，使 $\boldsymbol{C}^{-1}\boldsymbol{A}\boldsymbol{C}=\boldsymbol{\Lambda}$，即

$$\boldsymbol{C}^{-1}\boldsymbol{A}\boldsymbol{C}=\boldsymbol{\Lambda}=\begin{pmatrix}\lambda_1 & & & \\ & \lambda_2 & & \\ & & \ddots & \\ & & & \lambda_n\end{pmatrix},$$

其中 λ_1，λ_2，…，λ_n 是 $\boldsymbol{A}$ 的 n 个特征值，正交矩阵 $\boldsymbol{C}$ 的 n 个列向量是矩阵 $\boldsymbol{A}$ 对应于这 n 个特征值的标准正交特征向量．

2. 用正交变换 $X=CY$ 化二次型 $f=X^{T}AX$ 为标准形的步骤

(1)由 $|\lambda E-A|=0$，求 A 的 n 个特征值 λ_1，λ_2，…，λ_n；

(2)对于每一个特征值 λ_i，构造 $(\lambda_i E-A)X=0$，求其基础解系(即特征值 λ_i 对应的线性无关的特征向量)；

(3)对 $t(t>1)$ 重特征值对应的 t 个线性无关的特征向量，用施密特(Schmidt)正交化方法，将 t 个线性无关的特征向量正交化；

(4)将 A 的 n 个正交的特征向量标准化，并以它们为列向量构成正交矩阵 C，写出二次型的标准形 $f=\lambda_1 y_1^2+\lambda_2 y_2^2+\cdots+\lambda_n y_n^2=Y^{T}\Lambda Y$ 以及相应的正交变换 $X=CY$.

四、二次型的正定性

定义 1 若二次型 $f=X^{T}AX$ 对于任意非零的 n 维向量 X，恒有 $f=X^{T}AX>0(<0)$，则称 $f=X^{T}AX$ 为正定(负定)二次型，并称 A 为正定(负定)矩阵.

定理 1 n 元实二次型正定的充要条件是其正惯性指标等于 n.

定理 2 n 元实二次型正定的充要条件是其矩阵的 n 个特征值都是正数.

定理 3 n 阶实对称矩阵 A 正定的充要条件是其 n 个特征值都是正数.

定理 4 n 阶实对称矩阵 A 正定的充要条件是存在可逆矩阵 U，使 A 合同于单位矩阵 E，即 $U^{T}AU=E$.

推论 1 n 阶实对称矩阵 A 正定的充要条件是存在可逆矩阵 B，使 $A=B^{T}B$.

推论 2 A 正定，则 $|A|>0$.

推论 3 A 正定，则 A 主对角线上的所有元素为正数，即 $a_{ii}>0$，$i=1, 2, \cdots, n$.

定义 2 设 $A=(a_{ij})$ 为 n 阶实对称矩阵，沿 A 的主对角线自左上到右下顺序地取 A 的前 k 行 k 列元素构成的行列式，称为 A 的 k 阶顺序主子式，记为 Δ_k，即

$$\Delta_k=\begin{vmatrix} a_{11} & a_{12} & \cdots & a_{1k} \\ a_{21} & a_{22} & \cdots & a_{2k} \\ \vdots & \vdots & & \vdots \\ a_{k1} & a_{k2} & \cdots & a_{kk} \end{vmatrix},\ k=1, 2, \cdots, n.$$

定理 5(霍尔维茨(Sylvester)定理) n 阶实对称矩阵 A 正定的充要条件是 A 的各阶顺序主子式都大于零.

定理 6 n 元实二次型 $X^{T}AX$ 负定的充要条件是下列条件之一：

(1)X^TAX 的负惯性指标等于 n；

(2)X^TAX 的矩阵 A 的 n 个特征值都是负数；

(3)X^TAX 的矩阵 A 的奇数阶顺序主子式为负，偶数阶顺序主子式为正；

(4)存在可逆矩阵 U，使 A 合同于 $-E$，即 $U^TAU=-E$.

典 型 例 题

例 1 已知 $\boldsymbol{\alpha}=(2, 1, 3, 2)$，$\boldsymbol{\beta}=(1, 2, -2, 1)$在通常的内积意义下，求$|\boldsymbol{\alpha}|$，$|\boldsymbol{\beta}|$，$(\boldsymbol{\alpha}, \boldsymbol{\beta})$，$\cos(\boldsymbol{\alpha}, \boldsymbol{\beta})$及$|\boldsymbol{\alpha}+\boldsymbol{\beta}|$.

解 $|\boldsymbol{\alpha}|=\sqrt{(\boldsymbol{\alpha}, \boldsymbol{\alpha})}=\sqrt{2^2+1^2+3^2+2^2}=\sqrt{18}=3\sqrt{2}$；

$|\boldsymbol{\beta}|=\sqrt{(\boldsymbol{\beta}, \boldsymbol{\beta})}=\sqrt{1^2+2^2+(-2)^2+1^2}=\sqrt{10}$；

$(\boldsymbol{\alpha}, \boldsymbol{\beta})=2\times1+1\times2+3\times(-2)+2\times1=0$；

$\cos(\boldsymbol{\alpha}, \boldsymbol{\beta})=\dfrac{(\boldsymbol{\alpha}, \boldsymbol{\beta})}{|\boldsymbol{\alpha}||\boldsymbol{\beta}|}=0$；

$|\boldsymbol{\alpha}+\boldsymbol{\beta}|=\sqrt{(\boldsymbol{\alpha}+\boldsymbol{\beta}, \boldsymbol{\alpha}+\boldsymbol{\beta})}=\sqrt{3^2+3^2+1^2+3^2}=2\sqrt{7}$.

例 2 已知向量 $\boldsymbol{\alpha}=(1, 2, -1, 1)^T$，$\boldsymbol{\beta}=(2, 3, 0, -1)^T$，求向量 $\boldsymbol{\alpha}$，$\boldsymbol{\beta}$ 的长度及它们的夹角.

解 $|\boldsymbol{\alpha}|=\sqrt{(\boldsymbol{\alpha}, \boldsymbol{\alpha})}=\sqrt{1^2+2^2+(-1)^2+1^2}=\sqrt{7}$，

$|\boldsymbol{\beta}|=\sqrt{(\boldsymbol{\beta}, \boldsymbol{\beta})}=\sqrt{2^2+3^2+0+(-1)^2}=\sqrt{14}$，

由于
$$(\boldsymbol{\alpha}, \boldsymbol{\beta})=1\times2+2\times3+(-1)\times0+1\times(-1)=7,$$
所以
$$\cos\theta=\frac{(\boldsymbol{\alpha}, \boldsymbol{\beta})}{|\boldsymbol{\alpha}||\boldsymbol{\beta}|}=\frac{1}{\sqrt{2}},$$
故 $\boldsymbol{\alpha}$ 与 $\boldsymbol{\beta}$ 的夹角为$\dfrac{\pi}{4}$.

例 3 设 $\boldsymbol{\alpha}=(1, 2, 4, -2)^T$ 和 $\boldsymbol{\beta}=(2, -4, -1, 2)^T$，(1)求$|\boldsymbol{\alpha}|$和$|\boldsymbol{\beta}|$，并使向量 $\boldsymbol{\alpha}$ 和 $\boldsymbol{\beta}$ 单位化；(2)求 $\boldsymbol{\alpha}$ 与 $\boldsymbol{\beta}$ 的内积，以及 $2\boldsymbol{\alpha}+\boldsymbol{\beta}$ 与 $\boldsymbol{\alpha}-2\boldsymbol{\beta}$ 的内积；(3)证明$\boldsymbol{\alpha}+\boldsymbol{\beta}$与$\boldsymbol{\alpha}-\boldsymbol{\beta}$是正交的.

解 (1)$|\boldsymbol{\alpha}|=\sqrt{1^2+2^2+4^2+(-2)^2}=5$，$|\boldsymbol{\beta}|=5$，则 $\boldsymbol{\alpha}$，$\boldsymbol{\beta}$ 的单位向量为
$$\boldsymbol{\alpha}^0=\frac{1}{|\boldsymbol{\alpha}|}\boldsymbol{\alpha}=\left(\frac{1}{5}, \frac{2}{5}, \frac{4}{5}, -\frac{2}{5}\right)^T, \boldsymbol{\beta}^0=\frac{1}{|\boldsymbol{\beta}|}\boldsymbol{\beta}=\left(\frac{2}{5}, -\frac{4}{5}, -\frac{1}{5}, \frac{2}{5}\right)^T.$$

(2)$\boldsymbol{\alpha}$ 和 $\boldsymbol{\beta}$ 的内积为
$$(\boldsymbol{\alpha}, \boldsymbol{\beta})=\boldsymbol{\alpha}^T\boldsymbol{\beta}=(1, 2, 4, -2)(2, -4, -1, 2)^T=-14.$$

$2\boldsymbol{\alpha}+\boldsymbol{\beta}=(4, 0, 7, -2)^T$，$\boldsymbol{\alpha}-2\boldsymbol{\beta}=(-3, 10, 6, -6)^T$，则 $2\boldsymbol{\alpha}+\boldsymbol{\beta}$ 和 $\boldsymbol{\alpha}-2\boldsymbol{\beta}$ 的内积为

$(2\boldsymbol{\alpha}+\boldsymbol{\beta},\ \boldsymbol{\alpha}-2\boldsymbol{\beta})=(2\boldsymbol{\alpha}+\boldsymbol{\beta})^{\mathrm{T}}(\boldsymbol{\alpha}-2\boldsymbol{\beta})=(4,\ 0,\ 7,\ -2)(-3,\ 10,\ 6,\ -6)=42.$

这个内积也可由内积的性质来计算为

$$\begin{aligned}(2\boldsymbol{\alpha}+\boldsymbol{\beta},\ \boldsymbol{\alpha}-2\boldsymbol{\beta})&=2(\boldsymbol{\alpha},\ \boldsymbol{\alpha})-3(\boldsymbol{\alpha},\ \boldsymbol{\beta})-2(\boldsymbol{\beta},\ \boldsymbol{\beta})\\&=2\times25+3\times14-2\times25=42.\end{aligned}$$

(3)因$(\boldsymbol{\alpha}+\boldsymbol{\beta},\ \boldsymbol{\alpha}-\boldsymbol{\beta})=(\boldsymbol{\alpha}+\boldsymbol{\beta})^{\mathrm{T}}(\boldsymbol{\alpha}-\boldsymbol{\beta})=(3,\ -2,\ 3,\ 0)(-1,\ 6,\ 5,\ -4)=0$，或

$$(\boldsymbol{\alpha}+\boldsymbol{\beta},\ \boldsymbol{\alpha}-\boldsymbol{\beta})=(\boldsymbol{\alpha},\ \boldsymbol{\alpha})-(\boldsymbol{\beta},\ \boldsymbol{\beta})=25-25=0,$$

故$\boldsymbol{\alpha}+\boldsymbol{\beta}$与$\boldsymbol{\alpha}-\boldsymbol{\beta}$正交．

例 4 设$\boldsymbol{B}$是4×5矩阵，$r(\boldsymbol{B})=3$. 若$\boldsymbol{\alpha}_1=(2,\ 3,\ 2,\ 2,\ -1)^{\mathrm{T}}$，$\boldsymbol{\alpha}_2=(1,\ 1,\ 2,\ 3,\ -1)^{\mathrm{T}}$，$\boldsymbol{\alpha}_3=(0,\ -1,\ 2,\ 4,\ -1)^{\mathrm{T}}$是齐次线性方程组$\boldsymbol{BX}=\boldsymbol{0}$的解向量，求$\boldsymbol{BX}=\boldsymbol{0}$的解空间的一个标准正交基．

解 因为$r(\boldsymbol{B})=3$，故解空间的维数$n-r(\boldsymbol{B})=5-3=2$，又因为$\boldsymbol{\alpha}_1$，$\boldsymbol{\alpha}_2$，$\boldsymbol{\alpha}_3$两两均线性无关，则其中任意两个都是解空间的一个基．

令$\boldsymbol{\beta}_1=\boldsymbol{\alpha}_2$，$\boldsymbol{\beta}_2=\boldsymbol{\alpha}_3-\dfrac{(\boldsymbol{\beta}_1,\ \boldsymbol{\alpha}_3)}{(\boldsymbol{\beta}_1,\ \boldsymbol{\beta}_1)}\boldsymbol{\beta}_1=\boldsymbol{\alpha}_3-\boldsymbol{\beta}_1=(-1,\ -2,\ 0,\ 1,\ 0)^{\mathrm{T}}$，再单位化得

$$\boldsymbol{\xi}_1=\frac{1}{4}(1,\ 1,\ 2,\ 3,\ -1)^{\mathrm{T}},\ \boldsymbol{\xi}_2=\frac{1}{\sqrt{6}}(1,\ 2,\ 0,\ -1,\ 0)^{\mathrm{T}},$$

即为$\boldsymbol{BX}=\boldsymbol{0}$解空间的一个标准正交基．

注意：本题中$\boldsymbol{\alpha}_1$的分量较繁杂，选$\boldsymbol{\alpha}_2$，$\boldsymbol{\alpha}_3$为基计算量较小．

例 5 设$\boldsymbol{A}$为n阶对称矩阵，且满足$\boldsymbol{A}^2-4\boldsymbol{A}+3\boldsymbol{E}=\boldsymbol{O}$，证明：$\boldsymbol{A}-2\boldsymbol{E}$为正交矩阵．

证 只需验证$(\boldsymbol{A}-2\boldsymbol{E})(\boldsymbol{A}-2\boldsymbol{E})^{\mathrm{T}}=\boldsymbol{E}$即可．因为$\boldsymbol{A}^{\mathrm{T}}=\boldsymbol{A}$，则

$$\begin{aligned}(\boldsymbol{A}-2\boldsymbol{E})(\boldsymbol{A}-2\boldsymbol{E})^{\mathrm{T}}&=(\boldsymbol{A}-2\boldsymbol{E})(\boldsymbol{A}^{\mathrm{T}}-2\boldsymbol{E}^{\mathrm{T}})=(\boldsymbol{A}-2\boldsymbol{E})(\boldsymbol{A}-2\boldsymbol{E})\\&=\boldsymbol{A}^2-4\boldsymbol{A}+4\boldsymbol{E}=\boldsymbol{A}^2-4\boldsymbol{A}+3\boldsymbol{E}+\boldsymbol{E}=\boldsymbol{O}+\boldsymbol{E}=\boldsymbol{E},\end{aligned}$$

故$\boldsymbol{A}-2\boldsymbol{E}$为正交矩阵．

例 6 设$\boldsymbol{A}$，$\boldsymbol{B}$均是n阶正交矩阵，且$|\boldsymbol{A}|=-|\boldsymbol{B}|$，试求$|\boldsymbol{A}+\boldsymbol{B}|$.

解 因$\boldsymbol{A}$，$\boldsymbol{B}$为正交矩阵，故有$\boldsymbol{AA}^{\mathrm{T}}=\boldsymbol{E}$，$\boldsymbol{B}^{\mathrm{T}}\boldsymbol{B}=\boldsymbol{E}$，且$|\boldsymbol{A}|^2=|\boldsymbol{B}|^2=1$. 再利用$|\boldsymbol{A}|=-|\boldsymbol{B}|$，得

$$\begin{aligned}|\boldsymbol{A}+\boldsymbol{B}|&=|\boldsymbol{AA}^{\mathrm{T}}(\boldsymbol{A}+\boldsymbol{B})\boldsymbol{B}^{\mathrm{T}}\boldsymbol{B}|=|\boldsymbol{A}|\,|\boldsymbol{A}^{\mathrm{T}}(\boldsymbol{A}+\boldsymbol{B})\boldsymbol{B}^{\mathrm{T}}|\,|\boldsymbol{B}|\\&=|\boldsymbol{A}|\,|\boldsymbol{B}^{\mathrm{T}}+\boldsymbol{A}^{\mathrm{T}}|\,|\boldsymbol{B}|=-|\boldsymbol{A}|^2\,|\boldsymbol{A}+\boldsymbol{B}|=-|\boldsymbol{A}+\boldsymbol{B}|,\end{aligned}$$

故$|\boldsymbol{A}+\boldsymbol{B}|=0$.

例 7 写出下列二次型的矩阵．

(1)$f(x_1,\ x_2,\ x_3,\ x_4)=x_1^2+3x_2^2-x_3^2+2x_1x_2+2x_1x_3-3x_2x_3$；

(2) $f(x_1, x_2, x_3)=(x_1, x_2, x_3)\begin{pmatrix}1&4&7\\1&4&5\\5&9&5\end{pmatrix}\begin{pmatrix}x_1\\x_2\\x_3\end{pmatrix}$.

解　(1) f 是一个四元二次型，其矩阵为四阶对称矩阵，虽然二次型表示式中某些变元不出现，在写二次型矩阵时仍要考虑这些变元，因此有 $f(x_1, x_2, x_3, x_4)=\boldsymbol{X}^{\mathrm{T}}\boldsymbol{A}\boldsymbol{X}$，其中 $\boldsymbol{X}=(x_1, x_2, x_3, x_4)^{\mathrm{T}}$，其中矩阵 $\boldsymbol{A}$ 为四阶对称矩阵

$$\boldsymbol{A}=\begin{pmatrix}1&1&1&0\\1&3&-3/2&0\\1&-3/2&-1&0\\0&0&0&0\end{pmatrix}.$$

(2)所给二次型已经写成矩阵形式 $\boldsymbol{X}^{\mathrm{T}}\boldsymbol{A}\boldsymbol{X}$，但 $\boldsymbol{A}=\begin{pmatrix}1&4&7\\1&4&5\\5&9&5\end{pmatrix}$ 不是对称矩阵，因而不是该二次型的矩阵，此时，将 $\boldsymbol{X}^{\mathrm{T}}\boldsymbol{A}\boldsymbol{X}$ 展开写成对称矩阵

$$\boldsymbol{A}=\begin{pmatrix}1&5/2&6\\5/2&4&7\\6&7&5\end{pmatrix}.$$

例 8　用配方法化二次型为标准形，并写出所用坐标变换．

(1) $f(x_1, x_2, x_3)=2x_3^2-2x_1x_2+2x_1x_3-2x_2x_3$；

(2) $f(x_1, x_2, x_3)=x_1x_2+x_2x_3$.

解　(1)
$$\begin{aligned}f&=2(x_3^2+x_3(x_1-x_2))-2x_1x_2\\&=2\left(x_3+\frac{1}{2}x_1-\frac{1}{2}x_2\right)^2-\frac{1}{2}(x_1-x_2)^2-2x_1x_2\\&=2\left(x_3+\frac{1}{2}x_1-\frac{1}{2}x_2\right)^2-\frac{1}{2}(x_1+x_2)^2.\end{aligned}$$

令 $\begin{cases}y_1=x_1,\\y_2=x_1+x_2,\\y_3=\dfrac{1}{2}x_1-\dfrac{1}{2}x_2+x_3,\end{cases}$ 即 $\boldsymbol{X}=\begin{pmatrix}1&0&0\\-1&1&0\\-1/2&1/2&1\end{pmatrix}\boldsymbol{Y}$，则 $f=-y_2^2/2+2y_3^2$ 为所求标准形．

(2)由于 $f(x_1, x_2, x_3)$ 中没有平方项，不能直接配方，观察二次型的特

点，首先作线性变换$\begin{cases}x_1=y_1+y_2,\\x_2=y_1-y_2,\\x_3=y_3,\end{cases}$则

$$f(x_1, x_2, x_3)=(y_1+y_2)(y_1-y_2)+(y_1-y_2)y_3=y_1^2-y_2^2+y_1y_3-y_2y_3.$$

再配方得

$$\begin{aligned}f(x_1, x_2, x_3)&=\left(y_1^2+y_1y_3+\frac{1}{4}y_3^2\right)-\frac{1}{4}y_3^2-y_2^2-y_2y_3\\&=\left(y_1+\frac{1}{2}y_3\right)^2-\left(y_2+\frac{1}{2}y_3\right)^2.\end{aligned}$$

令$\begin{cases}z_1=y_1+y_3/2,\\z_2=y_2+y_3/2,\\z_3=y_3,\end{cases}$或$\begin{cases}y_1=z_1-z_3/2,\\y_2=z_2-z_3/2,\\y_3=z_3,\end{cases}$得标准形为 $f=z_1^2-z_2^2$，所用线性变换为

$$\begin{pmatrix}x_1\\x_2\\x_3\end{pmatrix}=\begin{pmatrix}1&1&0\\1&-1&0\\0&0&1\end{pmatrix}\begin{pmatrix}y_1\\y_2\\y_3\end{pmatrix}=\begin{pmatrix}1&1&0\\1&-1&0\\0&0&1\end{pmatrix}\begin{pmatrix}1&0&-1/2\\0&1&-1/2\\0&0&1\end{pmatrix}\begin{pmatrix}z_1\\z_2\\z_3\end{pmatrix}$$

$$=\begin{pmatrix}1&1&-1\\1&-1&0\\0&0&1\end{pmatrix}\begin{pmatrix}z_1\\z_2\\z_3\end{pmatrix},$$

即
$$\begin{cases}x_1=z_1+z_2-z_3,\\x_2=z_1-z_2,\\x_3=x_3.\end{cases}$$

注意：用配方法化二次型为标准形的关键是消去非平方项并构造新平方项．分两种情况考虑：(1)含有平方项及非平方项的二次型，用完全平方公式化之．二次型含有某变量的平方，先集中含此变量的乘积项，然后配方，化成完全平方，每次只对一个变量配平方，余下的项中不应再出现这个变量，再对剩下的$n-1$个变量同样进行，直到各项全部化成平方项为止．(2)二次型中没有平方项，只有非平方项，先用平方差公式，再用配方法化之．例如，若$a_{ij}\neq 0(i\neq j)$，则作可逆线性变换 $x_i=y_i-y_j$，$x_j=y_i+y_j$，$x_k=y_k(k\neq i, j)$，化二次型为含平方项的二次项，再按(1)中配方法，化成标准形．

例 9 用合同变换化下列二次型为标准形．

(1) $f(x_1, x_2, x_3)=2x_1x_2-2x_1x_3+2x_2x_3$；

(2) $f(x_1, x_2, x_3)=x_1^2+2x_2^2+5x_3^2+2x_1x_2+2x_1x_3+8x_2x_3$.

解　(1)写出 f 的对应矩阵 $\boldsymbol{A}$，对 $\begin{pmatrix}\boldsymbol{A}\\\boldsymbol{E}\end{pmatrix}$ 作相同的初等行、列变换，化 $\boldsymbol{A}$ 为对角阵.

$$\begin{pmatrix}\boldsymbol{A}\\\boldsymbol{E}\end{pmatrix}=\begin{pmatrix}0&1&-1\\1&0&1\\-1&1&0\\1&0&0\\0&1&0\\0&0&1\end{pmatrix}\longrightarrow\begin{pmatrix}1&1&-1\\1&0&1\\0&1&0\\1&0&0\\1&1&0\\0&0&1\end{pmatrix}\longrightarrow\begin{pmatrix}2&1&0\\1&0&1\\0&1&0\\1&0&0\\1&1&0\\0&0&1\end{pmatrix}$$

$$\longrightarrow\begin{pmatrix}2&0&0\\1&-1/2&1\\0&1&0\\1&-1/2&0\\1&1/2&0\\0&0&1\end{pmatrix}\longrightarrow\begin{pmatrix}2&0&0\\0&-1/2&1\\0&1&0\\1&-1/2&0\\1&1/2&0\\0&0&1\end{pmatrix}$$

$$\longrightarrow\begin{pmatrix}2&0&0\\0&-1/2&0\\0&1&2\\1&-1/2&-1\\1&1/2&1\\0&0&1\end{pmatrix}\longrightarrow\begin{pmatrix}2&0&0\\0&-1/2&0\\0&0&2\\1&-1/2&-1\\1&1/2&1\\0&0&1\end{pmatrix},$$

可见，经过坐标变换 $\boldsymbol{X}=\boldsymbol{PY}$，则标准形为 $f(x_1, x_2, x_3)=2y_1^2-\dfrac{1}{2}y_2^2+2y_3^2$，其中

$$\boldsymbol{P}=\begin{pmatrix}1&-1/2&-1\\1&1/2&1\\0&0&1\end{pmatrix}.$$

(2)写出 f 的对应矩阵 $\boldsymbol{A}$，对 $\begin{pmatrix}\boldsymbol{A}\\\boldsymbol{E}\end{pmatrix}$ 作相同的初等行、列变换，化 $\boldsymbol{A}$ 为对角阵.

$$\begin{pmatrix} A \\ E \end{pmatrix}=\begin{pmatrix} 1 & 1 & 1 \\ 1 & 2 & 4 \\ 1 & 4 & 5 \\ 1 & 0 & 0 \\ 0 & 1 & 0 \\ 0 & 0 & 1 \end{pmatrix}\longrightarrow\begin{pmatrix} 1 & 0 & 0 \\ 1 & 1 & 3 \\ 1 & 3 & 4 \\ 1 & -1 & -1 \\ 0 & 1 & 0 \\ 0 & 0 & 1 \end{pmatrix}\longrightarrow\begin{pmatrix} 1 & 0 & 0 \\ 0 & 1 & 3 \\ 0 & 3 & 4 \\ 1 & -1 & -1 \\ 0 & 1 & 0 \\ 0 & 0 & 1 \end{pmatrix}$$

$$\longrightarrow\begin{pmatrix} 1 & 0 & 0 \\ 0 & 1 & 0 \\ 0 & 3 & -5 \\ 1 & -1 & 2 \\ 0 & 1 & 3 \\ 0 & 0 & 1 \end{pmatrix}\longrightarrow\begin{pmatrix} 1 & 0 & 0 \\ 0 & 1 & 0 \\ 0 & 0 & -5 \\ 1 & -1 & 2 \\ 0 & 1 & -3 \\ 0 & 0 & 1 \end{pmatrix}\longrightarrow\begin{pmatrix} \Lambda \\ P \end{pmatrix},$$

$$P=\begin{pmatrix} 1 & -1 & 2 \\ 1 & 1 & -3 \\ 0 & 0 & 1 \end{pmatrix},\ \Lambda=\begin{pmatrix} 1 & 0 & 0 \\ 0 & 1 & 0 \\ 0 & 0 & -5 \end{pmatrix},$$

故标准形为 $f(x_1, x_2, x_3)=y_1^2+y_2^2-5y_3^2$.

注意：化 f 为标准形所使用的合同变换不唯一，因而 $\boldsymbol{P}$ 及 $\boldsymbol{\Lambda}$ 也不唯一．可用 $\boldsymbol{A}$，$\boldsymbol{P}$，$\boldsymbol{\Lambda}$ 三者关系来检验，如果 $\boldsymbol{P}^{\mathrm{T}}\boldsymbol{AP}=\boldsymbol{\Lambda}$，计算正确，否则计算有误．

例 10　用正交变换法化 $f(x_1, x_2, x_3)=x_1^2+4x_2^2+4x_3^2-4x_1x_2+4x_1x_3-8x_2x_3$ 为标准形．

解　二次型的矩阵为

$$A=\begin{pmatrix} 1 & -2 & 2 \\ -2 & 4 & -4 \\ 2 & -4 & 4 \end{pmatrix}.$$

由于 $r(\boldsymbol{A})=1$，得 $|\lambda\boldsymbol{E}-\boldsymbol{A}|=\lambda^3-\sum a_{ii}\lambda^2=\lambda^2(\lambda-9)$，则 $\boldsymbol{A}$ 的特征值为 $\lambda_1=\lambda_2=0$，$\lambda_3=9$.

对于 $\boldsymbol{X}=\boldsymbol{0}$ 时，由 $(0\boldsymbol{E}-\boldsymbol{A})\boldsymbol{X}=\boldsymbol{0}$，得特征向量 $\boldsymbol{\xi}_1=(2, 1, 0)^{\mathrm{T}}$，$\boldsymbol{\xi}_2=(-2, 0, 1)^{\mathrm{T}}$；

对于 $\lambda=9$ 时，由 $(9\boldsymbol{E}-\boldsymbol{A})\boldsymbol{X}=\boldsymbol{0}$，得特征向量 $\boldsymbol{\xi}_3=(1, -2, 2)^{\mathrm{T}}$.

将 $\boldsymbol{\xi}_1$，$\boldsymbol{\xi}_2$ 正交化有

$$\boldsymbol{\beta}_1=\boldsymbol{\xi}_1,\ \boldsymbol{\beta}_2=\boldsymbol{\xi}_2-\frac{(\boldsymbol{\xi}_2, \boldsymbol{\beta}_1)}{(\boldsymbol{\beta}_1, \boldsymbol{\beta}_1)}\boldsymbol{\beta}_1=\frac{1}{5}\begin{pmatrix} -2 \\ 4 \\ 5 \end{pmatrix}.$$

再单位化有

$$\boldsymbol{\eta}_1=\frac{\boldsymbol{\beta}_1}{|\boldsymbol{\beta}_1|}=\frac{1}{\sqrt{5}}\begin{pmatrix}2\\1\\0\end{pmatrix},\ \boldsymbol{\eta}_2=\frac{\boldsymbol{\beta}_2}{|\boldsymbol{\beta}_2|}=\frac{1}{3\sqrt{5}}\begin{pmatrix}-2\\4\\5\end{pmatrix},\ \boldsymbol{\eta}_3=\frac{\boldsymbol{\xi}_3}{|\boldsymbol{\xi}_3|}=\frac{1}{3}\begin{pmatrix}1\\-2\\2\end{pmatrix}.$$

令 $$\boldsymbol{P}=(\boldsymbol{\eta}_1,\ \boldsymbol{\eta}_2,\ \boldsymbol{\eta}_3)=\begin{pmatrix}2/\sqrt{5} & -2/(3\sqrt{5}) & 1/3\\1/\sqrt{5} & 4/(3\sqrt{5}) & -2/3\\0 & \sqrt{5}/3 & 2/3\end{pmatrix},$$

则 $\boldsymbol{P}$ 是正交矩阵，且

$$\boldsymbol{P}^{-1}\boldsymbol{AP}=\begin{pmatrix}0 & & \\ & 0 & \\ & & 9\end{pmatrix},$$

即经过正交变换 $\boldsymbol{X}=\boldsymbol{PY}$ 二次型化为标准形 $f(x_1,\ x_2,\ x_3)=9y_3^2$.

例 11　设 $\boldsymbol{A}=\begin{pmatrix}2 & 1 & 0 & 0\\1 & 2 & 0 & 0\\0 & 0 & 0 & 1\\0 & 0 & 1 & 0\end{pmatrix}$，求正交矩阵$\boldsymbol{Q}$，使$\boldsymbol{Q}^{\mathrm{T}}\boldsymbol{AQ}$ 为对角阵，并写出这个对角阵．

解　将矩阵 $\boldsymbol{A}$ 化为分块对角阵．令 $\boldsymbol{A}=\begin{pmatrix}\boldsymbol{A}_1 & \boldsymbol{O}\\ \boldsymbol{O} & \boldsymbol{A}_2\end{pmatrix}$，其中 $\boldsymbol{A}_1=\begin{pmatrix}2 & 1\\1 & 2\end{pmatrix}$，$\boldsymbol{A}_2=\begin{pmatrix}0 & 1\\1 & 0\end{pmatrix}$. 先分别求出化 $\boldsymbol{A}_1$，$\boldsymbol{A}_2$为对角阵的正交矩阵$\boldsymbol{Q}_1$，$\boldsymbol{Q}_2$.

由 $|\lambda\boldsymbol{E}-\boldsymbol{A}_1|=(\lambda-1)(\lambda-3)$，得特征值为 $\lambda_1=1$，$\lambda_2=3$.

解$(\lambda_1\boldsymbol{E}-\boldsymbol{A})\boldsymbol{X}=\boldsymbol{0}$，得其基础解系 $\boldsymbol{\alpha}_1=(1,\ -1)^{\mathrm{T}}$，单位化得 $\boldsymbol{\beta}_1=(1/\sqrt{2},\ -1/\sqrt{2})^{\mathrm{T}}$.

解$(\lambda_2\boldsymbol{E}-\boldsymbol{A})\boldsymbol{X}=\boldsymbol{0}$，得其基础解系 $\boldsymbol{\alpha}_2=(1,\ 1)^{\mathrm{T}}$，单位化得 $\boldsymbol{\beta}_2=(1/\sqrt{2},\ 1/\sqrt{2})^{\mathrm{T}}$. 故所求的正交矩阵$\boldsymbol{Q}_1=(\boldsymbol{\beta}_1,\ \boldsymbol{\beta}_2)$.

下求$\boldsymbol{Q}_2$. 由 $|\lambda\boldsymbol{E}-\boldsymbol{A}_2|=\lambda^2-1$，得其特征值为 $\lambda_3=-1$，$\lambda_4=1$.

解$(\lambda_3\boldsymbol{E}-\boldsymbol{A})\boldsymbol{X}=\boldsymbol{0}$，得其基础解系 $\boldsymbol{\alpha}_3=(1,\ -1)^{\mathrm{T}}=\boldsymbol{\alpha}_1$，单位化得 $\boldsymbol{\beta}_3=\boldsymbol{\beta}_1$.

解$(\lambda_4\boldsymbol{E}-\boldsymbol{A})\boldsymbol{X}=\boldsymbol{0}$，得其基础解系 $\boldsymbol{\alpha}_4=(1,\ 1)^{\mathrm{T}}=\boldsymbol{\alpha}_2$，单位化得 $\boldsymbol{\beta}_4=\boldsymbol{\beta}_2$. 于是所求的正交矩阵$\boldsymbol{Q}_2=(\boldsymbol{\beta}_3,\ \boldsymbol{\beta}_4)=(\boldsymbol{\beta}_1,\ \boldsymbol{\beta}_2)$.

令$\boldsymbol{Q}=\begin{pmatrix}\boldsymbol{Q}_1 & \boldsymbol{O}\\ \boldsymbol{O} & \boldsymbol{Q}_2\end{pmatrix}$，则$\boldsymbol{Q}$ 为所求的正交阵．易验证有$\boldsymbol{Q}^{\mathrm{T}}\boldsymbol{AQ}=\mathrm{diag}(1,\ 3,$

$-1, 1)$.

例 12 设 $\boldsymbol{A}$，$\boldsymbol{B}$ 为 n 阶正定矩阵，证明：$\boldsymbol{BAB}$ 也为正定矩阵．

证 $\boldsymbol{B}$ 正定，故 $\boldsymbol{B}$ 为实对称矩阵，从而 $\boldsymbol{BAB}=\boldsymbol{B}^{\mathrm{T}}\boldsymbol{AB}$，于是 $\boldsymbol{BAB}=\boldsymbol{B}^{\mathrm{T}}\boldsymbol{AB}$ 为对称阵．又 $|\boldsymbol{B}|\neq 0$，作可逆线性变换 $\boldsymbol{Y}=\boldsymbol{BX}$，则由 $\boldsymbol{X}\neq\boldsymbol{0}$ 时，有 $\boldsymbol{Y}\neq\boldsymbol{0}$，于是由 $\boldsymbol{A}$ 正定，得到

$$\boldsymbol{X}^{\mathrm{T}}\boldsymbol{B}^{\mathrm{T}}\boldsymbol{ABX}=(\boldsymbol{BX})^{\mathrm{T}}\boldsymbol{A}(\boldsymbol{BX})=\boldsymbol{Y}^{\mathrm{T}}\boldsymbol{AY}>0,$$

故实二次型 $\boldsymbol{X}^{\mathrm{T}}\boldsymbol{B}^{\mathrm{T}}\boldsymbol{ABX}$ 正定，从而 $\boldsymbol{BAB}$ 为正定矩阵．

例 13 设 $\boldsymbol{U}$ 为可逆实矩阵，$\boldsymbol{A}=\boldsymbol{U}^{\mathrm{T}}\boldsymbol{U}$，证明：$f=\boldsymbol{X}^{\mathrm{T}}\boldsymbol{AX}$ 为正定二次型．

证 因 $\boldsymbol{U}$ 可逆，故 $\boldsymbol{UX}=\boldsymbol{0}$ 只有零解，因而当 $\boldsymbol{X}\neq\boldsymbol{0}$ 时，$\boldsymbol{X}$ 不是 $\boldsymbol{UX}=\boldsymbol{0}$的解，即 $\boldsymbol{UX}\neq\boldsymbol{0}$. 又因 $\boldsymbol{U}$ 为实矩阵，故对任意 $\boldsymbol{X}\neq\boldsymbol{0}$ 时，有

$$f=\boldsymbol{X}^{\mathrm{T}}\boldsymbol{AX}=\boldsymbol{X}^{\mathrm{T}}\boldsymbol{U}^{\mathrm{T}}\boldsymbol{UX}=(\boldsymbol{UX})^{\mathrm{T}}(\boldsymbol{UX})>0,$$

由定义知，f 为正定二次型．

例 14 若 $\boldsymbol{A}$，$\boldsymbol{B}$ 是 n 阶正定矩阵，证明：$\boldsymbol{A}+\boldsymbol{B}$ 也是正定矩阵．

证 (1)因 $\boldsymbol{A}^{\mathrm{T}}=\boldsymbol{A}$，$\boldsymbol{B}^{\mathrm{T}}=\boldsymbol{B}$，故$(\boldsymbol{A}+\boldsymbol{B})^{\mathrm{T}}=\boldsymbol{A}^{\mathrm{T}}+\boldsymbol{B}^{\mathrm{T}}=\boldsymbol{A}+\boldsymbol{B}$，即 $\boldsymbol{A}+\boldsymbol{B}$ 是实对称矩阵．

(2)因 $\boldsymbol{A}$，$\boldsymbol{B}$ 正定，故对任一实 n 维列向量 $\boldsymbol{X}\neq\boldsymbol{0}$，均有 $\boldsymbol{X}^{\mathrm{T}}\boldsymbol{AX}>0$，$\boldsymbol{X}^{\mathrm{T}}\boldsymbol{BX}>0$，从而 $\boldsymbol{X}^{\mathrm{T}}(\boldsymbol{A}+\boldsymbol{B})\boldsymbol{X}=\boldsymbol{X}^{\mathrm{T}}\boldsymbol{AX}+\boldsymbol{X}^{\mathrm{T}}\boldsymbol{BX}>0$，即 $\boldsymbol{A}+\boldsymbol{B}$ 为正定矩阵．

例 15 设 $\boldsymbol{A}$ 为 $m\times n$ 实矩阵，且 $r(\boldsymbol{A})=n$，证明：$\boldsymbol{A}^{\mathrm{T}}\boldsymbol{A}$ 正定．

证法一 (1)因$(\boldsymbol{A}^{\mathrm{T}}\boldsymbol{A})^{\mathrm{T}}=\boldsymbol{A}^{\mathrm{T}}\boldsymbol{A}$，故 $\boldsymbol{A}^{\mathrm{T}}\boldsymbol{A}$ 为实对称矩阵；

(2)下证对任意 $\boldsymbol{X}\neq\boldsymbol{0}$，恒有 $f=\boldsymbol{X}^{\mathrm{T}}\boldsymbol{AX}>0$.

令 $\boldsymbol{A}=(\boldsymbol{\alpha}_1, \boldsymbol{\alpha}_2, \cdots, \boldsymbol{\alpha}_n)$，其中 $\boldsymbol{\alpha}_i$ 为 $\boldsymbol{A}$ 的列向量，则

$$\boldsymbol{AX}=(\boldsymbol{\alpha}_1, \boldsymbol{\alpha}_2, \cdots, \boldsymbol{\alpha}_n)(x_1, x_2, \cdots, x_n)^{\mathrm{T}}=x_1\boldsymbol{\alpha}_1+x_2\boldsymbol{\alpha}_2+\cdots+x_n\boldsymbol{\alpha}_n.$$

因 $r(\boldsymbol{A})=n$，故 $\boldsymbol{\alpha}_1, \boldsymbol{\alpha}_2, \cdots, \boldsymbol{\alpha}_n$线性无关．根据线性无关的定义，对任一组不全为 0 的数 $x_1, x_2, \cdots, x_n$，即任一 $\boldsymbol{X}\neq\boldsymbol{0}$，有 $\boldsymbol{AX}=x_1\boldsymbol{\alpha}_1+x_2\boldsymbol{\alpha}_2+\cdots+x_n\boldsymbol{\alpha}_n\neq\boldsymbol{0}$，从而 $f=\boldsymbol{X}^{\mathrm{T}}\boldsymbol{A}^{\mathrm{T}}\boldsymbol{AX}=(\boldsymbol{AX})^{\mathrm{T}}(\boldsymbol{AX})>0$，即 $f=\boldsymbol{X}^{\mathrm{T}}\boldsymbol{A}^{\mathrm{T}}\boldsymbol{AX}$ 为正定二次型，$\boldsymbol{A}^{\mathrm{T}}\boldsymbol{A}$ 为正定矩阵．

证法二 因 $r(\boldsymbol{A})=n$，$\boldsymbol{A}$ 为 $m\times n$ 矩阵，故 $\boldsymbol{AX}=\boldsymbol{0}$ 只有零解，于是对任意 $\boldsymbol{X}\neq\boldsymbol{0}$，$\boldsymbol{X}$ 不是 $\boldsymbol{AX}=\boldsymbol{0}$的解，从而 $\boldsymbol{AX}\neq\boldsymbol{0}$. 又 $\boldsymbol{A}$ 为实矩阵，故$(\boldsymbol{AX})^{\mathrm{T}}(\boldsymbol{AX})>0$，所以对任意 $\boldsymbol{X}\neq\boldsymbol{0}$，有

$$\boldsymbol{X}^{\mathrm{T}}(\boldsymbol{A}^{\mathrm{T}}\boldsymbol{A})\boldsymbol{X}=(\boldsymbol{AX})^{\mathrm{T}}(\boldsymbol{AX})>0,$$

由定义知，$\boldsymbol{X}^{\mathrm{T}}(\boldsymbol{A}^{\mathrm{T}}\boldsymbol{A})\boldsymbol{X}$ 为正定二次型，$\boldsymbol{A}^{\mathrm{T}}\boldsymbol{A}$ 为正定矩阵．

例 16 设 $\boldsymbol{A}$ 为正定矩阵，证明：$\boldsymbol{A}^{-1}$也为正定矩阵．

证 因 $\boldsymbol{A}$ 正定，故 $\boldsymbol{A}^{\mathrm{T}}=\boldsymbol{A}$，因而$(\boldsymbol{A}^{-1})^{\mathrm{T}}=(\boldsymbol{A}^{\mathrm{T}})^{-1}=\boldsymbol{A}^{-1}$，即 $\boldsymbol{A}^{-1}$为实对称矩阵.

又因 $\boldsymbol{A}$ 正定，故存在可逆阵 $\boldsymbol{P}_1$，使 $\boldsymbol{P}_1^{\mathrm{T}}\boldsymbol{A}\boldsymbol{P}_1=\boldsymbol{E}$，等式两边求逆，得 $\boldsymbol{P}_1^{-1}\boldsymbol{A}^{-1}(\boldsymbol{P}_1^{\mathrm{T}})^{-1}=\boldsymbol{E}$. 令 $(\boldsymbol{P}_1^{\mathrm{T}})^{-1}=\boldsymbol{P}$，则 $\boldsymbol{P}$ 为可逆矩阵，且使 $\boldsymbol{P}^{\mathrm{T}}\boldsymbol{A}^{-1}\boldsymbol{P}=\boldsymbol{E}$，故 $\boldsymbol{A}^{-1}$ 正定．

例 17 如果 $\boldsymbol{C}$ 是可逆矩阵，$\boldsymbol{A}$ 是正定矩阵，证明：$\boldsymbol{C}\boldsymbol{A}\boldsymbol{C}^{\mathrm{T}}$ 也是正定矩阵．

证 显然 $\boldsymbol{C}\boldsymbol{A}\boldsymbol{C}^{\mathrm{T}}$ 是对称矩阵．因 $\boldsymbol{C}^{\mathrm{T}}$ 是可逆矩阵，且 $\boldsymbol{B}=\boldsymbol{C}\boldsymbol{A}\boldsymbol{C}^{\mathrm{T}}=(\boldsymbol{C}^{\mathrm{T}})^{\mathrm{T}}\boldsymbol{A}(\boldsymbol{C}^{\mathrm{T}})$，因而 $\boldsymbol{B}$ 与 $\boldsymbol{A}$ 合同．又因 $\boldsymbol{A}$ 是正定矩阵，故 $\boldsymbol{A}$ 与 $\boldsymbol{E}$ 合同，于是由合同的传递性知，$\boldsymbol{B}$ 与 $\boldsymbol{E}$ 合同，从而 $\boldsymbol{B}=\boldsymbol{C}\boldsymbol{A}\boldsymbol{C}^{\mathrm{T}}$ 是正定矩阵．

例 18 设 $\boldsymbol{A}$ 为正定阵，证明：$\boldsymbol{A}^*$ 也为正定阵．

证法一 $\boldsymbol{A}$ 为正定，由例 17 知，$\boldsymbol{A}^{-1}$ 也正定，故存在实满秩矩阵 $\boldsymbol{B}$，使 $\boldsymbol{A}^{-1}=\boldsymbol{B}^{\mathrm{T}}\boldsymbol{B}$. 又因 $\boldsymbol{A}$ 正定，故 $|\boldsymbol{A}|>0$，从而 $\sqrt{|\boldsymbol{A}|}$ 仍为实数，于是有 $\boldsymbol{A}^*=|\boldsymbol{A}|\boldsymbol{A}^{-1}=|\boldsymbol{A}|\boldsymbol{B}^{\mathrm{T}}\boldsymbol{B}=(\sqrt{|\boldsymbol{A}|}\boldsymbol{B})^{\mathrm{T}}(\sqrt{|\boldsymbol{A}|}\boldsymbol{B})$. 令 $\sqrt{|\boldsymbol{A}|}\boldsymbol{B}=\boldsymbol{C}$，则 $\boldsymbol{A}^*=\boldsymbol{C}^{\mathrm{T}}\boldsymbol{C}$，$\boldsymbol{C}$ 为可逆阵．下证 $\boldsymbol{A}^*$ 为实对称矩阵．

由 $\boldsymbol{A}$ 为正定阵知，$\boldsymbol{A}$ 可逆且为实对称矩阵，于是有

$(\boldsymbol{A}^*)^{\mathrm{T}}=(|\boldsymbol{A}|\boldsymbol{A}^{-1})^{\mathrm{T}}=|\boldsymbol{A}|(\boldsymbol{A}^{-1})^{\mathrm{T}}=|\boldsymbol{A}|(\boldsymbol{A}^{\mathrm{T}})^{-1}=|\boldsymbol{A}|\boldsymbol{A}^{-1}=\boldsymbol{A}^*$，

故 $\boldsymbol{A}^*$ 为实对称矩阵，因而 $\boldsymbol{A}^*$ 为正定阵．

证法二 $\boldsymbol{A}^*$ 为实对称矩阵，对任意非零向量 $\boldsymbol{X}$，有

$$\boldsymbol{X}^{\mathrm{T}}\boldsymbol{A}^*\boldsymbol{X}=\boldsymbol{X}^{\mathrm{T}}|\boldsymbol{A}|\boldsymbol{A}^{-1}\boldsymbol{X}=|\boldsymbol{A}|\boldsymbol{X}^{\mathrm{T}}\boldsymbol{A}^{-1}\boldsymbol{X},$$

因 $\boldsymbol{A}$ 正定，故 $|\boldsymbol{A}|>0$；又 $\boldsymbol{A}^{-1}$ 也正定，故 $\boldsymbol{X}^{\mathrm{T}}\boldsymbol{A}^*\boldsymbol{X}>0$.

证法三 因 $\boldsymbol{A}^{-1}$ 为正定，故存在可逆阵 $\boldsymbol{P}_1$，使 $\boldsymbol{P}_1^{\mathrm{T}}\boldsymbol{A}^{-1}\boldsymbol{P}_1=\boldsymbol{E}$，两边乘以 $|\boldsymbol{A}|$，得

$$\boldsymbol{P}_1^{\mathrm{T}}|\boldsymbol{A}|\boldsymbol{A}^{-1}\boldsymbol{P}_1=\boldsymbol{P}_1^{\mathrm{T}}\boldsymbol{A}^*\boldsymbol{P}_1=|\boldsymbol{A}|\boldsymbol{E}.$$

因 $\boldsymbol{A}$ 正定，$|\boldsymbol{A}|>0$，$\sqrt{|\boldsymbol{A}|}$ 为实数，故

$$((1/\sqrt{|\boldsymbol{A}|})\boldsymbol{P}_1)^{\mathrm{T}}\boldsymbol{A}^*((1/\sqrt{|\boldsymbol{A}|})\boldsymbol{P}_1)=\boldsymbol{E}.$$

令 $\boldsymbol{P}=\boldsymbol{P}_1/\sqrt{|\boldsymbol{A}|}$，则 $\boldsymbol{P}$ 为可逆阵，故 $\boldsymbol{A}^*$ 与 $\boldsymbol{E}$ 合同．

证法四 设 $\boldsymbol{A}$ 的特征值为 λ_1，λ_2，…，λ_n. 因 $\boldsymbol{A}$ 正定，故 $\lambda_i>0(i=1, 2, \cdots, n)$，且 $|\boldsymbol{A}|>0$，而 $\boldsymbol{A}^*$ 的特征值为 $|\boldsymbol{A}|/\lambda_i(i=1, 2, \cdots, n)$，故 $\boldsymbol{A}^*$ 的所有特征值 $|\boldsymbol{A}|/\lambda_i>0(i=1, 2, \cdots, n)$，所以 $\boldsymbol{A}^*$ 为正定阵．

例 19 设 $\boldsymbol{A}$ 为 n 阶实对称矩阵，且满足 $\boldsymbol{A}^3-5\boldsymbol{A}^2+\boldsymbol{A}-5\boldsymbol{E}=\boldsymbol{O}$，证明：$\boldsymbol{A}$ 正定．

证 设 λ 为 $\boldsymbol{A}$ 的任一特征值，且 $\boldsymbol{A}\boldsymbol{\alpha}=\lambda\boldsymbol{\alpha}$，$\boldsymbol{\alpha}$ 为其对应的特征向量．下证 $\lambda>0$. 由所给矩阵等式得 $(\boldsymbol{A}^3-5\boldsymbol{A}^2+\boldsymbol{A}-5\boldsymbol{E})\boldsymbol{\alpha}=(\lambda^3-5\lambda^2+\lambda-5)\boldsymbol{\alpha}=\boldsymbol{0}$.

因 $\boldsymbol{\alpha}\neq\boldsymbol{0}$，故 $\lambda^3-5\lambda^2+\lambda-5=\lambda^2(\lambda-5)+(\lambda-5)=(\lambda-5)(\lambda^2+1)=0$，从而 $\lambda=5$ 或 $\lambda=\pm\sqrt{-1}=\pm\mathrm{i}$. 因 $\boldsymbol{A}$ 为实对称矩阵，故其特征值全部为实数，因

$\lambda=5>0$，所以 $\boldsymbol{A}$ 为正定矩阵．

例 20 设 $\boldsymbol{A}$ 为正定矩阵，证明：(1)$\boldsymbol{A}^m$(m 为正整数)为正定阵；(2)$g(x)=a_mx^m+a_{m-1}x^{m-1}+\cdots+a_1x+a_0$，其中 $a_i\geqslant 0$，且至少有一为正，则 $g(\boldsymbol{A})$为正定矩阵．

证 (1)因 $\boldsymbol{A}$ 为正定矩阵，其特征值 $\lambda_i>0$，而 $\boldsymbol{A}^m$ 的特征值为 $\lambda_i^m(i=1,2,\cdots,n)$，故全为正；又 $\boldsymbol{A}$ 为实对称，显然 $\boldsymbol{A}^m$ 为实对称，故 $\boldsymbol{A}^m$ 为正定阵．

(2)$\boldsymbol{A}$ 为实对称，$g(\boldsymbol{A})$也为实对称，又由题设知，$g(\boldsymbol{A})$的全部特征值 $g(\lambda_1)$，…，$g(\lambda_n)$全为正，故 $g(\boldsymbol{A})$为正定矩阵．

例 21 当 t 取何值时，下列二次型为正定二次型．

(1)$f(x_1,x_2,x_3)=x_1^2+x_2^2+5x_3^2+2tx_1x_2-2x_1x_3+4x_2x_3$；

(2)$f(x_1,x_2,x_3)=x_1^2+x_2^2+x_3^2+2x_1x_2+2tx_2x_3$.

解 (1)f 的矩阵为 $\boldsymbol{A}=\begin{pmatrix}1&t&-1\\t&1&2\\-1&2&5\end{pmatrix}$，$f$ 为正定的充要条件是

$$1>0,\quad \begin{vmatrix}1&t\\t&1\end{vmatrix}=1-t^2>0,\quad |\boldsymbol{A}|=-5t^2-4t>0,$$

解不等式组 $\begin{cases}1-t^2>0,\\-5t^2-4t>0,\end{cases}$ 得 $-\dfrac{4}{5}<t<0$ 时，f 为正定二次型．

(2)f 的矩阵 $\boldsymbol{A}=\begin{pmatrix}1&1&0\\1&1&t\\0&t&1\end{pmatrix}$，由于 $\boldsymbol{A}$ 的二阶顺序主子式 $\begin{vmatrix}1&1\\1&1\end{vmatrix}=0$，故不论 t 为何值，f 都不是正定二次型．

例 22 已知两个正交单位向量 $\boldsymbol{\eta}_1=(1/9,-8/9,-4/9)^{\mathrm{T}}$，$\boldsymbol{\eta}_2=(-8/9,1/9,-4/9)^{\mathrm{T}}$，试求列向量 $\boldsymbol{\eta}_3$，使得以 $\boldsymbol{\eta}_1$，$\boldsymbol{\eta}_2$，$\boldsymbol{\eta}_3$ 为列向量组成的矩阵 $\boldsymbol{Q}$ 是正交矩阵.

解 由题设有 $\boldsymbol{Q}=(\boldsymbol{\eta}_1,\boldsymbol{\eta}_2,\boldsymbol{\eta}_3)$，且 $\boldsymbol{\eta}_i\cdot\boldsymbol{\eta}_j=0(i,j=1,2,3;i\neq j)$，且 $|\boldsymbol{\eta}_i|=1\ (i=1,2,3)$，即 $\boldsymbol{Q}$ 的列向量是两两正交的单位向量，故所求的 $\boldsymbol{\eta}_3$ 应满足 $\boldsymbol{\eta}_1\cdot\boldsymbol{\eta}_3=\boldsymbol{\eta}_2\cdot\boldsymbol{\eta}_3=0$，且 $|\boldsymbol{\eta}_3|=1$.

设 $\boldsymbol{\eta}_3=(x_1,x_2,x_3)^{\mathrm{T}}$，由 $\boldsymbol{\eta}_1\cdot\boldsymbol{\eta}_3=\boldsymbol{\eta}_2\cdot\boldsymbol{\eta}_3=0$，得

$$\begin{cases}(1/9)x_1-(8/9)x_2-(4/9)x_3=0,\\(-8/9)x_1+(1/9)x_2-(4/9)x_3=0,\end{cases}$$

解得 $x_1=-4x_3/7$，$x_2=-4x_3/7$，将其代入 $|\boldsymbol{\eta}_3|^2=x_1^2+x_2^2+x_3^2=1$，得 $x_3=\pm 7/9$，于是所求列向量为 $\boldsymbol{\eta}_3=(-4/9,-4/9,7/9)^{\mathrm{T}}$ 或 $\tilde{\boldsymbol{\eta}}_3=(4/9,4/9,$

$-7/9)^{\mathrm{T}}$. 这时$\boldsymbol{Q}=(\boldsymbol{\eta}_1,\ \boldsymbol{\eta}_2,\ \boldsymbol{\eta}_3)$及$\tilde{\boldsymbol{Q}}=(\tilde{\boldsymbol{\eta}}_1,\ \tilde{\boldsymbol{\eta}}_2,\ \tilde{\boldsymbol{\eta}}_3)$均为正交阵.

例 23　当 a，b，c 为何值时，矩阵

$$\boldsymbol{A}=\begin{pmatrix}1/\sqrt{2} & a & 0\\ 0 & 0 & 1\\ b & c & 0\end{pmatrix}$$

为正交矩阵.

解　根据正交矩阵的定义，由第 1 列向量长度等于 1，即由$(1/\sqrt{2})^2+b^2=1$推出 $b=\pm(1/\sqrt{2})$；再由第 1，3 两行行向量长度等于 1，即由$(1/\sqrt{2})^2+a^2=1$与 $b^2+c^2=1$，分别推出 $a=\pm(1/\sqrt{2})^2$，$c=\pm(1/\sqrt{2})$. 由列(或行)的正交性，可确定 a，b，c 的符号.

由第 1，2 列正交，得$(1/\sqrt{2})a=-bc$，故

当 $a=1/\sqrt{2}>0$ 时，b，c 异号，因而 $b=\pm1/\sqrt{2}$，$c=\mp(1/\sqrt{2})$；

当 $a=-1/\sqrt{2}<0$ 时，b，c 同号，因而 $b=\pm1/\sqrt{2}$，$c=\pm1/(\sqrt{2})$.

因此相应的正交矩阵为下列 4 个：

$$\begin{pmatrix}1/\sqrt{2} & 1/\sqrt{2} & 0\\ 0 & 0 & 1\\ 1/\sqrt{2} & -1/\sqrt{2} & 0\end{pmatrix},\quad \begin{pmatrix}1/\sqrt{2} & 1/\sqrt{2} & 0\\ 0 & 0 & 1\\ -1/\sqrt{2} & 1/\sqrt{2} & 0\end{pmatrix},$$

$$\begin{pmatrix}1/\sqrt{2} & -1/\sqrt{2} & 0\\ 0 & 0 & 1\\ 1/\sqrt{2} & 1/\sqrt{2} & 0\end{pmatrix},\quad \begin{pmatrix}1/\sqrt{2} & -1/\sqrt{2} & 0\\ 0 & 0 & 1\\ -1/\sqrt{2} & -1/\sqrt{2} & 0\end{pmatrix}.$$

例 24　若 $\boldsymbol{A}$ 为正交矩阵，证明：$\boldsymbol{A}^*$ 也是正交矩阵.

证　因为 $\boldsymbol{A}$ 为正交矩阵，则

$$\boldsymbol{A}^{\mathrm{T}}\boldsymbol{A}=\boldsymbol{A}\boldsymbol{A}^{\mathrm{T}}=\boldsymbol{E},\ |\boldsymbol{A}|^2=1,\ \boldsymbol{A}^{-1}=\boldsymbol{A}^{\mathrm{T}}.$$

又 $\boldsymbol{A}^*=|\boldsymbol{A}|\boldsymbol{A}^{-1}$，故

$$\boldsymbol{A}^*(\boldsymbol{A}^*)^{\mathrm{T}}=|\boldsymbol{A}|\boldsymbol{A}^{-1}(|\boldsymbol{A}|\boldsymbol{A}^{-1})^{\mathrm{T}}=|\boldsymbol{A}|^2\boldsymbol{A}^{-1}(\boldsymbol{A}^{-1})^{\mathrm{T}}=\boldsymbol{A}^{\mathrm{T}}\boldsymbol{A}=\boldsymbol{E}.$$

例 25　设$|\boldsymbol{A}|=1$，证明：$\boldsymbol{A}$ 是正交阵的充要条件是$\boldsymbol{A}=(\boldsymbol{A}^{\mathrm{T}})^*$.

证　因$|\boldsymbol{A}|=1$，故$|\boldsymbol{A}^{\mathrm{T}}|=1$，所以$(\boldsymbol{A}^{\mathrm{T}})(\boldsymbol{A}^{\mathrm{T}})^*=(\boldsymbol{A}^{\mathrm{T}})^*\boldsymbol{A}^{\mathrm{T}}=\boldsymbol{E}$. 因而$(\boldsymbol{A}^{\mathrm{T}})^{-1}=(\boldsymbol{A}^{\mathrm{T}})^*$，于是有 $\boldsymbol{A}$ 是正交阵$\Leftrightarrow\boldsymbol{A}\boldsymbol{A}^{\mathrm{T}}=\boldsymbol{A}^{\mathrm{T}}\boldsymbol{A}=\boldsymbol{E}\Leftrightarrow\boldsymbol{A}=(\boldsymbol{A}^{\mathrm{T}})^{-1}\Leftrightarrow\boldsymbol{A}=(\boldsymbol{A}^{\mathrm{T}})^*$.

例 26　若矩阵 $\boldsymbol{A}$，$\boldsymbol{B}$ 都是 n 阶正交阵，证明：分块矩阵$\begin{pmatrix}\boldsymbol{A} & \boldsymbol{O}\\ \boldsymbol{O} & \boldsymbol{B}\end{pmatrix}$也是正交矩阵.

证 因 $\boldsymbol{A}$，$\boldsymbol{B}$ 为正交阵，故 $\boldsymbol{A}^{\mathrm{T}}=\boldsymbol{A}^{-1}$，$\boldsymbol{B}^{\mathrm{T}}=\boldsymbol{B}^{-1}$，所以

$$\begin{pmatrix}\boldsymbol{A} & \boldsymbol{O}\\ \boldsymbol{O} & \boldsymbol{B}\end{pmatrix}^{\mathrm{T}}=\begin{pmatrix}\boldsymbol{A}^{\mathrm{T}} & \boldsymbol{O}\\ \boldsymbol{O} & \boldsymbol{B}^{\mathrm{T}}\end{pmatrix}=\begin{pmatrix}\boldsymbol{A}^{-1} & \boldsymbol{O}\\ \boldsymbol{O} & \boldsymbol{B}^{-1}\end{pmatrix}=\begin{pmatrix}\boldsymbol{A} & \boldsymbol{O}\\ \boldsymbol{O} & \boldsymbol{B}\end{pmatrix}^{-1}.$$

同步练习

一、填空题

(1)已知二次型 $f(x_1,x_2,x_3)=5x_1^2+5x_2^2+cx_3^2-2x_1x_2+6x_1x_3-6x_2x_3$ 的秩为2，则 $c=$____.

(2)已知三阶方阵 $\boldsymbol{A}=\boldsymbol{\alpha\alpha}^{\mathrm{T}}+\boldsymbol{\beta\beta}^{\mathrm{T}}+\boldsymbol{\gamma\gamma}^{\mathrm{T}}$，其中 $\boldsymbol{\alpha}$，$\boldsymbol{\beta}$，$\boldsymbol{\gamma}$ 为两两正交的单位列向量，则 $\boldsymbol{A}=$____.

(3)设二次型 $f(x_1,x_2,x_3)=\boldsymbol{X}^{\mathrm{T}}\begin{pmatrix}3 & 0 & 0\\ 0 & t & 1\\ 0 & 1 & t^2\end{pmatrix}\boldsymbol{X}$ 是正定的，则 t 应满足的条件是________.

(4)设二次型 $f(x_1,x_2,x_3,x_4)=-(x_1+2x_2+x_3)^2+(x_2+2x_3+x_4)^2+(x_1+x_3+2x_4)^2$，则 f 的正惯性指数 $p=$______，负惯性指数 $q=$______，f 的秩是______，符号差是______.

(5)设二次型 $f(x_1,x_2,x_3)=x_1^2+ax_2^2+x_3^2+2x_1x_2-2x_2x_3-2ax_1x_3$ 的正惯性指数和负惯性指数全为1，则 $a=$______.

(6)四元二次型 $\boldsymbol{X}^{\mathrm{T}}\boldsymbol{A}\boldsymbol{X}$ 经正交变换化为标准形 $y_1^2+3y_2^2+4y_3^2$，则 $\boldsymbol{A}$ 的最小特征值为______.

(7)$\boldsymbol{A}$ 是实对称阵 $\boldsymbol{A}^3+7\boldsymbol{A}^2+16\boldsymbol{A}+10\boldsymbol{E}=\boldsymbol{O}$，$\boldsymbol{X}^{\mathrm{T}}\boldsymbol{A}\boldsymbol{X}$ 经正交变换的标准形为________.

(8)若实对称矩阵 $\boldsymbol{A}$ 与矩阵 $\boldsymbol{B}=\begin{pmatrix}2 & 0 & 0\\ 0 & 0 & 1\\ 0 & 1 & 0\end{pmatrix}$ 合同，则二次型 $\boldsymbol{X}^{\mathrm{T}}\boldsymbol{A}\boldsymbol{X}$ 的规范形为________.

二、选择题

(1)已知 $\boldsymbol{A}=\begin{pmatrix}1 & 2 & -1\\ a+b & 5 & 0\\ -1 & 0 & c\end{pmatrix}$ 是正定矩阵，则(　　).

(A)$a=1$，$b=2$，$c=1$；　　(B)$a=1$，$b=1$，$c=-1$；

(C)$a=3$，$b=-1$，$c=2$；　　(D)$a=-1$，$b=3$，$c=8$.

(2)实二次型 $f(x_1, x_2, \cdots, x_n)=\boldsymbol{X}^{\mathrm{T}}\boldsymbol{AX}$ 为正定二次型的充要条件是(　　).

(A)负惯性指数全为 0；

(B)存在 n 阶矩阵 $\boldsymbol{T}$，使得 $\boldsymbol{A}=\boldsymbol{T}^{\mathrm{T}}\boldsymbol{T}$；

(C)$|\boldsymbol{A}|>0$；

(D)对任意向量 $\boldsymbol{X}=(x_1, x_2, \cdots, x_n)^{\mathrm{T}}\neq\boldsymbol{0}$，均有 $\boldsymbol{X}^{\mathrm{T}}\boldsymbol{AX}>0$.

(3)n 阶矩阵 $\boldsymbol{A}$ 正定的充分必要条件是(　　).

(A)$a_{ii}>0$(对角线元素)；

(B)$\boldsymbol{A}$ 的特征值全大于 0；

(C)存在 n 维列向量 $\boldsymbol{\alpha}\neq\boldsymbol{0}$，使得 $\boldsymbol{\alpha}^{\mathrm{T}}\boldsymbol{A\alpha}>0$；

(D)存在 n 阶实矩阵 $\boldsymbol{C}$，使得 $\boldsymbol{A}=\boldsymbol{C}^{\mathrm{T}}\boldsymbol{C}$.

(4)设 $\boldsymbol{A}=\begin{pmatrix}3-k & 2 & 2\\ 2 & 1 & 1\\ 2 & 1 & k+1\end{pmatrix}$，则有(　　).

(A)当 $k<3$ 时，$\boldsymbol{A}$ 正定；　　(B)当 $k<1$ 时，$\boldsymbol{A}$ 正定；

(C)当 $0<k<1$ 时，$\boldsymbol{A}$ 正定；　　(D)无论 k 为何值，$\boldsymbol{A}$ 都不正定.

(5)n 元二次型 $\boldsymbol{X}^{\mathrm{T}}\boldsymbol{AX}$ 是正定的充分必要条件是(　　).

(A)$|\boldsymbol{A}|>0$；　　(B)存在 n 维非零向量 $\boldsymbol{X}$，使得 $\boldsymbol{X}^{\mathrm{T}}\boldsymbol{AX}>0$；

(C)f 的正惯性指数 $p=n$；　　(D)f 的负惯性指数 $q=0$.

(6)设 $\boldsymbol{A}$ 为 n 阶正定矩阵，如果矩阵 $\boldsymbol{B}$ 与矩阵 $\boldsymbol{A}$ 相似，则 $\boldsymbol{B}$ 必是(　　).

(A)实对称矩阵；　　(B)正交矩阵；

(C)可逆矩阵；　　(D)$\boldsymbol{B}$ 可为非正定矩阵.

(7)n 阶实对称矩阵 $\boldsymbol{A}$ 正定的充分必要条件是(　　).

(A)$r(\boldsymbol{A})=n$；　　(B)$\boldsymbol{A}$ 的所有特征值为非负；

(C)$\boldsymbol{A}^*$ 是正定的；　　(D)$\boldsymbol{A}^{-1}$ 是正定的.

(8)矩阵 $\boldsymbol{A}=\begin{pmatrix}a & b+3 & 0\\ a-1 & a & 0\\ 0 & 0 & 2\end{pmatrix}$ 为正定矩阵，则 a 必满足(　　).

(A)$a>2$；　　(B)$a<1/2$；

(C)$a>1/2$；　　(D)与 b 有关，不能确定.

三、计算与证明题

(1)已知三元二次型 $\boldsymbol{X}^{\mathrm{T}}\boldsymbol{AX}$ 经过正交变换化为 $2y_1^2-y_2^2-y_3^2$，又已知 $\boldsymbol{A}^*\boldsymbol{\alpha}=$

$\boldsymbol{\alpha}$，其中 $\boldsymbol{\alpha}=(1,1,-1)^{\mathrm{T}}$，求此二次型的表达式．

(2)已知 $\boldsymbol{A}$ 是 n 阶实对称可逆矩阵，λ_1，λ_2，…，λ_n 是其特征值，求二次型 $\boldsymbol{P}^{\mathrm{T}}\boldsymbol{B}\boldsymbol{P}=\boldsymbol{P}^{\mathrm{T}}\begin{pmatrix}\boldsymbol{O} & \boldsymbol{A}\\ \boldsymbol{A} & \boldsymbol{O}\end{pmatrix}\boldsymbol{P}$ 的标准形及正负惯性指数．

(3)已知 $\boldsymbol{A}$ 是 $m\times n$ 矩阵，且 $n<m$，若非齐次线性方程组 $\boldsymbol{AX}=\boldsymbol{b}$ 有唯一解，求二次型 $\boldsymbol{X}^{\mathrm{T}}\boldsymbol{A}^{\mathrm{T}}\boldsymbol{AX}$ 的正惯性指数和负惯性指数．

(4)已知 n 元实二次型 $f=\boldsymbol{X}^{\mathrm{T}}\boldsymbol{AX}$，其中 $\boldsymbol{X}=(x_1,x_2,\cdots,x_n)^{\mathrm{T}}$，证明：$f$ 在条件 $x_1^2+x_2^2+\cdots+x_n^2=1$ 下的最大值恰为矩阵 $\boldsymbol{A}$ 的最大特征值．

(5)设 $\boldsymbol{A}$ 和 $\boldsymbol{B}$ 都是 $m\times n$ 实矩阵，并且 $r(\boldsymbol{A}+\boldsymbol{B})=n$，证明：$\boldsymbol{A}^{\mathrm{T}}\boldsymbol{A}+\boldsymbol{B}^{\mathrm{T}}\boldsymbol{B}$ 是正定矩阵．

(6)设 $\boldsymbol{A}$ 为 $m\times n$ 实矩阵，$\boldsymbol{B}=\lambda\boldsymbol{E}+\boldsymbol{A}^{\mathrm{T}}\boldsymbol{A}$，试证：当 $\lambda>0$ 时，矩阵 $\boldsymbol{B}$ 为正定矩阵．

同步练习参考答案

一、填空题

解　(1)$f(x_1,x_2,x_3)$的二次型矩阵为 $\boldsymbol{A}=\begin{pmatrix}5 & -1 & 3\\ -1 & 5 & -3\\ 3 & -3 & c\end{pmatrix}$，由于二次型的秩等于二次型矩阵的秩，故 $r(\boldsymbol{A})=2$. 由

$$|\boldsymbol{A}|=\begin{vmatrix}5 & -1 & 3\\ -1 & 5 & -3\\ 3 & -3 & c\end{vmatrix}=\begin{vmatrix}0 & 24 & -12\\ -1 & 5 & -3\\ 0 & 12 & c-9\end{vmatrix}=24(c-9)+144=0,$$

得 $c=3$.

(2)设 $\boldsymbol{B}=(\boldsymbol{\alpha},\boldsymbol{\beta},\boldsymbol{\gamma})$，由 $\boldsymbol{\alpha}$，$\boldsymbol{\beta}$，$\boldsymbol{\gamma}$ 为两两正交的单位列向量，故 $\boldsymbol{B}$ 为正交矩阵，从而有 $\boldsymbol{B}\boldsymbol{B}^{\mathrm{T}}=\boldsymbol{E}$，而 $\boldsymbol{A}=\boldsymbol{B}\boldsymbol{B}^{\mathrm{T}}$，故 $\boldsymbol{A}=\boldsymbol{E}$.

(3)二次型矩阵的顺序主子式分别为 $|\boldsymbol{A}_1|=3>0$，$|\boldsymbol{A}_2|=\begin{vmatrix}3 & 0\\ 0 & t\end{vmatrix}=3t>0$，即 $t>0$，$|\boldsymbol{A}_3|=\begin{vmatrix}3 & 0 & 0\\ 0 & t & 1\\ 0 & 1 & t^2\end{vmatrix}=3(t^3-1)>0$，即 $t>1$，故当 $t>1$ 时，二次型 f 是正定的.

(4)用配方法将 f 化为标准形：

令$\begin{cases} y_1=x_1+2x_2+x_3, \\ y_2=x_2+2x_3+x_4, \\ y_3=x_1+x_3+2x_4, \\ y_4=x_4, \end{cases}$　$C=\begin{pmatrix} 1 & 2 & 1 & 0 \\ 0 & 1 & 2 & 1 \\ 1 & 0 & 1 & 2 \\ 0 & 0 & 0 & 1 \end{pmatrix}$.

由于$\boldsymbol{C}$为可逆矩阵，故可通过线性变换$\boldsymbol{X}=\boldsymbol{C}^{-1}\boldsymbol{Y}$将二次型化为标准形式$f(x_1, x_2, x_3, x_4)=-y_1^2+y_2^2+y_3^2$，故$p=2$，$q=1$，$f$的秩为3，符号差是1.

(5)依题意得，二次型f的秩等于2. 对f的矩阵$\boldsymbol{A}$作初等变换，有

$$\boldsymbol{A}=\begin{pmatrix} 1 & 1 & -a \\ 1 & a & -1 \\ -a & -1 & 1 \end{pmatrix} \longrightarrow \begin{pmatrix} 1 & 1 & -a \\ 0 & a-1 & a-1 \\ 0 & a-1 & 1-a^2 \end{pmatrix} \longrightarrow \begin{pmatrix} 1 & 1 & -a \\ 0 & a-1 & a-1 \\ 0 & 0 & 2-a-a^2 \end{pmatrix}.$$

当$a=1$时，$r(\boldsymbol{A})=1$，不合题意，故$a\neq1$. 由$r(\boldsymbol{A})=2$，则必有$2-a-a^2=0$，解得$a=1$或$a=-2$，由$a\neq1$，故只有$a=-2$满足题意.

(6)由于二次型经过正交变换化为标准形后，标准形中平方项的系数就是$\boldsymbol{A}$的特征值，现在四元二次型的标准形是$y_1^2+3y_2^2+4y_3^2$，即为$y_1^2+3y_2^2+4y_3^2+0y_4^2$，故$\boldsymbol{A}$的特征值为1，3，4，0，最小特征值为0.

(7)设λ是$\boldsymbol{A}$的任一特征值，则有

$$\lambda^3+7\lambda^2+16\lambda+10=0，即(\lambda+1)(\lambda^2+6\lambda+10)=0.$$

由于实对称矩阵的特征值必为实数，故$\boldsymbol{A}$的特征值只能是-1，从而二次型$\boldsymbol{X}^{\mathrm{T}}\boldsymbol{A}\boldsymbol{X}$经正交变换化为标准形$-y_1^2-y_2^2-y_3^2$.

(8)由于合同矩阵有相同的正、负惯性指数，

$$|\lambda\boldsymbol{E}-\boldsymbol{B}|=\begin{vmatrix} \lambda-2 & 0 & 0 \\ 0 & \lambda & -1 \\ 0 & -1 & \lambda \end{vmatrix}=(\lambda-2)(\lambda^2-1)=0,$$

故矩阵$\boldsymbol{B}$的特征值符号为$+$，$+$，$-$，即$p=2$，$q=1$，从而规范形为$y_1^2+y_2^2-y_3^2$.

二、选择题

解　(1)由于$\boldsymbol{A}$为正定矩阵，故$\boldsymbol{A}$必为对称矩阵，则$a+b=2$，故可排除(A).

正定矩阵的必要条件是$a_{ii}>0$，故$c>0$，可排除(B).

由正定矩阵的充分必要条件是它的顺序主子式必全大于0，

$$|\boldsymbol{A}|=\begin{vmatrix} 1 & 2 & -1 \\ 2 & 5 & 0 \\ -1 & 0 & c \end{vmatrix}=\begin{vmatrix} 1 & 2 & -1 \\ 0 & 1 & 2 \\ 0 & 2 & c-1 \end{vmatrix}=c-5>0,$$

故 $c>5$，又可排除(C)．正确答案为(D)．

(2)(A)中负惯性指数全为 0，可推出 $f(x_1, x_2, \cdots, x_n)$为非负定二次型，排除(A)．

(C)中$|\boldsymbol{A}|>0$是 $f(x_1, x_2, \cdots, x_n)$为正定二次型的必要条件，但由$|\boldsymbol{A}|>0$不能推出 $f(x_1, x_2, \cdots, x_n)$为正定二次型，而必须是它的所有顺序主子式全大于 0，排除(C)．

(B)中的 n 阶矩阵 $\boldsymbol{T}$ 改为可逆矩阵 $\boldsymbol{T}$，则可推出 $f(x_1, x_2, \cdots, x_n)$为正定二次型，排除(B)，正确答案为(D)．

(3)$\boldsymbol{A}$ 为正定矩阵，可以推出 $a_{ii}>0$；但反之不成立，排除(A)．$\boldsymbol{A}$ 正定的充要条件是对任意的 n 维列向量 $\boldsymbol{\alpha}\neq\boldsymbol{0}$，都有 $\boldsymbol{\alpha}^{\mathrm{T}}\boldsymbol{A}\boldsymbol{\alpha}>0$，故排除(C)．(D)中的 n 阶实矩阵 $\boldsymbol{C}$ 应该指明为可逆矩阵，故(D)也排除．(B)为矩阵正定的充分必要条件，正确答案为(B)．

(4)$\boldsymbol{A}$ 正定的充要条件是 $\boldsymbol{A}$ 的顺序主子式全大于 0，即

$$|\boldsymbol{A}_1|=3-k>0，\text{即 } k<3,$$

$$|\boldsymbol{A}_2|=\begin{vmatrix} 3-k & 2 \\ 2 & 1 \end{vmatrix}=-1-k>0，\text{即 } k<-1,$$

$$|\boldsymbol{A}_3|=\begin{vmatrix} 3-k & 2 & 2 \\ 2 & 1 & 1 \\ 2 & 1 & k+1 \end{vmatrix}=(-1-k)k>0，\text{即} -1<k<0,$$

故不论 k 为何值，$\boldsymbol{A}$ 均不为正定矩阵，正确答案为(D)．

(5)$|\boldsymbol{A}|>0$ 是 $\boldsymbol{A}$ 正定的必要条件，不是充分条件，必须保证 $\boldsymbol{A}$ 的所有顺序主子式全大于 0，才能推出 $\boldsymbol{X}^{\mathrm{T}}\boldsymbol{A}\boldsymbol{X}$ 是正定的，排除(A)二次型 $\boldsymbol{X}^{\mathrm{T}}\boldsymbol{A}\boldsymbol{X}$ 正定的充分必要条件是对任意的 n 维非零向量 $\boldsymbol{X}$，均有 $\boldsymbol{X}^{\mathrm{T}}\boldsymbol{A}\boldsymbol{X}>0$，而并非仅仅是存在，排除(B)．在(D)中，$f$ 的负惯性指数等于 0，可保证 $\boldsymbol{X}^{\mathrm{T}}\boldsymbol{A}\boldsymbol{X}$ 为非负定，但不能确保是正定，排除(D)．故正确答案为(C)．

(6)由 $\boldsymbol{A}$ 与 $\boldsymbol{B}$ 相似，故存在可逆矩阵 $\boldsymbol{C}$，使得 $\boldsymbol{B}=\boldsymbol{C}^{-1}\boldsymbol{A}\boldsymbol{C}$. 再由 $\boldsymbol{A}$ 是正定矩阵，则 $\boldsymbol{A}$ 必为可逆矩阵，从而 $\boldsymbol{B}$ 必为可逆矩阵，故(C)为正确答案．下面说明其他选项不正确，取

$$\boldsymbol{A}=\begin{pmatrix} 2 & & \\ & 1 & \\ & & 3 \end{pmatrix}，\boldsymbol{B}=\begin{pmatrix} 1 & 2 & 3 \\ -1 & 4 & 2 \\ 0 & 0 & 1 \end{pmatrix}，$$

易知 $\boldsymbol{B}$ 与 $\boldsymbol{A}$ 相似，但 $\boldsymbol{B}$ 不是对称矩阵，也不是正交矩阵，故可排除(A)、(B)．又因为相似矩阵有相同的特征值，故 $\boldsymbol{B}$ 的特征值也全大于 0，从而 $\boldsymbol{B}$ 必为正定矩阵．正确答案为(C)．

(7)$r(\boldsymbol{A})=n$ 是 $\boldsymbol{A}$ 正定的必要条件，非充分条件，而必须保证正惯性指标为 n，排除(A). $\boldsymbol{A}$ 正定的充要条件是 $\boldsymbol{A}$ 的所有特征值均大于0，排除(B). 若 $\boldsymbol{A}$ 的特征值为 λ，则 $\boldsymbol{A}^*$ 的特征值为 $|\boldsymbol{A}|/\lambda$，反之，若已知 $\boldsymbol{A}^*$ 的特征值为 λ，则 $\boldsymbol{A}$ 的特征值为 $|\boldsymbol{A}|/\lambda$，即 $\boldsymbol{A}$ 为正定矩阵，则 $\lambda>0$，$|\boldsymbol{A}|>0$，故 $\boldsymbol{A}^*$ 的特征值全大于0. 反之，$\boldsymbol{A}^*$ 正定，$\boldsymbol{A}^*$ 的特征值大于0，但并不能保证 $|\boldsymbol{A}|>0$，从而不能保证 $\boldsymbol{A}$ 的特征值全大于0，从而由 $\boldsymbol{A}^*$ 正定不能推出 $\boldsymbol{A}$ 正定，排除(C). (D)中由于 $\boldsymbol{A}$ 与 $\boldsymbol{A}^{-1}$ 的特征值为倒数关系，从而它们同正或同负，因而由 $\boldsymbol{A}$ 正定，则特征值 $\lambda>0$，从而 $1/\lambda>0$，故 $\boldsymbol{A}^{-1}$ 正定；反之，也成立．故正确答案为(D).

(8)由于正定矩阵必为对称矩阵，故有 $a-1=b+3$，即 $a=b+4$.

又由正定矩阵的充要条件是所有顺序主子式全大于0，

$$|\boldsymbol{A}_1|=a>0;$$

$$|\boldsymbol{A}_2|=\begin{vmatrix} a & b+3 \\ a-1 & a \end{vmatrix}=a^2-(a-1)(b+3)$$
$$=a^2-(a-1)^2=2a-1,$$

则必有 $2a-1>0$，即 $a>1/2$；$|\boldsymbol{A}_3|=2|\boldsymbol{A}_2|=2(2a-1)>0$，即 $a>1/2$. 故当 $a>1/2$时，矩阵 $\boldsymbol{A}$ 为正定矩阵，选(C).

三、计算与证明题

(1)**解**　由于用正交变换化二次型 $\boldsymbol{X}^{\mathrm{T}}\boldsymbol{A}\boldsymbol{X}$ 为标准形，它的平方项的系数就是 $\boldsymbol{A}$ 的特征值，故由 $\boldsymbol{X}^{\mathrm{T}}\boldsymbol{A}\boldsymbol{X}=2y_1^2-y_2^2-y_3^2$，得 $\boldsymbol{A}$ 的特征值为 2，-1，-1，从而得 $|\boldsymbol{A}|=2\times(-1)\times(-1)=2$.

由 $\boldsymbol{A}^*=|\boldsymbol{A}|\boldsymbol{A}^{-1}$，故 $\boldsymbol{A}^*$ 的特征值为 $2/2$，$2/(-1)$，$2/(-1)$，即为 1，-2，-2. 由已知 $\boldsymbol{A}^*\boldsymbol{\alpha}=\boldsymbol{\alpha}$ 知，$\boldsymbol{\alpha}$ 是 $\boldsymbol{A}^*$ 属于 $\lambda=1$ 的特征向量，也就是 $\boldsymbol{A}$ 的属于 $\lambda=2$ 的特征向量．

设 $\boldsymbol{A}$ 属于 $\lambda=-1$ 的特征向量为 $\boldsymbol{X}=(x_1, x_2, x_3)^{\mathrm{T}}$，则由 $\boldsymbol{A}$ 是实对称矩阵，$\boldsymbol{\alpha}$ 与 $\boldsymbol{X}$ 正交，故有 $\boldsymbol{X}_1+\boldsymbol{X}_2-\boldsymbol{X}_3=\boldsymbol{0}$，解得 $\boldsymbol{X}_1=(1, -1, 0)^{\mathrm{T}}$，$\boldsymbol{X}_2=(1, 0, 1)^{\mathrm{T}}$. $\boldsymbol{X}_1$，$\boldsymbol{X}_2$ 是 $\boldsymbol{A}$ 属于 $\lambda=-1$ 的特征向量．

令 $\boldsymbol{P}=(\boldsymbol{\alpha}, \boldsymbol{X}_1, \boldsymbol{X}_2)=\begin{pmatrix} 1 & 1 & 1 \\ 1 & -1 & 0 \\ -1 & 0 & 1 \end{pmatrix}$，则 $\boldsymbol{P}^{-1}\boldsymbol{A}\boldsymbol{P}=\begin{pmatrix} 2 & 0 & 0 \\ 0 & -1 & 0 \\ 0 & 0 & -1 \end{pmatrix}$，从

而
$$\boldsymbol{A}=\boldsymbol{P}\begin{pmatrix} 2 & 0 & 0 \\ 0 & -1 & 0 \\ 0 & 0 & -1 \end{pmatrix}\boldsymbol{P}^{-1}=\begin{pmatrix} 0 & 1 & -1 \\ 1 & 0 & -1 \\ -1 & -1 & 0 \end{pmatrix},$$

故 $\boldsymbol{X}^{\mathrm{T}}\boldsymbol{AX}=2x_1x_2-2x_1x_3-2x_2x_3$.

(2)**解** 由 $\boldsymbol{B}=\begin{pmatrix}\boldsymbol{O} & \boldsymbol{A}\\ \boldsymbol{A} & \boldsymbol{O}\end{pmatrix}$，故 $\boldsymbol{B}$ 为实对称阵，则 $\boldsymbol{B}$ 的特征值就是二次型标准形的系数.

$$|\lambda\boldsymbol{E}-\boldsymbol{B}|=\begin{vmatrix}\lambda\boldsymbol{E} & -\boldsymbol{A}\\ -\boldsymbol{A} & \lambda\boldsymbol{E}\end{vmatrix}=\begin{vmatrix}\lambda\boldsymbol{E}-\boldsymbol{A} & \lambda\boldsymbol{E}-\boldsymbol{A}\\ -\boldsymbol{A} & \lambda\boldsymbol{E}\end{vmatrix}=\begin{vmatrix}\lambda\boldsymbol{E}-\boldsymbol{A} & \boldsymbol{O}\\ -\boldsymbol{A} & \lambda\boldsymbol{E}+\boldsymbol{A}\end{vmatrix}$$
$$=|\lambda\boldsymbol{E}-\boldsymbol{A}|\,|\lambda\boldsymbol{E}+\boldsymbol{A}|,$$

而又由 $\boldsymbol{A}$ 的特征值为 λ_1，λ_2，…，λ_n，故 $-\boldsymbol{A}$ 的特征值为 $-\lambda_1$，$-\lambda_2$，…，$-\lambda_n$，因而 $\boldsymbol{B}$ 的特征值为 $\pm\lambda_1$，$\pm\lambda_2$，…，$\pm\lambda_n$，故经正交变换，可得标准形

$$\boldsymbol{P}^{\mathrm{T}}\boldsymbol{BP}=\lambda_1y_1^2+\lambda_2y_2^2+\cdots+\lambda_ny_n^2-\lambda_1y_{n+1}^2-\cdots-\lambda_ny_{2n}^2.$$

由 $\boldsymbol{A}$ 为可逆矩阵，故 λ_1，λ_2，…，λ_n 全不为 0，因而 $\pm\lambda_1$，$\pm\lambda_2$，…，$\pm\lambda_n$ 中必有 n 个正数，n 个负数，故 $\boldsymbol{P}^{\mathrm{T}}\boldsymbol{BP}$ 的正惯性指数和负惯性指数相等，均为 n.

(3)**解** 由于 $\boldsymbol{A}$ 是 $m\times n$ 矩阵，故 $\boldsymbol{A}^{\mathrm{T}}\boldsymbol{A}$ 是 $n\times n$ 矩阵，且 $(\boldsymbol{A}^{\mathrm{T}}\boldsymbol{A})^{\mathrm{T}}=\boldsymbol{A}^{\mathrm{T}}(\boldsymbol{A}^{\mathrm{T}})^{\mathrm{T}}=\boldsymbol{A}^{\mathrm{T}}\boldsymbol{A}$，故 $\boldsymbol{A}^{\mathrm{T}}\boldsymbol{A}$ 是对称矩阵，因而是二次型 $\boldsymbol{X}^{\mathrm{T}}(\boldsymbol{A}^{\mathrm{T}}\boldsymbol{A})\boldsymbol{X}$ 的对应矩阵.

由 $\boldsymbol{AX}=\boldsymbol{b}$ 只有唯一解，得 $\boldsymbol{AX}=\boldsymbol{0}$ 只有零解，即对任何 $\boldsymbol{X}\neq\boldsymbol{0}$，必有 $\boldsymbol{AX}\neq\boldsymbol{0}$，于是由 $\boldsymbol{X}^{\mathrm{T}}(\boldsymbol{A}^{\mathrm{T}}\boldsymbol{A})\boldsymbol{X}=(\boldsymbol{AX})^{\mathrm{T}}(\boldsymbol{AX})>0$，该二次型正定，故正惯性指数为 n，负惯性指数为 0.

(4)**证** 由于 n 元二次型 $f=\boldsymbol{X}^{\mathrm{T}}\boldsymbol{AX}$ 一定存在正交变换 $\boldsymbol{X}=\boldsymbol{TY}$，使二次型 f 化为平方和，即 $f=\boldsymbol{X}^{\mathrm{T}}\boldsymbol{AX}=\boldsymbol{Y}^{\mathrm{T}}\boldsymbol{T}^{\mathrm{T}}\boldsymbol{ATY}=\lambda_1y_1^2+\lambda_2y_2^2+\cdots+\lambda_ny_n^2$，其中 λ_1，λ_2，…，λ_n是$\boldsymbol{A}$ 的特征值且 λ_i 均为实数．设它们的最大值为 λ_M，由 $\boldsymbol{X}^{\mathrm{T}}\boldsymbol{X}=x_1^2+x_2^2+\cdots+x_n^2=1$，有 $\boldsymbol{X}^{\mathrm{T}}\boldsymbol{X}=\boldsymbol{Y}^{\mathrm{T}}\boldsymbol{T}^{\mathrm{T}}\boldsymbol{TY}=\boldsymbol{Y}^{\mathrm{T}}\boldsymbol{T}^{-1}\boldsymbol{TY}=\boldsymbol{Y}^{\mathrm{T}}\boldsymbol{Y}=y_1^2+y_2^2+\cdots+y_n^2=1$，因而有 $f=\lambda_1y_1^2+\lambda_2y_2^2+\cdots+\lambda_ny_n^2\leqslant\lambda_M(y_1^2+y_2^2+\cdots+y_n^2)=\lambda_M$，故 f 在条件 $x_1^2+x_2^2+\cdots+x_n^2=1$ 下的最大值不大于矩阵 $\boldsymbol{A}$ 的最大特征值.

下面再证 λ_M是二次型 $f=\boldsymbol{X}^{\mathrm{T}}\boldsymbol{AX}$ 在 $\boldsymbol{X}^{\mathrm{T}}\boldsymbol{X}=1$ 上的最大值．由上面的证明知，当 $\boldsymbol{X}^{\mathrm{T}}\boldsymbol{X}=1$ 时，$f=\boldsymbol{X}^{\mathrm{T}}\boldsymbol{AX}\leqslant\lambda_M$. 为证 λ_M是 f 在 $\boldsymbol{X}^{\mathrm{T}}\boldsymbol{X}=1$ 上的最大值，只需证明在 $\boldsymbol{X}^{\mathrm{T}}\boldsymbol{X}=1$ 上存在点 $\boldsymbol{X}$，使得 $f=\boldsymbol{X}^{\mathrm{T}}\boldsymbol{AX}\leqslant\lambda_M$. 因此，在 $\boldsymbol{Y}^{\mathrm{T}}\boldsymbol{Y}=1$ 上取一点 y_0 且 $\boldsymbol{Y}_0^{\mathrm{T}}=(0,\ 0,\ \cdots,\ 1,\ 0,\ \cdots,\ 0)$，于是 $f=\lambda_1y_1^2+\cdots+\lambda_My_M^2+\cdots+\lambda_ny_n^2=\lambda_M$.

令 $\boldsymbol{X}_0=\boldsymbol{TY}_0$，则有 $\boldsymbol{X}_0^{\mathrm{T}}\boldsymbol{X}_0=\boldsymbol{Y}_0^{\mathrm{T}}\boldsymbol{Y}_0=1$，并且 $f_0=\boldsymbol{X}_0^{\mathrm{T}}\boldsymbol{AX}_0=\lambda_M$，故 λ_M是二次型$f=\boldsymbol{X}^{\mathrm{T}}\boldsymbol{AX}$在 $\boldsymbol{X}^{\mathrm{T}}\boldsymbol{X}=1$ 上的最大值.

因而 n 元实二次型 $f=\boldsymbol{X}^{\mathrm{T}}\boldsymbol{AX}$ 在条件 $x_1^2+x_2^2+\cdots+x_n^2=1$ 下的最大值恰为矩阵 $\boldsymbol{A}$ 的最大特征值.

(5)**证** 任取 n 维非零向量 $\boldsymbol{X}$，只需证明 $\boldsymbol{X}^{\mathrm{T}}(\boldsymbol{A}^{\mathrm{T}}\boldsymbol{A}+\boldsymbol{B}^{\mathrm{T}}\boldsymbol{B})\boldsymbol{X}>0$ 即可.

$$\boldsymbol{X}^{\mathrm{T}}(\boldsymbol{A}^{\mathrm{T}}\boldsymbol{A}+\boldsymbol{B}^{\mathrm{T}}\boldsymbol{B})\boldsymbol{X}=\boldsymbol{X}^{\mathrm{T}}\boldsymbol{A}^{\mathrm{T}}\boldsymbol{A}\boldsymbol{X}+\boldsymbol{X}^{\mathrm{T}}\boldsymbol{B}^{\mathrm{T}}\boldsymbol{B}\boldsymbol{X}=(\boldsymbol{A}\boldsymbol{X})^{\mathrm{T}}\boldsymbol{A}\boldsymbol{X}+(\boldsymbol{B}\boldsymbol{X})^{\mathrm{T}}\boldsymbol{B}\boldsymbol{X}.$$

若 $\boldsymbol{AX}$，$\boldsymbol{BX}$ 不全为 0，则有 $\boldsymbol{X}^{\mathrm{T}}(\boldsymbol{A}^{\mathrm{T}}\boldsymbol{A}+\boldsymbol{B}^{\mathrm{T}}\boldsymbol{B})\boldsymbol{X}>0$，下面只需证 $\boldsymbol{AX}$，$\boldsymbol{BX}$ 不全为 0.

由 $r(\boldsymbol{A}+\boldsymbol{B})=n$，显然有$(\boldsymbol{A}+\boldsymbol{B})\boldsymbol{X}\neq\boldsymbol{0}$. 若$(\boldsymbol{A}+\boldsymbol{B})\boldsymbol{X}=\boldsymbol{0}$，则说明$(\boldsymbol{A}+\boldsymbol{B})\boldsymbol{X}=\boldsymbol{0}$有非零解，从而 $r(\boldsymbol{A}+\boldsymbol{B})<n$，与题设矛盾，因此$(\boldsymbol{A}+\boldsymbol{B})\boldsymbol{X}\neq\boldsymbol{0}$，则 $\boldsymbol{AX}$，$\boldsymbol{BX}$ 不全为 0，从而对任意非零向量 $\boldsymbol{X}$，均有 $\boldsymbol{X}^{\mathrm{T}}(\boldsymbol{A}^{\mathrm{T}}\boldsymbol{A}+\boldsymbol{B}^{\mathrm{T}}\boldsymbol{B})\boldsymbol{X}>0$，故 $\boldsymbol{A}^{\mathrm{T}}\boldsymbol{A}+\boldsymbol{B}^{\mathrm{T}}\boldsymbol{B}$ 是正定矩阵.

(6)**证**　由于 $\boldsymbol{B}^{\mathrm{T}}=(\lambda\boldsymbol{E}+\boldsymbol{A}^{\mathrm{T}}\boldsymbol{A})^{\mathrm{T}}=(\lambda\boldsymbol{E})^{\mathrm{T}}+(\boldsymbol{A}^{\mathrm{T}}\boldsymbol{A})^{\mathrm{T}}=\lambda\boldsymbol{E}+\boldsymbol{A}^{\mathrm{T}}\boldsymbol{A}=\boldsymbol{B}$，故 $\boldsymbol{B}$ 为实对称矩阵. 当 $\boldsymbol{\alpha}\neq\boldsymbol{0}$ 时，有 $\boldsymbol{\alpha}^{\mathrm{T}}\boldsymbol{\alpha}>0$，$(\boldsymbol{A\alpha})^{\mathrm{T}}(\boldsymbol{A\alpha})\geqslant0$，故当 $\lambda>0$ 时，则对任意的 $\boldsymbol{\alpha}\neq\boldsymbol{0}$，有 $\boldsymbol{\alpha}^{\mathrm{T}}\boldsymbol{B\alpha}=\lambda\boldsymbol{\alpha}^{\mathrm{T}}\boldsymbol{\alpha}+(\boldsymbol{A\alpha})^{\mathrm{T}}(\boldsymbol{A\alpha})>0$，即 $\boldsymbol{B}$ 为正定矩阵.

考研题解析

1.(2004 年 4)设 $\boldsymbol{A}=(a_{ij})_{3\times3}$ 是实正交矩阵，且 $a_{11}=1$，$\boldsymbol{b}=(1,0,0)^{\mathrm{T}}$，则$\boldsymbol{AX}=\boldsymbol{b}$ 的解是________.

解　根据正交矩阵的几何意义，其列(行)向量坐标的平方和必为 1，现 $a_{11}=1$，故必有 $a_{12}=a_{13}=0$，$a_{21}=a_{31}=0$，即

$$\boldsymbol{A}=\begin{pmatrix}1&0&0\\0&a_{22}&a_{23}\\0&a_{32}&a_{33}\end{pmatrix}.$$

又由正交矩阵$|\boldsymbol{A}|=1$ 或-1，知 $\begin{vmatrix}a_{22}&a_{23}\\a_{32}&a_{33}\end{vmatrix}\neq0$，所以方程组

$$\begin{pmatrix}1&0&0\\0&a_{22}&a_{23}\\0&a_{32}&a_{33}\end{pmatrix}\begin{pmatrix}x_1\\x_2\\x_3\end{pmatrix}=\begin{pmatrix}1\\0\\0\end{pmatrix}$$

有唯一解$(1,0,0)^{\mathrm{T}}$.

2.(2011 年 1)若二次曲面的方程 $x^2+3y^2+z^2+2axy+2xz+2yz=4$ 经正交变换化为 $y_1^2+4z_1^2=4$，则 $a=$________.

解　由题意知二次型的矩阵 $\boldsymbol{A}=\begin{pmatrix}1&a&1\\a&3&1\\1&1&1\end{pmatrix}$的秩为 2，所以$|\boldsymbol{A}|=-(a-1)^2=0$，故可得 $a=1$.

3.(2011 年 3)设二次型 $f(x_1,x_2,x_3)=\boldsymbol{X}^{\mathrm{T}}\boldsymbol{AX}$ 的秩为 1，$\boldsymbol{A}$ 的各行元素之和为 3，则 f 在正交变换 $\boldsymbol{X}=\boldsymbol{QY}$ 下的标准形为________.

解 由题意 $r(\boldsymbol{A})=1$，因此 $\boldsymbol{A}$ 至少有两个特征值是 0，因为 $\boldsymbol{A}$ 的各行元素之和为 3，即

$$\boldsymbol{A}\begin{pmatrix}1\\1\\1\end{pmatrix}=\begin{pmatrix}3\\3\\3\end{pmatrix}=3\begin{pmatrix}1\\1\\1\end{pmatrix},$$

因此 3 也是 $\boldsymbol{A}$ 的一个特征值，故二次型的标准形为 $3y_1^2$.

4.(2015 年 1，2，3)设二次型 $f(x_1, x_2, x_3)$在正交变换 $\boldsymbol{X}=\boldsymbol{PY}$ 下的标准形为 $2y_1^2+y_2^2-y_3^2$，其中 $\boldsymbol{P}=(\boldsymbol{e}_1, \boldsymbol{e}_2, \boldsymbol{e}_3)$. 若$\boldsymbol{Q}=(\boldsymbol{e}_1, -\boldsymbol{e}_3, \boldsymbol{e}_2)$，则 $f(x_1, x_2, x_3)$在正交变换 $\boldsymbol{X}=\boldsymbol{QY}$ 下的标准形为(　　).

(A)$2y_1^2-y_2^2+y_3^2$；　　(B)$2y_1^2+y_2^2-y_3^2$；

(C)$2y_1^2-y_2^2-y_3^2$；　　(D)$2y_1^2+y_2^2+y_3^2$.

解 设二次型 $f(x_1, x_2, x_3)$的矩阵为 $\boldsymbol{A}$，由题意知

$$\boldsymbol{P}^{\mathrm{T}}\boldsymbol{AP}=\begin{pmatrix}2&0&0\\0&1&0\\0&0&-1\end{pmatrix},$$

由初等变换与初等矩阵的关系知

$$\boldsymbol{Q}=\boldsymbol{P}\begin{pmatrix}1&0&0\\0&0&1\\0&-1&0\end{pmatrix}=\boldsymbol{PC},$$

于是 $$\boldsymbol{Q}^{\mathrm{T}}\boldsymbol{AQ}=\boldsymbol{C}^{\mathrm{T}}(\boldsymbol{P}^{\mathrm{T}}\boldsymbol{AP})\boldsymbol{C}=\begin{pmatrix}1&0&0\\0&0&-1\\0&1&0\end{pmatrix}\begin{pmatrix}2&0&0\\0&1&0\\0&0&-1\end{pmatrix}\begin{pmatrix}1&0&0\\0&0&1\\0&-1&0\end{pmatrix}$$

$$=\begin{pmatrix}2&0&0\\0&-1&0\\0&0&1\end{pmatrix},$$

因此 $f(x_1, x_2, x_3)$在正交变换 $\boldsymbol{X}=\boldsymbol{QY}$ 下的标准形为 $2y_1^2-y_2^2+y_3^2$，故选(A).

5.(2019 年 1，2，3)设 $\boldsymbol{A}$ 是三阶实对称矩阵，$\boldsymbol{E}$ 是三阶单位矩阵，若 $\boldsymbol{A}^2+\boldsymbol{A}=2\boldsymbol{E}$，且$|\boldsymbol{A}|=4$，则二次型 $\boldsymbol{X}^{\mathrm{T}}\boldsymbol{AX}$ 的规范形为(　　).

(A)$y_1^2+y_2^2+y_3^2$；　　(B)$y_1^2+y_2^2-y_3^2$；

(C)$y_1^2-y_2^2-y_3^2$；　　(D)$-y_1^2-y_2^2-y_3^2$.

解 由 $\boldsymbol{A}^2+\boldsymbol{A}=2\boldsymbol{E}$ 可知，矩阵 $\boldsymbol{A}$ 的特征值λ 满足$\lambda^2+\lambda=2$，因此$\lambda=1$ 或$\lambda=-2$，由$|\boldsymbol{A}|=4$ 可得，$\boldsymbol{A}$ 的特征值为-2，-2，1，因此二次型 $\boldsymbol{X}^{\mathrm{T}}\boldsymbol{AX}$ 的正惯性指数为 1，负惯性指数为 2，故选(C).

6.(2016 年 2，3)设二次型 $f(x_1, x_2, x_3)=a(x_1^2+x_2^2+x_3^2)+2x_1x_2+2x_2x_3+2x_1x_3$ 的正、负惯性指数分别为 1，2，则(　　).

(A)$a>1$；　(B)$a<-2$；　(C)$-2<a<1$；(D)$a=1$ 或 $a=-2$.

解法一　二次型 $f(x_1, x_2, x_3)$的矩阵为

$$\boldsymbol{A}=\begin{pmatrix} a & 1 & 1 \\ 1 & a & 1 \\ 1 & 1 & a \end{pmatrix},$$

由

$$|\lambda \boldsymbol{E}-\boldsymbol{A}|=\begin{vmatrix} \lambda-a & -1 & -1 \\ -1 & \lambda-a & -1 \\ -1 & -1 & \lambda-a \end{vmatrix}=(\lambda-a-2)(\lambda-a+1)^2,$$

可见 $\boldsymbol{A}$ 的特征值为 $\lambda_1=a+2$，$\lambda_2=\lambda_3=a-1$.

因为二次型 $f(x_1, x_2, x_3)$的正、负惯性指数分别为 1，2，即正负特征值个数分别为 1，2，因此$\begin{cases} a+2>0, \\ a-1<0, \end{cases}$即$-2<a<1$，故选(C).

解法二　特殊值法，当 $a=0$ 时，二次型 $f(x_1, x_2, x_3)$的矩阵为 $\boldsymbol{A}=\begin{pmatrix} 0 & 1 & 1 \\ 1 & 0 & 1 \\ 1 & 1 & 0 \end{pmatrix}$，特征值为 2，$-1$，$-1$，满足题目已知条件，故 $a=0$ 成立，所以(C)正确.

7.(2017 年 1，2，3)设实二次型 $f(x_1, x_2, x_3)=2x_1^2-x_2^2+ax_3^2+2x_1x_2-8x_1x_3+2x_2x_3$ 在正交变换 $\boldsymbol{X}=\boldsymbol{QY}$ 下的标准形为 $\lambda_1y_1^2+\lambda_2y_2^2$，求 a 的值及一个正交矩阵$\boldsymbol{Q}$.

解　首先二次型的矩阵为

$$\boldsymbol{A}=\begin{pmatrix} 2 & 1 & -4 \\ 1 & -1 & 1 \\ -4 & 1 & a \end{pmatrix},$$

由于二次型在正交变换下的标准形为 $\lambda_1y_1^2+\lambda_2y_2^2$，故 $\boldsymbol{A}$ 一定有零特征值，所以 $|\boldsymbol{A}|=0$，可解得 $a=2$.

由

$$|\lambda \boldsymbol{E}-\boldsymbol{A}|=\begin{vmatrix} \lambda-2 & -1 & 4 \\ -1 & \lambda+1 & -1 \\ 4 & -1 & \lambda-2 \end{vmatrix}=\lambda(\lambda+3)(\lambda-6)=0,$$

得 $\boldsymbol{A}$ 的特征值为 $\lambda_1=-3$，$\lambda_2=6$，$\lambda_3=0$.

对 $\lambda_1=-3$，解方程组$(-3\boldsymbol{E}-\boldsymbol{A})\boldsymbol{X}=\boldsymbol{0}$，得一个单位特征向量 $\boldsymbol{\alpha}_1=\frac{1}{\sqrt{3}}(1,$

$-1, 1)^T$；

对 $\lambda_2=6$，解方程组 $(6\boldsymbol{E}-\boldsymbol{A})\boldsymbol{X}=\boldsymbol{0}$，得一个单位特征向量 $\boldsymbol{\alpha}_2=\frac{1}{\sqrt{2}}(-1, 0, 1)^T$；

对 $\lambda_3=0$，解方程组 $(0\boldsymbol{E}-\boldsymbol{A})\boldsymbol{X}=\boldsymbol{0}$，得一个单位特征向量 $\boldsymbol{\alpha}_3=\frac{1}{\sqrt{6}}(1, 2, 1)^T$.

实对称矩阵的不同特征值的特征向量是正交的，故

$$\boldsymbol{Q}=(\boldsymbol{\alpha}_1, \boldsymbol{\alpha}_2, \boldsymbol{\alpha}_3)=\begin{pmatrix} 1/\sqrt{3} & -1/\sqrt{2} & 1/\sqrt{6} \\ -1/\sqrt{3} & 0 & 2/\sqrt{6} \\ 1/\sqrt{3} & 1/\sqrt{2} & 1/\sqrt{6} \end{pmatrix}$$

即为所求的正交矩阵．

8.(2009 年 1，2，3)设二次型 $f(x_1, x_2, x_3)=ax_1^2+ax_2^2+(a-1)x_3^2+2x_1x_3-2x_2x_3$，

(1)求二次型 f 的矩阵的所有特征值；

(2)若二次型 f 的规范形为 $y_1^2+y_2^2$，求 a 的值．

解 (1)二次型 f 的矩阵为

$$\boldsymbol{A}=\begin{pmatrix} a & 0 & 1 \\ 0 & a & -1 \\ 1 & -1 & a-1 \end{pmatrix},$$

由
$$|\lambda\boldsymbol{E}-\boldsymbol{A}|=\begin{vmatrix} \lambda-a & 0 & -1 \\ 0 & \lambda-a & 1 \\ -1 & 1 & \lambda-a+1 \end{vmatrix}$$
$$=(\lambda-a)(\lambda-(a+1))(\lambda-(a-2))=0,$$

得 $\boldsymbol{A}$ 的特征值为 $\lambda_1=a$，$\lambda_2=a+1$，$\lambda_3=a-2$.

(2)因为二次型 f 的规范形为 $y_1^2+y_2^2$，说明正惯性指数 $p=2$，负惯性指数 $q=0$，因此矩阵 $\boldsymbol{A}$ 的特征值为两正一零，显然 $a-2<a<a+1$，因此可得 $a=2$.

9.(2001 年 3，4)设矩阵 $\boldsymbol{A}=\begin{pmatrix} 1 & 1 & a \\ 1 & a & 1 \\ a & 1 & 1 \end{pmatrix}$，$\boldsymbol{\beta}=\begin{pmatrix} 1 \\ 1 \\ -2 \end{pmatrix}$，已知线性方程组 $\boldsymbol{A}\boldsymbol{X}=\boldsymbol{\beta}$ 有解但不唯一，试求：(1)a 的值；(2)正交矩阵 $\boldsymbol{Q}$，使 $\boldsymbol{Q}^T\boldsymbol{A}\boldsymbol{Q}$ 为对角矩阵．

分析 方程组有解且不唯一，即方程组有无穷多解，故可由 $r(\boldsymbol{A})=$

$r(\widetilde{A})<3$ 来求 a 的值．而$Q^{\mathrm{T}}AQ=\Lambda$，即$Q^{-1}AQ=\Lambda$. 为此应当求出 A 的特征值与特征向量，再构造正交矩阵Q.

解　对方程组 $AX=\beta$ 的增广矩阵作初等行变换，有

$$\widetilde{A}=\left(\begin{array}{ccc:c}1&1&a&1\\1&a&1&1\\a&1&1&-2\end{array}\right)\longrightarrow\left(\begin{array}{ccc:c}1&1&a&1\\0&a-1&1-a&0\\0&1-a&1-a^2&-a-2\end{array}\right)$$

$$\longrightarrow\left(\begin{array}{ccc:c}1&1&a&1\\0&a-1&1-a&0\\0&0&(a-1)(a+2)&a+2\end{array}\right).$$

因为方程组有无穷多解，所以 $r(A)=r(\widetilde{A})<3$，故 $a=-2$.

$$|\lambda E-A|=\begin{vmatrix}\lambda-1&-1&2\\-1&\lambda+2&-1\\2&-1&\lambda-1\end{vmatrix}=\lambda(\lambda+3)(\lambda-3),$$

故矩阵 A 的特征值为$\lambda_1=3$，$\lambda_2=0$，$\lambda_3=-3$.

当$\lambda_1=3$ 时，由$(3E-A)X=0$，得属于特征值 $\lambda=3$ 的特征向量 $\alpha_1=(1,\ 0,\ -1)^{\mathrm{T}}$；

当$\lambda_2=0$ 时，由$(0E-A)X=0$，得属于特征值 $\lambda=0$ 的特征向量 $\alpha_2=(1,\ 1,\ 1)^{\mathrm{T}}$；

当$\lambda_3=-3$ 时，由$(-3E-A)X=0$，得属于特征值 $\lambda=-3$ 的特征向量 $\alpha_3=(1,\ -2,\ 1)^{\mathrm{T}}$.

实对称矩阵的特征值不同时，其对应的特征向量已经正交，故只需单位化：

$$\beta_1=\frac{1}{\sqrt{2}}\begin{pmatrix}1\\0\\-1\end{pmatrix},\ \beta_2=\frac{1}{\sqrt{3}}\begin{pmatrix}1\\1\\1\end{pmatrix},\ \beta_3=\frac{1}{\sqrt{6}}\begin{pmatrix}1\\-2\\1\end{pmatrix}.$$

令
$$Q=(\beta_1,\ \beta_2,\ \beta_3)=\begin{pmatrix}1/\sqrt{2}&1/\sqrt{3}&1/\sqrt{6}\\0&1/\sqrt{3}&-2/\sqrt{6}\\-1/\sqrt{2}&1/\sqrt{3}&1/\sqrt{6}\end{pmatrix},$$

得
$$Q^{\mathrm{T}}AQ=Q^{-1}AQ=\Lambda=\begin{pmatrix}3&&\\&0&\\&&-3\end{pmatrix}.$$

10.(2011 年 2)若二次型 $f(x_1,\ x_2,\ x_3)=x_1^2+3x_2^2+x_3^2+2x_1x_2+2x_2x_3+2x_1x_3$，则 f 的正惯性指数为________.

解 利用配方法 $f(x_1, x_2, x_3)=(x_1+x_2+x_3)^2+2x_2^2$，则 f 的正惯性指数为 2.

11.(2014 年 1，2，3)设二次型 $f(x_1, x_2, x_3)=x_1^2-x_2^2+2ax_1x_3+4x_2x_3$ 的负惯性指数为 1，则 a 的取值范围是________.

解
$$\begin{aligned}f(x_1, x_2, x_3)&=x_1^2-x_2^2+2ax_1x_3+4x_2x_3\\&=x_1^2+2ax_1x_3+a^2x_3^2-x_2^2+4x_2x_3-a^2x_3^2\\&=(x_1+ax_3)^2-(x_2-2x_3)^2+(4-a^2)x_3^2,\end{aligned}$$
若负惯性指数为 1，则 $4-a^2\geqslant 0$，故 $a\in[-2, 2]$.

12.(2016 年 1)设二次型 $f(x_1, x_2, x_3)=x_1^2+x_2^2+x_3^2+4x_1x_2+4x_2x_3+4x_1x_3$，则 $f(x_1, x_2, x_3)=2$ 在空间直角坐标系下表示的二次曲面为(　　).

(A)单叶双曲面；(B)双叶双曲面；(C)椭球面；　(D)柱面.

解 配方可得
$$\begin{aligned}f(x_1, x_2, x_3)&=(x_1+2x_2+2x_3)^2-3x_2^2-3x_3^2-4x_2x_3\\&=(x_1+2x_2+2x_3)^2-3\left(x_2+\frac{2}{3}x_3\right)^2-\frac{5}{3}x_3^2,\end{aligned}$$
因此 $f(x_1, x_2, x_3)$的正、负惯性指数分别为 1，2，方程 $f(x_1, x_2, x_3)=2$ 表示的二次曲面为双叶双曲面，故选(B).

13.(2021 年 3)二次型 $f(x_1, x_2, x_3)=(x_1+x_2)^2+(x_2+x_3)^2-(x_3-x_1)^2$的正惯性指数与负惯性指数依次为(　　).

(A)2，0；　(B)1，1；　(C)2，1；　(D)1，2.

解法一 首先令 $y_1=x_1+x_2$，$y_2=x_2+x_3$，$y_3=x_3$，则
$$f(x_1, x_2, x_3)=y_1^2+y_2^2-(y_2-y_1)^2=2y_1y_2.$$
再令 $y_1=z_1+z_2$，$y_2=z_1-z_2$，$y_3=z_3$，则
$$2y_1y_2=2(z_1+z_2)(z_1-z_2)=2z_1^2-2z_2^2,$$
故选(B).

解法二 二次型展开配方可得
$$\begin{aligned}f(x_1, x_2, x_3)&=2x_2^2+2x_1x_2+2x_2x_3+2x_1x_3\\&=2\left(\frac{1}{2}x_1+x_2+\frac{1}{2}x_3\right)^2-\frac{1}{2}x_1^2-\frac{1}{2}x_3^2+x_1x_3\\&=2\left(\frac{1}{2}x_1+x_2+\frac{1}{2}x_3\right)^2-\frac{1}{2}(x_1-x_3)^2,\end{aligned}$$
令 $y_1=\frac{1}{2}x_1+x_2+\frac{1}{2}x_3$，$y_2=x_1-x_3$，$y_3=x_3$，则

$f \xlongequal{Y=CX} 2y_1^2-\frac{1}{2}y_2^2$，其中 $C=\begin{pmatrix} \frac{1}{2} & 1 & \frac{1}{2} \\ 1 & 0 & -1 \\ 0 & 0 & 1 \end{pmatrix}$ 为可逆矩阵，故选(B).

14.(2018 年 1，2，3)设实二次型 $f(x_1, x_2, x_3)=(x_1-x_2+x_3)^2+(x_2+x_3)^2+(x_1+ax_3)^2$，其中 a 是参数．

(1)求 $f(x_1, x_2, x_3)=0$ 的解；

(2)求 $f(x_1, x_2, x_3)$的规范形．

解　(1)由 $f(x_1, x_2, x_3)=0$ 可得方程组

$$\begin{cases} x_1-x_2+x_3=0, \\ x_2+x_3=0, \\ x_1+ax_3=0, \end{cases}$$

对其系数矩阵进行初等行变换得

$$\begin{pmatrix} 1 & -1 & 1 \\ 0 & 1 & 1 \\ 1 & 0 & a \end{pmatrix} \longrightarrow \begin{pmatrix} 1 & -1 & 1 \\ 0 & 1 & 1 \\ 0 & 0 & a-2 \end{pmatrix}$$

若 $a=2$，则方程组的通解为$(x_1, x_2, x_3)^{\mathrm{T}}=c(-2, -1, 1)^{\mathrm{T}}$，其中 c 为任意常数；

若 $a\neq 2$，则方程组只有零解$(x_1, x_2, x_3)^{\mathrm{T}}=(0, 0, 0)^{\mathrm{T}}$.

(2)当 $a=2$ 时，配方可得

$$\begin{aligned} f(x_1, x_2, x_3) &= (x_1-x_2+x_3)^2+(x_2+x_3)^2+(x_1+2x_3)^2 \\ &= 2x_1^2+2x_2^2+6x_3^2-2x_1x_2+6x_1x_3 \\ &= 2\left(x_1-\frac{1}{2}x_2+\frac{3}{2}x_3\right)^2+\frac{3}{2}(x_2+x_3)^2, \end{aligned}$$

此时二次型的规范形为 $f(x_1, x_2, x_3)=y_1^2+y_2^2$.

当 $a\neq 2$ 时，令 $\begin{pmatrix} y_1 \\ y_2 \\ y_3 \end{pmatrix}=\begin{pmatrix} 1 & -1 & 1 \\ 0 & 1 & 1 \\ 1 & 0 & a \end{pmatrix}\begin{pmatrix} x_1 \\ x_2 \\ x_3 \end{pmatrix}=\boldsymbol{QX}$，其中$\boldsymbol{Q}$ 为可逆矩阵，此时二次型的规范形为 $f(x_1, x_2, x_3)=y_1^2+y_2^2+y_3^2$.

15.(1997 年 3)设 $\boldsymbol{A}$，$\boldsymbol{B}$ 为同阶可逆矩阵，则(　　).

(A)$\boldsymbol{AB}=\boldsymbol{BA}$；

(B)存在可逆矩阵 $\boldsymbol{P}$，使 $\boldsymbol{P}^{-1}\boldsymbol{AP}=\boldsymbol{B}$；

(C)存在可逆矩阵 $\boldsymbol{C}$，使 $\boldsymbol{C}^{\mathrm{T}}\boldsymbol{AC}=\boldsymbol{B}$；

(D)存在可逆矩阵 $\boldsymbol{P}$ 和$\boldsymbol{Q}$，使 $\boldsymbol{PAQ}=\boldsymbol{B}$.

解 矩阵乘法没有交换律，故(A)不正确.

两个可逆矩阵不一定相似，因为特征值可以不一样，故(B)不正确.

两个可逆矩阵所对应的二次型的正、负惯性指数可以不同，因而不一定合同. 例如，$\boldsymbol{A}=\begin{pmatrix}1&0\\0&2\end{pmatrix}$与$\boldsymbol{B}=\begin{pmatrix}-1&0\\0&3\end{pmatrix}$既不相似也不合同.

$\boldsymbol{A}$与$\boldsymbol{B}$等价，即$\boldsymbol{A}$经初等变换可得到$\boldsymbol{B}$，即有初等矩阵$\boldsymbol{P}_1$，$\boldsymbol{P}_2$，…，$\boldsymbol{P}_s$，$\boldsymbol{Q}_1$，$\boldsymbol{Q}_2$，…，$\boldsymbol{Q}_t$，使$\boldsymbol{P}_s\cdots\boldsymbol{P}_2\boldsymbol{P}_1\boldsymbol{A}\boldsymbol{Q}_1\boldsymbol{Q}_2\cdots\boldsymbol{Q}_t=\boldsymbol{B}$，亦即有可逆矩阵$\boldsymbol{P}$和$\boldsymbol{Q}$，使$\boldsymbol{PAQ}=\boldsymbol{B}$.

另一方面，$\boldsymbol{A}$与$\boldsymbol{B}$等价$\Leftrightarrow r(\boldsymbol{A})=r(\boldsymbol{B})$，从而知(D)正确，故应选(D).

16.(2001年1)设$\boldsymbol{A}=\begin{pmatrix}1&1&1&1\\1&1&1&1\\1&1&1&1\\1&1&1&1\end{pmatrix}$，$\boldsymbol{B}=\begin{pmatrix}4&0&0&0\\0&0&0&0\\0&0&0&0\\0&0&0&0\end{pmatrix}$，则$\boldsymbol{A}$与$\boldsymbol{B}$(　　).

(A)合同，且相似；　　(B)合同，但不相似；

(C)不合同，但相似；　　(D)既不合同，也不相似.

解 由$|\lambda\boldsymbol{E}-\boldsymbol{A}|=\lambda^4-4\lambda^3=0$知，矩阵的$\boldsymbol{A}$的特征值是4，0，0，0. 又因$\boldsymbol{A}$是实对称矩阵，$\boldsymbol{A}$必能相似对角化，所以$\boldsymbol{A}$与对角矩阵$\boldsymbol{B}$相似.

作为实对称矩阵，当$\boldsymbol{A}\sim\boldsymbol{B}$时，知$\boldsymbol{A}$与$\boldsymbol{B}$有相同的特征值，从而二次型$\boldsymbol{X}^{\mathrm{T}}\boldsymbol{AX}$与$\boldsymbol{X}^{\mathrm{T}}\boldsymbol{BX}$有相同的正负惯性指数，因此$\boldsymbol{A}$与$\boldsymbol{B}$合同，所以应当选(A).

注意：实对称矩阵合同时，它们不一定相似，但相似时一定合同. 例如，

$$\boldsymbol{A}=\begin{pmatrix}1&0\\0&2\end{pmatrix},\ \boldsymbol{B}=\begin{pmatrix}1&0\\0&3\end{pmatrix},$$

它们的特征值不同，故$\boldsymbol{A}$与$\boldsymbol{B}$不相似，但它们的正惯性指数均为2，负惯性指数均为0，所以$\boldsymbol{A}$与$\boldsymbol{B}$合同.

17.(2007年1，2，3)设矩阵$\boldsymbol{A}=\begin{pmatrix}2&-1&-1\\-1&2&-1\\-1&-1&2\end{pmatrix}$，$\boldsymbol{B}=\begin{pmatrix}1&0&0\\0&1&0\\0&0&0\end{pmatrix}$，则$\boldsymbol{A}$与$\boldsymbol{B}$(　　).

(A)合同，且相似；　　(B)合同，但不相似；

(C)不合同，但相似；　　(D)既不合同，也不相似.

解 由$|\lambda\boldsymbol{E}-\boldsymbol{A}|=0$可得，$\boldsymbol{A}$的特征值为0，3，3，而$\boldsymbol{B}$的特征值为1，1，0，从而$\boldsymbol{A}$与$\boldsymbol{B}$合同，但不相似，故选(B).

18.(2008 年 2，3)设矩阵 $\boldsymbol{A}=\begin{pmatrix}1 & 2\\ 2 & 1\end{pmatrix}$，则在实数域上与 $\boldsymbol{A}$ 合同的矩阵为(　　).

(A) $\begin{pmatrix}-2 & 1\\ 1 & -2\end{pmatrix}$；　　(B) $\begin{pmatrix}2 & -1\\ -1 & 2\end{pmatrix}$；

(C) $\begin{pmatrix}2 & 1\\ 1 & 2\end{pmatrix}$；　　(D) $\begin{pmatrix}1 & -2\\ -2 & 1\end{pmatrix}$.

解　由 $|\lambda\boldsymbol{E}-\boldsymbol{A}|=\begin{vmatrix}\lambda-1 & -2\\ -2 & \lambda-1\end{vmatrix}=(\lambda+1)(\lambda-3)=0$，知特征值一正一负.

又 $|\lambda\boldsymbol{E}-\boldsymbol{D}|=\begin{vmatrix}\lambda-1 & 2\\ 2 & \lambda-1\end{vmatrix}=(\lambda+1)(\lambda-3)=0$，正负特征值个数相同，故选(D).

19.(2020 年 1，3)设二次型 $f(x_1,x_2)=x_1^2-4x_1x_2+4x_2^2$ 经可逆线性变换 $\begin{pmatrix}x_1\\ x_2\end{pmatrix}=\boldsymbol{Q}\begin{pmatrix}y_1\\ y_2\end{pmatrix}$ 化为 $g(y_1,y_2)=ay_1^2+by_2^2+4y_1y_2$，其中 $a\geqslant b$，

(1)求 a，b 的值；(2)求正交矩阵 $\boldsymbol{Q}$.

解　(1)记二次型 $f(x_1,x_2)$，$g(y_1,y_2)$的矩阵分别为

$$\boldsymbol{A}=\begin{pmatrix}1 & -2\\ -2 & 4\end{pmatrix},\ \boldsymbol{B}=\begin{pmatrix}a & 2\\ 2 & b\end{pmatrix},$$

则存在正交矩阵 $\boldsymbol{Q}$，使得 $\boldsymbol{Q}^{\mathrm{T}}\boldsymbol{A}\boldsymbol{Q}=\boldsymbol{B}$.

由于 $\boldsymbol{A}$，$\boldsymbol{B}$ 相似，所以

$$\begin{cases}\operatorname{tr}(\boldsymbol{A})=\operatorname{tr}(\boldsymbol{B}),\\ |\boldsymbol{A}|=|\boldsymbol{B}|\end{cases}\Rightarrow\begin{cases}1+4=a+b,\\ 0=ab-4,\end{cases}\quad a\geqslant b\Rightarrow\begin{cases}a=4,\\ b=1.\end{cases}$$

(2)易知 $\boldsymbol{A}$，$\boldsymbol{B}$ 的特征值均为 $\lambda_1=0$，$\lambda_2=5$.

对 $\lambda_1=0$，解方程组 $(0\boldsymbol{E}-\boldsymbol{A})\boldsymbol{X}=\boldsymbol{0}$，得特征向量 $\boldsymbol{\alpha}_1=(2,1)^{\mathrm{T}}$，

解方程组 $(0\boldsymbol{E}-\boldsymbol{B})\boldsymbol{X}=\boldsymbol{0}$，得特征向量 $\boldsymbol{\beta}_1=(1,-2)^{\mathrm{T}}$；

对 $\lambda_2=5$，解方程组 $(5\boldsymbol{E}-\boldsymbol{A})\boldsymbol{X}=\boldsymbol{0}$，得特征向量 $\boldsymbol{\alpha}_2=(1,-2)^{\mathrm{T}}$，

解方程组 $(5\boldsymbol{E}-\boldsymbol{B})\boldsymbol{X}=\boldsymbol{0}$，得特征向量 $\boldsymbol{\beta}_2=(2,1)^{\mathrm{T}}$.

令 $\boldsymbol{P}_1=\begin{pmatrix}2 & 1\\ 1 & -2\end{pmatrix}$，$\boldsymbol{P}_2=\begin{pmatrix}1 & 2\\ -2 & 1\end{pmatrix}$，则

$$\boldsymbol{P}_1^{-1}\boldsymbol{A}\boldsymbol{P}_1=\boldsymbol{P}_2^{-1}\boldsymbol{B}\boldsymbol{P}_2=\begin{pmatrix}0 & 0\\ 0 & 5\end{pmatrix},$$

所以

$$\boldsymbol{B}=\boldsymbol{P}_2\boldsymbol{P}_1^{-1}\boldsymbol{A}\boldsymbol{P}_1\boldsymbol{P}_2^{-1}=(\boldsymbol{P}_1\boldsymbol{P}_2^{-1})^{-1}\boldsymbol{A}(\boldsymbol{P}_1\boldsymbol{P}_2^{-1}),$$

且 $$P_1P_2^{-1}=\begin{pmatrix}2&1\\1&-2\end{pmatrix}\begin{pmatrix}1&2\\-2&1\end{pmatrix}^{-1}=\frac{1}{5}\begin{pmatrix}4&-3\\-3&-4\end{pmatrix}$$

是正交矩阵，因此所求正交矩阵为

$$Q=\frac{1}{5}\begin{pmatrix}4&-3\\-3&-4\end{pmatrix}.$$

20.(2020 年 2)设二次型 $f(x_1, x_2, x_3)=x_1^2+x_2^2+x_3^2+2ax_1x_2+2ax_1x_3+2ax_2x_3$ 经可逆线性变换 $\begin{pmatrix}x_1\\x_2\\x_3\end{pmatrix}=P\begin{pmatrix}y_1\\y_2\\y_3\end{pmatrix}$ 化为 $g(y_1, y_2, y_3)=y_1^2+y_2^2+4y_3^2+2y_1y_2$.

(1)求 a 的值；

(2)求可逆矩阵 P.

解 (1)二次型 $f(x_1, x_2, x_3)$，$g(y_1, y_2, y_3)$的矩阵分别为

$$A=\begin{pmatrix}1&a&a\\a&1&a\\a&a&1\end{pmatrix},\ B=\begin{pmatrix}1&1&0\\1&1&0\\0&0&4\end{pmatrix}.$$

由于 A，B 合同，所以 $r(A)=r(B)=2$，因此

$$|A|=\begin{vmatrix}1&a&a\\a&1&a\\a&a&1\end{vmatrix}=(1+2a)(1-a)^2=0,$$

于是 $a=1$ 或 $a=-\frac{1}{2}$. 当 $a=1$ 时，$r(A)=1$，故舍去，故 $a=-\frac{1}{2}$.

(2)$f(x_1, x_2, x_3)=\left(x_1-\frac{1}{2}x_2-\frac{1}{2}x_3\right)^2+\frac{3}{4}(x_2-x_3)^2$，令

$$\begin{cases}z_1=x_1-\frac{1}{2}x_2-\frac{1}{2}x_3,\\ z_2=\frac{\sqrt{3}}{2}(x_2-x_3),\\ z_3=x_3,\end{cases}\quad P_1=\begin{pmatrix}1&-\frac{1}{2}&-\frac{1}{2}\\0&\frac{\sqrt{3}}{2}&-\frac{\sqrt{3}}{2}\\0&0&1\end{pmatrix},$$

则在可逆线性变换 $Z=P_1X$，即 $X=P_1^{-1}Z$ 下，$f(x_1, x_2, x_3)$的规范形为 $z_1^2+z_2^2$.

同理，$g(y_1, y_2, y_3)=(y_1+y_2)^2+4y_3^2$，令

$$\begin{cases}z_1=y_1+y_2,\\ z_2=2y_3,\\ z_3=y_2,\end{cases}\quad P_2=\begin{pmatrix}1&1&0\\0&0&2\\0&1&0\end{pmatrix},$$

则在可逆线性变换 $\boldsymbol{Z}=\boldsymbol{P}_2\boldsymbol{Y}$，即 $\boldsymbol{Y}=\boldsymbol{P}_2^{-1}\boldsymbol{Z}$ 下，$g(y_1,\ y_2,\ y_3)$ 化为规范形 $z_1^2+z_2^2$，因此 $\boldsymbol{P}_1\boldsymbol{X}=\boldsymbol{P}_2\boldsymbol{Y}$，即 $\boldsymbol{X}=\boldsymbol{P}_1^{-1}\boldsymbol{P}_2\boldsymbol{Y}$，所以

$$\boldsymbol{P}=\boldsymbol{P}_1^{-1}\boldsymbol{P}_2=\begin{pmatrix}1 & -\frac{1}{2} & -\frac{1}{2}\\ 0 & \frac{\sqrt{3}}{2} & -\frac{\sqrt{3}}{2}\\ 0 & 0 & 1\end{pmatrix}^{-1}\begin{pmatrix}1 & 1 & 0\\ 0 & 0 & 2\\ 0 & 1 & 0\end{pmatrix}=\begin{pmatrix}1 & 2 & \frac{2\sqrt{3}}{3}\\ 0 & 1 & \frac{4\sqrt{3}}{3}\\ 0 & 1 & 0\end{pmatrix}.$$

21.(1992 年 3)设 $\boldsymbol{A}$，$\boldsymbol{B}$ 分别为 m 阶、n 阶正定矩阵，试判定分块矩阵 $\boldsymbol{C}=\begin{pmatrix}\boldsymbol{A} & \boldsymbol{O}\\ \boldsymbol{O} & \boldsymbol{B}\end{pmatrix}$ 是否为正定矩阵.

解法一　因为 $\boldsymbol{A}$，$\boldsymbol{B}$ 均为正定矩阵，故 $\boldsymbol{A}^{\mathrm{T}}=\boldsymbol{A}$，$\boldsymbol{B}^{\mathrm{T}}=\boldsymbol{B}$，则

$$\boldsymbol{C}^{\mathrm{T}}=\begin{pmatrix}\boldsymbol{A} & \boldsymbol{O}\\ \boldsymbol{O} & \boldsymbol{B}\end{pmatrix}^{\mathrm{T}}=\begin{pmatrix}\boldsymbol{A}^{\mathrm{T}} & \boldsymbol{O}\\ \boldsymbol{O} & \boldsymbol{B}^{\mathrm{T}}\end{pmatrix}=\begin{pmatrix}\boldsymbol{A} & \boldsymbol{O}\\ \boldsymbol{O} & \boldsymbol{B}\end{pmatrix}=\boldsymbol{C},$$

即 $\boldsymbol{C}$ 是对称矩阵.

设 $m+n$ 维列向量 $\boldsymbol{Z}^{\mathrm{T}}=(\boldsymbol{X}^{\mathrm{T}},\ \boldsymbol{Y}^{\mathrm{T}})$，其中 $\boldsymbol{X}^{\mathrm{T}}=(x_1,\ x_2,\ \cdots,\ x_m)$，$\boldsymbol{Y}^{\mathrm{T}}=(y_1,\ y_2,\ \cdots,\ y_n)$.

若 $\boldsymbol{Z}\neq\boldsymbol{0}$，则 $\boldsymbol{X}$，$\boldsymbol{Y}$ 不同时为 $\boldsymbol{0}$，不妨设 $\boldsymbol{X}\neq\boldsymbol{0}$，因为 $\boldsymbol{A}$ 是正定矩阵，所以 $\boldsymbol{X}^{\mathrm{T}}\boldsymbol{A}\boldsymbol{X}>0$. 又因 $\boldsymbol{B}$ 是正定矩阵，故对任意 n 维向量 $\boldsymbol{Y}$，恒有 $\boldsymbol{Y}^{\mathrm{T}}\boldsymbol{B}\boldsymbol{Y}\geqslant 0$，于是

$$\boldsymbol{Z}^{\mathrm{T}}\boldsymbol{C}\boldsymbol{Z}=(\boldsymbol{X}^{\mathrm{T}},\ \boldsymbol{Y}^{\mathrm{T}})\begin{pmatrix}\boldsymbol{A} & \boldsymbol{O}\\ \boldsymbol{O} & \boldsymbol{B}\end{pmatrix}\begin{pmatrix}\boldsymbol{X}\\ \boldsymbol{Y}\end{pmatrix}=\boldsymbol{X}^{\mathrm{T}}\boldsymbol{A}\boldsymbol{X}+\boldsymbol{Y}^{\mathrm{T}}\boldsymbol{B}\boldsymbol{Y}>0,$$

即 $\boldsymbol{Z}^{\mathrm{T}}\boldsymbol{C}\boldsymbol{Z}$ 是正定二次型，因此 $\boldsymbol{C}$ 是正定矩阵.

解法二　$\boldsymbol{C}^{\mathrm{T}}=\boldsymbol{C}$ 同解法一，略.

设 $\boldsymbol{A}$ 的特征值是 $\lambda_1,\ \lambda_2,\ \cdots,\ \lambda_m$，$\boldsymbol{B}$ 的特征值是 $\mu_1,\ \mu_2,\ \cdots,\ \mu_n$. 由 $\boldsymbol{A}$，$\boldsymbol{B}$ 均正定，知 $\lambda_i>0$，$\mu_j>0(i=1,\ 2,\ \cdots,\ m;\ j=1,\ 2,\ \cdots,\ n)$. 因为

$$|\lambda\boldsymbol{E}-\boldsymbol{C}|=\begin{vmatrix}\lambda\boldsymbol{E}_m-\boldsymbol{A} & \boldsymbol{O}\\ \boldsymbol{O} & \lambda\boldsymbol{E}_n-\boldsymbol{B}\end{vmatrix}=|\lambda\boldsymbol{E}_m-\boldsymbol{A}|\,|\lambda\boldsymbol{E}_n-\boldsymbol{B}|$$

$$=(\lambda-\lambda_1)\cdots(\lambda-\lambda_m)(\lambda-\mu_1)\cdots(\lambda-\mu_n),$$

于是矩阵 $\boldsymbol{C}$ 的特征值为 $\lambda_1,\ \lambda_2,\ \cdots,\ \lambda_m,\ \mu_1,\ \mu_2,\ \cdots,\ \mu_n$. 因 $\boldsymbol{C}$ 的特征值全大于 0，故矩阵 $\boldsymbol{C}$ 正定.

解法三　$\boldsymbol{C}$ 是实对称矩阵的证明同前.

因为 $\boldsymbol{A}$，$\boldsymbol{B}$ 均是正定矩阵，故存在可逆矩阵 $\boldsymbol{C}_1$ 与 $\boldsymbol{C}_2$，使 $\boldsymbol{C}_1^{\mathrm{T}}\boldsymbol{A}\boldsymbol{C}_1=\boldsymbol{E}_m$，$\boldsymbol{C}_2^{\mathrm{T}}\boldsymbol{B}\boldsymbol{C}_2=\boldsymbol{E}_n$，那么

$$\begin{pmatrix}\boldsymbol{C}_1 & \boldsymbol{O}\\ \boldsymbol{O} & \boldsymbol{C}_2\end{pmatrix}^{\mathrm{T}}\begin{pmatrix}\boldsymbol{A} & \boldsymbol{O}\\ \boldsymbol{O} & \boldsymbol{B}\end{pmatrix}\begin{pmatrix}\boldsymbol{C}_1 & \boldsymbol{O}\\ \boldsymbol{O} & \boldsymbol{C}_2\end{pmatrix}=\begin{pmatrix}\boldsymbol{C}_1^{\mathrm{T}}\boldsymbol{A}\boldsymbol{C}_1 & \boldsymbol{O}\\ \boldsymbol{O} & \boldsymbol{C}_2^{\mathrm{T}}\boldsymbol{B}\boldsymbol{C}_2\end{pmatrix}=\begin{pmatrix}\boldsymbol{E}_m & \boldsymbol{O}\\ \boldsymbol{O} & \boldsymbol{E}_n\end{pmatrix},$$

且$\begin{vmatrix} C_1 & O \\ O & C_2 \end{vmatrix} = |C_1||C_2| \neq 0$，即$\begin{pmatrix} A & O \\ O & B \end{pmatrix}$与$E$合同，故$\begin{pmatrix} A & O \\ O & B \end{pmatrix}$正定.

22.(2005 年 3)设$D=\begin{pmatrix} A & C \\ C^T & B \end{pmatrix}$为正定矩阵，其中$A$，$B$分别为$m$阶、$n$阶对称矩阵，$C$为$m\times n$矩阵.(1)计算$P^TDP$，其中$P=\begin{pmatrix} E_m & -A^{-1}C \\ O & E_n \end{pmatrix}$；(2)利用(1)的结果判断矩阵$B-C^TA^{-1}C$是否为正定矩阵，并证明你的结论.

解 (1)因为$P^T=\begin{pmatrix} E_m & -A^{-1}C \\ O & E_n \end{pmatrix}^T=\begin{pmatrix} E_m & O \\ -C^TA^{-1} & E_n \end{pmatrix}$，所以

$$P^TDP=\begin{pmatrix} E_m & O \\ -C^TA^{-1} & E_n \end{pmatrix}\begin{pmatrix} A & C \\ C^T & B \end{pmatrix}\begin{pmatrix} E_m & -A^{-1}C \\ O & E_n \end{pmatrix}$$

$$=\begin{pmatrix} A & C \\ O & B-C^TA^{-1}C \end{pmatrix}\begin{pmatrix} E_m & -A^{-1}C \\ O & E_n \end{pmatrix}=\begin{pmatrix} A & O \\ O & B-C^TA^{-1}C \end{pmatrix}.$$

(2)因为D是对称矩阵，知P^TDP是对称矩阵，所以$B-C^TA^{-1}C$为对称矩阵.又因矩阵D与$\begin{pmatrix} A & O \\ O & B-C^TA^{-1}C \end{pmatrix}$合同，且$D$正定，知矩阵$\begin{pmatrix} A & O \\ O & B-C^TA^{-1}C \end{pmatrix}$正定，那么$\forall \begin{pmatrix} 0 \\ Y \end{pmatrix} \neq 0$，恒有$(0, Y^T)\begin{pmatrix} A & O \\ O & B-C^TA^{-1}C \end{pmatrix}\begin{pmatrix} 0 \\ Y \end{pmatrix}=Y^T(B-C^TA^{-1}C)Y>0$，所以矩阵$B-C^TA^{-1}C$正定.

23.(2010 年 1，3)已知二次型$f(x_1, x_2, x_3)=X^TAX$在正交变换$X=QY$下的标准形为$y_1^2+y_2^2$，且Q的第 3 列为$\left(\frac{\sqrt{2}}{2}, 0, \frac{\sqrt{2}}{2}\right)^T$.

(1)求矩阵A；

(2)证明$A+E$为正定矩阵，其中E为三阶单位矩阵.

解 (1)二次型f在正交变换$X=QY$下的标准形为$y_1^2+y_2^2$，因此矩阵A的特征值为 1，1，0，于是$Q^{-1}AQ=Q^TAQ=\mathrm{diag}(1, 1, 0)$，且矩阵$Q$的第 3 列就是属于特征值 0 的特征向量.设$(x_1, x_2, x_3)^T$是$A$的属于特征值 1 的特征向量.由于实对称矩阵不同特征值对应的特征向量互相正交，则$x_1+x_3=0$，解得$\boldsymbol{\alpha}_1=\frac{\sqrt{2}}{2}(1, 0, -1)^T$，$\boldsymbol{\alpha}_2=(0, 1, 0)^T$是$A$的属于特征值 1 的两个正交的单位特征向量，于是可取

$$Q=\begin{pmatrix}\frac{\sqrt{2}}{2} & 0 & \frac{\sqrt{2}}{2}\\ 0 & 1 & 1\\ -\frac{\sqrt{2}}{2} & 0 & \frac{\sqrt{2}}{2}\end{pmatrix},$$

此时$Q^TAQ=\mathrm{diag}(1,1,0)$，于是

$$A=Q\begin{pmatrix}1 & & \\ & 1 & \\ & & 0\end{pmatrix}Q^T=\frac{1}{2}\begin{pmatrix}1 & 0 & -1\\ 0 & 2 & 0\\ -1 & 0 & 1\end{pmatrix}.$$

(2)因为A的特征值为1，1，0，所以$A+E$的特征值为2，2，1，且$A+E$为实对称矩阵，所以$A+E$为正定矩阵.

24.(2012年1，2，3)设$A=\begin{pmatrix}1 & 0 & 1\\ 0 & 1 & 1\\ -1 & 0 & a\\ 0 & a & -1\end{pmatrix}$，二次型$f(x_1,x_2,x_3)=X^T(A^TA)X$的秩为2.

(1)求实数a的值；(2)求正交变换$X=PY$将f化为标准形.

解　(1)因为$r(A^TA)=r(A)$，对A施以初等行变换：

$$A=\begin{pmatrix}1 & 0 & 1\\ 0 & 1 & 1\\ -1 & 0 & a\\ 0 & a & -1\end{pmatrix}\longrightarrow\begin{pmatrix}1 & 0 & 1\\ 0 & 1 & 1\\ 0 & 0 & a+1\\ 0 & 0 & 0\end{pmatrix},$$

所以当$a=-1$时，$r(A)=2$.

(2)由(1)知

$$A^TA=\begin{pmatrix}2 & 0 & 2\\ 0 & 2 & 2\\ 2 & 2 & 4\end{pmatrix}.$$

由
$$|\lambda E-A^TA|=\begin{vmatrix}\lambda-2 & 0 & -2\\ 0 & \lambda-2 & -2\\ -2 & -2 & \lambda-4\end{vmatrix}=\lambda(\lambda-2)(\lambda-6)=0,$$

得A的特征值为$\lambda_1=0$，$\lambda_2=2$，$\lambda_3=6$.

对$\lambda_1=0$，由$(0E-A^TA)X=\mathbf{0}$，得基础解系$(-1,-1,1)^T$；

对$\lambda_2=2$，由$(2E-A^TA)X=\mathbf{0}$，得基础解系$(-1,1,0)^T$；

对$\lambda_3=6$，由$(6E-A^TA)X=\mathbf{0}$，得基础解系$(1,1,2)^T$.

因为实对称矩阵的不同特征值的特征向量是正交的，故只需单位化

$$\boldsymbol{\gamma}_1=\frac{1}{\sqrt{3}}\begin{pmatrix}-1\\-1\\1\end{pmatrix},\ \boldsymbol{\gamma}_2=\frac{1}{\sqrt{2}}\begin{pmatrix}-1\\1\\0\end{pmatrix},\ \boldsymbol{\gamma}_3=\frac{1}{\sqrt{6}}\begin{pmatrix}1\\1\\2\end{pmatrix},$$

那么令

$$\begin{pmatrix}x_1\\x_2\\x_3\end{pmatrix}=\begin{pmatrix}-\frac{1}{\sqrt{3}} & -\frac{1}{\sqrt{2}} & \frac{1}{\sqrt{6}}\\ -\frac{1}{\sqrt{3}} & \frac{1}{\sqrt{2}} & \frac{1}{\sqrt{6}}\\ \frac{1}{\sqrt{3}} & 0 & \frac{2}{\sqrt{6}}\end{pmatrix}\begin{pmatrix}y_1\\y_2\\y_3\end{pmatrix},$$

有

$$\boldsymbol{X}^{\mathrm{T}}(\boldsymbol{A}^{\mathrm{T}}\boldsymbol{A})\boldsymbol{X}=\boldsymbol{Y}^{\mathrm{T}}\boldsymbol{\Lambda}\boldsymbol{Y}=2y_2^2+6y_3^2.$$

25.(2013年1，2，3)设二次型 $f(x_1, x_2, x_3)=2(a_1x_1+a_2x_2+a_3x_3)^2+(b_1x_1+b_2x_2+b_3x_3)^2$，记 $\boldsymbol{\alpha}=\begin{pmatrix}a_1\\a_2\\a_3\end{pmatrix}$，$\boldsymbol{\beta}=\begin{pmatrix}b_1\\b_2\\b_3\end{pmatrix}$.

(1)证明：二次型 f 对应的矩阵为 $2\boldsymbol{\alpha}\boldsymbol{\alpha}^{\mathrm{T}}+\boldsymbol{\beta}\boldsymbol{\beta}^{\mathrm{T}}$；

(2)若 $\boldsymbol{\alpha}$，$\boldsymbol{\beta}$ 正交且均为单位向量，证明 f 在正交变换下的标准形为 $2y_1^2+y_2^2$.

证 (1)记 $\boldsymbol{X}=(x_1, x_2, x_3)^{\mathrm{T}}$，则

$$a_1x_1+a_2x_2+a_3x_3=(x_1, x_2, x_3)\begin{pmatrix}a_1\\a_2\\a_3\end{pmatrix}=(a_1, a_2, a_3)\begin{pmatrix}x_1\\x_2\\x_3\end{pmatrix},$$

故

$$\begin{aligned}f(x_1, x_2, x_3)&=2(a_1x_1+a_2x_2+a_3x_3)^2+(b_1x_1+b_2x_2+b_3x_3)^2\\&=2(\boldsymbol{X}^{\mathrm{T}}\boldsymbol{\alpha})(\boldsymbol{\alpha}^{\mathrm{T}}\boldsymbol{X})+(\boldsymbol{X}^{\mathrm{T}}\boldsymbol{\beta})(\boldsymbol{\beta}^{\mathrm{T}}\boldsymbol{X})\\&=\boldsymbol{X}^{\mathrm{T}}(2\boldsymbol{\alpha}\boldsymbol{\alpha}^{\mathrm{T}}+\boldsymbol{\beta}\boldsymbol{\beta}^{\mathrm{T}})\boldsymbol{X}.\end{aligned}$$

又因为 $2\boldsymbol{\alpha}\boldsymbol{\alpha}^{\mathrm{T}}+\boldsymbol{\beta}\boldsymbol{\beta}^{\mathrm{T}}$ 是对称矩阵，所以二次型 f 对应的矩阵为 $2\boldsymbol{\alpha}\boldsymbol{\alpha}^{\mathrm{T}}+\boldsymbol{\beta}\boldsymbol{\beta}^{\mathrm{T}}$.

(2)因为 $\boldsymbol{\alpha}$，$\boldsymbol{\beta}$ 正交且均为单位向量，有

$$\boldsymbol{A}\boldsymbol{\alpha}=(2\boldsymbol{\alpha}\boldsymbol{\alpha}^{\mathrm{T}}+\boldsymbol{\beta}\boldsymbol{\beta}^{\mathrm{T}})\boldsymbol{\alpha}=2\boldsymbol{\alpha}(\boldsymbol{\alpha}^{\mathrm{T}}\boldsymbol{\alpha})+\boldsymbol{\beta}(\boldsymbol{\beta}^{\mathrm{T}}\boldsymbol{\alpha})=2\boldsymbol{\alpha},$$

$$\boldsymbol{A}\boldsymbol{\beta}=(2\boldsymbol{\alpha}\boldsymbol{\alpha}^{\mathrm{T}}+\boldsymbol{\beta}\boldsymbol{\beta}^{\mathrm{T}})\boldsymbol{\beta}=2\boldsymbol{\alpha}(\boldsymbol{\alpha}^{\mathrm{T}}\boldsymbol{\beta})+\boldsymbol{\beta}(\boldsymbol{\beta}^{\mathrm{T}}\boldsymbol{\beta})=\boldsymbol{\beta},$$

则 $\lambda_1=2$，$\lambda_2=1$ 是 $\boldsymbol{A}$ 的特征值.

又因为 $\boldsymbol{\alpha}\boldsymbol{\alpha}^{\mathrm{T}}$，$\boldsymbol{\beta}\boldsymbol{\beta}^{\mathrm{T}}$ 都是秩为1的矩阵，所以

$$r(\boldsymbol{A})=r(2\boldsymbol{\alpha}\boldsymbol{\alpha}^{\mathrm{T}}+\boldsymbol{\beta}\boldsymbol{\beta}^{\mathrm{T}})\leqslant r(2\boldsymbol{\alpha}\boldsymbol{\alpha}^{\mathrm{T}})+r(\boldsymbol{\beta}\boldsymbol{\beta}^{\mathrm{T}})=2<3,$$

故 $\lambda_3=0$ 也是 $\boldsymbol{A}$ 的特征值，故在正交变换下，f 的标准形为 $2y_1^2+y_2^2$.

26.(2021 年 1)设矩阵 $\boldsymbol{A}=\begin{pmatrix} a & 1 & -1 \\ 1 & a & -1 \\ -1 & -1 & a \end{pmatrix}$，

(1)求正交矩阵 $\boldsymbol{P}$，使 $\boldsymbol{P}^{\mathrm{T}}\boldsymbol{AP}$ 为对角矩阵；

(2)求正定矩阵 $\boldsymbol{C}$，使 $\boldsymbol{C}^2=(a+3)\boldsymbol{E}-\boldsymbol{A}$，其中 $\boldsymbol{E}$ 为三阶单位矩阵.

解　(1)先求 $\boldsymbol{A}$ 的特征值，由

$$|\lambda\boldsymbol{E}-\boldsymbol{A}|=\begin{vmatrix} \lambda-a & -1 & 1 \\ -1 & \lambda-a & 1 \\ 1 & 1 & \lambda-a \end{vmatrix}=(\lambda-(a-1))^2(\lambda-(a+2))=0,$$

得特征值为 $\lambda_1=\lambda_2=a-1$，$\lambda_3=a+2$.

对 $\lambda_1=\lambda_2=a-1$，解方程组 $((a-1)\boldsymbol{E}-\boldsymbol{A})\boldsymbol{X}=\boldsymbol{0}$，得两个正交的单位特征向量

$$\boldsymbol{\alpha}_1=\frac{1}{\sqrt{2}}(1,\ 0,\ 1)^{\mathrm{T}},\ \boldsymbol{\alpha}_2=\frac{1}{\sqrt{6}}(1,\ -2,\ -1)^{\mathrm{T}}.$$

对 $\lambda_3=a+2$，解方程组 $((a+2)\boldsymbol{E}-\boldsymbol{A})\boldsymbol{X}=\boldsymbol{0}$，得一个单位特征向量

$$\boldsymbol{\alpha}_3=\frac{1}{\sqrt{3}}(1,\ 1,\ -1)^{\mathrm{T}}.$$

令 $\boldsymbol{P}=(\boldsymbol{\alpha}_1,\ \boldsymbol{\alpha}_2,\ \boldsymbol{\alpha}_3)=\begin{pmatrix} \frac{1}{\sqrt{2}} & \frac{1}{\sqrt{6}} & \frac{1}{\sqrt{3}} \\ 0 & -\frac{2}{\sqrt{6}} & \frac{1}{\sqrt{3}} \\ \frac{1}{\sqrt{2}} & -\frac{1}{\sqrt{6}} & -\frac{1}{\sqrt{3}} \end{pmatrix}$，则

$$\boldsymbol{P}^{\mathrm{T}}\boldsymbol{AP}=\boldsymbol{P}^{-1}\boldsymbol{AP}=\begin{pmatrix} a-1 & 0 & 0 \\ 0 & a-1 & 0 \\ 0 & 0 & a+2 \end{pmatrix}.$$

(2)$(a+3)\boldsymbol{E}-\boldsymbol{A}$ 的特征值为 4，4，1，因此

$$\boldsymbol{P}^{\mathrm{T}}((a+3)\boldsymbol{E}-\boldsymbol{A})\boldsymbol{P}=\begin{pmatrix} 4 & 0 & 0 \\ 0 & 4 & 0 \\ 0 & 0 & 1 \end{pmatrix}=\boldsymbol{P}^{\mathrm{T}}\boldsymbol{C}^2\boldsymbol{P},$$

于是　$$\boldsymbol{C}^2=\boldsymbol{P}\begin{pmatrix} 4 & 0 & 0 \\ 0 & 4 & 0 \\ 0 & 0 & 1 \end{pmatrix}\boldsymbol{P}^{\mathrm{T}}=\boldsymbol{P}\begin{pmatrix} 2 & 0 & 0 \\ 0 & 2 & 0 \\ 0 & 0 & 1 \end{pmatrix}\boldsymbol{P}^{\mathrm{T}}\boldsymbol{P}\begin{pmatrix} 2 & 0 & 0 \\ 0 & 2 & 0 \\ 0 & 0 & 1 \end{pmatrix}\boldsymbol{P}^{\mathrm{T}},$$

其中$\boldsymbol{C}=\boldsymbol{P}\begin{pmatrix}2&0&0\\0&2&0\\0&0&1\end{pmatrix}\boldsymbol{P}^{\mathrm{T}}=\frac{1}{3}\begin{pmatrix}5&-3&-3\\-3&5&1\\-3&1&5\end{pmatrix}$是正定矩阵．

27.(2022 年 1)已知二次型 $f(x_1, x_2, x_3)=\sum_{i=1}^{3}\sum_{j=1}^{3}ijx_ix_j$，

(1)写出 $f(x_1, x_2, x_3)$对应的矩阵；

(2)求正交变换 $\boldsymbol{X}=\boldsymbol{PY}$ 将 $f(x_1, x_2, x_3)$化为标准形；

(3)求 $f(x_1, x_2, x_3)=0$ 的解．

解　(1)二次型的矩阵为

$$\boldsymbol{A}=\begin{pmatrix}1&2&3\\2&4&6\\3&6&9\end{pmatrix}.$$

(2)先求 $\boldsymbol{A}$ 的特征值，由

$$|\lambda\boldsymbol{E}-\boldsymbol{A}|=\begin{vmatrix}\lambda-1&-2&-3\\-2&\lambda-4&-6\\-3&-6&\lambda-9\end{vmatrix}=\lambda^2(\lambda-14)=0,$$

得特征值为 $\lambda_1=\lambda_2=0$，$\lambda_3=14$.

对 $\lambda_1=\lambda_2=0$，由$-\boldsymbol{AX}=\boldsymbol{0}$ 得两个正交的特征向量 $\boldsymbol{\alpha}_1=(2, -1, 0)^{\mathrm{T}}$，$\boldsymbol{\alpha}_2=(3, 6, -5)^{\mathrm{T}}$.

对 $\lambda_3=14$，由$(14\boldsymbol{E}-\boldsymbol{A})\boldsymbol{X}=\boldsymbol{0}$ 得特征向量 $\boldsymbol{\alpha}_3=(1, 2, 3)^{\mathrm{T}}$.

令　$$\boldsymbol{Q}=\left(\frac{\boldsymbol{\alpha}_1}{|\boldsymbol{\alpha}_1|}, \frac{\boldsymbol{\alpha}_2}{|\boldsymbol{\alpha}_2|}, \frac{\boldsymbol{\alpha}_3}{|\boldsymbol{\alpha}_3|}\right)=\begin{pmatrix}\frac{2}{\sqrt{5}}&\frac{3}{\sqrt{70}}&\frac{1}{\sqrt{14}}\\-\frac{1}{\sqrt{5}}&\frac{6}{\sqrt{70}}&\frac{2}{\sqrt{14}}\\0&-\frac{5}{\sqrt{70}}&\frac{3}{\sqrt{14}}\end{pmatrix},$$

那么令 $\boldsymbol{X}=\begin{pmatrix}x_1\\x_2\\x_3\end{pmatrix}$，$\boldsymbol{Y}=\begin{pmatrix}y_1\\y_2\\y_3\end{pmatrix}$，有$\boldsymbol{Q}^{\mathrm{T}}\boldsymbol{AQ}=\begin{pmatrix}0&0&0\\0&0&0\\0&0&14\end{pmatrix}$，则正交变换 $\boldsymbol{X}=\boldsymbol{QY}$ 将 $f(x_1, x_2, x_3)$化为标准形 $14y_3^2$.

(3)$f(x_1, x_2, x_3)=\boldsymbol{X}^{\mathrm{T}}\boldsymbol{AX}=(x_1+2x_2+3x_3)^2$，即 $x_1+2x_2+3x_3=0$，于是方程 $x_1+2x_2+3x_3=0$ 的解 $\boldsymbol{X}=k_1\boldsymbol{\alpha}_1+k_2\boldsymbol{\alpha}_2=k_1(2, -1, 0)^{\mathrm{T}}+k_2(3, 6, -5)^{\mathrm{T}}$，其中 k_1，k_2 为任意常数．

28.(2001 年 3)设 $\boldsymbol{A}$ 为 n 阶实对称矩阵，$r(\boldsymbol{A})=n$，A_{ij} 是 $\boldsymbol{A}=(a_{ij})_{n\times n}$ 中元

素 a_{ij} 的代数余子式(i，$j=1$，2，…，n)，二次型

$$f(x_1, x_2, \cdots, x_n)=\sum_{i=1}^{n}\sum_{j=1}^{n}\frac{A_{ij}}{|\boldsymbol{A}|}x_i x_j.$$

(1)记 $\boldsymbol{X}=(x_1, x_2, \cdots, x_n)^{\mathrm{T}}$，把 $f(x_1, x_2, \cdots, x_n)$写成矩阵形式，并证明二次型 $f(\boldsymbol{X})$的矩阵为 $\boldsymbol{A}^{-1}$；(2)二次型与 $f(\boldsymbol{X})$的规范形是否相同？说明理由．

分析　如果 $f(\boldsymbol{X})=\boldsymbol{X}^{\mathrm{T}}\boldsymbol{A}\boldsymbol{X}$，其中 $\boldsymbol{A}$ 是实对称矩阵，那么 $\boldsymbol{X}^{\mathrm{T}}\boldsymbol{A}\boldsymbol{X}$ 就是二次型 $f(\boldsymbol{X})$的矩阵表示，为此应读出双和号的含义．两个二次型如果其正负惯性指数相同，它们的规范形就一样，反之亦然．而根据惯性定理，经坐标变换二次型的正负惯性指数不变，因而规范形相同．

解　
$$\begin{aligned} f(x_1, x_2, \cdots, x_n) &= \sum_{i=1}^{n}\sum_{j=1}^{n}\frac{A_{ij}}{|\boldsymbol{A}|}x_i x_j \\ &=(x_1, x_2, \cdots, x_n)\frac{1}{|\boldsymbol{A}|}\cdot \\ &\quad\begin{pmatrix} A_{11} & A_{12} & \cdots & A_{1n} \\ A_{21} & A_{22} & \cdots & A_{2n} \\ \vdots & \vdots & & \vdots \\ A_{n1} & A_{n2} & \cdots & A_{nn} \end{pmatrix}\begin{pmatrix} x_1 \\ x_2 \\ \vdots \\ x_n \end{pmatrix}. \end{aligned}$$

因为 $r(\boldsymbol{A})=n$，知 $\boldsymbol{A}$ 可逆．又因 $\boldsymbol{A}$ 是实对称的，有$(\boldsymbol{A}^{-1})^{\mathrm{T}}=(\boldsymbol{A}^{\mathrm{T}})^{-1}=\boldsymbol{A}^{-1}$，得知 $\boldsymbol{A}^{-1}=\dfrac{\boldsymbol{A}^*}{|\boldsymbol{A}|}$是实对称矩阵，于是 $\boldsymbol{A}^*$ 是对称的，故二次型 $f(\boldsymbol{X})$的矩阵是 $\boldsymbol{A}^{-1}$.

(2)经坐标变换 $\boldsymbol{X}=\boldsymbol{A}^{-1}\boldsymbol{Y}$，有

$$g(\boldsymbol{X})=\boldsymbol{X}^{-1}\boldsymbol{A}\boldsymbol{X}=(\boldsymbol{A}^{-1}\boldsymbol{Y})^{\mathrm{T}}\boldsymbol{A}(\boldsymbol{A}^{-1}\boldsymbol{Y})=\boldsymbol{Y}^{\mathrm{T}}(\boldsymbol{A}^{-1})^{\mathrm{T}}\boldsymbol{Y}=\boldsymbol{Y}^{\mathrm{T}}\boldsymbol{A}^{-1}\boldsymbol{Y}=f(\boldsymbol{Y}),$$

即 $g(\boldsymbol{X})$与 $f(\boldsymbol{X})$有相同的规范形．

29.(2022 年 2，3)已知二次型 $f(x_1, x_2, x_3)=3x_1^2+4x_2^2+3x_3^2+2x_1x_3$，

(1)求正交变换 $\boldsymbol{X}=\boldsymbol{P}\boldsymbol{Y}$ 化二次型为标准形；

(2)证明：$\lim\limits_{\boldsymbol{X}\neq\boldsymbol{0}}\dfrac{f(\boldsymbol{X})}{\boldsymbol{X}^{\mathrm{T}}\boldsymbol{X}}=2$.

解　(1)二次型的矩阵为

$$\boldsymbol{A}=\begin{pmatrix} 3 & 0 & 1 \\ 0 & 4 & 0 \\ 1 & 0 & 3 \end{pmatrix},$$

由
$$|\lambda\boldsymbol{E}-\boldsymbol{A}|=\begin{vmatrix} \lambda-3 & 0 & -1 \\ 0 & \lambda-4 & 0 \\ -1 & 0 & \lambda-3 \end{vmatrix}=(\lambda-4)^2(\lambda-2)=0,$$

得特征值为$\lambda_1=\lambda_2=4$，$\lambda_3=2$.

对$\lambda_1=\lambda_2=4$，由$(4\boldsymbol{E}-\boldsymbol{A})\boldsymbol{X}=\boldsymbol{0}$，得两个正交的特征向量

$$\boldsymbol{\alpha}_1=(0,\ 1,\ 0)^{\mathrm{T}},\ \boldsymbol{\alpha}_2=(1,\ 0,\ 1)^{\mathrm{T}}.$$

对$\lambda_3=2$，由$(2\boldsymbol{E}-\boldsymbol{A})\boldsymbol{X}=\boldsymbol{0}$，得特征向量$\boldsymbol{\alpha}_3=(1,\ 0,\ -1)^{\mathrm{T}}$.

令
$$\boldsymbol{Q}=\left(\frac{\boldsymbol{\alpha}_1}{|\boldsymbol{\alpha}_1|},\ \frac{\boldsymbol{\alpha}_2}{|\boldsymbol{\alpha}_2|},\ \frac{\boldsymbol{\alpha}_3}{|\boldsymbol{\alpha}_3|}\right)=\begin{pmatrix}0 & \frac{1}{\sqrt{2}} & \frac{1}{\sqrt{2}}\\ 1 & 0 & 0\\ 0 & \frac{1}{\sqrt{2}} & -\frac{1}{\sqrt{2}}\end{pmatrix},$$

那么令
$$\boldsymbol{X}=\begin{pmatrix}x_1\\ x_2\\ x_3\end{pmatrix},\ \boldsymbol{Y}=\begin{pmatrix}y_1\\ y_2\\ y_3\end{pmatrix},$$

在正交变换$\boldsymbol{X}=\boldsymbol{QY}$下，$f(x_1,\ x_2,\ x_3)$化为标准形$g(\boldsymbol{Y})=4y_1^2+4y_2^2+2y_3^2$.

(2)当$\boldsymbol{X}=\boldsymbol{QY}$时，$\boldsymbol{X}^{\mathrm{T}}\boldsymbol{X}=\boldsymbol{Y}^{\mathrm{T}}\boldsymbol{Q}^{\mathrm{T}}\boldsymbol{QY}=\boldsymbol{Y}^{\mathrm{T}}\boldsymbol{Y}$，于是

$$\frac{f(\boldsymbol{X})}{\boldsymbol{X}^{\mathrm{T}}\boldsymbol{X}}=\frac{g(\boldsymbol{Y})}{\mathrm{Y}^{\mathrm{T}}\mathrm{Y}}=\frac{4y_1^2+4y_2^2+2y_3^2}{y_1^2+y_2^2+y_3^2}\geqslant\frac{2y_1^2+2y_2^2+2y_3^2}{y_1^2+y_2^2+y_3^2}=2.$$

当$y_1=y_2=0$，$y_3\neq0$时，等号成立，因此$\lim\limits_{\boldsymbol{X}\neq\boldsymbol{0}}\frac{f(\boldsymbol{X})}{\boldsymbol{X}^{\mathrm{T}}\boldsymbol{X}}=2$.

参 考 文 献

陈振，德娜·吐热汗，杜世平，2020. 线性代数[M]. 3 版. 北京：中国农业出版社.
金圣才，2007. 线性代数考研真题与典型题详解[M]. 北京：中国石化出版社.
梁保松，德娜·吐热汗，2008. 线性代数[M]. 北京：中国农业出版社.
刘西垣，李永乐，范培华，2014. 2015 年数学历年试题解析[M]. 北京：中国政法大学出版社.
毛纲源，2015. 线性代数解题方法技巧归纳[M]. 武汉：华中科技大学出版社.
同济大学数学系，2014. 线性代数[M]. 6 版. 北京：高等教育出版社.
同济大学数学系，2014. 线性代数学习辅导与习题全解[M]. 6 版. 北京：高等教育出版社.
张学元，2004. 线性代数学习指导与习题解析[M]. 广州：中山大学出版社.
赵树嫄，2017. 线性代数[M]. 5 版. 北京：中国人民大学出版社.